广东省岩溶塌陷及防治

易顺民 张洪岩 著

科学出版社

北京

内 容 简 介

本书以广东省的岩溶塌陷地质灾害为研究对象，对广东省常见多发岩溶塌陷的区域性时空分布规律、成因机理、稳定性评价、灾情特征、突发性岩溶塌陷的应急处置、监测预警及工程治理技术措施等进行系统研究，并对典型岩溶塌陷地质灾害治理工程实例进行了详细的分析总结。

本书可供从事工程地质、水文地质、环境地质、地质灾害、岩土工程或自然灾害防灾减灾工程的科研人员和工程技术人员，以及高等院校相关专业的师生参考。

图书在版编目（CIP）数据

广东省岩溶塌陷及防治/易顺民，张洪岩著. —北京：科学出版社，2024.12
ISBN 978-7-03-070818-2

Ⅰ.①广⋯ Ⅱ.①易⋯ ②张⋯ Ⅲ.①岩溶塌陷-灾害防治-研究-广东 Ⅳ.P642.26

中国版本图书馆 CIP 数据核字（2021）第 260752 号

责任编辑：童安齐 / 责任校对：赵丽杰
责任印制：吕春珉 / 封面设计：东方人华设计部

科学出版社 出版
北京东黄城根北街 16 号
邮政编码：100717
http://www.sciencep.com

北京中科印刷有限公司印刷
科学出版社发行　各地新华书店经销

*

2024 年 12 月第 一 版	开本：787×1092　1/16
2024 年 12 月第一次印刷	印张：27 3/4
字数：640 000	

定价：300.00 元
（如有印装质量问题，我社负责调换）
销售部电话 010-62136230　编辑部电话 010-62137026

版权所有，侵权必究

作 者 简 介

易顺民 湖北英山人，广东省科学院广州地理研究所研究员、博士。1987年6月毕业于中国地质大学（武汉）。1987年8月至1991年8月在西藏自治区地质矿产局第二地质大队从事矿山地下水资源评价、地下水源地勘查、区域地质灾害调查、矿山水文地质与工程地质方面的技术工作。1991年9月至1998年11月在中国地质大学（武汉）环境科学与工程学院从事工程地质、环境地质与岩土工程方面的教学及科研工作。1998年12月至2000年5月在四川大学水力学及山区河流开发与保护国家重点实验室、四川大学水利工程博士后流动站从事环境水力学、水污染控制和环境地质方面的科研工作。2000年5月至2008年9月在广东省深圳市地质局从事地质环境保护和地质灾害防治方面的生产、科研和管理工作。2008年10月至今在广东省科学院广州地理研究所从事地貌与第四纪地质研究、地质灾害监测预警和自然灾害防灾减灾工程方面的科研工作。近年来，负责完成地质灾害调查与区划、城市断裂构造活动性监测技术及评价研究、区域地壳稳定性分析评价、岩溶塌陷监测预警技术研究与地质灾害风险评估，以及各类地质灾害的勘查、设计及防治施工等方面的项目200多项。曾获省部级科学技术奖二等奖三次。在国内外相关学术期刊和会议上公开发表学术论文50多篇，出版《裂隙岩体损伤力学导论》《广东省地质灾害及防治》《国土资源系统地质灾害突发事件应急管理》《深圳市自然保护区生态地质资源研究》。

张洪岩 辽宁本溪人，硕士，广东省深圳市不动产评估中心（深圳市地质环境监测中心）岩土工程和水工环地质教授级高级工程师。2006年6月毕业于吉林大学，硕士。2006年7月至11月在广东省深圳市龙岗地质勘查局从事地质灾害调查、环境地质、工程地质方面的技术工作。2006年12月至今在广东省深圳市不动产评估中心（深圳市地质环境监测中心）工作，现任该中心地质环境研究部部长，主要从事地貌与第四纪地质、环境地质与灾害地质、海洋地质、矿产资源等方面的科研、生产和管理工作。自参加工作以来，负责完成深圳市地质灾害防灾减灾工作相关技术标准的编制、深圳市地质灾害防治规划及年度防治方案的编制、地质灾害气象风险预警预报及研究、岩溶塌陷地质灾害勘查及致灾机理研究、海岸带地质调查及海水入侵监测研究、地质遗迹调查与保护策略研究、深圳市矿业权基准价评估、矿山地质环境保护与治理规划、地质环境与地质灾害信息数据平台建设及应用研究等方面的项目50多项；特别是在地质灾害防治和地质环境保护方面，协助深圳市自然资源行政主管部门做了大量的实际工作。曾获中国地理信息产业协会科技进步奖一等奖及二等奖各一次，获广东省地质学会地质科学技术奖一等奖一次。在国内相关学术期刊上公开发表学术论文10多篇。现为广东省地质学会评审专家、深圳市勘察设计协会评审专家、深圳市政府采购评审专家库专家、深圳市自然资源行政主管部门地质灾害防治专家。

前　言

　　岩溶塌陷是指隐伏岩溶地带的地表岩土体物质受自然因素作用或人类工程活动影响向下陷落，并在地面形成塌陷坑洞而造成灾害的现象或过程，给人民生命和财产安全带来危害的地质现象。广东省是我国岩溶塌陷地质灾害多发的省份之一，岩溶分布广泛、活动频繁、突发性强、危害严重，每年岩溶塌陷活动都不同程度地造成人员伤亡和财产损失，直接经济损失可达数亿元。目前，广东省岩溶塌陷活动造成的人员伤亡和经济损失呈现逐年增大的趋势；岩溶塌陷地质灾害对广东省内的铁路、公路、江河航道等交通要道及人民生命财产的安全造成严重的威胁。自 20 世纪 90 年代以来，广东省出现了多起重大岩溶塌陷地质灾害伤亡事件，如 1990 年 10 月 16 日，梅州市五华县潭下镇桐坑石灰岩矿区由于地下采矿，引发岩溶地面塌陷，造成塌陷矿井东南侧高丘陵陡坡处的强风化岩土体失稳滑塌，并迅速塌落滑进采空区，滑塌土石方约 3 万 m^3，导致 10 人死亡；2003 年 8 月 4 日上午 10 点 25 分，阳春市大河水库移民安置区西区 4 巷 137 号至 142 号共 6 栋楼房地段突然发生岩溶塌陷，塌陷造成 142 号楼近半倒塌，137 号、138 号楼沉陷约 6m，上部倒塌，导致 2 人死亡；2010 年 9 月 4 日凌晨，梅州市五华县岐岭镇三多齐村由于岐岭河内长期开采河砂，导致河流水位下降，引发岩溶塌陷地质灾害，塌陷坑位于一幢三层居民楼内，造成两人失踪。由此可见，广东省岩溶塌陷活动造成的安全损失触目惊心，不容忽视。但随着广东省特别是珠江三角洲地区经济的迅速发展，各类工程活动频繁，诱发的岩溶塌陷日益频发，危险性大、灾情严重，使得岩溶塌陷的监测预警和防治的难度也相应加大。因此，对广东省不同类型岩溶塌陷的成因机理、动态演变过程、时空分布规律和监测预警技术等进行系统分析研究，无论是在岩溶塌陷的学科理论研究方面，还是在岩溶塌陷防治的工程实践方面，都具有重要的理论价值和现实意义。

　　广东省的岩溶塌陷地质灾害调查和防治工作从 20 世纪 70 年代开始至今，已经取得许多成果，并越来越受到人们的重视，特别是改革开放以来，广东省的岩溶塌陷防治工作与其经济发展和工程建设活动紧密结合，为地质灾害学科理论的发展和防灾减灾做出了贡献。广东省从事地质环境保护和地质灾害防治工作的科研人员和生产技术人员，在岩溶塌陷的理论研究和防灾减灾工程实践领域取得了一批较高水平的科研成果，防灾减灾效益显著，特别是在岩溶塌陷的分布规律、成因机理、稳定性评价、突发性岩溶塌陷的应急处置和岩溶塌陷地质灾害隐患点的治理等方面取得了一系列的成果，对广东省经济的可持续发展起到了极其重要的保障作用。

虽然广东省岩溶塌陷地质灾害的理论研究和防治工程实践成果丰富，但至今尚无一部全面、系统地反映广东省岩溶塌陷地质灾害特色的，且综合性强、具有较高实用价值的广东省岩溶塌陷方面的著作。作者自 2000 年开始，一直在广东省从事地质环境保护和地质灾害防治方面的科研和生产工作，积累了大量的实际工作资料和科研工作成果，迫切感觉到应系统整理出版一部全面论述广东省岩溶塌陷分布规律、成因机理和防治实践的专著，以便对广东省的岩溶塌陷地质灾害防治工程的勘察、设计和施工等提供一些有价值的经验总结。因此，作者撰写本书的目的就是将作者和广东省同行在岩溶塌陷方面的工作成果进行系统整理，并吸收国内外同行的先进研究工作理念，构成一部内容较全面、有一定理论价值和工程实践指导意义的专著。它既可作为从事岩溶塌陷地质灾害理论研究的科技人员的参考书籍，又可为从事岩溶塌陷地质灾害防治的生产一线人员提供大量的实际工程实例的经验借鉴，从而少走弯路，提高广东省岩溶塌陷防治工作的实际操作水平。基于此，作者收集整理了 30 多年来广东省相关生产单位和科研机构的岩溶塌陷地质灾害勘察、设计、治理和理论研究的工作成果，并参考国内外同行的最新研究进展，结合作者多年来在岩溶塌陷方面的科研工作实践，撰写完成了《广东省岩溶塌陷及防治》一书。

本书全书共分 8 章。第 1 章简要介绍广东省的可溶岩和岩溶发育的地质环境背景特征、岩溶塌陷基本类型和岩溶塌陷灾情特征；第 2 章至第 6 章全面系统论述广东省的岩溶塌陷发育规律、形成机理与时空分布特征，并辅之以大量的典型岩溶塌陷实例进行研究；第 7 章以广州市白云区金沙洲岩溶塌陷地质灾害为例，系统研究岩溶塌陷的监测预警体系及方法；第 8 章在介绍岩溶塌陷的防治原则、防治体系和综合防治措施的基础上，重点解剖分析广东省内的两个典型岩溶塌陷地质灾害治理工程实例。

行走南粤大地 20 余年，穿寒越暑，风雨无言。回忆本书的撰写过程，不是因为执着，而是因为值得。作者要感谢广州市地质调查院、广东省佛山地质局、广州市规划与自然资源局、广东省地质局水文工程地质一大队、广东省工程勘察院、广东省地质学会、广东省地质局 756 地质大队、广东金东建设工程公司、深圳龙岗地质勘查局、中国建筑材料工业地质勘查中心广东总队、梅州市地质环境监测站和广东省科学院等单位的许多科技人员和领导，他们分别是骆荣、黄健民、李晶晶、胡云琴、郑小战、周心经、黄永贵、段育祥、张超伦、李红中、梁池生、刘健雄、韩庆定、林希强、郑健生、汪礼明、罗依珍、马新军、贾邦中、杨宗富、李建国、黄坚、黄光庆、张虹欧等，是他们向作者提供了无私的帮助和支持，付出了辛勤的劳动；作者还要特别感谢陶为俊、熊晓强和陈菊仙在数值计算、数据处理和绘图方面提供的帮助；同时，本书的许多反映岩溶塌陷地质灾害方面的研究工作成果是作者同广州地理研究所的卢薇、唐光良和刘卫平等同事一起的集体工作结晶，作者特别怀念与他们一起共同工作的美好时光，阅尽沧桑，如水洗尘，永远都不会淡忘。借此拙笔成书之际，谨此致以衷心的感谢！

虽然作者对此书的撰写历时近3年，也查阅了大量的国内外资料和最新研究成果，但由于作者的知识结构、认识水平和实践经验的限制，难免挂一漏万。本书如有错漏之处，恳请广大读者赐教、指正。

慢数流年，明知往事难回首，寄与笔墨黄卷，书田且作稻田耕。

易顺民　张洪岩
2023年仲秋于羊城

目　录

第 1 章　广东省岩溶塌陷概述 ·· 1
　1.1　广东省岩溶发育特征 ··· 1
　　1.1.1　碳酸盐岩分布特征 ··· 1
　　1.1.2　岩溶地貌发育特征 ··· 3
　　1.1.3　岩溶盆地发育特征 ··· 9
　1.2　广东省岩溶塌陷灾情特征 ·· 13
　　1.2.1　岩溶塌陷基本类型 ·· 13
　　1.2.2　岩溶塌陷灾情特征 ·· 14

第 2 章　岩溶塌陷发育特征 ·· 29
　2.1　岩溶塌陷分布特征 ··· 29
　　2.1.1　岩溶塌陷分布特征受隐伏岩溶发育程度的控制 ····································· 31
　　2.1.2　岩溶塌陷分布特征受地质构造发育特征的控制 ····································· 43
　　2.1.3　岩溶塌陷分布特征受覆盖层岩土结构特征的控制 ·································· 50
　　2.1.4　岩溶塌陷分布特征受水文地质环境特征的控制 ····································· 53
　　2.1.5　岩溶塌陷分布特征受人类工程活动强度的控制 ····································· 59
　2.2　岩溶塌陷形态特征 ··· 61
　　2.2.1　岩溶塌陷平面形态特征 ··· 61
　　2.2.2　岩溶塌陷剖面形态特征 ··· 62
　2.3　岩溶塌陷活动特征 ··· 64
　　2.3.1　岩溶塌陷活动特征受降雨强度特征的控制 ··· 64
　　2.3.2　岩溶塌陷活动特征受人类工程活动的控制 ··· 66
　　2.3.3　岩溶塌陷活动具有滞后性和重复性特征 ··· 94
　　2.3.4　岩溶塌陷活动具有突发性和隐蔽性特征 ··· 98

第 3 章　自然因素岩溶塌陷 ·· 108
　3.1　降雨入渗岩溶塌陷 ··· 108
　3.2　河流及水库水位涨落岩溶塌陷 ·· 116
　3.3　旱涝交替岩溶塌陷 ··· 124

第 4 章　人为因素岩溶塌陷 ·· 141
　4.1　抽排地下水岩溶塌陷 ·· 141
　4.2　隧道开挖岩溶塌陷 ··· 163
　4.3　机械贯穿岩溶塌陷 ··· 176
　4.4　采矿活动岩溶塌陷 ··· 184
　4.5　地面加载岩溶塌陷 ··· 194

第5章 岩溶塌陷演变过程数值模拟研究 ··· 196
5.1 大坦沙岛自然地质环境特征 ··· 196
5.1.1 气象及水文 ··· 196
5.1.2 地形地貌特征 ··· 197
5.1.3 地层与岩石 ··· 197
5.1.4 断裂构造特征 ··· 200
5.1.5 水文地质特征 ··· 201
5.2 大坦沙岛岩溶工程地质特征 ··· 211
5.2.1 岩溶发育控制因素 ··· 211
5.2.2 隐伏岩溶发育特征 ··· 212
5.2.3 覆盖层土洞发育特征 ··· 218
5.3 大坦沙岛岩溶塌陷发育特征 ··· 218
5.3.1 岩溶塌陷发育特征 ··· 224
5.3.2 地面沉降发育特征 ··· 227
5.3.3 岩溶塌陷活动特征 ··· 229
5.3.4 岩溶塌陷形成原因 ··· 233
5.4 大坦沙岛岩溶塌陷有限元数值模拟研究 ··· 235
5.4.1 弹塑性有限元理论模型 ··· 235
5.4.2 弹塑性有限元计算方法 ··· 239
5.4.3 岩溶塌陷三维有限元数值模拟模型 ··· 240
5.4.4 岩溶塌陷三维有限元数值模拟结果 ··· 244
5.4.5 数值模拟结论及认识 ··· 273

第6章 岩溶塌陷成因机理研究 ··· 274
6.1 孕育岩溶塌陷的地质环境特征 ··· 274
6.1.1 开口岩溶形态特征 ··· 274
6.1.2 覆盖层工程地质特征 ··· 274
6.1.3 诱发动力因素特征 ··· 275
6.2 地下水位下降岩溶塌陷机理 ··· 275
6.2.1 地下水潜蚀致塌效应 ··· 275
6.2.2 真空吸蚀致塌效应 ··· 277
6.2.3 失托增荷致塌效应 ··· 278
6.2.4 渗透力致塌效应 ··· 279
6.2.5 逐层剥落致塌效应 ··· 280
6.3 地下水位恢复岩溶塌陷机理 ··· 280
6.4 地面加载岩溶塌陷机理 ··· 283
6.5 机械贯穿岩溶塌陷机理 ··· 285
6.6 降雨入渗岩溶塌陷机理 ··· 286
6.6.1 垂直渗透致塌效应 ··· 287

		6.6.2 静水增荷致塌效应	287
		6.6.3 吸水软化致塌效应	287
		6.6.4 负压封闭致塌效应	287
	6.7	采矿活动岩溶塌陷机理	288
		6.7.1 矿山地下水位波动致塌效应	288
		6.7.2 矿山地下采空致塌效应	289

第7章 岩溶塌陷监测预警研究 290

7.1 金沙洲自然地质环境特征 291
- 7.1.1 气象及水文 291
- 7.1.2 地形地貌特征 292
- 7.1.3 地层与岩石 292
- 7.1.4 岩土体工程地质特征 294
- 7.1.5 地质构造特征 295
- 7.1.6 水文地质特征 298
- 7.1.7 人类工程活动特征 298

7.2 金沙洲地下水系统特征 299
- 7.2.1 地下水类型及富水性特征 300
- 7.2.2 地下水补给、径流及排泄特征 302

7.3 金沙洲岩溶工程地质特征 306
- 7.3.1 岩溶发育控制因素 306
- 7.3.2 溶洞发育特征 309
- 7.3.3 岩溶发育基本规律 313
- 7.3.4 土洞发育特征 316

7.4 金沙洲岩溶塌陷地质灾害发育特征 319
- 7.4.1 岩溶塌陷发育特征 319
- 7.4.2 地面沉降发育特征 328

7.5 金沙洲地下水渗流场数值模拟研究 331
- 7.5.1 地下水渗流系统概念模型 332
- 7.5.2 地下水数值模拟计算模型 336
- 7.5.3 地下水渗流数值模拟结果 344
- 7.5.4 数值模拟结论及认识 353

7.6 金沙洲地质灾害成因机理研究 353
- 7.6.1 岩溶塌陷成因机理 353
- 7.6.2 地面沉降成因机理 357

7.7 金沙洲岩溶塌陷监测预警研究 359
- 7.7.1 岩溶塌陷监测预警时间尺度 360
- 7.7.2 岩溶塌陷监测预警参数 361
- 7.7.3 岩溶塌陷监测预警判据 362

	7.7.4 金沙洲岩溶塌陷监测预警体系建设	363
	7.7.5 金沙洲岩溶塌陷监测预警判据	367
	7.7.6 金沙洲岩溶塌陷监测预警流程	377
	7.7.7 金沙洲岩溶塌陷监测预警实例	380

第8章 广东省岩溶塌陷防治实例 ··· 381

8.1	岩溶塌陷防治技术概述	381
	8.1.1 溶洞地基处理技术	382
	8.1.2 土洞地基处理技术	384
	8.1.3 岩溶塌陷防治技术	386
8.2	广东省韶关市凡口铅锌矿岩溶塌陷治理	388
	8.2.1 矿区自然地质环境特征	389
	8.2.2 矿区水文地质环境特征	393
	8.2.3 岩溶塌陷发育特征	399
	8.2.4 岩溶塌陷治理工程布置	404
	8.2.5 岩溶塌陷治理工程效果	413
8.3	广佛肇高速公路朝阳立交岩溶塌陷治理	419
	8.3.1 朝阳立交L匝道新建桥LX1#-2桩基岩溶塌陷治理	419
	8.3.2 朝阳立交K1+629处鸦岗大道50#桥墩岩溶塌陷治理	424

参考文献 ··· 431

第1章 广东省岩溶塌陷概述

1.1 广东省岩溶发育特征

一般而言，岩溶指的是水与可溶岩之间发生以溶蚀作用过程为主的系统地质作用及最终形成的各种地质现象的总称。广东省是我国岩溶发育程度高的典型地区之一，岩溶分布面积约为 2.31 万 km^2，约占全省陆地总面积的 13%。根据广东省岩溶的出露状态，可分为裸露型岩溶、覆盖型岩溶和埋藏型岩溶等三种类型，其中覆盖型岩溶对工程建设活动和建筑物安全的影响最大，埋藏型岩溶则与矿山开采、隧道开挖、地下洞室工程的兴建关系密切。可溶性的碳酸盐岩类岩石、地表水及地下水环境的溶蚀作用和自然生态环境状态是控制岩溶发育程度强弱的主要因素。广东省岩溶地貌景观形态主要有石芽、石沟、石山、竖井、落水洞、漏斗、土洞、溶洞、溶沟、溶槽、暗河、峰林及洼地等类型。

1.1.1 碳酸盐岩分布特征

广东省碳酸盐岩主要分布于粤北的连州、阳山、韶关、英德，粤中的开平，粤西的阳春、廉江，粤东的蕉岭、平远、龙门等地，其他各地仅有小面积出露。岩石可溶性程度高，可溶岩的岩溶化程度受碳酸盐岩的岩性特征、地质构造、地形地貌及地下水活动等多种因素的综合影响与控制，表现于不同地区、不同地貌及地质构造部位，碳酸盐岩的岩溶化程度各不相同。根据碳酸盐岩的物质组成、岩溶发育程度和工程地质性质特征，广东省碳酸盐岩大致可划分为以下 5 个主要工程地质岩组。

1. 坚硬中—厚层状强岩溶化碳酸盐岩组

坚硬中—厚层状强岩溶化碳酸盐岩组，主要包括全省境内的石炭系石磴子组（$C_1\hat{s}$）和壶天组（C_2ht）及粤北连平、粤中开平的泥盆系天子岭组（D_3t），粤北连平、英德、韶关的石炭系梓门桥组（C_1z）、韶关的早二叠系下统（P_1）及梅县的二叠系栖霞组（$P_{1-2}q$）等。岩性主要为灰岩、白云质灰岩及白云岩。岩石以中—厚层状为主，兼有块状，致密坚硬，强度较高。岩石的饱和抗压强度为 97.35～142.68MPa，新鲜灰岩一般都超过 115MPa。岩石质地较纯，岩溶发育强烈，含水量丰富，钻孔岩溶率为 8%～35%，溶洞、暗河、落水洞、漏斗等岩溶现象普遍发育。据地质钻孔揭露，石磴子组灰岩的岩溶率为 5.5%～28.5%，英德北江盆地的可达 35.1%，英德的宝晶宫就发育于中厚层状灰岩内。岩溶发育深度各地差异明显，特别是断裂带附近深度较大。例如，梅蕉山字形脊柱及翼部的栖霞组灰岩，钻孔揭露岩溶发育深度可达 167m，岩溶率为 26.3%。由于岩溶发育，岩体的完整性变差，易于形成岩溶塌陷和地下水渗漏；同时也降低了岩溶分布地段的建筑物地基强度。隐伏碳酸盐岩分布地带的岩溶化程度也较高，岩溶塌陷地质灾害活动频繁。例如，粤北阳山的九龙盆地、明逕盆地、七拱盆地内的泥盆系上泥盆统（D_3）、石炭系石磴子组（$C_1\hat{s}$）、大赛坝组（C_1ds）及梓门桥组（C_1z）的灰岩，覆盖层厚度为6.5～72.3m，岩土体结构松散，隐伏灰岩的岩溶发育强烈，易产生岩溶塌陷；又如，粤东梅州的蕉岭、隆文、石扇及程江盆（谷）地一带，第四系覆盖层厚度为9.5～45.3m，栖霞组和壶天组灰岩的岩溶发育深度大都超过110m，灰岩的岩溶化程度中等—强烈，导致覆盖型隐伏岩溶地区因大量抽排岩溶地下水引发岩溶塌陷与地面沉降等地质灾害及环境地质问题日趋严重。

2. 坚硬—较坚硬中—厚层状中等岩溶化碳酸盐岩组

坚硬—较坚硬中—厚层状中等岩溶化碳酸盐岩组主要由粤北连州的二叠系长兴组（P_3c），连州和阳山的泥盆系上泥盆统（D_3），英德的二叠系下二叠统（P_1），英德、怀集、阳春及廉江的泥盆系天子岭组（D_3t），阳春及廉江的石炭系梓门桥组（C_1z），开平的二叠系茅口组（P_2m）及栖霞组（P_2q）等组成。岩性主要有灰岩、白云岩化灰岩、生物灰岩及白云岩等，多为中至厚层状，坚硬—较坚硬。抗压强度与强岩溶化灰岩相差不大，岩石饱和抗压强度为91.58～135.61MPa，三轴抗剪强度为8.31～15.78kPa，内摩擦角53°～75°。岩溶发育程度中等，沿断层及褶皱轴部岩溶发育程度强烈，常发育有溶隙、溶洞、暗河等典型岩溶现象。据粤北、阳春、怀集、廉江及英德等处762个地质钻孔揭露，钻孔见洞率为12.2%～46.5%，岩溶率为5.3%～17.8%，岩溶发育深度大都超过100m。

3. 坚硬—较坚硬中—厚层状弱岩溶化碳酸盐岩组

坚硬—较坚硬中—厚层状弱岩溶化碳酸盐岩组主要由廉江、阳春及连州的泥盆系棋子桥组（D_2q），河源的泥盆系天子岭组（D_3t），连州、阳山及连平的石炭系梓门桥组（C_1z），连平、兴宁及阳春的二叠系栖霞组（P_2q）和二叠系茅口组（P_2m）等组成。岩性主要有灰岩、泥质灰岩、白云质灰岩、硅质灰岩、白云岩等，局部夹页岩、硅质灰岩。据廉江、阳春、连州、阳山、连平、兴宁及河源等处958个地质钻孔揭露，钻孔见洞率为3.2%～15.8%，岩溶率为1.28%～5.83%，岩溶发育深度大都超过85m。

4. 碳酸盐岩夹碎屑岩组

碳酸盐岩夹碎屑岩组主要由全省境内的泥盆系棋子桥组（D_2q）、东岗岭组（D_2d）、石炭系梓门桥组（C_1z）、二叠系下统（P_1）、三叠系下统（T_1）、奥陶系下统（O_1）、奥陶系中统（O_2）、粤北及河源的泥盆系天子岭组（D_3t）、开平的天子岭组上段（D_3t^b）和英德的泥盆系帽子峰组（D_3m）等组成。岩性主要为灰岩、生物灰岩、白云岩、泥灰岩夹石英砂岩、泥质页岩及炭质页岩等。碳酸盐岩夹碎屑岩组的岩石强度差异明显，其中灰岩多为坚硬岩类，岩石饱和抗压强度为123.51～183.62MPa，三轴抗剪强度为9.31～35.79kPa，内摩擦角为62°～87°；泥灰岩多为较坚硬岩类，岩石饱和抗压强度为73.32～95.28MPa；碎屑岩的各种页岩为软质岩石，岩石饱和抗压强度为48.27～81.38MPa，遇水易软化和泥化，大都与硬质灰岩呈软硬相间分布，造成岩体的力学强度各异。碳酸盐岩夹碎屑岩组内碳酸盐岩的岩溶发育程度因岩性、地质构造、地形地貌不同而差异性明显，其中韶关、罗定等地的灰岩、白云质灰岩的岩溶发育程度高，岩溶化强烈。

5. 碎屑岩夹碳酸盐岩组

碎屑岩夹碳酸盐岩组主要由分布于粤北曲江、始兴境内及粤中开平的奥陶系龙头寨群（O_3L），粤西怀集、封开等地的泥盆系信都组（$D_{1-2}x$），粤北韶关的泥盆系帽子峰组（D_3m），粤东中部三叠系四望嶂组（T_1s）等组成。岩性为粉砂岩、石英砂岩、泥岩、页岩夹灰岩、白云岩、泥质灰岩、大理岩、白云质大理岩等。碎屑岩夹碳酸盐岩组内各种岩石多呈互层或间层出现，造成岩体的力学强度极度不均，其中碳酸盐岩、石英砂岩、粉砂岩等岩石致密，抗压强度较高；页岩较软弱，抗压强度较低。各种断裂破碎带地段的碳酸盐岩岩溶发育程度高。

1.1.2 岩溶地貌发育特征

广东省岩溶地貌类型为侵蚀溶蚀构造地貌，主要分布于粤北岩溶中、低山和岩溶盆地一带，其次粤东和粤西有零散小面积岩溶地貌发育。根据广东省岩溶地貌形态特征，结合文献[1]的岩溶地貌研究成果，可将广东省岩溶地貌进一步划分为多种地貌类型（图 1.1.1）。

1. 岩溶山地

岩溶山地包括岩溶中、低山地貌，主要分布于粤北的连州及阳山北部、乐昌、韶关、梅花街、英德等地，海拔为 500～800m，相对高差 300～500m，主要由石灰岩和白云质灰岩组成。岩溶山地的山体较完整，局部低山中有细小的峰林发育，河谷稀少，切割深度不大，谷地不明显；山脊呈锯齿状，山坡陡峭，坡度 50°～70°；山地与山地之间局部常发育成槽谷，岩溶山地内发育有圆形洼地、峰林、落水洞、暗河和溶洞等岩溶现象。岩溶中山地貌大面积分布于粤北的连州、阳山、英德及乐昌西部梅花街一带，是广东省岩溶中山地貌分布最广泛的地区，如位于粤北坪石红层盆地东南部的梅花街岩溶山地，走向大致呈南北弧形展布，岩层大部分由泥盆系的天子岭组灰岩构成，地形支离破碎，低山、丘陵、峰林、洼地遍布，部分山峰高程可达 900m，谷底高程约 800m，大型河谷两旁有明显的单斜山脊；从整体上看，粤北岩溶山地的山体大都位于连江流域的中上游，北自湘粤省境南至大湾、浸潭一线，东西两面接邻大东山及连州山地，中部为一复向斜构造，基底大部分为泥盆系及石炭系的石灰岩，并夹有较多的砂页岩与煤系地层，峰林、丘陵、台地、波立谷也广泛发育，特别是河谷及盆地周围切割较深，连江切过山地的部位常形成峡谷。岩溶低山地貌主要分布于连州、阳山、乐昌、韶关及英德等地，由灰岩及白云质灰岩构成，山体一般都有细小的峰林出现，构成锯齿状山脊，峰林与构造线一致，河谷稀少，谷地不明显，山体下部重力堆积地貌极为发育，山地与山地之间少量发育成为槽谷，岩溶低山间常有宽约数百米至数千米的波立谷，表面覆盖有第四纪松散堆积物，有圆洼地、落水洞、地下河与出水洞；灰岩与砂页岩相间的岩溶低山多分布于连

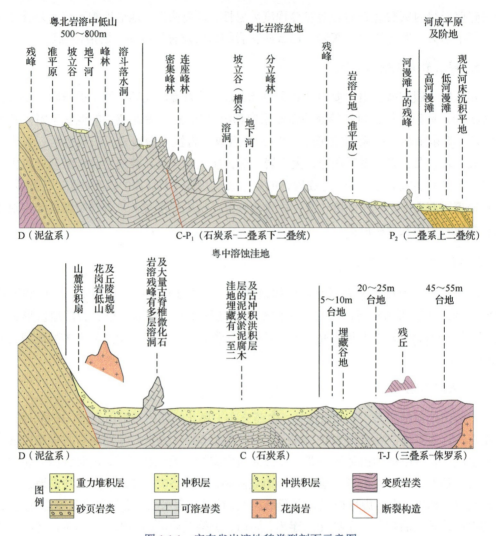

图1.1.1 广东省岩溶地貌类型剖面示意图

州和阳山的杜步、韶关以西天子岭及乳源一带，不仅细小的峰林发育，而且地上河流及地下河流发育密集，谷地深度较小，山坡较为平缓。

2. 峰林石山

峰林石山的海拔一般为50～800m，相对高差为50～500m，石山地貌经受过强烈切割及溶蚀，形成以四周山坡陡峭的石灰岩石山为主要地貌单元，它是热带地区石灰岩强烈岩溶化的结果，可细分为以下5种主要类型。

（1）连座峰林石山。峰林有如笔架山，峰林上半部分立，而下半部有基座相连；主要分布于粤北连州、阳山、英德、翁源及粤西罗定等地，地形常呈"马鞍山"状。

（2）峰丛石山，主要分布于连江下游大湾西北及阳春潭水西北一带，岩溶山地经溶蚀—剥蚀成为密集而陡峭的峰丛，其相对高度为100～200m，峰丛下部仍有基座相连，峰丛排列方向与地质构造线走向一致，常呈平行状排列，峰丛之间常被槽谷隔开；峰丛石山之间各种溶洞、溶斗、地下河、小型岩溶湖和出水洞等岩溶现象发育，峰丛的山脚部分有重力堆积群，槽谷或圆洼地内有松散堆积层。

（3）峰林石山，指峰林已经分离成为许多单个突起的石山，相对高差为100～220m，峰林石山已经没有共同的基座，成为平地突起的群峰；石山的石芽、石沟发育，内有溶洞，溶洞可见石钟乳及石笋发育，且常有磷灰石沉积，溶洞内常发育有地下河和地下湖；主要分布于英德、韶关、翁源、云浮、罗定、阳春、高要、龙门、蕉岭等地。

（4）石山（岩溶孤峰），指平地突起的孤峰，如韶关马坝附近较为常见。

（5）石灰岩与砂页岩相间的峰林石山，主要分布于连州及阳山的东坡附近，突起于平原之上，石山的石灰岩地带多形成陡坡地貌，砂页岩之处则形成缓坡地形，相当于半岩溶化山地。

3. 岩溶丘陵

岩溶丘陵包括灰岩的岩溶化丘陵及灰岩夹砂页岩的岩溶化丘陵等两类。零星分布于连山、阳山、连州、连南的寨岗及英德北部等地，高程一般为200～500m，峰林发育，山体连续性较差，山坡较陡，山顶尖棱，岩石裸露，峰林、石芽、石沟和溶洞分布广泛。

4. 岩溶台地

岩溶台地高程一般小于200m，相对高差较小，一般呈舒缓起伏的台地，其上散布有残余丘状石山、石林及石芽等，包括岩溶台地和发育砂页岩夹层的岩溶台地等两类。岩溶台地发育有较厚的残积红土层（残丘），残丘之间常有冲积层或其他松散层所覆盖，或为舒缓起伏的台地，上有较厚的残积层，残积层之下发育有石芽、石沟等埋藏岩溶地貌。局部岩溶台地的起伏受页岩影响，残积土的厚度较大，如连阳七拱岩溶台地、罗定东部岩溶台地及灵山至檀圩一带岩溶台地等常见这种厚层残积土发育。

5. 峰丛洼地

碳酸盐岩经溶蚀形成基座高低不一的溶蚀山峰，聚集成簇，进而演化成峰丛及孤峰。峰丛之间常发育有四周高、中部低、相对封闭的洼地（图1.1.2和图1.1.3），洼地内局部发育有孤峰，洼地底部有落水洞。峰丛洼地主要分布于连南、连州、阳山及乳源的大布、古母水，英德的沙口和阳春潭水西北等地，岩溶山地大都溶蚀剥蚀成密集且陡峭的峰丛，相对高差常为100～200m，具有群峰簇拥和立壁千仞的地貌特征，山峰常呈尖齿状，如连州—阳山西部的岩溶中、低山一带分布广泛，山地与峰林之间常见有槽谷及峰丛洼地，特别是水竹塘至马鞍一带的峰丛洼地，洼地边缘往往有地下河流出口，溶洞成层分布。一般而言，巍峨耸立的峰丛之间常形成串珠状洼地，宽为10m至数百米，长为几公里至数十公里不等。峰丛洼地的地势大都较平坦，地表分布有第四纪松散堆积层，且发育有规模不等的各种溶洞、溶斗、暗河，石沟、石芽星罗棋布，如英德市黄花镇境内的岩背及德岗一带，石芽和落水洞广泛发育，石芽大都分布于山坡地带，或矗立于漏斗周围，

图 1.1.2 峰丛洼地（英德市英西地质公园北部）

图 1.1.3 峰丛洼地（韶关市乳源瑶族自治县大桥镇）

石芽一般高为 0.4～4.5m，多呈纵向排列状，以走向 285°～310°为主，与地层走向基本一致，石芽表面溶沟、溶槽发育，石壁凹坑、槽穴密集，顶部受雨水溶蚀冲刷，芽顶锋利，高低不平，蜿蜒起伏，错落有致，常组合形成岩溶石芽群（图 1.1.4），落水洞沿北西向呈串珠状分布，与溶蚀洼地、天坑相伴而生，为岩溶地表水的入渗通道，落水洞大小不一，平面形状呈似圆状或椭圆状形态。

图 1.1.4　岩溶石芽群（英德市黄花镇德岗）

6. 峰林谷地

从整体上看，广东省境内的峰林一般都呈直立状，但局部地段也有成片倾斜的山峰，这主要是由碳酸盐岩地层受地质构造作用所致，如英德市岩溶斜峰林群（图 1.1.5）。峰林谷地多分布于英德、韶关、翁源、乳源、云浮、罗定、阳春、高要、龙门及蕉岭等地的岩溶峰林片区内部。山峰呈尖锥状，峰林间常分离成大量单个突起的石山（图 1.1.6 和图 1.1.7），群峰林立，谷地开阔平坦，可溶岩石山的石芽、溶穴、溶沟、溶槽、溶蚀裂隙等岩溶现象常见（图 1.1.8 和图 1.1.9），伏流多发育于峰林谷地内部。

图 1.1.5　岩溶斜峰林群（英德市荣强一带）

图 1.1.6　岩溶峰林谷地（英德市五指山）

图 1.1.7　岩溶峰林谷地（英德市英西地质公园南部）

图 1.1.8　岩溶石芽、溶穴（韶关市乳源瑶族自治县大桥镇）

图 1.1.9　溶沟、溶槽、溶蚀裂隙（乐昌市甘子坑）

1.1.3　岩溶盆地发育特征

从整体上看，广东省境内的岩溶盆地可划分为韶关—南雄凹陷盆地、连州—翁源凹陷盆地、怀集—罗定丘陵盆地、粤西云雾山南部富霖盆地和漠阳江中上游凹陷谷地等盆地及谷地片区。广东省主要岩溶盆地的基本发育特征如下所述。

（1）韶关—南雄凹陷盆地。岩溶盆地内的乐昌、仁化、韶关、始兴等岩溶断陷盆地的地势较低，且多发育大型河流，江河两岸局部分布有4~5级条带状阶地（冲积平原），其中第4级阶地和第5级阶地被分割成残丘状的基座阶地，四周为山地所环绕；组成盆地的岩性复杂，除仁化南部一带为古近-新近系紫红色岩系外，其余均由砂页岩、石灰岩、花岗岩等构成；地质构造运动和长期溶蚀剥蚀作用，造成地表变得低平破碎，地貌类型组合复杂，主要有丘陵、台地、阶地、冲积平原及岩溶、丹霞地貌等。乐昌岩溶盆地的北、东、西三面为蔚岭及瑶山，南以天子岭低山与韶关岩溶盆地分界，武水从盆地中间穿过，地质构造处于曲江复向斜的西北段，可溶岩主要为泥盆系灰岩；盆地内冲积平原和河流阶地发育，武水两岸高差2~4m的河漫滩分布广泛，覆盖层岩土体物质具二元结构特征；盆地内丘陵多排列成行，整体沿东北—西南走向，岩溶残丘较多，石芽、石沟和多层溶洞发育。韶关岩溶盆地呈菱形展布，盆地内大部为丘陵、台地，冲积平原发育，岩溶地貌发育较好，除北江两岸之低丘陵地形起伏较小，冲沟发育外，其他部位的岩溶丘陵内石芽突起，地形起伏较大；马坝及枫湾一带发育的岩溶峰林，个别高达300~500m，风景雄伟秀丽，狮子山岩溶残丘外形陡峭，并发育有四层溶洞，洞内因发现有古脊椎动物和马坝人头骨化石而闻名于世。

（2）连州—翁源凹陷盆地。主要包括连州、连南、阳山、英德、翁源及乳源等地的断陷盆地，且都为复向斜构造，基底大部分为泥盆系地层，小部分为石炭系地层，且石炭系的石灰岩夹有较多的砂页岩及煤系，是广东省岩溶盆地分布最广泛的地区。盆地内地质构造复杂，褶皱发育剧烈。由于岩性和发育阶段不同，岩溶盆地内形成的低山、丘陵、台地等岩溶地貌也各不相同，如连州—阳山一带的灰岩集中分布区内多发育成岩溶低山、丘陵、峰林谷地、峰丛洼地等岩溶地貌类型，不仅落水洞、漏斗、暗河等各种岩溶现象发育，而且还发育有宽数百米至数公里的坡立谷；连州—东陂盆地、翁江盆地等由泥盆系及石炭系的灰岩、二叠系的石英岩、灰岩、砂页岩及红色碎屑岩等组成，盆地内冲积平原、河流阶地、半岩溶化山地和低缓丘陵发育，不同的地层岩性具有不同的地貌形态特征。

① 英德盆地：盆地位于北江中游，东南以滑石山山脉为界，北面是大东山山脉，南面为一系列的花岗岩低山、丘陵，西面主要为呈西北—东南走向的罗壳山山脉屏障，北江及连江贯穿盆地东西两缘，造成冲积平原及阶地广泛发育，地貌类型主要有流水地貌及岩溶地貌等。英德岩溶盆地为一复向斜构造，为英德弧形断裂带的一部分，区内地质构造复杂，地势低平、地形破碎，石炭系灰岩组成的岩溶地貌普遍发育，广东省内较大的溶洞、暗河等都发育于此，特别是英德宝晶宫大型溶洞具有极大的旅游价值。由于岩性及发育阶段的差异，所形成的岩溶地貌也各有不同，其中峰林石山约占全区面积的18%，分布于北江及连江河谷两旁，如英德、犀牛、大湾等地，尤其是大湾附近最为典型，多数为密集峰林，海拔300～500m，相对高差为100～200m，峰尖坡陡，岩溶峰林的天际线为深锯齿形状，鞍部接近基底，其排列方向与西北—东南岩层走向一致，峰林上露石嶙峋，石芽、石沟、漏斗及溶洞发育，局部有地下河流通过。英德城区附近峰林石山的鞍部离基底高差较大，英德城南的碧落岩发育有地下河。峰林石山与丘陵地形发育有岩溶漏斗、溶洞及圆洼地，溶洞以西部为多，且多靠近河谷，洞口形状极不规则，深可达10～20m或更大，宽为5～15m，其中最底层溶洞相当于河床面的高程，为现今暗河的出口，洞内石钟乳、石笋发育，洞底堆积有薄土层。单个溶蚀洼地的面积为0.3～1.5km²不等，四周为陡壁所围绕，坡度为30°～40°，大者为50°～60°，壁高为50～60m。岩溶漏斗最为发育，平面常呈椭圆形或圆形，大小不一，最大者直径为50m，剖面以石碟状为多，锥形也常见。落水洞一般为井状、裂隙状，深数十米，分布于暗河入口处较多。

② 连州盆地：盆地内冲积平原相对高差为5～6m，面积较大，覆盖层物质的二元结构明显，上层为黏土粉砂层，下层为砾石层。连州城区附近相对高差为12～15m的基座阶地分布广泛，上部覆盖砾石层，厚约为2m，砾径一般为0.5～10cm，成分为砂岩或砾岩，磨圆度中等，下部为石灰岩基座。

③ 连州—东陂盆地：盆地从东陂至三江呈南北向延伸，其北段为东陂向斜，由泥盆系石英岩、石炭系石灰岩及白垩系红色碎屑岩组成；南段属连州地堑谷地，基岩为石炭系和二叠系的灰岩及煤系地层，局部为古近-新近红色碎屑岩分布。由于地质构造及岩性复杂，盆地内发育了多种地貌类型。东陂到西岸圩为灰岩与页岩互层的平原地带，半岩溶化的峰林点缀其间，海拔200～250m，岩溶化程度不如纯灰岩地区，仅发育有少量的石芽及石沟。

④ 犁埠—寨岗盆地：犁埠—寨岗盆地位于连阳向斜与连山隆起的接触带部位，地质构造和岩性较为复杂，形成了多种岩溶地貌类型。寨岗盆地为一断层盆地，其岩层主要为石炭系和二叠系的灰岩，寨岗东南的天子岭和酒饼岭为海拔200～300m的岩溶丘陵；寨岗至白芒一带的河谷可见有相对高差为2m的河漫滩、相对高差为10m的冲积平

原及相对高差为20m的基座阶地。犁埠盆地主要为古近-新近系的紫红色砂页岩及二叠系的煤系地层，其地貌以紫红色岩层低丘陵为主，海拔150~200m，切割强烈，起伏较大；岩溶地貌主要发育于盆地南部，岩溶虽然发育深度不大，但山地外形尖峭，岩石裸露，山地之间往往形成槽谷。犁埠盆地四周的笔架山、白石眉、金鸡石、鲤鱼山等为岩溶低山，海拔700m，呈北北东—南南西走向展布，溶洞成层分布，底部有地下河与出水洞，且流量较大。峰林石山主要见于犁埠以南与寨岗以东的尖山、鬼头山一带，由于灰岩地层向西北倾斜，峰林石山发育成连座单斜式，并与圆洼地交错分布。

⑤ 杜步—七拱盆地：盆地自阳山青莲一带的连江谷地经杜步、七拱、太平向西南一直延伸至白莲，呈北北东—南南西走向，盆地基底为古生代及中生代的灰岩、砂页岩及花岗岩构成。石炭系灰岩及砂页岩构成的半岩溶化山地与丘陵分布较广，如杜步圩北部的雉鸡尾等岩溶山地，其海拔为550~600m，由于不同性质的岩层夹杂其间，岩溶地貌发育不显著，其形态与一般砂页岩或花岗岩山地相近，地形较为圆缓，岩溶地下伏流和山麓洪积扇发育。七拱、太平附近零星分布有半岩溶化丘陵和台地，其丘陵露头较多，台地则起伏微缓；泥盆系天子岭组灰岩、白云岩或白云质灰岩所形成的岩溶低山，呈小块状分布于七拱、太平西面，如大担岭与大岩顶，其岩溶化程度较低，仅于山顶或河谷附近有基岩裸露，局部形成峭壁。

⑥ 翁江盆地：翁江盆地为瑶岭、雪山嶂与九连山之间的一个盆地，包括青塘、大镇、新江、翁城、官渡、龙仙及坝子等地。盆地为翁江复向斜构造，岩层主要有泥盆—石炭系的灰岩、砂页岩及部分中生代花岗岩；盆地内丘陵、平原及部分岩溶丘陵与峰林石山发育，地势起伏较大。翁城、大镇、坝子及周陂等地普遍可见低缓冲积平原与阶地发育，如翁城附近发育有相对高差1m左右的河漫滩及相对高差为2~2.5m的冲积平原。从整体上看，冲积平原的第一级堆积阶地相对高差大多为4~5m，上部覆盖有2~3m厚的砾石层，砾径大小为2~20cm不等，磨圆度良好，成分为砂岩、石英砂岩；第二级阶地相对高差为15m左右，砾石层与第一级阶地相同，但上部为红色黏土层，阶地表面平坦；第三级阶地为相对高差为35~40m的基座阶地，阶地表面仅可见到零星的砾石，由于外力长期的侵蚀切割，形态已不完整，为起伏和缓的台地，但覆盖有较厚的红土层；第四级阶地为相对高差为60m左右的基座阶地，切割极为剧烈，多形成桌状丘陵，阶地表面仅有零星的古河流砾石残存。青塘、龙仙附近密集分布有小面积的峰林石山，孤立陡峭的石峰矗立于平地之上，石芽、溶洞、石钟乳及石笋等发育良好。翁源青塘附近的峰林石山发育有三层溶洞（图1.1.10），其分布位置高程都可与当地的冲积平原或阶地的高度相对应：第一层溶洞相对高差为3~4m，下部有出水洞，其高度与冲积平原大致相同；第二层溶洞相对高差为9~11m，洞底与第一级阶地高度相对应，洞穴堆积层厚为2~3m，由没有石化的田螺壳、蚌壳、龟及哺乳类动物骨骼混杂堆叠而成，大都被钙化胶结成磷矿层，洞穴沉积物内存在较多的新石器时代的遗存；第三层溶洞相对高差为17~20m，洞底与第二级阶地高度相近。

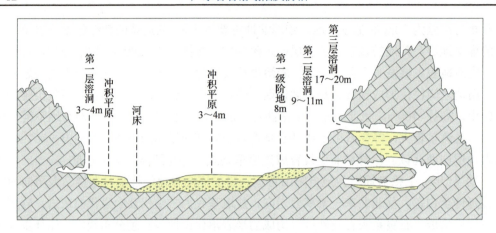

图 1.1.10　翁源青塘一带岩溶地貌综合剖面示意图（引自文献[1]）

（3）怀集—罗定丘陵盆地。盆地位于广东省西部，沿粤桂边境呈条带状分布，从怀集盆地开始，沿绥江流域，横切西江，接罗定盆地及云开大山的东南端，直至信宜市的西北部。地貌形态比较复杂，有低山、丘陵、台地及面积狭小的岩溶地貌和冲积平原，以侵蚀作用为主，地形变化较大。怀集—罗定丘陵盆地属新构造运动轻度隆起区，高程一般为 300～500m，相对高差为 50～300m，河流侵蚀切割作用强烈。忠说山地区为复背斜构造地段，中间发育有峰丛洼地，呈近南北向分布。

（4）粤西云雾山南部富霖盆地。富霖盆地主要发育有沿北东方向排列的大理岩和石灰岩构成的岩溶残丘地貌。因受断裂构造影响，山坡陡峭；山脊呈钝齿状起伏；山峰陡峻，且河流多直角拐弯，水量丰富，河流下切强烈，峡谷呈"V"形。云雾山东侧河流下切形成的深谷相对高差可达 300 多米。

（5）漠阳江中上游凹陷谷地。从地质构造上看，漠阳江中上游凹陷谷地属阳春褶断带，地形为呈北北东走向的长条状地堑谷地，断裂作用使谷地内灰岩褶皱强烈，谷地西侧多为较古老的砂页岩地层，故有复向斜构造形式，谷地的西南部山前地带常发育有洪积扇。谷地自春湾北部潭围附近开始，沿着西山山脉东麓，向西南延伸至八甲，东边为天露山、西边为云雾山所包围，长约为 85km、宽为 5～20km。漠阳江沿此凹陷带流经其间，由北北东流向南南西，至马水圩附近转向东南流出谷地，支流有潭水河、蟠龙水等从东、西两个方向汇入漠阳江。这些支流汇入漠阳江主流前往往形成一小型岩溶盆地，而后切穿盆地注入主流，如蟠龙水在罗旺岗以上为一盆地，盆地北面大鹏岭山麓冲积锥发育，蟠龙水蜿蜒分布于盆地之中，至罗旺岗附近切穿山丘，并呈急拐弯而流入主流。漠阳江中上游凹陷谷地的地貌类型以冲积平原、岩溶台地和峰林石山等为主，溶蚀现象十分发育，有峰林、溶洞、地下暗河等。漠阳江两岸冲积平原宽阔平坦，分布面积最大，基岩多为隐伏可溶岩，岩溶发育程度高。岩溶台地可划分高程为 20～25m、10～15m 和 10m 以下等三级台地，其中以高程为 20～25m 的岩溶台地分布最广，10～15m 高程的岩溶台地次之。春城第二中学附近 10～15m 的阶地分布有 1.2m 厚的砾石层，砾石磨圆度良好，砾径为 3～5cm，其下部为古生代的砂页岩。南部潭水至八甲一带阶地内缘常被山麓洪积物和坡积物覆盖，八甲附近高程为 10～15m 阶地组成物质为上部砂壤土层和下部粗砾石层的二元结构覆盖层。台地内由于散流片蚀作用强烈，常见露头和残积碎屑，坚硬岩层则形成小型陡崖坡。受地质构造的影响，台地分布多呈东北—西南向。台地之间发育有谷地和走向基本一致的岩溶峰林，台地、谷地、峰林成行并列，河流横切常形成横谷。岩溶石山零星分布，散立于冲积平原之内，春湾、大垌以及潭水以北的岩溶峰林则较为集中。春湾附近岩溶峰林石山一般为连座石山，顶部约为同一高度，高出平原60~80m；大垌附近构成峰林之石灰岩倾向北西40°，倾角近垂直，峰林之间有狭长的溶蚀洼地，溶蚀洼地的覆盖层为冲积物。峰林石山内一般发育有不同高度的三层溶洞，著名的溶洞有凌霄岩、崆峒岩、龙宫岩等，其中最低一层溶洞高度与现代冲积平原面基本相对应，溶洞发育完整；第二层溶洞高出冲积平原面5~7m，如崆峒岩东侧洞口的岩壁可见河流砾石层，砾石层厚约2m，砾石磨圆度中等，砾石成分为砂岩和石灰岩，砾径3~5cm，砾石层为当时地下河堆积而成；第三层溶洞高出冲积平原地面20~25m，春湾附近一带多见，该层溶洞内灰岩裂隙发育、岩层崩塌剧烈，洞顶可见有天穹，崆峒岩溶洞内的石钟乳和石笋等发育良好。

除上述主要岩溶盆地外，广东省境内其他地方还发育有少量岩溶盆地，但规模不大，且大都为隐伏岩溶盆地，如粤东梅州的梅蕉岩溶盆地、惠州龙门的龙江岩溶盆地、广州的广花岩溶盆地、深圳的龙岗岩溶盆地和粤西的廉江岩溶盆地等。

综上所述，广东省境内岩溶较发育的碳酸盐岩主要有二叠系、石炭系和泥盆系的白云质灰岩、灰岩及泥质灰岩等。据近年来的地质钻探资料，可溶岩的岩溶率最高可达58.3%。从整体上看，质纯厚层的灰岩及白云质灰岩岩溶发育，白云岩和大理岩次之，泥质和炭质灰岩最差；断裂带附近构造裂隙发育，有利于地下水的循环交替，岩溶特别发育，溶蚀洞穴的规模大，数量多，且岩溶的发育深度大；褶皱轴部及倾伏端转折部位的张性裂隙密集，溶洞、溶孔及溶隙发育，地下暗河常发育于褶皱轴部一带。裸露型地表岩溶的形态以石芽、溶沟、干溶洞、漏斗、落水洞等为主；覆盖型岩溶和埋藏型岩溶的形态主要有溶洞、暗河、溶穴、溶沟、土洞及溶槽等。据不完全统计，全省发育有暗河83条，其中粤北有76条，长度一般为5.0~19km，特别是乳源瑶族自治县古母水东南的称塘岩暗河的长度较长，可达28km。溶洞的规模大小不一，形态多样，数量众多。出露于地表的大型溶洞最著名的有肇庆七星岩、英德宝晶宫、阳春的凌霄岩、龙宫岩及崆峒岩、阳山神笔洞和连平内莞的圣迹苍岩溶洞等，洞内岩溶景观千姿百态，一般长数百米至几千米，高度为30~50m者居多。岩溶地貌发育，主要有岩溶山地、峰林石山、岩溶丘陵、岩溶台地、峰丛洼地和峰林谷地等地貌类型。岩溶盆地分布广泛，盆地内冲积平原、河流阶地、岩溶谷地和岩溶台地一带的隐伏岩溶发育，可溶岩的溶蚀作用强烈，是广东省岩溶塌陷地质灾害的主要发育地带。

1.2 广东省岩溶塌陷灾情特征

1.2.1 岩溶塌陷基本类型

据广东省岩溶塌陷地质灾害的历史统计资料分析，引发岩溶塌陷活动的动力因素主要以各种人类工程活动为主，如人工过量抽排地下水、地面动荷载振动、地面静荷载增加、地下采矿坑道突水突泥及隧道工程开挖等；其次为自然地质因素，如强降雨引发的地表水入渗、旱涝交替效应、河流及水库水位变化等。通过对近年来广东省相关岩溶塌陷地质灾害调查工作成果[2-12]的详细分析和对广东省各地典型岩溶塌陷的系统性研究，从整体上看，按岩溶塌陷形成的主要诱发因素和地质环境背景特征，可将广东省岩溶塌陷地质灾害的基本类型划分为自然因素引发的自然岩溶塌陷和人类工程活动引发的人为岩溶塌陷等两种主要类型。自然岩溶塌陷主要有降雨入渗引发的岩溶塌陷、河流及水库水位涨落引发的岩溶塌陷和旱涝交替引发的岩溶塌陷等三类；人为岩溶塌陷主要有抽排地下水引发的岩溶塌陷、岩溶隧道开挖突水突泥引发的岩溶塌陷、地面动荷载振动引发的岩溶塌陷、工程施工机械贯穿隐伏灰岩内溶洞顶板引发的岩溶塌陷和矿山开采活动引发的岩溶塌陷等五类。表1.2.1是广东省境内不同类型岩溶塌陷活动的时间分布特征统计。从表1.2.1中可以看到，1980年以前，广东省境内自然因素引发的岩溶塌陷较多，人为因素引发的岩溶塌陷较低；1981~1995年，各类人为岩溶塌陷的数量开始上升；1996~2020年，人为岩溶塌陷的数量明显增加，人类工程活动引发的岩溶塌陷数量可达同期岩溶塌陷总数的75%以上，说明人类工程活动已成为当前岩溶塌陷地质灾害的主要引发因素。

表1.2.1　广东省岩溶塌陷活动的时间分布特征统计（1965~2020年）

岩溶塌陷类型	1965~1980年		1981~1995年		1996~2020年	
	塌陷次数/次	占总数比例/%	塌陷次数/次	占总数比例/%	塌陷次数/次	占总数比例/%
降雨入渗岩溶塌陷	198	33.50	228	18.98	316	16.22
河流及水库水位涨落岩溶塌陷	25	4.23	37	3.08	41	2.11
旱涝交替岩溶塌陷	91	15.40	109	9.08	116	5.96
抽排水岩溶塌陷	153	25.89	432	35.97	753	38.66
隧道开挖岩溶塌陷	3	0.51	52	4.33	115	5.90
地面振动岩溶塌陷	8	1.35	103	8.58	152	7.80
机械贯穿岩溶塌陷			21	1.75	98	5.03
矿山开采岩溶塌陷	113	19.12	219	18.24	357	18.33

1.2.2　岩溶塌陷灾情特征

广东省人口众多，自然地理、地质构造和气候演变特征复杂。近年来，随着人类工程活动对地质环境的改造作用日趋强烈，广东省各地岩溶塌陷的发生频率逐年上升，岩溶塌陷的规模也越来越大，岩溶塌陷活动频繁，对工程建设活动和人民生命财产安全造成了严重的危害。从整体上看，广东省岩溶塌陷活动造成的人员伤亡数量较多、经济损失大、突发性程度高，且受人类工程活动作用的控制；从局部上看，由于广东省各地岩溶发育的地质环境条件及人类工程活动强度的差异性大，造成不同地区岩溶塌陷的类型和发育程度各不相同，岩溶塌陷地质灾害的灾情特征具有明显的地域性和显著的差异性。

1. 岩溶塌陷频发，人员财产损失严重

广东省岩溶塌陷点多面广，活动频繁，特别是人类工程活动引发的岩溶塌陷，常常造成人员伤亡和财产损失，对广东省隐伏岩溶分布地带人民群众的生命及财产安全构成了极大的威胁。近年来，广东省造成人员伤亡及重大财产损失的典型岩溶塌陷地质灾害事件如下：

（1）清远市清城区沿北江一带为隐伏灰岩地带，地下岩溶发育，隐伏灰岩的上覆第四系土层结构松散，厚度为6.5~15.8m。1998年9~12月持续性干旱，降雨量较往年明显减少，北江水位急剧降低，河床裸露，导致沿江一带隐伏灰岩地带的地下水位持续下降；1999年5月23日突遇强降雨过程，北江清远段一带降雨量很大，特别是清远市清城区局部24h降雨量达182mm，强降雨过程导致北江水位快速上升，从而造成清远市清城区北江段两侧河堤附近地下水位随之抬高。地下水位的快速抬升直接引发清远市政府大院背后的北江防洪堤外侧的河漫滩于1999年5月25日发生岩溶塌陷，地表形成一圆形塌陷坑，塌陷坑的直径为25m，可见深度8m，岩溶塌陷直接危及北江防洪堤的安全，灾情严重。

（2）2003年8月4日10:25，阳春市大河水库移民安置区西区4巷137号至142号共6栋楼房突然发生塌陷下沉，其中142号楼近半倒塌；139号、140号、141号楼虽未倒塌，但呈近60°角倾斜；137号、138号楼沉降幅度约6m，上部倒塌，造成2人死亡。岩溶塌陷中心区面积约800m²，受其影响区面积约1万m²。2巷巷口水泥路面也发生塌陷，塌陷坑直径大于5m，附近的45号至48号共4栋楼房受牵拉影响，楼房墙根边发生开裂，裂缝宽3cm。2004年8月30日6:00，原楼房塌陷区东侧的二区4巷16号楼门口地坪再次发生地面塌陷，塌陷坑上部直径为0.6m，下部直径为1.5m，深度约0.8m；大安北路5巷1号、2号、3号楼存在房裂加宽现象，大安小学教学楼前地面沉降造成教学楼基础发生裂缝。岩溶塌陷造成2人死亡，直接经济损失约380万元。

（3）2005年1月7日至5月27日，惠州市龙门县平陵镇祖塘、山下和大围村一带约2.3km²的范围内发生多处岩溶塌陷，累计产生塌陷坑18个，一栋一层的房屋倾斜、下沉，70余户居民的房屋墙体出现不同程度的开裂变形。平陵镇祖塘、山下和大围村一带地处隐伏岩溶盆地，隐伏岩溶的溶蚀作用强烈，覆盖层底部土洞发育。岩溶塌陷主要是由于2004年8月至2005年5月平陵镇一带长期干旱少雨，累计降雨量仅为多年平均降雨量的35%，持续的干旱造成岩溶塌陷地带的区域地下水位急剧下降，村民的水井干枯，最终导致土洞变形、扩展，形成岩溶塌陷地质灾害。岩溶塌陷造成的直接经济损失超过200多万元，严重威胁130多位村民的生产及生活安全。

（4）2008年2~11月，由于武广高铁金沙洲地下隧道施工过程抽排地下水，佛山市南海区大沥镇黄岐二中和敦豪物流中心等地段先后发生8处岩溶塌陷和地面沉降地质灾害，给人民生命财产造成了极大的危害。特别是黄岐二中校园内累计发生6处地面沉降及3处岩溶塌陷（图1.2.1），对黄岐二中的教学楼、科学楼、食堂、学生宿舍、运动场及停车场等设施构成了极大威胁,教学楼及学生宿舍成为危楼,造成全校师生共 1 300 多人搬至盐步中学进行教学。岩溶塌陷虽未直接造成人员伤亡,但造成的直接经济损失约为 1.2 亿元,受岩溶塌陷威胁的总人数超过 1 500 人,估算潜在经济损失约为 2 亿元。

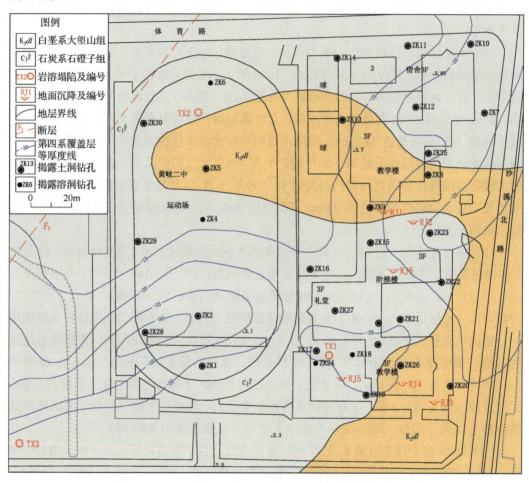

图 1.2.1　佛山市南海区大沥镇黄岐二中岩溶塌陷工程地质图

(5) 2010 年 9 月 4 日凌晨,广东省五华县岐岭镇三多齐村由于岐岭河内长期开采河砂,导致河流水位急剧下降,破坏了三多齐村一带地下隐伏岩溶的地下水位平衡,引发岩溶塌陷,塌陷坑位于一幢三层居民楼内,造成两人掉入坑内失踪。

(6) 2017 年 5 月 4 日上午,广州市花都区赤坭镇瑞岭村大东二社东一巷 3 号住宅西侧路面及室内发生岩溶塌陷(图 1.2.2)。塌陷坑位于大东二社东一巷 3 号与 4 号住宅之间的村道处,离 3 号住宅西侧外墙约 0.6m,塌陷坑平面呈近圆形,直径约为 1.9m、深约为 2m,坑内无积水。岩溶塌陷造成 3 号住宅室内地面悬空,房屋墙壁及地面多处开裂。塌陷坑位置基岩为石炭系石磴子组灰岩,岩溶发育程度高,溶洞和土洞发育;村民大量抽取地下水作为生活用水及花木场浇地用水,人为抽取地下水造成地下水

图 1.2.2　广州市花都区赤坭镇瑞岭村东一巷 3 号住宅西侧路面及室内发生岩溶塌陷

位降低，使得地下水的潜蚀作用加强，从而引发岩溶塌陷。岩溶塌陷地质灾害直接导致 3 号住宅报废。

2. 破坏交通设施，中断交通运输，影响工程施工

广东省岩溶塌陷的突发性强，活动频繁，经常毁坏不同类型的交通设施，对交通干线的运输安全造成了极大的危害。每年的台风暴雨季节，广东省各地的隐伏灰岩地带，都不同程度地遭受岩溶塌陷的破坏，岩溶塌陷对公路、铁路运输和工程施工造成了极大的威胁。近年来，广东省危及交通运输安全的典型岩溶塌陷地质灾害事件如下。

（1）1987 年 4 月 5 日，京广铁路山子背车站 K2057+863 车站 I 道线路中心路基突然发生岩溶塌陷，塌陷坑洞口直径为 1.5m，垂直可测深度为 3.5m，岩溶塌陷严重威胁铁路的营运安全。京广线山子背车站原有二股道，路基基底土层厚度为 5～7m，K2057+350～K2058+204 为石炭系石磴子组浅灰、青灰中厚层状灰岩，质纯坚硬，具溶蚀现象，局部夹炭质页岩，地下水丰富，岩溶发育强烈。自 1986 年下半年以来，K2057+120 线路纵断面沉陷明显。经物探、钻探查明，站内有 5 段岩溶发育带，沿线路方向长度为 320m。K2057+230 左侧为 65m 处空军水泥厂的两口生产水井长期抽取地下水（抽水量 1 800～2 000t/d）是路基塌陷病害的形成原因。

（2）1987 年 5 月 16 日，京广铁路冬瓜铺车站 K2104+320 线路右侧为 5～6m 处发生直径为 8.5m、深为 6m 的圆形岩溶塌陷坑，使刚填筑好的复线路堤约 115m³ 土体陷入地下。1994 年 12 月 19 日，K2107+080 处 8 号岔尖轨前 5m 位置上行线与石矿线间发生岩溶塌陷，塌陷坑口直径 0.8～1m，坑内中部直径为 1.95m、深度为 2.3m，造成列车立即慢行抢修。1995 年 2 月 18 日，K2107+083 处 8 号岔尖轨前 2m 位置上行线道心至右侧枕木间发生岩溶塌陷，塌陷坑口直径为 1m，坑口底部直径为 1.3m、深度为 1.5m，列车立即慢行抢修。1996 年 11 月 28 日，K2107+068 左侧为 47m 处稻田内产生岩溶塌陷，塌陷坑口直径为 2.7m、深度为 0.8m。地质钻探揭示地下水埋深为 5.3～9.6m，地下水位受季节变化及北江河水涨落的影响，变化幅度为 6～10m，地下水赋存于卵石层内，卵石层富水程度高；地下水的补给来源，除降雨和北江水位上涨时补给外，铁路左侧一级阶地后缘的石灰岩山体一带大量的出水点补给一级阶地内的地下水。经 K2106+450 左侧为 200m 处的水井抽水试验得知,岩溶裂隙水的日涌水量为 1 268t/d,可见岩溶水相当丰富。岩溶塌陷造成铁路运输中断,车站内供水水井停产。

(3) 2003 年 9 月 11 日凌晨,广州珠江大桥扩建工程桩基础施工钻至地表下 28m 左右时,施工机械击穿埋藏型可溶岩的隔水顶板,钻探机具塌落进入地下溶洞内,引发岩溶地面塌陷,塌陷坑呈圆形,直径为 21m,面积约为 300m^2,深约为 10m。虽然岩溶塌陷地质灾害没有造成人员伤亡,但造成三条车道被切断,交通出现大规模堵塞。

(4) 武广客运专线英德段线路位于北江复向斜盆地内,地貌类型为峰丛谷地及岩溶盆地,区内主要有横石塘岩溶盆地、英德峰丛谷地。英德峰丛谷地分布于英德城西一带,特别是附城一带,岩溶发育程度高,呈现为山前冲洪积平原地貌,地势平坦,地面高程为 67~90m,相对高差为 2~20m;横石塘岩溶盆地位于黄思脑复背斜山前地带,盆地中北东向背斜和向斜发育。武广客运专线通过地段内主要为溶蚀山间冲积平原及低丘地貌,地面整体高程为 61~93m,相对高差为 5~32m,地形较为开阔,平坦地段多开垦为水田、鱼塘,低丘植被发育。第四系覆盖层以冲洪积、坡积、坡残积粉质黏土、卵石土为主,多呈粉质黏土和卵石土互层的多元结构。据武广客运专线英德段地质钻探资料统计,土洞主要发育于灰岩顶板附近覆盖层接触带内,这类土洞约占覆盖层内土洞总数的 96%,仅有少量土洞发育于覆盖层土体内部;从土洞充填情况看,土洞以半充填和空洞为主,土洞高度绝大部分小于 2m,土洞顶板为粉质黏土层。英德盆地北东及其支流为英德一带的溶蚀基准面,主要发育石炭系石磴子组可溶性碳酸盐岩,分布广泛,其次为泥盆系天子岭组和东岗岭组灰岩。钻孔揭露直径小于 1m 的溶洞占溶洞总数的 53.5%。2003 年武广客运专线英德段沿线地质钻探施工结束之后的 3 个月内,钻机施工沿线累计发生岩溶塌陷 13 处(表 1.2.2)。岩溶塌陷给武广客运专线英德段的施工和当地居民的日常生活造成了较大的危害。

表 1.2.2　武广客运专线英德段岩溶塌陷发育特征统计

岩溶塌陷点位置	塌陷坑规模		第四系覆盖层		隐伏可溶岩地层
	直径/m	深度/m	盖层结构	厚度/m	
DK2033+501.20 右 5.6m	5~6	0.5	双层	14.5~17.5	石炭系石磴子组
DK2033+762.80 左 0.6m	2~3	2	双层	7.8~15.5	石炭系石磴子组
DK2039+585.55 左	2	1.5	双层	12.7	石炭系石磴子组
DK2039+585.55 右	2	1.5	双层	12.7	石炭系石磴子组
DK2040+786	4×3	6.5	单层	7	石炭系石磴子组
DK2041+178	2.5×1.2	0.6	双层	8.4	石炭系石磴子组
DK2044+735.15	1~2	2	单层	5.5~7.2	石炭系石磴子组
DK2044+996.75	1~2	2	单层	5.7~11.3	石炭系石磴子组
DK2045+487.25	2~3	2.5	单层	2.3~4.1	石炭系石磴子组
DK2048+536.85	2~3	3	单层	12.7~15.4	石炭系石磴子组
DK2048+634.95	2~3	2	单层	9.3~14.5	石炭系石磴子组
DK2053+141.90 左 0.6m	2	1.5	单层	7.15	石炭系石磴子组
DK2063+577.45 右 6.5m	2	1.5	双层	13.4	泥盆系东岗岭组

(5) 2006年2月10日，深圳市龙岗区G205国道K2981+274.6～K2981+290段左侧路面发生岩溶塌陷，塌陷坑呈椭圆形，长轴方向为北东向，长度约为4m，短轴方向宽约为3m，深度约为3m。岩溶塌陷位于2005年12月施工的地铁钻孔Z3-T7L-004孔与Z3-T7L-003孔之间，塌陷坑周边直径5m的范围内地面产生多处裂缝，塌陷坑底部为人工填土，呈可塑状，覆盖层内粉质黏土之下为细砂层，局部细砂层已流失，细砂层之下为软塑状粉质黏土，下伏灰岩岩溶发育。地质钻孔揭露溶洞部分充填流塑状粉质黏土，局部呈空洞，构成岩溶水通道。岩溶塌陷是由于地铁工程勘探施工的6个钻孔完工后没有及时进行封孔，导致第四系砂层孔隙水与岩溶水相互连通，致使流塑状的粉质黏土及松散细砂土流入地下溶洞，引发细砂层上部可塑状粉质黏土开裂沉陷，路面发生塌陷，造成交通中断。

(6) 2009年8月25日，由于广珠铁路广州市白云区江村段进行冲孔桩施工，施工机械揭穿覆盖层内的地下土洞与溶洞之间的水力联系通道，施工过程中首先出现漏浆现象，随着桩基施工的进行，引起先朗照明厂变压器房内发生岩溶塌陷（图1.2.3），随之又在冲孔桩施工地段发生两处较大规模的岩溶塌陷。岩溶塌陷地质灾害严重影响了广珠铁路项目的施工进度和周边企业的正常生产。

图1.2.3 广州市广珠铁路桩基施工引发先朗照明厂变压器房内发生岩溶塌陷

(7) 2015年5月4日13时，广州市石磋路金碧新城路段西侧首先发生岩溶塌陷，随后金碧新城路段东侧发生岩溶塌陷（图1.2.4），西侧塌陷坑直径约为17m，东侧塌陷坑直径约为20m，塌陷坑呈岛状排列，岩溶地面塌陷影响面积约为2 000m²。伴生的地面裂缝分布于两处塌陷坑边缘，裂缝形态呈直线及弧线，沿东西方向延伸，可见长度为4～8m；宽度为5～15cm，深度为0.8～1.50m，地面裂缝共15条，其分布面积约为1 000m²。岩溶塌陷造成石磋路交通中断，自来水管及污水管断裂，地下输电线路及电信线路拉断，路灯、交通信号灯损毁，直接经济损失约为450万元。施工单位采用混凝土、砂土、

图 1.2.4　广州市石磋路金碧新城路段西、东两侧发生岩溶塌陷

碎石等材料回填塌陷坑。钻机钻孔和冲桩机地基施工击穿灰岩顶板引发岩溶塌陷地质灾害。

（8）2018 年 10 月 24 日，广州市荔湾区桥中街东海南路车站路面发生岩溶塌陷（图 1.2.5）；塌陷坑平面近圆形，直径约为 7.5m，深度约为 2m，坑内积水，水面距离路面约 1.4m。2018 年 11 月 9 日，河沙南路河沙西街 2 号房屋南侧路面发生岩溶塌陷（图 1.2.6）；塌陷坑平面近圆形，直径约为 10m，塌陷坑内壁岩性为杂填土，坑内积水面距离路面约 2.3m。两处塌陷坑南侧为广州呼吸中心的建设工程工地，钻探揭露基岩为石灰岩，灰岩的溶洞、溶隙异常发育，最大溶洞的洞高为 12.5m，岩溶洞隙连通性好；基岩顶部覆盖层为填土及淤泥（厚度为 5～6m），淤泥土下伏砂层（厚度为 4～10m）。由于工地的冲孔桩施工揭穿溶洞顶板，造成砂土随地下水自上而下泻入基岩溶洞内部，直接引发地面塌陷。岩溶塌陷造成路灯的灯杆、电线杆、地铁指示杆倾斜、地下管道断裂及路面损毁，直接经济损失约为 10 万元。

图 1.2.5　广州市荔湾区桥中街东海南路车站路面发生岩溶塌陷

图 1.2.6　广州市荔湾区河沙南路河沙西街 2 号房屋南侧路面发生岩溶塌陷

（9）2019 年 12 月 5 日，深圳市龙岗区龙园路及龙河路一巷路口隐伏岩溶地段地面出现岩溶塌陷和地面沉降（图 1.2.7），塌陷坑面积分别为 150m² 和 200m²，塌陷中心位置分别沉陷约 10cm 和 15cm，地面沉降裂缝明显，裂缝宽为 5～8cm；西北侧龙岗河道出现冒黄泥水现象（图 1.2.8）。钻探揭露岩溶塌陷分布地段一带可溶岩的溶洞较发育，钻孔见洞率约 18%；覆盖层岩性为淤泥质黏土及含砾粉质黏土，局部夹粉细砂层，土洞

图 1.2.7　深圳市龙岗区龙园路及龙河路一巷路口处岩溶塌陷和地面沉降

图 1.2.8　深圳市龙岗区龙河西路北西侧龙岗河出现冒黄泥水现象

发育，埋深为 3.8～39.0m。岩溶塌陷造成龙岗区龙园路一带中断交通达半年之久，直接经济损失约 120 万元。

3. 毁坏矿山工厂，造成企业停工停产

广东省各类矿山工厂较多、矿业开采量较大，岩溶塌陷对矿山企业的正常安全生产带来了极大的危害。近年来，广东省发生的典型矿山岩溶塌陷地质灾害事件如下所述。

（1）英德市马口矿区位于一向斜构造盆地的中部，矿区地层为走向近南北向的石炭系石磴子组石灰岩及大理岩，其岩溶塌陷分布图如图 1.2.9 所示。盆地内岩溶地貌发育，零星孤立的奇峰耸峙于矿区南北两端，矿区西部和东部为地势平坦的岩溶谷地。矿区内主要河流为冬瓜岭河，平均流量约为 0.4m³/s，由西向东流经矿体顶部地表，因河水与地下水关系密切，矿产开采时河流已经改道。矿体赋存于石炭系石磴子组上部的中厚层石灰岩、大理岩与下部薄层石灰岩、大理岩、泥灰岩、页岩之接触带部位；矿体顶板均为可溶岩，除以孤峰形式出露外，其余均被厚为 4～25m 的第四系地层覆盖，覆盖层岩性为坡残积、冲洪积粉质黏土含砾（碎）石及砂粒石层。矿区内主要断裂构造为 F1 断层，断层破碎带宽度为 30m 左右，沿断裂带附近岩溶比较发育，为富水程度高的断层破碎带。矿体顶板为-60m 高程之上的石灰岩、大理岩的岩溶发育强烈，岩溶率为 4.54%～22.89%，由于溶洞多被充填，富水性较弱，钻孔单位涌水量为 0.68～1.20L/s，渗透系数为 2.17～7.4m/d。露天开采到高程为-50m 之上，一般排水量约为 9 000m³/d。

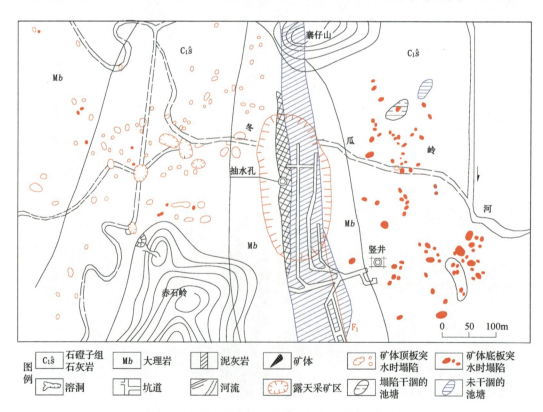

图 1.2.9 广东省英德市马口矿区岩溶塌陷分布图

矿体底板分布有一层厚约为 60m 的泥灰岩、页岩，具有一定的隔水作用。泥灰岩下部为石灰岩、大理岩，岩溶发育较弱，富水性低，钻孔单位涌水量为 0.012～0.06L/m，渗透系数为 0.076～0.3m/d。1965～1973 年，经过多年的持续性地下开采，造成马口矿区地下水位降幅大，岩溶塌陷分布范围广，数量多（图 1.2.9）。据文献[5]可知，在矿坑开采疏干排水过程中，当矿区地下水位降至 45m 时，地面开始出现塌陷和裂缝；当地下水位降低至 80m 时，塌陷大量形成，矿区地面累计产生塌陷坑 3 000 多处，岩溶塌陷的影响半径达到 1 500m，影响面积达到 7km^2。通过分析岩溶塌陷的发育特征，发现岩溶地下水位变化是诱发塌陷的主要因素，矿坑开采疏干排水，使地下水位快速下降，岩溶地下水位的下降，使得其主要补给源之一的第四系孔隙水越流加强，从而导致第四系覆盖层内的地下水潜蚀活动强烈，最后造成矿区及周边地面发生大规模的岩溶塌陷地质灾害。

（2）1974 年 11 月中旬，由于生产生活的需要，英德市英德玻纤厂岩溶地下水开采量增大，导致地下水位快速下降。两个抽水井抽水期间，当地下水位降深分别为 5.686m 和 4.043m 时，抽水井附近发生四处岩溶塌陷，塌陷坑与生产井距离小于 150m，主要沿河边或水渠分布，塌陷坑平面形状为椭圆—圆形，面积为 1.13～11m^2，深度为 1～2.5m，直接经济损失 30 多万元。

（3）1990 年 10 月 16 日，梅州市五华县潭下镇桐坑石灰岩矿区由于个体户地下矿井塌陷，造成塌陷矿井东南侧高丘陵陡坡处的强风化岩土体失稳滑塌，并迅速塌落滑进采空区，滑坡面积约为 8 000m^2，滑塌土石方约 3×10^{4}m^3，致使 10 人死亡，矿山配电房与主井报废，直接经济损失约为 100 万元。

（4）2000 年 7 月 21 日晚 8:00，梅州市梅县城东镇汾水村一带由于遭受强降雨的影响，矿山采空区内 1 号井和 2 号井的地面相继发生大面积岩溶塌陷，其分布图如图 1.2.10 所示。由于长期的地下开采石灰岩，形成了长约为 140m、宽为 10～50m、高为 30～50m

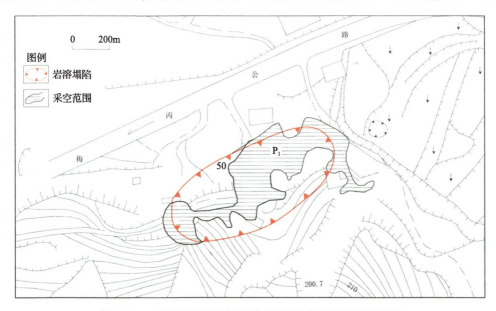

图 1.2.10　广东省梅州市梅县城东镇汾水村岩溶塌陷分布图

的采空范围，且基本上没有进行支护及回填处理。矿区地面最大单个塌陷坑平面呈椭圆形，空间形态呈漏斗状，长轴长度为120m，短轴长度为60m，深度为5m。岩溶塌陷直接导致矿山地面的变压器、卷扬机及摩托车等设备随井架跌入塌陷坑内，两名民工失踪，一栋房屋开裂，直接经济损失约70万元。

（5）2007年6月间，梅州市梅江区长沙镇长沙村松雷坡石灰石矿发生多处岩溶塌陷，矿区地面共形成5处塌陷坑。1#塌陷坑位于矿山3号井口南侧约65m处，塌陷坑口近椭圆形（图1.2.11），长轴长度为14.5m，短轴长度为12.4m，塌陷坑面积约为135m^2，可见深度约为3m，坑底近圆形，直径约为7.5m；2#塌陷坑位于矿山3号井口西侧约60m处，塌陷坑口近椭圆形，长轴长度为14.8m，短轴长度12.8m，面积约为141m^2，塌陷坑可见深度约为3m，坑底近椭圆形，其长轴长度为6m，短轴长度为4.3m；3#塌陷坑位于矿山2号井口东侧约50m处，塌陷坑口呈六边形，等效直径为17～19m，面积约为235m^2，塌陷坑可见深度约为8.5m，坑底呈椭圆形，其长轴长度为4.5m，短轴长度为2.5m（图1.2.12）；4#塌陷坑位于矿山2号井口北东侧约33m处，紧邻3#塌陷坑，两塌陷坑中心相距约20m，塌陷坑口呈梨形，长轴长度约为25m，短轴长度约为15m，面积约为280m^2，可见深度约为5.5m，坑底呈椭圆形，长轴长度为6m，短轴长度为2.6m，塌陷坑全部浸满水与外侧溪沟及3#塌陷坑连通成为水塘（图1.2.12）；5#塌陷坑位于矿山2号井口西侧约40m处（图1.2.13），塌陷坑口近椭圆形，长轴长度约为42m，短轴长度约为32m，面积约为1 015m^2，塌陷坑可见深度约为10m，坑底呈椭圆形，长轴长度为7m，短轴长度为3.5m。岩溶塌陷地质灾害严重威胁矿区东北侧村庄20多户、91人及建筑物的安全。2010年4月23日凌晨1:55，松雷坡石灰石矿的梅江区长寿水泥有限公司电力供应突然中断，抢修人员检查后发现厂区变电站发生岩溶塌陷，形成一个面积大约为400m^{2}左右的塌陷坑（6#），6根高约为4.5m的高压电线杆沉入坑底（图1.2.14），高压线被扯断导致供电中断；2010年4月29日，梅州地区普降大雨，岩溶塌陷的灾情再次扩大，同一天内原6#塌陷坑先后出现3次面积比较大的坍塌，塌陷坑口面积扩大到600m^{2}左右，最终岩溶塌陷总面积约为1 200m^2。岩溶塌陷不仅毁坏长寿水泥厂变电站，还直接威胁到水泥厂厂房、锅炉房、淋浴房和饭堂的安全，估算直接经济损失超过500万元。

图1.2.11　充满水的1#岩溶塌陷坑

图1.2.12　3#塌陷坑和4#塌陷坑连通成水塘

图 1.2.13 5#岩溶塌陷形成的深坑　　　　　图 1.2.14 电线杆陷落 6#岩溶塌陷坑内

4. 毁坏耕地农田，造成房屋开裂破坏

广东省岩溶分布地区特别是隐伏岩溶发育地带，岩溶塌陷活动强烈，岩溶塌陷常常造成大面积的农田毁坏和居民房屋开裂，直接威胁到人民群众的生命及财产安全。近年来，广东省毁坏农田和造成房屋开裂破坏的典型岩溶塌陷地质灾害事件如下。

（1）韶关市新丰县丰城镇东郊一带为石炭系灰岩分布区，岩溶发育程度高。1972 年 4～5 月经历持续性降雨过程之后，覆盖层地面发生两处岩溶塌陷，塌陷坑呈椭圆形，长轴长度为 4～5m，短轴长度为 3～4m，可见深度为 4～5m，造成地面直径为 20～25m 的圆形范围内民房严重开裂。

（2）广东省阳春市石菉铜矿自 1965 年进行矿产勘探开始，矿山岩溶塌陷活动一直持续到 1998 年矿山停产。石菉铜矿的矿区地面平坦，第四系覆盖层内松散沉积层土洞较多，基岩为石磴子组灰岩、白云岩互层，灰岩岩溶发育，岩溶率为 4.2%～8.4%。1965～1970 年石菉铜矿矿产储量勘探期间，累计发生岩溶塌陷 37 处。1970 年石菉铜矿开始投产，采用露天开采和地表深井疏干方法降低矿体底板岩溶承压含水层水位，由于大量抽取岩溶地下水，改变了岩溶水的水动力环境条件，地下水抽水影响半径范围内水力坡度急剧变陡，地下水流速加大，充填和半充填溶洞的充填物易被地下水流潜蚀，冲刷作用增强，覆盖层内松散土层中的细颗粒砂土被带走形成土洞，随着土洞的发展，土洞顶板变薄，土洞垮塌就造成地面塌陷。据 1992 年广东省地质环境监测总站资料，石菉铜矿的矿坑最大抽水量达到 10.2 万 m^3/d，最大水位降深可达到 63m，岩溶塌陷累计形成地面塌陷坑 3 572 个，最大塌陷坑直径为 80m，一般为 3～5m，深 0.5～5m，岩溶塌陷影响范围约为 12.64km^2。同时，岩溶塌陷致使矿区附近村庄大量房屋出现墙裂、变形等，搬拆民房面积达到 34 718.3m^2；塌陷坑积水造成矿区内大量农田变成沼泽地，被迫停止耕种。至 1998 年矿山全面停产，岩溶塌陷累计损坏村庄及农田面积约 0.45km^2。

（3）广州市花都赤坭镇广州第二劳教所一带为石炭系石磴子组灰岩分布区，岩溶发育，其周边有多个采石场，长期进行采石及大降深抽排地下水，导致采石场及周边的地下水位下降。1998 年 2 月第二劳教所发生严重的岩溶塌陷地质灾害，塌陷造成地面楼房开裂，受灾面积达到 1 万 m²，地面出现 6 个塌陷坑，房裂 73 处，地裂缝 63 条，直接威胁着广州第二劳教所的安全。

（4）2003 年 3 月中旬，广东省龙川县麻布岗镇贝岭铁矿由于矿坑涌水和大量抽排地下水，导致地下水位下降，局部形成明显的降落漏斗，造成矿山采空区及周边地带的房屋开裂、地面塌陷及地面沉降变形，农田内出现 10 多处塌陷坑，毁坏农田约为 3 000m²。岩溶塌陷危害矿区及周边村庄居民的安全，直接经济损失约 130 万元。

（5）2003 年 12 月 27 日 23:00，广州市从化区良口镇石岭大理岩矿地下施工平巷发生突水事故，突水量约为 200m³/h，水压约为 800kPa。矿山平巷突水后，矿山采空区西北部和西部民井水位出现下降，至 12 月 28 日 7:00～8:00 止，这一带的两口民井水位降低到井底以下，造成这一带居民手压抽水井出现 8～9h 无法抽取饮用水。矿山平巷突水于 2003 年 12 月 28 日 2:30 淹没地下平巷，并且主竖井开始进水，28 日 18:00 主竖井完全被淹没，井下设备全部淹没；突水共淹没平巷 81m，通风井 2 口，折合经济损失约 385 万元。矿区西部和南部村庄道路、农田及房前地面出现多处裂缝、部分房屋墙体开裂，并形成较大范围的地面沉降。2004 年 1 月 11 日矿区西南部菜地出现一处岩溶塌陷。岩溶塌陷和地面沉降直接破坏村庄道路、水沟和农田，威胁矿区周边 4 户居民的房屋财产和人身安全。

（6）2004 年 8 月 19 日 22:00，梅州市五华县双头镇地下采石场发生突水，40h 涌水量为 10 万 m³，8 月 20 日凌晨 2:40，双头镇东西长为 2.25km，南北宽为 0.65km，面积为 1.46km² 的范围内发生岩溶塌陷（图 1.2.15），塌陷导致双头镇华源村、龙水村及双源街等地 480 户村民 2 435 人受灾，造成房屋倾斜、倒塌，稻田沉陷，直接经济损失为 2 300 万元。

图 1.2.15 梅州市五华县双头镇岩溶塌陷损毁居民房屋和农田

（7）2005 年 11 月 25～30 日，廉江市安铺镇茅坡村大约为 800m² 的农田因长期干旱导致地下水位急剧下降，突遇强降雨引发岩溶塌陷。前后累计 6d 时间内，共形成地面塌陷坑 13 个，塌陷坑平面呈圆形，面积为 1～145m²，多处房屋墙体产生开裂变形。

（8）2006 年 2 月 24 日，肇庆市怀集县中洲镇邓屋中心村，由于长期干旱的影响，邓屋中心村一带村民过量抽取地下水使用，引发岩溶塌陷地质灾害，地面及农田内共出现 8 处塌陷坑，岩溶塌陷直接影响范围约为 2 万 m²。岩溶塌陷造成 1 栋房屋突然倒塌，8 栋房屋遭受严重毁坏，另有 20 间民房不同程度受损。岩溶塌陷严重危害全村 300 多人的生命及财产安全，直接经济损失约 150 万元。

（9）2008 年 1 月 22～29 日，广州市荔湾区桥中街大坦沙岛坦尾村西侧海南路地段相继发生 6 处岩溶塌陷，塌陷坑深度为 1.0～4.3m，塌陷坑面积为 30～420m² 不等，岩溶塌陷共造成 7 间房屋倒塌、21 间房屋墙壁开裂和多处地面裂缝，供水供电中断，导致近千人撤离，直接经济损失约 149 万元；2008 年 2 月 1 日广州市大坦沙污水处理厂门前发生面积约 240m² 的塌陷坑，直接危害污水处理厂和周边较大区域的供水供电；2008 年 2 月 20 日大坦沙岛广州市第一中学的图书馆出现墙体开裂、运动场地面等多处出现裂缝，直接影响在校 3 000 多名师生的正常学习和生活。

（10）2008 年 12 月 17 日，广州市白云区石井街夏茅村五巷 18 号房进行房屋基础桩基施工。2008 年 12 月 19 日 16:00，当进行第二个钻孔桩施工时，夏茅村向西北街与沙园坊华富街发生岩溶塌陷，共形成 5 个地面塌陷坑，分别位于向西街 8 巷 16 号、6 巷 16 号、3 巷 13 号、5 巷北端及沙园坊 7 巷 6 号，其中向西街 6 巷 16 号房屋全部沉入塌陷坑内，沙园坊华富街 7 巷 6 号房屋底部大半沉入塌陷坑内。5 巷北端塌陷坑面积为 163m²，其他单个塌陷坑面积为 70.4～86.0m²，坑内充水，水面距地面约为 0.5m，未见地下水流动迹象。岩溶塌陷造成夏茅村多处房屋地面及墙体变形开裂，两处房屋倒塌，直接经济损失约 380 万元。

（11）广东省廉江市石岭镇大垌水泥用石灰岩矿区及周边一带可溶岩为泥盆系东岗岭组碳酸盐类岩石，岩性以灰岩、碳质灰岩、泥质灰岩为主，厚层状构造，溶洞、溶隙、溶槽发育。1992～2011 年，采矿疏干地下水活动累计引发岩溶塌陷 27 处，形成 130 多个塌陷坑，塌陷坑分布方向多为北东向和南北向，塌陷坑平面主要呈圆形、椭圆形，部分呈不规则形，直径一般为 2～10m，最小为 0.5m，最大为 60m，塌陷坑面积为 10～2 100m²，塌陷坑深为 0.2～2.5m。岩溶塌陷不仅造成鱼塘下陷干枯、耕地及农田损毁（图 1.2.16）、地表建筑物变形损坏、地表水体漏失、井泉干枯或水井掉泵等，给当地居民的生产生活带来了严重影响，而且岩溶塌陷还导致矿坑周边 10 多个村庄的村民及牲

图 1.2.16　廉江市石岭镇大垌石灰岩矿区岩溶塌陷损毁耕地和农田

畜无地下水可用，造成大垌村多户房屋突然发生沉陷、墙体开裂，对人民生命和财产安全造成了严重威胁及经济损失，并使大量农田荒废，对农田及农作物也造成了极大的危害。

5. 毁坏水利工程，造成水库失效

广东省的岩溶塌陷活动，经常毁坏大量的水利工程设施，特别是水库漏水，常造成灾难性的后果，经济损失巨大。广东省毁坏水利工程、造成水库失效的典型岩溶塌陷地质灾害事件如下。

（1）英德市望埠镇枫树坪水库于1958年开始蓄水，有效库容为$4.44×10^6m^3$，坝址右岸和库区为石灰岩分布区。1960年7月22日，主坝出现岩溶塌陷地质灾害，并产生漏水，库区地表漏斗成群，分布有大小溶洞40多个，经多次灌浆处理仍然大量漏水，只好采取降低蓄水位的办法来减轻水库渗漏。

（2）阳山县鹤嘴水库位于泥盆系石灰岩分布区，岩溶发育程度高且连通性好。1977年春建成蓄水之后发现坝前有水冒出，流量为$3～4m^3/s$，并在库后发现坝体坡脚有一开口为9m×11m，深为6～7m的椭圆形漏水洞，于是对塌洞处进行黏土铺盖处理，清理过程中又发现4个塌洞，再次蓄水后仍漏水，经数次治理仍无效果，最终于1979年炸坝报废。

总之，由于气候环境、自然地理特征、地质环境条件和人类工程活动强度的差异，广东省各地的岩溶塌陷发育特征和分布规律各不相同，造成不同地区岩溶塌陷的灾情存在明显的差异性。随着全球气候环境的演变、广东省经济社会的高速发展及各种人类工程建设活动的规模日益扩大，岩溶塌陷的发生频率将进一步上升，其危害程度和破坏强度将不断增强。因此，系统探讨广东省岩溶塌陷的时空分布规律、发育程度、岩溶塌陷的动态演化特征、岩溶塌陷的成因机理和岩溶塌陷的防治对策，无论是在岩溶塌陷的学科理论研究方面，还是在岩溶塌陷的防治工程实践领域，都具有重要的实际意义。

第 2 章 岩溶塌陷发育特征

岩溶塌陷是指隐伏岩溶地带的地表岩土体物质受自然因素作用或人类工程活动影响向下陷落，并在地面形成塌陷坑洞而造成灾害的现象或过程。严格而言，广义的岩溶塌陷可划分为基岩塌陷和覆盖层内土体塌陷。前者是由于覆盖层之下的基岩洞穴扩展造成顶板岩石塌落，最终形成地面塌陷；后者是由于自然因素或人为因素的作用，导致覆盖层内土洞顶板的平衡状态破坏，从而形成地面塌陷。据广东省岩溶塌陷的历史统计资料分析[3-24]，广东省引发岩溶塌陷活动的动力因素主要以各种工程活动为主，如人工过量抽排地下水、地面动荷载振动、地面静荷载增加、地下采矿坑道突水突泥及隧道工程开挖等；其次是自然地质因素，如强降雨引发的地表水入渗、旱涝交替效应、河流及水库水位变化等。

2.1 岩溶塌陷分布特征

从整体上看，广东省岩溶塌陷主要发生于覆盖型隐伏岩溶地区，裸露型岩溶山区发生的岩溶塌陷数量较少。据不完全统计，广东省境内的岩溶塌陷主要分布于覆盖型隐伏岩溶盆地一带，如乐昌、韶关、始兴、翁源、乳源、兴宁、梅县、蕉岭、平远、龙门、广花盆地、清远、英德、深圳、肇庆、云浮、怀集、罗定、恩平、阳春、廉江及高州等地；少量分布于裸露型岩溶山区及露天矿山地段，如粤东的梅县、兴宁，五华和粤北的曲江、仁化及乐昌等地。分析孕育岩溶塌陷的地质环境条件和引发因素，可以发现广东省岩溶塌陷地质灾害的分布受地形地貌、地质构造、水文地质环境条件、岩溶发育程度、覆盖层土体结构特征和人类工程活动等因素的控制。近些年来，随着广东省经济的高速发展，各类工程活动日趋频繁，如城市地下空间开拓、隧道工程排水、地下采矿和工程降水等，导致岩溶塌陷经常发生，造成严重的经济损失和社会影响。根据广东省 50 多年的岩溶塌陷统计结果（表 2.1.1），广东省岩溶塌陷地质灾害具有如下分布特征。

（1）据岩溶塌陷的统计资料，广东省岩溶塌陷绝大部分都分布于隐伏岩溶盆地，约占岩溶塌陷总数的 99%，即使是粤北裸露岩溶山区地带发生的岩溶塌陷地质灾害，也主要是分布于河谷一带的隐伏可溶岩发育地段。

（2）随着广东省隐伏岩溶地区城市建设和各类交通工程建设的高速发展，城市工程建设活动引发的岩溶塌陷越来越多，特别是珠江三角洲一带，这种现象更趋明显。如广州市广花隐伏岩溶盆地，据不完全统计，1965～2020 年，广花盆地内累计发生岩溶塌陷 385 次，岩溶塌陷地质灾害影响面积为 780km^2，直接经济损失超过 1.2 亿元。

表 2.1.1 广东省岩溶塌陷分布特征统计（1965～2020 年）

岩溶地貌类型	岩溶塌陷数量/次	占塌陷总数百分比/%	塌陷坑数量/个	主要引发原因
裸露型岩溶山区	27	0.72	36	降雨、河水涨跌及地下采矿
乐昌岩溶盆地	183	4.89	571	采矿抽水、降雨及隧道施工
董塘岩溶盆地	732	19.57	3 839	采矿抽水、降雨及灌溉
韶关岩溶盆地	237	6.34	492	采矿及工程排水、降雨
始兴岩溶盆地	56	1.50	93	采矿抽水、降雨及灌溉
英德岩溶盆地	529	14.14	3 712	采矿抽水、降雨及工程施工
翁江岩溶盆地	139	3.72	293	采矿及工程排水、降雨
梅蕉岩溶盆地	219	5.86	336	采矿及工程排水、降雨
龙江岩溶盆地	138	3.69	291	采矿抽水、干旱、降雨及灌溉
广花岩溶盆地	385	10.29	923	采矿及人工抽水、工程降水
清远岩溶盆地	121	3.24	197	采矿抽水、降雨及工程施工
龙岗岩溶盆地	28	0.75	83	降雨及工程施工
肇庆岩溶盆地	96	2.57	233	采矿抽水、降雨及工程施工
云浮岩溶盆地	83	2.22	186	采矿抽水、降雨及工程施工
怀集岩溶盆地	85	2.27	235	采矿抽水、降雨及干旱
罗镜岩溶盆地	58	1.55	95	采矿抽水、降雨及工程施工
阳春—天堂岩溶盆地	463	12.38	3 361	采矿抽水、降雨及工程施工
那扶岩溶盆地	32	0.86	57	采矿抽水、降雨及干旱
廉江岩溶盆地	129	3.45	358	采矿抽水、降雨及干旱

（3）由于矿山采矿活动特别是地下采矿活动大量抽排地下水，采矿引发的岩溶塌陷呈现出日益频繁和集中分布的特征。如 2011 年 11 月 25 日，韶关市乳源瑶族自治县大桥镇九塘村高墩里铅锌多金属矿大量抽排地下水引发岩溶塌陷，地面形成 3 处塌陷坑，造成多幢村民房屋开裂不能居住，直接经济损失超过 50 万元。

（4）随着人们工程活动的日益频繁，岩溶塌陷的规模和经济损失也越来越大，工程活动强度越大，引发的岩溶塌陷密集程度更高。如 2008 年 2 月至 2009 年 1 月，武广客运专线金沙洲隧道出口段工程施工，采用深抽排地下水引发佛山市南海区大沥镇黄岐海北片区黄岐二中和敦豪物流中心等地发生 8 处岩溶塌陷和地面沉降地质灾害，造成黄岐第二中学和敦豪物流中心仓储搬迁避让，潜在经济损失约 3 亿元。

（5）近年来，广东省隐伏岩溶盆地内突发性的岩溶塌陷活动明显增强，大都发育于人口密集地带，危害性日趋严重，导致岩溶塌陷的监测预警难度增大，常常直接造成人员伤亡和房屋倒塌，如 2003 年 8 月 4 日，广东省阳春市大河水库移民春城河西安置区突发岩溶塌陷地质灾害，岩溶塌陷直接造成 6 幢居民房屋损坏倒塌，2 人死亡，受灾人口 500 多人。

2.1.1 岩溶塌陷分布特征受隐伏岩溶发育程度的控制

隐伏岩溶发育程度是控制岩溶塌陷地质灾害的主要因素，岩溶塌陷与可溶岩和上覆土层接触界面地带的土洞、可溶岩顶面的溶槽、溶沟及溶洞的发育程度等密切相关，地面塌陷坑常呈串珠状、星点状及面状分布的特征。表 2.1.2 为广东省岩溶塌陷与隐伏岩溶发育特征的关系统计。从表 2.1.2 中可以看出，岩溶塌陷主要分布于岩溶发育程度强烈和较发育的隐伏岩溶地带，二者占总数的 80%以上。

表 2.1.2 广东省岩溶塌陷与隐伏岩溶发育特征的关系统计

	隐伏岩溶发育程度	差	较差	中等	较发育	强烈发育
岩溶发育特征	溶蚀率/%	0~2	2~4	4~7	7~10	>10
	钻孔见洞率/%	0~15	15~30	30~45	45~60	>60
岩溶塌陷统计	塌陷数量/次	9	29	135	236	565
	塌陷百分比/%	0.92	2.98	13.86	24.23	58.01

【实例分析】佛山市高明区荷城街道江湾社区李家开田村岩溶塌陷

2005 年 4 月 25 日至 5 月 8 日，广东省佛山市高明区荷城街道江湾社区李家开田村发生岩溶塌陷地质灾害，其岩溶塌陷分布图如图 2.1.1 所示。岩溶塌陷直接威胁李家开田村一带的住宅房屋和人员的生命财产安全。广东佛山地质工程勘察院对佛山市高明区荷城街道江湾社区李家开田村岩溶塌陷地质灾害及周边的自然地理地质环境特征和隐伏岩溶发育特征进行了系统的工程地质勘查，查明了岩溶塌陷的形成原因，详细分析了岩溶塌陷发育特征与隐伏岩溶发育程度之间的相互关系。

1. 自然地质环境特征

1）气象及水文

佛山市高明区荷城街道江湾社区李家开田村一带位于北回归线以南，属南亚热带季风型气候。日照充足，长夏无冬，雨量充沛，干湿季节明显。全年总日照时数 1 500~2 100h，2~3 月多阴雨天气，月日照总时数仅有 50~80h，也是最潮湿的季节。多年平均气温为 21.9℃，1 月最冷，平均气温为 13.4℃，历年极端最低气温-1.9℃，7 月最热，平均气温为 28.9℃，历年极端最高气温 38.5℃。多年平均年降水量为 1 674.9mm，4~9 月为雨季，总降水量占全年的八成；历年月降水量最大值为 662.0mm，历年日最大降水量为 279.8mm，历年 1h 最大降水量为 102.6mm。2004 年 9 月至 2005 年 2 月，降水量为 40~50mm，是自 1957 年以来，历史上秋冬降水量最少的一年，2005 年 4 月降水量为 200~230mm，较正常值略偏多。秋、冬季盛行偏北风，春、夏季盛行东南风，年平均风速为 2.2m/s。7~10 月为热带气旋季节，有较大影响的热带气旋年平均为 1.6 个。

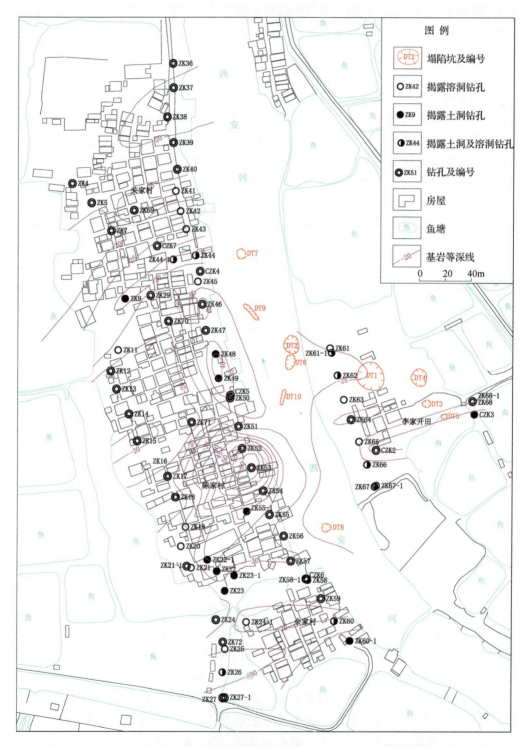

图 2.1.1 佛山市高明区荷城街道江湾社区李家开田村岩溶塌陷分布图

岩溶塌陷分布地段及周边的地表水系较发育,分布有河流、溪流和鱼塘等,是地下水主要补给来源,主要河流为西江和西安河。西江从岩溶塌陷区的外围北东侧向南东流过,平面距离约800m,西江(高明区上泰和站)历史最高水位为9.30m(1994年),最低水位为2.74m(1963年),多年平均最高水位为6.84m,2004年最高水位为5.73m,西江最大流量为43 200m³/s(1962年)。百年一遇洪水位和50年一遇洪水位分别为9.96m和9.93m。岩溶塌陷分布地段内西安河自南往北流过,河道宽为45~80m,深为2~3m,由于地形平缓、水力坡度小,水流流速较慢(流速约为4.0L/s),河水流量随季节降雨量的变化而变化,年流量变幅较大,动态极不稳定;周边鱼塘密布,常年有水,水深为0.5~2.0m不等,少数枯水期时干枯,地表水由于受生活污水、垃圾、鱼塘水、农业灌排水及其他废水等的影响,水质一般较差,仅适用于灌溉用水。

2)地形地貌特征

佛山市高明区荷城街道江湾社区李家开田村及周边一带的地貌为三角洲平原地貌单元,地面平坦,西安河从岩溶塌陷分布地段中部穿过,海拔为3.9~7.2m,以鱼塘和经人工填土改造而成的建筑场地为主。岩溶塌陷区外围三面环山,地貌单元为丘陵地貌,这些地貌要素不仅控制区内地下水的补给、径流及排泄环境,而且还影响区内岩溶发育程度及规模。岩溶塌陷区分布有大量的水塘,由于长期浸水,造成覆盖层浅部土体较松散软弱。

3)地层与岩性

根据广东佛山地质工程勘察院的地质钻探资料,佛山市高明区荷城街道江湾社区李家开田村岩溶塌陷分布地段及周边地表基本为第四系覆盖,下伏基岩为侏罗系金鸡组(J_1j)岩石。

(1)第四系(Q^{edl}、Q^{mc}及Q^{ml})。李家开田村及周边的第四系松散沉积物分布广泛,按其时代和成因类型主要有坡残积层、海陆交互相沉积层和人工填土层等三类,钻孔揭露厚度为21.2~74.1m。①残坡积层(Q^{edl}):呈灰黄色、土黄色、黄褐色、紫红色,分布广泛。主要岩性由粉质黏土、粉土、粉砂、中砂和风化岩砾石、碎块组成。砾石、碎块为砾质灰岩、砂岩及炭质页岩,石灰岩碎块部分已风化成浅红色,砾石及碎块的砾径以0.2~4cm为主,粉质黏土呈可塑—硬塑状,粉砂、中砂呈中密—密实饱和状。主要分布于岩溶塌陷区的北部和中西部,ZK11~13、ZK36及ZK37孔内可见,为侏罗系砂页岩、砾状灰岩等风化而成,揭露厚度为0.80~18.50m。②海陆交互相沉积层(Q^{mc}):呈灰色、灰黄色、灰绿色、灰褐色、黄褐色,分布较广。主要岩性为黏土、粉质黏土、淤泥、淤泥质土、粉土、粉砂、细砂、粗砂、砂砾和砾石。钻孔揭露厚度为16.70~68.50m。③人工填土层(Q^{ml}):呈灰黄色、灰褐色、砖红色,分布于鱼塘塘基和居民区及公路一带,主要为素填土,部分为杂填土。素填土由粉质黏土、黏性土组成,含碎石和块石;杂填土以黏性土为主,含大量碎石、砖块等杂物。钻孔揭露厚度为0.5~7.2m。

(2)侏罗系金鸡组(J_1j)。根据岩性组合特征可将侏罗系金鸡组划分为上段和下段。

①金鸡组上段（J_1j^2）：主要分布于岩溶塌陷分布地段的北部和中西部，钻孔 ZK11～13、ZK36 和 ZK37 可见，揭露厚度为 2.8～10.57m。岩性为全风化炭质页岩和全—中风化砂岩，炭质页岩呈灰黑色，坚硬土状，岩芯呈柱状、短柱状，夹煤层；砂岩呈灰黄色、土黄色、灰褐色，岩质软—硬，岩芯呈土状、砂状、柱状，局部含砾石。②金鸡组下段（J_1j^1）：全部钻孔均有分布，揭露厚度为 0.20～11.56m。岩性为全—微风化泥灰岩和砾状灰岩，以砾状灰岩为主。砾状灰岩呈灰绿色、灰色，厚层—巨厚层状，砾状灰岩碎块为角砾结构及致密胶结状重结晶结构，角砾约为 65%，细碎屑及重结晶胶结物约为 35%，具明显的碎块角砾充填结构。碎块角砾大小一般为 1.0～50.0mm，粒度相差悬殊，大的碎屑粒径可呈卵石般大，小的仅绿豆大小；碎块及角砾的形态大都呈次圆状及圆状，小部分具棱角状，磨圆度较好，碎块角砾呈无规则杂乱状分布；碎块角砾的成分以灰岩角砾为主，约占角砾的 50%，其次为少量的碎屑及变质砂岩角砾。岩石质地坚硬，厚度大，全风化砾状灰岩溶蚀现象发育，溶洞发育。

4）地质构造特征

据钻探和物探工作成果，可以确定岩溶塌陷分布地段及周边一带存在一条实测北西向断裂，并推测有一条北西向断裂和一条北东向断裂。推测北东向隐伏断裂位于岩溶塌陷区中部，钻探揭露基岩面突然变陡变深，表现为北东向古洼地地貌，宽约为 50m、长约为 150m，沿该断裂曾发生岩溶塌陷（2006 年 3 月鱼塘干塘时发现），塌陷坑呈长条状，北东向展布，深约为 1m、宽约为 0.7m；推测北西向隐伏断裂位于岩溶塌陷区中部，断裂两侧钻孔揭露基岩面变化大，表现为差异升降，物探高密度电测深表现为低阻异常带，整体延伸方向为北西向，贯穿整个岩溶塌陷区，宽度为 10～15m，基岩岩面可能错断，断距从几米至 30 多米，推测断裂产状 10°～25°∠70°～80°；实测北西向断裂位于岩溶塌陷区北部的 ZK37 孔附近，钻孔 ZK37 于 28.1～38.7m 间发现岩石破碎，并有褐铁矿化，推测断裂走向为北西向。

5）水文地质环境特征

（1）地下水类型及富水性特征。岩溶塌陷分布地段及周边地下水按赋存介质的不同可划分为松散岩类孔隙水、碳酸盐岩类裂隙溶洞水及基岩裂隙水等三大类型。①松散岩类孔隙水：赋存于第四系海陆交互相沉积层和残积层内，分布广泛。据钻孔揭露，第四系松散层由砾石、粗砂、中砂、细砂、粉砂、粉土、淤泥质土、淤泥、粉质黏土、黏土及碎石土等组成，总厚度为 21.2～74.1m，含水层为砂、砾石层及碎石土层，厚度变化大，含水层厚度为 2.00～26.30m。含水层之间的隔水层主要为淤泥、淤泥质土和黏土层，厚薄不均，北西侧含水层极薄，东部含水层厚，大部分地段第四系上部为潜水，下部为微承压水，与地表水的水力联系较密切，钻孔水位埋深为 1.00～3.80m，水位高程为 0.99～5.30m，富水性中等。②碳酸盐岩类裂隙溶洞水：隐伏于第四系土层之下的灰岩内，分布较广，为覆盖型岩溶水。第四系覆盖层揭露厚度为 21.2～74.1m，属浅层—中层覆盖型岩溶水。地下岩溶发育，岩溶水赋存于砾状灰岩的裂隙、溶洞内，裂隙、溶洞分布极不均匀，溶洞多呈半充填或无充填状态，仅个别全充填，充填物为黏性土、砂砾等。除局部地段富水性较丰富外，其余地段富水性中等，单井涌水量一般为150～500m³/d。水化学类型以 $HCO_3\text{-}Ca$ 为主，矿化度为 0.81g/L。③基岩裂隙水：基岩裂隙水为层状基岩裂隙水，含水层岩性为侏罗系金鸡组砂岩、页岩、炭质页岩及煤层等，富水性较贫乏。

（2）地下水的补给、径流及排泄特征。佛山市高明区荷城街道江湾社区李家开田村一带的降雨量充沛，为地下水的补给提供了良好的自然条件。周边水系发育，西安河从中间穿过，地形平坦，地势较低，地面高程大多为 3.9～7.2m，与东、西、北侧丘陵地形的高程相差为 50～200m，汇水条件好，砾状灰岩岩溶发育，河谷中河流相松散砂层厚度大、分布广，有利于地下水的储存和汇集。松散岩类孔隙水主要接受西安河及周边山前汇水盆地与西江的侧向补给和大气降雨的入渗补给。岩溶水以接受岩溶塌陷区外地下水径流的侧向补给为主，还接受松散岩类孔隙水的越流补给。基岩裂隙水一般接受大气降雨及松散岩类孔隙水的补给。根据岩溶塌陷分布地段的地形环境特征，岩溶塌陷区正处于地下水径流通道部位；汇聚的地下水总体向东北侧的西江径流，地下水径流缓慢，以渗流形式排泄为主。

（3）地下水动态变化特征。从整体上看，区内地下水的动态变化与降雨量密切相关，具有季节性变化的明显特点。松散岩类孔隙水因埋藏浅，雨后水位迅速上升，地下水位变化滞后降水数天至一个月。每年 5～9 月处于高水位期，10 月以后，随着降雨的减少，水位缓慢下降；每年 12 月至次年 4 月处于低水位期，常于 2 月出现低谷。地下水位年变幅 0.3～1.0m。岩溶含水层与松散土层含水层之间以粉质黏土、淤泥质土为隔水层，水力联系较弱。

2. 覆盖层工程地质特征

1）覆盖层物质组成特征

根据沉积年代及成因，岩溶塌陷分布地段的第四系覆盖层自上而下可分为人工填土层（Q^{ml}）、海陆交互相沉积层（Q^{mc}）和残坡积土层（Q^{edl}）等三种类型。

（1）人工填土层。岩溶塌陷分布地段的人工填土分布较广，钻孔 ZK4 等 41 个钻孔可见，见孔率为 62%。厚度为 0.50～7.20m，层面高程为 6.79～3.68m。土层呈灰色、灰褐色、灰黄色，黏性土为主，含砂粒，局部见少量碎石、瓦片、砖块。

（2）海陆交互相沉积层（Q^{mc}）。海陆交互相沉积层自上而下可进一步细分为 11 个工程地质单元层，各层厚度变化大，分布广泛。①粉质黏土：分布较广，钻孔 ZK4 等 58 个钻孔可见，见孔率为 88%，厚度为 1.50～7.80m。土层呈灰褐色、灰黄色，可塑，含少量砂粒，黏性较强。②淤泥质土：钻孔 ZK4 等 29 个钻孔可见，见孔率为 44%，厚度为 0.50～9.80m。土层呈深灰色，流塑。含有机腐殖质、腐叶，局部夹淤泥质粉土、粉砂薄层。③粉土、粉质黏土：钻孔 ZK15 等 17 个钻孔可见，见孔率为 26%，厚度为

1.40～5.30m。土层呈浅灰—深灰色。粉土稍密—中密,很湿;粉质黏土可塑,含粉细砂,局部含腐殖质,局部夹淤泥质土。④粉砂、细砂:分布广,钻孔 ZK9 等 63 个钻孔可见,见孔率为 95%,厚度为 1.70～10.80m。土层呈浅灰色、褐黄色,局部深灰色,松散—稍密,局部中密,饱和,分选较差,局部夹粉土、淤泥质土透镜体。⑤粉土、粉质黏土:钻孔 ZK4 等 22 个钻孔可见,见孔率为 33%,厚度为 1.90～14.80m。土层呈灰色、灰黄色、砖红色等,土质较杂,以粉质黏土为主,局部过渡为粉土、粉砂,且夹淤泥质土薄层。粉质黏土呈软塑—可塑状,黏性一般;粉土稍密—中密,湿—很湿,以粉粒、黏粒为主,局部含少量腐殖质。⑥淤泥质土:钻孔 ZK4 等 34 个钻孔可见,见孔率为 52%,厚度为 0.40～14.40m。土层呈灰色、深灰色,流塑。含少量腐殖质及粉砂,局部过渡为淤泥,局部夹粉土、粉质黏土。⑦粉砂、细砂:钻孔 ZK13 等 38 个钻孔可见,见孔率为 58%,厚度为 1.20～13.30m。土层呈浅灰色、灰白色、灰黄、褐黄色等,稍密—中密,局部松散或密实,饱和。分选中等,含少量泥质,局部夹中砂。⑧粉质黏土:钻孔 ZK4 等 30 个钻孔可见,见孔率为 45%,厚度为 0.90～26.60m。土层呈浅灰色、灰黄色,局部深灰色,可塑,局部硬塑。含少量粉砂,黏性一般较强。⑨淤泥质土:呈透镜状,仅见于钻孔 ZK20 等 7 个钻孔内,见孔率为 11%,厚度为 1.50～6.50m。土层呈灰色、深灰色,流塑。含有机腐殖质,污手,味臭,局部夹薄层粉砂。⑩粉砂、细砂:呈透镜状,仅见于钻孔 ZK52 等 5 个钻孔内,见孔率为 8%,厚度为 1.60～18.90m。土层呈浅灰色、深灰色,稍密—中密,饱和。分选中等,含少量黏粒,局部夹粉土。⑪粗砂、砾砂:呈透镜状,仅见于钻孔 ZK58 等 7 个钻孔内,见孔率为 11%,厚度为 0.90～3.70m。土层呈灰黄色、深灰色、褐黄色等,密实,饱和。分选差,含较多泥质,以砾砂为主,局部过渡为粗砂、圆砾,砂粒成分以石英、岩屑为主,大小差异较大,个别为 2cm,磨圆中等。

(3) 残坡积土层（Q^{edl}）。残坡积土层见于钻孔 ZK4 等 49 个钻孔中,见孔率为 74%,分布广,厚度为 0.80～18.50m。土层呈灰黄、灰褐色,土质差异较大,以粉质黏土、粉土为主。粉质黏土呈可塑—硬塑状,以黏粒为主,含较多岩石风化的砂粒、角砾及碎石,颗粒大小不一,个别大于 4cm;粉土呈中密—密实状,饱和,含较多黏粒、角砾及碎石。

2) 土洞发育特征

根据地质钻孔资料,砾状灰岩之上的覆盖层厚度为 21.2～74.1m。覆盖层土体底部为第四系河流相沉积之砾石、砾砂和中粗砂、细砂;上部为海陆交互相冲淤积之流塑状淤泥、软塑—可塑粉质黏土及松散—稍密的粉细砂。地下水位埋深为 1.00～3.80m,相对稳定水位高程为 0.99～5.30m。地下水具微承压性,地表鱼塘比较密集,地表水和地下水十分丰富。砾状灰岩溶洞发育,连通性好,为上部土洞的形成、发展提供了良好的地质环境条件。岩溶塌陷分布地段及周边施工的 77 个钻孔有 74 个钻孔揭穿第四系土层,其中有 18 个钻孔揭露出土洞,见洞率为 24.32%。佛山市高明区荷城街道江湾社区李家开田村及周边钻孔揭露土洞发育特征如表 2.1.3 所示。揭露土洞顶板埋深为 26.2~45.8m，洞顶高程为-19.79~-39.30m，洞高为 0.50~9.53m。有 14 个土洞全充填或半充填流塑—软塑状黏性土，含砂、砾石、碎石。另有 4 个土洞无充填物，显示土洞与溶洞连通性好。揭露土洞的 18 个钻孔有 16 个钻孔的土洞发育于残坡积土层（Q^{edl}）内，占揭露土洞钻孔总数的 89%，2 个钻孔的土洞发育于残坡积土层之上部的粉质黏土内。

表 2.1.3　佛山市高明区荷城街道江湾社区李家开田村及周边钻孔揭露土洞发育特征

钻孔号	土洞埋深/m	洞高/m	洞顶板土层厚度/m	土洞充填特征	土洞位置土层类别	基岩揭露溶洞情况
ZK9	33.00~37.50	4.50	33.00	半充填，洞底少量黏性土	残坡积土	无揭露
ZK22	26.80~36.33	9.53	26.80	洞底（0.33m）充填少量黏性土	残坡积土	无揭露
ZK22-1	32.20~41.30	9.10	32.20	无充填	残坡积土	无揭露
ZK23	27.10~30.12	3.02	27.10	无充填	残坡积土	无揭露
ZK23-1	29.50~30.70	1.20	29.50	无充填	残坡积土	无揭露
ZK26	35.10~39.20	4.10	35.10	充填砾夹泥	残坡积土	有
ZK44	37.50~40.00	2.50	37.50	充填黏性土	残坡积土	有
ZK44-1	37.00~39.00	2.00	37.00	充填流塑状黏性土	残坡积土	有
ZK48	45.80~46.50	0.70	45.80	无充填	残坡积土	无揭露
ZK49	44.00~47.00	3.00	44.00	上部无充填，下部（1m）充填黏性土	残坡积土	无揭露
ZK55-1	45.00~47.50	2.50	45.00	半充填软塑状黏性土	残坡积土	无揭露
ZK60	32.00~35.30	3.30	32.00	上部无充填，底部（0.3m）充填黏性土	残坡积土	有
ZK60-1	29.50~30.50	1.00	29.50	充填流塑状黏性土	残坡积土	无揭露
ZK61-1	28.70~31.30	2.60	28.70	充填流塑状黏性土	残坡积土	有
ZK62	28.00~31.70	3.70	28.00	充填流塑状黏性土，含碎石	残坡积土	有
ZK66	26.20~28.30	2.10	26.20	充填流塑状黏性土，含中砂、碎石	粉质黏土	有
ZK67	27.10~30.20	3.10	27.10	半充填流塑~可塑状黏性土	粉质黏土	有
CZK3	27.30~35.30	8.00	27.30	半充填软泥，含碎石	残坡积土	无揭露

根据钻孔揭露土洞的分布特征，结合灰岩顶板等值线及地下溶洞的发育特征分析，土洞大都发育于地下岩溶的溶槽、漏斗洼地的上方或边缘地带，与下伏溶洞分布特征基本相似。根据土洞的分布特征、走向及分布密度等特征，可将岩溶塌陷分布地段及周边的土洞发育特征划分为 5 个土洞发育带。土洞各发育带具有如下基本特征。

（1）钻孔 ZK68、ZK62、ZK44-1 及 ZK44 号孔一线土洞发育带：位于岩溶塌陷区中部李家开田—关家村一带，沿 320°方向展布，分布宽度约为 75m，土洞分布密度大，有 6 个土洞发育区、7 个已发地面塌陷坑。平均洞高为 1.8~8.5m，估算单洞体积为 9.0~2 800.0m³，洞顶埋深为 19.3~37.5m。

（2）钻孔 ZK67、ZK66、ZK49 及 ZK48 一线土洞发育带：位于钻孔 ZK68、ZK62、ZK44-1、ZK44 号孔一线土洞发育带的西南侧，呈 340° 方向展布，分布宽度为 30～40m，有土洞发育区 5 个。平均洞高为 3.0～5.0m，估算单洞体积为 60.0～750.0m³，洞顶埋深为 24.0～45.6m。

（3）钻孔 ZK60-1、ZK60、ZK23、ZK55-1 及 ZK19 一线土洞发育带：位于南部余家—陈家一带，呈 310° 方向展布，分布宽度约为 80m，有土洞发育区 6 个。平均洞高 1.0～6.0m，估算单洞体积为 8.0～3 150.0m³，洞顶埋深为 20.5～45.0m。

（4）钻孔 ZK9、ZK44-1 及 ZK44 一线土洞发育带：位于北部关家村，呈 70° 方向展布，分布宽度约为 30m，有土洞发育区 3 个。平均洞高为 1.8～5.0m，估算单洞体积为 9.0～750.0m³，洞顶埋深为 33.8～45.6m。

（5）钻孔 ZK26、ZK21、ZK55-1、ZK49 及 ZK61 一线土洞发育带：位于中部陈家—李家村一线，呈 20° 方向展布，与钻孔 ZK68、ZK62、ZK44-1 及 ZK44 号孔一线土洞发育带、钻孔 ZK67、ZK66、ZK49 及 ZK48 一线土洞发育带和钻孔 ZK60-1、ZK60、ZK23、ZK55-1 及 ZK19 一线土洞发育带相交汇，交汇部位岩溶发育。总体分布宽度约为 85m，有土洞发育区 7 个。平均洞高为 2.5～6.0m，估算单洞体积为 60.0～3 150.0m³，洞顶埋深为 20.2～45.0m。

3. 岩溶工程地质特征

1）溶洞发育特征

岩溶塌陷分布地段施工的钻孔中共有 23 个钻孔揭露出溶洞，溶洞均发育于砾状灰岩内，见洞率为 31.08%。揭露溶洞的 23 个钻孔内单洞洞高 0.30～10.80m，个别钻孔可见有多层溶洞，呈串珠状分布，单孔（ZK43）最多可见 5 层溶洞。揭露溶洞顶板埋深为 27.80（ZK43）～43.90m（ZK44），洞顶高程为 -21.59～-37.92m。溶洞顶板砾状灰岩厚度 0.20～6.20m，单孔线岩溶率为 4.0%～89.0%（ZK41）。溶洞多呈全充填或半充填状态，仅 5 个溶洞无充填物，全充填溶洞占溶洞总数的 63.33%，半充填溶洞占溶洞总数的 20%。溶洞充填物为流塑—软塑状黏性土的溶洞占溶洞总数的 46.67%，溶洞充填物为砂、砾石的溶洞占溶洞总数的 36.67%，其中全充填及半充填溶洞分布于砾状灰岩的上部，埋藏浅，与古河道连通性好，无充填的溶洞分布部位稍深，规模小，或连通性较差。佛山市高明区荷城街道江湾社区李家开田村及周边钻孔揭露溶洞发育特征如表 2.1.4 所示。

表 2.1.4　佛山市高明区荷城街道江湾社区李家开田村及周边钻孔揭露溶洞发育特征

孔号	溶洞埋深/m	洞高/m	洞顶板岩石厚度/m	洞顶板土层厚度/m	线岩溶率/%	溶洞充填特征
ZK11	33.00～33.50	0.50	1.50	29.00	6.3	无充填
ZK19	38.40～48.01	9.61	2.40	36.00	76.9	无充填

续表

孔号	溶洞埋深/m	洞高/m	洞顶板岩石厚度/m	洞顶板土层厚度/m	线岩溶率/%	溶洞充填特征
ZK20	33.10~33.50	0.40	1.20	31.90	4.4	无充填
ZK21	32.10~33.60	1.50	0.40	33.20	33.7	充填褐黄色黏土
ZK21	36.56~38.56	2.00	1.46			充填褐黄色砂土，含碎岩屑
ZK24-1	39.70~40.30	0.60	5.40	34.30	6.0	无充填
ZK25	36.10~36.90	0.80	2.90	33.20	8.1	充填褐黏土，含较多砂
ZK26	41.30~42.00	0.70	2.10	35.10	25.0	充填卵石夹泥，未到底
ZK41	35.00~35.20	0.20	0.25	34.75	89.0	充填粗砂
ZK41	35.60~43.50	7.90	0.40			充填碎块岩石及中粗砂
ZK42	32.40~38.00	5.60	5.00	27.40	51.90	充填碎石、中粗砂
ZK43	27.80~28.10	0.30	0.50	27.30	45.4	充填中砂
ZK43	28.60~29.00	0.40	0.50			充填细砂
ZK43	29.20~29.60	0.40	0.20			充填中砂
ZK43	29.90~32.90	3.00	0.30			充填中砂
ZK43	33.10~33.40	0.30	0.20			充填中砂
ZK44	43.90~46.65	2.75	3.90	37.50	39.6	上部无充填，下部（1.1m）充填软塑状黏性土
ZK44-1	39.60~41.60	2.00	0.60	37.00	28.2	充填流塑状黏性土
ZK45	35.10~38.00	2.90	1.50	33.60	27.9	软塑状黏土，含角砾、碎石
ZK58	34.80~37.30	2.50	1.70	33.10	42.6	充填黄色粉质黏土
ZK58	38.80~40.60	1.80	1.50			充填黄色粉质黏土
ZK60	36.80~37.40	0.60	1.50	32.00	6.2	充填黄色黏土
ZK61	32.30~36.50	4.20	5.50	26.80	40.4	上部无充填，下部（1.1m）充填黏性土，含碎石、粗砂
ZK61-1	32.30~36.30	4.00	1.00	28.70	70.2	上部无充填，下部（1.3m）充填流塑状黏性土
ZK62	41.90~43.60	1.70	1.70	28.00	13.8	上部无充填，下部（0.5m）充填流塑状黏性土
ZK63	30.10~40.90	10.80	0.30	29.80	88.5	流塑状黏性土，含碎石、角砾
ZK65	32.7~33.1	0.40	3.80	28.90	4.0	无充填
ZK66	32.60~34.00	1.40	4.30	26.20	22.6	上部充填粗砂，含砾石，下部充填可塑状黏性土
ZK67	34.80~44.60	9.80	4.60	27.10	66.2	半充填黏土，含粗砂、砾石
ZK67-1	33.30~42.60	9.30	6.20	27.10	58.5	上部无充填，下部（2.6m）充填流塑状黏性土

2）隐伏岩溶发育特征

广东佛山地质工程勘察院施工的 77 个钻孔有 74 个揭露到灰岩。岩溶塌陷分布地段的隐伏灰岩为侏罗系金鸡组下段（J_1j^1）碳酸盐岩，岩性为灰色、灰绿色的厚层—巨厚层状砾状灰岩，砾石成分以灰岩为主，砾石大小为 1~50mm 不等，呈次棱角状—圆状，钙质胶结。砾状灰岩顶界岩面起伏不平，钻孔揭露顶界高程为-16.5~-41.2m。岩石表面溶沟、溶槽、溶蚀漏斗等岩溶现象发育。从溶沟、溶槽及溶蚀漏斗的平面分布特征看，溶蚀沟槽走向以北东 70°方向、北西 290°方向和 350°方向为主，尤以北东 70°方向和北西 290°方向最为发育。钻孔 ZK52~钻孔 ZK53—钻孔 ZK54 之间可见一处溶蚀漏斗，走向为北东向，顶界高程为-54.49~-67.79m。据 ZK11、ZK12、ZK13、ZK36 和 ZK37 有关钻孔资料，砾状灰岩顶面残留有侏罗系金鸡组上段砂页岩，厚度为 2.8~10.5m。

根据有关地质钻孔资料，按基岩面溶沟、溶槽、溶蚀漏斗的走向及地下溶洞的分布、形态及洞体走向等特征，可将岩溶塌陷分布地段及周边的岩溶发育特征划分为 3 个岩溶发育带。各岩溶发育带具有如下基本特征。

（1）钻孔 ZK67、ZK61、ZK45、ZK41 一线岩溶发育带，位于岩溶塌陷区中部李家—关家一带，沿 335°方向展布，分布宽度为 40~50m，有溶洞发育区 14 个，占溶洞发育区的 77.8%，估算单洞体积一般为 8.8~432.0m³，个别达 1170.0m³。

（2）钻孔 ZK60、ZK58、ZK21、ZK19 一线岩溶发育带，位于岩溶塌陷区南部余家—陈家一带，沿 310°方向展布，分布宽度为 50~80m，有溶洞发育区 4 个，占溶洞发育区的 22.2%，估算单洞体积为 16.0~655.4m³。

（3）钻孔 ZK26、ZK24-1、ZK20、ZK19、ZK21、ZK63、ZK6 一线岩溶发育带：位于岩溶塌陷区陈家—李家村一带，沿 30°方向展布，与钻孔 ZK60、ZK58、ZK21、ZK19 一线岩溶发育带交汇，分布宽度为 30~40m，有溶洞发育区 5 个，占溶洞发育区的 27.8%，估算单洞体积为 14.0~160.0m³。

4. 岩溶塌陷发育特征

2005 年 4 月 25 日上午 11 时 30 分，佛山市高明区荷城街道江湾社区李家开田村北侧树林突然发生岩溶塌陷（DT1），刚开始形成的塌陷坑面积几平方米，随后不断扩大，至 2005 年 5 月 14 日，累计发生 4 处岩溶塌陷（DT1~DT4），塌陷坑分布总面积约为 900m²，沿 NW300°方向呈长列式排列，单个塌陷坑口径为 3.5~24m，深为 1.5~7m，岩溶塌陷高发时间为 4 月 26 日至 5 月 8 日。2005 年 5 月 8 日后又相继发现 6 处地面塌陷坑，2005 年 10 月 8 日李家开田东南方抽干鱼塘时发现一塌陷坑（DT5），2005 年 10 月 25 日西安河（鱼塘）底部又发现有 3 处塌陷坑，2006 年 3 月 10 日再次发现 2 处地面塌陷坑。至 2017 年 6 月，共发生 10 处地面塌陷坑，佛山市高明区荷城街道江湾社区李家开田村岩溶塌陷发育特征如表 2.1.5 所示。同时，自 2005 年 4 月 25 日开始，佛山市高明区荷城街道江湾社区李家开田村出现岩溶塌陷之后，塌陷坑周边地面发生多处变形开裂。李家开田村岩溶塌陷虽未造成人员伤亡，但造成了较大的直接经济损失，且引起居民的情绪恐慌，岩溶塌陷地质灾害的发育程度强，危害严重，潜在危险性大。

表 2.1.5　佛山市高明区荷城街道江湾社区李家开田村岩溶塌陷发育特征

编号	面积/m²	形状	规模/m	深度/m	位置	塌陷活动特征	灾情特征
DT1	528	近圆形	长22.5，宽22	7	李家开田村	始发时间为2005年4月25日，盛发时间为2005年4月26日至5月8日	毁树约10棵，直接威胁7户26人的安全及房屋使用，间接威胁86户386人及房屋安全。经济损失超500万元
DT2	19.6	圆形	直径5	4	位于西安河		
DT3	9.6	圆形	直径4.6	7	李家开田村		
DT4	200	近圆形	长18，宽15	7	李家开田村		
DT5	10.7	圆形	直径3.7	0.8	位于鱼塘底		
DT6	60.0	近圆形	长10，宽6.0	3.5	位于西安河	2006年3月10日村民抽干鱼塘时塘底发现塌陷坑	
DT7	19.6	圆形	直径5.0	3.2			
DT8	12.6	圆形	直径4.0	3.0			
DT9		长条形	宽0.7~0.8	1.0			
DT10		长条形	宽0.6~0.8	1.0			

（1）DT1塌陷坑。2005年4月25日上午11:30发生，塌陷坑初始面积几平方米，随后不断扩大。4月27日，塌陷坑沿近南北向扩大4.5m，西侧扩大4m，致2棵树倒地，南侧距民房仅1.2m，塌陷坑总长约为20m，宽为18.5m，民房屋脚出现宽2cm的拉裂隙，拉裂隙不断扩大的趋势明显，坑内地下水位深度超过7m；4月29日，民房屋脚拉裂隙宽扩大到5cm，可见长度达2m；5月2日，民房屋脚处地面拉裂隙宽扩大到4cm，地面水泥裂块下沉为5cm，向北东延伸增加3m；5月3日，民房屋脚处地面拉裂隙宽扩大到3cm，地面水泥裂块又下沉3cm，向北东延伸增加2m；5月5日，民房屋脚处拉裂隙宽扩大到2cm，地面水泥裂块下沉增大2cm；5月6日民房屋脚拉裂隙宽扩大3cm，地面水泥裂块下沉增大3cm；至5月7日，民房屋脚处地面拉裂隙宽扩大到20cm，地面水泥裂块累计下沉15cm。DT1塌陷坑于5月10日基本趋于稳定，最终塌陷坑平面近似呈圆形，长约为22.5m，宽约为22m，长轴方向北东20°，坑深约7m，吞噬土方约3700m³，坑内可见水位深为2.5m，毁树约10棵，塌陷坑南侧紧靠民房。

（2）DT2塌陷坑。平面呈圆形，直径约为5m，可见深度为3~4m，坑内水面可见串珠状小气泡冒出，距DT1塌陷坑约为50m，由于塌陷坑地处鱼塘水中，其动态变化特征不明显，至4月25日塌陷坑暂时处于稳定状态。

（3）DT3塌陷坑。5月2日上午8:00，DT1塌陷坑东南方为39m处鱼塘边发生岩溶塌陷，塌陷坑呈圆形，直径为3.2m，面积约为7m²，坑内初始水位深度为0.75m，塌陷发生后塌陷坑及鱼塘南岸边水面见有串珠状小气泡上升；5月3日，塌陷坑直径扩大到3.5m，面积约为10m²，坑内水位深0.85m；5月4日塌陷坑直径扩大到3.8m，坑内水位深为0.95m；5月5日坑内水位深为1.0m，此后塌陷坑水位不断降低，5月6日坑内水位深为0.75m；5月7日坑内水位深为0.65m；5月8日塌陷坑直径扩大到4.10m，坑内水位深为0.35m；5月9日塌陷坑直径扩大到4.60m，坑内水位深为0.20m；至5月10日坑内水位深为0.10m后塌陷坑趋于稳定。

(4) DT4 塌陷坑。5 月 8 日上午 9:00，距 DT3 塌陷坑北侧 12m 处鱼塘边菜地再次发生岩溶塌陷，塌陷坑呈近圆形，长约为 11m，宽约为 8.5m，深约为 7m，面积约为 100m^2，沿塌陷坑西侧及西南侧出现三条拉裂隙，走向北北东向，宽为 1～10cm；5 月 9 日塌陷坑直径扩大到 14m，5 月 10 日塌陷坑直径进一步扩大到长为 18m，宽约为 15m，塌陷坑西北面可见拉裂隙，进村水泥路面分布有断续微裂隙。

(5) DT5 塌陷坑。2005 年 10 月 8 日发现佛山市高明区荷城街道江湾社区李家开田村的村口鱼塘（干塘）有一塌陷坑，塌陷坑直径为 3.7m，深为 0.80m。

(6) 2006 年 3 月 10 日，据鱼塘（古河涌）主介绍，鱼塘干塘拉网时，DT2 塌陷坑与 ZK44 孔之间发现有一条宽为 0.70～0.80m，深约为 1.00m 的长条形塌陷坑（DT9），呈北西向展布；同时，6 号塌陷坑与 ZK55 孔之间发现有一条宽为 0.60～0.80m，深约为 1.0m 的长条形塌陷坑（DT10），呈北东向展布。

(7) 2005 年 4 月 25 日，李家开田村岩溶塌陷（DT1）发生后，塌陷坑周边出现同心状裂隙。南侧房屋墙体连接缝旧裂隙宽为 6～10mm，4 月 27 日为 12mm，而且以每天 1mm 的速率扩大，5 月 10 日达到 21.5mm 后趋于稳定。

(8) 2005 年 5 月 2 日，李家开田村 DT3 塌陷坑和 2005 年 5 月 8 日 DT4 塌陷坑直接造成村道水泥路面等处相继出现裂隙，裂隙宽为 1～2mm，长为 0.50～1.20m，村口 157 号房屋墙角、门口底处出现裂隙，裂隙宽小于 1mm，至 2005 年 6 月 1 日后趋于稳定。

5. 岩溶塌陷形成原因

佛山市高明区荷城街道江湾社区李家开田村及周边的第四系覆盖层之下发育厚层状的砾状灰岩，岩溶塌陷分布地段的地下水径流活动强烈，地下水位升降循环频繁，长期的溶蚀作用造成砾状灰岩的顶层表面密集发育溶沟、溶槽及溶蚀漏斗等岩溶现象，灰岩溶洞和覆盖层土洞发育，岩溶发育程度高，溶洞和土洞易引发地面形成塌陷坑。

(1) 岩溶塌陷分布地段及周边的基岩为侏罗系金鸡组砾状灰岩和砂页岩，其中砾状灰岩呈厚层状，砾石成分以灰岩为主，约占砾石的 50%，钙质胶结，$CaCO_3$ 含量大于 95%，属高纯度碳酸盐岩。由于受地质构造的影响，岩层变形强烈，基岩节理、裂隙发育，岩层内形成的溶洞为地下水流动提供了良好的通道；同时，砾状灰岩顶面形成的岩溶谷地和岩溶漏斗，导致第四系覆盖层的沉积基底高低不平，由砾状灰岩风化而成的残坡积黏性土，含较多的灰岩碎石，使得残坡积土层内发育了较多的土洞。因此，岩溶塌陷分布地段的隐伏灰岩岩溶发育程度强烈，溶洞和土洞分布广泛，它们构成了佛山市高明区荷城街道江湾社区李家开田村岩溶塌陷孕育、形成和动态演变过程的内在控制因素。

(2) 岩溶塌陷分布地段及周边的地表水和地下水丰富，水文地质环境复杂。第四系早期曾一度存在古河道，底部沉积了厚度较大的第四系粉砂、细砂、中粗砂、砾砂，透水性强，直接对残坡积土层和基岩产生强烈的渗流作用；第四系覆盖层的中、上部为海陆交互相沉积层，其中夹有粉细砂含水层，为弱—中等透水性，富含微承压水，地下水丰富。岩溶塌陷分布地段及周边的地面较平坦，西安河由此最终流入西江，后来将河道改为鱼塘，造成李家开田村的周边沟渠纵横，地表水丰富，地面钻孔的地下水位埋深为1.05～3.08m，高程为0.99～5.30m。岩溶塌陷区内的第四系海陆交互相沉积层中的透水砂层较厚，地下水通过砂层由西安河缓慢径流至西江；同时，雨季西江水位上升时又造成岩溶塌陷分布地段及周边地下水接受西江水的渗流补给，西安河和西江河的水位往复变化直接影响岩溶塌陷分布地段地下水位的上升与下降，两者间的水力联系密切。因此，岩溶塌陷分布地段及周边地下水位的变动为佛山市高明区荷城街道江湾社区李家开田村岩溶塌陷的形成提供了良好的地下水动力环境。

从整体上看，溶洞和土洞发育强烈的隐伏灰岩是佛山市高明区荷城街道江湾社区李家开田村岩溶塌陷发生的内因和地质基础，它们控制了岩溶塌陷的规模和发育特征。岩溶塌陷及周边的砾状灰岩溶洞发育，第四系覆盖层内的粉细砂层、中粗砂层、砾砂层和残坡积层分布于砾状灰岩的顶部。经过漫长的地质演变过程，第四系从河流相冲积演变到海陆交互相冲淤积，随着季节的变化和海进海退的演变，地下水位随之产生升降变化，地下水侵蚀基准面的升降也呈循环往复状态。当地下水位上升时，残坡积土层的土体逐渐被软化成软弱土层；当地下水位持续下降时，土体在失去水的浮托力的同时，水力坡度也急剧增大，使孔隙水对土体的潜蚀作用加强。因此，土颗粒孔隙间真空负压及地下水的潜蚀作用，土体颗粒不断流失到下伏砾状灰岩溶洞内，造成砾状灰岩与上覆残坡积土层之间形成较多的土洞。随着地下水位的频繁升降作用，土洞向上发展扩大，当土洞顶板穿透残坡积土层时，第四系覆盖层内的冲积砂层就会快速向下塌落，造成土洞顶部土层垮塌失稳，引发岩溶塌陷地质灾害，最终导致地面形成塌陷坑。

2.1.2 岩溶塌陷分布特征受地质构造发育特征的控制

岩溶塌陷的空间分布特征与隐伏岩溶地段的地质构造发育程度密切相关。断裂构造特别是断层破碎带地段的灰岩裂隙密集，既是岩溶发育带，又是地下水径流作用强烈地带，岩溶发育程度高，这些地段如果遭受自然因素及工程活动大量抽排地下水的情况，就会极易诱发岩溶塌陷。褶皱构造地带岩溶塌陷主要分布于背斜的轴部和倾伏端与向斜的轴部和翘起端，这些部位岩溶裂隙发育，极易形成比较大的溶洞和裂隙发育密集带，岩溶地下水径流管道通畅，如遇地下水位急剧变动时，也易产生岩溶塌陷。

【实例分析】英德市九龙镇城区岩溶塌陷

广东省英德市九龙镇城区地处石灰岩分布区，人口密集。2004～2015年，多次发生岩溶塌陷地质灾害，给九龙镇城区一带居民的生产生活及生命财产安全带来了极大的危害。2014～2016年，广东省有色金属地质局九四〇地质队对英德市九龙镇城区岩溶塌陷进行了详细工程地质调查，查明了岩溶塌陷的发育特征和形成原因，详细分析了岩溶塌陷空间分布特征与地质构造发育特征之间的相互关系。英德市九龙镇城区岩溶塌陷工程地质图如图2.1.2所示。

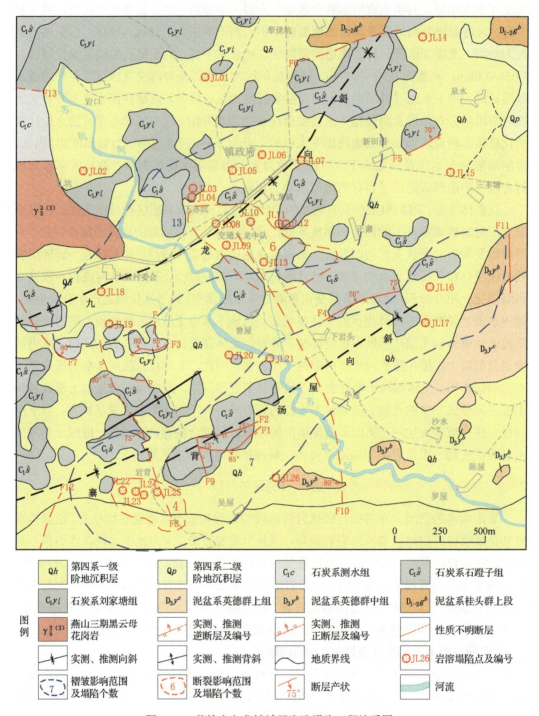

图 2.1.2 英德市九龙镇城区岩溶塌陷工程地质图

1. 自然地质环境特征

1）气象及水文特征

英德市处于南亚热带向中亚热带的过渡地区，属亚热带季风气候，具有雨量充沛，季风气候明显、夏长冬短等特征。多年平均气温为 21.4℃，月平均最高气温为 29.6℃，月平均最低气温为 10.8℃，极端最高气温为 39.4℃（2005 年 7 月 23 日），极端最低气温为 0.4℃（2005 年 1 月 19 日）。多年平均降雨量为 1 890.4mm，降雨量的年际变化较大，多年最大降雨量为 2 218.7mm（2011 年），最小降雨量为 1 484.3mm（2007 年）；降雨季节变化很明显，3～9 月为雨季（丰水期），降雨量占全年总量的 85.6%，10 月至次年 2 月是旱季（枯水期），降雨量占全年总量的 14.4%；降雨量的月变化也较大，10 月是全年降雨量最少的月份（一般 0～72.8mm），11 月至次年 2 月起降雨量逐渐减少，到 3 月平均降雨量超过 100mm，6 月是全年降雨最高峰期。多年平均蒸发量为 1717.9mm。

英德市九龙镇城区一带位于北江中游，地表水系主要分布有季节性沟溪、河渠、苏坑河及较多的鱼塘等。山间谷地沟溪汇水面积较小，径流途径较短，呈树枝状分布，沿地势自北面、东面和西面的山涧沟谷向中部的低丘陵地带汇集，最终流入苏坑河并向南流出。苏坑河为英德市九龙镇城区一带的主要地表水系河流，自北西向南东流动，河面宽为 10～40m，水深为 1.5～3m，丰水季节流量为 5.08×10^5～1.00×10^6 m^3/d，特别是近几年的 5～8 月，苏坑河低洼地段都曾遭受过较大的洪涝灾害。

2）地形地貌特征

英德市九龙镇城区及周边的地貌可分为岩溶地貌和丘陵地貌等两种主要类型。岩溶地貌主要为峰林与岩溶盆地等两类，地势呈四周高，中部低的特点。岩溶盆地可划分为一级阶地和二级阶地等两类，岩溶盆地以农田、村庄、城镇及学校建筑场地为主，分布有较多鱼塘、溪沟及河渠，苏坑河由北西向南东穿过岩溶盆地。岩溶盆地一级阶地分布广泛，中间岩溶峰林较密集，阶地的地形开阔平缓，地面高程一般为 90.0～120.0m，微向南东倾斜，坡度为 1°～2°；岩溶盆地二级阶地仅见于盆地北东部边缘，分布较少。峰林多为孤峰峭壁，山顶呈尖棱状，呈北东向展布，自然坡度大，坡度为 40°～85°，高程为 95.0～349.6m，基岩裸露，表面发育溶沟、溶洞及钟乳石等。丘陵地貌主要为山丘，自然坡度为 20°～60°，顶部高程为 124.3～401.9m，植被发育。

3）地层与岩性特征

根据广东省有色金属地质局九四〇地质队的地质调查及有关钻探资料，英德市九龙镇城区岩溶塌陷分布地段发育的地层有泥盆系、石炭系和第四系地层等（表 2.1.6 和图 2.1.2）。泥盆系桂头群上段（$D_{1-2}g^b$）岩性主要为灰色、灰白色、黄白色厚—巨厚层状变质中细粒及局部中粗粒砂岩、粉砂质绢云母板岩、石英绢云母千枚岩与变质含砾中粗粒石英砂岩等，倾向北西或南东，倾角 30°～45°。泥盆系英德群（D_3y）可划分为下、中、上三个组，英德市九龙镇城区及周边主要出露泥盆系英德群上组（D_3y^c），分布广泛，为灰白色、青灰色变质细粒石英砂岩、变质粉砂岩、绢云母千枚岩，倾向南东或北东，倾角 40°～65°；英德群中组（D_3y^b）分布较少，岩性主要为泥晶灰岩夹细晶白云岩，总体倾向南东，倾角 32°～55°。石炭系刘家塘组（C_1yl）岩性主要为浅灰色厚层—巨厚层状细晶白云岩夹少量泥晶灰岩，倾向多变，总体走向为北东向，倾角 20°～50°，岩溶发育程度高。石炭系石磴子组（$C_1\hat{s}$）主要为灰色、深灰色中厚层—巨厚层状泥晶灰岩夹少量灰色细晶白云岩，倾向变化大，总体走向为北东向，倾角 30°～60°，岩溶强烈发育。石炭系测水组（C_1c）岩性主要为黄白、灰白色中厚—薄层状泥质粉砂岩、粉砂质泥岩夹中厚—厚层状细粒石英砂岩，局部有轻微变质现象，倾向南东，倾角 60°。第四系（Q）为河流冲积层，岩性组合主要为粉砂、中细砂、砾石、卵石及黏土等，黏性土松软、压缩性高，透水性差，砂性土松散、透水性好。

表 2.1.6 英德市九龙镇城区及周边地层与岩性特征

系	统	群（组）	代号	岩性组合基本特征
第四系	全新统	一级阶地	Qh	砾石、卵石、砂、黏土
		二级阶地	Qp	砾石、卵石、砂、黏土
石炭系	下统	测水组	C_1c	石英砂岩、泥质粉砂岩、粉砂质泥岩
		石磴子组	$C_1\hat{s}$	泥晶灰岩夹少量细晶白云岩
		刘家塘组	C_1yl	细晶白云岩夹少量泥晶灰岩
泥盆系	上统	英德群上组	D_3y^c	石英砂岩、变质粉砂岩、绢云母千枚岩
		英德群中组	D_3y^b	泥晶灰岩夹细晶白云岩
	中下统	桂头群上段	$D_{1-2}g^b$	绢英岩、绢云母千枚岩、变质细粒石英砂岩

4）地质构造特征

英德市九龙镇城区地处南岭佛冈—丰良构造带北侧、粤北山字形构造弧顶与前弧西翼，地质构造运动和岩浆活动强烈。岩溶塌陷区一带发育北东向的褶皱、断裂带和北北西向断裂带。褶皱构造有九龙向斜、碰田—上塘岗背斜和寨背—汤屋向斜等三个，褶皱轴向主要为北东向。①九龙向斜为一轴向北东向的平缓褶皱，长度为 5.37km。核部地层为石炭系石磴子组泥晶灰岩，地表大部分区域仅见第四系冲积物覆盖层。两翼地层为石炭系刘家塘组白云岩。北西翼地层倾向为170°～200°，倾角为 30°～45°，南东翼地层倾向为 300°～350°，倾角为 30°～45°。向斜两翼及轴部溶洞（暗河）较发育。②碰田—上塘岗背斜为一轴向北东向的次级开阔褶皱，长度约1.31km。核部地层为石炭系刘家塘组白云岩，两翼地层为石炭系石磴子组白云质灰岩。北西翼地层倾向为 280°～305°，倾角为 30°～60°，南东翼地层倾向为 130°～180°，倾角为 50°～60°。岩溶较不发育，仅轴部见一个溶洞。③寨背—汤屋向斜为一轴向北东向的开阔褶皱，长度为 5.84km。核部地层为石炭系石磴子组白云质灰岩，两翼地层为石炭系刘家塘组白云岩。北西翼地层倾向为 140°～180°，倾角为 40°～50°，南东翼地层倾向为 320°～350°，倾角为 30°～40°。该褶皱于岩背村一带被 F8 断裂错断，错距约 240m。向斜两翼及轴部溶洞（暗河）十分发育。岩溶塌陷区内的断裂构造较为发育，按走向可分为北东向、北北西向、近东西向和近南北向等四组。英德市九龙镇城区及周边断裂构造的基本发育特征如表 2.1.7 所示。

表 2.1.7 英德市九龙镇城区及周边断裂构造的基本发育特征

断裂走向	编号	性质	规模	断裂产状
北东向	F1	压性断裂	长约 650m	走向北东 65°，倾向北西（局部南东），倾角 75°～85°
	F2	压性断裂	长约 400m	走向北东 70°，倾向南东，倾角约 85°
	F3	压性断裂	长约 430m	走向北东 73°，倾向北西，倾角约 80°
	F4	压性断裂	长约 900m	走向北东 69°，倾向北西，倾角约 75°
	F5	压性断裂	长约 410m	走向北东 58°，倾向北西，倾角约 70°
	F6	不明	长约 1.1km	走向北东 73°
北北西向	F7	张性断裂	长约 175m	走向北北西，倾向北东，倾角约 80°
	F8	张性断裂	长约 2km	走向北北西 325°～340°，倾向南西，倾角 75°～80°
	F9	张性断裂	长约 460m	走向北北西 345°，倾向北东，倾角 75°
	F10	张性断裂	长约 3.9km	走向北北西 353°，倾向南西，倾角约 80°
近南北向	F11	不明	长约 350m	走向近南北 0°
	F12	不明	长约 600m	走向北偏东约 20°
近东西向	F13	不明	长约 300m	走向近东西 90°～100°

5）水文地质环境特征

（1）地下水类型及赋存特征。按地下水赋存介质特征，英德市九龙镇城区及周边地下水可划分为松散岩类孔隙水、碳酸盐岩类裂隙溶洞水（岩溶水）和基岩裂隙水等三大类型。

松散岩类孔隙水广泛分布于第四系覆盖层内，主要赋存于粉质黏土中，多为潜水，局部为微承压水，孔隙水与下伏岩溶水存在间接的水力联系，当土层内具备土洞或塌落通道时，则彼此间的水力联系较密切。据民井水位观测，地下水位深度为 0.2～6.68m。

碳酸盐岩类裂隙溶洞水（岩溶水）分布较广，按含水层出露特征可划分为裸露型岩溶水和覆盖型岩溶水等两类。裸露型岩溶水仅分布于区内的岩溶峰林，富水性贫乏—丰富；覆盖型岩溶水隐伏于第四系之下，第四系覆盖层厚度为 4.50～11.40m，属浅层覆盖型岩溶水，具承压水性质，水量丰富。区内碳酸盐岩分布面积大，由于褶皱及断裂构造的影响，岩溶裂隙、溶洞发育，连通性好，导致岩溶水出露点多。

基岩裂隙水包含层状基岩裂隙水和块状基岩裂隙水等两种类型。层状基岩裂隙水分布于九龙镇城区北部、南部、西部和东部低山丘陵地带，含水岩组为泥盆系桂头群、英德群上组，石炭系测水组石英砂岩、粉砂岩等风化裂隙含水带；层状基岩裂隙水富水性中等，局部富水性差，枯季地下水径流模数为 2.7～5.29L/(s·km^2)，泉水常见流量为 0.1～1L/s。块状基岩裂隙水仅分布于九龙镇城区西部一带，为花岗岩基岩裂隙水，含水岩组为燕山三期花岗岩风化裂隙含水带；块状基岩裂隙水富水性中等，局部较差，枯季地下水径流模数为 2.6～3.4L/(s·km^2)，泉水常见流量为 0.1～1L/s。

（2）地下水的补给、径流及排泄特征。英德市九龙镇城区一带地处亚热带季风气候区，雨量充沛，岩溶发育程度高，丘陵地段汇水集中，有利于地下水的储存和汇集。松散岩类孔隙水主要接受苏坑河的地表水、沟溪的地表水和大气降雨的入渗补给；岩溶水主要接受松散岩类孔隙水和基岩裂隙水的越流补给；基岩裂隙水接受大气降雨的入渗补给及松散岩类孔隙水的渗透补给。从整体上看，英德市九龙镇城区及周边的岩溶盆地呈北东—南西向带状分布，东部、南部、北部、北西部为丘陵区，中部盆地边缘至丘陵区分水岭为地下水的主要补给区，盆地内部为地下水的主要径流区，南侧则主要为地下水的排泄区。

岩溶塌陷分布地段的北部、南部、西部和东部四面环山，地势高，沟谷切割密度较大，沟谷坡降比大，地形起伏强烈，地下水径流环境较好，但径流途径短，排泄区接近于补给区，降雨入渗地表后形成浅层地下水，地下水类型为基岩裂隙水，由高地势向低地势径流，形成地下水浅循环。基岩风化裂隙水大部分就近以潜流形式沿冲沟或坡脚排泄，少部分以地面蒸发和抽取井水排泄，局部以泉的形式于坡脚或低洼地段排泄。中部地势低，地形开阔平缓，地下水类型主要为松散层孔隙水和岩溶水，由丘陵山区北面、西面和东面汇聚的基岩裂隙水自丘陵边缘进入中部与松散层孔隙水和岩溶水汇集后向南部径流。覆盖型岩溶的松散层孔隙水径流途径短，径流速度缓慢，水循环交替相对较弱，主要以潜流形式沿低洼处溢出地表，部分消耗于地面蒸发。隐伏灰岩地带内的岩溶地下水以径流循环交替为主，表现为水平径流和垂直径流循环交替，并以集中径流和集中排泄为特点，特别是灰岩浅部，沿断裂发育较多的溶洞，岩溶水的水平运动较显著，水循环交替强烈；深部岩溶裂隙较不发育，以溶蚀小孔隙为主，岩溶水垂直交替迟滞，径流循环强度较弱。岩溶水自盆地边缘向中部集中径流，最终沿北东向南西径流，且岩溶水大都以暗河、泉的形式排泄。

（3）地下水动态变化特征。地下水动态变化与降雨量密切相关，具有季节性变化的明显特点。松散岩类孔隙水因埋藏较浅，受季节影响大，雨季降雨后水位迅速上升，每年4～9月处于高水位期，水流量也处于高值；10月以后，随着降雨的减少，水位持续下降，每年12月至次年3月处于低水位期，常于11月至次年2月出现低谷，水流量也处于低值。

2. 覆盖层工程地质特征

英德市九龙镇城区岩溶塌陷分布地段的覆盖层为全新统河流冲积层，岩性组合主要为粉砂、中细砂、砾石、卵石及黏土等，黏性土结构松软、压缩性高，透水性差，砂性土结构松散、透水性好。覆盖层呈双层二元结构，上部为砂质黏土层，局部含砾或夹砾石层；下部砂砾、含黏土砾石层或砾石层，厚为0～3m。钻孔揭露覆盖层厚度为2.00～20.80m，黏性土多呈可塑—硬塑状。岩溶塌陷区内共有10个钻孔揭露到土洞，见土洞率为15.15%，土洞内一般充填流塑—软塑状粉质黏土、淤泥质土等物质，其中有9个土洞发育于基岩顶面附近。揭露土洞的钻孔中有5个钻孔同时揭露出溶洞。钻孔揭露土洞埋深为4.80～11.30m，高程为81.05～94.07m，洞高为1.00～6.30m，平均为2.64m。土洞主要分布于第四系冲洪积层的可塑状粉质黏土层之内，该层土体厚度为1.70～9.90m，平均厚度为5.14m。

3. 岩溶工程地质特征

据地质钻探资料，英德市九龙镇城区岩溶塌陷分布地段的隐伏灰岩地层为石炭系刘家塘组（C_1yl）和石磴子组（$C_1\hat{s}$），可溶岩地层分布连续性好。石磴子组灰岩呈灰色—深灰色，泥晶结构，中厚层—厚层状构造，质纯，主要矿物成分为方解石、次为白云石。刘家塘组白云岩呈浅灰色，细晶结构，厚层—巨厚层状构造，质纯，主要矿物成分为白云石、次为方解石。基岩顶面起伏变化较大，顶板埋深为 3.20～27.10m，平均为 7.91m。施工的 66 个钻孔共有 24 个钻孔揭露到溶洞，单体溶洞 33 个，钻孔见洞率为 36.36%，溶洞顶板埋深为 3.20～27.10m，顶板厚度为 0.1～3.5m，一般为 0.20～1.70m，单洞高为 0.40～11.00m，一般为 1.00～7.00m，单孔累计洞高为 0.60～13.10m，单孔线岩溶率为 11.54%～72.19%，溶洞总长度为 110.30m，场地钻探基岩总长度为 414.59m，总体线岩溶率为 26.61%。钻孔揭露深度范围内单孔溶洞多达 4 层，一般为 1～3 层。两组地层的岩溶发育程度高，埋深为 0～20m 范围内的溶洞占溶洞总数的 84.84%；埋深为 60～90m 范围内的溶洞占溶洞总数的 16.96%。地下岩溶主要发育于浅层为（0～20m）侵蚀基准面附近，基本位于地下水变幅带内并与地表水连通较好，地下水活动强烈，因而岩溶发育程度较高；随着深度的加深，岩溶发育强度逐渐减弱。溶洞多呈充填状态或半充填状态，充填溶洞占溶洞总数的 60.61%，半充填溶洞占溶洞总数的 39.39%，溶洞充填物以流塑—可塑状粉质黏土为主。

4. 岩溶塌陷发育特征

1980～2015 年，英德市九龙镇城区一带累计发生 26 处岩溶塌陷地质灾害。岩溶塌陷主要集中于九龙镇城区与下苏坑、新田村及寨背村林屋等。英德市九龙镇城区及周边岩溶塌陷发育特征统计如表 2.1.8 所示。岩溶塌陷坑平面形态多为似圆形及近椭圆形，剖面形态呈圆柱状、坛状，常以单个塌陷坑出现。塌陷坑口直径一般为 0.7～4.0m，面积一般为 0.8～5.7m²，最大塌陷坑面积为 570m²。

表 2.1.8 英德市九龙镇城区及周边岩溶塌陷发育特征统计

编号	岩溶塌陷地点	形状	塌陷坑面积/m²	深度/m	塌陷位置	发生时间
JL-03	九龙镇下苏坑村	似圆形	3.0	8.0	房屋旁	2004 年
JL-04	九龙镇下苏坑村	似圆形	3.0	10.0	房屋旁	2000 年
JL-05	九龙镇城区	似圆形	1.5	0.5	不详	2014 年 1 月
JL-06	九龙中学附近	不详	不详	不详	房屋旁	2011 年 3 月
JL-07	九龙镇九龙大道	似圆形	不详	不详	公园	不详
JL-08	九龙镇九龙大道	似圆形	0.8	1.5	公路上	2014 年上半年
JL-09	九龙镇第二中学	不详	不详	不详	不详	1984 年
JL-10	九龙交通中队	不详	不详	不详	房屋旁	2013 年
JL-11	新田村正寨	似圆形	1.5	2.0	池塘	不详
JL-12	新田村正寨	似圆形	7.0	2.5	农田	2004 年
JL-13	九龙镇周边	近椭圆形	2.0	0.8	农田	2014 年
JL-22	寨背村林屋	似圆形	3.0	0.7	房屋旁	2004 年 10 月
JL-23	寨背村林屋	近椭圆形	570.0	1.5	农田	20 世纪 80 年代
JL-24	寨背村林屋	近椭圆形	12.0	1.5	农田	2004 年 10 月
JL-25	寨背村林屋	似圆形	不详	不详	农田	不详

5. 岩溶塌陷空间分布特征与地质构造发育特征之间的相互关系

从整体上看，英德市九龙镇城区岩溶塌陷发育地段沿北东向褶皱、断裂带和北北西向断裂带展布，分布有较多溶洞、岩溶水出露点及岩溶塌陷坑。九龙向斜及寨背—汤屋向斜两翼节理裂隙及次级断裂较发育，构成岩溶水的良好运移通道，为岩溶塌陷发育提供了良好的地下水环境条件，溶洞（暗河）主要沿九龙向斜及寨背—汤屋向斜两翼发育。据广东省英德市九龙镇城区岩溶塌陷地质灾害调查成果，褶皱两翼及轴部的溶洞（暗河）有 44 个，占全部溶洞（暗河）的 70.97%，其中主要沿九龙向斜及寨背—汤屋向斜两翼及轴部发育，向斜两翼分布的溶洞（暗河）占总数的 53.23%，轴部分布的溶洞（暗河）占 16.13%。特别是寨背—汤屋向斜两翼及轴部的溶洞（暗河）密集发育，共有 30 个，占总数的 48.39%；其次为九龙向斜，共发育有溶洞（暗河）13 个，占总数的 20.97%。断裂带及附近发育的溶洞暗河相对较少，仅有 15 个，占总数的 24.19%，主要沿北东向断裂和北北西向断裂发育。分析岩溶塌陷的空间分布规律，可以看出区内褶皱构造和断裂构造对岩溶塌陷的控制作用十分明显。

（1）英德市九龙镇城区岩溶塌陷分布地段的主要构造线方向为北东向，沿北东向形成了三条主要褶皱构造。岩溶塌陷主要沿九龙向斜及寨背—汤屋向斜两翼、北东向断裂带和北北西向断裂带发育。北东向九龙向斜和寨背—汤屋向斜控制了岩溶塌陷的空间分布特征，地面塌陷坑主要沿向斜轴部及两翼呈北东向展布。上述表明沿九龙向斜、寨背—汤屋向斜轴部及两翼共发生 20 处岩溶塌陷，占岩溶塌陷总数的 76.92%。

（2）北北西向 F10 断裂及 F8 断裂对岩溶塌陷空间分布特征的控制作用也十分明显，沿北北西向 F10 断裂、F8 断裂附近发育有 8 处岩溶塌陷，占岩溶塌陷总数的 30.77%。

因此，英德市九龙镇城区岩溶塌陷发育地段的向斜较平缓开阔，岩溶广泛发育，褶皱坳陷深度较浅，可溶岩埋深低于侵蚀基准面。由于褶皱构造的核部呈长条状，中心部位常发育有降落漏斗，有利于地下水和地表水的补给，成为地下水的强烈活动场所，地下水沿着褶皱作用形成的纵张节理部位运移并与断裂破碎带及节理裂隙密集带相互沟通，构成地下水的良好径流通道；同时，褶皱轴部及两翼也形成了错综复杂的地下岩溶洞穴系统，而这些岩溶洞穴与土洞共同构成了孕育岩溶塌陷的地质环境背景。因此，沿北西向的断裂构造与北东向的褶皱构造交叉形成的网格状地质构造控制了英德市九龙镇城区岩溶塌陷的空间分布格局。断裂破碎带和节理裂隙密集带是地下水运移的主要通道，北东向或近东西向断裂主要为压（扭）性断裂，断裂面平直光滑，呈舒缓波状，裂隙较紧闭或被断层泥所充填，不利于地下水的运移；北北西向或近南北向断裂主要为张（扭）性断裂，断裂面较粗糙，裂隙张开性较好，角砾岩多为方解石胶结而成的棱角状灰岩，胶结性差，有利于地下水的侵蚀运移，它控制了可溶岩的空间分布特征和岩溶发育强度，从而也控制了岩溶塌陷的孕育、形成及活动过程。

2.1.3 岩溶塌陷分布特征受覆盖层岩土结构特征的控制

一般而言，隐伏岩溶发育地带的覆盖层厚度和岩土结构特征不仅控制着岩溶塌陷的孕育、扩展和破坏的形成过程，而且还控制着岩溶塌陷的形态特征。表 2.1.9 为广东省岩溶塌陷分布数量与覆盖层厚度的关系。从覆盖层厚度分布特征看，岩溶塌陷地质灾害主要集中发生于 0~20m 厚的覆盖层地段,约占统计岩溶塌陷总数的 83.82%,所形成的地面塌陷坑也多分布于第四系覆盖层厚度较薄的部位。

表 2.1.9　广东省岩溶塌陷分布数量与覆盖层厚度的关系

覆盖层厚度/m	0~10	10~15	15~20	20~30	>30
岩溶塌陷数量/次	358	371	183	159	17
塌陷百分比/%	32.90	34.10	16.82	14.61	1.56

根据广东省隐伏岩溶发育地带第四系覆盖层土体的工程地质性质和透水性特征,可将广东省岩溶塌陷发育地带的覆盖层岩土体结构模式划分为双层阻水—透水型盖层、双层透水—阻水型盖层、三层阻水—透水—阻水型盖层、三层透水—阻水—透水型盖层、多层阻水—(透水)阻水—透水混合型盖层及多层阻水—(阻水)透水—阻水混合型盖层等六种主要类型。覆盖层岩土体结构模式类型图如图 2.1.3 所示。

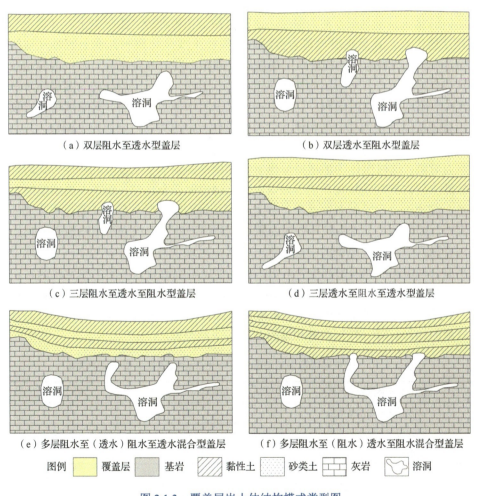

图 2.1.3　覆盖层岩土体结构模式类型图

表 2.1.10 为广东省岩溶塌陷与覆盖层岩土体结构模式类型特征的关系。从表 2.1.10

中可以看出，隐伏岩溶发育地带的第四系覆盖层为多层阻水—（阻水）透水—阻水混合型盖层时，其岩溶塌陷数量所占比例最高，约占统计岩溶塌陷总数的 36.53%；其次为三层阻水—透水—阻水型盖层，约占统计岩溶塌陷总数的 30.17%；多层阻水—（透水）阻水—透水混合型盖层和三层透水—阻水—透水型盖层的岩溶塌陷数量较低，分别约占统计岩溶塌陷总数的 13.64%和 11.21%；双层透水—阻水型盖层和双层阻水—透水型盖层的岩溶塌陷数量最低，分别约占统计岩溶塌陷总数的 4.74%和 3.70%，可能与这两种类型的盖层分布范围较少有关。一般而言，覆盖层松散土体为冲积、残积成因的黏土、粉质黏土夹粉细砂、淤泥类土、粉土及黏土夹砂砾层，且覆盖层的土层结构呈多层阻水—（阻水）透水—阻水混合型盖层和三层阻水—透水—阻水型盖层时，其土体的抗塌能力较差，第四系覆盖层内的孔隙水与其下伏岩溶地层的水力联系紧密，构成多层介质的统一地下含水系统，当地下水位产生急剧变动时，渗透潜蚀作用强度加大，易出现岩溶塌陷地质灾害。一般而言，三层阻水—透水—阻水型结构特征的第四系覆盖层下部基本为黏性土、中间砂类土、上部为黏性土；而多层阻水—（阻水）透水—阻水混合型盖层结构的第四系覆盖层，常为黏性土、粉质黏土夹粉细砂、淤泥类土、砂类土与黏性土交替互层出现，且最底层与基岩接触处为黏性土或风化残积黏性土的多元结构特征（图 2.1.3），这两种岩土结构模式的覆盖层底部黏土层内常发育有与开口溶洞相通的土洞，具有良好的孕育岩溶塌陷的地质环境条件。因此，对于土层结构为多层阻水—（阻水）透水—阻水混合型盖层和三层阻水—透水—阻水型盖层而言，其隐伏可溶岩顶板之上覆盖有一层厚度较为稳定的且透水性差的黏性土，这类黏性土层内土洞极为发育，由于黏性土层的黏粒含量较多，具有一定的内聚力，当地下水位突然下降时，就会发生较大的水力坡降，这时土体的渗透变形也就会加剧；如果地下水位波动持续一定时间，可造成黏性土层内的细颗粒物质的逐渐流失，土洞内壁就会塌落，随着土洞规模的不断扩大，当土洞顶板最后发展到黏性土与砂类土层接触面附近时，砂类土将进一步加速向土洞内流失，随着砂类土流失破坏效应的累积，最终于地面形成岩溶塌陷地质灾害。这就是广东省隐伏岩溶发育地带的三层阻水—透水—阻水型盖层及多层阻水—（阻水）透水—阻水混合型盖层的地面易产生岩溶塌陷和岩溶塌陷坑数量众多的主要地质因素。据不完全统计，广东省隐伏岩溶发育地带第四系覆盖层的厚度大于 15m 时，伴随岩溶塌陷的孕育、形成和发生的演变过程，这些岩溶塌陷发育地段常形成以塌陷坑为中心的且分布面积较大的地面沉降、弧形裂缝和地面开裂等变形迹象。

表 2.1.10　广东省岩溶塌陷与覆盖层岩土体结构模式类型特征的关系

覆盖层岩土体结构模式类型	岩溶塌陷的数量/次	占塌陷总数的百分比/%
双层阻水—透水型盖层	32	3.70
双层透水—阻水型盖层	41	4.74
三层阻水—透水—阻水型盖层	261	30.17
三层透水—阻水—透水型盖层	97	11.21
多层阻水—（透水）阻水—透水混合型盖层	118	13.64
多层阻水—（阻水）透水—阻水混合型盖层	316	36.53

2.1.4 岩溶塌陷分布特征受水文地质环境特征的控制

岩溶塌陷分布地带的水文地质结构特征和地下水径流作用特征是控制岩溶塌陷的重要因素。表 2.1.11 为广东省岩溶塌陷数量与地下水径流特征的关系。从表 2.1.11 中可以看出,地下水径流作用强度大的地带,岩溶塌陷的分布数量约占其统计岩溶塌陷总数的 67.08%;地下水位变幅超过 4.5m 时,岩溶塌陷的分布数量约占其统计岩溶塌陷总数的 72.08%;地下水位埋深为 0~5m 时,岩溶塌陷的分布数量约占其统计岩溶塌陷总数的 86%。这些统计数据说明地下水动态变化越强烈,产生岩溶塌陷的可能性越大,塌陷坑的分布数量就越多。从区域上看,无论是自然岩溶塌陷,还是抽取地下水及矿井疏干排水引起的岩溶塌陷,其塌陷坑和地面变形都集中分布于地下水降落漏斗中心及强径流带附近。这主要是由于地下水降落漏斗中心一带和强径流带范围内,地下水径流作用强烈,水力坡降加大,地下水流速明显加快,导致地下水对覆盖层中的松散沉积物及溶沟、溶洞充填物质的潜蚀作用加强,地下水降落漏斗中心和强径流带的地面一带易集中形成岩溶塌陷地质灾害。

表 2.1.11 广东省岩溶塌陷数量与地下水径流特征的关系

地下水径流强度	很弱	弱	中等	较强	强
岩溶塌陷数量/次	15	31	65	126	483
塌陷占比/%	2.08	4.31	9.03	17.50	67.08
地下水位变幅/m	0~1.5	1.5~3.0	3.0~4.5	4.5~6.0	>6.0
岩溶塌陷数量/次	8	98	152	279	387
塌陷占比/%	0.87	10.61	16.45	30.20	41.88
地下水位埋深/m	0~2.5	2.5~5	5~7.5	7.5~10	>10
岩溶塌陷数量/次	376	312	73	28	11
塌陷占比/%	47.00	39.00	9.13	3.50	1.38

【实例分析】兴宁市岗背镇荣昌围岩溶塌陷

2003 年 8 月中旬,广东省兴宁市岗背镇中心地段发生岩溶塌陷地质灾害。岩溶塌陷位于岗背镇荣昌围居民密集区,直接造成多栋民房出现变形裂缝、少数倒塌,道路路面出现塌陷坑。兴宁市岗背镇岩溶塌陷工程地质图如图 2.1.4 所示。岩溶塌陷分布地段及周边分布有兴宁市岗背镇管辖的寺岗石灰石场、盛垒石灰石场和兴宁市水泥厂石灰石场等三个地下开采石灰岩的矿山企业。矿山东部有省道兴槐公路通过,离采石场直线距离约 350m,并有简易公路相接,兴槐公路与 G205、G206 国道相连,可通达黄槐、罗岗及平远等地,交通方便,矿区周边居民以农业人口为主,附近有多家水泥厂。

1. 自然地质环境特征

1)气象及水文

兴宁市岗背镇地处粤东,属亚热带季风气候区,阳光充足,气候温和潮湿,夏长冬短。多年平均气温 20.4℃,7 月平均最高气温 35.2℃,1 月平均最低气温 11.6℃。年平均降雨量 1 521.2mm,日最大降雨量为 129.4mm(1996 年 4 月 19 日),小时最大降雨量为 57.8mm(1999 年 5 月 4 日);4~8 月为雨季,降雨量为 1 004.1mm,占全年降雨量的80%以上，尤以5月、6月为多雨月，占全年降雨量的31.5%；9月至次年3月为枯水期，降雨量小，其中10月至次年2月降雨量之和为253.4mm，占全年降雨量的16.65%。每年7～9月有台风影响。冬季冷空气和夏季的热带风暴影响强度变化大，灾害天气较多。

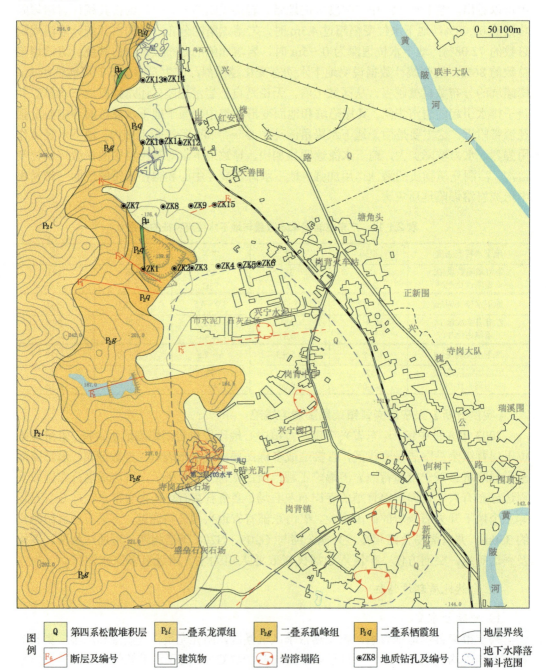

图2.1.4 兴宁市岗背镇岩溶塌陷工程地质图

地表水系属韩江水系上游支流的宁江，宁江全长为107km、宽为65～90m。河水量受大气降雨影响较大，一般4～8月降雨多，河流水量充沛，遇暴雨常溢满两岸；9月至次年3月降雨较少，河流水量锐减，河床多暴露。宁江沿途接纳32条山溪小河，呈叶脉状汇入宁江，黄陂河为其中的一条支流。黄陂河自北向南流经岩溶塌陷分布地段东侧，其流量受大气降水影响大，随季节变化明显，雨季流量达到11～85m³/s；旱季流量小，有时甚至断流。

2）地形地貌特征

岩溶塌陷分布地段的地形西高东低，西部为中低丘陵，地形高程为175～260m，地形较平缓，山顶一般呈浑圆状，山体连绵，自然山体稳定，植被较发育。东部为低丘陵，地形高程为143～165m，地势平坦，主要为农田和耕地。

3）地层与岩性

兴宁市岗背镇一带分布的地层有石炭系、二叠系及第四系等。石炭系主要为壶天组（C_2ht），隐伏发育于东部黄陂河的河谷地带，岩性为灰色厚层状灰岩、白云岩化灰岩及白云岩。二叠系地层出露有栖霞组、孤峰组和龙潭组，分布范围较广。①栖霞组（P_2q）分布于岩溶塌陷区的中部一带，地表多为第四系覆盖。栖霞组下段（P_2q^1）由深灰色、灰黑色中—厚层状泥质灰岩、白云质灰岩组成，含少量燧石结核，间夹页岩，厚度为24～130m；栖霞组中段（P_2q^2）为深灰色厚层状灰岩夹少量的泥质灰岩及极薄页岩，厚度为81～180m，栖霞组中段（P_2q^2）灰岩是寺岗矿区的主要开采矿体；栖霞组上段（P_2q^3）岩性为灰色、深灰色结核状灰岩、硅质页岩及泥灰岩、炭质页岩和硅质岩，厚度为14～75m，岩层倾向西或北西，倾角为35°～45°。②孤峰组（P_2g）出露于岩溶塌陷区西侧一带，岩性为灰色、灰黑色页岩夹钙质页岩和含铁质的硅质结核，底部为硅质页岩或灰色硅质岩，厚度大于57m。③龙潭组（P_2l）出露于岩溶塌陷区西部的分水岭山顶一带，为陆相含煤砂页岩沉积，由石英砂岩、粉砂岩、页岩、炭质页岩组成，并夹煤数层，局部层位见有火山质砾岩，总厚度大于414m，与下伏孤峰组成整合接触。第四系主要由冲洪积层、残坡积层和人工堆积层组成：①冲洪积层（Q^{apl}）主要分布于黄陂河两侧地带，沉积物具有明显的二元结构，上部为黄色、灰黄色细砂层、砂质黏土或黏土层；下部为砂层或砂砾层，砾石成分较杂，厚度为5～20m。②残坡积层（Q^{edl}）广泛分布于岩溶塌陷区的丘陵地带，岩性主要由砾石、砂、黏土组成，厚度为1.3～31.7m。③人工堆积层（Q^{ml}）主要为矿区的废弃矿石碎块及砂石等，其厚度一般小于5m。

4）地质构造特征

矿区一带主要发育有一组北西西—北东东向的断裂构造，共分布有5条断层，断层的规模较小。F_1断层走向北西，倾向南西，倾角为50°～84°，延伸长为110m，水平断距为70m，垂直断距为5m，属正断层；F_2断层走向北西西，延伸长为130m，水平断距为140m；F_3断层延伸长约为180m；F_4断层延伸长约为230m，F_5断层延伸长约为435m。矿区的岩石节理、裂隙局部发育较密集，主要节理产状为55°∠32°及125°∠55°，两组节理密度为10～30条/m。

5) 水文地质环境特征

（1）地下水类型及富水性特征。

根据地下水的赋存环境及含水岩组特征，兴宁市岗背镇一带的地下水可划分为松散岩类孔隙水、基岩裂隙水及碳酸盐岩类裂隙溶洞水等三大类型。

① 松散岩类孔隙水：主要沿丘间谷地及丘陵区分布，含水层为第四系冲洪积层及残坡积层，属松散岩类孔隙潜水性质。冲洪积孔隙水分布于岩溶塌陷区东部黄陂河谷内，含水层由河流阶地及河床的冲积层组成，按岩性可划分为上、下两层，上部为 1~2m 厚的粉砂，下部为 11~32m 厚的砂层及砂砾石层；地下水主要赋存于砂层及砂砾石层内，水位埋深为 0.15~1.5m，富含孔隙水，一般民井可供百余人至数百人生活用水，机井出水量 1 400m³/d。靠近山麓的残坡积层，岩性主要为粉质黏土、粉质砂土，局部含砾石，仅底部含少量孔隙潜水。水化学类型多属 $HCO_3·Cl-Ca·Mg$ 型。

② 基岩裂隙水：分布于岩溶塌陷区西部丘陵山地的孤峰组碎屑岩中，属承压水性质。含水层为页岩夹钙质页岩、硅质页岩或硅质岩。岩石裂隙较发育，裂隙多为细小的闭合裂隙，透水性较差，属相对隔水层，水量贫乏或不含水。

③ 碳酸盐岩类裂隙溶洞水：主要分布于岗背镇东部的河谷平原地带，含水层为石炭系和二叠系的碳酸盐岩，多隐伏于第四系松散沉积物之下，属覆盖型可溶岩分布区，岩性为灰岩、泥质灰岩、白云质灰岩及泥灰岩等组成，含少量燧石结核，间夹页岩、硅质页岩、炭质页岩和硅质岩。岩溶水的富水程度取决于地下水位以下的岩溶发育程度及溶洞充填情况。钻孔揭露地下水位埋深为 5.32~16.53m，兼具潜水及承压水特征，钻孔单位涌水量为 0.131~0.419L/(s·m)，局部涌水量为 0.016L/(s·m)，渗透系数为 0.400~0.035m/d，富水性较强。矿区岩溶水的水化学类型以 HCO_3-Ca 型为主，次为 $HCO_3·SO_4$-Ca·(Na+K) 型水或 $HCO_3·Cl$-Ca·(Na+K) 型水。

（2）地下水补给、径流及排泄特征。

松散岩类孔隙水主要接受降雨补给，部分地段接受地表水的入渗补给。基岩裂隙水主要接受雨水、上覆松散岩类孔隙水及外围侧向径流补给。岩溶水隐伏于第四系含水层之下，两者间无明显的隔水层，主要接受松散孔隙含水层的地下水渗入补给，地表水也通过第四系松散层再渗入到岩溶含水层。西部页岩为主的相对隔水层补给量甚低，可视为隔水边界。

由于岩溶水直接接受地表水或第四系松散岩类孔隙水补给，因此，上部地下水以垂直运动为主，往下逐渐转变为以水平运动为主，沿裂隙脉状径流和集中排泄的管道流等富水条带径流。天然状态地下水总体自西向东径流，并向当地侵蚀基准面黄陂河排泄，由于岗背镇周边石灰石场及镇政府水井大量抽排地下水，形成明显的地下水降落漏斗，故人工抽排地下水活动成为岩溶塌陷分布地段地下水新的主要排泄途径。

2. 岩溶塌陷发育特征

据岗背镇村民回忆及实地调查，岗背镇居民住宅楼自 2001 年已经开始出现轻微变形破坏，但由于变形程度较轻，一直未引起村民注意。2003 年 8 月，房屋裂缝、变形现象突然加剧，并发生岩溶塌陷地质灾害，才使很多居民惊恐不已，也受到了社会的广泛关注。自 2003 年 8 月中旬至 2004 年 5 月，岗背镇居民区一带出现多处岩溶塌陷，共计受灾群众298户2060人，房屋1014间，其中灾情严重的有48户280人。由于岩溶塌陷出现于居民集中的岗背镇中心地带，涉及人口较多，且房屋密集，岩溶塌陷的危害性严重，危险性大。兴宁市岗背镇岩溶塌陷的变形破坏迹象可分为如下3种类型。

1）地面及房屋裂缝

兴宁市岗背镇地面房屋裂缝的分布相对集中，主要分布点有三处：第一处裂缝位于荣昌围北侧，裂缝范围较大，有十余栋房屋的地面及墙体出现大小不等的裂缝，个别土坯房局部墙体坍塌，岗背镇荣昌围民房墙面裂缝如图2.1.5所示；第二处裂缝位于寺岗石灰岩矿区东侧，沿房屋北侧墙壁斜向延伸长约为5m，东侧墙壁裂缝宽为3~8cm（图2.1.6）；第三处裂缝位于岗背镇临街道路两侧居民区，共有5~8栋民房出现墙壁裂缝、水泥地面裂缝，最长的地面裂缝长度超过15m，宽为5~8cm（图2.1.7），水泥地面上翘或下沉。

2）地面沉降

地面沉降出现于寺岗石灰岩矿区东侧的农田一带，平面形态呈椭圆形，沿东西向展布，长约为30m、南北宽约为20m。地面沉降范围内整体下沉量约为20cm，沉降边缘的裂缝明显，最宽处可达为10cm（图2.1.8）。

图2.1.5 岗背镇荣昌围民房墙面裂缝

图2.1.6 寺岗石灰岩矿区东侧墙壁裂缝

图2.1.7 岗背镇临街民房地面变形裂缝

图2.1.8 寺岗石灰岩矿区东侧农田地面裂缝

3）地面塌陷

2003年8月19日至9月25日，兴宁市岗背镇共出现5处岩溶塌陷地质灾害，地面累计形成12处规模不等的塌陷坑，其中对居民及房屋造成严重危害的岩溶塌陷有2处（图2.1.9和图2.1.10）：一处是村民钟维新家大院内的塌陷坑，发生于2003年8月19日，为填平钟维新家的地面塌陷坑，累计投入36t砂土和6t碎石充填，至8月23日，钟维新家房屋的东北角又形成一个开口为2～3m的塌陷坑，塌陷坑可见深度约为3m，由于塌陷坑的作用，最终导致钟维新家房屋倒塌；另一处塌陷坑于2003年8月29日出现于岗背镇圩镇小学大门前的道路处，塌陷坑平面形态呈圆形，直径为3m左右，深度约为2m，造成一辆货车陷入坑内，距离塌陷坑十几米外的圩镇小学教室墙面也出现多处裂缝。

图2.1.9 岗背镇塌陷坑致使民房倒塌

图2.1.10 岗背镇民房屋内地面塌陷坑

3. 岩溶塌陷形成原因

分析兴宁市岗背镇荣昌围一带岩溶塌陷的地质环境背景和地质钻探资料，可以发现兴宁市岗背镇荣昌围一带岩溶塌陷地质灾害的形成原因主要为以下两个方面。

1）隐伏岩溶发育强烈是形成岩溶塌陷的主要地质环境因素

兴宁市岗背镇黄陂河丘陵谷地一带的地层主要是石炭系—二叠系的灰岩，隐伏于第四系松散沉积层之下。第四系覆盖层厚度为0.18～20.00m。隐伏灰岩的岩溶发育程度及岩溶地下水具有明显的不均匀性，尤其断裂构造、节理及裂隙发育带、不同岩性接触界面之处的溶洞、溶蚀裂隙等岩溶现象极为发育。统计寺岗石灰石场、盛垒石灰石场和兴宁市水泥厂石灰石场等3个矿区的15个地质钻孔资料，发现遇溶洞的钻孔10个，见洞率为66.67%，揭露溶洞总高为86.13m，钻孔岩溶率为4.3%，单个溶洞高为0.21～8.94m，一般为0.53～3.00m，溶洞埋深为10.8～139.57m。当隐伏灰岩的地下水位发生变化时，地下水通过溶洞或溶蚀裂隙开口处的反复升降运动，使得覆盖层内土体重复饱水和失水的循环过程，造成覆盖层底部及沿裂隙的土体崩解、散体、剥落而向下迁移，形成土洞并向上扩展；进一步遇地下水位急剧变动时，由于负压吸蚀作用或地下水的顶托影响，上覆土体失稳而形成地面塌陷坑。

2）过量抽排地下水形成地下水位降落漏斗是岩溶塌陷的直接引发因素

（1）兴宁市 2003 年整体旱情较严重，降雨量明显低于近 10 年的平均降雨量，由于气候干旱，普遍造成第四系覆盖层内地下水位下降。但 8 月的降雨量达到 218.2mm，明显高出多年平均月降雨量，导致岗背镇岩溶塌陷分布地段的地下水位出现明显波动。区域地下水位的大幅波动为岗背镇石灰岩矿区及周围的岩溶塌陷提供了良好的地下水动力环境条件。

（2）实地调查结果表明，兴宁市岗背镇隐伏灰岩地带人工抽排地下水活动非常严重：一是地下开采石灰岩集中大量抽排地下水，其中寺岗石灰石矿抽排地下水量约为 2 800m³/d，盛垒石灰石矿约为 3 000m³/d；二是岗背镇人民政府办公楼院内的水井抽取生活用水，估算抽水量约为 2 700m³/d，累计日均抽排水量达到 8 500m³。因此，长期过量抽排地下水活动是岗背镇隐伏灰岩地带岩溶塌陷的直接引发因素。

总之，兴宁市岗背镇岩溶塌陷分布地段的隐伏岩溶发育区位于黄陂河的河谷平原一带，地势相对平坦，地下水及地表水丰富，地下水接受地表水的补给充足。隐伏岩溶顶部的覆盖层土体以细砂层、砂层、砂砾层、砂质黏土或黏土层为主，富水性和透水性好。区内地下水监测结果表明，由于采矿活动及居民生活的需要，矿区及周边长期大量抽排地下水，最终于岗背镇中心城区形成了一个明显的地下水降落漏斗，地下水位最大降深达到 12.85m，造成隐伏岩溶发育地带的地下水位降低幅度较大，人工过量抽取地下水与区域地下水位降低的效应相叠加，改变了区内原来地下水的径流运动状态，地下水通过土洞、溶洞或溶蚀裂隙开口处的反复升降运动，使覆盖层底部及沿土洞、溶蚀裂隙部位的土体崩解、散体、剥落而向下迁移；同时，局部地下水水力坡度的剧变，极大地增强了地下水向下的潜蚀、淘空能力，使土洞迅速扩展、土洞顶板的土层逐渐变薄，覆盖层土体的抗塌力不断减弱，一旦接近或超过极限临界状态，就会造成土洞顶部覆盖层内的松散土体失稳破坏，形成岩溶塌陷地质灾害。

2.1.5 岩溶塌陷分布特征受人类工程活动强度的控制

人类工程活动对岩溶塌陷空间分布特征的控制作用十分明显，如基础工程施工、城市地下空间开拓、地面施加荷载、工程施工降水、开采岩溶地下水、矿坑突水涌泥、采矿抽排地下水及地下采矿活动等，这些人类工程活动是广东省岩溶塌陷地质灾害的主要诱发因素。引发岩溶塌陷的规模和分布范围与各种人类工程活动的强度密切相关，其中各种抽排地下水活动引发的岩溶塌陷最为广泛。表 2.1.12 示出广东省岩溶塌陷活动与抽排地下水活动的关系。从表 2.1.12 中可以看出，距抽排地下水井（点）越近的地方，岩溶塌陷数量越多，一般为 0~100m 距离范围内，其岩溶塌陷数量约占统计岩溶塌陷总数的 68.6%，相应地岩溶塌陷规模及强度越大，向外侧延伸则逐渐减弱；当抽排地下水强度达到 5 000m³/d 时，发生岩溶塌陷的数量急剧上升，其岩溶塌陷数量约占统计岩溶塌陷总数的 65.5%。例如：①乐昌市西瓜地铅锌矿区，1972 年 7~8 月大量抽排地下水之后，地下水降落漏斗范围内出现地面塌陷坑 115 个，地面房屋开裂 20 多处。②2004 年 1 月 4 日，高州市长坡镇低寨村首先发生村边小河断流，河水流入河床中间的一个小塌陷坑内，随后村中发现多条地面裂缝，裂缝走向以 140°和 230°方向为主，并在农田地带产生多处塌陷坑；至 1 月 10 日前后，村中房屋大都产生不同程度的裂缝，共有

18户（70多人）的房屋中出现墙壁及地面裂缝，其中12户（约50人）的房屋裂缝较为明显，同时还伴有局部地面下沉及地下掏空等现象。低寨村岩溶塌陷形成的内因是低寨村一带的灰岩地层隐伏于第四系松散沉积层之下，灰岩在地下水的长期循环作用之下，形成溶洞、溶蚀裂隙等岩溶现象，在断裂构造、节理或裂隙发育带，岩溶现象发育程度更强；低寨村的东南侧有三家地面露采石灰岩采石场（图2.1.11），其中距离低寨村最近的进柱采石场，2004年1月3日出现矿坑突水现象时，该采石场底部露采面发现地下水浑浊，突水量增大，并且有大量的泥沙涌出，显示出采矿工作面与浅部第四系地下水及地面河水已经相互贯通，村民在河流处放置的柴草也被地下水流带到了进柱采石场内，说明进柱采石场在石灰石露天开采过程中，露采工作面揭穿了与第四系地下水及地表河流相通的岩溶管道，引起河水断流，地下水位急剧下降，改变了地下水的水动力环境，因此，矿坑突水是低寨村岩溶塌陷的外部直接诱发因素。同时，进柱采石场采坑深度达到50~55m，造成采坑底面与低寨村地面相对高差达到50m，使地下水的水力坡度陡增，地下水的径流动力作用加强，形成局部地下水位降落漏斗，对上覆第四系土层的潜蚀作用增强，导致上覆土体失稳坍塌，最终于地面形成岩溶塌陷。

表2.1.12　广东省岩溶塌陷活动与抽排地下水活动的关系

距抽排水点距离/m	0~50	50~100	100~200	200~500	>500
岩溶塌陷数量/次	207	193	82	69	32
塌陷占比/%	35.5	33.1	14.1	11.8	5.5
抽排水强度/(m³/d)	0~500	500~1 000	1 000~2 000	2 000~5 000	>5 000
岩溶塌陷数量/次	13	23	57	108	382
塌陷占比/%	2.2	4.0	9.8	18.5	65.5

图2.1.11　高州市长坡镇低寨村岩溶塌陷分布图

2.2 岩溶塌陷形态特征

2.2.1 岩溶塌陷平面形态特征

广东省岩溶塌陷活动形成的塌陷坑平面形态多呈圆形、椭圆形、长条形和不规则形等四类（表 2.2.1 和图 2.2.1～图 2.2.8）。一般而言，塌陷坑平面形态以圆形和椭圆形为主，占统计塌陷坑总数的 80%以上。据塌陷坑平面等效直径的统计结果（表 2.2.1），岩溶塌陷地质灾害的塌陷坑以直径为 0～5m 占优，占统计塌陷坑总数的 60%以上；按塌陷坑深度的统计结果（表 2.2.1），塌陷坑深度主要在 0～10m，约占统计塌陷坑总数的 90%。

表 2.2.1 岩溶塌陷坑平面形态特征

塌陷平面形态	圆形	椭圆形	长条形	不规则形
塌陷坑数量/个	215	168	51	37
塌陷占比/%	45.7	35.7	10.8	7.8
塌陷直径/m	0～5	5～10	10～15	>15
塌陷坑数量/个	183	52	36	21
塌陷占比/%	62.7	17.8	12.3	7.2
塌陷深度/m	0～2.5	2.5～5	5～10	>10
塌陷坑数量/个	147	139	85	45
塌陷占比/%	35.3	33.4	20.4	10.8

图 2.2.1　圆形塌陷坑（肇庆怀集县大岗镇）　　图 2.2.2　圆形塌陷坑（广州花都区赤坭镇蓝田村）

图 2.2.3 椭圆形塌陷坑（广州从化区旗杆镇）

图 2.2.4 椭圆形塌陷坑（肇庆封开县金星村）

图 2.2.5 长条形塌陷坑（广州花都区赤坭镇蓝田村）

图 2.2.6 长条形塌陷坑（梅州五华县中洞村）

图 2.2.7 不规则形塌陷坑（广州荔湾区如意坊）

图 2.2.8 不规则形塌陷坑（梅州梅县隆文镇坑美村）

2.2.2 岩溶塌陷剖面形态特征

广东省岩溶塌陷坑的剖面形态大致可分为漏斗状、坛状、竖井状和蝶状等四种类型（图 2.2.9～图 2.2.16 和表 2.2.2）。从表 2.2.2 中可以看出，塌陷坑的剖面形态以竖井状和漏斗状形态最多，约占统计塌陷坑总数的 80%。塌陷坑的剖面形态结构特征和地下隐伏岩溶发育特征有一定的对应关系，覆盖层下存在大的溶蚀洞穴常常形成较大的塌陷坑，小洞穴多形成较小的塌陷坑。从覆盖层厚度上看，覆盖层较薄的地带塌陷坑剖面多呈竖井状和蝶状等，覆盖层较厚的地带塌陷坑剖面多呈漏斗状、坛状及竖井状等；从覆盖层岩土类型上看，剖面形态为漏斗状及碟形的岩溶塌陷多分布于黏性土及砂性土互层的覆盖层内。

图 2.2.9　漏斗状塌陷坑（梅州梅县石扇镇）

图 2.2.10　漏斗状塌陷坑（梅州五华县中洞村）

图 2.2.11　坛状塌陷坑（广州从化区鳌头镇步美村）

图 2.2.12　坛状塌陷坑（惠州龙门县祖塘村）

图 2.2.13　竖井状塌陷坑（平远县东石镇锡水村）

图 2.2.14　竖井状塌陷坑（英德九龙镇寨背村）

图 2.2.15 竖井状塌陷坑（广州花都区狮岭镇）　　图 2.2.16 碟状塌陷坑（广州花都区赤坭镇西边村）

表 2.2.2　岩溶塌陷坑剖面形态特征

岩溶塌陷类型	竖井状		漏斗状		碟状		坛状	
	个数/个	占比/%	个数/个	占比/%	个数/个	占比/%	个数/个	占比/%
自然因素塌陷	70	40.5	65	37.6	23	13.2	15	8.7
抽排地下水塌陷	82	46.3	63	35.6	19	10.7	13	7.4
矿山采空塌陷	43	38.4	51	45.5	12	10.7	6	5.4

2.3　岩溶塌陷活动特征

广东省岩溶塌陷地质灾害的活动特征，主要受人类工程活动强度和持续性降雨过程的制约。一般而言，岩溶塌陷活动呈现出与强降雨过程及工程建设活动的滞后性、一定时间段内岩溶塌陷活动的丛集性、继承老塌陷地段岩溶塌陷活动的重复性与岩溶塌陷活动的突发性及隐蔽性等特征。

2.3.1　岩溶塌陷活动特征受降雨强度特征的控制

广东省岩溶塌陷活动的时间分布规律，特别是自然因素引发的岩溶塌陷活动，明显受降雨特征的控制，区域性的岩溶塌陷活动同年降雨量分布特征呈正相关关系。从区域性的岩溶塌陷活动的年周期变化特征看，强降雨量年份内广东省的岩溶塌陷地质灾害活动明显上升。表 2.3.1 为 1965~2020 年广东省隐伏岩溶盆地岩溶塌陷活动与年降雨量分布特征的关系，其中丰水年份岩溶塌陷活动次数超过 55%，说明区域性的岩溶塌陷活动强度和年降雨量分布有较好的一致性。

表 2.3.1 广东省隐伏岩溶盆地岩溶塌陷活动与年降雨量分布特征的关系

隐伏岩溶盆地	平水年		丰水年		枯水年		岩溶塌陷总数/次
	岩溶塌陷数/次	占比/%	岩溶塌陷数/次	占比/%	岩溶塌陷数/次	占比/%	
乐昌岩溶盆地	39	21.31	118	64.48	26	14.21	183
董塘岩溶盆地	149	20.36	512	69.95	71	9.70	732
韶关岩溶盆地	58	24.47	151	63.71	28	11.81	237
始兴岩溶盆地	15	26.79	31	55.36	10	17.86	56
英德岩溶盆地	86	16.25	394	74.48	49	9.26	529
翁江岩溶盆地	48	34.53	77	55.40	14	10.07	139
梅蕉岩溶盆地	55	25.11	136	62.10	28	12.79	219
龙江岩溶盆地	39	28.26	81	58.70	18	13.04	138
广花岩溶盆地	63	16.36	286	74.29	36	9.35	385
清远岩溶盆地	37	30.58	69	57.03	15	12.40	121
龙岗岩溶盆地	7	25.00	17	60.71	4	14.29	28
肇庆岩溶盆地	22	22.92	61	63.54	13	13.54	96
云浮岩溶盆地	16	19.28	59	71.08	8	9.64	83
怀集岩溶盆地	15	17.65	65	76.47	5	5.88	85
罗镜岩溶盆地	16	27.59	39	67.24	3	5.17	58
阳春—天堂岩溶盆地	92	19.87	328	70.84	43	9.29	463
那扶岩溶盆地	9	28.13	19	59.38	4	12.50	32
廉江岩溶盆地	35	27.13	73	56.59	21	16.28	129

广东省岩溶塌陷活动不仅同年降雨量分布密切相关，而且深受岩溶塌陷活动期间降雨量的集中程度和降雨强度的影响。一般而言，持续性的暴雨过程及台风期大面积降雨过程是岩溶塌陷活动的主要时间段；同一年度内岩溶塌陷活动的时间主要分布于 5~9 月，总体上呈正态分布形式，相应的降雨量也集中于 5~9 月，二者有很好的对应关系；降雨量越大，岩溶塌陷活动的数量明显增加；持续性时间越长，岩溶塌陷活动的数量也呈现出同步增加的趋势。这些都说明广东省区域性岩溶塌陷活动的分布规律同长历时强降雨过程密切相关。例如，河源市东源县船塘镇龙江望科楼村为隐伏灰岩发育地带，岩溶发育程度高；1982 年冬季东源县船塘镇龙江一带的局地降雨量比往年明显偏大，且明显集中于 1982 年 12 月中旬至 1983 年 1 月上旬之间，降雨量高于多年月平均降雨量约 70%；1983 年 1 月 18 日东源县船塘镇龙江望科楼村开始发生岩溶塌陷地质灾害，地面累积形成 14 个塌陷坑，塌陷坑平面形态呈圆形和椭圆形，直径为 1.8~3.5m，沿南北走向形成长为 1km、宽为 100~300m 的弧形岩溶塌陷条带，导致附近 11 栋民房倒塌和毁坏，109 间房屋的墙体开裂、地面下沉，直接经济损失约 385 万元。

2.3.2 岩溶塌陷活动特征受人类工程活动的控制

随着广东省经济建设的快速发展，人类的各种工程活动规模日益扩大，特别是高速公路、铁路、大中型水库和城市地下工程的实施，不仅产生了许多新的岩溶塌陷地质灾害，而且诱发了大量的老岩溶塌陷地段重新发生岩溶塌陷活动。据不完全统计，广东省70%的岩溶塌陷活动与人类工程活动有不同程度的直接关系，特别是岩溶山区隧洞开挖、城市地下工程开挖和抽排地下水活动等，常常造成大面积的岩溶塌陷活动。人类工程活动对岩溶塌陷活动时间分布规律的影响主要表现如下所述。

1. 地下工程开挖造成岩溶塌陷活动

随着广东省经济社会的高速发展，城市供水、地铁、高速铁路及公路的大量修建，地下采矿的深度可达数百米，导致地下工程的开挖规模越来越大，由此引发隐伏岩溶分布地段产生大面积的岩溶塌陷地质灾害事件屡见不鲜，特别是地下岩溶隧洞施工过程经常出现涌水突泥现象，导致突发性的岩溶塌陷时有发生。

【实例分析】深圳市龙岗区横岗街道西坑村岩溶塌陷

深圳市供水网络干线工程1#输水隧洞位于供水网络干线的东部，隧洞从碧岭谷地南缘汤坑村附近建洞，到深圳水库沙湾大桥北侧出洞，全长为17 958m，隧洞断面净宽为4.2m，净高为5.3m。1#输水隧洞横跨区内西坑谷地北部地下出口段。穿越西坑谷地段隧洞底部高程为40.16～40.20m，相应隧洞段地面高程为81.15～82.77m，隧洞洞顶埋藏深度为36.99～37.27m。1#隧洞西坑段施工时于2000年5月3日掘进至西坑河旁的F1断裂破碎带时，隧洞出现突水，突水量约为200m³/h，造成附近民井水位快速下降，并出现干涸。由于隧洞突水引起西坑岩溶谷地内的地下水突然大量漏失，地下水位大幅度降低，形成岩溶塌陷地质灾害，直接造成隧洞掌子面南侧约为310m处的一间老民宅倒塌、周围房屋墙体及地面出现变形、裂缝。深圳市龙岗区横岗街道西坑村岩溶塌陷工程地质图如图2.3.1所示。

1) 自然地质环境特征

（1）气象及水文。深圳市横岗街道西坑谷地多年平均降雨量为1 800～2 200mm，降雨主要集中于5～9月，日最大降雨量达到385.5mm。湿润的气候和丰富的降雨及有利的地形地貌和良好的地面植被，对西坑谷地内的地下水的补给、汇流、储存和富集提供了极为有利的天然环境条件。地表水系由东、南、西三面向谷地中心汇集，经谷地北部河涌流入谷地中心一带。

（2）地形地貌特征。西坑村一带位于深圳市龙岗断陷溶蚀谷地的东南端，南部与深圳市最高峰——梧桐山相连接。受花岗岩的侵入和断裂构造影响，形成了西坑—安良岩溶断陷谷地。西坑谷地东、南、西三面均为低山地貌，谷地内以丘陵地貌为主，沿谷地河沟两侧可见冲洪积扇堆积。西坑谷地东、南、西三面环山，谷地按自然分水岭为界的汇水面积约8.15km²。谷地内总体地形为南高北低，东侧山体最高峰海拔为434.50m，谷地内南部山谷地形高程约160m，北部出口处最低点地形高程约81.15m，地形高差约78.85m。

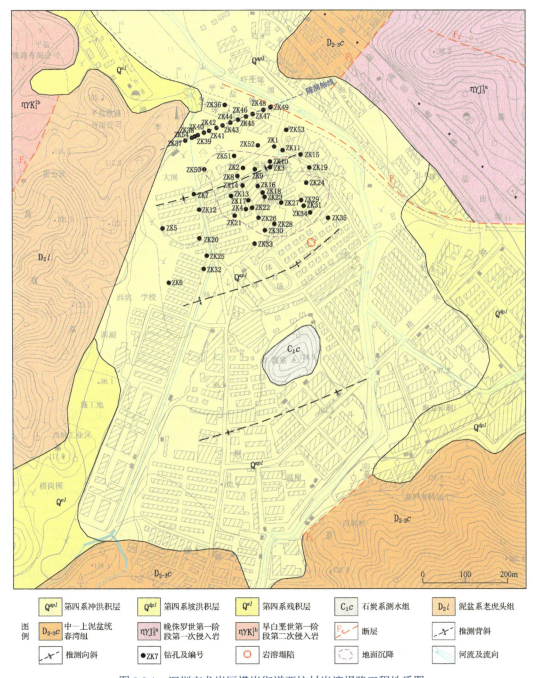

图 2.3.1 深圳市龙岗区横岗街道西坑村岩溶塌陷工程地质图

（3）地层与岩石。西坑谷地主要分布有泥盆系老虎头组泥质粉砂岩、砂岩及泥质页岩、石炭系石磴子组大理岩、灰岩和石炭系测水组绢云母片岩、砂页岩及第四系地层等；谷地周边分布有晚侏罗世第一阶段第一次侵入岩和早白垩世第一阶段第二次侵入岩。

泥盆系老虎头组（D_2l）：分布于西坑谷地的北侧、南侧及西侧一带，地表大部分被第四系残积层覆盖；岩性主要为浅灰色、青灰色中厚层状泥质粉砂岩、细粒长石石英砂岩夹薄层状泥质页岩及粉砂岩夹黄白色细砂岩，局部夹石英质砾岩。

中—上泥盆统春湾组（$D_{2-3}c$）：出露于西坑谷地北部及南部，由粉砂岩、泥质粉砂岩与细砂岩组成，砂岩以长石石英砂岩为主，厚层状，碎屑主要为长石和石英，分选性好，变余砂状结构，粒级有粗、中、细粒，圆度中等，接触式胶结。

石炭系石磴子组（$C_1\hat{s}$）：分布于西坑村电影院至西坑学校一带低洼地带，地表没有出露，大部分被第四系地层覆盖，北部沿 1# 隧洞轴线一带见有上覆测水组砂页岩等；岩性主要为白色、灰白色大理岩及大理岩化灰岩，与花岗岩接触带部位的岩石局部具热蚀变，见矽卡岩化现象，可溶岩顶板埋深 9.50～55.50m，顶板高程 73.67～27.13m。

石炭系测水组（C_1c）：出露于西坑谷地东北部及南部和西部，分布范围较广，多构成低山；西坑谷地内大部分被第四系地层覆盖，地表仅出露于西坑学校南部孤山部位，地层走向为北东 32°～60°，倾向 302°～330°，倾角 30°～55°；岩性为紫灰色、紫红色、褐黄色绢云母片岩、页岩、千枚岩夹含砾变质砂岩，与花岗岩接触带附近岩层具角岩化，含较多的绢云母和黏土矿物，地表出露岩层多为全风化或强风化，西坑电影院—西坑学校一带强风化带厚度为 9.9～54.5m，中风化带厚度 0.50～29.80m，微风化带厚度大于 32.90m。

第四系溶槽堆积物：分布于谷地内可溶岩顶板上部，分布不连续，岩性和厚度变化较大，主要由灰褐色含砾粉质黏土构成，局部夹 1～2 层石英脉岩，土层中含较多完全风化的针状灰岩碎屑及少量植物残骸，地层厚度 1.80～32.80m，平均厚度 9.95m。

第四系残积层（Q^{el}）：分布于砂岩、绢云母片岩强风化层之顶部和溶槽堆积层上部，由砂质及粉质黏土组成，属砂岩和片岩风化残积而成，厚度 3.00～18.60m。

第四系坡洪积层（Q^{dpl}）：分布于溶槽堆积层和残积层之上部地带，由灰褐色、紫红色、黄白色的含卵石、砾石粉质黏土构成，厚度 2.90～23.80m。

第四系冲洪积层（Q^{apl}）：主要分布于西坑电影院—西坑学校及沿河沟一带，由灰黄色、褐黄色砂卵石构成；卵石成分主要有变质砂岩、石英岩及花岗岩等，粒径 5～20cm，磨圆度较好，呈次圆形，分选性差，含 10%～20%砂粒，局部夹透镜状黏土，厚度 1.30～11.20m，层顶埋深 0.50～3.80m。

西坑谷地侵入岩按出露的岩性可分为早白垩世第一阶段第二次侵入岩（$\eta\gamma K_1^{1b}$）和晚侏罗世第一阶段第一次侵入岩（$\eta\gamma J_3^{1a}$）等两种类型。晚侏罗世第一阶段第一次侵入岩（$\eta\gamma J_3^{1a}$）：分布于西坑谷地铁路线以东一带，南部延伸到盐田坳，北部铁路线至南部盐田坳一带与石炭系地层呈断层接触，岩性为青灰色中细粒花岗岩和中粗粒斑状（角闪）黑云二长花岗岩；岩石具似斑状结构、基质花岗结构，块状构造。早白垩世第一阶段第二次侵入岩（$\eta\gamma K_1^{1b}$）：分布于西坑谷地外围西北部，岩性为灰白色、肉红色中粗粒黑云母花岗岩，中粒斑状花岗结构，基质具变余花岗结构；斑晶主要由钾长石及少量石英、斜长石组成。

（4）地质构造特征。深圳市供水网络干线工程 1# 输水隧洞地段位于龙岗复式向斜东南段。西坑谷地的地层总体走向北东 32°～60°，总体倾向北西 302°～330°，由于受到南东和北西两端岩浆岩的侵入挤压作用，使谷地内岩层产生挠曲，形成了轴向北东的自南向北分布的向斜—背斜—向斜复式褶曲构造。第一个向斜分布于谷地南部，向斜南翼岩层较缓，倾角为 20°～24°，北翼岩层较陡，倾角 30°～55°；第二个向斜分布于西坑电影院以北地段，向斜南翼构成了西坑谷地下水系统的隔水边界。背斜位于西坑电影院—西坑学校一带，背斜顶部的砂页岩、片页被剥蚀完毕，现仅保留有核部可溶岩。

通过综合地质调查及钻探揭露，西坑谷地一带主要分布有北东向和北西向两组断裂。北东向断裂为谷地内发育较早的断裂，主要控制了可溶岩与非可溶岩的南北边界，断裂走向为 40°～55°，以顺层断裂为主，倾角为 35°～45°；断裂均被第四系地层覆盖，地表没有出露。北西向断裂主要分布于谷地内花岗岩与石炭系地层接触带部位及其两侧，断裂走向为 320°，倾向西南，倾角为 60°～70°，其中规模较大的有 F1 断裂破碎带；F1 断裂破碎带分布于石炭系与花岗岩接触带及附近，断裂两盘地层有明显的错动，断裂破碎带内由大量的断层角砾、糜棱岩及碎裂岩构成，自西坑谷地北西侧延伸到东部盐田坳一带，延伸长度大于 1.65km。

（5）水文地质环境特征。根据地下水赋存介质特征及水理性质特征，深圳市供水网络干线工程 1# 输水隧洞西坑谷地内地下水可分为松散岩类孔隙水、基岩裂隙水和碳酸盐岩类裂隙溶洞水等三种类型。由于西坑谷地三面环山，呈箕状的谷地地形非常有利于地下水向谷地中心汇集，且谷地地表分布的第四系松散岩类孔隙含水层有利于地下水垂直渗入补给下部岩溶水。

① 松散岩类孔隙水主要分布于区内河谷平原一带，含水层可划分为河谷平原第四系冲洪积层及台丘地区坡残积层，属潜水性质。

a. 冲洪积孔隙潜水：含水层以全新统砂、沙砾及卵石为主，主要分布于河流 I 级阶地及现代河床两侧河谷区，局部地段为黏性土覆盖，地下水具有局部微承压性质。含水层结构松散，孔隙发育，透水性好，富水性较强，含水层厚度为 1.00～13.00m，单井涌水量为 0.69～162.50m³/d，单位涌水量为 0.29～40.00m³/d，渗透系数为 5～14.67m/d，含水层水位埋深为 0.20～4.00m，地下水主要受大气降水补给，地下水位和水量受季节影响变化明显。地下水 pH 为 5.8～6.7，水温为 23～25℃，水化学类型多属 $HCO_3·SO_4$-$Ca(Na+K)$型。

b. 残坡积孔隙潜水：含水层为层状砂页岩或块状花岗岩风化残留于地表形成，分布于低丘陵边缘及山坡的坡脚一带，含水层多由砾、砂质黏性土或粉土构成，厚度一般为 0.5～10m，透水性和富水性较弱，泉水流量为 9.50～59.61m³/d，地下水位埋深为 0～5.00m。地下水主要靠大气降水直接补给，受季节性影响动态不稳定，地下水位变化幅度较大。

② 基岩裂隙水可划分为层状岩类裂隙水和块状岩类裂隙水等两种类型。

a. 层状岩类裂隙水：主要是指分布于丘陵山地的中泥盆统老虎头组（D_2l）和中—上泥盆统春湾组（$D_{2-3}c$）的长石石英砂岩、粉砂岩和泥质粉砂岩及石炭系（C_1c）砂页岩内的层状岩类裂隙地下水，含水层除局部受断裂影响，裂隙较发育外，一般裂隙均不发育，岩石较完整、透水性差、富水性弱、水量贫乏，常见泉流量为 9.5～10.3m³/d，个别达 50m³/d，地下水径流模数平均为 4.50L/（s·km²），供水井单井涌水量为 35.83～60.39m³/d，单位涌水量为 7.17～12.08m³/（d·m），地下水位埋深一般为 0～7.00m。地下水主要接受大气降水补给，地下水位和流量随季节性变化明显，pH 为 6.5～6.8，水化学类型为 $HCO_3·Cl$-$(Na+K)$型。

b. 块状岩类裂隙水：含水层为花岗岩表层风化破碎形成，属断裂和裂隙含水性质，含水介质具网络脉状。地下水位埋深为 1.00～5.00m，富水性受断裂和裂隙控制，裂隙发育带内钻孔涌水量为 60.00~269m³/d，单位涌水量为 2.03~12.63m³/(d·m)。地下水主要靠大气降水补给，地下水位和流量随季节性变化，pH 为 6.0~6.8，水质类型为 HCO_3-Ca·(Na+K) 及 HCO_3·Cl-(Na+K)·Ca 型。

③ 碳酸盐岩类裂隙溶洞水主要分布于西坑谷地北段西坑电影院—西坑学校一带。含水岩组由大理岩、灰岩、矽卡岩等构成，含水介质空间为裂隙、溶隙、溶洞和导水断裂，其地下水流动方式主要为管道流，含水岩组中地下水分布极不均匀，水动力条件极为复杂。根据钻孔观测，西坑谷地岩溶水位埋深为 0.37~2.68m。地下水主要接受上部第四系松散孔隙水的垂直渗透补给，并接受西坑谷地及周边基岩裂隙水的侧向补给，补给来源丰富，但岩溶地下水的径流和排泄环境较差，地下水主要通过西坑谷地北部的深部狭隘口一带向外排泄。

2）岩溶工程地质特征

深圳市供水网络干线工程 1# 输水隧洞及西坑村钻探揭露溶洞的发育特征如表 2.3.2 所示。

表 2.3.2 深圳市供水网络干线工程 1# 输水隧洞及西坑村钻探揭露溶洞的发育特征

钻孔编号	可溶岩顶板埋深/m	溶洞数量/个	溶洞顶板埋深/m	溶洞底板埋深/m	单个溶洞高度/m	充填物	岩溶率/%
ZK1	10.30	4	10.90	11.90	1.00	全充填泥质砂砾	10.19
			12.60	13.85	1.25	全充填泥质砂砾	
			16.00	16.40	0.40	无充填	
			17.10	18.50	1.40	半充填泥质砂砾	
ZK3	16.10	1	17.90	20.60	2.70		7.98
ZK4	28.90	2	31.30	31.90	0.60	全充填泥质砂砾	4.24
			36.90	37.20	0.30	半充填泥质	
ZK5	46.70	1	47.20	47.70	0.50	全充填泥质砂砾	13.12
ZK6	18.40	1	23.60	24.50	0.9	全充填泥质砂砾	2.80
ZK11	25.20	1	25.45	25.80	0.35	无充填	7.4
ZK15	15.00	2	15.50	16.00	0.50	全充填泥质砂砾	37.9
			16.10	17.80	1.70	全充填泥质砂砾	
ZK16	23.70	1	24.60	26.10	1.50	全充填泥质砂砾	23.40
ZK24	17.70	1	20.20	21.00	0.80	无充填	12.3
ZK30	28.00	1	29.50	30.50	1.0	全充填	25.00
			31.00	31.70	0.70	全充填	
ZK41	55.50	1	54.50	55.50	1.00	全充填泥质	
ZK42	46.80	1	45.40	46.80	1.40	全充填泥质	
ZK44	48.50	1	46.00	48.50	2.50	全充填泥质	
ZK46	20.70	1	38.40	60.80	22.40	全充填黏土	55.45
ZK47	19.80	2	20.80	22.00	1.20	全充填黏土	8.60
			25.00	26.50	1.50	全充填黏土	
ZK52	10.00	1	22.50	23.00	0.50	全充填黏土	2.86

2000年6～7月，深圳市勘察研究院于西坑谷地内共施工基岩钻孔47孔，其中揭露可溶岩钻孔39孔，钻孔进入可溶岩深度为1.5～20m；揭露溶洞钻孔11孔，钻孔揭露最小溶洞高度为0.35m，最大溶洞高度为22.40m（ZK46号钻孔），单孔岩溶率为7.40%～55.45%。深圳地质建设工程公司布置6个物探验证钻孔（ZK1～ZK6孔），钻探深度约50m，其中有5个钻孔揭露有溶洞，钻孔见洞率为83.33%，单孔揭露最多溶洞有4个，揭露最小溶洞高度为0.30m，最大溶洞高度为2.70m，单孔岩溶率为2.80%～13.12%。深圳市供水网络干线工程1#输水隧洞地段共计揭露可溶岩钻孔45孔，其中揭露溶洞钻孔16孔，共揭露溶洞25个，洞高总和47.40m，钻孔见洞率为35.56%，单孔岩溶率为2.80%～55.45%，总岩溶率为11.17%；揭露的溶洞大部分全充填，充填物为黏土和含砾黏性土，少数溶洞无充填。根据地质钻探资料分析，西坑谷地内岩溶发育主要受地质构造控制。从平面上看，西坑背斜轴部地段可溶岩的岩溶最为发育，且可溶岩顶板起伏变化大，钻孔揭露可溶岩顶板出现凹陷，凹陷深度达到14.47～25.98m；沿F1断裂破碎带西侧岩溶发育，距断裂破碎带边缘约为80m内共施工13个钻孔，其中有8个钻孔揭露有溶洞，钻孔见洞率达到61.54%，且单孔最大溶洞（洞高为22.40m）和多层溶洞（4个）都分布于这一带；同时，沿F1断裂控制范围内，由于地势低洼和断裂影响，岩溶发育程度也较高，钻孔均见有溶洞，且其可溶岩埋藏较浅，埋藏深度平均为18.40m，可溶岩顶部岩石破碎、溶蚀裂隙及溶洞发育，形成一系列的开口裂隙和开口溶洞。从垂向上看，西坑谷地高程为72.80～22.00m钻孔所揭露的深度范围内均有溶洞发育，其中34.30～37.70m段平均发育有2～3个溶洞，53.30～59.50m段平均发育有2个溶洞，63.30～67.70m段平均发育有2～3个溶洞。

3）岩溶塌陷发育特征

岩溶塌陷地质灾害发生于深圳市龙岗区横岗街道西坑村老屋背夫8巷3号民房处，造成民房客厅内的西北角处形成一个直径约4m的近圆形塌陷坑，塌陷坑内堆满了塌落的瓦砾。岩溶塌陷引起民房倒塌，倒塌的民房长为10.06m，宽为9.54m，面积为95.97m²。

4）岩溶塌陷形成原因

通过综合地质调查及钻探发现，西坑谷地一带可溶岩的岩溶发育程度强烈是形成岩溶塌陷的地质基础；隧洞突水则是岩溶塌陷的直接诱发因素。

（1）西坑铁路道口至西坑村口水井一带溶洞特别发育，施工的5个钻孔均揭露有多个溶洞，其中单孔最多溶洞达4个（ZK1孔），且溶洞充填程度较差，局部仅见半充填或无充填，透水性强，含水量丰富。岩溶塌陷位于西坑谷地可溶岩背斜的轴部，背斜轴部所受应力相对较集中，岩层较破碎，岩溶特别发育，且可溶岩顶板起伏大，并于ZK20钻孔至ZK23钻孔之间的基岩顶面形成一条走向东西的溶蚀陡坎。由于地下水的水位降低，可溶岩顶面陡坎处的溶槽堆积物通过陡坎及附近部位的溶洞、溶穴和溶蚀裂隙塌落流入深部灰岩的岩溶管道，可溶岩陡坎顶部的软弱松散土体物质被淘空，当淘空部位附近松散土层的抗剪强度不能抵御土层的自重压力时，最终于地面形成塌陷坑，造成地面房屋倒塌、毁坏。

（2）西坑村岩溶塌陷位于西坑岩溶谷地的地下水自然汇集中心位置，谷地内地下水埋藏浅，一般为 0.37～2.68m，降雨后地下水位明显升高，特别是大雨或暴雨后，地下水位高出地面为 0.2～0.4m，西坑村委老民房一带可见地下水溢出地面。2000 年 5 月 3 日，深圳市供水网络干线工程 1# 隧洞西坑段掘进到西坑河旁的 F1 断裂破碎带时，地下隧洞出现突水，最大突水量为 200m³/h，隧洞经过 6 月 2～13 日的持续抽排水之后，引起距突水点约为 100m 处的 ZK11 钻孔内地下水位下降为 10m，且附近民井干枯，引发距离隧洞掌子面南侧约为 310m 处的老屋村背夫 8 巷 3 号居民房内地面出现塌陷坑和房屋倒塌，周围局部地面开裂，少数墙壁倾斜变形，西湖新村一带的局部混凝土路面和少数房屋瓷砖开裂、变形。

2. 抽排地下水造成岩溶塌陷活动

从整体上看，由于广东省土地资源紧张，隐伏岩溶盆地大都地形平坦，人口集中程度高，农田耕地分布广泛，工农业生产活动强度随着人口的增加而增大，农业灌溉、工厂企业生产及矿山开采等抽排地下水活动，常常诱发岩溶塌陷地质灾害。这类岩溶塌陷活动的时间分布特征随机性强，突发性程度高，岩溶塌陷的灾情严重。

【实例分析】韶关市乳源瑶族自治县大桥镇和平村原九塘自然村岩溶塌陷

韶关市乳源瑶族自治县大桥镇位于乳源瑶族自治县西北部，东经 113°09′，北纬 24°59′。2011 年 11 月 25～27 日，大桥镇和平村原九塘自然村及周边一带发生岩溶塌陷及地面沉降地质灾害。其工程地质图如图 2.3.2 所示，岩溶塌陷引发的地面变形造成和平村原九塘自然村部分居民房屋开裂，直接威胁当地居民的人身财产安全。

1）自然地质环境特征

（1）气象及水文。韶关市乳源瑶族自治县大桥镇地处广东省北部，南岭山脉南麓，属中亚热带湿润性季风气候。全年四季宜耕，春夏多雨，秋冬多干旱，气象灾害较多。冬季盛行干冷的偏北气流，夏季盛行偏南的暖湿气流。年日照时数为 1 420～1 740h，年平均气温为 19.6～20.4℃，最冷 1 月平均气温为 9.3～11.0℃，最热 7 月平均气温为 27.4～28.7℃，年极端最高气温为 38.3～41.0℃，年极端最低气温为-6.0～-4.0℃，无霜期为 300～315d，多年平均降雨量为 1 500～1 900mm，全年降雨日数为 160～180d。韶关市乳源瑶族自治县大桥镇和平村原九塘自然村一带属武江支流杨溪河上游，杨溪河上游有 3 条主要分支河流，最大的支流位于岩溶塌陷分布地段南侧约为 10km 处的大桥河。大桥镇和平村原九塘自然村岩溶塌陷分布地段的溪流两岸发育有多条地下河，地下河管道分支较多，水力坡度大，河道坡降可达 9%，地下河水位埋深大于 100m。地下河南侧有一面积约为 1 100m² 的封闭洼地，可见地表溪流从洼地东侧的落水洞流入地下，说明地表水通过岩溶裂隙及落水洞直接入渗补给地下水。

（2）地形地貌特征。韶关市乳源瑶族自治县大桥镇和平村原九塘自然村一带岩溶地貌类型为峰丛谷地，高程为 703～807m，山峰呈锥状或浑圆状，岩石裸露，坡度为 20°～30°，谷地宽缓平坦。伏流、溶洞及漏斗较发育。

（3）地层与岩性。岩溶塌陷分布地段的地层为石炭系石磴子组及第四系组成。石炭系石磴子组（$C_1\hat{s}$）岩性为灰岩、白云岩、团块灰岩夹薄层泥质灰岩，富含硅质团块及生物化石，夹白云质灰岩、白云岩、燧石灰岩及薄层泥质灰岩，局部夹有薄层状泥质页岩、炭质页岩或钙质砂岩，厚度大于 50m。第四系覆盖层由人工填土层（Q^{ml}）和冲洪积层（Q^{apl}）等组成。

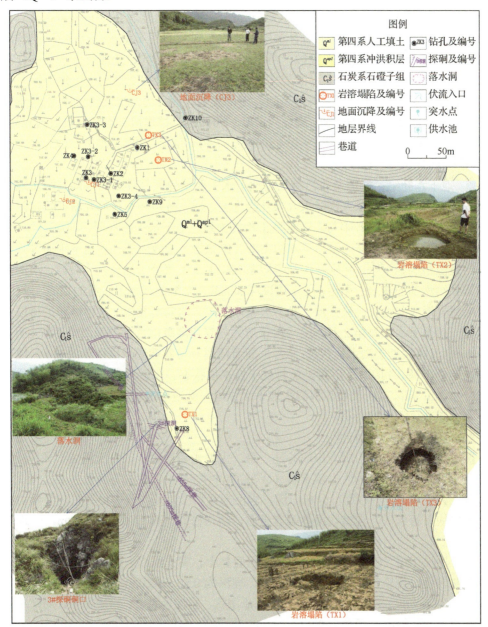

图 2.3.2　韶关市乳源瑶族自治县大桥镇和平村原九塘自然村岩溶塌陷工程地质图

（4）水文地质环境特征。

① 地下水类型及富水性特征。根据地下水的赋存环境特征、水力特征及水理性质等，大桥镇和平村原九塘自然村及周边一带的地下水类型可分为松散岩类孔隙水和碳酸盐岩类裂隙溶洞水等两种类型。

a. 松散岩类孔隙水分布于第四系冲积层的松散颗粒孔隙内部，属潜水性质，含水层由黏土、砂、砾石及基岩碎屑组成，主要受大气降水控制，水量较贫乏，局部具微承压性。实测地下水位为 0.50~1.20m，地下水位埋深较浅。含水层富水性贫乏，单井涌水量为 3.54~98.49m³/d，水质以 HCO_3-Ca 型为主，矿化度为 0.020~0.460g/L。

b. 碳酸盐岩类裂隙溶洞水的含水层主要为石炭系石磴子组灰岩及白云质灰岩等。碳酸盐岩含水层岩溶化强烈，侵蚀、溶蚀作用形成的塌陷坑、洼地及落水洞等分布广泛，大都呈串珠状分布，且多与断裂构造紧密相连，富含裂隙溶洞水，地下河、伏流等岩溶管道较发育。由于含水层内裂隙、溶洞发育，地下水位埋藏较深，水量丰富，但分布不均，岩溶大泉（地下河）流量为 100~1 000L/s，枯季地下水径流模数为 6.304~13.828L/(s·km²)，单井涌水量为 1 054.80~3 267.30m³/d。水化学类型为 HCO_3-Ca 型水，矿化度为 0.01~0.29g/L。

② 地下水补给、径流及排泄特征。地下水主要接受大气降水的入渗补给及地下水径流的侧向补给，其中以大气降水入渗补给为主。据大桥镇和平村原九塘自然村附近民井调查资料，地下水位升幅与降雨量呈正相关关系，地下水的枯水期、丰水期与旱季、雨季基本相对应，说明降雨是地下水的主要补给来源。松散岩类孔隙地下水通过垂直入渗补给裂隙溶洞地下水，特别是浅部第四系孔隙水及大气降水通过灰岩裂隙、溶洞及落水洞等补给深部的灰岩裂隙溶洞水。通过深部的裂隙、溶洞或地下暗河的径流，以伏流、泉、暗河等形式向地表河流排泄，地下水整体流向自北向南径流。大桥镇和平村原九塘自然村一带地下水位每年 2 月起随降雨量增大与农业灌溉用水量的增加而逐渐上升，特别是 6~9 月持续处于高水位状态；9 月后随着降雨量与农业灌溉用水量的减少，地下水位开始逐渐下降，到 12 月至次年 2 月处于低水位状态。松散岩类孔隙水地下水位埋深为 0.5~1.2m；碳酸盐岩类裂隙溶洞水地下水位埋深受地形地貌及岩溶发育特征的控制，地下水的年变化幅度相对小。

2）覆盖层工程地质特征

覆盖层主要分布于山脚及山间谷地一带，主要由粉质黏土、黏土组成，偶见土洞。根据成因类型，可划分为人工填土层（Q^{ml}）和冲洪积层（Q^{apl}）等两种主要类型。

（1）人工填土层（Q^{ml}）。分布广泛，岩性为素填土，呈灰黄—褐黄色，主要由粉质黏土及碎块石等组成，含植物根茎等有机质，结构松散，厚为 0.20~1.20m，平均厚度为 0.5m。

（2）冲洪积层（Q^{apl}）。分布广泛，由粉质黏土、黏土组成。粉质黏土呈褐黄色、灰黄色及灰白色，可塑状，局部含砂量较高，埋深为 0.50~1.20m，层厚为 0.20~16.0m，平均厚度为 4.00m；黏土呈褐黄色，软塑—流塑状，岩性为黏土、粉质黏土，局部夹碎块石，常为土洞充填物，埋深为 0.20~1.60m，层厚为 1.20~4.00m，平均厚度为 2.10m。

3）岩溶工程地质特征

韶关市乳源瑶族自治县大桥镇和平村原九塘自然村一带隐伏可溶岩的岩性为石炭系石磴子组（$C_1\hat{s}$）灰岩，钻探深度揭露范围内可分为深灰色构造角砾岩和微风化灰岩等两类。ZK1 钻孔揭露到的深灰色构造角砾岩，厚为 5.60m，埋深为 5.80m，深灰色构造角砾岩岩性主要由深灰色灰岩构成，构造角砾岩呈糜棱状，网格状裂隙密集发育，角砾岩内穿插较多的石英脉及燧石，岩芯断口呈锯齿状及长柱状。微风化灰岩广泛分布，岩性为灰岩、泥质灰岩，呈灰色、灰白色，隐晶质结构，中厚层状构造，岩芯呈柱状，局部碎块状，岩石新鲜坚硬，局部存在裂隙，少量岩芯侧面可见溶孔或小溶槽等溶蚀现象，岩芯多见灰白—白色网格状或树枝状方解石脉，埋深为 1.60～16.20m，揭露层厚为 13.50～24.20m，平均厚度为 18.0m。

（1）溶洞及土洞特征。岩溶塌陷分布地段全部 12 个地质钻孔中有 3 个钻孔揭露土洞，5 个钻孔揭露溶洞。钻孔溶洞见洞率为 41.70%，钻孔线岩溶率为 21.4%～61.69%，最大洞高达到 13.2m。土洞及溶洞的发育特征如表 2.3.3 所示。溶洞内充填物为褐红色及灰黄色淤泥，个别充填物为砂砾石（ZK5 钻孔），仅见一个未充填溶洞（ZK3-3 钻孔）。

表 2.3.3 钻孔揭露土洞及溶洞的发育特征

钻孔编号	土洞		溶洞			土洞及溶洞充填情况
	顶板、底板埋深/m	垂向厚度/m	灰岩顶板厚度/m	顶板、底板埋深/m	垂向厚度/m	
ZK1	2.10～2.80	0.70				充填粉质黏土
ZK3-1	0.90～2.10	1.20				充填粉质黏土
ZK3-3			13.90	17.30～23.40	6.10	无充填
ZK4			0.80	14.10～14.80	0.70	充填物为流塑状黄色淤泥
			14.30	29.10～32.80	3.70	充填物为流塑状黏土
ZK5			3.50	19.70～32.90	13.20	全充填，充填物以砂砾为主，含少量灰岩岩块
ZK8			16.90	18.50～24.60	6.10	半充填，充填物为流塑状黄色淤泥
ZK10	2.80～6.20	3.40	11.90	18.10～25.70	7.60	半充填，充填物为软塑—流塑状黏土

（2）岩溶发育特征。乳源瑶族自治县大桥镇和平村原九塘自然村为岩溶峰丛地区，岩溶地质现象发育，岩溶现象主要发育有孤峰、溶蚀洼地、石芽及落水洞等。

① 孤峰和溶蚀洼地。溶蚀洼地位于大桥镇和平村原九塘自然村中部，洼地周边有 5 座岩溶孤峰，孤峰峰顶高度为 770～800m，相对高差为 60～100m，山体呈浑圆状，坡线呈凸形，上缓下陡，山体可见灰岩出露；由于浅部覆盖层较薄，植被以灌木为主，山体坡度总体约为 30°，局部为陡崖。

② 石芽。发育于孤峰四周，特别是 3# 探硐东侧的山坡最发育，可见坡面出露密布的石芽，石芽高度为 1～2m；九塘村村道旁取土场采掘面可见开挖揭露的埋藏于残坡积土层内的石芽，石芽高度为 6～7m。

③ 落水洞。高墩里铅锌多金属矿详查 3# 探硐 NNE 约为 150m 处有一洼地，落水洞位于洼地内，周边地形高，洼地东侧为陡坎，陡坎由灰岩组成；雨季洼地西侧山坡常汇集降水形成溪流，从洼地东侧陡坎处落水洞流入地下溶洞，流水跌落声明显。根据地表地质调查、物探、钻探及矿山勘查硐探成果，可以发现区内地表浅部第四系覆盖层较薄，土洞发育；浅部可溶岩溶蚀严重，岩溶发育，可见 1～2 层溶洞，钻孔见洞率为 41.70%，线岩溶率为 21.4%～61.7%；3# 探硐揭露深部岩溶发育逐渐减弱，岩溶发育极不均匀。从可溶岩的岩溶发育特征看，大桥镇和平村原九塘自然村中部溶蚀洼地内部分布有一条近南北向的岩溶发育条带。

4）岩溶塌陷和地面沉降的发育特征（表 2.3.4）

乳源瑶族自治县大桥镇和平村原九塘自然村高墩里沿锌多金属矿 3# 探硐于 2011 年 11 月因探巷内揭露溶洞，探硐集中突水后停止探掘。探硐总深度约 120m，按深度分为 70m 和 120m 两个水平，累计开掘探巷总长约为 400m。2011 年 11 月初于深部 120m 揭露 1 处溶洞，距离探硐洞口仅 0.8m。2011 年 11 月中旬，大桥镇和平村原九塘自然村发生岩溶塌陷及地面沉降地质灾害。2011 年 11 月初，高墩里铅锌多金属矿详查 3# 探硐 120m 深度探巷在掘进探水过程中揭露溶洞，探测钻孔先流出少量的清水，后变为黄泥水，再后又转为清水涌出；为避免淹没探井，探矿施工单位开始用 1 台水泵抽排巷道地下水，因涌水量较大，又增加至 4 台泵同时抽排地下水，估计最大排水量约 80m³/h，连续抽排水 2d 后发现附近李家排的供水泉口水位降低，随即停止抽水，停泵第 2 天和平村原九塘自然村一带的农田内出现裂缝及塌陷坑，部分居民房屋开裂。

表 2.3.4 岩溶塌陷和地面沉降的发育特征

类型	编号	发生位置	基本发育特征
地面沉降	CJ1	原九塘自然村 2# 住宅	地面沉降导致墙面开裂，裂缝宽度约 0.5cm，呈线状，处于基本稳定状态
	CJ2	原九塘自然村西侧住宅	地面沉降导致混凝土地面开裂，裂缝延伸长约 2m、宽度 3～5cm，处于基本稳定状态
	CJ3	原九塘自然村东侧稻田	地面沉降导致地表开裂，裂缝长度延伸 20m
岩溶塌陷	TX1	高墩里铅锌多金属矿 3# 探硐旁稻田内	2012 年 4 月 24 日至 5 月 21 日发生，塌陷坑平面近正方形，边长约 2m，可见塌陷深度约 0.6m
	TX2	原九塘自然村稻田内	2011 年 11 月发生，坑口呈圆形，内壁呈坛状，塌陷坑深 0.70m
	TX3	原九塘自然村稻田内	2011 年 11 月发生，坑口呈圆形，直径 2m，坑壁直立，塌陷坑深 0.5m，周边有环状裂缝，坑内已积水

5）岩溶塌陷形成原因

乳源瑶族自治县大桥镇和平村原九塘自然村一带为裸露型岩溶及隐伏岩溶发育地段，具备形成岩溶塌陷的地质基础；高墩里铅锌多金属矿 3# 探硐由于探矿活动过量抽排地下水，导致地下水位急剧下降，是引发岩溶塌陷活动的主要诱发因素。

（1）石磴子组灰岩易被地下水溶蚀，形成规模大小不等的溶洞，钻探揭露有断裂角砾岩及糜棱岩，断层破碎带及影响带是地下水的良好通道，沿断层破碎带灰岩的岩溶作用强烈，为岩溶的发育提供了地质环境空间；覆盖层内第四系冲洪积层多为黏性土，既具有一定的黏性又具有一定的渗透性，易形成土洞。

（2）岩溶塌陷分布地段的松散岩类孔隙水埋深浅，钻孔揭露地下水位埋深一般不超过 5m。浅层地下水向基岩渗流补给碳酸盐岩类裂隙溶洞水，为岩溶、溶洞及土洞的发育提供了良好的水文地质环境。同时，地面峰丛、溶蚀洼地、石芽、落水洞等岩溶现象分布广泛，深部的溶洞、地下河、伏流等管道式岩溶发育，为岩溶水的径流循环提供了良好通道。

（3）高墩里铅锌多金属矿 3# 探硐揭露大量的溶洞，说明地下水连通性好，且水量丰富。2011 年 11 月初深部 120m 探巷处揭穿溶洞，导致探巷内大量涌水，排除巷道积水过程中大量抽排地下水，估算抽排地下水量可达到 1 200m³/d；过量抽排地下水造成地下水位波动强烈,当抽水量与地下水位降深增大时,地下水降落漏斗迅速扩展,改变了天然状态地下应力场的平衡状态,导致第四系松散覆盖层内的土洞、溶洞充填物流失、淘空,增强了地下水对溶洞充填物和第四系土体的潜蚀作用,最终引发岩溶塌陷地质灾害。

3. 基础工程施工造成岩溶塌陷活动

近年来,随着广东省经济社会的高速发展,各种类型的工程建设规模日益扩大,特别是高速公路、高铁工程、大型桥梁、矿山深部开采掘进工程、地铁及高层建筑等大型工程建设,使得基础工程规模也同步扩大,基础工程施工钻探和桩机常常直接击穿岩溶洞穴的隔水顶板,造成岩溶洞穴隔水顶板之上的松散砂土物质直接塌入下部洞穴内,最终形成岩溶塌陷。这种因工程施工钻掘引发的岩溶塌陷地质灾害的突发性强,易造成人员伤亡。

【实例分析】广州市白云区夏茅村岩溶塌陷

2008年12月19日,广州市白云区夏茅村向西北街及沙园坊华富街共发生5处岩溶塌陷和1处地面沉降,岩溶塌陷中心位置位于广州市白云区夏茅村向西北街与沙园坊华富街,中心地理位置为东经113°14′47″、北纬23°13′40″。岩溶塌陷造成地面房屋墙壁开裂、房屋倾斜及地基下陷,陷落深度为2~4m。2015年8月,岩溶塌陷外围因民宅建设施工钻孔再次诱发一处岩溶塌陷地质灾害,引起当地居民极度恐慌。

1)自然地质环境特征

(1)气象及水文。广州地处亚热带季风气候区,温暖潮湿,受季风环流控制,冬季处于极地大陆高压的东南缘,常吹偏北风。夏季受副热带高压及南海低压槽的影响,常吹偏南风,由于暖湿气流的盛行,气候高温多雨。雨量充沛、夏长冬短,干湿季明显。但热带气旋、暴雨、洪涝、干旱、寒潮和低温阴雨也常出现。日照充足,全年日照总数为1 770~1 940h。年平均气温为21.4~21.9℃,其分布为南高北低,各地平均气温差别不大,最冷为1月,月平均气温为12.9~13.4℃,极端最低气温为-2.6℃,最热为7月,月平均气温为28.4~28.7℃,极端最高气温为39.4℃(2004年6月30日)。广州市年降水量为1 612~1 909mm,降雨量分布为北多南少,丘陵多于平原。降雨量年内分布不均匀,降雨主要集中于4~9月,占年降雨量的80%以上,其中前汛期(4~6月)占年降雨量的40%~50%,后汛期(7~9月)占年降雨量的30%~40%。每年10月至次年3月是少雨季节,降雨量占全年降雨量的20%左右。日最大降雨量为477.4mm(2014年5月23日),最多降雨年份与最少降雨年份的降雨量相差可达2倍。

夏茅村属广州市流溪河水系,河涌主要有均禾涌及夏茅水,夏茅村西侧为白云湖,其地表水系如图2.3.3所示。均禾涌呈南北向从夏茅村一带中部通过,河口原接石井河,现接入白云湖,为石井河的支流河涌,全长约为7.439km,河道较顺直,两岸均修建了河堤,堤坝高于地面为2.0~2.5m;河床总坡降约为0.135%,河床底部高程为4.8~5.6m,河面宽为30~32m,退潮水面宽为20.0m,水深为0.80m,流速为0.2m/s,流量为2m³/s,涨潮水面宽为25~48m,流速为0.25m/s,流量为13.1m³/s。夏茅水位于夏茅村南侧,走向近东西展布,为石井河的另一支流河涌,全长约为3.77km,夏茅水下游段河堤的堤坝高于地面 1.5～2.0m；河床总坡降约为 0.115%，河底高程为 4.6～5.3m，河面宽为 23～28m，退潮水面宽为 12.0m，水深为 0.55m，流速为 0.175m/s，流量为 1.155m³/s，涨潮水面宽为 16m，流速为 0.21m/s，流量为 6m³/s。白云湖位于夏茅村西侧，总面积约为 2.07km²，水面面积为 1.057km²，主体工程包括广和提水泵站、引水渠道、白云湖区、进水闸、石井河泄水泵站及环滘涌、滘心涌、石井河、海口涌等分水闸；通过广和泵站，从珠江西航道广和大桥北侧的取水口提水，经华南快速干线北侧的引水渠到达白云湖，对连通的石井河等多条河涌进行补给。

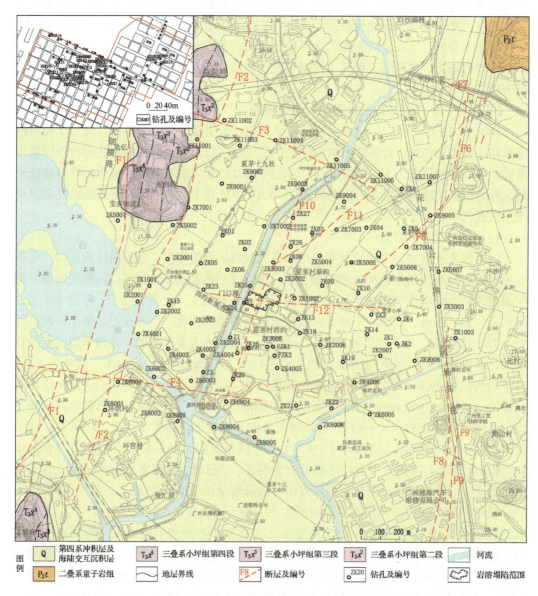

图 2.3.3　广州市白云区夏茅村综合地质图

（2）地形地貌特征。夏茅村一带地貌类型为广花盆地河谷冲积平原地貌，总体地势平坦，地面高程为 2.3～6.2m，均禾涌、夏茅水两侧堤岸地势稍高，地面高程为 7～8m。周边外围地带分布有残丘地貌，主要分布于夏茅村北西部的蚬岗岭、西南部的龙塘岗（大岗村）及北东角的园坛岭一带，山脊总体呈近南北向展布，残丘顶部呈浑圆状，山顶高程为 21.30～31.30m。

（3）地层与岩性。夏茅村向西北街及沙园坊华富街岩溶塌陷分布地段及周边出露的地层从老到新有石炭系、二叠系、三叠系和第四系等 4 种类型。

① 石炭系壶天组（C_2ht）。地表仅蚬岗岭东侧呈线状出露，绝大部分隐伏于第四系之下，也是夏茅村及周边一带的主要灰岩地层。主要岩性为灰白色夹多层肉红色、暗红色灰岩，其上部与含燧石结核及条带状灰岩互层，中部夹有含灰岩、粉砂岩及黏土岩等角砾的砾状灰岩，底部灰岩整合于曲江组之上，厚度大于 173m。

② 二叠系栖霞组（P_2q）。整体层位隐伏于第四系地层之下，据钻孔揭露，该层主要分布于夏茅村东侧、夏茅村村委办公楼、夏茅老人院及夏茅集贸市场等地。岩性上部为灰色、灰黑色粉砂岩及炭质页岩，中、下部为灰黑色泥灰岩，层理清晰，底部以灰黑色含燧石灰岩为主、局部夹炭质灰岩，整合于壶天组灰岩之上，岩层倾角一般为 60°～70°，总厚度 140.5～222m。

③ 二叠系童子岩组（P_2t）。零星出露于夏茅村东部的嘉禾等地，主要岩性为砂岩、粉砂岩及页岩，夹泥灰岩、炭质页岩、煤层及铝土质岩，底部砂岩整合于孤峰组之上。含腕足类、头足类、双壳类、珊瑚及植物化石，厚度达 290.3m。

④ 三叠系小坪组（T_3x）。呈带状分布于夏茅村西北部蚬岗岭至石马、大朗一带，顶部被残坡积层覆盖。小坪组主要发育有第四段含砾砂岩—砂岩—粉砂质泥岩、第三段含砾砂岩—砂岩—粉砂岩—泥岩和第二段砾岩—砂岩—泥岩等三个沉积旋回。

⑤ 第四系。海陆交互沉积层（Q^{mc}）分布于夏茅村的西部环村及蚬岗岭以西，属三角洲海陆交互相沉积。由淤泥、黏性土、粉细砂、中粗砂等组成，含有丰富腐殖质和蚝壳，厚度为 4.4～18.6m。冲积层（Q^{al}）广泛分布于夏茅村及周边一带，主要为河漫滩及阶地堆积，上部覆盖有人工填土。岩性为褐黄色砂、砾质黏性土、浅黄色含砾中粗砂及细砂层、砂质黏土，局部夹深灰色淤泥质黏土等。

（4）地质构造特征。夏茅村一带位于华南准地台（一级构造单元）湘桂赣粤褶皱系（二级构造单元）粤中拗褶束（三级构造单元）中部偏北的花县凹陷（四级构造单元）东南部的广花凹陷构造单元内。新市向斜为区内的主体构造，主体构造线方向为 NE 向。

① 褶皱构造。岩溶塌陷分布地段位于新市向斜西翼。新市向斜位于广从断裂以西、广花断陷盆地东南侧新市至彭边一带，断续出露，宽为 2.5km、长为 6.5km，向北北东扬起；向斜轴向北北东，核部地层为三叠系大冶组，两翼对称分布有二叠系及石炭系的地层，两翼岩层倾角为 55°～70°。

② 断裂构造。夏茅村一带主要受北北东向断层及东西向断层的控制，局部发育有北东向断层，断层规模均为小型次级断层。北北东向断层以 F1、F2、F8、F10 为代表，

东西向断层以 F3、F4、F12 为代表（图 2.3.3）。夏茅村一带不仅发育有北北东向断层及东西向断层，还分布有其他断层，其中，F6 断层走向为 10°～43°，倾向北西，倾角为 74°，长度为 0.78km；F9 断层走向为 0°～8°，倾向南东，倾角为 71°～85°，长度为 0.58km；F11 断层走向为 35°～50°，倾向北西，倾角为 70°～85°，长度为 0.60km。

a. 北北东向断层：F1 断层为走向逆断层，位于夏茅村西侧蚬岗岭以西，走向北北东为 5°～20°，倾向北西西，倾角为 70°～80°，断层南起龙塘岗以南，北至流溪河以北，南北贯穿全区，长度为 9.5km；上盘为石炭系石磴子组灰岩及测水组砂砾岩、粉细砂岩，下盘为三叠系小坪组砂砾岩、砂岩、粉砂岩等，断距不明。F2 断层发育于夏茅村外西侧蚬岗岭东侧，走向北北东为 6°～25°，倾向南东东，倾角为 65°～70°；断层南起潭村以南，北至流溪河以北，南北贯穿全区，长度大于 9.5km；断层下盘为三叠系小坪组砂砾岩、粉砂岩等，上盘为石炭系壶天组灰岩；断层带内发育有构造角砾岩和碎裂岩，主断面可见擦痕、阶步，指示反冲至平移逆断层性质，断层两侧的岩石节理、片理发育，岩层揉皱现象明显。F8 断层发育于夏茅村外鹤南以西的市第四煤矿区，走向北北东 10°～15°，倾向南东东，倾角为 65°～86°；断层南起马务村，北至夏茅小学以东，长达 1.12km；断层主要发育于二叠系童子岩组地层内，为走向正断层，断距为 95～168m。F10 断层为走向正断层，发育于石炭系壶天组（C_2ht）、二叠系栖霞组（P_2q）及孤峰组（P_2g）的地层内，钻孔 ZK26、ZK27 揭露出断层岩，为硅化角砾岩及断层泥；断层走向北北东，倾向南东东，倾角为 65°～75°，为走向正断层，断距约为 145m，铅直厚度为 7.3～32.3m；钻进过程漏水严重，角砾岩部位溶蚀较强，为导水断层。

b. 近东西向断层：F3 断层又称死仔岭断层，发育于蚬岗岭北侧大朗五队砖厂附近，长约为 0.92km，切断石炭系测水组、壶天组及三叠系小坪组地层；三叠系小坪组地层中断层两盘地层错动明显，为水平平移断层，水平断距约 40m。F4 断层又称显光岭断层，发育于环村以北，长约为 2.3km，切断石炭系测水组、壶天组及三叠系小坪组地层；三叠系小坪组地层内断层两盘地层错动明显，为水平平移断层，水平断距约 350m。F12 断层发育于石炭系壶天组（C_2ht）地层内，钻孔 BZK6 孔深为 43.0～44.0m、46.2～48.0m 处，以及 BZK2 孔深为 38.1～38.6m、39.0～45.60m 处都揭露到断层角砾岩，角砾成分为浅肉红色灰岩及青灰色灰岩，呈棱角状，砾径为 20～25mm；断层走向近东西，倾向近北，倾角为 70°～75°，为正断层，铅直厚度为 5.0～6.60m；钻进过程漏水严重，角砾岩溶蚀较强，为导水断层。

（5）水文地质环境特征。

① 地下水类型及富水性特征。按地下水赋存介质特征和含水层岩性特征，夏茅村一带及周边地下水可划分为松散岩类孔隙水、碳酸盐岩类裂隙溶洞水（岩溶水）和层状碎屑岩裂隙水等三种类型，其水文地质图如图 2.3.4 所示。

a. 松散岩类孔隙水：夏茅村及周边一带的松散岩类孔隙水主要赋存于全新统冲积砂层（Q^{al}）内。含水层连续性较好，但相变较大，分布广泛，东以夏茅小学为界，西至蚬岗岭（图 2.3.4）。含水层岩性主要为灰白色、灰色、浅黄色粉细砂、中粗砂、

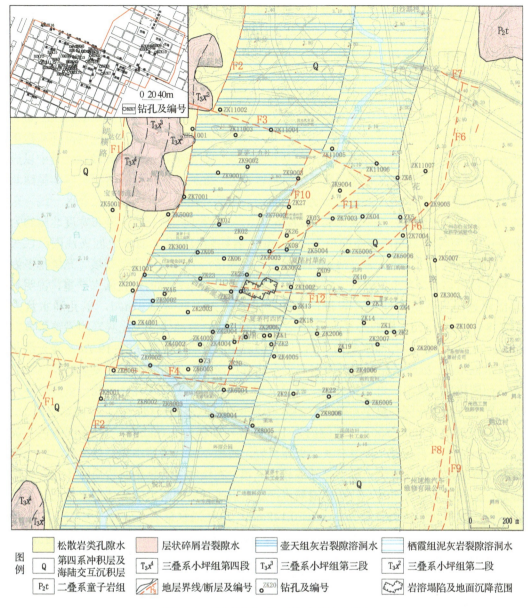

图 2.3.4　广州市白云区夏茅村水文地质图

砾砂，局部含泥质，稍密—中密，级配较差，含水层自西侧向东侧逐渐变薄，局部尖灭消失，厚度为 1~12.05m，平均厚度 5.02m，顶板埋深为 1.6~7.1m，高程为 0.20~9.56m，底板埋深为 5.7~16.3m，高程为 3.50~-7.38m。含水层粉细砂渗透系数（垂直）为 $1.4×10^{-4}$cm/s、中粗砂渗透系数（垂直）为 $3.86×10^{-3}$cm/s、砾砂渗透系数（垂直）为 $1.13×10^{-2}$cm/s，属中等—强透水层，钻孔涌水量为 148.5~350.8m³/d，单位涌水量为 46.4~72.1m³/(d·m)，富水性中等至强，地下水矿化度为 233.14~247.76mg/L，水化学类型为 HCO_3-Na·Ca·Mg 型。夏茅村及周边的淤泥质黏土大都呈透镜体分布于均禾涌两岸附近或夹于含水中粗粒砂层内，夏茅村西部第四系土层底部普遍发育一层粉质黏土层。

b. 碳酸盐岩类裂隙溶洞水：碳酸盐岩类裂隙溶洞水呈北北东向条带状分布于夏茅村中部，属覆盖型碳酸盐岩类裂隙溶洞水，其西侧以F2断层为边界，大致走向沿蚬岗岭东侧山脚至大岗村东侧牌坊一线，东边界大致走向南起乌石岗村东、经夏茅小学东、北至白沙湖村东，分布面积为4.83km^2。含水岩层为石炭系壶天组（C_2ht）及二叠系栖霞组（P_2q），岩性为灰白色、浅肉红色灰岩、角砾状灰岩、泥灰岩夹炭质灰岩及含燧石灰岩等。岩溶发育程度受可溶岩的岩性、地质构造、岩石破碎程度、侵蚀基准面和地下水循环状况等因素的控制，由于岩溶发育程度不均匀，导致富水性差异较大，其中以壶天组（C_2ht）灰岩富水性最好，栖霞组泥灰岩次之。壶天组灰岩裂隙溶洞水基本呈南北向分布于夏茅村及周边，西侧边界为F2断层，南起环滘村—夏茅—社工业区一线，东边界大致为广进塑料公司—夏茅村（ZK16孔）—夏茅十九社一线，分布宽度北侧约为700m，南侧约为1km，分布面积为2.67km^2；岩性为灰白色、青灰色间夹浅肉红色灰岩、生物灰岩、白云质灰岩，溶蚀现象发育，揭露溶洞为半充填或全充填，充填物多为软塑状粉质黏土、含少量碎块。钻探钻至基岩面时，大约80%的钻孔漏水严重，说明基岩面附近的岩体透水性强；岩溶部位的渗透系数为1.55～23.97m/d，单孔涌水量为43.718～115.78m^3/d，影响半径为44.3～105.7m；非岩溶部位微风化灰岩的渗透系数为0.003～0.016m/d，单孔涌水量为0.337～2.765m^3/d，影响半径为7.2～19.7m，壶天组灰岩富水性中等。栖霞组泥灰岩裂隙溶洞水呈北东—南西向条带状分布于夏茅村及周边一带，西侧边界大致沿广进塑料公司—夏茅（ZK16孔）—夏茅十九社一线，东侧边界大致为夏茅一社工业区—夏茅小学东（ZK4孔）—夏茅汽车站一线，呈北窄南宽的形态，北侧分布宽度为400～500m，南侧约为1km，分布面积为2.16km^2；岩性为深灰色、灰黑色泥灰岩、炭质灰岩、含燧石灰岩夹泥页岩，质地不纯，夏茅小学至夏茅汽车站一带钻孔揭露岩溶发育，溶洞一般半充填或较少充填，充填物多为软塑状粉质黏土、含少量碎块；钻探钻至基岩面时，钻孔普遍漏水严重，说明基岩面附近的岩体透水性强；中风化炭质、泥质灰岩渗透系数为0.003～0.148m/d，单孔涌水量为0.692～29.722m^3/d，影响半径为5.3～55.0m；微风化泥质、炭质灰岩的渗透系数为0.03～7.24m/d，单孔涌水量为3.37～156.788m^3/d，影响半径为10.1～58.2m，栖霞组泥灰岩富水性较差。

c. 层状碎屑岩裂隙水：层状碎屑岩裂隙水的含水岩层主要为二叠系孤峰组、童子岩组及三叠系小坪组的砂岩、粉细砂岩夹页岩、泥岩及煤层。小坪组层状碎屑岩基岩裂隙水含水岩组以F2断层为界，分布于夏茅村西部的蚬岗岭、白云湖至龙塘岗一带，含水层以粉砂岩、砂质泥岩及含砾粗砂岩为主，单位涌水量为0.107～0.884m^3/d，渗透系数0.0118～0.0322m/d，水质属HCO$_3$·Cl-Ca·Mg，富水性贫乏；孤峰组及童子岩组层状基岩裂隙含水岩组位于夏茅村东部均禾街的园坛岭、经市第四煤矿区至南边的鹤边村等地，含水层以粉砂岩、泥质粉砂岩、砂质泥岩夹煤层为主，单位涌水量为0.219～1.058m^3/d，渗透系数为0.01638～0.04122m/d，水质属HCO$_3$·Cl-Ca·Mg，富水性贫乏。

d. 断层富水带：综合分析地质钻探成果，发现沿F10断裂附近有大量的钻孔揭露溶洞，且溶洞规模大，层数较多。夏茅村沙园坊岩溶塌陷分布地段位于F10断裂影响带内，ZK26、ZK27、BZK4、BZK6 及 BZK7 号孔揭露到 F10、F12 断层角砾岩时，漏水严重，越靠近基岩面，断层风化程度越深，岩体破碎程度越高，透水性越好。F10、F12 两断层交汇部位钻孔揭露地下水相互连通，说明断层裂隙极发育，为地下水集中导水带。同时，地质钻探显示孔深至基岩面附近及溶蚀裂隙时漏水严重，说明基岩面的溶蚀纹沟及溶隙未被泥沙堵塞，导水性能很好。钻探揭露夏茅小学北侧 F6 断裂附近岩溶极为发育，溶洞分布密集，且溶洞多为半充填溶洞，溶洞之间可能贯通产生水力联系，沿断裂带形成富水带。

② 地下水补给、径流及排泄特征。

a. 地下水补给特征：夏茅村一带降雨量充沛，天然状况时大气降雨入渗补给是松散岩类孔隙水最主要的补给方式；同时，由于夏茅村处于冲积平原，河网水系密布，地下水与地表水的水力联系较密切，丰水期地表水位升高时，周边河涌、水塘、湖面等地表水体也成为地下水的重要补给来源。碳酸盐岩类裂隙溶洞水主要接受上部松散岩类孔隙水的竖向补给及上游地下水的侧向补给，其中第四系松散岩类孔隙水主要以潜流形式垂直下渗汇集于断裂带及基岩面附近的溶蚀纹沟、溶槽等通道附近，以集中渗漏的方式进行补给；同时，侧向覆盖型基岩裂隙水与覆盖型岩溶裂隙溶洞水相互之间也存在侧向补给现象。

b. 地下水径流与排泄特征：夏茅村一带地势平坦，地下水总体自北向南径流，由于河涌、坑塘、湖泊的影响，导致局部地下水流场有所改变。天然状态时地下水水力坡度小，地下水交替运移缓慢。对地下水进行抽排水等活动时，则局部地下水位产生快速波动，地下水循环加快，特别是抽排可溶岩裂隙溶洞水时，第四系松散岩类孔隙水将以散流形式越流下渗汇集于断裂带、断层交会带及溶蚀纹沟地带，以集中渗流的形式补给岩溶水。因此，抽排岩溶地下水是岩溶塌陷分布地段及周边的松散岩类孔隙水向塌陷坑一带径流的关键因素。夏茅村一带地下水的排泄主要以潜流向下游地区及附近河涌、坑塘、湖泊的排泄为主；部分松散岩类孔隙水也以垂直下渗排泄和随碳酸盐岩类裂隙溶洞水的地下潜流排泄。据地质钻探资料，覆盖层内砂层与灰岩之间的粉质黏土的土质不均，含较多砾石、碎石，具有一定的渗透能力，当抽取岩溶地下水时，松散岩类孔隙水可"越流"补给岩溶水。如夏茅村中南部地段，粉质黏土层缺失或极薄，ZK2004、ZK2006、ZK4003、ZK6005 及 ZK8005 等钻孔揭露第四系松散岩类孔隙含水层内的砂质含水层直接覆盖于灰岩顶部，说明松散岩类孔隙水与岩溶水可直接相通，二者之间的水力联系密切。据夏茅村及周边一带的地质钻探及民井有关观测资料，松散岩类孔隙水埋深为 0.8～6.2m，岩溶裂隙溶洞水埋深为 1.8～3.2m。地下水位主要随季节而变化，降雨对地下水位变化的影响明显，地下水位上涨滞后降雨半天至一天。根据 15 个观测钻孔的地下水位监测资料，地下水位的变化幅度为 0.33～1.27m。

2）覆盖层工程地质特征

（1）覆盖层物质组成特征。根据地质钻探资料和地质调查结果，覆盖层物质主要由第四系冲积层（Q^{al}）及残积层（Q^{el}）组成，其中城市建成区及沿河堤岸等地段的表层为人工填土（Q^{ml}）。

① 人工填土（Q^{ml}）。人工填土主要为素填土，呈浅黄色、灰黑色、灰白色。素填土以粉质黏土混粉细砂为主，局部为淤泥质细砂，杂填土为红砖块、混凝土块及其他建

筑垃圾等，稍压实，结构松散。人工填土一般厚度为1～2m，其中房屋建筑区为2～4m，堤岸地带厚度为3～6m，局部最厚可达到8.7m，地面塌陷坑一带钻孔揭露填土厚度较大，可达到6.0～8.30m。

② 冲积层（Q^{al}）。夏茅村及周边一带的第四系冲积层可划分为粉质黏土、淤泥质黏土及淤泥和砂层等三种类型。粉质黏土层主要由粉质黏土、砂质粉质黏土、砾质粉质黏土等组成，呈黄色、土黄色、浅黄色、褐黄色，湿—很湿，土质极不均一，黏性较强，以可塑—软塑为主，局部见硬塑状，含较多的砂岩、石英角砾、砾石，砾石具有一定的磨圆度，局部为砾质黏性土；钻孔内往往呈多层分布，层顶面起伏较大，高程为-7.0～-9.3m，部分钻孔中缺失，地质钻探揭露平均厚度4.8m，最大厚度可达22.90m，孔内总厚度最大可达27.1m。淤泥质黏土及淤泥呈深灰色、灰黑色，饱和状，局部夹粉砂、淤泥质粉土，流塑—软塑状，钻探揭露层顶高程为1.4～12.6m，层厚2.1～7.50m，主要分布于均禾涌堤岸两侧及广东外语外贸大学公开学院地段；地面塌陷坑附近淤泥层厚度超过10m，最大厚度达33.0m。砂层岩性主要为中、粗砂，局部为砾砂及粉细砂，呈黄褐色、浅黄—灰白色，饱和，含少量泥质、粉细砂及砾石，中密—密实；分布广泛，除夏茅小学以东、广东外语外贸大学公开学院以北及宝多物流—岘岗岭等地缺失外，其余地段分布层位较稳定，钻探揭露层顶高程-10.34～9.52m，层厚1.3～20.3m，沿均禾涌、夏茅水一带厚度较大。

③ 残积层（Q^{el}）。残积层主要为粉质黏土，以黄褐色、灰黄色为主，局部灰色、灰白色，湿—很湿，土质不均一，以软塑为主，局部见可塑状，由于风化不均，含较多的砂、角砾及强风化岩块、硅质页岩碎片及硅质页岩、泥岩风化物。钻探揭露层顶高程-20.41～8.94m，层厚1.60～17.90m。

(2) 覆盖层土洞发育特征。

覆盖层内的土洞主要分布于岩溶发育地段的上部土层内，土洞的发育与覆盖层土体工程性质及厚度、隐伏可溶岩的岩溶发育程度、地下水活动特征等因素密切相关。钻探揭露土洞及溶洞分布图如图2.3.5所示。夏茅村一带覆盖层内土洞的洞顶埋深一般为15.5～33.0m，最深可达43.8m，土洞的洞高发育规模一般为1.5～4.0m，个别最大者可达7.30m。一般以半充填、全充填为主，其中无充填土洞仅1个，占土洞总数的7.14%；半充填土洞5个，占土洞总数的35.71%；充填土洞8个，占土洞总数的57.14%。充填物多以流塑状、软塑状黏土及粉质黏土为主，少量为松散的淤泥质粉土、砾砂等。钻探揭露覆盖层内土洞的漏水率为42.86%。覆盖层内冲积层中的土洞共5处，其中淤泥质黏土夹砂土内的土洞3处，粉质黏土内的土洞2处，占土洞总数的35.71%；残积层粉质黏土内的土洞共9处，占土洞总数的64.29%。钻探揭露的14个土洞中底板直接接触灰岩的共12处，底板为土层的仅2处。土洞发育集中程度高，共有10处土洞位于地面塌陷坑附近，说明夏茅村岩溶塌陷地质灾害的形成与土洞的发育密切相关。从整体上看，夏茅村及周边一带覆盖层内的土洞具有以下基本发育特征：

① 覆盖层内土洞与隐伏灰岩的溶洞存在明显的伴生关系，钻孔揭露土洞下部灰岩内发育有溶洞的土洞共10个，占土洞总数的71.43%，说明土洞也是岩溶作用的产物。

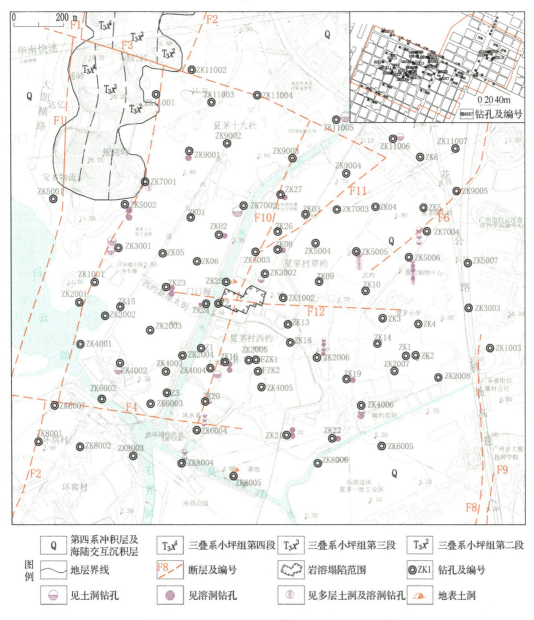

图 2.3.5 广州市白云区夏茅村土洞及溶洞分布图

② 覆盖层内土洞主要分布于冲积层或残积粉质黏土层内,砂土层内基本不发育;隐伏可溶岩主要为壶天组灰岩和栖霞组的泥灰岩及含燧石灰岩,前者覆盖层内土洞密集,后者覆盖层内土洞较少;土洞垂向上主要分布于基岩面附近,大部分与溶洞相连通。

③ 土洞埋藏深度较大,一般超过 15.50m,个别深为 43.8m;土洞的发育规模也较大,洞高一般为 1.5~4.0m,个别可达 7.30m。

④ 覆盖层内土洞多呈半充填状态,少数无充填,充填物主要为流塑状和软塑状的黏土、粉质黏土及软泥等,少量为粉细砂土充填。

3）岩溶工程地质特征

（1）可溶岩分布及埋藏特征。

夏茅村一带及周边的可溶岩为石炭系壶天组灰岩（C_2ht）和二叠系栖霞组泥灰岩及炭质泥灰岩（P_2q），主要分布于中部国光艺术设计职业学校—广东外语外贸大学公开学院—夏茅村—夏茅十三工业区一带，呈北窄南宽的特点，北部宽约 1km，南部宽约为 1.7km。可溶岩的基岩面起伏不平，国光艺术设计职业学校（F10 断层）以北埋藏较浅，向南埋深逐步变大，并形成向南逐渐加深的溶蚀凹槽；沿广东外语外贸大学公开学院、夏茅村沙园坊岩溶塌陷分布地段、夏茅小学、岘岗岭东侧及白云湖公园东北入口处一带形成漏斗状溶蚀洼地。钻探揭露基岩面发育的岩溶形态有溶沟、溶槽、石芽、漏斗及溶脊等，钻孔揭露岩芯的基岩面溶蚀纹沟发育，纹沟宽度为 6～8cm、深度为 3～5cm。夏茅村沙园坊岩溶塌陷地质灾害点附近的基岩面起伏最强烈，广州市白云区夏茅村钻孔揭露的溶槽、溶脊及溶洞充填特征如图 2.3.6 所示，高差变化显著，钻探揭露基岩面高程为-8.6～18.9m，相对高差为 4.3～10m，最大相对高差可达到 22.3m。从整体上看，夏茅村及周边一带的相邻钻孔间基岩面的坡度为 15°～40°，最大坡度高度达到 70°，局部地段的突变性溶沟陡坎较多。如 BZK2 与 BZK2-1 钻孔之间的水平间距不到 1.0m，基岩面高差为 3.0m；BZK8 与 BZK8-1 钻孔之间的水平间距约为 0.6m，基岩面高差可达 7.7m；XMZK4～XMZK1-1 钻孔（四巷与五巷交界部位）之间存在一溶槽，溶槽宽为 5.0～12.1m，深为 7.8～11.7m，长约为 13.0m，延伸方向北北东；溶槽的东侧为一溶脊，位于 BZK5～BZK12 孔（三巷与四巷交界部位），溶脊走向北北东，脊背宽为 5～8m，两侧基岩面斜坡陡峻，坡度为 50°～70°。

（2）溶洞发育特征。

夏茅村岩溶塌陷地质灾害勘查累计施工 114 个钻孔，仅有 2 个钻孔未揭露到基岩。揭露出基岩的 112 个钻孔有 51 个钻孔共揭露 112 个溶洞，其中全充填溶洞 23 个，占揭露溶洞总数的 20.54%；无充填溶洞 6 个，占揭露溶洞总数的 5.36%；半充填溶洞 83 个，占揭露溶洞总数的 74.11%。51 个揭露溶洞的钻孔，其中位于石炭系壶天组地层内的钻孔 42 个，占揭露溶洞钻孔总数的 82.35%；位于二叠系栖霞组地层内的钻孔 9 个，占揭露溶洞钻孔总数的 17.65%。钻探揭露的 112 个溶洞，其中分布在石炭系壶天组内的溶洞 90 个，占溶洞总数的 80.36%；分布于二叠系栖霞组内的溶洞 22 个，占溶洞总数的 19.64%。揭露溶洞的钻孔内单孔溶洞层数一般为 1～3 层，少数钻孔见 4～6 层，个别钻孔为 8 层，单个溶洞最大高度为 10.10m，ZK5006 孔揭露 6 层溶洞，总高度最高达到 11.20m。112 个溶洞中单洞的洞高小于 3.0m 的溶洞 89 个，占溶洞总数的 79.46%；单洞的洞高大于 3m 的溶洞 23 个，占溶洞总数的 20.54%，单个溶洞的洞高最大可达 15.40m。

夏茅村及周边一带钻孔揭露的洞顶垂向埋深为 15～45m 的溶洞有 105 处，占溶洞总数的 93.75%；洞顶埋深小于 15m 的溶洞有 5 处，占溶洞总数的 4.46%；洞顶埋深大于 45m 的溶洞有 2 处，仅占溶洞总数的 1.79%。垂向上溶洞呈单层、双层及多层发育；平面上呈串珠状、蜂窝状分布。溶洞间距为 0.2～7.4m 不等，首层溶洞顶板厚度（距基岩面）为 0.40～3.30m。从溶洞垂向分布的高程来看，溶洞主要分布于-10～-30m。各钻孔溶洞分布高程的统计结果表明，分布于高程为 0~10m 的溶洞有 14 个，累计洞高为 23.15m，占溶洞总高度的 7.89%；分布于高程为-10~-20m 的溶洞有 35 个，累计洞高为 108.98m，占溶洞总高度的 37.14%；分布于高程为-20~-30m 的溶洞有 32 个，累计洞高为 126.62m，占溶洞总高度的 43.15%；分布于高程为-30~-40m 的溶洞有 12 个，累计洞高为 34.70m，占溶洞总高度的 11.82%；高程为-40m 以下未见揭露溶洞。

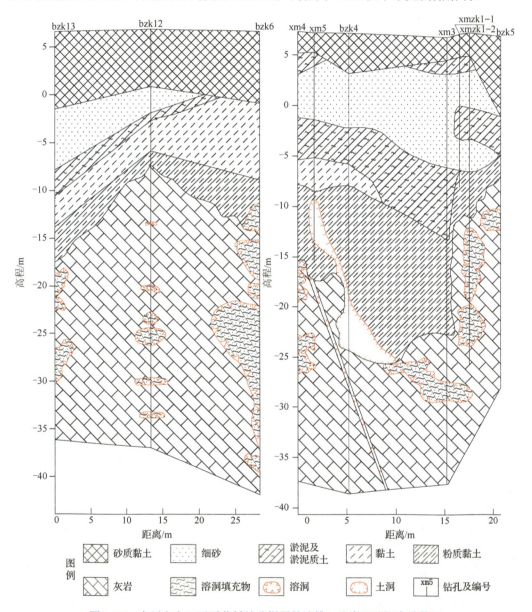

图 2.3.6 广州市白云区夏茅村钻孔揭露的溶槽、溶脊及溶洞充填特征

叠合分析夏茅村及周边一带的断裂构造形迹和溶洞分布特征，可以发现单孔溶洞总高度大于 5m 的岩溶强发育带明显集中于 F10 断裂、F6 断裂和 F12 断裂一带，说明岩溶塌陷区内断裂构造对岩溶发育程度的控制作用十分明显。

4）岩溶塌陷发育特征

（1）岩溶塌陷形成过程。

广州市白云区夏茅村一带累计发生3次岩溶塌陷地质灾害，其中最早的一次岩溶塌陷发生于2008年12月19日16时，累计形成8个塌陷坑。2008年12月17日，五巷18号民房进行房屋钻孔桩基础施工，工程施工人员进行第二个钻孔桩施工时（2008年12月19日16时）发生岩溶塌陷，共形成5个地面塌陷坑（图2.3.7～图2.3.11），分别位于向西街8巷16号、6巷16号、3巷13号、5巷北端及沙园坊7巷6号，其中向西街6巷16号房低层建筑全部沉入塌陷坑内，沙园坊华富街7巷6号房底部大半沉入塌陷坑内（基础为10～13m的桩基）；5巷北端塌陷坑面积最大（约为163m²），其他单个塌

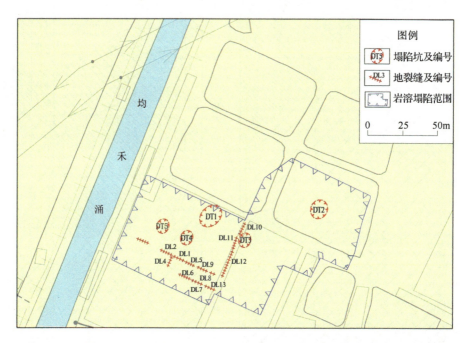

图2.3.7 2008年12月19日夏茅村沙园坊岩溶塌陷分布图

图2.3.8 岩溶塌陷造成居民房屋墙体拉裂、沉陷及垮塌

图 2.3.9　夏茅村向西街 3 巷道路地面隆起和房屋墙体倾斜

图 2.3.10　沙园坊华富街 5 巷北侧塌陷坑和 7 巷房屋沉入塌陷坑

图 2.3.11　岩溶塌陷造成居民住宅房屋倾斜和钻机沉入塌陷坑

陷坑面积为 70.4~86.0m²，坑内充水，水面距地面约为 0.5m，未见地下水流动迹象。伴随岩溶塌陷的形成，塌陷坑及周边产生多处地面变形，其中主要的地面变形迹象有以下几方面。

① 西约新屋二巷 14 号，地面出现沉降，房屋墙体、地面多处出现不同程度的裂缝、下沉，房屋墙体裂缝宽度为 1~6cm 不等，地面沉降最大处达到 30cm，地面裂缝宽度为 1~3cm 不等，其中 1#主缝走向北东 30°，长为 20m，裂缝宽度为 1~3cm 不等。

② 向西街六巷 8 号，地面有长约为 10m，宽约为 10cm 的裂缝，走向近东西。

③ 向西街三巷的道路地面裂缝与三巷 18 号房屋墙体裂缝相连，裂缝走向北东为 25°，长度约为 3m，缝宽约为 2cm。

④ 向西街 16 号东面墙体裂缝，长约为 10m，宽为 1.53cm；向西街 11 号与 14 号之间巷道地面裂缝，走向北东 30°，长为 15m，宽为 2～4cm。

⑤ 向西街三巷 12 号南面墙体裂缝，长约为 3m，宽为 3～4cm；三巷 14 号房屋南侧水泥地面向北翘起约 25cm；向西街三巷 8 号与 10 号之间巷道地面出现裂缝，裂缝走向近东西为 295°，长为 8.0m，宽为 1～2cm。

⑥ 向西街四巷 8 号与 10 号之间巷道、10 号与 12 号之间巷道地面发生裂缝，走向北西为 300°，长度分别为 10m 及 4m，宽为 0.2～1cm；10 号房屋内厨房地面见有近东西走向的裂缝，长为 5m，宽为 1cm。

⑦ 向西街五巷 8 号与 10 号之间巷道、10 号与 12 号之间巷道地面发生裂缝，走向北西为 296°，长分别为 3m 及 10m，宽为 0.8～2cm，10 号墙体裂缝与 12 号墙体裂缝相连。

⑧ 六巷 12 号、14 号房之间的巷道地面出现裂缝，走向北西为 320°，长为 8m，宽约为 1cm；12 号房西侧地面的裂缝伴随有地面沉陷，裂缝长约为 12m，下沉为 2～3cm；10 号房客厅墙角、厨房墙体开裂，客厅墙角伴有沉陷迹象。

⑨ 七巷 12 号、14 号之间与九巷 12 号、14 号之间巷道有两条地面裂缝，裂缝与墙体相连，裂缝走向约为 320°，长分别为 10m 及 4.5m，宽分别为 4mm 及 3mm，12 号房屋客厅地面沉陷为 0.5～1cm。

2009 年 6 月 9 日，ZK14 号孔钻进施工至栖霞组泥灰岩与上部炭质页岩接触带时漏水严重，于次日钻孔施工完毕并起拔套管。2009 年 6 月 11 日 7 时，钻探施工处发生岩溶塌陷，塌陷坑呈椭圆形，长轴长为 2.2m，短轴长为 2.0m，面积约为 4m²，可见深度约为 1.50m，坑内充有地下水，水位埋深为 0.8m，当天对塌陷坑进行了填埋处理。

2009 年 6 月 15 日，ZK16 号孔钻进时遇溶洞，并于基岩顶面附近严重漏水，6 月 15 日中午钻孔施工完毕。2009 年 6 月 16 日中午突降暴雨，当地居民将降雨积水引入钻孔内，降雨后第二天早晨 7 时发生岩溶塌陷，塌陷坑呈椭圆形，长轴长为 1.50m，短轴长约为 1.0m，面积约为 2.0m²，可见深度约为 3.14m，坑内充有地下水，水位埋深为 0.6m，当天对塌陷坑进行了填埋处理。

（2）岩溶塌陷形态特征。

广州市白云区夏茅村沙园坊岩溶塌陷地质灾害的塌陷坑平面形态以椭圆形为主、少数近圆形。广州市白云区夏茅村沙园坊岩溶塌陷发育特征统计如表 2.3.5 所示。塌陷坑内都充满地下水，水位埋深一般为 0.5～0.8m，其中 2008 年 12 月 19 日形成的 5 个塌陷坑规模较大。塌陷坑平面等效直径为 1.35～14.5m，面积为 2.0～163m²，塌陷坑可见深度为 0.6～3.8m，直接影响范围约为 5 000m²。伴随岩溶塌陷活动有数十处房屋墙壁及地面出现裂缝、变形、沉降，地面裂缝多呈近东西向，裂缝长为 3～15m，裂缝宽为 0.3～10cm，最大地面沉降量可达到 30cm，岩溶塌陷的潜在影响范围可达到 8 500m²。

表 2.3.5 广州市白云区夏茅村沙园坊岩溶塌陷发育特征统计

编号	类型	发生时间	岩溶塌陷发育特征统计
DT1	岩溶塌陷	2008 年 12 月 19 日	呈椭圆形,长轴方向北东,长轴长约 16.5m,短轴长约 12.6m,面积约 163m²,可见深度 1.5m
DT2	岩溶塌陷	2008 年 12 月 19 日	呈近圆形,直径约 9.5m,面积约 70.4m²,可见深度 2.1m
DT3	岩溶塌陷	2008 年 12 月 19 日	呈椭圆形,长轴方向近东西,长轴长 10.5m,短轴约 8.6,面积约 77m²,可见深度 1.2m
DT4	岩溶塌陷	2008 年 12 月 19 日	呈近圆形,直径约 10.5m,面积约 86m²,可见深度 3.8m
DT5	岩溶塌陷	2008 年 12 月 19 日	呈椭圆形,长轴长 10.5m,短轴长 8.2m,面积约 75.5m²,可见深度 0.6m
DT6	岩溶塌陷	2009 年 6 月 11 日	呈椭圆形,长轴长 2.2m,短轴长 2.0m,面积约 4m²,可见深度 1.50m,坑内见地下水,水位埋深 0.8m
DT7	岩溶塌陷	2009 年 6 月 17 日	呈椭圆形,长轴长 1.5m,短轴长 1.0m,面积约 2.0m²,可见深度 3.14m,坑内见地下水,水位埋深 0.6m

(3) 岩溶塌陷灾情评价。

据广州市白云区房屋安全鉴定所提供的房屋安全鉴定报告,受岩溶塌陷毁坏及影响的住宅楼共有 82 栋,建筑面积达到 23 308m²。其中 8 栋住宅楼主体承重构件基本未受损伤,暂未发现有因承载能力不足而引起损坏的现象;有 38 栋住宅楼受到轻微损坏,其主体承重构件保持完好;有 15 栋住宅楼存在一般性损伤,主体承重构件少量损坏,围护墙体稍有裂缝和地基基础有轻微不均匀沉降现象;有 3 栋房屋承重构件严重损坏,显著影响整体承载功能和使用功能,影响正常使用;有 18 栋住宅房屋属于危房,应立即停止使用。夏茅村沙园坊岩溶塌陷活动虽未造成人员伤亡,但直接损毁房屋 8 栋,数十处房屋墙壁及地面出现开裂、变形,多处道路出现裂缝、沉陷,直接经济损失约为 380 万元,潜在经济损失约为 8 200 万元,岩溶塌陷和地面沉降地质灾害的发育程度强,潜在危险性和危害性大,灾情严重。2008 年 12 月 19 日夏茅村沙园坊岩溶塌陷灾情分布图如图 2.3.12 所示。

5) 岩溶塌陷形成机理

(1) 岩溶塌陷形成原因。广州市白云区夏茅村沙园坊岩溶塌陷是自然地质环境和人类工程活动相互作用的结果,村民修建房屋建筑基础工程施工则是岩溶塌陷发生的直接触发因素。

① 夏茅村及周边一带隐伏可溶岩的岩溶普遍发育,特别是壶天组灰岩厚度大、纯度高,断裂发育,岩溶发育程度高。岩溶塌陷分布地段第四系覆盖层的黏性土,含砂、砾、碎石,既具有一定的黏性,又具有一定的渗透性。越靠近隐伏可溶岩顶面溶洞发育带的覆盖层粉质黏土层,越易形成土洞,且钻孔揭露土洞与溶洞彼此相通。高度发育的溶洞和土洞为岩溶塌陷的形成提供了良好的基础地质背景。

② 覆盖层内的含水砂层分布广泛,厚度大,既构成松散岩类孔隙水的主要含水层,又给隐伏灰岩的裂隙溶洞水提供了丰富的地下水补给来源。夏茅村及周边一带的北北东向及近东西断裂构造发育,断层破碎带及影响带不仅成为地下水的运移通道,而且加剧了隐伏灰岩的溶蚀强度。钻探揭露穿过可溶岩地段的 F6、F10 及 F12 断层沿断层破碎

带的灰岩溶蚀作用强烈，溶洞密集发育。由于覆盖层内的松散岩类孔隙水与下伏灰岩裂隙溶洞水之间的水力联系密切，含水砂层内地下水位的改变直接引起下伏灰岩裂隙溶洞水的水位波动，为岩溶塌陷的形成提供了良好的地下水动力环境条件。

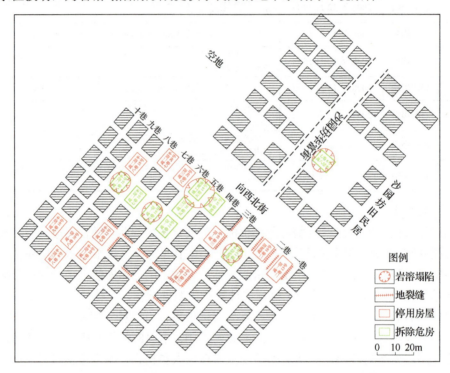

图 2.3.12　2008 年 12 月 19 日夏茅村沙园坊岩溶塌陷灾情分布图

③ 钻孔揭露夏茅村岩溶塌陷分布地段隐伏灰岩的覆盖层松散土体夹有砂层及淤泥层，部分钻孔内淤泥层厚度超过 10m，如 BZK10 钻孔的淤泥层厚度可达到 33.0m。当村民建房进行钻孔桩施工时，钻孔揭穿覆盖层内土洞顶部的黏性土层盖板，造成盖板上部的细砂及淤泥流入土洞，从而直接引发岩溶塌陷。

（2）岩溶塌陷致塌作用。综合分析夏茅村及周边一带隐伏可溶岩的岩溶发育程度、地下水动力环境条件和人类工程活动特征，夏茅村沙园坊岩溶塌陷的致塌作用可归纳为潜蚀渗透致塌、真空负压吸蚀致塌和机械贯穿致塌等三种主要类型。

① 潜蚀渗透致塌。由于岩溶地下水位变化，水力坡度加大，地下水流速度加快，潜蚀能力加强，地下水渗透水流动水压力的作用使可溶岩顶部的松散沉积物随地下水移动、流失，逐渐于土层内形成"土洞""天窗"，随着地下水渗透和土颗粒迁移的进一步发展，当土洞顶板支撑力小于自重压力时，地面就发生变形或塌陷。

② 真空负压吸蚀致塌。当岩溶水被大量急剧抽排后，引起地下水位大幅降低，地下水位降至覆盖层底面以下时，承压水随着水位的降低，原来的正水压力逐渐降低，变为负水压力，岩溶洞穴空腔内的这种负压力可形成一种强烈的吸附作用，使盖层或土洞的洞壁产生剥落，进而引发隐伏可溶岩地带的地面发生塌陷。

③ 机械贯穿致塌。溶洞、土洞含水层之上覆盖有饱水且具有蚀变性的疏松土层，

如果基础工程施工钻桩过程破坏了地下洞穴的隔水顶板，贯穿第四系覆盖层内地下水与土洞、基岩裂隙溶洞水之间的水力联系，可引起地下水的渗流方向突变，当垂直方向渗透动水压力迅速增加时，疏松土体可伴随第四系潜水涌入土洞、溶洞内，从而导致地面形成塌陷。

（3）岩溶塌陷发育过程。从整体上看，夏茅村沙园坊岩溶塌陷的孕育、形成、发展和发生的演变过程可分为土洞雏形孕育阶段、土洞发展扩大阶段、暂时性平衡稳定阶段和突发性地面塌陷阶段等4个阶段。

① 土洞雏形孕育阶段。根据夏茅村及周边一带的内生地质环境特征及土洞发育分布规律，推断岩溶塌陷发育地段土洞的形成与夏茅煤矿及大朗煤矿的采矿活动有关。据调查，夏茅煤矿从高程为-150m、-190m、-210m、-250m、-280m和-310m等六个不同水平的巷道进行采矿活动，全矿累计开采煤量约为5.3×10^5t；大朗煤矿虽未成规模开采，但零星的采矿活动也低于高程-50m以下。采矿过程中的抽水及采矿巷道终采后形成的空间都可能使地下水进行交替循环。一方面，地下巷道及采煤开矿使煤矿地段形成巨大的地下采矿空间，采矿过程中的抽排水及煤矿闭坑后的巨大储水空间，都将使位于煤矿两侧的灰岩岩溶裂隙溶洞水通过裂隙，尤其是通过断层构造破碎带侧向补给采矿巷道及采空区，引发岩溶水的径流，从而使岩溶洞隙上覆的第四系松散岩类孔隙潜水垂向下渗补给岩溶水，形成地下水循环；另一方面，据访问可知，采矿活动的初期阶段，因采矿需要，存在大量的高强度抽排地下水活动，使岩溶裂隙水长期补给矿坑巷道，促使第四系松散岩类孔隙水以散流的形式汇集于岩溶通道（岩溶洞隙发育带）附近形成管道流，集中补给灰岩裂隙溶洞水，致使岩溶洞隙发育地带成为地下水的活跃带（如XMZK3、BZK4孔等断层发育地带）。地下水的径流具有一定的渗透力，可以淘蚀基岩面附近的第四系松散土体物质，使土体内的细颗粒成分被先行带走，最终于土层与岩溶洞隙接触处形成拱形土洞，逐渐发育成土洞雏形。

② 土洞发展扩大阶段。由于土洞形成于具有一定黏性的黏质黏土层内，短时间内雏洞不可能扩大成较大规模的土洞，土洞的发展扩大需要第四系松散岩类孔隙水长期补给岩溶裂隙水，而且岩溶裂隙水长期处于上下波动变化状态，作用于土层与基岩面交接部位。一方面，地下水位的波动对土体有潜蚀、淘蚀作用；另一方面，第四系松散岩类孔隙水补给岩溶裂隙水具有渗透破坏作用，使盖层土体逐渐流失产生流土。随着夏茅、大朗煤矿采矿活动的继续，以及其他直接抽取灰岩溶洞水的人类工程活动的开展，使灰岩溶洞水长期处于径流、循环交替状态。岩溶水的径流促使上部的第四系松散岩类孔隙水发生垂向补给，地下水循环往复的长期作用使雏洞由基岩面附近逐渐向上发展，从而形成土洞。

③ 暂时性平衡稳定阶段。20世纪90年代以后，随着夏茅煤矿、大朗煤矿的停采及其他人类工程活动的暂停，抽排地下水活动也处于暂停阶段。由于区内降雨量充足，地表水丰富，第四系松散岩类孔隙水有充足的水源，通过不断地补给、径流，采矿形成的地下巷道及采空区很快被水充满。地下水的水循环活动也由活跃期逐步转变为正常缓慢的季节性水循环交替期，溶洞、土洞内充满地下水。土洞的扩大发展处于休止阶段，即暂时性平衡稳定阶段。

④ 突发性地面塌陷阶段。2008 年前后，随着社会经济的快速发展，夏茅村一带的工程建设活动又开始活跃，并有所加强，岩溶塌陷分布地段的民房建设由原来二三层的低矮建筑逐渐加高至现在的八九层楼房，西边开始修建白云湖、石井河朗环围排洪站（水闸）及地下排污管道等大量的工程活动。工程建设必须进行一定量的抽排地下水活动，使原来处于正常缓慢的季节性地下水循环交替又重新开始活跃起来，溶洞、土洞中的部分地下水被抽排掉，使原来充满地下水的土洞、溶洞形成充满水、气混合体的处于极限平衡状态的临塌洞体。当夏茅村 5 巷 18 号钻孔桩施工揭穿黏性土层形成的土洞盖板，加上钻孔施工的水循环作用，使砂性土层很快变形、垮塌，土洞快速扩大，由于发育于塌陷区附近的溶洞、土洞连通性好，当大量的松散砂性土迅速流入岩溶洞穴之后，短时间内可使塌陷土洞迅速蔓延扩展，进而于地面形成大规模的岩溶塌陷。

2.3.3　岩溶塌陷活动具有滞后性和重复性特征

岩溶塌陷活动时间分布特征的滞后性现象主要出现于降雨入渗、长期干旱等自然因素引发的岩溶塌陷中。一般而言，降雨入渗引发的大部分岩溶塌陷滞后期一般不超过 5d，而干旱引发的大部分岩溶塌陷滞后期则较长，大都超过 2 个月的时间。滞后期的长短与岩溶塌陷发生前的累积降雨量、降雨强度及干旱引起的地下水下降幅度与隐伏可溶岩分布地段的覆盖层土体结构特征、岩溶发育程度及水动力环境特征等因素密切相关。

岩溶塌陷活动时间分布特征的重复性现象是广东省岩溶塌陷地质灾害的典型活动特征。据不完全统计，广东省境内岩溶塌陷地质灾害活跃地段的岩溶塌陷活动时间分布特征具有明显继承性的重复发生现象，特别是地下采矿形成的采空区地面、负地形开采石灰岩的周边地段及开采地下水形成的降落漏斗范围等岩溶塌陷分布地带，岩溶塌陷活动的重复性更为突出和显著，其重复发生的周期性多呈不稳定状态。

【实例分析】恩平市平石街道办顶冲村、石栏村和横陂镇西联村岩溶塌陷

1. 平石街道办顶冲村岩溶塌陷

恩平市平石街道办顶冲村岩溶塌陷集中发育于顶冲、榄坑及芥菜朗等三个自然村一带，其岩溶塌陷分布图如图 2.3.13 所示。2004 年 11 月 28 日，顶冲村一带稻田内开始发生岩溶塌陷，一直延续到 2005 年 2 月 4 日，塌陷时有发生。2005 年 2 月 5 日至 2 月 17 日，顶冲自然村的民房开始出现开裂、地基下沉及倾斜，其中 5 间民房成为危房，存在明显裂缝的房屋 13 间，10 处农田出现局部沉降，3 个鱼塘中产生 6 个塌陷坑，塌陷坑最大直径为 2.5m，可见深度 2m。到 2005 年 4 月 5 日，村民危房增至 15 户，房屋墙体的裂缝、墙体错位明显增大，房屋有随时倒塌的可能。2005 年 4 月 13 日，距顶冲小学西侧 20m 处的稻田内新发现两处坑口平面呈圆形的塌陷坑，其直径分别为 2m 和 1m，可见深度分别为 1m 和 1.5m。2005 年 4 月 13～25 日，农田内又相继出现 18 处直径 1～3m 的塌陷坑，可见深度为 1～6m。2005 年 5 月期间，顶冲、榄坑、芥菜朗及联店等四个自然村又相继出现地面塌陷坑 25 处，其中 2 处出现在顶冲村民房附近，7 处出现在顶冲小学附近，最大直径为 12m，最大深度超过 6m。截至 2008 年 12 月 31 日，顶

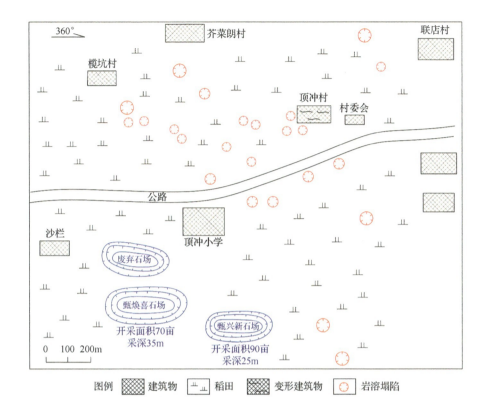

图 2.3.13 恩平市平石街道办顶冲村岩溶塌陷分布图（1 亩≈666.7m²，余同）

冲村形成了一条长为 1.85km、宽为 1.12km、面积约为 2.27km² 的岩溶塌陷带，农田、旱地及鱼塘中累计出现 215 个塌陷坑，岩溶塌陷共造成 68 户、232 人的房屋开裂、下沉、倾斜。

2. 平石街道办石栏村岩溶塌陷

恩平市平石街道办石栏村岩溶塌陷范围约 1.12km²，岩溶塌陷主要分布于石栏村周边的农田一带，恩平市平石街道办石栏村岩溶塌陷分布图如图 2.3.14 所示。石栏村岩溶塌陷始于 1992 年 3 月 7 日。1993 年 5 月 6 日，沿石栏村西侧稻田内原塌陷坑附近又产生 3 处塌陷坑。1994 年 6 月 8 日至 8 月 15 日，由于受 6 月 1～5 日强降雨的影响，降雨后的 1 个月内，石栏村稻田内的原塌陷坑不断继续扩展变大，持续到 8 月 15 日，又形成 7 个新的塌陷坑。1995 年 3 月 30 日至 1997 年 5 月 6 日岩溶塌陷活动达到高潮，发生岩溶塌陷活动 12 处，共形成塌陷坑为 22 个，塌陷坑直径为 2.0～38.7m，可见深度为 2～10m。2002 年 10 月石栏村周边的 3 个露天深坑采石场关闭之后，岩溶塌陷活动持续到 2005 年 12 月底基本停止，累计形成塌陷坑 30 多个，岩溶塌陷共造成石栏小学 15 间校舍毁坏，150 亩农田无法正常耕种，直接经济损失逾 250 万元。

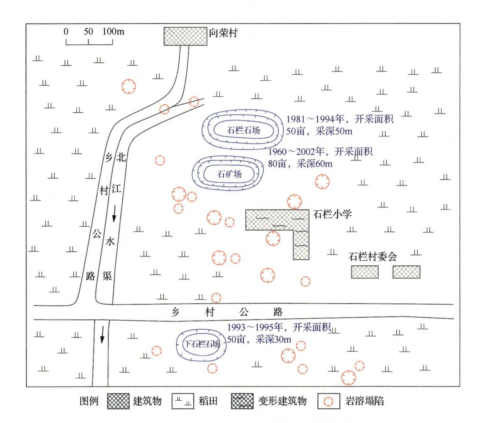

图 2.3.14　恩平市平石街道办石栏村岩溶塌陷分布图

3. 横陂镇西联村岩溶塌陷

恩平市横陂镇西联村地形地貌为一山间谷地，甘汾河自西向东从岩溶塌陷区的南侧经过。岩溶塌陷地质灾害集中发育于西联村的黄竹朗、老朱及祥龙等三个自然村一带，恩平市横陂镇西联村岩溶塌陷分布图如图 2.3.15 所示。1980 年 3 月，经历 5d 累计为 238mm 降雨量的一场强降雨过程之后的第 3 天，西联村辖区内的老朱、祥龙和黄竹朗等三个自然村的农田内开始出现塌陷坑。2000 年 5 月，黄竹朗自然村的居民房屋开始出现裂缝。2004 年 7 月中旬，祥龙新村的一处民房内出现一个直径为 2m、深 3m 的圆形塌陷坑，周边农田内又出现 10 个塌陷坑；老朱自然村的恒利二采石场东侧及南侧的稻田内共形成 30 个塌陷坑，平面形态多呈椭圆形，长轴为 1.5~10.0m，短轴为 1.0~3.0m，可见深度为 2.0~3.0m；黄竹朗自然村的民房附近和稻田内共分布有 20 个塌陷坑；良金自然村和祥龙新村的稻田内共出现 10 个塌陷坑，平面形态多呈圆形，长轴为 1.0~4.0m，短轴为 1.0~1.5m，深度为 2.0~3.0m。截至 2008 年 12 月底，恩平市横陂镇西联村一带岩溶塌陷累计形成 90 多个塌陷坑，45 户村民的房屋出现墙体开裂及地面下沉。

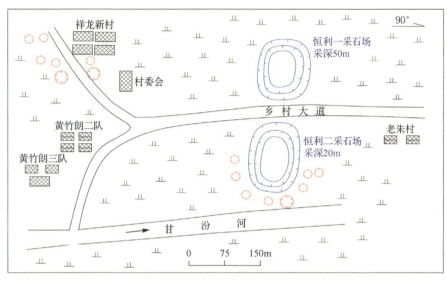

图 2.3.15 恩平市横陂镇西联村岩溶塌陷分布图

综上所述，恩平市平石街道办顶冲村、石栏村和横陂镇西联村岩溶塌陷活动受强降雨过程和采矿抽排地下水活动的影响，岩溶塌陷活动的时间分布特征具有典型的滞后性现象和重复性特征。从整体上看，恩平市平石街道办顶冲村、石栏村和横陂镇西联村岩溶塌陷是自然地质环境和人类工程活动相互作用的结果，主要受隐伏岩溶发育特征和强降雨，以及矿区过量抽排地下水的控制。

第一，岩溶塌陷区域地处山间沟谷地带，相对平缓，相对高差小于10m，地面高程为10～23m，四面环山，地表汇水面积大。岩溶塌陷地带的岩溶地下水补给来源为第四系潜水，地下水径流以垂直循环为主，岩溶裂隙水和第四系潜水两者之间的水力联系密切，具备形成岩溶塌陷的地下水动力环境特征。

第二，岩溶塌陷分布地段隐伏可溶岩的覆盖层均为第四系双层结构土体，其中上层为薄层的耕植土、黏土及粉质黏土组成，下层为河流冲洪积粉土及中粗砂组成，结构松散，透水性好，厚度为5～12m。隐伏可溶岩为泥盆系天子岭组灰岩，灰岩顶面发育有石芽、石柱、溶沟、溶槽及溶洞等岩溶现象，它们构成了良好的地下水流动的岩溶管道和储存空间。

第三，岩溶塌陷分布地段周边的采石场呈负地形开采，开采深度为30～70m，每天抽排大量的地下水，单个矿坑的日排水量为2 000～8 500m^3，长期的抽排地下水导致塌陷区内的地下水位整体呈下降趋势，遇短时强降雨过程又造成局部地段的地下水位快速上升。地下水的持续性降低和短时间的上涨，造成覆盖层底部土洞和灰岩界面附近土体中的细颗粒物质大量流失，随着土洞的淘空、扩展，最终于地面形成塌陷。

2.3.4 岩溶塌陷活动具有突发性和隐蔽性特征

一般而言,岩溶塌陷活动的突发性和隐蔽性二者之间是互相联系和共生发展的。从岩溶塌陷地质灾害的孕育、形成到产生灾变活动,虽然存在一定的塌前动态变形阶段,主要表现为地面局部产生沉降变形,但这种沉降变形迹象直观上人们难以察觉,因此,岩溶塌陷前期的动态变化特征是一种长期缓慢的演变过程,使得人们长期习以为常,司空见惯,导致岩溶塌陷活动的孕育变形过程隐蔽性极强。岩溶塌陷地质灾害一旦发展到剧烈塌陷阶段时,岩溶塌陷活动往往在极短的时间内就完成了,具有非常典型的突发性特征,岩溶塌陷的突发性现象常常直接造成人员伤亡和建筑物倒塌。

【实例分析】阳春市大河水库移民河西安置区岩溶塌陷

广东省阳春市大河水库移民河西安置区位于阳春复向斜隐伏岩溶盆地内,属于马安屯向斜东南翼,无较大断裂构造发育。地貌上属漠阳江二级河流阶地,地形平坦开阔,沿漠阳江两侧展布,地面高程一般为13~14m。岩溶塌陷部位原为水田、洼地、鱼塘等,现经人工填土改造成建筑场地,地面高程14.72~16.46m。大河水库移民河西安置区场地布满安置楼房,共1 100户,楼高多为2~4层。2003年8月4日上午10:25,安置区西区4巷137号至142号共6栋楼房一带突然发生岩溶塌陷,阳春市大河水库移民河西安置区岩溶塌陷工程地质图如图2.3.16所示,142号楼近半倒塌,直接造成2人死亡。广东省水文工程地质大队对阳春市大河水库移民河西安置区岩溶塌陷地质灾害进行了综合地质调查、地质钻探和物探工作,查明了大河水库移民河西安置区隐伏可溶岩的岩溶发育程度、岩溶塌陷的形成原因和灾情特征。

1. 自然地质环境特征

1) 气象及水文

阳春市大河水库移民河西安置区属亚热带季风气候,具有雨量充沛、热量丰富、季风气候明显、夏长冬短等特征。据阳春县志和气象局的气象资料,多年平均气温为22℃,年平均最高气温为26.4℃,年平均最低气温为18.9℃,极端最高气温为36.8℃,极端最低气温为-4℃。多年平均降雨量为2 120mm,降雨量的年际变化较大,大河水库移民河西安置区最大年降雨量为3 376.9mm(1998年),最小年降雨量为1 050.1mm,阳春地区降雨日数最多达174d。降雨季节变化很明显,4~9月为雨季(丰水期),降雨量占全年总降雨量的83%,且常出现雷暴雨集中降水;10月至次年3月是旱季(枯水期),降雨量仅占全年的17%。降雨量的月变化也较大,12月是全年降雨量最少的月份(一般为20~35mm),1月起降雨量逐渐增多,到4月份平均降雨量达到100mm,6月是全年降雨最高峰期。8月因台风(热带风暴)影响,降雨出现第二高峰期,降雨量仅次于6月,9月起降雨量又逐渐减少。多年平均蒸发量为1 697mm,比年降雨量少423mm,以7~8月蒸发量最大。同时,降雨量及蒸发量的年际、年内季节、月份的变化较大,造成地表水位、地下水位的升降变化较明显。由于春秋季节少雨,常造成春秋季节干旱。年平均相对湿度为82%。受季风影响,9月至次年3月盛行北风,4~8月盛行偏南风,风速年

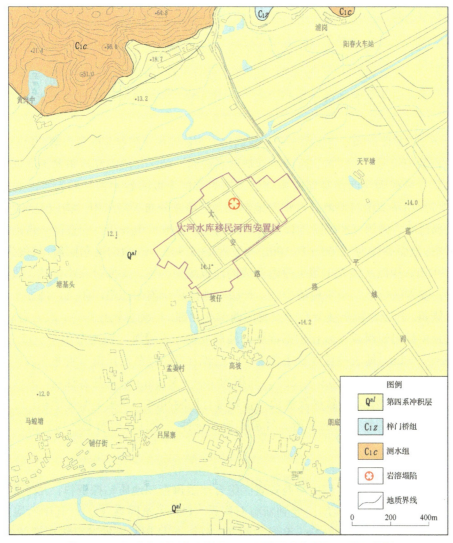

图 2.3.16　阳春市大河水库移民河西安置区岩溶塌陷工程地质图

平均为 2.2m/s，大于或等于 8 级（16.0m/s）大风和雷雨大风［主要是热带风暴（台风）］，平均每年有 2.7d，一般多出现于 3～11 月，最多是 7 月。最大风速以南风最大，风速达 16m/s，最小风速是西北偏北风，风速为 7m/s。

阳春市大河水库移民河西安置区内地表水系较发育，分布有河流、人工运河、小溪流和鱼塘等，是地下水主要补给源之一。主要河流为漠阳江干流（图 2.3.16），距安置区中心约为 1.3km。漠阳江干流全长 199km，集水面积 6091km^2，河床坡降 0.494‰。其中阳春市境内河段长为 165km，集水面积为 4 016km^2，河流弯曲度较大，境内河面宽度最宽达 300m，多年平均年径流量为 3.67×10^{9}m^3，多年平均径流深为 1 411mm。由于河床逐年淤积，并受降雨季节变化影响，河流水位变化较大，据荆山水文站资料，漠阳江阳春站 1995～2003 年 7 月逐月平均水位高程为 8.05～10.76m，春城河段警戒水位高程为 12.6m，1981 年 10 月 8 日，河流最高水位高程达到 16.71m，造成严重洪涝灾害。漠阳江河床代表着阳春盆地排泄基准面，河水位的变化直接影响着盆地内地下水位的升降。安置区西北部分布有人工运河，始于西山河道，河道宽为3～6m，深为3～4m，流量约为600m³/s。此外，安置区内还分布有较多的季节性小溪流和鱼塘，鱼塘多见于村边，一般常年有水，水深为0.5～2.0m不等，少数枯水期时干枯，地表水由于受生活污水、垃圾、鱼塘水、农灌排水及其他废水等的影响，水质较差，一般只适用于灌溉用水。

2）地形地貌特征

大河水库移民河西安置区位于阳春复向斜岩溶盆地内。阳春复向斜岩溶盆地呈北东—南西向长条带状展布，往东、西两侧地势渐高成为丘陵区，漠阳江纵贯盆地之间。安置区地势总体表现为北西部高而南东部低。地貌总体上以河谷冲积平原为主，局部为丘陵。河谷冲积平原由河漫滩及冲积阶地组成。河漫滩分布于河床中，构成漫滩或心滩，岩性为卵砾石、砂等。冲积阶地以二级阶地为主，地形平坦开阔，安置区一带沿漠阳江北岸展布。地面高程为13.00～16.10m，一般为13.6～15.5m，微向南东倾斜，坡度为1°～2°，以水田、洼地及经人工填土改造而成的建筑场地为主，局部分布小陡坎、鱼塘和沼泽地等，安置区位于二级阶地的中部；一级阶地仅见于漠阳江沿岸附近，地面平坦，微向河流倾斜。丘陵地貌断续分布于安置区西部和北部，以剥蚀残丘为主，次为岩溶残丘。剥蚀残丘由碎屑岩组成，残丘顶部浑圆，地形坡度一般较缓，坡度为10°～15°，高程一般为40～62m，地表被坡残积土覆盖，植被较发育；岩溶残丘由石炭系灰岩构成，山坡坡度一般较陡，坡度为15°～25°，高程为36.4～55.5m，常见基岩裸露，表面发育小溶沟，植被不甚发育。安置区及周边一带发育有丘陵和河谷冲积平原等地貌，这些地貌要素不仅控制区内地下水的补给、径流和排泄条件，而且还影响着区内岩溶发育程度及规模。

3）地层与岩性

根据阳春市大河水库移民河西安置区综合地质调查和地质钻探资料，大河水库移民河西安置区及周边分布地层由老到新有石炭系（C）和第四系（Q），其中石炭系包括测水组（C_1c）、梓门桥组（C_1z）和黄龙组（C_2hl），其地层与岩性发育特征见表2.3.6及图2.3.16。

表2.3.6 阳春市大河水库移民河西安置区地层与岩性特征

界	系	组	地层代号	厚度/m	岩性发育特征
新生界	第四系		Q^{ml}	0.5～6.50	人工填土：多为杂填土，局部为素填土，以黏性土为主，局部混碎石、砖块及垃圾杂物等
			Q^{al}	5.0～50.0	冲积层：灰黄—浅灰色黏土、粉砂、细砂、砾砂及卵石等
			Q^{del}	0.3～10.7	坡残积层：灰黄色黏土、粉质黏土及砂质黏土
上古生界	石炭系	黄龙组	C_2hl	>301.4	灰色、灰白色厚层状白云质粉晶灰岩、生物碎屑灰岩、粉晶碎屑灰岩夹角砾状粒屑灰岩等
		梓门桥组	C_1z	86	灰色、灰白色灰岩、白云岩，局部夹浅灰色石英砂岩或页岩
		测水组	C_1c	>230	灰黄色砂质页岩、泥质粉砂岩、粉砂岩、砂岩，夹灰黑色炭质页岩及煤层

4）水文地质环境特征

（1）地下水类型及富水性特征。按地下水赋存介质和富水性特征，阳春市大河水库移民河西安置区内地下水类型可划分为松散岩类孔隙水和碳酸盐岩类裂隙溶洞水（岩溶水）等两种类型。

① 松散岩类孔隙水：松散岩类孔隙水分布于整个大河水库移民安置区，含水层岩性为第四系的粉砂、中砂、粗砂、砾砂和砾石。第四系总厚度为9.50～36.30m，一般由2～3层砂、砾石组成，单层厚为0.40～28.60m，含水层顶板埋深为1.20～13.00m。地下水位埋深为2.30～7.60m，一般为5.5～6.0m；地下水位高程为8.41～13.80m，一般为9.5～11.0m。据有关区域水文地质资料，富水性中等，单井涌水量为100～1 000m³/d。另据6个水文地质钻孔和1个民井水质分析结果，安置区内地下水的pH为6.56～10.83，$[Cl^-]$8.61～24.11mg/L，$[SO_4^{2-}]$11.29～347.06mg/L，$[HCO_3^-]$0.00～186.78mg/L，侵蚀性CO_2 0.00～32.30mg/L，水化学类型主要为HCO_3-Ca型，局部为SO_4-Ca型，矿化度为0.170～0.657g/L。地下水对钢结构具弱腐蚀性，除一个民井水样对混凝土具中等腐蚀性外，其余对混凝土结构无腐蚀性。

② 碳酸盐岩类裂隙溶洞水（岩溶水）：碳酸盐岩类裂隙溶洞水（岩溶水）分布于整个大河水库移民河西安置区，隐伏于第四系覆盖层之下，为浅覆盖型岩溶水，赋存于灰岩裂隙溶洞内。广东省水文工程地质大队共施工604个钻孔，其中506个钻孔揭露到灰岩，揭露溶洞的有145个钻孔，钻孔见洞率为28.7%，单洞洞高为0.30～24.00m，单孔累计洞高0.45～26.45m，多呈半充填或全充填状态，仅个别无充填，充填物为黏性土、砂砾等。据有关区域水文地质资料，地下岩溶水富水性分布不均匀，总体上富水性多为中等，地下水的单井涌水量为100～1 000m³/d。

（2）地下水补给、径流、排泄及动态变化特征。松散岩类孔隙水的补给主要为大气降雨和区外侧向径流补给、地表水渗入补给；岩溶水以接受区外侧向补给为主，还接受松散岩类孔隙水的下渗补给。大河水库移民安置区位于阳春盆地河流二级阶地部位，由于曾进行人工填土平整场地，地形较平坦，地下水径流缓慢。据地下水流速野外试验结果，地下水流速为1.62m/h。松散岩类孔隙水水力坡度一般为0.020～0.001。大河水库移民河西安置区内地下孔隙水总体上从北向南、沿安置区中部向东、西两侧径流。大部分孔隙水以越流下渗的形式补给下伏岩溶水，部分则径流排泄出区外和耗于人工开采。岩溶水由于受区域构造和地下岩溶发育影响，一般沿岩溶裂隙和溶洞走向径流。根据大河水库移民河西安置区内岩溶发育特征，推断岩溶水总体上以向南西或南东向径流为主，并以裂隙和管道流的形式排泄补给区外的岩溶地下水。地下水动态变化与降雨量密切相关，具有明显的季节性变化特点。据阳春市大河水库移民河西安置区的地下水动态观测成果，安置区内丰水期地下水位较高，10月以后随着降雨量的减少，地下水位逐渐下降，枯水季与丰水季之间的地下水位变化幅度为0.66～3.05m，一般为0.94～2.11m。

2. 覆盖层工程地质特征

1）覆盖层物质组成特征

大河水库移民河西安置区场地隐伏灰岩的覆盖层自上而下分布有第四系人工填土

层（Q^{ml}）、冲积层（Q^{al}）和坡残积层（Q^{del}）等，钻孔揭露第四系覆盖层厚度为9.50～36.30m。覆盖层岩性以第四系冲积粉质黏土、砂及砾砂为主，其次为黏土及卵砾石。黏性土多呈可塑状，砂土以松散—稍密为主。

(1) 人工填土（Q^{ml}）。主要分布于大河水库移民河西安置区内的居民区、商业区及公路、铁路与河堤等建（构）筑物场地，以杂填土为主，次为素填土，其组成物质包括黏性土、碎石、砖块及垃圾杂物等。钻孔揭露厚度小于2.5m。

(2) 冲积层（Q^{al}）。大河水库移民河西安置区内分布较广，除局部残丘外，其余地段均有分布。主要岩性有灰黄—浅灰色黏土、粉质黏土、粉砂、细砂、砾砂及卵石等，黏土呈软—可塑，砂土呈松散状态。冲积层厚度为5.0～50.0m。

(3) 坡残积层（Q^{del}）。大河水库移民河西安置区内分布较广，除局部出露地表外，大部分地段均隐伏于地表之下，多被冲积层所覆盖。主要岩性为灰黄色黏土、粉质黏土及砂质黏土，可塑，局部硬塑。为石炭系砂页岩、灰岩等风化而成，覆盖于全—强风化基岩之上，残积土厚度为0.3～10.7m。

2) 覆盖层土洞发育特征

大河水库移民河西安置区内施工的604个钻孔揭露到冲积层和残积层内有土洞的钻孔共96个，钻孔见土洞率为15.9%，土洞主要发育于冲积层内，冲积层内有89个钻孔揭露出土洞。土洞顶板埋深为4.80～32.50m，洞高为0.39～15.70m，大部分土洞内充填有软—流塑状黏性土及砾石。从土洞平面发育位置看，土洞主要分布于第四系覆盖层内冲积层的砾砂层及粉质黏土层之内，分别占土洞总数的26.5%和45.9%；其次分布于覆盖层底部的残积粉质黏土和砾砂层之内，分别占土洞总数的9.2%和7.1%。从纵向土洞发育位置看，大河水库移民河西安置区内土洞主要发育于覆盖层中部的粉质黏土层及灰岩与第四系冲积层交接部位的残积粉质黏土层中，少部分发育于第四系覆盖层的砂性土中。广东省水文工程地质大队将大河水库移民河西安置区的覆盖层划分出162个土洞发育区，其发育分布图如图2.3.17所示。土洞发育规模大小不一，单洞洞高为0.39～19.75m，平均洞高为0.60～12.53m，估算土洞单洞体积为8.0～9 633m³，总体积为141 431m³，单洞平面投影面积为6.53～1 700.44m²，总面积为31 118.09m²。其中，估算洞体体积大于1 000m³的土洞发育区有33个，单洞分布面积为211.32～1 700.44m²，总面积为23 698.71m²，占大河水库移民河西安置区面积的8.5%，平均洞高为3.39～12.53m，单洞洞体体积为1 025～9 633m³；估算土洞体积为250～1 000m³的土洞发育区34个，单洞分布面积为52.98～391.96m²，总面积为4 389.17m²，占大河水库移民河西安置区面积的1.6%，平均洞高为2.45～9.64m，单洞洞体体积为250～960.0m³；估算土洞体积小于250m³的土洞发育区95个，单洞分布面积为6.53～134.00m²，总面积为3 030.21m²，占大河水库移民河西安置区面积的1.1%，平均洞高为0.60～7.26m，单洞洞体体积为8.0～246m³。大河水库移民河西安置区内土洞平面形态变化大，形状极不规则，总体上以树枝状发育为主，其次为椭圆形或椭球形。土洞伸展方向以60°～110°方向为主，其次为10°～25°方向。

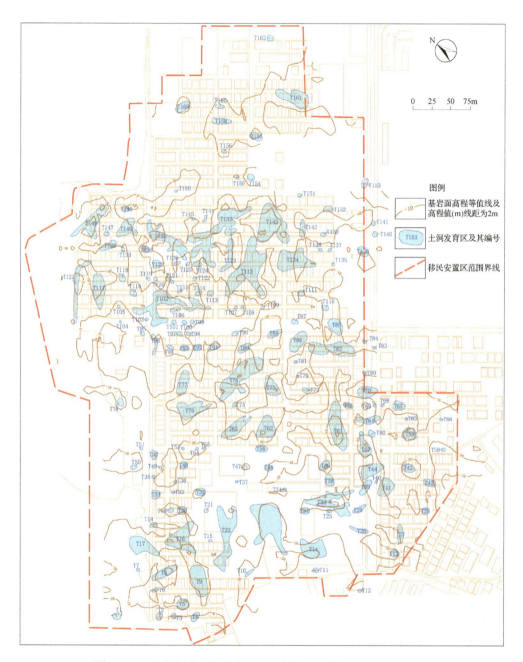

图 2.3.17 阳春市大河水库移民河西安置区覆盖层土洞发育分布图

3. 岩溶工程地质特征

1）可溶岩的分布及埋藏特征

根据大河水库移民河西安置区地质勘查钻探结果及物探资料，大河水库移民河西安置区内基岩为石炭系黄龙组碳酸盐岩，分布广泛，主要岩性为白云岩化粉晶质灰岩、粒状灰岩，其次为含燧石条带灰岩，含生物碎屑灰岩等，岩石呈灰白色、浅灰—暗灰色，粉晶或细粒状结构，厚层状构造。灰岩质纯，主要矿物成分为方解石、白云石，有少量石英及暗色矿物。基岩面起伏变化较大，顶板埋深为9.50～36.30m，属浅覆盖型可溶岩；基岩面总体从北往南，从西往东埋深逐渐增大。灰岩表面溶沟、溶槽、溶蚀漏斗等较发育。从溶沟、溶槽走向特征可知，溶蚀沟槽走向以北东为70°、北西为290°和330°方向为主，尤以北东为70°和北西为290°方向最发育。从溶蚀漏斗平面分布特征看，以北北东向和北北西向排列为主，次为北西西向和北东东向。

2）可溶岩溶洞的发育特征

阳春市大河水库移民河西安置区施工的604个钻孔揭露深度范围内有506个揭露出灰岩，其中有145个钻孔揭露出溶洞，钻孔见洞率为28.7%。顶层溶洞埋深为11.50～37.30m，洞顶板灰岩厚度为0.10～12.10m，一般为1.00～5.20m。单洞洞高为0.45～24.0m，一般为1.10～5.05m，单孔累计洞高为0.45～26.45m，单孔线岩溶率为4.40%～97.1%，溶洞多呈充填或半充填状态，少部分呈无充填状态。据揭露溶洞的地质钻孔统计，全充填溶洞占溶洞总数的44.7%，半充填溶洞占溶洞总数的40.2%，无充填溶洞占溶洞总数的15.1%。溶洞充填物以软—流塑状黏土、粉质黏土为主，次为沙砾及卵砾石。其中充填及半充填溶洞一般分布于碳酸盐岩上部，埋深浅，且溶洞规模较大，连通性好；无充填溶洞一般分布于碳酸盐岩下部或中部夹层中，埋深大、规模小（单洞洞高一般为0.4～2.30m），连通性较差。根据基岩面溶沟、溶槽、溶蚀漏斗的走向及地下溶洞的分布、形态及洞体走向等特征，结合大河水库移民河西安置区的物探及地质钻探资料，广东省水文工程地质大队将大河水库移民河西安置区的隐伏可溶岩划分为119个岩溶发育区，其发育分布图如图2.3.18所示。溶洞洞顶埋深11.30～38.6m，洞顶高程为-4.90～24.10m，平均洞高为0.55～12.24m，估算各岩溶发育区的溶洞体积为6.00～50 512.00m³，估算安置区溶洞总体积为383 440m³，大部分呈充填—半充填状态，仅个别呈无—半充填状态。从溶洞平面分布特征可知，溶洞以65°～70°方向发育为主，次为16°～22°、40°～55°及344°～350°方向，溶洞平面投影面积为7.76～10 980.80m²，平面投影总面积为72 356.16m²。估算溶洞体积大于2 500m³的岩溶发育区有41个，单洞平面分布面积294.06～10 980.80m²，总面积为59 754.32m²，占大河水库移民河西安置区面积（0.281km²）的21.3%，平均洞高为3.28～11.97m，估算溶洞体积为2 531～50 512m³；估算溶洞体积为500～2 500m³的岩溶发育区42个，单洞平面分布面积为50.39～787.64m²，总面积为10 868.95m²，占大河水库移民河西安置区面积的3.9%，平均洞高为2.99～12.24m，估算溶洞体积为511～2 399m³；估算溶洞体积小于500m³的岩溶发育区36个，单洞平面分布面积为7.76～157.81m²，总面积为1 732.89m²，占大河水库移民河西安置区面积的0.6%，平均洞高为0.55～6.60m，估算溶洞体积为6.0～462.0m³。其余大部分地区为岩溶弱发育区，分布面积为208 643.84m²，占大河水库移民河西安置区面积的74.3%。

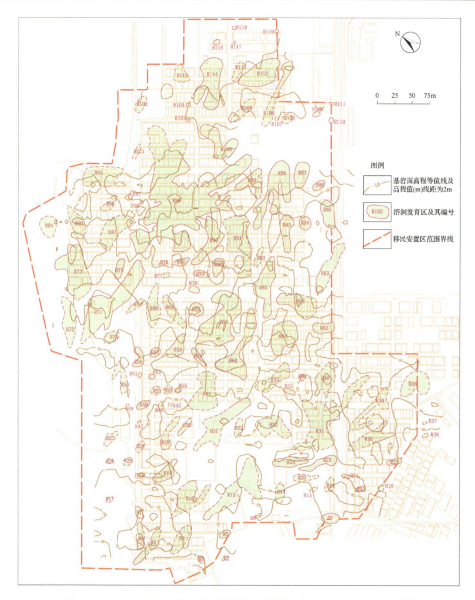

图 2.3.18　阳春市大河水库移民河西安置区隐伏灰岩溶洞发育分布图

4. 岩溶塌陷的发育特征

2003 年 8 月 4 日上午 10:25，大河水库移民河西安置区西区 4 巷 137 号至 142 号共 6 栋楼房突然发生地面塌陷下沉，其中 142 号楼近半倒塌；139 号、140 号、141 号楼虽未倒塌，但呈近 60°倾斜；137 号、138 号楼沉降幅度约 6m，上部倒塌。岩溶塌陷地质灾害造成 2 人死亡，地面塌陷中心区面积约 800m^2，受岩溶塌陷影响区面积约为 1×10^4m^2。岩溶塌陷影响区内的 2 巷巷口水泥路面也发生塌陷，塌陷坑呈盆形，地面塌陷范围的直径大于 5m，附近 45 号至 48 号共 4 栋楼房受牵拉影响，楼房墙根发生开裂，宽度达到 3cm；岩溶塌陷的影响范围有往东发展的趋势，8 月 5 日下午发展速度加快，并已影响到 39 号楼房，到 8 月 7 日上午，暂时趋于稳定；受岩溶塌陷活动影响的另一方向是南面的 173 号楼房，8 月 6 日发生卫生间的便盆拉裂现象，早些时候楼房二楼的东北侧墙体曾出现"Z"形裂缝，缝宽约为 2cm。

2004 年 3 月 31 日，大河水库移民河西安置区内的楼房塌陷区东侧 6 巷 18 号楼门前地基突然发生喷水冒砂现象；原 2 巷巷口岩溶塌陷活动引起的 45 号至 48 号楼房墙基裂缝继续扩大变宽，个别楼房墙壁出现新裂缝。

2004 年 8 月 30 日清晨 6:00，大河水库移民河西安置区内原楼房塌陷区东侧的二区 4 巷 16 号楼门口地坪处发生岩溶塌陷，地面塌陷坑平面呈圆形，上部直径为 0.6m，下部直径为 1.5m，深度约为 0.8m。据地面房屋裂缝调查资料，大安北路 5 巷 1 号、2 号、3 号楼存在房裂加宽现象，大安小学教学楼前地面沉降造成教学楼基础发生裂缝。

由此可见，阳春市大河水库移民河西安置区内岩溶塌陷地质灾害的灾情严重，不但造成了重大经济损失和人员伤亡，而且给当地居民造成了巨大的精神负担，引起居民的恐慌，增加了社会的不稳定因素，严重危害了地方经济的发展和社会的安定团结。目前，岩溶塌陷仍处于不稳定状态，岩溶塌陷的发育程度强，潜在危险性大。

5. 岩溶塌陷的形成原因

岩溶塌陷是一种突发性的地质灾害，具有隐蔽性程度高和突发性强的特点。阳春市大河水库移民河西安置区内的灰岩溶蚀特征、岩溶发育程度、覆盖层土体结构特征和水文地质环境特征为岩溶塌陷的孕育、发生和发展创造了良好自然地质环境条件；同时，大河水库移民河西安置区内地下水的渗流、潜蚀、搬运及地下水位的季节性波动变化则是岩溶塌陷的直接引发因素。

（1）大河水库移民河西安置区分布有可溶性的黄龙组碳酸盐类岩石，岩性以粉晶白云岩、灰岩、含生物灰岩为主，厚层状构造，溶洞、溶隙、溶槽发育。据钻探及物探资料，大河水库移民河西安置区一带为岩溶强烈发育区，共分布有 119 个岩溶发育区，溶洞的单洞体积为 6.00～50 512m^3，其中体积大于 500m^3 的岩溶发育区有 83 个，估算溶洞总体积为 387 026m^3。大量密集分布的溶洞不仅为覆盖层松散土体的机械潜蚀提供了良好通道，也为潜蚀流失的土体颗粒提供了巨大的储存空间。隐伏灰岩的顶板埋深总体上从北往南逐渐增大，钻孔揭露深度范围内共有 145 个钻孔揭露到溶洞，钻孔见洞率为 28.7%，溶洞顶板埋深为 11.50～40.60m，单洞洞高为 0.30～24.00m，一般为 1.10～5.05m，单孔累计洞高 0.45～26.45m。溶洞呈串珠状分布，钻孔揭露深度内的单孔溶洞最多达 6 层，一般为 1～3 层。从钻孔揭露溶洞平面分布特征看，大河水库移民河西安置区中部地下溶洞发育，特别是岩溶塌陷分布地段一带及大安中路至大安中路南 100m 的区域内溶洞最发育，溶洞大部分充填软—流塑状黏性土及松散状砂砾。因此，大河水库移民河西安置区内溶洞分布广泛，岩溶发育强烈，溶洞不仅构成了塌陷岩土物质的储存场所和输移通道，而且还为地下水的波动变化提供了水动力环境空间条件。

（2）大河水库移民河西安置区的隐伏灰岩顶部覆盖层土体以第四系冲积层为主，局部为残积层，大部分由松散—稍密状砂土及软塑—可塑状黏性土组成，土体结构松散，土层厚度为 9.5～36.3m。据钻探及物探资料，大河水库移民河西安置区内有土洞发育区 162 个，土洞顶板埋深为 4.6～28.4m，单洞洞高为 0.39～19.75m，平均洞高为 0.60～12.53m，估算土洞单洞体积为 8.0～9633m³。第四系覆盖层土体内土洞发育，且连通性较好，为覆盖层内的松散土体特别是砂土的变形、塌落，最终为地表产生塌陷提供了良好的物质基础和塌落空间。

（3）大河水库移民河西安置区地处亚热带，大气降雨充沛，覆盖层内的土体结构松散，有利于大气降雨的入渗补给。第四系孔隙水多为潜水—微承压水，监测结果表明天然状态时地下水位埋深为 2.3～7.6m，枯水季与丰水季间的地下水位变幅一般为 1.02～2.11m，最大变化幅度超过 3.0m。地下水位随季节变化影响大，加之近年来出现大面积的开采浅层潜水灌溉农田，造成地下水位急剧下降，不但增大了地下水的水力坡度，也提高了地下水的潜蚀能力。由于灰岩顶部土体以砾砂为主，次为粉质黏土，孔隙水与下伏岩溶水之间没有明显的隔水层，且连通性较好，水力联系密切，对土体易发生潜蚀作用；同时，地下水的渗透作用加强，必然有利于孔隙内的气体连通，可造成松散岩土体物质饱水时静水压力增大，易产生真空负压吸蚀。覆盖层内土体长期随季节的干湿交替变化，土体也渐渐被软化，从而降低了土体的抗潜蚀能力，进而加剧了已有土洞的变形、扩展，土洞由下往上发展，其顶板渐渐变薄，当土洞顶板不能支撑上部土体及地面建筑物的荷载时，地面便突然发生岩溶塌陷。

综上所述，广东省岩溶塌陷活动特征主要受降雨强度和人类工程活动的控制。对降雨引发的岩溶塌陷地质灾害而言，一定区域内岩溶塌陷年内活动的时间分布特征具有明显的季节集中性，岩溶塌陷常集中于每年 5～9 月的雨季发生，基本呈单峰丛集性分布特征。从岩溶塌陷地质灾害的孕育、形成到发生灾变活动的动态演变过程看，岩溶塌陷活动具有明显的滞后性和重复性现象，滞后期的长短和重复活动的强度与岩溶塌陷发生前的累积降雨量、降雨强度、岩溶塌陷地段的覆盖层土体结构特征、岩溶发育程度及水动力环境特征等因素密切相关；同时，岩溶塌陷活动又具有明显的突发性和隐蔽性特征，岩溶塌陷活动的突发性和隐蔽性二者之间是互相联系和共生发展的，岩溶塌陷的突发性强，隐蔽性程度高，致使灾难性事件频发。从近 30 年来广东省人类工程活动引发岩溶塌陷活动的发展趋势看，人类工程活动造成的岩溶塌陷数量不仅呈显著的上升趋势，而且其岩溶塌陷的规模也越来越大，突发性程度高，随机性强，灾情日趋严重。

第3章 自然因素岩溶塌陷

自然因素岩溶塌陷指的是自然强降雨过程、干旱、洪水、地震及重力作用等自然因素引发的岩溶塌陷地质灾害。按照广东省自然因素引发岩溶塌陷的发育规律和基本特征，广东省境内自然因素岩溶塌陷地质灾害的基本类型可划分为降雨入渗岩溶塌陷、河流及水库水位涨落岩溶塌陷、旱涝交替岩溶塌陷等三大类。

3.1 降雨入渗岩溶塌陷

降雨入渗引发的岩溶塌陷主要是在局部强降雨过程中发生，特别是累积降雨时间较长时容易发生，主要受降雨强度、隐伏岩溶发育程度和覆盖层岩土结构特征的控制。表3.1.1示出广东省典型降雨入渗岩溶塌陷的基本发育特征。从表3.1.1中可以看出，对大多数天然降雨入渗引发的岩溶塌陷而言，其塌陷规模以形成单个至十几个的塌陷坑为主，主要在隐伏岩溶发育地带形成，降雨入渗造成隐伏岩溶地带的地下水位波动变化是形成岩溶塌陷的主要控制因素，地下水位的变化幅度越大，岩溶塌陷的规模也就越大。

表3.1.1 广东省典型降雨入渗岩溶塌陷的基本发育特征

岩溶塌陷地点	发生时间	塌陷坑形态特征	灾情特征	诱发因素
韶关市新丰县丰城镇东郊	1972年4～5月	两个椭圆形塌陷坑，长轴长4～5m，短轴宽3～4m，深度4～5m	造成塌陷坑周边的民房严重开裂、局部垮塌，地面变形	隐伏岩溶地带强降雨入渗引发
河源市东源县船塘镇龙江望科楼村	1983年1月18日	累计形成14个圆形和椭圆形的塌陷坑，直径1.8～3.5m，沿南北向形成长1km、宽100～300m的弧形塌陷带	塌陷导致望科楼村11间民房倒塌和毁坏，109间房屋的墙体开裂、地面下沉，村道路面形成裂缝	隐伏岩溶地带长时间干旱期间遇强降雨入渗引发
清远市政府大院外侧北江防洪堤河漫滩处	1999年5月25日	地表形成一圆形塌陷坑，塌陷坑的直径为25m，可见深度8m	岩溶塌陷直接危及北江防洪堤的安全，灾情严重	隐伏岩溶地带强降雨入渗引发
阳春市合水镇竹园村	2000年3月25日	累计形成9个塌陷坑，塌陷呈椭圆形和漏斗状，最深可达6m	地面产生裂缝，可见宽度为1～14cm，损坏农田400m²	隐伏岩溶地带降雨入渗引发
广州市白云区石井镇迳心村	2000年6月19日	塌陷坑呈椭圆形，长轴为25m左右，深8m	地面产生裂缝，毁坏农田	隐伏岩溶地带降雨入渗引发
连平县茶新村茶壶耳地段	2002年5月23日	地面沉陷及隆起，塌陷区面积3 000m²左右	房屋裂缝8处，直接经济损失150万元	隐伏岩溶地带降雨入渗引发
连平县元善镇江面村赖屋	2002年7月3日	地面塌陷坑平面呈圆形，坑口面积36m²，可见深度约2m	损毁农田约300m²、损坏水渠及电线杆多处	隐伏岩溶地带降雨入渗引发

续表

岩溶塌陷地点	发生时间	塌陷坑形态特征	灾情特征	诱发因素
阳春市春城镇大河水库移民住宅区	2003年8月4日	两处圆状塌陷坑：一处直径25~30m，可见深度6m；一处直径10~12m，可见深度0.5m	6栋房屋倾斜、倒塌，死亡2人，受灾人口1683人，直接经济损失380万元	隐伏岩溶地带降雨入渗引发
英德市城区浈阳一路	2003年8月23日	塌陷坑呈圆形，直径约为5m，可见深度3m	7栋房屋开裂，直接经济损失30万元	隐伏岩溶地带降雨入渗引发
罗定市连州镇连东小学	2000年3月~2004年6月	持续不断地出现地面下沉、开裂及塌陷坑	直接威胁连东小学教学楼的安全	隐伏岩溶地带降雨入渗引发
佛山市高明区荷城街道江湾社区李家开田	2005年4月25日~5月9日	共形成5个塌陷坑，面积7~50m²不等，深度为3~15m之间	塌陷威胁李家开田村7户居民房屋的安全	长时间干旱后遇强降雨引起地下水位变化形成
湛江市廉江安铺镇茅坡村	2005年11月25~30日	持续不断地产生塌陷，共形成塌陷坑13处	塌陷威胁周边12户居民房屋的安全，且毁坏农田多处	旱季之间一场局部强降雨引发
廉江市新民镇大路边村谷地坡及渡头村	2009年5月23~25日	累计形成塌陷坑10多处，塌陷坑最大直径为6.5m，深度3m	塌陷造成周边居民房屋开裂，池塘干涸，毁坏农田多处	隐伏岩溶地带遇强降雨入渗引发
广州市花都区赤坭镇荷塘村	2012年1月30日	塌陷坑近椭圆形，短轴长约5.2m，呈南北向，长轴约6.9m，呈东西向，深度超过7m	塌陷造成周边池塘水位大幅度下降和村民房屋墙体开裂	隐伏岩溶地带降雨入渗引发
广州市花都区鳌头镇大凼村大龙里队2号	2014年5月28日	塌陷坑近圆柱体，直径约4.7m，坑深约2.0m；坑内见积水	塌陷造成房屋地面及墙体开裂，局部地下水位下降明显	隐伏岩溶地带降雨入渗引发地下水位波动造成
广州市从化区良口镇石岭村二下二社水田	2017年4月5日	塌陷坑口呈圆形，坑内呈坛状，坑口直径约0.7m，坑深约2.8m	岩溶塌陷造成稻田周边水位下降，毁坏稻田760m²	隐伏岩溶地带降雨入渗引发
广州市花都区赤坭镇西边村	2017年4月19日	塌陷坑位于西边村大棚菜地内，坑口近圆形，直径约10m，深约2.5m，坑内积水	塌陷坑周围菜地出现3条弧形裂缝，长1~5.3m，宽2~3cm不等，菜地漏水严重	隐伏岩溶地带降雨入渗引发

【实例分析】广州市花都区赤坭镇剑岭村岩溶塌陷

广州市花都区赤坭镇剑岭村位于花都区赤坭镇北东约1.0km，村庄有水泥路与南侧的省道S114相通。剑岭村一带属坡洪积、冲积盆地地貌，地形总体呈北东高南西低，地面高程为8.4~17.8m，外围东西两侧及北侧为丘陵台地地貌，高程为34.3~285.4m。赤坭镇剑岭村属亚热带季风气候，冬春季节天气较冷，夏秋季节天气较热，气候温和、多雨、湿度高，季节性变化较明显。根据1951~2015年广州市气象局赤坭镇气象站的气象资料统计，剑岭村多年平均气温为22.2℃，多年平均降雨量为1556.2m，多年平均蒸发量1598.4mm。2005年5月1日至2006年6月27日，剑岭村十四队、二队及张屋（剑岭四队）一带累计发生7处岩溶塌陷（图3.1.1），地面共形成37个塌陷坑，塌陷坑的坑口平面呈椭圆形和圆形；2005年9月1日，距剑岭村约2km的锦山村1栋新建民房因岩溶塌陷造成房屋墙体开裂、水泥地面局部沉陷。

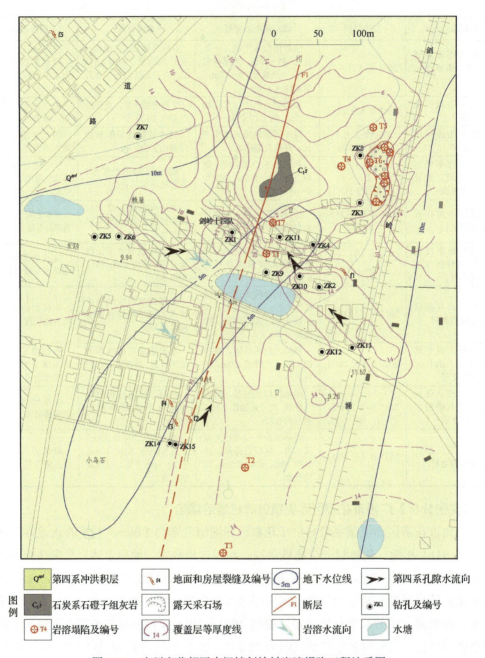

图 3.1.1 广州市花都区赤坭镇剑岭村岩溶塌陷工程地质图

1. 覆盖层工程地质特征

根据广州市地质调查院的地质钻探资料（图3.1.1和图3.1.2），赤坭镇剑岭盆地内第四系覆盖层松散土体类型主要有黏性土类（包括淤泥质土、黏土、粉质黏土）及砂土类（包括粉细砂和粉土）。淤泥质土的顶板埋深为5.50~8.80m，厚度为1.20~4.80m，平均厚度为2.35m；灰—灰黑色，流塑及局部软塑，饱和—很湿，颗粒以黏粒为主，含较多粉砂和腐殖质。黏土呈透镜状分布，顶板埋深为3.9～5.2m，厚度为2.2～7.5m，平均厚度为4.45m；黄及浅灰—灰色，软塑—可塑状，很湿—湿，颗粒以黏粒为主，含少量粉砂，黏性较强，局部含少量角砾。粉质黏土普遍分布于耕植土、填土之下，顶板埋深为0.6～1.6m，厚度为1.5～6.25m，平均厚度为3.38m；呈灰—灰黄色，可塑状为主，局部呈硬塑状，稍湿，颗粒以黏粒为主，含少量粉砂，黏性较强。粉土呈透镜状局部分布，顶板埋深为2.3～17.5m，厚度为1.2～2.0m，平均厚度为1.57m；浅灰色，松散，饱和，且含较多泥质及少量细砂。粉细砂仅局部有分布，以透镜状或薄层状产出，顶板埋深为2.3～6.25m，厚度为0.5～2.1m，平均厚度为1.15m；呈灰白—深灰色，松散，饱和，主要为粉砂和细砂，含泥质，分选性差。从整体上看，剑岭盆地的东南部及北部第四系覆盖层厚度多为4.7～14.8m，而往西至剑岭涌以西的张屋、徐屋地段，第四系覆盖层厚度普遍为16～22m。据广州市地质调查院2006年施工的7个物探验证孔的钻探结果，发现有3个钻孔揭露到土洞，钻孔见土洞率为42.86%，钻孔揭露土洞总高度2.17m，而7个物探验证钻孔揭露的覆盖层总厚度为72.72m，土洞总高度占覆盖层总厚度的2.98%。

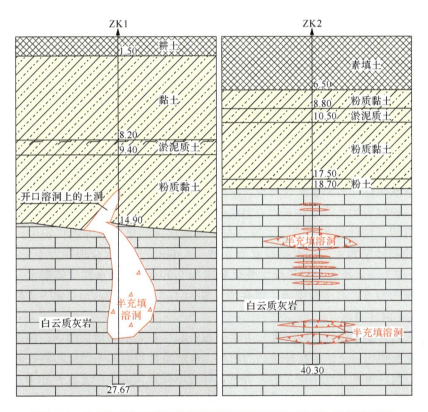

图3.1.2　广州市花都区赤坭镇剑岭村钻孔揭露开口溶洞和多层溶洞特征

2. 岩溶工程地质特征

赤坭镇剑岭盆地一带的可溶岩为石炭系石磴子组碳酸盐岩，以质地较纯的灰岩为主，局部夹有角砾状灰岩或白云质灰岩，多隐伏于第四系坡积、冲积层之下，东、北部部分埋藏于石炭系测水组砂岩及页岩下部，仅剑岭村十四队西部有小面积的自然出露，剑岭石场和赤坭黑石场露天开采形成的采石坑也有揭露。灰岩顶板埋深一般为4.20～24.20m，呈灰—深灰色，主要成分为方解石，隐晶质结构，中厚层状，局部含较多角砾，岩质坚硬，裂隙发育，均为方解石脉充填，且充填良好。按灰岩出露状况，可溶岩可分为覆盖型、埋藏型和裸露型等三种类型，岩溶塌陷地质灾害主要发生于覆盖型的隐伏可溶岩分布范围之内。覆盖型隐伏可溶岩主要分布于剑岭盆地内的培正大道东部果园、剑岭十四队、剑岭二队至张屋一带，地面高程 8.7～17.8m，可溶岩埋深为 2.8～18.6m，剑岭十四队、二队、张屋（四队）一带及南部的大部分地区埋深小于 10m，北部剑岭二队南侧的局部地段为 10～30m，属可溶岩相对缓坡带或相对槽谷带。埋藏型可溶岩主要分布于剑岭盆地东部藏书院向斜轴部附近，据岩溶塌陷分布地段周边的采石场及钻孔揭露，大部分埋藏于剑岭石场至锦山村砚子岗东侧山麓一带石炭系测水组砂岩及页岩层之下，埋藏型可溶岩的埋藏深度一般比覆盖型可溶岩的埋藏深度大，如剑岭石场揭露的埋藏型可溶岩埋深为 18.6～25.3m，顶板高程为 8.7～17.8m；锦山村砚子岗东南侧的埋藏型可溶岩埋深达到 58.3m，顶板高程为-32.56m，可溶岩顶板上部覆盖有 27.8m 厚的测水组粉砂岩、砾岩等。裸露型可溶岩零星分布于剑岭石场和赤坭黑石场及剑岭村十四队西侧，可溶岩高出地表覆盖层为 3.8～6.2m。据现场地质调查及钻探资料，可溶岩层面之间及浅部溶蚀现象发育，尤其是灰岩顶面溶沟、溶槽分布普遍，从剑岭石场采石坑南西壁可见多处层间形成的溶洞、溶沟及溶槽；地质钻探结果表明，剑岭十四队一带 14 个揭露灰岩的钻孔中有 9 个揭露到溶洞，钻孔见洞率为 64.3%，岩溶率为 11.28%。剑岭村一带典型开口溶洞和多层溶洞结构特征如图 3.1.2 所示。

3. 水文地质环境特征

按地下水赋存介质和富水性特征，赤坭镇剑岭村岩溶塌陷分布地段的地下水类型可分为第四系松散岩类孔隙水和灰岩岩溶裂隙水等两种类型。

（1）第四系松散岩类孔隙水主要分布于覆盖层内的第四系冲洪积层中，含水层位以全新统冲积砂层为主，含水层厚度为 0.55～2.30m，地下水位埋深为 1.5～4.3m，高程为 5.14～9.38m，地下水位年最大变化幅度为 2.90m，地下水性质属潜水，具无压或低承压的水力特点，富水性中等，单井涌水量为 107.4～258.2m³/d，地下水的水化学类型为 $HCO_3·Cl-Ca$ 型水。

（2）灰岩岩溶裂隙水（溶洞水）主要分布于隐伏灰岩的岩溶裂隙内，地下水性质属承压水，受断裂构造及地层接触关系的影响，岩溶发育程度的平面分布特征和各地段岩溶的纵向发育深度都呈现出明显的差异性，导致不同地段灰岩的富水性相差也较大。断层破碎带附近及可溶岩与非可溶岩接触带部位的岩溶发育强烈，地下水的富水性好，单井涌水量为 1 330.08～9 345.00m³/d；可溶岩的岩溶较不发育地段的富水性为贫乏—中等，单井涌水量为 21.8～512.4m³/d。据现场地质钻孔揭露，赤坭镇剑岭村的地下水位埋深为 4.32～16.68m，高程为 0.88～-7.59m，其中西部赖屋附近地下水监测孔的实测地下水位埋深较浅，地下水位高程为 0.88～-1.07m，年变化幅度为 1.96m；东部剑岭十四队—二队一带地下水位埋藏较深，地下水位高程为-3.20～-7.00m，且年变化幅度较大，最大可达到 12.36m。岩溶裂隙水的水化学类型为 HCO_3-Ca 型水，pH 为 6.8～7.0。

据赤坭镇剑岭盆地的地下水监测孔的观测资料，剑岭盆地内第四系松散岩类孔隙水主要接受大气降水和地表水的补给；岩溶水接受大气降水、地表水体及外围地下水的侧向补给为主。整个剑岭盆地岩溶水的总体流向自北向南径流，剑岭十四队、赖屋一带则为自西偏北向东偏南方向径流，局部地下水向南东径流排泄；剑岭村一带的第四系孔隙水主要向剑岭石场径流排泄。另据广州市煤田地质队 1981～1982 年的水文地质调查资料，期间的岩溶地下水位埋深为 4.12～8.35m，高程为 1.26～5.20m，较 2005 年剑岭盆地一带的地下水位高出 3.14～11.26m。从总体上看，自 1981 年至 2005 年，赤坭镇剑岭盆地内岩溶地下水的地下水位高程普遍下降了近 10m。

4. 岩溶塌陷发育特征

广州市花都区赤坭镇剑岭村岩溶塌陷发育特征统计如表 3.1.2 所示。

表 3.1.2 广州市花都区赤坭镇剑岭村岩溶塌陷发育特征统计

岩溶塌陷位置及编号	发生时间	塌陷坑形态特征	岩溶塌陷发展趋势
剑岭村十四队南侧村口处（T1）	2005 年 8 月 14 日	塌陷坑平面呈椭圆形，长轴 4m，短轴 2.5m，深 1.2m	至 2006 年 6 月，塌陷坑影响面积扩展至 780m²，坑深约 3.6m
剑岭村二队南东侧约 200m（T2）	2005 年 9 月 18 日	塌陷坑平面呈近圆状，直径为 2～2.3m，深 1.5m	至今未见明显扩大，仅塌陷坑边缘土体出现塌落
剑岭村二队南东侧约 380m（T3）	2006 年 1 月	塌陷坑平面呈近圆状，直径为 3.1～3.3m，深 0.8m	至今未见明显扩大，仅塌陷坑边缘土体塌落
张屋（剑岭四队）南部（T4）	2005 年 6 月	塌陷坑平面呈椭圆形，长轴 3.2m，短轴 2.8m，深 2m	塌陷坑至今未见明显扩大
张屋（剑岭四队）北部香蕉园（T5）	2005 年 5 月	塌陷坑平面呈椭圆形，长轴 4.2m，短轴 2.8m，深 1.5m	塌陷坑基本维持原状，塌陷坑内部因垮塌堆积变浅，坑深 0.4m
剑岭村十四队东北部黄皮果园（T6）	2006 年 6 月 14 日～12 月 18 日	塌陷坑成群分布，共 31 个；最大塌陷坑面积为 6m×18m，呈椭圆形，深度 4m	塌陷坑分布广泛，其中 23 个塌陷坑短期内未见扩展，另外 8 个塌陷坑充满水，有继续垮塌的可能
剑岭村十四队三巷 7 号门口处（T7）	2006 年 6 月 27 日	塌陷坑平面呈椭圆形，长轴 5.2m，短轴 2.6m，深约 4m	塌陷坑短期内未见明显的变形、扩展迹象

2005 年 8 月 14 日，广州市花都区赤坭镇剑岭村十四队村口发生岩溶塌陷地质灾害（图 3.1.1～图 3.1.5 和表 3.1.2），岩溶塌陷引起的地面变形沿东西方向展布，地面塌陷坑的平面呈椭圆状，岩溶塌陷影响范围沿塌陷坑向四周呈圆形扩展，面积约 175m²。2005 年 9 月 1 日，距剑岭村约 2km 的锦山村 1 栋新建民房因岩溶塌陷引起墙体形成裂缝（图 3.1.6）。2005 年 9 月 18 日，剑岭村二队南东侧约 200m 处发生岩溶塌陷，塌陷坑平面呈近圆状，直径为 2～2.3m，深 1.5m，塌陷坑至今未见明显扩大（图 3.1.1、图 3.1.7、图 3.1.8 和表 3.1.2），处于稳定状态。2006 年 3 月 28 日，剑岭村 T1 塌陷坑经回填后再次发生岩溶塌陷，塌陷坑范围扩大约 2 倍，至 2006 年 5 月 27 日，岩溶塌陷的影响范围已扩展到约 780m²。2006 年 6 月 14 日至 12 月 18 日，距剑岭村 T1 塌陷坑北东侧约 150m 处的黄皮果园内多次发生大面积的岩溶塌陷地质灾害（图 3.1.1、图 3.1.9～图 3.1.11 和表 3.1.2），累计形成塌陷坑 31 个，岩溶塌陷的影响范围约 1 333m²，最深地面塌陷坑的

深度约 4m。2006 年 6 月 27 日，距剑岭村的村口塌陷坑北侧约 50m 处的三巷七号房屋处发生岩溶塌陷（图 3.1.12 和表 3.1.2），地面塌陷坑呈北东 60°方向展布，塌陷坑的坑口平面呈椭圆状，长轴 5.2m，短轴 2.6m，塌陷坑深约 4m，沿塌陷坑长轴方向发现一土洞，土洞延伸进入房屋厅堂地面达 6.0m。

图 3.1.3　剑岭村十四队村口（T1）塌陷坑
（2005 年 8 月 22 日）

图 3.1.4　剑岭村十四队村口（T1）塌陷坑
（2006 年 3 月 28 日）

图 3.1.5　岩溶塌陷毁坏剑岭村委会办公楼

图 3.1.6　剑岭锦山村民宅房屋墙体裂缝

图 3.1.7　剑岭村二队南东侧（T2）塌陷坑
（2005 年 12 月 21 日）

图 3.1.8　剑岭村二队南东侧（T2）塌陷坑
（2006 年 2 月 23 日）

图 3.1.9　黄皮果园（T6）塌陷坑
（2006 年 6 月 14 日）

图 3.1.10　黄皮果园（T6）塌陷坑
（2006 年 12 月 3 日）

图 3.1.11　黄皮果园（T6）塌陷坑
（2006 年 6 月 14 日）

图 3.1.12　剑岭村三巷（T7）塌陷坑
（2006 年 6 月 27 日）

5. 岩溶塌陷形成原因

广州市花都区赤坭镇剑岭盆地一带隐伏可溶岩的溶洞、溶隙发育，特别是开口溶洞发育程度高，岩溶塌陷分布地段的覆盖层厚度都小于 15m，它们为岩溶塌陷地质灾害的孕育提供了良好的地质环境背景因素；同时，自 1981 年至 2005 年，剑岭盆地内岩溶地下水位普遍下降了近 10m，地下水位降低主要是剑岭采石场的疏排水和村民建机井抽取岩溶地下水引发，岩溶塌陷分布地段的地下水位下降过程历经 20 多年，长期的地下水位下降导致剑岭盆地内地下水的补给、径流和排泄过程由天然平衡状态演变至新的并受人类工程活动控制的动态平衡状态，进而造成覆盖层内的岩土体物质也处于一种临界平衡状态。2005 年 3 月剑岭采石场停采关闭，采石场的抽排地下水活动终止，导致历经 20 多年形成的地下水排泄通道失效，剑岭盆地内的地下水位开始呈缓慢上升状态。2005 年和 2006 年雨季的降雨量比正常年份雨季的降雨量明显偏大，特别是 2006 年雨季，降雨量增大更为明显；剑岭盆地内的地表水体为灌溉沟渠及鱼塘，其最大的涌沟为流经剑岭村十四队东侧的剑岭涌，宽约为 3m，深约为 1.5m，流向自北往南，为排洪灌溉沟渠，常年日流量为 4 500～5 200m^3/d，遇持续性强降雨过程时，剑岭涌的地表水往往越过涌堤外流，又进一步加剧了降雨的渗透作用。强降雨不仅加剧地下水径流活动的强度和地下水位的变化幅度,而且还使覆盖层内的土体软化,增加土体重量,经地下水渗透的垂直渗压效应、软化致塌效应和自重致塌效应的多重累积作用,最终可破坏覆盖层内松散土体的临界平衡状态,致使开口溶洞处的土洞发生潜蚀、垮塌,最终形成岩溶塌陷。2007年以后,剑岭盆地内的地下水又重新达到新的平衡状态,岩溶塌陷活动极少发生,这充分说明了降雨入渗是引发2005年和2006年雨季赤坭镇剑岭村突发性岩溶塌陷的主要原因。

3.2 河流及水库水位涨落岩溶塌陷

一般而言,可溶岩分布地带的岩溶洞穴、裂隙管道内的地下水一旦与河水及水库水位相通,当河流及水库的水位处于剧烈升降状态时,河流及水库的周边一定范围内易形成岩溶塌陷地质灾害,特别是隐伏岩溶盆地内河流两侧地段,岩溶塌陷活动较常见,但一般规模不大。就广东省境内河流及水库水位涨落引发的岩溶塌陷而言,塌陷坑数量以单个至数个为主。这种类型的岩溶塌陷主要是由河水位及水库水位涨落导致河流两侧堤岸附近及水库周边一定范围内可溶岩的岩溶裂隙管道的地下水位随之发生升降变化,进而引发地表形成岩溶塌陷。

【实例分析1】英德市望埠镇奖家洲岩溶塌陷

2013年8月14~17日,由于台风"尤特"正面袭击广东省全境,全省连续多日普降大到暴雨,暴雨导致英德市望埠镇奖家洲村民居住区全面遭受水浸,低洼处积水深度为1.2~1.5m,部分水井出现管涌现象。2013年8月18日奖家洲一带发生岩溶塌陷地质灾害(图3.2.1),造成1栋房屋内地面垮塌,屋前桑田及屋后竹林分别出现直径为3~10m椭圆形塌陷坑,深度为1.5~5.5m,部分房屋及地面出现开裂变形,直接受灾群众6户45人,潜在受灾群众1000多人。2013年8月18日至10月,岩溶塌陷仍处于缓慢发展之中,地面塌陷坑规模与范围呈不断扩大的趋势,直接威胁居民房屋及人身安全。广东省化工地质勘查院对英德市望埠镇奖家洲岩溶塌陷进行了详细工程地质调查,查明了岩溶塌陷发育的地质环境条件和形成原因,详细分析了岩溶塌陷活动特征与河水位涨落之间的相互关系。

1. 自然地质环境特征

1)气象及水文

英德市望埠镇奖家洲一带以季风为主,冬季多北风及西北风,风力为2~4级,灾害性寒潮伴随的冷空气大风,多发于11月到翌年的1月,最大风力可达6~7级,阵风8级,每年一般为2~3次,夏季为东南风,风力多为1~2级,平均风速为1.9~14.0m/s,最大可达21.0m/s。强热带风暴或台风集中发生于5~11月,每年影响英德市望埠镇的强热带风暴或台风至少为1~4次,最高为5~8次,风力为6~9级,最大风力可达到12级,台风、强热带风暴带来狂风暴雨。年平均气温为21.1℃,1月为最冷月,月平均气温为11.1℃,极端最低气温为-3.6℃(1961年1月19日);最热月为7月,月平均气温为28.9℃,极端最高气温为40.1℃(2003年7月23日)。英德市望埠镇奖家洲一带多年

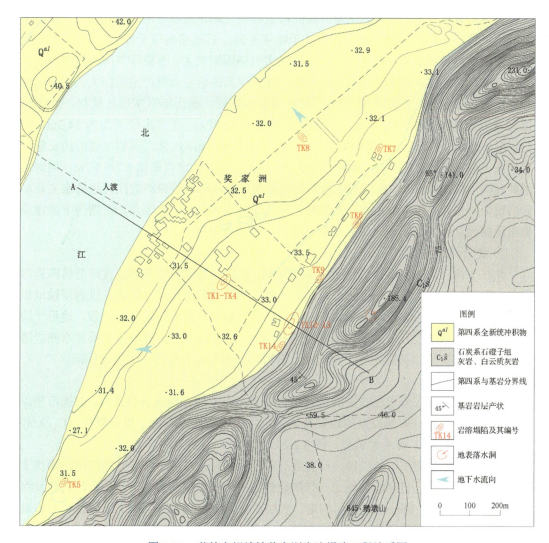

图 3.2.1 英德市望埠镇奖家洲岩溶塌陷工程地质图

平均降雨量为 1 906.2mm，丰水年最多达到 2 657.2mm（1975 年），枯水年最少为 1 399.9mm（1963 年），年降雨量最多年份与最少年份相差近 1 倍。日最大降雨量为 358.2mm（1997 年 7 月 4 日），小时最大降雨量为 91.3mm（1985 年 7 月 2 日）；年降雨量多集中于 4～9 月，平均降雨量为 1 524.2mm，占全年降雨量的 83.0%，其中 4～6 月平均降雨量为 921.7mm，占全年降雨量的 50.2%。

英德市位于北江中下游暴雨区的北部边缘地带，北江为珠江流域第二大水系，北依南岭山脉，流域水汽充足，降雨丰沛。北江发源于江西省信丰县石碣大茅山，河流总长度为 468km，河床平均坡降为 0.7‰，为英德市最大的过境河流，市内全境流程 75.6km。北江英德段河道蜿蜒，河道弯曲，河道纵比降为 0.3‰～2.8‰。河道两旁一般都有大面积的河滩地，地面高程为 29m 左右，河道比较稳定，河床分布有厚度不等的冲洪积砂、卵石层。北江两岸水土保持良好，植被覆盖较好。岩溶塌陷分布地段及周边河流的流量变化与降雨量多少基本对应,主要河段的流量峰值比降雨量峰值滞后约 1 个月,降雨最多发生于每年 5 月,而最大流量则形成于每年 6 月,后汛期出现于每年的 7~8 月。强降雨主要受热带风暴影响产生,河流水量受大气降雨影响大,春夏季节降雨较多,河流水量充沛,遇暴雨常溢满沿江两岸,会给北江两岸人民的生命财产造成巨大的损失;秋冬旱季降雨量较少,河流水量锐减,河漫滩多有暴露。据历年水文统计资料,北江英德河道历史最高水位为 35.10m,百年一遇水位为 32.80m,正常水位平均为 24.3m,历史最低水位为 19.85m。奖家洲内地面高程处于 31~33.5m,比北江英德河道的历史最高水位低 1.6~4.1m,比百年一遇洪水位低 0~1.8m,比正常水位高出 6.7~9.2m。同时,因奖家洲上游 500m 处为白石窑水电站,电站大坝蓄水后对奖家洲北江河道的水文环境影响较大,尤其是每年汛期水库泄洪时,导致短时来水量大、水流急,短期内下游排泄量出现瓶颈常造成奖家洲一带大面积被淹没,形成淹没区。

2)地形地貌特征

北江干流自北东向南西流经英德市奖家洲,北江英德段河道多形成宽阔的纵向岩溶河谷,河谷两岸广泛发育三级阶地,其中一级为冲积堆积阶地,二级和三级为侵蚀堆积阶地。英德市望埠镇奖家洲位于北江左岸,地貌类型为河流堆积河漫滩地貌,地形平缓(图 3.2.1),西侧为北江,东侧紧邻灰岩峰林山体,山坡陡立。英德市望埠镇奖家洲岩溶塌陷分布地段及周边主要为村庄建筑群及耕地,局部分布有鱼塘、沟渠及溪涌。

3)地层与岩性

根据广东省化工地质勘查院的地质钻探结果及野外综合地质调查资料,英德市望埠镇奖家洲岩溶塌陷分布地段及周边发育的地层主要为石炭系石磴子组全新统($C_1\hat{s}$)和第四系全新统(Q^{al})等两种类型(图 3.2.2)。

(1)石炭系石磴子组($C_1\hat{s}$)。石炭系石磴子组灰岩、白云质灰岩分布广泛,隐伏于第四系覆盖层之下。奖家洲及周边一带的岩性为灰岩、砂质灰岩,呈灰色、浅灰色及深灰色,隐晶质结构,薄—中厚层状构造,岩层产状为 305°~325°∠43°~62°,岩石裂纹面有铁质、炭质浸染现象,裂纹面与轴心夹角为 30°~45°,灰岩网状方解石细脉发育,裂纹面较干净,局部可见溶蚀现象,次生方解石脉也较发育,呈乳白色不规则网状穿插。

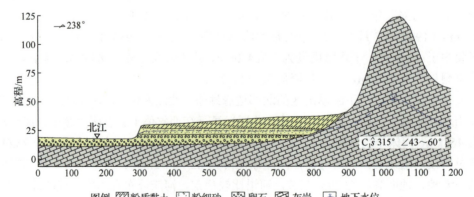

图 3.2.2 英德市望埠镇奖家洲 A~B 工程地质剖面图

(2) 第四系全新统（Q^{al}）。第四系全新统（Q^{al}）广泛分布于河谷谷地一带，土质较均一，主要包含粉质黏土、粉砂、淤泥质土及卵石层。层厚为 11.22～23.00m，平均厚度为 17.42m。

4) 水文地质环境特征

(1) 地下水类型及富水性特征。根据地下水的运动特征、赋存环境及径流形式，可将英德市望埠镇奖家洲及周边的地下水类型划分为松散岩类孔隙水及碳酸盐岩类裂隙溶洞水（岩溶水）等两种类型。①松散岩类孔隙水赋存于第四系覆盖层内，主要含水层为粉砂层和卵石层，其中粉砂层富水性与透水性中等，卵石层富水性与透水性强，单井涌水量为 542.5～962.4m³/d，地下水化学类型为 $HCO_3·SO_3-Ca$ 型。②碳酸盐岩类裂隙溶洞水赋存于石炭系碳酸盐岩的岩溶裂隙内，水量丰富，灰岩顶面埋深为 11.22～23.00m，第四系覆盖层厚度较薄，地下岩溶发育，单孔涌水量为 1 096～2 970m³/d，单孔抽水试验涌水量为 758～1 359m³/d，水量丰富，水化学类型为 HCO_3-Ca 型。

(2) 地下水补给、径流及排泄特征。奖家洲及周边一带的地表水与第四系孔隙水之间的水力联系密切，互相补给。由于粉砂及卵石含水层直接覆盖于灰岩之上，卵石层渗透性强，第四系孔隙水与裂隙溶洞岩溶水两者之间的水力联系很密切，裂隙溶洞岩溶水主要接受第四系孔隙水的补给。奖家洲地处北江左岸河漫滩，地形平坦，地下水的补给来源除大气降雨入渗补给外，还接受南侧山丘侧向补给和北江及地面沟渠地表水的入渗补给。雨季补给量大于排泄量，地下水位升高，地表水补给地下水；旱季补给量小于排泄量，地下水位降低，地下水补给地表水。地下水的径流、排泄特征与地形地貌及地层岩性等密切相关，岩溶塌陷分布地段的地下水径流途径较短，地下水主要以渗流的形式排泄入北江之中；同时，由于奖家洲及周边的地下水基本没有开采，地下水的补给、径流及排泄特征基本保持天然状态。

(3) 地下水动态演变特征。奖家洲及周边一带地下水的水位动态变化主要受大气降雨及北江段洪水顶托及回落的控制。岩溶塌陷分布地段的钻孔地下水位埋深为 1.0～8.2m，地下水位相对高程为 9.56～14.60m。北江高水位多出现于 5～9 月的雨季，雨季时奖家洲一带松散覆盖层的地下水位升高；每年 9 月之后，随着旱季来临，北江两岸谷地松散覆盖层的地下水位开始降低。由于岩溶塌陷分布地段的地势低平，北江水位的涨落导致区内地下水位的年变化幅度较大，特别是强降雨期间北江水位具有明显的暴涨暴落特征。据地下水监测结果，区内松散岩类地下水位变化幅度为 4～6m，地下水动态变化剧烈；裂隙溶洞岩溶水由于入渗补给时间相对较长，其地下水位的变化往往具有一定的滞后现象。

2. 覆盖层工程地质特征

英德市望埠镇奖家洲岩溶塌陷分布地段及周边覆盖层内的松散土体按第四系土层成因类型，可划分为人工填土层（Q^{ml}）、耕植土层（Q^{pd}）和冲积层（Q^{al}）等三种类型。

(1) 人工填土层（Q^{ml}）。主要为素填土，分布于道路及工程建设场区一带，层厚为 0.5～2.00m，平均厚度为 1.30m，其呈土灰色、灰褐色、杂色，稍湿，主要由黏粒、砂质、砾石及少量碎石、瓷片等组成。

（2）耕植土层（Q^{pd}）。广泛分布于耕地一带，层厚为 0.50~2.00m，平均厚度为 0.86m。呈土灰、灰褐色，可塑，湿。主要由黏粒、粉粒组成，含较多植物根系，富含有机质，分布不均匀。

（3）冲积层（Q^{al}）。由粉质黏土、粉砂、淤泥质土和卵石层组成（图 3.2.2）。粉质黏土分布广泛，厚度变化大，层厚为 1.00~6.80m，平均厚度为 3.86m；呈灰褐色、浅褐红色，硬—可塑，稍湿—湿，由粉粒、黏粒组成，黏性较好，中等压缩性，弱—微透水。粉砂分布较广泛，厚度变化大，层顶深度为 1.50~18.50m，层厚为 1.00~9.80m，平均厚度为 4.23m；呈灰褐色、浅灰黄色，松散，局部稍密，饱和状，以粉砂粒为主，局部含较多中细砂及少量黏粒，级配不良，中等透水。淤泥质土局部分布，仅有 2 个钻孔揭露，厚度较薄，埋藏较浅，层顶深度为 3.80~9.40m，层厚为 1.30~3.20m，平均厚度为 2.25m；呈灰黑色，软塑，饱和状，含较多有机质、腐殖质及粉细砂，弱透水，含水量高，具有易流变、触变，高压缩性，承载力低等特性。卵石分布广泛，且层位较稳定，层顶深度为 3.80~17.00m，层厚为 2.20~13.50m，平均厚度为 7.75m；呈浅灰色、浅灰黄色，稍密，饱和状，级配好，分选性差，卵石成分以砂岩碎块为主，次为燧石碎块，呈次圆—次棱角状，少量圆状，粒径为 2~8cm，个别大于 10cm，卵石含量为 50%~70%，充填物为砾、粗、中及细粒砂、粉质黏土。

3. 岩溶工程地质特征

岩溶塌陷分布地段的东南侧山体裸露，总体走向北东，山体陡立，高程为 33~217.07m。地面岩溶化强烈，以溶洞、漏斗、溶沟、开口裂隙为主，裂隙开口为 10~20cm 不等，延伸较长，溶洞可见洞高为 0.50~1.50m 为主，且相互贯通，局部地段存在岩溶漏斗，漏斗口直径约为 3m，漏斗深为 3~5m。裸露灰岩山体局部存在有大溶洞，洞高为 3~5m 不等，洞与洞之间连通性较好，每到雨季时山脚多处岩石裂缝部位可见大量地下水涌出，山脚一带分布有多处塌陷坑。根据英德市望埠镇奖家洲岩溶塌陷分布地段 41 个钻孔的统计分析结果，全部 41 个钻孔都没有揭露出土洞，41 个钻孔有 36 个钻孔揭露到溶洞，钻孔见洞率为 87.8%，钻孔线岩溶率为 14.3%~89.2%，平均 45.0%。钻孔揭露溶洞的洞高 $h<1m$ 的 7 个、$1m \leqslant h<3m$ 的 28 个、$3m \leqslant h<5m$ 的 18 个及 $h \geqslant 5m$ 的 7 个，溶洞最大洞高可达到 9.9m；无充填溶洞 16 个，半充填溶洞 2 个，全充填溶洞 43 个，其中 17 个溶洞的单侧溶蚀现象明显。

英德市望埠镇奖家洲一带可溶岩主要为薄—中厚层状灰岩及砂质灰岩，岩溶发育强度受岩性特征、断裂构造和褶皱等因素的控制，岩溶发育程度呈现出明显的方向性及不均一性。一方面是岩层走向沿北江河流方向延伸，岩层受构造挤压后，岩溶顺层面发育较强，并沿裂隙向左右扩展，构成网状岩溶管道，延伸方向为岩溶强发育带；同时，褶皱核部溶蚀发育，与褶皱轴线走向相一致，说明岩溶发育的方向性与不均一性较强。另一方面是浅部可溶岩的岩溶发育程度高，钻孔揭露隐伏灰岩顶面附近并向下延伸 5m 深度范围内的岩溶相对发育，表现为第四系覆盖层与基岩接触面处的地下水活动强烈，其可溶岩的溶蚀裂隙、溶蚀洞穴及溶沟等溶蚀现象密集发育。

4. 岩溶塌陷发育特征

1) 岩溶塌陷分布规律

根据岩溶塌陷地质灾害的综合地质调查资料，英德市望埠镇奖家洲一带累计发现有14处岩溶塌陷（图3.2.1），塌陷坑平面形态呈椭圆形、圆形、近圆形及长方形等，其中塌陷坑直径以5～10m为主，岩溶塌陷地质灾害的影响范围处于0.1～1.0km^2。岩溶塌陷的基本发育特征统计见表3.2.1。

表 3.2.1 英德市望埠镇奖家洲岩溶塌陷基本发育特征统计

编号	岩溶塌陷地点	塌陷规模		塌陷发生时间	形态描述	塌陷形成原因	地貌位置	灾情损失
		洞径/m	深度/m					
TK1	林德含、林德年家	长轴9.8 短轴8.9	3～3.5	2013年8月18日	椭圆形	暴雨洪水	河漫滩	毁坏农田
TK2	林德含、林德年家	长轴14.2 短轴7.0	4～5.5	2013年8月18日	近椭圆形	暴雨洪水	河漫滩	房屋及地面垮塌
TK3	林德含、林德年家	长轴5.0 短轴3.5	1.5～2	2013年8月18日	椭圆形	暴雨洪水	河漫滩	竹林垮塌
TK4	林德含、林德年家	长轴3.5 短轴3.2	3～3.2	2013年8月18日	近圆形	暴雨洪水	河漫滩	竹林垮塌
TK5	采石场东50m路边	长轴4 短轴3	2.5～3	不详	椭圆形	暴雨洪水	河漫滩	竹林垮塌
TK6	山脚边	长轴1.5 短轴1.2	2.5	20世纪80年代	椭圆形	暴雨	坡积斜坡	竹林垮塌
TK7	冯房金家东侧	长轴5 短轴4	2.5	1983年	椭圆形	暴雨洪水	河漫滩	毁坏农田围墙垮塌
TK8	公路边	长轴6.3 短轴4.5	可见深度0.8	2006年	椭圆形	暴雨洪水	河漫滩	毁坏农田
TK9	傅宏能家后山脚	长轴8 短轴4.5	可见深度3～4	不详	椭圆形	暴雨	坡积斜坡	竹林垮塌
TK10	傅宏忠家后山脚	直径2	1.5	不详	圆形	暴雨	山前坡积斜坡	竹林垮塌
TK11		长轴6.3 短轴4.5	可见深度0.8		椭圆形			
TK12		长6.3 宽4.5	可见深度0.8		不规则形			
TK13		长轴6.3 短轴4.5	可见深度0.8		椭圆形			
TK14	龙山山坳坡脚	长8 宽4	可见深度0.5	不详	近长方形	暴雨	坡积斜坡	竹林垮塌

从表3.2.1中可以看出，英德市望埠镇奖家洲岩溶塌陷空间分布规律具有如下特征。

（1）岩溶塌陷多分布于第四系覆盖层内土层较薄及土颗粒较粗地段。塌陷坑土体主要由粉质黏土、粉砂、卵石层组成，卵石与下伏基岩直接接触。统计分析塌陷坑周边的钻孔数据，发现塌陷坑主要分布于厚度小于18m的粉砂、卵石为主的覆盖层地段，这主要是由于靠近灰岩顶面地带的岩溶发育强烈，易产生岩溶塌陷所致；以黏性土为主的覆盖层地段，黏性土层的厚度一般大于18m，由于顶板土层的厚度较大，地面稳定性较好，从而不易产生岩溶塌陷。

（2）岩溶塌陷多分布于褶皱轴部。岩溶塌陷分布地段位于北江复向斜东南翼靠近核部地段，为岩溶强发育区，岩溶塌陷地质灾害容易发生。

（3）岩溶塌陷多分布于河床侧岸。岩溶塌陷主要发生于北江河床左岸，其地貌为河漫滩，洪水期间多被淹没，地下水径流动力环境变化快，易产生岩溶塌陷。

（4）岩溶塌陷坑的空间展布特征具有明显的方向性。根据奖家洲已发生的14处岩溶塌陷的塌陷坑空间分布特征，发现TK1～TK4、TK5及TK8等6处岩溶塌陷共有6个塌陷坑，其中TK1～TK4于2013年8月18日同一时间发生，TK5发生时间不详，TK8于2006年发生。虽然6个塌陷坑并不是同一时间发生，但塌陷坑的平面分布位置基本位于同一直线；TK6、TK9～TK14等7处岩溶塌陷共形成7个塌陷坑，其发生时间不详，基本都位于山体坡脚处，7个塌陷坑的平面分布位置差不多也沿同一直线展布。因此，岩溶塌陷形成的塌陷坑具有线状或带状分布特征，延伸方向为北东25°～35°，与岩层走向北东25°～45°基本一致。

2）岩溶塌陷灾情特征

英德市望埠镇奖家洲一带的岩溶塌陷共造成1栋房屋室内地面垮塌，3栋房屋墙体、地面出现开裂变形、倾斜，直接受灾群众6户45人，房屋面积1380m²，潜在受灾群众1000多人。岩溶塌陷虽未造成人员伤亡事故和重大经济损失，但危害对象为村道、农田、居民房屋及居民的人身安全，潜在经济损失大于500万元，危险性大，岩溶塌陷的灾情严重。

5. 岩溶塌陷形成原因

综合分析英德市望埠镇奖家洲岩溶塌陷的孕灾地质环境和诱发因素，结合广东省化工地质勘查院的岩溶塌陷地质灾害勘查成果，可以发现英德市望埠镇奖家洲岩溶塌陷的形成原因主要有如下两个方面。

（1）英德市望埠镇奖家洲一带隐伏基岩为灰岩、砂质灰岩，灰岩的溶洞、溶隙及溶沟发育，全部41个钻孔有36个钻孔揭露出溶洞，钻孔见洞率为87.8%，钻孔线岩溶率为14.3%～89.2%，平均为45%，岩溶发育程度高；覆盖层内的砂及卵石层沿灰岩顶面分布，厚度为2.20～13.50m，平均厚度为7.75m，透水性强。因此，英德市望埠镇奖家洲一带具有良好的孕育岩溶塌陷地质灾害的地质环境背景。

（2）英德市望埠镇奖家洲的岩溶塌陷分布地段地处北江左岸河漫滩，河漫滩每年都要被洪水淹没2～3次。岩溶塌陷发生时正值暴雨与洪水期间，岩溶塌陷场地被洪水淹没深度为1～1.5m。TK1～TK4岩溶塌陷于2013年8月18日发生，塌陷时强台风"尤特"带来明显的强降雨过程。据英德市望埠镇2013年的降雨量统计资料，2013年8月望埠镇总降雨量为474.3mm，台风"尤特"期间（8月15日至18日），日降雨量为38.5～209.6m（8月17日），总降雨量为349.5mm，占8月总降雨量的73.7%。暴雨导致英德市望埠镇奖家洲一带北江水位暴涨暴落，江水的涨落直接造成第四系冲积层潜水位和岩溶地下水位都随北江水位的波动而剧烈变化；同时，暴雨期间覆盖层内土体迅速充水增重和地表水的强烈渗透，进一步加剧了岩溶塌陷分布地段的地下水位波动幅度。岩溶塌陷坑附近钻孔及民井的地下水位监测结果表明，北江洪水来临之前，地下水位埋深约为5m，洪水来临时地下水位与洪水位基本一致，高出地面1m之多，洪水前与洪水期间的地下水位相差可达6m。覆盖层内卵石层与下伏灰岩直接接触，卵石层透水性强，与北江水力联系密切,洪水来临时造成地下水位迅速抬升,由于两者渗透性的差异,北江水位的波动不仅可产生有利于渗透潜蚀作用的附加水头,还可形成正、负压力的渗压作用,从而引发岩溶塌陷地质灾害。因此,北江水位的暴涨暴落引起地下水位的剧烈波动是英德市望埠镇奖家洲岩溶塌陷的直接诱发因素。

【实例分析 2】清远市阳山县鹤嘴水库,建于泥盆系榴江组灰岩地带,库区岩溶发育程度高,物探及钻探结果发现灰岩内发育大量的单层及多层溶洞,洞径一般为 0.27~7.53m,且溶洞间连通性好,地下水示踪试验结果发现有明显的岩溶渗漏管道。由于灰岩岩溶管道渗漏量大,水库蓄水后库水位急剧下降,最后成为一座废库,水库大坝部位累计产生 5 处岩溶塌陷地质灾害,塌陷坑呈椭圆形,最大塌陷坑的直径为 11m(图 3.2.3)。

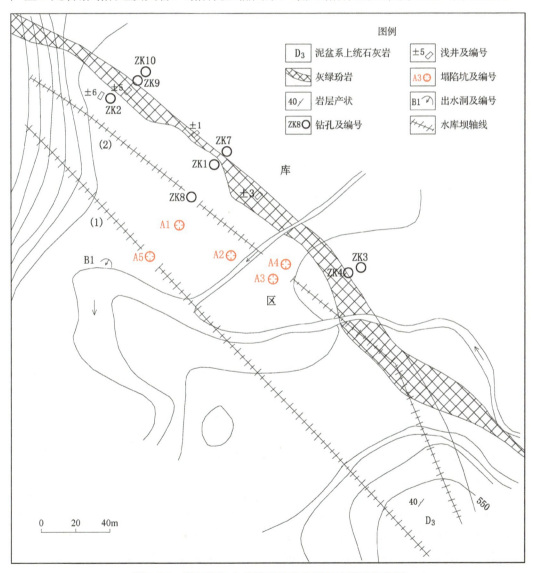

图 3.2.3 清远市阳山县鹤嘴水库大坝岩溶塌陷分布图

3.3 旱涝交替岩溶塌陷

旱涝交替岩溶塌陷指的是隐伏岩溶发育地带由于受到长期持续性的旱涝交替作用，导致地下水位处于显著的波动状态之中，从而诱发岩溶塌陷活动。旱涝交替岩溶塌陷地质灾害一旦形成，往往具有群发性，且分布面积较大。近年来，广东省境内这种类型的岩溶塌陷活动越来越强烈，造成的直接经济损失和危害日趋严重。

【实例分析】惠州市龙门县平陵镇岩溶塌陷

2005年春节之后，广东省惠州市龙门县平陵镇辖区内的山下、祖堂、大围等自然村一带相继发生大量的岩溶塌陷地质灾害，造成多间居民房屋倒塌、部分房屋损坏。岩溶塌陷主要分布于竹园、旧屋、老祖堂、王龙、西门、马池塘、水楼角等7个自然村，涉及1302户6501多人，居民房屋大都为泥砖平房，部分为近期修建的1~4层砖式楼房，楼房多为砖混结构，少量为框架结构。地基基础为天然地基浅基础，基础形式采用条形基础或独立基础，基础一般埋深为1.0~2.0m，多采用毛石砌筑，部分为钢筋混凝土砌筑。村庄外围大部分为农田和果园，种有水稻、蔬菜、花生、香蕉、荔枝、龙眼、柑橘等经济作物。岩溶塌陷区内分布有芦石、三丫石及山下等三个石灰岩矿山，矿山开拓方式为露天台阶式开采。广东省惠州地质工程勘察院采用综合地质调查、钻探、物探和监测等技术手段，对龙门县平陵镇岩溶塌陷进行了系统的勘查研究，查明了岩溶塌陷分布地段及周边覆盖层岩土体物质的工程地质特征，圈定了隐伏可溶岩的分布范围、溶洞及覆盖层内土洞的主要发育地段，详细分析了岩溶塌陷的形成原因。

1. 自然地质环境特征

1）气象及水文

惠州市龙门县平陵盆地属亚热带季风气候，具有雨量充沛，季风气候明显、夏长冬短等特征。据龙门县气象局资料，平陵盆地一带多年平均气温为21.2℃，平均最高气温为31.8℃，平均最低气温为12.0℃，极端最高气温为38.5℃，极端最低气温为-4.4℃。多年平均降雨量为2102.25mm，降雨量的年际变化较大，多年最大降雨量为2998.4mm（2006年），最小降雨量为1468.5mm（2004年）；降雨季节变化很明显，3~9月为雨季（丰水期），降雨量占全年总量的88.4%，10月至次年2月为旱季（枯水期），降雨量占全年的11.6%；降雨量的月变化也较大，12月为全年雨量最少的月份（1.5~54.4mm），自1月起降雨量逐渐增多，到3月平均降雨量达到100mm，6月为全年降雨最高峰期，自10月起降雨量又逐渐减少。多年平均蒸发量为1439.8mm。由于年际、年内季节、月份的降雨量变化较大，造成平陵盆地一带地表水位和地下水位的升降变化明显。岩溶塌陷分布地段为一山间盆地，地表水系主要分布有季节性沟溪、翁坑水库和较多的鱼塘。翁坑水库是区内最大的地表水体，集雨面积为9.9km^2，总库容为6.21×10^{6}m^3，最高洪水位高程为116.99m，枯水位高程为101.90m，溢洪道最大泄洪量为115.0m^3/s，水库水是地下水主要补给源之一；山间谷地溪流源近流短，呈树枝状分布，自北面、东面和西面山区向盆地中部汇集并向南部径流排出，雨季流量为0.18~395.0L/s，平均为19.0 L/s，旱季多数断流。平陵盆地一带的气象灾害主要为热带风暴、暴雨,次为洪涝、干旱、低温阴雨等。

2) 地形地貌特征

龙门县平陵镇岩溶塌陷分布地段属低山丘陵与覆盖型岩溶盆地地貌,北东部平陵径一带为狭长的山间谷地。东面、西面和北面三面环山(图 3.3.1),自然坡度一般为 30°~50°,山丘顶部高程为 163.80~529.80m,植被较发育。盆地地形开阔平缓,隐伏岩溶呈北东—南西向带状分布,总的地势北高南低,地面高程一般为 48.00~85.20m,微向南倾斜,坡度为 1°~2°,平陵径一带山间谷地的地面高程一般为 89.00~108.30m,盆地以农田、村庄及学校建筑场地为主,分布有较多鱼塘,盆地边缘局部形成剥蚀台地、陡坎等。盆地内零星分布有岩溶残丘,岩溶残丘自然坡度大,坡度一般为 40°~75°,高程为 90.50~229.56m,基岩裸露,表面发育溶沟等,植被发育程度一般,盆地内 3 个石灰岩矿山均分布于岩溶残丘部位。

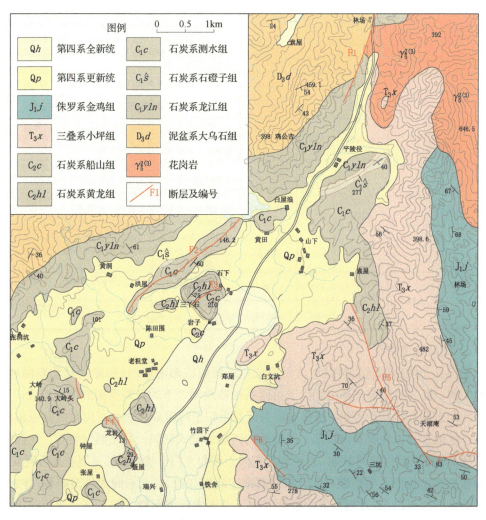

图 3.3.1　惠州市龙门县平陵镇岩溶盆地地质图

3）地层与岩石

龙门县平陵镇隐伏岩溶盆地的地层及岩性特征统计见表3.3.1，主要有泥盆系（D）、石炭系（C）、三叠系（T）、侏罗系（J）和第四系（Q）等，其中隐伏岩溶盆地内主要发育有石炭系地层，包括龙江组（C_1yln）、石磴子组（$C_1\hat{s}$）、测水组（C_1c）、黄龙组（C_2hl）和船山组（C_2c）等。岩浆岩分布于平陵盆地的北东部，为燕山三期侵入岩（$\gamma_5^{2(3)}$），岩性以中—粗粒斑状黑云母花岗岩为主，岩体节理以北东走向最发育。

表3.3.1 惠州市龙门县平陵镇隐伏岩溶盆地的地层及岩性特征统计

界	系	统	群（组）	符号	厚度/m	岩性特征
新生界	第四系	全新统	未分	Qh	0.5～34	冲洪积卵石、含卵石粉质黏土及粉质黏土
		更新统	未分	Qp	0.5～50	冲洪积粉质黏土、含卵石粉质黏土及卵石
中生界	侏罗系	下统	金鸡组	J_1j	631～884	灰黑色薄层状含千枚状页岩、含结核粉砂质千枚状页岩
	三叠系	上统	小坪组	T_3x	569.5	上部灰白色变质细粒石英砂岩、粉砂岩，与粉砂质状页岩互层或夹层，中部灰白色变质细粒石英砂岩夹变质中粒石英砂岩、粉砂岩，下部灰白—紫红色粉砂质千枚状页岩、泥质岩夹细砂岩
上古生界	石炭系	上统	船山组	C_2c	314.9	灰色、深灰色厚层状粉晶灰岩、细晶白云岩
			黄龙组	C_2hl	176	灰色、深灰色厚层状粉晶或粉晶灰岩、白云岩
		下统	测水组	C_1c	306.6	上部砂质页岩、砂岩、含砾砂岩、碳质页岩夹透镜状薄煤层，中部细粒石英砂岩、粉砂岩、炭质页岩夹煤层，下部砂岩、粉砂岩、砂质页岩互层
			石磴子组	$C_1\hat{s}$	120～276	上部灰色、深灰色生物泥晶灰岩及砂屑泥晶灰岩，下部生物泥晶灰岩、白云石化生物泥晶灰岩及白云岩
			刘家塘组	C_1lj	110～188	中、上部深灰色厚—中厚层状碳质生物泥晶灰岩，下部浅黄色钙质粉砂岩及砂岩，底部深灰色厚层状白云岩、白云质灰岩
			龙江组	C_1yln	278.6	上、下部岩性为灰白色、灰紫色厚层状石英砂岩及中厚层状泥质粉砂岩、粉砂质岩；中部灰紫色中厚层状粉砂质千枚状页岩夹粉砂岩
	泥盆系	上统	大乌石组	D_3d^3	736	浅灰色粉砂岩、粉砂质岩、石英砂岩、薄层泥质或条带灰岩
				D_3d^2	259.31	青灰色、灰黑色粉砂质千枚状页岩，次为细粒石英砂岩、粉砂岩不等厚互层或夹层

4）地质构造特征

龙门县平陵镇隐伏岩溶盆地位于翁坑复式背斜核部附近，核部走向呈北东向展布。盆地中部、西部的褶皱核部由隐伏于第四系松散地层之下的石炭系碳酸盐岩构成，受北东或北北东向断裂构造控制，两翼地层为泥盆系帽子峰组碎屑岩和石炭系黄龙组碳酸盐岩类；盆地东部以侏罗系为核部、三叠系为两翼的复式向斜，呈北西向展布。东西向高寨隐伏基底断裂穿越岩溶盆地，制约着北东向断裂和龙门帚状构造的延展和发育程度。平陵隐伏岩溶盆地内主要断裂有北北东向新来庄断裂（F1）、北东向大松园断裂（F2）及三丫石断裂组（F3）、北西向龙岩断裂（F4）及老虎启坑断裂（F6）与北北西向大坪断裂（F5）等（图3.3.1）。

（1）新来庄断裂（F1）。位于平陵岩溶盆地的北部，走向为15°～25°，倾向北西西，倾角65°～80°，长为2.2km，宽为1～3m，主要表现为硅化构造角砾岩、硅化花岗压碎岩、硅化岩带，断面舒缓波状，节理裂隙发育。

（2）大松园断裂（F2）。位于岩溶盆地的中部，长约为2.6km，断裂北东段及中段走向为45°～55°，倾向南东，倾角为65°～80°，宽为1.5～4m，为构造破碎带、裂隙密集带，局部发育糜棱岩、构造角砾岩，南西段走向为40°～50°，倾向北西，倾角为65°～75°，为硅化构造破碎带、硅化构造角砾岩，南端富含构造承压水，上盘形成了长年冒水的上升泉。

（3）三丫石断裂组（F3）。位于岩溶盆地的中部，断裂成组发育，以北东向和东西向等两组断裂为主，东西向断裂单条长为100～200m、宽为1～2m，为构造破碎带，多具明显的溶蚀地貌或形成溶洞。

（4）龙岩断裂（F4）。位于岩溶盆地内西南部，长约为1km，宽为1～3m，走向为330°～340°，倾向北东，倾角为70°～85°，为构造破碎带，断裂下盘显正地形，上盘为负地形，呈狭长形深沟。

（5）大坪断裂（F5）。位于岩溶盆地内东部，使三叠系小坪组（T_3x）与石炭系黄龙组（C_2h）地层呈断层接触，区内长约为6.2km，宽为1～4m，走向为325～335°，倾向南西，倾角为60°～80°，为构造破碎带、构造碎裂岩带。

（6）老虎启坑断裂（F6）。位于岩溶盆地内东南部，使三叠系小坪组（T_3x）与侏罗系金鸡组（J_1j）地层呈断层接触，区内长约为1.4km，宽为2～6m，走向为315°～325°，倾向北东，倾角为60°～75°，断层带为构造破碎带、构造角砾岩，两侧地层褶皱极发育。由于平陵岩溶盆地位于翁坑复式背斜核部附近，且区内断裂构造发育，尤其是沿断裂带及其上盘，灰岩构造裂隙发育，为岩溶的发育提供了有利条件；特别是3条北东向断裂多为方解石脉充填，形成破碎带或构造角砾岩，沿北东向断裂南西方向延伸的大岭村岩溶塌陷群与该断裂组有密切联系。

5）水文地质环境特征

（1）地下水类型及富水性特征。按地下水赋存介质的不同和含水层富水性特征，平陵盆地内的地下水可划分为松散岩类孔隙水、碳酸盐岩类裂隙溶洞水、基岩裂隙水和构造裂隙水等四类。

① 松散岩类孔隙水：据钻孔揭露，第四系覆盖层厚度一般为8.50～29.10m，主要由粉质黏土、含卵石粉质黏土、卵石组成，分布于黄田—山下地段，局部厚度大于30m；松散岩类孔隙水主要赋存于卵石层中，多为潜水，局部为微承压水，孔隙水与下伏岩溶水存在间接的水力联系，当土层中具备土洞或塌落通道时，则彼此间的水力联系较为密切，含水层厚度一般为1.50～12.80m。富水性中等，局部较弱。

② 碳酸盐岩类裂隙溶洞水：按含水层出露情况，可分为裸露型和覆盖型岩溶水等两类。裸露型岩溶水仅分布于区内的岩溶残丘，富水性中等；覆盖型岩溶水隐伏于第四系之下，属浅覆盖型承压岩溶水，岩溶水赋存于灰岩的裂隙溶洞内。广东省惠州地质工

程勘察院施工的 72 个钻孔中有 42 个钻孔揭露有溶洞，钻孔见洞率为 58.33%，单洞洞高为 0.30~14.00m，单孔累计洞高为 0.30~16.30m，多呈半充填或全充填状态，仅个别无充填，充填物为黏性土，岩溶发育程度高且极不均匀，岩溶水的埋藏和分布差异性大，山下、马池塘—大围村、王龙村—老祖堂等岩溶发育带，岩溶水富集，富水性好，其余地段富水性中等。岩溶水与孔隙水存在间接的水力联系，当浅部岩溶开启，上覆土层塌落形成土洞通道时，则彼此间的水力联系较密切。

③ 基岩裂隙水：基岩裂隙水可分为层状基岩裂隙水和块状基岩裂隙水等两类。层状基岩裂隙水分布于平陵盆地的北部、西部和东部低山丘陵区，含水岩组为泥盆系大乌石组、石炭系测水组、三叠系小坪组和侏罗系金鸡组的细砂岩、粉砂岩、石英砂岩等风化裂隙含水带。块状基岩裂隙水仅分布于北东部一带，为花岗岩基岩裂隙水，含水岩组为燕山期花岗岩风化裂隙含水带。

④ 构造裂隙水：平陵岩溶盆地的 F2、F5 断裂，属张扭性断裂，延伸较长，沿断裂带及两侧分布有多个泉点，枯水期最大泉流量为 22.4L/s，推测为含水、导水构造，富水性好；其余为压性或压扭性断裂，富水性差。

（2）地下水的补给、径流及排泄特征。

① 地下水补给特征：平陵岩溶盆地一带属亚热带季风气候，雨量充沛，为地下水的补给提供了有利条件，加上盆地汇水环境好，灰岩岩溶发育，有利于地下水的储存和汇集。松散岩类孔隙水主要接受翁坑水库地表水、沟溪地表水和大气降雨的入渗补给。岩溶水主要接受松散岩类孔隙水和基岩裂隙水的越流补给。基岩裂隙水一般接受大气降雨的入渗补给及松散岩类孔隙水的渗透补给。构造裂隙水一般接受大气降雨的渗入补给和基岩裂隙水及岩溶水的渗透补给。

② 地下水径流和排泄特征：平陵盆地的北部、西部和东部三面环山，地势高，沟谷切割密度较大，沟谷坡降比大，地形起伏强烈，地下水径流条件较好，其径流途径短，排泄区接近于补给区，降雨渗入地表后形成浅层地下水，地下水类型为基岩裂隙水，由高地势向低地势径流，形成地下水浅循环，基岩风化裂隙水大部分就近以潜流形式在冲沟或坡脚排泄，少量以地面蒸发和抽取井水排泄，局部以泉的形式在坡脚或低洼地段排泄；平陵盆地的中部和南部地势低，地形开阔平缓，地下水类型为松散岩类孔隙水和岩溶水，由丘陵山区北面、西面和东面汇聚的基岩裂隙水自盆地边缘进入中部与松散岩类孔隙水和岩溶水汇集后向南部径流。覆盖型岩溶盆地内的松散层孔隙水主要形成孔隙潜水浅循环，径流途径短，径流速度缓慢，水循环交替相对较弱，主要以潜流形式于低洼处溢出地表，村庄内多以民井的开采形式排泄，部分消耗于地面蒸发。隐伏灰岩内的岩溶地下水以径流循环交替为主，表现为水平径流和垂直径流循环交替，并以集中径流和集中排泄为特点，灰岩浅部主要发育水平溶洞，岩溶水在此带中水平运动较显著，水循环交替强烈，深部岩溶裂隙较不发育，以溶蚀孔隙为主，岩溶水垂直交替迟滞，径流循环弱；岩溶水径流由盆地边缘向中部集中径流最终沿北东向南西径流，岩溶

水大多以泉的形式排泄,局部为采石场开采抽取地下水方式排泄。从整体上看,平陵盆地的地下水动态变化与降雨量密切相关,随季节性变化明显,其中松散岩类孔隙水因埋藏较浅,雨季降雨后地下水位迅速上升,每年3~9月处于高水位期;10月以后,随着降雨的减少,地下水位持续下降,每年12月至次年2月处于低水位期,常于12月出现低谷。

2. 覆盖层工程地质特征

1)覆盖层物质组成特征

平陵盆地内的隐伏灰岩之上的覆盖层土体为多层结构土体。据广东省惠州地质工程勘察院的钻孔资料,覆盖层土体自上而下可分为人工填土层(Q^{ml})、耕植土层(Q^{pd})、冲洪积层(Q^{apl})和残坡积层(Q^{edl})等四类,土体厚度为8.50~39.40m,平均厚度约为21.06m。

(1)人工填土层(Q^{ml})。主要分布于村庄建筑地段、村道,由黏土和含碎砾石黏土组成。

(2)耕植土层(Q^{pd})。分布于农田和果园一带,由粉土及粉质黏土等组成。

(3)冲洪积层(Q^{apl})。可分为粉质黏土、卵石和含卵石粉质黏土等。粉质黏土主要分布于岩子、旧屋、竹园村一带,呈灰黄色,可塑—硬塑状态,厚度为0.50~6.30m;卵石较广泛分布于岩子、旧屋、竹园村一带,呈灰黄色,饱和,稍密—中密状态,卵石粒径为20~60mm,局部夹透镜状中砂和块石,砾石占15%~20%,大部分为黏性土充填,少部分为砂质充填,卵石成分主要为石英砂岩,次圆状,厚度为1.50~8.40m;含卵石粉质黏土分布于马池塘、山下、王龙、老祖堂、岩子、旧屋村局部地段及围子塘村一带,呈灰色,可塑—硬塑状态,含卵石为15%~20%,厚度为1.70~12.95m。

(4)残坡积土层(Q^{edl})。主要分布于盆地边缘坡麓地带,由粉质黏土、含砾粉质黏土组成,灰黄色、黄褐色等,硬塑—坚硬状态,厚度为3.60~23.30m,主要为砂岩、砂质页岩风化残积而成。

2)覆盖层土洞发育特征

平陵盆地内隐伏灰岩地带的覆盖层岩性以第四系冲洪积粉质黏土、卵石、含卵石粉质黏土为主,其中黏土多呈可塑—硬塑状;隐伏灰岩溶洞发育,且连通性较好,为覆盖层内土洞的孕育、形成、发展提供了良好的内生地质背景条件。据广东省惠州地质工程勘察院资料,冲洪积层内施工的72个钻孔内揭露土洞的钻孔共17个(图3.3.2),钻孔见土洞率为23.6%。隐伏灰岩之上的覆盖层厚度为8.50~39.40m,钻孔揭露土洞埋深10.00~25.40m,高程为35.49~56.90m,洞高为0.30~6.80m,平均为2.83m。土洞主要分布于第四系冲洪积层(含卵石)粉质黏土层之下,其中大部分土洞充填软—流塑状黏土夹砾石。另据物探资料,物探推测平陵岩溶盆地内发育有土洞149处(图3.3.2),土洞顶板埋深为1.60~41.70m,单洞洞高为0.50~22.20m,平均洞高为6.10m。平陵岩溶盆地内土洞的平面形态变化大，形状极不规则，多呈椭圆形或椭球形发育，少数呈树枝状展布。估算钻探揭露和物探推测土洞的单洞体积为 5.0～697.8m³，其中单个土洞的洞体体积大于 300m³ 的土洞有 21 个，占土洞总数的 12.65%，大多数土洞单体的体积小于 200m³。图 3.3.2 表明平陵岩溶盆地内土洞的空间分布特征主要受区内岩溶发育带、断裂构造及地下水径流状态的控制；从整体上看，土洞总体发育方向与北东向断裂构造和地下水主径流方向相一致，且沿山下、大围延伸至祖堂村一带土洞密集发育。

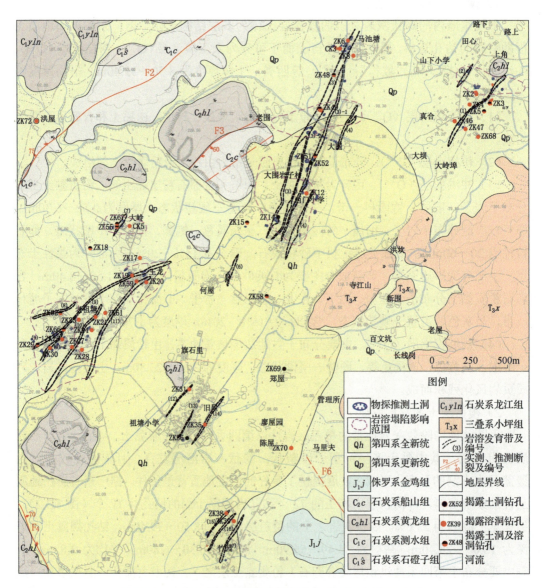

图 3.3.2　惠州市龙门县平陵隐伏岩溶盆地覆盖层土洞分布图

3. 岩溶工程地质特征

从整体上看，广东省惠州市龙门县平陵盆地内覆盖型岩溶发育特征主要受岩性、地质构造、侵蚀基准面和地形地貌特征等因素的控制，可溶岩的岩溶总体沿北东向褶皱轴及北东向断层带发育，并形成一系列沿北东向展布的岩溶发育带。惠州市龙门县平陵隐伏岩溶盆地钻孔揭露溶洞统计见表3.3.2。

表3.3.2 惠州市龙门县平陵隐伏岩溶盆地钻孔揭露溶洞统计

埋深/m	<10	10~20	20~30	30~40	>40
溶洞个数/个	0	18	44	12	0
占比/%	0.00	24.30	59.50	16.20	0.00
高程/m	50~60	40~50	30~40	20~30	<20
溶洞个数/个	14	24	29	6	1
占比/%	18.90	32.40	39.20	8.10	1.40

1）钻探揭露溶洞发育特征

据广东省惠州地质工程勘察院的地质钻探结果，岩溶发育强烈地段位于平陵岩溶盆地中部一带，这一带下伏基岩为石炭系黄龙组碳酸盐岩，主要岩性为细粒状、粉晶状灰岩、局部白云岩化粉晶质灰岩，岩石呈浅灰—暗灰色、灰白色，中厚层状构造，质纯，主要矿物成分为方解石、次为白云石。灰岩顶面起伏变化较大，顶板埋深为8.50~39.40m，平均埋深厚度为20.8m。岩溶发育方向以北东为主，局部北西方向，尤以北东70°方向最为发育。施工的72个钻孔有42个钻孔揭露出溶洞（图3.3.3），单体溶洞共74个，钻孔见洞率为58.33%，多层溶洞占见洞钻孔的42.90%。顶层溶洞埋深为11.00~38.70m，洞顶板灰岩厚度为0.15~4.36m。单洞洞高为0.30~14.00m，一般为1.10~6.80m，单孔累计洞高为0.30~16.30m，单孔线岩溶率为2.27%~86.35%。埋深为10~30m间灰岩的溶洞个数占溶洞总数的83.80%；高程为30~50m灰岩的溶洞个数占溶洞总数的71.60%（表3.3.2）。溶洞多呈充填状态，少部分呈半充填或无充填状态，其中充填溶洞占溶洞总数的76.20%，半充填溶洞占溶洞总数的16.70%，无充填溶洞占溶洞总数的7.10%；溶洞充填物以软塑—可塑状粉质黏土为主，次为含砾或含卵石粉质黏土，局部含漂石。充填及半充填溶洞一般分布于碳酸盐岩上部，埋深浅，且溶洞规模较大；无充填溶洞一般埋深大、规模小（单洞洞高为0.40~1.30m），连通性较好。

2）物探推测溶洞发育特征

据广东省惠州地质工程勘察院有关高密度电法探测资料，平陵隐伏岩溶盆地中部一带可圈出274个岩溶异常点（图3.3.3），推测单体溶洞336个。物探推测溶洞的洞顶埋深为8.30~59.20m，洞顶高程为61.89~0.02m；物探推测洞顶埋深为10~40m间的溶洞占溶洞总数的83.90%，高程为20~50m的溶洞占溶洞总数的77.20%。物探推测的溶洞主要沿65°~70°方向发育，少量沿16°~22°、40°~55°及344°~350°方向发育，物探推测的溶洞剖面面积为 2.20~342.5m², 剖面总面积为 14 956.2m²。估算单体溶洞体积 $V \geqslant 500m^3$ 的有 17 个（物探推测溶洞的体积按球体估算，洞体高度作为球体的直径），占推测溶洞总数的 6.20%，单体溶洞体积 $V \geqslant 1\,000m^3$ 的有 4 个，占推测溶洞总数的 1.46%。物探推测溶洞空间分布特征与钻孔揭露溶洞空间分布特征基本相同。

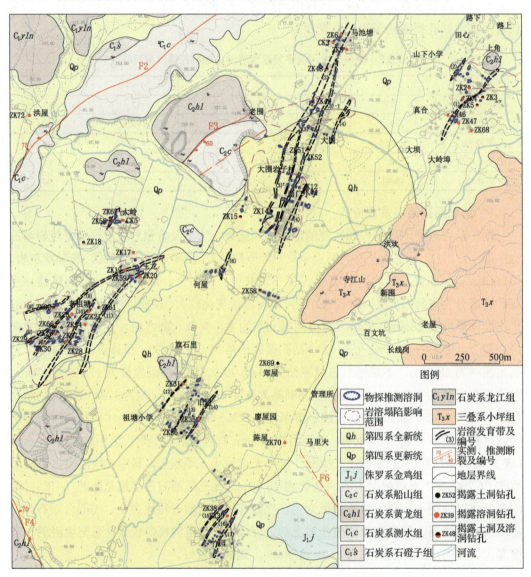

图 3.3.3　惠州市龙门县平陵隐伏岩溶盆地可溶岩溶洞分布图

3）隐伏岩溶发育规律

按平陵隐伏岩溶盆地可溶岩岩面的溶沟、溶槽等溶蚀现象的走向与地下溶洞的分布、形态及洞体走向等特征，可将隐伏岩溶盆地内的岩溶划分出 17 个岩溶发育带，这些可溶岩的岩溶发育带基本控制了平陵隐伏岩溶盆地内岩溶的发育程度，各岩溶发育带的基本发育特征如表 3.3.3 和图 3.3.3 所示。

表 3.3.3 惠州市龙门县平陵隐伏岩溶盆地岩溶发育带基本特征统计

编号	岩溶发育带分布地段	走向/(°)	控制长度/m	面积/m²	溶洞/土洞/个	塌陷/地面沉降/处	岩溶发育带特征
1	山下水角楼村	43	595	7 419	5/6	3	宽5~25m，一般为10m，呈近"S"形条带状展布
2	山下水角楼村	36	176.2	2 655	6/5	1/1	宽5~22m
3	大围马池塘—围子—岩子村	25	1473.9	62 915	42/27	12/8	东北部较宽，约37m，有3个分支，宽5~8m，整体呈树枝状展布
4	大围围子村	25	315.6	4 749	1/1	3/2	局部分叉，宽约10m
5	大围岩子村	22	480.7	7 697	2/1	3	总体条带状，宽4~30m
6	祖堂何屋村	20	210.1	2 896	2	3/1	局部分叉，宽约13m
7	祖堂王龙村（北）	31	155.7	2 486	3/3	1	总体条带状，宽约20m
8	祖堂老祖堂村	73	284.5	3 211	1/1	1/1	总体条带状，宽约10m
9	祖堂王龙—老祖堂村	50~69	1 105.9	17 925	8/6	3/3	总体条带状，西南部呈树枝状分叉延伸，宽8~15m
10	祖堂老祖堂村	33	677.1	11 188	6/2	1/2	总体条带状，宽约15m
11	祖堂王龙—老祖堂村	20~45	795.2	14 956	5/2	1/2	总体条带状，宽约18m
12	祖堂旧物村	41	281.2	1 481	2/1		总体条带状，宽约5m
13	祖堂旧物村	31	208.1	1 186	2/1		总体条带状，宽约5m
14	祖堂旧物村	35	371.3	4 002	4	/2	总体条带状，宽约10m
15	祖堂竹园村	40	233.6	1 829	2		总体条带状，宽5~10m
16	祖堂竹园村	38	305.8	3 268	3	/1	总体条带状，宽8~10m
17	祖堂竹园村	27	350.1	4 604	3		总体条带状，宽5~10m

盆地内全部17条岩溶发育带的走向大致为北东20°~73°，同隐伏岩溶盆地内的断裂构造总体走向基本一致。单条岩溶发育带面积为1 186~62 915m²，岩溶发育带总面积为154 465m²，占岩溶塌陷密集发育地段总面积的3.90%。岩溶发育带内岩溶塌陷点32处，占岩溶塌陷总数的58.18%，地面沉降点19处，占地面沉降总数的76%。岩溶发育带内物探推测溶洞83处，占物探推测溶洞异常总数的30.30%；物探推测土洞53处，占物探推测土洞异常总数的35.60%。特别是沿大围马池塘—围子—岩子村、祖堂黄龙—老祖堂村一带，岩溶发育带呈树枝状密集分布，延伸远，说明岩溶发育程度强烈，相应这些部位的地面塌陷坑、沉降变形、地面裂缝及房屋墙体裂缝等现象也密集发育。

4. 岩溶塌陷发育特征

惠州市龙门县平陵隐伏岩溶盆地内岩溶塌陷地质灾害的活动频繁，岩溶塌陷分布广泛，同时还伴生有地面沉降（图3.3.4）。单个塌陷坑直径为1.0~2.0m，仅个别大于4.0m，塌陷坑平面形态以圆形和近圆形为主（图3.3.5~图3.3.10），少量为长条形、方形及不规则形。岩溶塌陷地质灾害主要发生于2005~2007年，累计发生岩溶塌陷55处（表3.3.4）及地面沉降25处（表3.3.5）。岩溶塌陷数量多，塌陷规模以中、大型为主，岩溶塌陷直接造成5间房屋倒塌，66间房屋严重破坏，大量房屋的墙体及结构受损，直接受岩溶塌陷威胁的人员约63人，估算直接经济损失约229万元。从平陵盆地岩溶塌陷活动的空间分布特征看，岩溶塌陷主要集中分布于平陵镇大围村和祖堂黄龙、老祖堂村一带，共有43处岩溶塌陷，占岩溶塌陷总数的78.18%，其中14处岩溶塌陷发生于建筑物内及周边附近，占岩溶塌陷总数的25.46%，少量发生于农田或鱼塘内。从平陵盆地岩溶塌陷发生的时间分布特征看，干旱及旱涝交替时间段内，由于平陵隐伏岩溶盆地内的地表水位及地下水位升降变化明显，易引发岩溶塌陷地质灾害，特别是严重的干旱季节，是平陵隐伏岩溶盆地内岩溶塌陷的多发时期。近几年来，龙门县平陵盆地内3个采石场的抽排地下水活动和人为爆破震动，进一步加剧了岩溶塌陷的活动强度。从岩溶塌陷活动的年周期分布特征看，2005年发生20处岩溶塌陷，2006年发生18处岩溶塌陷，2007年发生9处岩溶塌陷，2008年仅发生1处岩溶塌陷，2005～2007年累计发生岩溶塌陷数量约占岩溶塌陷总数的85.46%，其他年份则较少发生。从岩溶塌陷活动的月周期分布特征看，岩溶塌陷多发生于2～3月，累计发生岩溶塌陷25处，2～3月累计发生岩溶塌陷数量约占岩溶塌陷总数的45.46%，其他季节和月份仅零星发生。

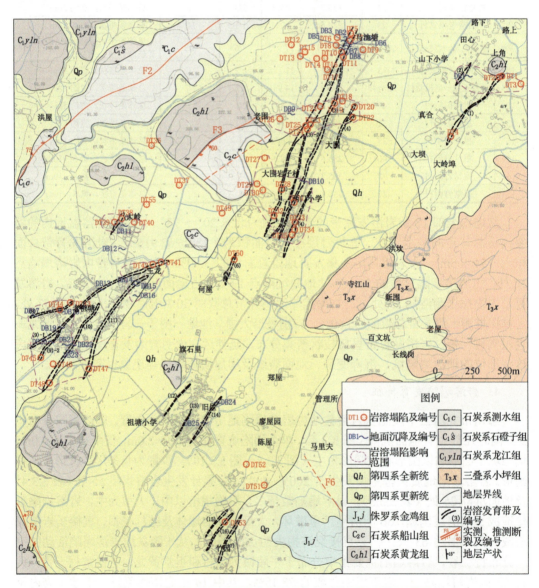

图3.3.4 惠州市龙门县平陵隐伏岩溶盆地岩溶塌陷工程地质图

图 3.3.5　稻田内新塌陷坑（DT20）

图 3.3.6　稻田内旧塌陷坑（DT25）

图 3.3.7　稻田内塌陷坑（DT29）

图 3.3.8　稻田内塌陷坑（DT47）

图 3.3.9　坛状塌陷坑（DT54）

图 3.3.10　稻田内新塌陷坑（DT55）

表 3.3.4　惠州市龙门县平陵隐伏岩溶盆地岩溶塌陷发育特征

编号	岩溶塌陷位置	塌陷坑形状	塌陷坑直径/m	塌陷坑深度/m	灾情损失/万元	岩溶塌陷发生时间
DT1	山下水角楼	近圆形	1.5	3.0	0.2	2005年12月
DT2	山下水角楼	近圆形	1.2	2.0	0.2	2005年12月
DT3	山下水角楼	近圆形	40.0			1949年前
DT4	山下水角楼	近圆形	4.0	3.0	0.2	1997年
DT5	大围村马池塘	近圆形	3.0	3.0	0.5	2006年春
DT6	大围村马池塘	近圆形	2.0	2.0	0.3	2006年春
DT7	大围村马池塘	长条	0.8	1.0	0.5	2006年4月
DT8	大围村马池塘	长条	6.5	3.0	2.5	2005年3月16日
DT9	大围村马池塘	近圆形	2.0	3.5	1.0	2005年6月22日
DT10	大围村马池塘	近圆形	1.5	4.0	0.5	2005年4月
DT11	大围村马池塘	近圆形	1.5	4.0	0.3	2005年春
DT12	大围村马池塘	近圆形	3.0	2.0	0.3	2005年春
DT13	大围村马池塘	近圆形	2.0	5.0	0.3	
DT14	大围村马池塘	方形	5×4	4.0	0.3	2007年春
DT15	大围村马池塘	椭圆	5.5	3.0	0.3	2006年冬
DT16	大围村马池塘	近圆形	1.2	2.0	0.1	2006年夏
DT17	大围村马池塘	近圆形	0.8	1.5	0.2	2007年春
DT18	大围村屋仔	近圆形	2.0	2.0	0.2	2005年春
DT19	大围村屋仔	近圆形	1.5	2.0	0.2	2005年春
DT20	大围村屋仔	近圆形	1.0	2.5	0.2	2007年8月2日
DT21	大围村屋仔	方形	2×3	2.0	0.3	2005年春
DT22	大围村屋仔	近圆形	0.4	1.0	0.1	2007年8月1日
DT23	大围村屋仔	方形	1.3×2	3.0	0.2	2007年5月
DT24	大围村屋仔	方形	5×3.5	3.0	0.3	2000年夏
DT25	大围村屋仔	近圆形	1.8	2.0	0.2	2006年夏
DT26	大围村屋仔	方形	3×4	3.0	0.3	2006年夏
DT27	大围村屋仔	近圆形	2.5	1.5	0.3	2006年夏
DT28	大围村岩子	方形	0.5×0.7	0.5	0.1	2006年
DT29	大围村岩子	近圆形	6.0	5.0	0.3	2006年夏
DT30	大围村岩子	近圆形	1.5	2.0	0.3	2004年冬
DT31	大围村岩子	近圆形	1.7	4.0	0.3	20世纪90年代中期
DT32	大围村岩子	方形	3×12	3.0	0.3	2005年春
DT33	大围村岩子	近圆形	1.6	4.0	0.3	2005年6月
DT34	大围村岩子	不规则	1.2	3.0	0.3	2006年3月

续表

编号	岩溶塌陷位置	塌陷坑形状	塌陷坑直径/m	塌陷坑深度/m	灾情损失/万元	岩溶塌陷发生时间
DT35	大围村岩子	方形	4×5	8.0	1.0	1995年夏
DT36	祖堂王龙村	方形	1.5×0.6	0.8	0.2	2007年春
DT37	祖堂王龙村	近圆形	5.5	3.0	0.1	2005年春
DT38	祖堂王龙村	近圆形	3.5	3.0	0.5	2005年春
DT39	祖堂王龙村	近圆形	4.5	8.0	1.0	2005年春
DT40	祖堂王龙村	近圆形	4.0	2.0	0.5	2005年春
DT41	祖堂王龙村	近圆形	5.0	3.0	0.1	2005年
DT42	祖堂王龙村	近圆形	2.0	2.5	0.1	2005年
DT43	祖堂老祖堂	方形	5×3	3.0	0.2	2006年3月
DT44	祖堂老祖堂	近圆形	1.5	3.0	0.3	2006年3月
DT45	祖堂老祖堂	近圆形	2.0	1.0	0.3	2005年冬
DT46	祖堂老祖堂	近圆形	1.0	0.5	0.2	2006年春
DT47	祖堂老祖堂	近圆形	4.0	3.0	0.1	2006年3月
DT48	祖堂老祖堂	近圆形	8.0	3.0	0.2	2005年9月
DT49	西门-岩子	近圆形	0.8	1.5	0.2	2007年8月1日
DT50	祖堂何屋	近圆形	3.0	5.5	0.2	2006年11月26日
DT51	祖堂竹园村	近圆形	1.5	2.0	0.2	2006年夏
DT52	祖堂竹园村	近圆形	2.0	0.1	0.2	2007年4月
DT53	祖堂竹园村	近圆形	4.0	2.0	5.0	2006年9月
DT54	祖堂洪屋	近圆形	2.0	3.0	0.1	2007年2月
DT55	祖堂大岭	近圆形	2.5	3	0.3	2008年4月9日

表3.3.5　惠州市龙门县平陵隐伏岩溶盆地内地面沉降发育特征

编号	沉降位置	沉降分布形状	规模/m	沉降量/cm	受威胁人数	灾情损失/万元	地面沉降始发时间
DB1	山下村	近圆形	120×100	1~5	130	44.0	2005年12月
DB2	马池塘村	不规则	20×5	0.5~1	6	2.0	2005年3月
DB3	马池塘村	长条状	2~3	1~2	6	0.5	2006年春
DB4	马池塘村	长条状	6~7	0.8~2	6	1.0	2005年春
DB5	马池塘村	长条状	6~8	1~2.5	5	0.5	2005年春
DB6	马池塘村	不规则	20×5	1~3	5	1.0	2000年3月
DB7	马池塘村	不规则	20×5	2~3	4	1.0	2005年3月
DB8	马池塘村	长条状	6~8	1~2	7	1.5	2005年3月
DB9	大围屋仔村	长条状	2~3	1	4	2.0	2006年夏
DB10	西门小学	方形	80×40	1~4	296	32.0	2005年3月

续表

编号	沉降位置	沉降分布形状	规模/m	沉降量/cm	受威胁人数	灾情损失/万元	地面沉降始发时间
DB11	王龙村	长条状	5～10	1～2	8	12.0	2005年1月
DB12	王龙村	长条状	2～3	1～2	4	2.0	2006年7月
DB13	老祖堂	长条状	7	0.8～1.5	7	1.0	2005年冬
DB14	王龙村	长条状	3～4	2～4	5	0.5	2006年冬
DB15	王龙村	长条状	2～3	1～2	5	4.0	2007年1月
DB16	王龙村	长条状	4～5	0.5～0.8	3	0.2	2007年春
DB17	老祖堂村	长条状	3	0.5	8	2.0	2005年夏
DT18	老祖堂村	长条状	>10	1～2	12	1.5	2006年3月
DB19	老祖堂村	变形区	3～4	2～4	7	1.5	2006年9月29日
DB20	老祖堂村	长条状	2.5	2～4	3	0.3	2005年
DB21	老祖堂村	长条状	2～6	0.3～0.5	6	2.0	2006年3月
DB22	老祖堂村	长条状	3～4	1～4	4	0.5	2005年
DB23	老祖堂村	长条状	13	0.2～0.8	3	0.8	2005年
DB24	旧屋村	长条状	2～2.5	2～3	5	0.3	1992年
DB25	旧屋村	长条状	4～5	2～3	5	1.5	1980年前

平陵隐伏岩溶盆地的地面沉降主要表现为房屋开裂、地表变形及局部沉陷。地面沉降多发生于2005～2006年，累积发生地面沉降19处，约占地面沉降总数的76%。地面沉降变形影响范围大于100m²的共有4处，其余影响范围较小。地面沉降多表现为房屋墙体开裂或房屋室内、外地坪沉陷开裂，直接受地面沉降影响的人数为554人，特别是山下村水角楼地面沉降和大围岩子村西门小学地面沉降，直接威胁人员达426人，占受地面沉降威胁总人数的76.9%。

5. 岩溶塌陷形成原因

综合分析惠州市龙门县平陵隐伏岩溶盆地岩溶塌陷的孕灾地质环境背景和诱发因素，并结合广东省惠州地质工程勘察院的龙门县平陵镇岩溶塌陷地质灾害勘查成果，可以发现惠州市龙门县平陵镇隐伏岩溶盆地岩溶塌陷的形成原因有如下3个方面。

1) 旱涝交替是惠州市龙门县平陵镇岩溶塌陷的直接诱发因素

从龙门县平陵镇岩溶塌陷地质灾害的发生时间看，岩溶塌陷多发生于每年的2～3月，其他季节和月份少量断续发生。表3.3.5表明，2005～2007年惠州市龙门县平陵镇月降水量差异性较大，如2005年春，平陵镇隐伏岩溶盆地一带干旱十分严重，岩溶塌陷活动强烈；2005年6月，平陵镇隐伏岩溶盆地内的降雨量陡增为1647.3mm，2005年10月至2006年1月平陵镇隐伏岩溶盆地又遇干旱，4个月的降雨量仅为31.3mm，这期间岩溶塌陷活动又大量发生，说明经过2005年6月的强降雨过程之后，隐伏岩溶盆地内地下水位上升幅度较大，紧随之后的强烈干旱又使得隐伏岩溶盆地内的地下水位下降幅度较正常年份明显增大，又开始引发大量的岩溶塌陷活动。同时，由于平陵隐伏岩溶盆地内稻田分布广泛，2005～2007 年连续 3 年的持续干旱，导致平陵隐伏岩溶盆地上游的翁坑水库大量放水灌溉稻田，旱季时的地表水入渗更容易对覆盖层土体产生软化作用，进而引发龙门县平陵隐伏岩溶盆地内第四系覆盖层厚度小于 10m 的地段发生数量较多的岩溶塌陷。据 2007～2008 年的钻孔地下水位和民井地下水位的有关监测资料，丰水期钻孔地下水位较高，地下水位高程为 56.16～67.41m，10 月以后随着降雨量的减少，钻孔地下水位逐渐下降，地下水位高程为 54.55～65.41m，枯水期与丰水期的钻孔地下水位变幅为 1.22～2.83m；丰水期民井地下水位高程为 54.27～106.00m，枯水期民井地下水位高程为 53.66～104.84m，枯水期与丰水期的民井地下水位变化幅度为 0.07～5.32m，两者充分说明了旱涝交替导致平陵隐伏岩溶盆地内的地下水位波动强烈，持续性的旱涝交替过程是岩溶塌陷的直接诱发因素。2005～2007 年惠州市龙门县平陵镇月降雨量及蒸发量统计如表 3.3.6 所示。

表 3.3.6　2005～2007 年惠州市龙门县平陵镇月降雨量及蒸发量统计

月份	2005 年		2006 年		2007 年	
	降雨量/mm	蒸发量/mm	降雨量/mm	蒸发量/mm	降雨量/mm	蒸发量/mm
1	18.0	77.2	6.0	102.0	28.9	94.3
2	69.8	49.3	154.6	100.4	59.2	85.2
3	169.7	81.3	311.9	75.0	84.2	64.3
4	124.6	90.8	227.0	88.2	311.6	83.5
5	412.4	114.0	654.5	94.7	159.3	157.5
6	1 647.3		681.9	124.0	507.4	124.0
7	83.0	204.9	378.8	179.3	65.4	210.0
8	309.1	158.7	224.2	186.0	337.4	157.9
9	55.9	167.0	121.6	151.2	152.4	156.7
10	1.7	185.8	43.0	137.4	32.1	163.9
11	19.0	131.1	155.0	112.4	9.3	137.7
12	4.6	127.7	39.9	112.3	21.8	101.2

2）隐伏灰岩的岩溶强烈发育特征和具有多层结构特征的覆盖层松散土体为惠州市龙门县平陵镇岩溶塌陷的孕育、形成和发生提供了良好的内生地质环境背景

从龙门县平陵镇岩溶塌陷地质灾害的空间分布特征看，岩溶塌陷大多分布于隐伏岩溶盆地内的主要岩溶发育带内，呈北东走向的带状分布特征，同隐伏岩溶盆地内的岩溶发育带延伸方向基本相同，且主要靠近北西部复式背斜核部并沿北东走向的三丫石断裂带（F3）延伸，而这些地质构造部位的岩溶发育程度高，溶洞和土洞分布密集。隐伏岩溶盆地内的覆盖层土体呈多层结构特征，自上而下依次为人工填土及耕植土、卵石、含卵石粉质黏土和粉质黏土等，上部卵石层为透水层，现场抽水试验的渗透系数为 6.01～8.95m/d；下部可视为弱透水层，粉质黏土内土洞发育较广泛，当覆盖层内的土洞顶板难以支撑上部荷载和土体自重时，易引发岩溶塌陷活动。

3）人工抽排地下水活动加剧了惠州市龙门县平陵镇岩溶塌陷的活动强度

惠州市龙门县平陵镇隐伏岩溶盆地内分布有芦石、三丫石和山下等 3 个大型石灰岩矿山，矿山开采总表面积为 6 313～11 304m², 开采深度为 12.5～13.0m，3 个矿山生产期间抽排地下水的水量大于 3 600m³/d，直接加大了隐伏岩溶盆地内地下水位的下降幅度；平陵隐伏岩溶盆地内的居民村庄多而分散，绝大部分村民挖掘民井开采孔隙水作为生活用水的水源，民井多达 266 个，旱季时估算地下水开采量为 1 360m³/d，旱季由于降雨量较小，极易出现地表水干枯，地下水补给量减少，众多民井抽水既加剧了区域地下水位的持续下降幅度，又造成局部地下水的径流方向改变，人为改变了地下水渗流的水动力环境条件，因此，露天开采石灰岩抽排地下水和民井抽水也是诱发平陵隐伏岩溶盆地内岩溶塌陷的重要因素。

综上所述，分析惠州市龙门县平陵镇旱涝交替引发岩溶塌陷的动态演变过程，可以认识到旱涝交替引发的岩溶塌陷不能看作是一种简单的自然因素导致的岩溶塌陷地质灾害，它产生的前提是由于长期受自然因素或人类工程活动因素的影响，造成一定范围的具有孕育岩溶塌陷地质环境背景的地质体内的地下水处于强烈的动态变化状态之中，这种地下水环境的动态演变导致特定范围的地质体处于一种临界平衡状态。一旦遇到较长时间的持续性干旱，干旱作用可进一步造成地下水位降低，干旱之后的强降雨过程又快速导致地下水位上升，地下水位的这种急剧变化最终将打破系统的临界平衡状态，从而引发岩溶塌陷活动，因此，持续严重的旱涝交替是这类岩溶塌陷的直接诱发因素。

第 4 章 人为因素岩溶塌陷

人为因素岩溶塌陷指的是抽排地下水、矿坑突水、地下采矿、隧道开挖、基础工程施工、地面加荷及地面振动等人类工程活动因素引发的岩溶塌陷地质灾害。针对广东省人为因素岩溶塌陷的发育特征和直接诱发原因,大致可分为抽排地下水岩溶塌陷、隧道开挖岩溶塌陷、机械贯穿岩溶塌陷、采矿活动岩溶塌陷和地面加载岩溶塌陷等五种主要类型。

4.1 抽排地下水岩溶塌陷

抽排地下水引起的岩溶塌陷是广东省岩溶塌陷地质灾害的主要类型。据不完全统计,约占全部岩溶塌陷总数的 70%以上,数量多,分布广,规模大。表 4.1.1 是近年来广东省典型抽排地下水岩溶塌陷的发育特征。从表中可以看出,人工抽排地下水引发的岩溶塌陷多形成于隐伏岩溶地带,主要是由人工地面开采地下水和采矿抽排地下水引起,这类岩溶塌陷的危害范围大,危险性程度高,常常造成大面积的地面房屋开裂和财产损失,岩溶塌陷的灾情严重。

表 4.1.1 广东省典型抽排地下水岩溶塌陷的发育特征

岩溶塌陷地点	发生时间	塌陷坑形态特征	灾情特征	诱发因素
广州市江村和新华水源地	1966 年～1995 年 12 月	累计形成塌陷坑 392 个,塌陷坑直径 5～45m,可见深度为 1～5m	累计毁坏铁路 4km 和公路 15km,损坏农田 1 000 多亩等	过量开采岩溶地下水引起塌陷
英德市英德玻纤厂	1974 年 11 月	形成塌陷坑 4 处,平面形状为椭圆—圆形,塌陷总面积 1.13～11m²,深 1～2.5m	毁坏水渠及农地,造成抽水机井停产	两眼机井加大抽水引起岩溶塌陷
广州市白云区人和镇矮岗村	1995 年 6 月 11 日～7 月 18 日	塌陷坑平面呈圆形及椭圆形,呈串珠状排列,直径 1～4m,深 1～2.35m	鱼塘蓄水沿塌陷坑及裂缝漏失、干涸	三眼机井抽水试验引起岩溶塌陷
广州市花都区赤坭镇荷塘村	1997 年 5 月～2005 年 8 月	累计形成直径 2～5m 的塌陷坑 150 多个,沿南北向呈条带状集中分布	引起荷塘村超过 70%的单层房屋裂缝,影响范围 2.5km²	周边 3 个采石场的抽排水量约为 10 000t/d
广州市从化区鳌头镇中堂村	1997 年 6 月～1998 年 5 月	直径 6～10m 的塌陷坑 3 个,局部地面下沉、错位	18 户村民住房严重开裂,农田下陷	开采地下石灰岩抽排地下水引起
佛山市三水区金本镇芹坑村	1998 年 11 月	塌陷坑多呈圆形,共计 30 多处,最大直径 20m 左右	地面产生裂缝,数十栋房屋开裂及倾斜	露天开采石灰岩抽排地下水引起
英德市青塘镇青新村	1999 年 8 月 30	塌陷坑直径 7.6m,平面近圆形,深度 18m	地面产生裂缝,毁坏农田面积约 80m²	供水井长期抽用岩溶地下水引起
梅县程江镇大塘村湖洋田	2003 年 5 月 22 日～6 月 5 日	形成 5 个塌陷坑,面积为 5～25m²,深度 1.5～3m	直接毁坏农田 200m²,潜在影响 50 多亩	地下采石场抽排地下水引起
连南县大麦山镇铜矿区	2002 年 7 月～2003 年 6 月	形成 2 个塌陷坑,平面形态呈圆形,直径为 0.5～3m	房屋开裂 3 500m²,直接经济损失 140 万元	采矿大量抽取地下水引起

续表

岩溶塌陷地点	发生时间	塌陷坑形态特征	灾情特征	诱发因素
兴宁市岗背镇学士村荣昌围	2003年8月19日~9月25日	共形成塌陷坑12处，大都呈椭圆形，面积为3~15m²，可见深度1~5m	62户居民房屋产生裂缝，威胁2060多人的生命财产安全	地下开采石灰石抽排地下水诱发
平远县东石镇白岭村	2003年10月	塌陷坑呈圆形，直径1~3m，可见深度2m	4户居民房屋及地面产生裂缝	露天开采铁矿石抽排地下水诱发
高州市长坡镇低寨村	2004年1月4日	地面形成直径为1~5m的塌陷坑12处	18户村民房屋及地面产生裂缝，直接经济损失30万元	露天采石场抽排地下水引起
增城市派潭镇高滩村	2005年3月13日	共形成规模不等的塌陷坑18个，呈椭圆形，最大面积45m²，深度0.8~3.5m	塌陷影响范围约为1700m²，造成农田下陷及漏水	露天采石场抽排地下水引起
佛山市南海区大沥镇黄岐第二中学	2008年2月~11月30日	共形成8个塌陷坑，直径1.5~6.5m	对黄岐第二中学造成极大威胁，直接导致学校搬迁、停课	地下隧道施工抽排地下水引发
广州市荔湾区桥中街大坦沙岛坦尾村	2008年1月22~29日	共形成6个塌陷坑，可见深度1.0~4.3m，塌陷面积30~420m²不等	造成7间房屋倒塌及21间房屋开裂，直接经济损失约149万元	地铁基坑施工抽排地下水引起
广州市从化区鳌头镇大凼村涯汾队	2014年1月25日	稻田及耕地发生3次塌陷，形成8个圆状塌陷坑，塌陷坑直径2.0~3.0m，深1.2~2.0m	威胁五幢砖瓦平房及2.5层砖混结构楼房的安全，影响面积约700m²	自来水厂长期抽采地下水引起
广州市白云区石门街红星村红星工业路	2014年11月14日	塌陷坑南北长约2.8m，东西宽约1.6m，深约2.1m，坑内积水，水深0.25m	造成工程施工暂停	工程施工抽排地下水引起
广州市从化区鳌头镇岭南村、步美村	2014年9月~2015年3月	累计出现19个塌陷坑，塌陷直径1~10m，深1~3m，塌陷坑内充水	塌陷坑毁坏稻田及果树林，直接经济损失总计约5万元	村民人工抽用地下水引发
广州市花都区赤坭镇蓝田村	2015年5月6日	塌陷坑近椭圆形，短轴长约5.3m，长轴约6.4m，坑内充水，水深约3.0m	塌陷坑毁坏植物及果园林木，直接经济损失约1.5万元	露天负地形采石场人工抽排地下水引起
广州市赤坭镇瑞岭村大东二社东一巷3号	2017年5月4日	塌陷坑呈长条形，长约2.2m，宽1.7m，可见深度约2m，坑内无积水	道路路面开裂，污水管道破裂	村民人工抽用地下水引发
梅州市平远县东石镇羊背村	2018年5月4日	形成3个塌陷坑，呈椭圆形，长轴直径1.2~3.8m，最大可见深度2.3m	造成两栋楼房墙体开裂，多处道路裂缝及沉陷	露天采石场抽排地下水引起
惠州市龙门县龙江镇罗洞村	2018年11月~2019年3月	累计形成11个塌陷坑，可见深度1.5~3.2m，塌陷坑面积2.8~50m²不等	造成多户村民房屋及地面裂缝，直接经济损失约150万元	露天采石场抽排地下水引起

【实例分析】佛山市南海区大沥镇黄岐二中—敦豪物流中心岩溶塌陷

2008年2~11月，佛山市南海区大沥镇黄岐二中—敦豪物流中心等地段先后发生8处岩溶塌陷和地面沉降地质灾害（图4.1.1），对黄岐二中、敦豪物流中心、陈溪村、沙溪西一村和环村一带的厂矿企业和人民生命财产造成了极大的危害。岩溶塌陷虽未直接造成人员伤亡，但造成的直接经济损失约为1.2亿元，受岩溶塌陷威胁的人数超过1500多人，估算潜在经济损失约为2亿元。广东佛山地质工程勘察院对佛山市南海区大沥镇黄岐二中—敦豪物流中心一带的岩溶塌陷地质灾害进行了系统的工程地质勘查，基本查明了岩溶塌陷分布地段的岩溶发育特征，详细分析了岩溶塌陷的发育规律和岩溶塌陷的灾情特征。

图 4.1.1 佛山市南海区大沥镇黄岐二中—敦豪物流中心岩溶塌陷分布图

1. 自然地质环境特征

1）气象及水文

佛山市南海区大沥镇降雨极为丰富，1957 年以来年平均降雨量为 1 619.2mm，最大年降雨量为 2 343.8mm（2008 年），最少年降雨量为 1 075.7mm（1991 年），降雨量强弱为枯水年和丰水年交替互现，台风时暴雨日降雨量可达 300mm 以上，每年 4~9 月降雨最多，降雨量约占全年的 80%。每年夏秋台风活动频繁，风力一般为 6~10 级，台风和夏季的洪涝是南海区主要灾害性天气。黄岐二中—敦豪物流中心岩溶塌陷分布地段位于佛山市南海区黄岐镇的泌涌村、陈溪村境内，河涌密布，水道纵横，受珠江口潮汐的影响，陈溪村西南边的河涌水位升降波动强烈，涨退潮差为 1.0~1.3m，暴雨、涨潮时节易形成洪涝灾害，危及建筑物和居民的安全；从整体上看，河涌水位受潮汐影响变化频繁，河水位变化周期随季节呈动态变化，水流较平缓。

2）地形地貌特征

黄岐二中—敦豪物流中心岩溶塌陷分布地段地处珠江三角洲北部低丘陵区与平原区之过渡地带，地貌类型为三角洲冲积平原地貌单元，地势平坦，地面高程2～5m。

3）地层与岩性

黄岐二中—敦豪物流中心岩溶塌陷分布地段的地表为第四系覆盖。岩溶塌陷分布地段的隐伏地层可划分为石炭系石磴子组（$C_1\hat{s}$）、石炭系测水组（C_1c）、石炭系壶天组（C_2ht）、侏罗系金鸡组（J_1j）、白垩系大塱山组（K_2dl）和第四系残积层（Q^{el}）及桂洲组（Qhg）等（图4.1.2和图4.1.3）。岩性较复杂，以碳酸盐岩为主，夹炭质页岩、砂岩，还有红层碎屑岩及灰岩质砾岩等，石炭系灰岩及侏罗系灰岩质砾岩的岩溶作用强烈，溶洞发育；第四系覆盖层厚度较薄，北部淤泥分布较多、南部粉砂、细砂、中砂分布较广。基岩埋深普遍较浅，高程一般为-10.60～-24.0m，局部深为-40.8m，基岩面起伏较大，古地貌总体为一北东向展布的凹槽，局部为古岩溶漏斗。

（1）石炭系石磴子组（$C_1\hat{s}$）。分布于黄岐二中以北、海北大道两侧、建设大道西段两侧及敦豪物流中心一带，隐伏于第四系之下。岩性为灰色、深灰色、灰黑色中—厚层状灰岩、白云质灰岩、生物碎屑灰岩夹少量炭质页岩、砂岩等，灰岩中方解石脉及缝合线构造发育，灰岩缝合面发育炭质薄膜。灰岩的岩溶作用强烈，溶洞极其发育。该套地层总体走向为北北东向，厚度大于500m。

（2）石炭系测水组（C_1c）。分布于广州西环高速公路浔峰洲收费站东侧匝道口至建设大道之间地段的两侧，隐伏于第四系之下。岩性为砂砾岩、粉细砂岩、炭质页岩、炭质泥岩，夹灰岩透镜体及煤线。该套地层褶皱发育，总体走向为北东向，有少量的土洞、溶洞发育。推测与下伏石磴子组呈整合接触或断层接触，厚度大于200m。

（3）石炭系壶天组（C_2ht）。分布于黄岐二中北东、广州西环高速公路以东及建设大道北东侧，隐伏于第四系之下。岩性为灰色、浅灰色，中—厚层状灰岩、生物碎屑灰岩、白云质灰岩。该套地层的岩溶作用强烈，溶洞极其发育。总体走向为北东向，与下伏地层呈断层接触，被中生代地层不整合覆盖，厚度大于100m。

（4）侏罗系金鸡组（J_1j）。分布于黄岐二中地段，隐伏于第四系之下，岩性为灰岩质砾岩，厚层状，砾石成分为浅灰色、灰色、紫红色灰岩，次棱角状—次圆状，砾石大小1～6cm，红色钙质胶结。该套地层岩溶作用强烈，溶洞十分发育。厚度为100～230m，与下伏地层呈不整合接触。

（5）白垩系大塱山组（K_2dl）。分布于岩溶塌陷发育地段的西北部和东南部，总体上呈北东向展布，走向北东，倾向南东，岩层倾角5°～10°，覆盖于侏罗系灰岩质砾岩之上，并超覆于石炭系之上，隐伏于第四系之下。岩性为棕红色、褐红色、紫红色砂砾岩、粉砂岩、粉砂质泥岩、泥岩、钙质泥岩，底部为复成分砾岩。不整合于晚古生代或中生代地层之上，厚度为212m。

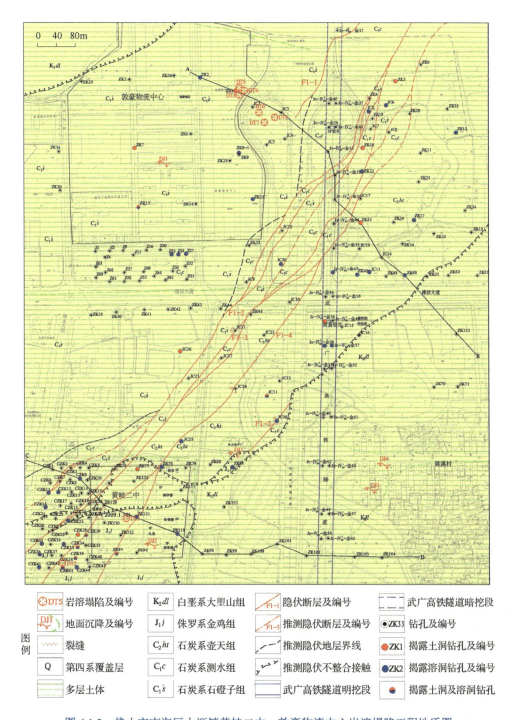

图 4.1.2 佛山市南海区大沥镇黄岐二中—敦豪物流中心岩溶塌陷工程地质图

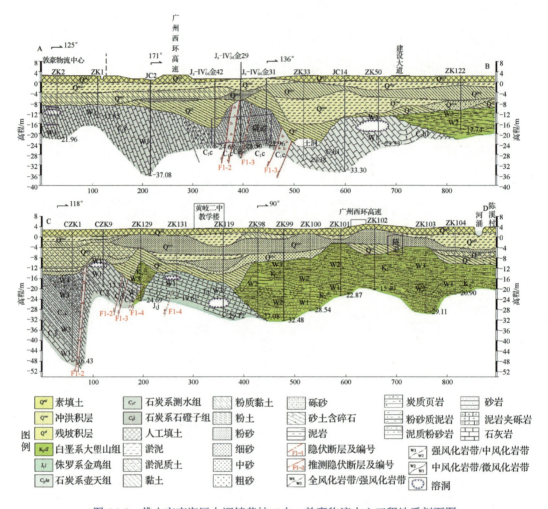

图4.1.3 佛山市南海区大沥镇黄岐二中—敦豪物流中心工程地质剖面图

(6) 第四系残积层(Q^{el})。隐伏于第四系冲淤积层之下，土层成分因地而异，以红色、灰黄色黏性土为主，含碎石，黏性相对较差，厚度为1.6~14.0m。在灰岩分布区或灰岩质砾岩分布区一带，由于基岩中溶洞发育，基岩之上的残积土层具有一定的透水性，黏性又相对较差，故残积土层的中、下部易形成土洞。

(7) 第四系桂洲组(Qhg)。广泛分布于地表，为三角洲海陆交互相冲淤积层。由淤泥、黏土、粉砂、细砂和中粗砂组成，厚度为4.4~18.6m。

4) 地质构造特征

黄岐二中—敦豪物流中心岩溶塌陷分布地段处于广花复式向斜南部的水口背斜东南翼，地表全部被第四系覆盖。区内自北西至南东揭露的地层依次为石炭系石磴子组（$C_1\hat{s}$）、测水组（C_1c）及壶天组（C_2ht）。岩层走向北北东，总体倾向南东，岩层倾角为50°~60°，构成水口背斜的东南翼，次级褶皱发育，并伴随发育走向断裂，基岩中较软弱的岩层发生强烈揉皱，局部呈透镜体状，岩质坚硬的灰岩发生碎裂、破碎，裂隙发育，导致岩溶发育强烈。根据地质钻探结果及武广铁路地下隧道开挖地质编录资料，岩溶塌陷分布地段发育北东向断层 5 条（图 4.1.1 和图 4.1.2），自北西向南东依次编号为 F1-1、F1-2、F1-3、F1-4 和 F1-5，另外还发育一些次级分叉复合小断层。

（1）F1-1 断层。沿广州西环高速公路浔峰洲收费站东北角一带展布，向北东方向延伸。武广铁路隧道开挖工作面地质编录资料显示 DK2195+720～DK2195+740 处为黑色强风化炭质页岩，断层较多，围岩走向与隧道轴线的夹角变化大，夹角范围为 0°～70°，结构面间距小于 0.2m 或 0.2～0.4m，结构面组数大于 4 组。

（2）F1-2 断层。沿黄岐二中运动场西北角—广州西环高速公路西侧匝道与建设大道交会处西侧—广州西环高速公路东侧弧形匝道一线展布，两端分别向南西、北东方向延伸，两端各有分支断层与 F1-3 断层复合。广州西环高速公路东侧弧形匝道北东的 ZK4 钻孔深度为 20.0～24.8m 处可见构造角砾岩，岩石固结差，较松散，原岩为深灰色灰岩；武广铁路隧道开挖工作面地质编录资料显示 DK2196+000～DK2196+045 处为断层碎石带，原岩为砂岩，与隧道轴线的夹角为 60°，结构面间距小于 0.2m，结构面组数大于 4 组；广州西环高速公路西侧匝道东的 JC18 钻孔深度 9.5～29.0m 处揭露硅化碎裂岩，原岩为灰岩，29.0～50.4m 为构造角砾岩，角砾成分为灰岩，底部有 0.4m 的黑色断层泥，岩石固结差，较松散；黄岐二中运动场西北角的 ZK76 钻孔深度为 12.0～15.7m 处可见碎裂岩，原岩为灰岩，岩石强烈破碎，风化严重；黄岐二中运动场西侧小公园中部的 CZK23 钻孔深度为 24.7～27.9m 处可见构造角砾岩，原岩为灰岩夹炭质页岩，岩石强烈破碎，见灰岩角砾的旋转碎斑及拖尾，为压性断层；黄岐二中运动场西侧小公园北部的 CZK3 钻孔的微风化含炭质灰岩中可见沿炭质薄膜发育不同方向的两组擦痕，显示断层具有多期活动。

（3）F1-3 断层。沿黄岐二中运动场西北角—广州西环高速公路西侧匝道与建设大道交会处东侧—广州西环高速公路东侧直行匝道中段一线展布，两端分别向南西、北东方向延伸，中段及西南端有分支断层与 F1-2 断层复合。武广铁路隧道开挖工作面地质编录资料显示 DK2196+090～DK2196+140 为断层碎石带，原岩为砂岩，围岩走向与隧道轴线的夹角变化大，夹角范围为 0°～70°，结构面间距小于 0.2m 或 0.2～0.4m，结构面组数大于 4 组；建设大道与沙溪路交叉口南东的 JC21 钻孔深度为 30.0～33.1m 可见硅化碎裂岩，岩石强烈破碎；沙溪路东侧的 JC27 钻孔深度为 11.4～32.4m 为构造角砾岩，角砾成分为灰岩，大小为 0.5～5.0cm，岩石固结差，较松散；黄岐二中运动场西北角的 ZK127 钻孔深度为 12.8～16.9m 为构造角砾岩，原岩为黑色炭质页岩夹灰岩，岩石破碎，风化严重。

（4）F1-4 断层。沿黄岐二中运动场中部—沙溪路与体育路交叉口北西—广州西环高速公路与建设大道交叉处一线展布，向南西分叉延伸，向北东方向与 F1-3 断层复合。黄岐二中运动场西跑道中部东侧的 ZK129 钻孔岩芯见石炭系石磴子组（$C_1\hat{s}$）含炭质灰岩逆冲于白垩系褐红色砂岩之上，灰岩发育磨砾岩，红层泥岩片理化，岩芯强烈挤压破碎；沙溪路中部的 JC24 钻孔深度为 26.3～34.4m 处可见硅化碎裂岩，岩石强烈破碎。

(5) F1-5 断层。沿沙溪路与体育路交叉口东的广州西环高速公路附近展布。JC28 钻孔深度为 15.3～19.1m 处可见构造角砾岩，角砾大小为 1～5cm，原岩为炭质泥岩、泥灰岩，岩石固结程度低，结构较松散。

5) 水文地质环境特征

黄岐二中一带气候温和湿润、雨量充沛，多年平均降雨量 1 619.2mm，岩溶塌陷分布地段内南部发育一条河涌，自建设大道与西环高速交接处向南流出区外，水位受潮汐影响，变化幅度约为 0.8m。岩溶塌陷分布地段为珠江三角洲海冲积平原地貌，地面高程为 0.8～3.5m，地表全部被第四系覆盖。据地质钻探揭露，第四系厚度一般为 11.10～21.20m，敦豪物流中心一带淤泥、黏土发育，基本无砂层分布，其余地带含水介质主要为粉砂、中粗砂或砂砾石等，为孔隙弱承压水。覆盖层之下地层有石炭系石磴子组（$C_1\hat{s}$）、测水组（C_1c）、壶天组（C_2ht）、侏罗系金鸡组（J_1j）、白垩系大塱山组（K_1dl），其中壶天组（C_2ht）及金鸡组（J_1j）岩性分别为深灰色灰岩、灰白色灰岩、深灰色灰岩质砾岩，岩溶裂隙、溶洞发育，较少充填或半充填，受岩性及构造影响，岩溶较发育且连通性较好，地下水赋存条件好。根据钻孔资料及武广高铁隧道开挖地质调查记录资料，岩溶塌陷分布地段发育北东向断层 5 条及一些次级分叉复合小断层，其中 F1-1 断层穿过武广铁路 DK2195+720～DK2195+740 段、F1-2 断层、F1-3 断层、F1-4 断层穿过黄岐二中和武广铁路 DK2196+000～DK2196+150 段，断裂带岩性为构造角砾岩，破碎强烈，固结差，较松散，且影响下覆灰岩的岩溶发育程度，因此，岩溶塌陷分布地段的断裂带附近裂隙、岩溶发育，是地下水流动的良好通道，地下水易沿断裂带运移。

（1）地下水类型及富水性特征。根据岩溶塌陷分布地段的地下水赋存介质特征，可将地下水划分为松散岩类孔隙水、覆盖型碳酸盐岩类裂隙溶洞水、覆盖型基岩裂隙水和覆盖型红层裂隙水等四种类型。根据钻孔资料，局部地区钻孔揭露灰岩之上有一层红色的砂泥质碎屑岩，但以全风化和强风化居多，岩溶水应视为覆盖型碳酸盐岩类裂隙溶洞水。地下水含水层的富水性可划分为中等和贫乏两个等级（表 4.1.2）。

表 4.1.2 岩溶塌陷分布地段及周边地下水类型及富水性等级统计

地下水类型	含水地层代号	岩性	富水等级	富水等级指标 单井涌水量/（m³/d）	资料来源
松散岩类孔隙水	Qhg、Q^{mc}	粉细砂、中砂、粗砂	水量贫乏	<100	金沙洲隧道设计图及勘察资料
覆盖型碳酸盐岩类裂隙溶洞水	$C_1\hat{s}$、C_2ht、J_1j	灰岩、炭质灰岩、生物碎屑灰岩、白云质灰岩、灰岩质砾岩	水量中等	100～1 000	武广铁路抽水资料及勘察资料
覆盖型基岩裂隙水	C_1c	粉砂岩、炭质页岩	水量贫乏	<100	金沙洲隧道设计图及勘察资料
覆盖型红层裂隙水	K_2dl	泥岩、泥质粉砂岩、砂岩	水量贫乏	<100	1∶5 万佛山幅水文地质图

① 松散岩类孔隙水：松散岩类孔隙含水层主要分布于紫兰蒂内衣有限公司、黄岐二中、陈溪村一带，面积为 1.096km²，其余片区为淤泥、黏土发育带，其中仅个别孔区域（ZK12、ZK23、ZK18）有零星分布，但不连续。从整体上看，岩溶塌陷分布地段一

般发育 1~2 个含水层,都为全新统海相冲积砂层(Q^{mc})。上部含水层连续性较差,主要分布于紫兰蒂内衣有限公司、黄岐二中及其南侧两处,其余地方零星分布,含水层岩性主要为灰白色粉砂、细砂,黄岐二中一带含中粗砂,稍密—中密,级配较差,含水层厚度为 0.40~9.20m,平均为 2.55m,顶板埋深一般为 1.00~8.20m,底板埋深为 3.55~12.80m;下部含水层分布于紫兰蒂内衣有限公司、黄岐二中及南侧、东南角及犇力电子厂一带,含水层岩性主要为灰白色、褐黄色细砂、中粗砂,局部有砾砂,稍密—中密,级配较差,局部含泥质,含水层厚度为 0.50~9.30m,平均为 3.02m,顶板埋深一般为 5.00~18.00m,底板埋深为 6.20~20.30m。据金沙洲隧道勘察及设计资料,含水层渗透系数(K)为 1.38~10.56m/d,中等—强透水,钻孔单位涌水量为 0.163~0.776m³/(h·m),极弱富水,地下水矿化度为 0.435~1.661g/L,为淡—微咸水,水化学类型为 $HCO_3·Cl$—$Ca·Mg$、$HCO_3·Cl$—$Ca·Na$、Cl—$Ca·Na$ 型。淤泥、黏土发育带分布于敦豪物流中心—广州西环高速浔峰洲收费站一带、紫兰蒂内衣有限公司南侧的空地,仅个别孔有较薄的砂层(如 ZK9 孔揭露中砂厚为 2m、JC2 孔揭露细砂厚 1.1m)或淤泥、黏土中夹有少量的粉细砂,分布面积为 0.627km²。据金沙洲隧道勘察及相关设计资料,淤泥、淤质黏土的室内渗透系数测定结果为垂向为 $1.79×10^{-8}$~$2.41×10^{-7}$cm/s,极微透水,水平为 $1.67×10^{-8}$~$2.35×10^{-7}$cm/s,极微透水;粉质黏土、黏土的室内渗透系数测定结果为垂向为 $4.39×10^{-8}$~$1.70×10^{-5}$cm/s,微透水,水平为 $4.39×10^{-8}$~$1.89×10^{-5}$cm/s,微—极微透水,据此认为淤泥、黏土松散层富水性贫乏、微—极微透水,可视为隔水层。

② 覆盖型碳酸盐岩类裂隙溶洞水:覆盖型碳酸盐岩类裂隙溶洞水呈北东向条带状分布于岩溶塌陷分布地段中部,其北西边界为 ZK25~ZK27 一线,南东边界为 ZK18~ZK50~JC16~ZK81~ZK99 一线,中间的 F1-2 断裂带附近分布有不连续的测水组(C_1c)地层,其面积为 0.838km²。含水地层为石炭系石磴子组($C_1\hat{s}$)、壶天组(C_2ht)及侏罗系金鸡组(J_1j)等,岩性为深灰色、灰白色灰岩、炭质灰岩、生物碎屑灰岩、白云质灰岩和灰岩质砾岩。岩溶发育受岩性、构造、破碎程度、侵蚀基准面和地下水循环条件控制,发育程度和发育深度都不均匀,加上溶洞充填程度和充填物性质的不同,其富水性差异较大,以地层岩性而论,金鸡组(J_1j)灰岩质砾岩富水性最好,壶天组灰岩次之,石磴子组灰岩较差。石磴子组($C_1\hat{s}$)灰岩裂隙溶洞水分布于敦豪物流中心、紫兰蒂内衣有限公司及南侧空地一带,面积为 0.587km²;岩性为灰色、灰黑色灰岩,方解石脉充填较多,溶蚀现象较发育,岩溶发育程度弱,浅层溶洞一般为半充填或较少充填,充填物多为淤泥质黏土、粉细砂等;据金沙洲隧道设计资料,石磴子组强风化灰岩渗透系数(K)为 0.261~0.308m/d,钻孔单位涌水量为 0.011~0.034m³/(h·m);弱风化灰岩渗透系数(K)为 0.004~0.025m/d,钻孔单位涌水量为 0.0072~0.024m³/(h·m);灰岩裂隙发育带渗透系数(K)为 0.036~0.236m/d,钻孔单位涌水量为 0.011~0.034m³/(h·m),其渗透性均为弱透水,富水性均为极弱富水;岩溶发育地段的渗透系数(K)为 9.91~18.36m/d,钻孔单位涌水量为 2.89~7.39m³/(h·m),其渗透性为强透水,富水性为中等富水;地下水矿化度为 1.901~3.348g/L,微咸水—半咸水,水化学类型为 Cl-$Ca·Na$ 型。

壶天组（C_2ht）灰岩裂隙溶洞水呈条带状分布于岩溶塌陷分布地段，其北西边界为F1-3断裂，南东边界为ZK52～ZK66～ZK82～ZK117～ZK131～ZK94一线，南侧边界ZK76～ZK81一线，其分布面积为0.251km²；岩性为灰白色灰岩、生物碎屑灰岩和白云质灰岩，质纯，溶蚀现象发育，岩溶发育程度中等，溶洞一般为半充填或较少充填，充填物多为软塑状粉质黏土、含少量碎块；综合考虑断裂带对岩溶发育程度的影响，判断该含水层岩溶发育较强，岩溶裂隙及溶洞连通性较好。金鸡组（J_1j）灰岩质砾岩裂隙溶洞水分布于西南角黄岐二中一带，近似方形，其北边界为CZK27～CZK25～ZK131一线，东侧边界为沙溪路，其分布面积为0.133km²；含水层岩性为浅灰色、灰色灰岩质砾岩，胶结物为钙质，灰岩砾石磨圆度为次圆状，岩芯可见溶蚀凹槽，岩质坚硬，岩溶发育程度中等，溶洞一般为半充填或较少充填，充填物多以淤质黏土、黏土为主，小部分充填物含少量粉细砂；ZK131孔岩溶地下水位变化曲线与JC15、JC7、JC8孔完全相似，表明该断裂带区域岩溶发育且连通性好。因此，覆盖型碳酸盐类裂隙溶洞水分布区含水层主要为石炭系灰岩和侏罗系灰岩，岩溶发育程度强烈，北东向断裂发育，岩溶裂隙及溶洞连通性好，碳酸盐岩类富水性整体较好。

③ 覆盖型基岩裂隙水：呈北东向条带状断续分布于F1-2断裂带附近，北东侧宽度约100m，往南西逐渐变小，局部缺失，面积为0.106km²。含水层岩性为灰黑色炭质页岩、粉砂岩夹灰岩。根据金沙洲隧道设计资料，测水组强风化粉砂岩渗透系数（K）为0.103～0.136m/d，钻孔单位涌水量为0.032 7～0.144m³/(h·m)；粉砂岩裂隙发育带渗透系数（K）为0.103～0.136m/d，钻孔单位涌水量为0.043～0.058m³/(h·m)；强风化炭质页岩夹灰岩段渗透系数（K）为0.261～0.308m/d，钻孔单位涌水量为0.012～0.037m³/(h·m)；炭质页岩夹灰岩裂隙发育带渗透系数（K）为0.236～0.368m/d，钻孔单位涌水量为0.011～0.025m³/(h·m)；各含水层渗透性皆为弱透水，富水性为极弱富水。

④ 覆盖型红层裂隙水：主要分布于ZK52～ZK66～ZK82～ZK117～ZK131～ZK94一线南东侧及西北侧，均为第四系覆盖型红层裂隙水，分布面积为0.603km²。含水地层为白垩纪大塱山组，岩性主要为泥岩、粉细砂岩或泥质粉砂岩，其裂隙发育一般较差，地下水位埋深为0.2～5.0m不等，单井涌水量为1.07～85.57m³/d，平均为25.577m³/d，其渗透性和富水性极弱。水化学类型以HCO_3-Ca（Na）型为主，次为HCO_3·Cl·Na·Ca型，矿化度为0.092～0.93g/L。

（2）地下水补给、径流和排泄特征。

① 地下水补给特征：黄岐二中—敦豪物流中心一带雨量充沛，大气降雨入渗补给是区内地下水最主要的补给来源，河涌渗漏补给、地下水径流侧向补给也是区内地下水的重要补给来源。武广铁路隧道施工大水量、大降深抽取地下水期间，地下水动力场发生了变化。区内发育的F1-1、F1-2、F1-3、F1-4和F1-5等五条北东向断裂，前四条断裂均穿过武广铁路施工工地，岩溶塌陷部位外侧的覆盖型碳酸盐岩类裂隙溶洞水易沿断裂破碎带向岩溶塌陷分布地段补给。

② 地下水径流及排泄特征：黄岐二中—敦豪物流中心一带的地势平坦，天然条件

下水力坡度小，地下水运移缓慢，松散岩类孔隙水的运动方向总体为由北往南，碳酸盐岩类裂隙溶洞水的运动方向为在岩溶条带内由北东向南西流动。地下水的排泄主要为潜水蒸发、松散岩类孔隙水侧向径流排泄和碳酸盐岩类裂隙溶洞水地下潜流排泄。武广铁路隧道施工大水量、大降深抽排地下水期间，区内岩溶水的水位高程形成以DK2196+038～DK2196+300段为中心的地下水降落漏斗，漏斗呈近似"L"形，其中心地带地下水的水力坡度大，地下水流速远大于天然条件下的流速，向外侧地下水的水力坡度逐渐变小，地下水流速也相应减小，地下水位降深最大部位主要集中在断裂带附近和敦豪物流中心东侧区域。覆盖型岩溶水的流向总体上自四周向 DK2196+038～DK2196+300 段汇流，其中，敦豪物流中心一带岩溶地下水由北北西、北西、南西汇流至 ZK9、ZK28 孔附近，再向东运移，ZK13、ZK28 两孔相距 240m，水力坡度为 0.014 31，敦豪物流中心与武广铁路 DK2196+038～DK2196+300 段相距约 150m；黄岐二中一带岩溶地下水由南西向北东运移，ZK77、JC24 两孔相距 268m，水力坡度为 0.002 33，黄岐二中与武广铁路 DK2196+038～DK2196+300 段相距 400～600m；建设大道一线地下水由两侧向中间流动，JC9、JC20 两孔相距 81m，水力坡度为 0.027 0；建设大道北及广州西环高速公路以东空地一带岩溶地下水由北东向南西流动，ZK17、JC19 两孔相距 92m，水力坡度为 0.010 5。松散岩类孔隙水与岩溶地下水水力联系密切。据钻探资料，砂层与灰岩之间的残积土多为粉土夹碎石，由粉砂质泥岩、粉砂岩、砂岩等风化形成，含有粉砂，局部有碎石，其厚度为 2～7m，厚度较薄且具有一定的渗透能力；当大量抽取岩溶水时，松散岩类孔隙水可发生"越流"向下补给岩溶水。另外，岩溶塌陷分布地段部分地带残积层缺失，砂层直接覆盖于灰岩之上，如 ZK23 孔，该地带成为松散岩类孔隙水与岩溶水的良好联系通道。因此，岩溶塌陷分布地段松散岩类孔隙水也由四周向 DK2196+038～DK2196+300 段流动，通过深井降水或"越流"至岩溶水进行排泄。

（3）地下水动态演变特征。据有关岩土工程勘察报告，紫兰蒂内衣有限公司地下水位埋深为 0.80～1.60m；黄岐二中工程地质勘察报告（1996 年）表明场地的地下水位为 0.3～1.1m，大部分为 0.3m。因此，武广铁路施工前，岩溶塌陷分布地段的地下水位一般较浅，埋深为 0.30～2.40m，大部分地区小于 2m。据武广铁路金沙洲隧道勘察资料，金沙洲隧道 DK2195+690～+940 段，地下水承压水位埋深 0.90～4.70m，承压水位高程 1.20～-1.70m；DK2196+040～+120 段，地下水承压水位埋深 0.80～1.0m，承压水位高程 1.09～1.34m；DK2196+240～+430 段，地下水承压水位埋深 0.30～1.70m，承压水位高程 1.29～-0.31m。天然状态时地下水动态变化与降雨量密切相关，松散岩类孔隙水因埋藏浅，水位变化迅速，一般暴雨后十多小时水位即升到最高峰值，而覆盖型岩溶水升到最高峰值的时间较长，且地下水位的变化幅度较松散岩类孔隙水要小。岩溶塌陷分布地段地下水具有季节性变化的明显特点，每年 5～9 月处于高水位期，高峰期出现在 6～9 月，10 月以后，随着降雨量的减少，水位缓慢下降，每年 12 月至次年 4 月处于低水位期，2 月出现低谷。地下水位年变化幅度 0.3～1.0m。

据广东佛山地质工程勘察院（2009年1月3日至2月8日）地下水位监测数据，区内覆盖型岩溶水位一般为8.36～17.55m（最大值为2009年1月12日ZK9孔地下水位监测数据），各孔地下水位变化幅度极其不均，变化范围为0.26～3.81m。分析武广铁路施工前天然条件下地下水位埋深与最近地下水位埋深可以发现，整个岩溶塌陷分布地段岩溶水的水位下降幅度最大，武广铁路东侧水位埋深较西侧总体上小，地下水位下降幅度小于西侧，这是因为西侧岩溶发育相对较强。敦豪物流中心一带钻探施工时仅个别孔不漏水，说明该处岩溶裂隙连通性好，且西侧石磴子组（C_1s）灰岩岩层产状倾向南东，对岩溶裂隙发育规律影响较大，有利于岩溶水向南东方向运移。受抽水距离的影响，ZK3、ZK8、ZK13孔地下水位高程比ZK9、ZK28、ZK15孔大，地下水位降幅比后者小。同时，区内F1-3、F1-4断裂带附近，岩溶水的水位埋深较其他地方大，地下水位埋深较大的ZK77、JC25及JC24孔一线为F1-4断裂带，裂隙发育，有利于岩溶的发育，且该处岩溶含水层为壶天组（C_2ht）灰岩，灰岩质地较其他灰岩纯，岩溶发育程度更强，为岩溶地下水运移的良好通道。由此可见，岩溶塌陷分布地段的覆盖型岩溶水位变化较大，最大降深大于10m，地下水位变化幅度极其不均；武广铁路东侧岩溶地下水位埋深较西侧总体上小，地下水位下降幅度小于西侧；断裂带附近的岩溶水位埋深较其他地方大。

总之，岩溶塌陷分布地段地下水类型主要有松散岩类孔隙水、覆盖型碳酸盐岩类裂隙溶洞水、覆盖型基岩裂隙水和覆盖型红层裂隙水等四种，地下水主要储水空间为松散砂层、岩溶裂隙及溶洞、断裂带的构造裂隙及基岩裂隙，相互之间水力联系密切。据区域水文地质资料，天然状态时岩溶水位埋深为0.34～5.77m，地下水位变化幅度为0.5～1.5m。地下水位监测期间实测岩溶地下水位埋深8.36～17.55m，地下水位变化幅度为0.26～3.81m，且DK2196+038～DK2196+300段施工时大量抽取岩溶地下水，两个竖井日抽水流量最大分别为5 800m³/d、6 500m³/d，导致岩溶水的流向总体由四周向武广铁路DK2196+038～DK2196+300段流动。因此，武广铁路金沙洲隧道施工期间抽排地下水是引发黄岐二中—敦豪物流中心一带岩溶地下水的水位埋深大幅下降及水位波动的主要原因。

2. 覆盖层工程地质特征

1）覆盖层物质组成特征

根据沉积年代、成因、岩性及物理力学性质的差异特征，覆盖层土体自上而下可划分为人工填土层、冲淤积土层及残积土层等三类（图4.1.3）。按土体工程地质性质可将覆盖层土体进一步细分为9层，其中第（1）层为人工填土层，第（2）～（8）为冲淤积土层，第（9）层为残积土层。

（1）素填土（Q^{ml}）。地表均有分布，厚度为0.80～6.10m，层面高程为1.05～4.80m。呈紫红色、灰黄色，黏性土为主，含砂粒，局部见少量碎石、瓦片、砖块，透水性弱。

（2）淤泥、淤泥质土（Q^{mc}）。分布广泛，ZK1、ZK2和ZK3等87个钻孔均有揭露，占总钻孔数的72.5%，厚度为0.70～14.60m，层面高程为-3.37～2.43m。土层深灰色、灰色，流塑，味臭，污手，含有机腐殖质，局部夹淤泥质粉土、粉砂薄层，透水性差。

该层主要分布于岩溶塌陷发育地段北部的建设大道以北和黄岐二中一带，原鱼塘、河道等局部区域也有一定分布，埋深浅，厚度较大，具有高空隙比、高含水率、高压缩性、低抗剪强度的特点，岩土工程性质差，易形成地面沉降地质灾害。

（3）黏土、粉质黏土（Q^{mc}）。分布广泛，ZK1、ZK2和ZK3等91个钻孔均有揭露，占总钻孔数的75.8%，厚度为0.50~16.80m，层面高程为-9.46~1.86m。土层灰黄色、黄色、褐黄色，上部软塑，中、下部可塑，黏性较强，局部含粉细砂或粗砂，透水性微弱。

（4）粉砂、细砂（Q^{mc}）。仅局部可见，ZK18、ZK24和ZK32等32个钻孔可见，占总钻孔数的26.6%，厚度为0.30~11.26m，层面高程为-12.50~3.00m。土层浅灰色、灰色，稍密为主，局部中密，饱和，分选较差，含泥质，局部由粉土逐渐过渡到底部中粗砂，透水性弱—中等。

（5）淤泥质土（Q^{mc}）。分布广泛，ZK10、ZK11和ZK12等58个钻孔有揭露，占总钻孔数的48.3%，厚度为1.20~13.60m，层面高程为-16.89~-0.50m。土层浅灰色、灰色，流塑，味臭，污手，含有机腐殖质，局部含少量粉砂，透水性极微。该层主要分布于岩溶塌陷发育地段北部紫兰蒂内衣有限公司和黄岐二中一带，呈东西向展布，埋深较浅，厚度较大，具有高空隙比、高含水率、高压缩性、低抗剪强度的特点，岩土工程性质差。

（6）黏土、粉质黏土（Q^{mc}）。局部分布，ZK11、ZK16和ZK17等31个钻孔有揭露，占总钻孔数的25.8%，厚度为0.90~5.80m，层面高程为-18.70~-4.33m。土层灰黄色、黄色、褐黄色，可塑，局部硬塑，黏性一般，局部含较多粉细砂或粗砂，透水性微弱。

（7）粉砂、细砂（Q^{mc}）。分布较少，ZK11、ZK12和ZK20等18个钻孔有揭露，占总钻孔数的15.0%，厚度为1.10~7.20m，层面高程为-4.13~-17.49m。土层浅灰色、灰色，局部灰黄色，稍密—中密，饱和，分选较差，含较多黏粒，局部夹粉土、粗砂或淤泥质土透镜体，透水性微弱。

（8）中砂、粗砂（Q^{mc}）。呈透镜状，厚度不均匀，层位变化较大，主要分布于岩溶塌陷分布地段的北东部（呈北西向展布）和西南部（呈北东向展布），ZK49、ZK51和ZK52等23个钻孔有揭露，占总钻孔数的19.2%，厚度为0.70~8.90m，层面高程为-4.15~-21.67m。土层灰白色、灰黄色，石英颗粒为主，饱和，密实，分选差，含较多泥质，以中、粗砂为主，局部过渡为砾砂、圆砾，透水性中等。

（9）残积土（Q^{el}）。分布广泛，ZK10、ZK22和ZK27等51个钻孔有揭露，占总钻孔数的42.5%，厚度为0.80~17.30m，层面高程为0.80~-27.73m。土层呈灰黄色，可塑，主要由粉质黏土和粗石英砂组成，土质差异较大，以黏粒、沙砾含量的不同，可分为粉质黏土、粉土、粉砂、中砂等。粉质黏土呈可塑—硬塑状，以黏粒为主，含较多岩石风化的砂粒、角砾及碎石，颗粒大小不一，个别大于4cm；粉砂、中砂呈中密—密实状，饱和，含较多黏粒、角砾及碎石，透水性微弱。残积土层成分复杂，主要分布于黄岐二中—敦豪物流中心一带的中部和北部局部地段，厚度不均匀，层位变化大，覆盖于基岩之上。

2）覆盖层土洞发育特征

广东佛山地质工程勘察院于黄岐二中—敦豪物流中心一带共施工 266 个钻孔,其中有 16 个钻孔揭露到土洞（表 4.1.3）,钻孔见土洞率约 6.35%。土洞分布空间高程为-8.85～-34.79m,洞高为 0.4～4.68m。土洞埋藏较浅,大小悬殊,整体沿北东向呈串珠状展布。

表 4.1.3　黄岐二中—敦豪物流中心钻孔揭露土洞统计

分布层位代号	孔号	洞顶埋深/m	洞顶高程/m	洞底埋深/m	洞底高程/m	洞高/m	顶板厚度/m	土洞充填物特征
Q^{mc}	ZK1	11.10	-8.85	11.80	-9.55	0.70	4.50	上部0.5m无充填,底部0.2m充填软泥,含灰岩碎石
	ZK5	18.00	-14.27	19.70	-15.97	1.70		半充填软泥,含碎石,漏水
	ZK7	11.60	-8.85	12.00	-9.52	0.40	7.90	无充填
	ZK13	14.30	-11.64	15.20	-12.54	0.90		充填灰色、灰黄色流塑—软塑黏土
	JC26	13.80	-10.64	16.40	-13.24	2.60		半充填软泥,含碎石
Q^{el}	ZK33	24.20	-20.78	27.50	-24.08	3.30	5.60	无充填物
	ZK77	18.20	-15.35	22.10	-19.25	3.90	9.70	半充填软土
	ZK94	27.90	-22.12	29.20	-23.32	1.20	7.10	半充填软泥,钻具下掉
	CZK29	14.20	-11.67	15.50	-12.97	1.30	4.10	半充填软泥
	CZK30	16.20	-14.00	19.40	-17.20	3.20	3.40	底部充填褐红色软泥
	CZK34	25.30	-22.89	29.20	-26.79	3.90	8.40	无充填物,钻具下沉,漏水严重
	CZK39	23.90	-21.23	25.20	-22.53	1.30	2.30	充填红色软泥,钻具下沉
	CZK43	23.90	-21.22	26.20	-23.52	2.30	5.80	下部半充填褐红色软泥
	JC36	27.60	-26.26	32.28	-30.28	4.68	12.80	底部充填软泥,含少量灰岩碎石
	JC11	21.30	-19.04	23.90	-21.64	2.60	6.8	空洞,无充填物
C_1c	ZK10	37.40	-34.79	39.40	-36.79	2.00	37.40	半充填黏土和灰岩碎块

3. 岩溶工程地质特征

1）溶洞发育特征

对佛山市南海区大沥镇黄岐二中和敦豪物流中心一带的全部地质钻孔数据进行统计分析,结果表明岩溶塌陷分布地段的隐伏石磴子组灰岩、壶天组灰岩及侏罗系金鸡组灰岩质砾岩都揭露出溶洞（表 4.1.4～表 4.1.6）,各组可溶岩地层的溶洞发育特征如下。

表 4.1.4　黄岐二中—敦豪物流中心钻孔揭露石磴子组灰岩溶洞发育特征统计

孔号	洞顶埋深/m	洞顶高程/m	洞底埋深/m	洞底高程/m	洞高/m	顶板厚度/m	溶洞充填物特征
ZK2	11.80	-9.46	12.20	-9.86	0.40	0.40	灰色软泥,含碎石
	13.20	-10.86	15.10	-12.76	1.90	1.00	灰色、灰黄色软泥,含碎石
	18.70	-16.36	19.10	-16.76	0.40	3.60	灰色、灰黄色软泥,含碎石

续表

孔号	洞顶埋深/m	洞顶高程/m	洞底埋深/m	洞底高程/m	洞高/m	顶板厚度/m	溶洞充填物特征
ZK9-1	14.60	-12.27	16.20	-13.87	1.60	0.30	无充填物
	17.80	-15.47	24.00	-21.67	6.20	1.60	半充填软泥,含灰岩碎石
ZK13	19.10	-16.45	20.20	-17.50	1.10	5.60	全充填淤泥,含灰岩碎石、漏水
	20.70	-18.05	21.80	-19.15	1.10	0.50	全充填淤泥,漏水
	24.30	-21.65	25.40	-22.75	1.10	2.50	全充填淤泥,漏水
	27.60	-24.95	29.50	-26.85	1.90	2.20	全充填流塑状淤泥,含较多粉砂
ZK15	24.20	-21.35	25.10	-22.25	0.90	5.30	软土,含碎石
ZK76	15.70	-12.89	17.80	-14.99	2.10	3.60	充填粗砂、砾石及灰岩碎石
JC5	21.40	-18.04	22.60	-19.24	1.20	6.10	全充填软土,含灰岩碎石
JC6	20.20	-16.61	21.80	-18.21	1.60	6.40	半充填软泥,含灰岩碎石
JC20	18.80	-16.79	19.00	-16.999	0.20	0.40	无充填物
	19.40	-17.39	19.90	-17.899	0.50	1.00	无充填物
CZK9	12.80	-10.02	14.50	-11.72	1.70	1.20	半充填软泥,含碎石
CZK11	35.00	-32.40	35.70	-33.10	0.70	0.30	黑色软泥,钻具下沉
	36.10	-33.50	41.90	-39.30	5.80	0.40	灰黑色泥炭,钻具下沉
CZK13	14.10	-10.87	15.00	-11.77	0.90	0.40	无充填物、漏水,钻具下沉
CZK16	17.50	-14.83	19.70	-17.03	2.20	0.80	半充填黑色泥炭
CZK26	31.50	-28.88	33.80	-31.18	2.30	2.20	无充填物,钻具下沉
CZK23	31.60	-29.07	32.10	-29.57	0.5	3.7	半充填黏土
Z23	21.30	-21.30	21.90	-21.90	0.60	3.40	充填黏性土
Z25	17.90	-17.90	19.50	-19.50	1.60	1.80	充填黏性土
Z27	16.80	-16.80	17.20	-17.20	0.40	0.80	充填黏性土
	19.20	-19.20	20.60	-20.60	1.40	2.00	充填黏性土

表 4.1.5 黄岐二中—敦豪物流中心钻孔揭露壶天组灰岩溶洞发育特征统计

孔号	洞顶埋深/m	洞顶高程/m	洞底埋深/m	洞底高程/m	洞高/m	顶板厚度/m	溶洞充填物特征
ZK12	20.70	-17.23	21.50	-18.03	0.80	0.80	软泥,含碎石
ZK17	18.50	-15.68	19.80	-16.98	1.30	0.80	软塑粉质黏土,含水量碎石
ZK48	15.06	-12.61	18.90	-16.45	3.84	0.20	全充填软泥,含较多灰岩碎石
ZK50	16.90	-14.22	21.10	-18.42	4.20	0.10	无充填物,严重漏水
ZK78	14.50	-11.63	14.90	-12.03	0.40	0.70	无充填物,漏水
JC11	32.80	-30.54	37.80	-35.54	5.00	8.90	半充填软土,含少量碎石
JC13	26.50	-23.80	30.70	-28.00	4.20	8.60	空洞,底部充填软泥,含碎石
JC25	27.30	-24.803	29.60	-27.103	2.30	1.90	全充填黏性土,漏水
	32.00	-29.503	37.50	-35.003	5.50	2.40	全充填可塑黏性土,漏水

续表

孔号	洞顶埋深/m	洞顶高程/m	洞底埋深/m	洞底高程/m	洞高/m	顶板厚度/m	溶洞充填物特征
JC28	20.00	-17.56	28.80	-26.36	8.80	0.90	全充填软泥，含较多灰岩碎石
J_z-IV^7_{04}-金47	30.05	-27.96	37.45	-35.36	7.40	1.80	半充填灰黑色软土，含灰岩碎石
J_z-IV^7_{04}-金50	20.90	-19.56	43.80	-42.46	22.90	0.70	半充填红色软泥，含灰岩碎石
J_c-IV^7_{04}-金37	22.96	-21.97	25.60	-24.61	2.64	2.06	充填灰黄色软泥，含灰岩碎石

表4.1.6 黄岐二中—敦豪物流中心钻孔揭露金鸡组灰岩质砾岩溶洞发育特征统计

孔号	洞顶埋深/m	洞顶高程/m	洞底埋深/m	洞底高程/m	洞高/m	顶板厚度/m	溶洞充填物特征
ZK81	31.90	-29.75	32.60	-30.45	0.70	11.50	无充填物，钻具下掉
ZK94	28.40	-25.62	34.50	-31.72	6.10	2.30	半充填软土、砂
ZK119	27.00	-23.92	30.50	-27.42	3.50	6.20	充填紫红色软土、含碎石
ZK131	18.20	-15.31	19.50	-16.61	1.30	2.50	半充填软泥，含碎石
ZK132	22.50	-19.60	28.70	-25.80	6.20	1.30	半充填软泥，含碎石
CZK30	20.60	-18.40	23.80	-21.60	3.20	1.20	底部充填砂、碎石
	25.20	-23.00	27.10	-24.90	1.90	1.40	半充填砂、黏土及碎石
CZK31	22.70	-19.92	23.60	-20.82	0.90	0.60	充填红色软土及碎石
CZK33	27.10	-24.43	28.00	-25.33	0.90	2.90	无充填物，钻具下掉
CZK34	31.70	-29.29	33.10	-30.69	1.40	2.50	底部充填软泥
CZK36	21.40	-18.65	22.70	-19.95	1.30	1.60	充填红色软泥，含碎石
CZK39	29.30	-26.63	30.40	-27.73	1.10	4.10	无充填物
CZK41	25.00	-22.18	28.50	-25.68	3.50	2.60	半充填红色软泥，含碎石
CZK43	27.90	-25.22	33.80	-31.12	5.90	1.70	底部充填砂、黏土、碎石
CZK44	17.60	-14.86	20.10	-17.36	2.50	0.50	底部充填软泥，含水量碎石

（1）石磴子组（$C_1\hat{s}$）灰岩。石磴子组地层分布范围内共施工钻孔113个，其中17个钻孔揭露到溶洞（表4.1.4），见洞率为15.04%。钻孔岩芯比较破碎，方解石脉发育，揭露到二至四层溶洞，分布高程为-9.46～-33.50m，洞高为0.4～6.2m，埋藏较浅，大部分溶洞规模不大。

（2）测水组（C_1c）。测水组地层分布范围内共施工钻孔21个，其中有1个钻孔揭露到溶洞，见洞率为4.76%，分布高程为-27.53m。洞高为5.00m，规模中等。

（3）壶天组（C_2ht）灰岩。壶天组地层分布范围内共施工38个钻孔，其中有12个钻孔揭露到溶洞（表4.1.5），见洞率为31.58%。钻孔中的溶洞呈单层—双层结构，分布高程为-11.63～-30.54m，洞高为0.40～22.90m，少数溶洞规模较大，对地面建筑物构成较大的危害。

（4）金鸡组（J_1j）灰岩质砾岩。金鸡组地层分布范围内施工钻孔28个，其中揭露到溶洞的钻孔有 14 个（表 4.1.6），见洞率达 50.00%。钻孔中溶洞多为单个出现，仅黄岐二中新址 CZK30 钻孔揭露到双层结构的溶洞，分布高程为-14.86～-31.72m，洞高为 0.70～6.20m，埋藏较浅，规模不大，推测溶洞连通性较好。

2）隐伏岩溶发育规律

一般而言，岩溶发育程度主要受地质构造、地层岩性及水文地质环境条件的控制。从整体上看，黄岐二中—敦豪物流中心一带的隐伏岩溶具有如下发育规律。

（1）岩溶强发育带主要沿北东向断裂破碎带分布，其中石磴子组与壶天组断裂接触带附近岩溶最发育，特别是黄岐二中一带岩溶发育程度受北东向断裂控制最明显，属岩溶强发育区。

（2）壶天组灰岩中碳酸盐成分纯度最高，侏罗系金鸡组的灰岩质砾岩为钙质胶结，碳酸盐成分纯度也很高，这两组地层中岩溶相对比较发育。壶天组灰岩见洞率达 31.58%，金鸡组灰岩质砾岩见洞率达 50.00%。

（3）岩溶多发育于高程为-10～-40m。土洞分布空间高程为-8.85～-30.94m，洞高为 0.40～4.68m，埋藏较浅，大小悬殊，呈北东向串珠状展布；溶洞分布空间在高程为-14.86～-31.72m，洞高 0.40～22.90m，埋藏较浅，规模大小不一，受北东向断裂控制，呈北东向串珠状展布，连通性较好。

（4）灰岩溶洞的顶板厚度一般不大，多数为 0.10～3.00m，仅少数超过 6.0m，溶洞顶板的支撑力不大，稳定性较差。

（5）黄岐二中—武广高铁简易竖井一带发育有一条北东向岩溶坳槽古地貌，岩溶发育程度高，是岩溶水的良好运移通道。

4. 岩溶塌陷发育特征

佛山市南海区大沥镇黄岐二中—敦豪物流中心一带不仅岩溶塌陷发育强烈，同时还伴生有地面变形及沉降现象，岩溶塌陷发育特征统计见表 4.1.7。岩溶塌陷地质灾害的危险性大，灾情严重。

1）岩溶塌陷

岩溶塌陷（DT1）最早发生于 2008 年 2 月，分布于黄岐二中操场，距武广铁路平距约 400m，地理位置为东经 113°11′21″、北纬 23°08′23″，塌陷发生后学校及时进行了填埋。2008 年 10 月 3 日，黄岐二中西南约 30m 的公园草地再次发生岩溶塌陷（DT2），距武广铁路平距约 540m，地理位置为东经 113°11′16″、北纬 23°08′21″，塌陷坑及时进行了填埋处理。2008 年 11 月 4 日，敦豪物流中心西北部 B2 栋南侧，广州西环高速浔峰站西侧平地发生 DT3 岩溶塌陷（图 4.1.4），地理位置为东经 113°11′29.7″、北纬 23°08′51.6″，塌陷坑及时进行了填埋。2008 年 11 月 11 日晚，位于 DT3 塌陷坑北东约 10m 处再次发生岩溶塌陷（DT4）（图 4.1.5），塌陷坑未做处理，2008 年 12 月 18 日塌陷坑范围扩大 1 倍。2008 年 11 月 30 日，位于 DT4 塌陷坑西侧约 3m 处再次发生岩溶地面塌陷（DT5）（图 4.1.6），DT5 塌陷坑未作处理，DT3～DT5 塌陷坑距武广铁路平距约 200m。2008 年 12 月 26 日，广州西环高速浔峰洲南行入口环绕内侧处发现地面塌陷坑

3个（DT6~DT8），地理位置为东经113°11′31″，北纬23°08′50″，呈近东西向排列，DT6~DT8塌陷坑距武广铁路平距约为150m；其中，DT6塌陷坑（图4.1.7）发生时间较早，塌陷坑被填土覆盖，且塌陷坑口有草向坑内延伸，推测发生于2008年2月，DT7塌陷坑（图4.1.8）位于DT6塌陷坑北约10m处，DT8塌陷坑位于DT7塌陷坑东约为4.2m，DT7塌陷坑和DT8塌陷坑内变形迹象清晰，与敦豪物流中心内三个塌陷坑的形成时间基本一致。

表4.1.7 佛山市南海区大沥镇黄岐二中—敦豪物流中心岩溶塌陷发育特征统计

编号	类型	发生时间	地面塌陷坑规模及形态特征与地面沉降范围及变形迹象
DT1	岩溶塌陷	2008年2月	塌陷坑呈圆形，直径约1.5m，面积约7m²
DT2	岩溶塌陷	2008年10月3日	塌陷坑呈圆形，直径约5m，面积约15m²
DT3	岩溶塌陷	2008年11月4日	塌陷坑呈近圆形，直径长2.2m，面积约4m²，可见深0.5m
DT4	岩溶塌陷	2008年11月11日	塌陷坑呈近圆形，直径长2.2m，面积约4m²，可见深0.4m
DT5	岩溶塌陷	2008年11月30日	塌陷坑呈椭圆形，长轴长2.2m，短轴长1.8m，面积约2.5m²，可见深0.6m
DT6	岩溶塌陷	2008年2月	塌陷坑呈椭圆形，长轴长3.8m，短轴长3.0m，走向东西，面积约9m²，可见深1.65m
DT7	岩溶塌陷	2008年11月	塌陷坑呈椭圆形，长轴长6.5m，短轴长5.0m，走向北西，面积约30m²，可见深4.0m
DT8	岩溶塌陷	2008年11月	塌陷坑呈圆形，直径长4.0m，面积约12m²，可见深2.0m
DJ1	地面沉降	2007年	敦豪物流中心地面沉降范围约75 000m²，物流中心大部分仓库、酒店均产生不同程度损坏，墙体开裂，裂缝宽最大达47mm，墙体出现部分位置悬空，最大沉降量达17cm
DJ2	地面沉降	2008年11月3日	黄岐二中教学楼、科学楼、饭堂及学生宿舍等墙体开裂、地面沉降、墙体倾斜，直接影响范围约20 000m²；花王庙见三处地面沉降裂缝；永澄村见三处地面沉降裂缝
DJ3	地面沉降	2008年	犇力电子厂工厂厂房南墙出现沉降裂缝，裂缝长约3m、宽2cm，离地面高约2.5m，沿近水平方向张裂
DJ4	地面沉降	2008年	陈溪村十四街二巷三幢房屋开裂、变形

2）地面沉降

地面沉降始发于2007年前，2008年8月后地面沉降不断加剧，主要见于西北部敦豪物流中心区、南部犇力电子厂和花王庙直街、西南角永澄村及西南泌冲村等地，影响范围较大。敦豪物流中心地面沉降的影响范围约为75 000m²，物流中心大部分仓库、酒店均产生不同程度的损坏，墙体开裂，裂缝宽最大为47mm，且由于地面沉降造成墙体与地面分离，出现墙体部分位置悬空，最大沉降量为17cm（图4.1.9~图4.1.11）。犇力电子厂位于黄岐二中东约为80m，工厂厂房南墙出现沉降裂缝，裂缝长约3m，宽为2cm，离地面高约为2.5m，近水平方向张裂。永澄村分布三处地面沉降裂缝，一处位于村北走向40°房屋墙体，裂缝长约为2.5m、宽小于0.5mm；一处位于村牌坊墙体，裂缝长约为1m，宽为1~5mm；一处为环村39号房屋后墙与围墙之间开裂，围墙向西倾斜，开裂为3~6cm。花王庙直街可见3处地面沉降裂缝，一处位于花王直街3号一层瓦房，房屋较陈旧，近两三年发生墙体裂缝，裂缝长约为1m、宽为1cm；一处位于花王直街15号二层楼房,近一年西墙开裂,自二楼顶裂至地面,裂缝长约为 5m、宽为 2~3mm;一处为花王庙一巷 4 号地面下沉,大门围墙西侧开裂,裂缝长约为 70cm、宽为 1~1.5cm。

图 4.1.4　广州西环高速浔峰站西侧
平地塌陷坑(DT3)

图 4.1.5　敦豪物流中心货场
地面塌陷坑(DT4)

图 4.1.6　敦豪物流中心货场
地面塌陷坑(DT5)

图 4.1.7　西环高速浔峰洲南行入口
内侧塌陷坑(DT6)

图 4.1.8　西环高速浔峰洲南行入口
内侧塌陷坑(DT7)

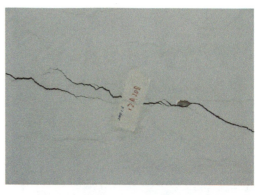

图 4.1.9　敦豪物流中心
墙体裂缝(DJ1)(一)

图 4.1.10　敦豪物流中心墙体裂缝（DJ1）（二）　　　　图 4.1.11　敦豪物流中心地面沉降（DJ1）

3）地面变形

地面变形最早见于 1997 年黄岐二中竣工后不久，校内道路出现多处地面下沉、教学楼和科学楼的地板出现裂缝，个别墙体瓷砖爆裂、屋顶有渗水现象，但至 2008 年 10 月未见较大变形。2008 年 11 月 3 日 13:07，黄岐二中教学楼南楼、科学楼、饭堂、学生宿舍发生大面积墙体脱落、瓷砖爆裂，以及墙体和地板开裂，学校及时向有关部门和学校师生作了通报，对教学楼南楼做了安全隔离，并及时将教学楼南楼的教室和办公室调整至教学楼西楼。2008 年 11 月 19 日，教学楼南楼墙体和地板裂缝变形加剧，裂缝扩大，墙体和瓷砖脱落，教学楼南楼向西倾斜，导致教学楼南楼与教学楼西楼挤压，墙体原有的伸缩缝（约 10cm）消失，受挤压处墙体爆裂、瓷片脱落（图 4.1.12～图 4.1.15）。2008 年 12 月 1 日，教学楼南楼和西楼的损毁愈加严重，科学楼一楼化学实验室、准备室和二楼物理实验室、准备室的墙体裂缝增多，东北角从一楼至三楼，墙体裂缝增大，水泥柱受严重挤压，瓷砖出现横裂现象，学生饭堂和多间宿舍的墙体裂缝进一步增多和扩大，直接威胁学校师生的安全，导致黄岐二中全校停课，佛山市南海区大沥镇政府和南海区教育局决定将黄岐二中全校师生临时迁往盐步三中，2008 年 12 月 8 日正式复课。

图 4.1.12　黄岐二中教学楼南楼倾斜（DJ2）　　　　图 4.1.13　黄岐二中教学楼墙体裂缝（DJ2）（一）

图 4.1.14　黄岐二中教学楼墙体裂缝（DJ2）（二）　　图 4.1.15　黄岐二中教学楼墙体裂缝（DJ2）（三）

5. 岩溶塌陷形成原因

佛山市南海区大沥镇黄岐二中—敦豪物流中心一带的地形地貌简单，但地质构造、水文地质与岩土体工程地质条件复杂，特别是建设大道、紫兰蒂内衣有限公司、敦豪物流中心、黄岐二中和岩溶塌陷分布地段东部的大部分区域淤泥厚度大于 4.0m，局部甚至大于 12.0m，岩土层空间变化大；北东向断裂构造发育，从北东部武广铁路金沙洲隧道出口段 DK2195+720～DK2195+740 和 DK2196+000～DK2196+140 间穿过，地层变形强烈，构造岩主要有构造角砾岩、碎裂岩、硅化碎裂岩等，岩石固结程度差，结构松散，断层破碎带及其影响带岩石破碎，裂隙发育，构成地下水运移的良好通道；隐伏岩溶发育程度高，土洞、溶洞较发育。因此，黄岐二中—敦豪物流中心一带的复杂工程地质环境因素为岩溶塌陷的孕育和发生提供了良好的内生地质环境条件。

（1）岩溶塌陷分布地段自北西至南东揭露的地层依次为石炭系石磴子组（$C_1\hat{s}$）、测水组（C_1c）和壶天组（C_2ht），岩层走向北北东，总体倾向南东，岩层倾角为 50°～60°，构成水口背斜的东南翼，次级褶皱发育，地层变形强烈，北东向断裂构造发育于黄岐二中至武广铁路金沙洲隧道 DK2196+000～+140 段，断层破碎带及影响带也是地下水的良好通道，沿断层破碎带灰岩的岩溶作用强烈，溶洞发育。

（2）岩溶塌陷分布地段的隐伏石磴子组灰岩、测水组灰岩、壶天组灰岩及侏罗系金鸡组灰岩质砾岩，它们都属于碳酸盐岩，厚度较大，且碳酸盐岩的纯度较高，易被地下水溶蚀，可形成大大小小的溶洞，灰岩、灰岩质砾岩为岩溶的发育提供了良好的地质环境条件。土洞空间分布高程为 -8.85～-30.94m，洞高为 0.4～4.68m，埋藏较浅，大小悬殊。溶洞呈北东向串珠状展布，溶洞空间分布高程为 -14.86～-31.72m，洞高为 0.40～22.90m，埋藏较浅，规模大小不一，受北东向断裂控制，连通性较好。当地下水位上升时，长期处于干结的残积土层土体逐渐被软化成软弱部位；当地下水位持续下降时，土体失去水的浮托力的同时，水力坡度也急剧增大，使孔隙水对土体的潜蚀作用加强，孔隙间真空负压吸蚀及地下水的潜蚀作用造成土颗粒不断流失，进而被搬运到下伏碳酸盐岩之间的溶洞内，从而于灰岩、灰岩质砾岩与上覆残积土层之间形成土洞。随着地下水位的频繁升降，土洞向上发展扩大，当潜蚀作用穿透残积土层顶部时，第四系松散土层就会快速塌落，造成上覆土层失稳、垮塌，导致地面产生塌陷。

（3）覆盖层内可见上、下两层含水砂层，厚度为5.2~28.4m，含有一定量的地下水，地下水向基岩渗流，为岩溶、土洞的发育提供了良好的地下水径流环境。西南部黄岐二中—武广铁路明挖区一带的第四系上部含水层厚度大于3m，呈东西向展布；而下部含水层在黄岐二中—简易竖井一线形成一条北东向通道，底层高程为-15m，厚度为1~2m，是水力联系较密切的地带。黄岐二中—武广铁路简易竖井一线发育有一条北东向的岩溶拗槽古地貌，岩溶发育程度高，构成岩溶水的良好通道。

（4）覆盖层内第四系海陆交互相冲淤积的淤泥类土软土发育，软土厚度变化大，一般大于4m，且西北部敦豪物流中心一带主要以软土为主，软土为高压缩性土，含水量高，呈流塑状，具高压缩性、高孔隙比、低强度和低渗透性特征，工程地质性质极差，地面加载或大量地下水流失易引起软土的压实、固结，导致地面沉降。

佛山市南海区大沥镇黄岐二中—敦豪物流中心一带的降雨历史资料统计表明，近十年来降雨量为1 340~2 343.8mm，降雨强弱为枯水年和丰水年交替出现，气象及水文因素对岩溶塌陷分布地段的地下水动态影响较小；村镇居民都使用自来水作为生活用水，岩溶塌陷分布地段及外围没有农业灌溉和工业用途的地下水开采活动，两者说明自然环境状态不可能引起剧烈的地下水位变动。因此，黄岐二中—敦豪物流中心一带地下水位的大范围降低主要是武广客运专线金沙洲隧道施工大规模抽排地下水引发，说明武广客运专线金沙洲隧道施工时的抽排地下水活动是黄岐二中—敦豪物流中心一带岩溶塌陷和地面沉降的直接引发因素。

（1）武广客运专线金沙洲隧道里程区间为DK2192+831~DK2197+265，岩溶塌陷地质灾害位于金沙洲隧道出口段地面，里程为DK2195+496~DK2197+265，全长1769m。金沙洲隧道于2007年3月2日开始施工建设，2007年12月2日至2009年1月5日开展DK2195+810~DK2195+710段施工，2008年6月1日至2009年1月16日开展DK2196+000~DK2195+140段施工。据金沙洲隧道施工期间地下水抽水观测数据，暗洞处的2#竖井抽排水流量为900~5 800m^3/d，抽排的地下水呈混黄色和有渣的黑色，说明其为地下溶洞水、炭质页岩及泥岩的裂隙水；由于明洞大部分已回填，现仅见两个抽水点，其中一处位于建设大道南侧里程DK2196+300处，另一处位于里程DK2196+600处，建设大道南里程DK2196+300简易竖井抽排水流量为1800~6500m^3/d，抽排的地下水颜色呈黄色状。因此，金沙洲隧道出口段简易竖井和2#竖井日排水量分别为900~5 800m^3/d和1 800~6 500m^3/d，两者是岩溶塌陷分布地段内唯一的人工抽排地下水活动，施工降水对地下水动态影响极大。

（2）据2008年12月至2009年2月金沙洲隧道施工及地下水监测资料，金沙洲隧道施工前地下水稳定水位为0.1~2.4m；金沙洲隧道施工后，施工降水导致隧道施工区沿线地下水位普遍下降，如距武广铁路平距达700m的MJ9民井干枯，岩溶地下水位最大降深大于10m，且地下水流场均指向武广客运专线DK2196+000~DK2196+300段，特别是地下水流场沿北东向沙贝断裂自西南向北东方向呈条带状流向金沙洲隧道施工段，地下水于武广客运专线 DK2196+000～DK2196+300 段及其附近形成较大范围的降落漏斗，对天然状况处于平衡状态的地下水动力场造成了严重破坏。表 4.1.8 为金沙洲隧道出口段施工过程与岩溶塌陷发生时间之间的关系。从表 4.1.8 中可以看出，自 2008 年 6 月 1 日金沙洲隧道 DK2196+000～DK2196+750 段施工开始后，黄岐二中和敦豪物流中心于 2008 年 10 月和 11 月先后不断发生岩溶塌陷，黄岐二中 2008 年 11 月地面变形加剧，教学楼开裂、沉降和倾斜，2008 年 8 月后敦豪物流中心、陈溪村及周围村庄相继发生地面沉降。因此，金沙洲隧道施工大降深抽排地下水活动使隧道及周边地段的地下水流失和地下水位出现强烈波动，导致第四系覆盖层内的软土及松散砂土压实、固结，土洞、溶洞的充填物流失、淘空，当地下隐伏碳酸盐岩类裂隙溶洞水的地下水位急剧下降、由承压转为无压（失压）状态时，则易引发隐伏岩溶发育地段处于极限平衡状态的土洞垮塌，进而形成岩溶塌陷和地面沉降。

表 4.1.8 武广客运专线金沙洲隧道出口段施工过程与岩溶塌陷发生时间之间的关系

武广铁路金沙洲隧道出口段施工		岩溶塌陷地质灾害活动特征	
开工时间	工程项目	发生时间	岩溶塌陷发生地点
2007 年 3 月 2 日	金沙洲隧道出口段施工（包括 2# 竖井、暗挖段、明挖段）	2008 年 2 月	黄岐二中操场岩溶塌陷（DT1）
2007 年 7 月 2 日	DK2196+300～DK2196+750 明挖暗埋拱形段		广州西环浔峰洲南行入口环绕内侧塌陷（DT6）
2007 年 10 月 16 日	DK2195+496～DK2195+920 段洞身	2008 年 11 月	黄岐二中塌陷（DT2、DT9）、敦豪物流中心塌陷（DT3～DT5）、广州西环浔峰洲南行入口环绕内侧塌陷（DT7、DT8）
2008 年 6 月 1 日	DK2196+000～DK2196+140 段洞身	2008 年 11 月	DK2196+000～DK2196+140 段施工明显加剧敦豪物流中心及紫兰蒂内衣有限公司的地面沉降，地面塌陷坑及周边的地面沉降扩大

4.2 隧道开挖岩溶塌陷

一般而言，岩溶分布地区的隧道施工过程大都难以避免发生涌水、突泥等现象。据近年来广东省铁路及公路岩溶隧道施工的不完全统计资料，大约超过 80%的岩溶隧道施工过程都要出现因涌水、突泥引发的岩溶塌陷地质灾害。随着广东省铁路、城市地下空间开发、公路交通运输的高速发展，岩溶地区隧道工程的规模越来越大，如武广高铁广东段、京珠高速粤境段及广州市广花盆地内的地铁工程等，都存在数量不等的长、大深埋岩溶隧洞。从本质上看，地面裸露岩溶隧道工程及地下隐伏岩溶隧道工程应属地质工程范畴，都要受到岩溶发育程度的制约和岩溶塌陷活动的威胁。因此，正确认识岩溶地区隧道工程引发的岩溶塌陷发育规律和活动特征，是保证岩溶发育区隧道工程的质量和施工进度的关键。

【实例分析】京珠高速公路粤境北段洋碰隧道岩溶塌陷

洋碰隧道位于京珠高速公路粤境北段的小塘至甘塘段之间，为一座越岭双线隧道，左线起讫里程为 LK76+287～LK78+340，全长 2 053m，起讫高程分别为 228.37m 及 187.07m，高差为 41.30m；右线起讫里程为 RK76+300～RK78+410，全长为 2 110m，起讫高程分别为229.88m及187.67m,高差为42.21m。洋碰隧道路线西高东低,坡度为-2%。洋碰隧道工程施工期间多次发生严重的突水、突泥事故,进而引发洋碰隧道地面及周边发生严重的岩溶塌陷地质灾害,岩溶塌陷不仅造成隧道施工严重受阻,而且对洋碰隧道的营运也构成了潜在的安全隐患。本节根据现场岩溶塌陷地质相关调查资料,结合广东有色工程勘察设计院的京珠高速公路粤境北段(小塘至甘塘段)洋碰隧道水文地质勘察成果,详细分析洋碰隧道地段及周边一带的水文地质环境特征和可溶岩的岩溶发育程度,探讨岩溶塌陷的发育规律和岩溶塌陷的形成原因,其隧道综合水文工程地质图如图4.2.1所示。

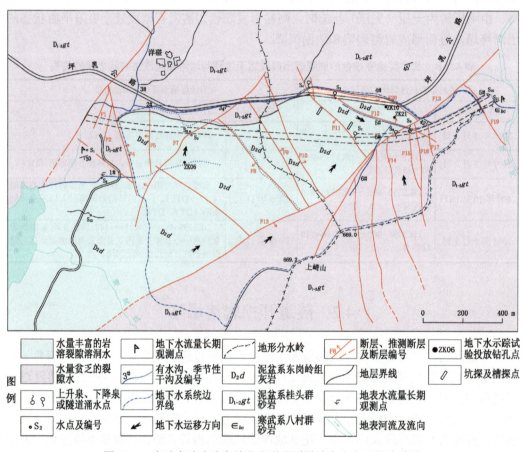

图4.2.1 京珠高速公路粤境北段洋碰隧道综合水文工程地质图

1. 自然地质环境特征

1) 气象及水文

京珠高速公路粤境北段属于中国南方南亚热带季风气候区,温暖湿润,雨量充沛,1951~1998年间的年平均气温为17.7~19.9℃,极端最高气温为38.6℃,极端最低气温为-3.4℃,年平均相对湿度为79%,年平均蒸发量为1 245.7mm。年平均降水量为1 025.3~2 547mm,多年平均降雨量为1 777.8mm,每年的3~8月为丰水期,9~10月和次年 2 月为平水期，11 月至次年 1 月为枯水期。季风特征明显，风向随季节转换，4～8 月盛行南风，9 月至次年 3 月则以西北风为主，平均风速为 1.7m/s，最大风速为 12m/s。

洋碰隧道位于珠江水系第三级支流的双口河流域，地表水系为隧道东端出口处的双口河、隧道西端进口南部的南水水库和发育于隧道地表的数条支沟构成。南水水库库容为 30 亿～40 亿 m^3，常年水位高程为 215m，最高程为 218m；双口河河床高程为 128m，流量为 3～4m^3/s，南水水库冬季枯水期关闸时双口河断流，夏季遇洪水开闸泄水时，双口河流量可达数千立方米每秒；另外，洋碰隧道及周边一带地面还发育有 5 条支沟。

2）地形地貌特征

洋碰隧道的南部和北部为山顶高程为 669.2m 和 705.5m 的构造剥蚀—侵蚀中低山沟谷地貌，地形坡度为 20°～45°，局部为陡崖。两山之间地形为一鞍部，鞍部地形呈侵蚀—溶蚀丘状起伏的山丘或缓坡，鞍部地形高程为 330m，地形坡度为 15°～25°。隧道轴线呈近东西向穿越鞍部的南侧，隧道西端进口附近为南水水库，水库水位高程约为 210m；隧道东端出口处为双口河，为当地最低侵蚀—排泄基准面，地形高程约为 128m。洋碰隧道线路之上的地面高程为 556.00～770.00m，隧道埋深为 20.00～230.00m，一般埋深为 60.00～100m。

3）地层与岩性

洋碰隧道及周边一带出露的地层较简单，仅隧道东出口端 F19 断层以东分布有寒武系八村群（ϵbc）砂岩。隧道北部和南部的中低山地段出露泥盆系桂头群（$D_{1-2}gt$）中厚层状砂岩和少量页岩及砾岩，总厚度为 438～1 344m。隧道中部的鞍部山丘缓坡地带分布泥盆系东岗岭组（D_2d）灰岩，岩层呈单斜产出，整体倾向南和南南西，倾角为 30°～45°，自东向西泥盆系东岗岭组（D_2d）地层的分布层位逐渐降低，岩性主要为深灰色中厚层—中薄层状隐晶质灰岩，上段夹数层沉积角砾状灰岩，中、下段有厚度不大的黄色泥岩与钙质页岩，总厚度为 165～848m。另外，碎屑岩分布地段的表层往往发育有厚度为 5～10m 的强—全风化带和残积土；隐伏灰岩分布地段的覆盖层土体为第四系更新统坡洪积粉质黏土和碎石粉质黏土，厚度为 1.2～45.4m，绝大部分地段厚度大于 20m，第四系覆盖层土体的结构松散，工程地质性质较差。

4）地质构造特征

洋碰隧道一带地处南北向大瑶山复背斜南端向南倾伏的偏西翼部位，经历过印支期、燕山期、喜山期等多期构造运动，地质构造总体呈向南南西倾伏的单斜构造，倾角为 30°～40°，断裂构造十分发育，以北东（NE）走向的 F13 断裂为主干断层，区内发育有规模不等的大小断层 22 条，造成岩层发育成断块状。岩溶塌陷分布地段受北北东向 F7 断裂及其两侧次级断裂的控制，断裂构造基本地质特征见表 4.2.1。从整体上看，由于经历多期构造运动，这些断层大多不再具有特定的力学属性和水理性质，而多具有不同程度的导水能力。基岩主要为泥盆系东岗岭组灰岩（D_2d），早期次级断裂（介于断层与节理裂隙之间的大裂隙）发育，构成局部岩溶发育与地下水运移的重要通道。

表 4.2.1　京珠高速公路洋碰隧道及周边主要断层的基本地质特征

断层编号	产状 倾向/(°)	产状 倾角/(°)	破碎带宽/m	影响带宽/m	断层性质	断层破碎带基本地质特征
F1	294	65~75	0.1~0.5	3~4	正断层	线状滑动构造，破碎带主要由构造透镜体组成，上盘下滑，风化较强烈，由碎石和粉质黏土组成，下盘由石英砂岩组成
F2	110	60	0.1~0.5	2~3	正断层	线状滑动构造，破碎带由构造角砾岩组成，上、下盘均为石英砂岩
F4	60~80	81	0.45~1.7	8~10	左行平移正断层	破碎带主要为强风化角砾岩（含碎石黏土），次为破碎的泥质砂岩透镜体或小角砾
F5	240	80	0.5~1.0	8~10	左行平移正断层	由一组线状小断层组成，断裂带岩石破碎程度低，简单的物理破碎或挠曲现象较发育
F7	305~330	76	0.6~1.0	20~30	反扭平移断层	由碎裂岩组成，呈弱风化岩，两盘均为石英砂岩
F8	227	76	0.6~1.0	20~30	正断层	由一组线状小断层组成，断裂带岩石破碎程度低
F9	76	70	3.0	10~20	正断层	为F10断层旁侧次级断层，由微风化构造角砾岩组成，呈块石及碎石状镶嵌结构
F10	45~60	69~75	5.0~15.0	25~50	左行平移断层	地表出露滑面较清楚，擦痕、刻槽显示多期活动性，破碎带风化成粉质黏土，见上升泉，钻孔揭露沿破碎带有洞高9.10m的溶洞
F11	224~235	75	2.0~3.0	10~15	正断层	为F10断层旁侧次级断层，地面表现为沿断层方向地面为陡崖，高15~20m，钻孔揭露厚度4.0m
F12	北西段220 南东段近直立	北西段60 南东段近直立	0.3~1.2	5~10	左行正断层	沿破碎带发育3处狭长的溶槽，上盘灰岩挤压破碎，重结晶现象明显，方解石脉分布。上盘岩溶塌陷6处，与F13交汇点见构造泉2处，为含水、导水构造带
F13	100~155	70~80	4.0~15.0	30~120	压扭性逆冲断层	破碎带由强—弱—微风化构造角砾岩组成，大部分风化成断层泥夹碎石，顺F13断层发育的沟谷水平错动约6m，两盘硅化较强，裂隙发育
F14	265	不清	1~2.0	20	张扭性断层	地面表现为一狭窄的负地形，钻孔揭露厚度40.10m，由弱风化构造角砾岩组成，石英脉发育
F15	278	74	0.1~0.3	2~3	张扭性断层	为线状滑动构造，破碎带不明显
F16	95	85	0.1~0.3	2~3	张扭性断层	为线状滑动构造，地表将F13断层反时针错动约0.80m
F17	283	75	2.1	3~5	张扭性断层	破碎带为石英脉硅化的砂岩角砾或透镜体组成，胶物多风化成粉土，两盘均为较强硅化的砂岩
F19	135	87	2.0	20~25	正断层	破碎带为构造角砾岩组成，弱硅化，劈理发育
F20	8~36	85	1~2.0	5~15	逆断层	由砂岩和灰岩的构造角砾岩及强风化—全风化后的黏性土组成，裂隙、方解石脉非常发育，为地下水系统的北东边界

5）水文地质环境特征

（1）地下水类型及富水性特征。按地下水赋存介质特征和径流运动形式，洋碰隧道及周边一带的地下水类型可分为赋存于松散覆盖土层中的孔隙水、赋存于寒武系八村群砂岩及泥盆系桂头群砂岩碎屑岩内的裂隙水和赋存于泥盆系东岗岭组灰岩中的岩溶裂隙溶洞水等三种主要类型。泥盆系东岗岭组灰岩为地下水量丰富的岩溶裂隙溶洞水含水层，寒武系八村群砂岩和泥盆系桂头群砂岩碎屑岩为水量贫乏的裂隙含水层，第四系松散覆盖层为水量贫乏的孔隙含水层，富水性差。泥盆系东岗岭组灰岩下部的钙质泥页岩夹层为相对隔水层。

(2)地下水补给、径流及排泄特征。从整体上看,天然状态时洋碰隧道出口地段一带地下水接受大气降水的入渗补给和北部砂岩($D_{1-2}gt$)分布地段地表水沿 5#冲沟的线状下渗补给,并呈脉管流形式向东运移,最终以下降泉形式于冲沟低洼部位集中排泄,泉流量大于 5L/s,沿主冲沟流入双口河。区内地势西高东低,西侧为坡度为 15°～40°的坡地,地形高程为 300～350m;东侧为深切谷沟,最低高程为 132m。在隧道施工前处于天然状态时,洋碰隧道以山体凹鞍部的地形分水岭为界,分为东、西两个地下水系统。

东部地下水系统的地下水接受大气降水和 F12 断层北侧裂隙水的部分越流补给以及沿 5#沟的沟水下渗补给,由西向东运移,沿 5#沟及 F12 断层与 F13 断层交汇处的泉点排泄,排泄点高程约为 265m;西部地下水系统则由 1#沟和 2#沟等两个次级系统组成,由大气降水补给,地下水向西运移经 1#、2#沟向水库排泄(图 4.2.1)。隧道施工发生涌水后,形成了新的排泄点,排泄高程降低了约 65.0m,地下水的水力梯度增大使地下水的补给面积也不断扩大,隧道涌水后 1#、2#沟的枯季断流段迅速下移,其西侧边界已扩张到塘窝坑东侧,南边界则扩移至上崎山碎屑岩($D_{1-2}gt$)分布区。ZK06 孔投放钼盐示踪剂,除监测点 S_8(RK76+810L)处显著检出外,监测点 S_9(RK76+810R)仅偶然检出,监测点 S_6(LK77+796)等无显著检出,而投放点所在冲沟的下游监测点 S_2(K3)点却完全没有检出,说明原西侧地下水系统的地下水有东移现象,原西侧地下水系统的地下水被新的排泄点 S_5、S_6、S_7 等袭夺,使整个洋碰隧道地段变为一个相对统一的新的地下水系统。因此,当隧道施工地下水处于涌水疏干状态时,洋碰隧道地段成为一个相对统一的地下水系统,地下水接受大气降水和少量外围的地表水补给,地下水整体由西向东径流,最终排泄于隧道涌水点。

(3)地下水动态变化特征。由于洋碰隧道工程施工,隧道出口段洞内发生集中性涌水突泥活动,造成洋碰隧道地面岩溶塌陷分布地段及周边的地下水动态环境状况发生了显著的变化,具体表现特征为:①北部碎屑岩区($D_{1-2}gt$)地表水沿坪乳公路边沟排向洋碰隧道出口地段的下游,地下水不再进入隧道出口地段;②地下水示踪试验表明,地下水补给范围西移越过地表分水岭,但补给总面积基本变化不大;③洋碰隧道施工时的强排疏干地下水活动,造成地下水排泄口整体下移了近 65m,使得靠近地下水排泄点的隧道出口地段的部分地下水静储量得到释放,隧道出口地段一带地下水流量的动态变化有一定程度的减缓,并对流域内的地下水量调节有一定增强,但地下水的总排泄量变化不大;④地下水径流环境的改变导致洋碰隧道出口地段的地下水平均水力梯度明显增大,进而疏通原先被充填的岩溶管道成为新的地下水径流通道,改变了天然状态时洋碰隧道出口地段一带的地下水动态平衡状态。

2. 岩溶工程地质特征

洋碰隧道一带的地表岩溶地貌组合形态为溶丘—干谷(沟),地下岩溶强烈发育。据不完全统计,施工的 47 个钻孔的见洞率为 57%,且石灰岩分布地段地下溶孔、溶隙、溶洞十分发育,呈交错网脉状,溶洞洞高为 0.20～9.10m。泥盆系东岗岭组灰岩(D_2d)被厚度不等的第四系土层覆盖,厚度为 1.20～45.40m。鞍部分水岭以西地段覆盖层较厚,平均为27.5m；以东地段覆盖层较薄，平均为13.90m。覆盖层下伏灰岩的溶洞、溶沟、石芽十分发育，并有高度发育的管道开口，具备了岩溶塌陷发育的地质结构特征。覆盖层内土体较薄有利于岩溶塌陷的产生，故东部地段岩溶塌陷发育密度大、数量多。钻孔揭露浅部岩溶较发育，深部减弱，钻孔所揭露的溶洞多发育于埋深35～45m的深度段，并有随地形起伏而变化的特点，深度较大的溶洞往往与断裂有关，也就是说深部溶洞多沿断裂发育，溶洞最大埋深为73m（高程为217m）。因地下水的枯水季节径流强度和径流深度不大，造成地下岩溶空隙多被充填，钻孔揭露的溶洞充填率达95%以上。不同类型的地下水混合后（如地表水与岩溶水混合及碎屑岩裂隙水与岩溶水混合等），将明显增强地下水对碳酸盐岩的溶蚀能力，也就是说存在混合溶蚀能力增强效应；同时，由于灰岩含水层呈断块夹持于碎屑岩之间，所处地形位置相对较低，长期以来都存在碎屑岩分布区地表水和地下水对石灰岩分布区地下水的渗透补给和越流补给现象，所产生的混合溶蚀效应是洋碰隧道一带岩溶强烈发育的主要动力因素。

3. 岩溶塌陷发育特征

1）隧道右洞线进口段（RK76+690～RK76+833）岩溶塌陷发育特征

洋碰隧道右洞线进口段施工进入岩溶发育的泥盆系东岗岭组（D_2d）灰岩之后，持续不断地揭露出溶洞、溶穴及溶隙，溶洞大多为饱水的呈软塑—流塑状粉质黏土夹块石、碎石所充填，开挖时不断产生流坍或垮塌，隧道地面形成多处岩溶塌陷地质灾害（图4.2.2）。2000年7月26日右线上台阶开挖至里程RK76+740处时，隧洞右侧山坡地表发现裂缝，沿隧洞轴线方向延伸，其中一条长约为300m，裂缝宽为5～10mm；同时，距右线右侧约为100m的山沟处有深为1.5m、直径为4.0m的塌陷坑及地裂缝，随即加填地表土并进行夯实处理。2001年5月13日地表观测发现RK76+800右线右侧山沟处出现新的群状分布的地面塌陷坑（图4.2.2），右线RK76+700～RK76+800右侧40～100m处的山坡果园处的地表出现新的较大裂缝，裂缝长为100多米、宽为30cm左右，可测深度约1.2m，并形成高差达45cm的错台。最早发生的小型塌陷坑范围快速扩大到长为20m、宽为5m、深度大于5m的大型地面塌陷坑（T02），长年不断的山沟流水被截断且全部流入塌陷坑内。2001年8月22日观察，地表裂缝仍在继续缓慢扩展，最大裂缝宽达50cm，可测深度约为2.2m，错台高差达70cm。随后地面塌陷坑分布地段南侧约为30m的冲沟处又出现新的塌陷坑，构成岩溶塌陷发育区的南缘边界，距右洞边壁约180m。为保证洋碰隧道的正常施工及今后运营的安全，对全部地面塌陷坑及裂缝进行了工程处理，其中山坡地表塌陷坑及裂缝用黏土回填夯实，冲沟内塌陷坑回填块石及碎石之后并用钢筋混凝土铺盖。洋碰隧道施工期间，右洞线进口段RK76+690～RK76+833地段地面累计出现地面塌陷坑共9处（表4.2.2），除T01岩溶塌陷坑外，其余8处岩溶塌陷坑沿隧道方向长约为100m（RK76+700～RK76+800）的南侧地表范围分布，隧道右侧为40～180m垂直隧洞方向没有发现新的地面塌陷坑。岩溶塌陷坑平面形态以圆形为主，较大的塌陷坑呈椭圆形，塌陷坑规模大小不等。塌陷坑经回填处理之后，岩溶塌陷基本趋于稳定，但也有局部轻微活动的迹象，如沟边处岩溶塌陷坑（T07），其回填块石的上部再次发生两个次级圆形塌陷坑，深为 1.6m，直径分别为 7.5m 和 10m，呈南北向展布；沟边处塌陷坑（T08）的水沟两侧均有拉裂及垮塌现象；冲沟处塌陷坑（T09）的沟道两侧表土松坍、开裂；果园平台塌陷坑（T02）造成台面的凹陷深达 1.1m，长轴呈北东 20°方向；T03 塌陷坑、T04 塌陷坑、T05 塌陷坑及 T06 塌陷坑近似呈圆形，直径为 3.7～4.2m，回填土处可见呈南北向展布的小型拉裂缝。岩溶塌陷的形成过程中还伴随发生有 2 处较大规模的地面沉降变形（图 4.2.2），沉降中心最大量值为 8～13.5cm。

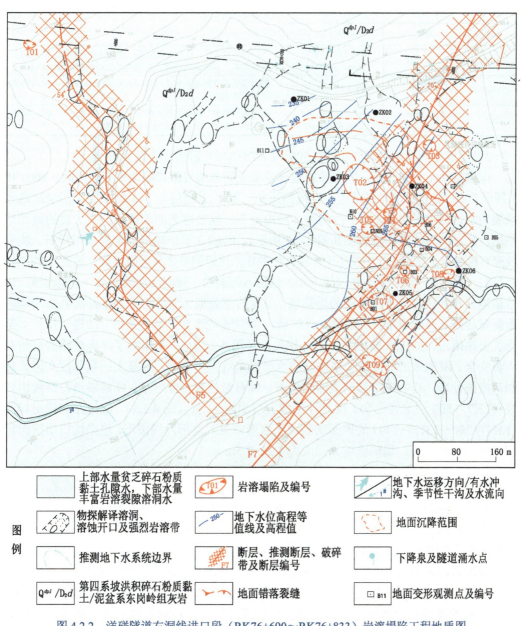

图 4.2.2　洋碰隧道右洞线进口段（RK76+690～RK76+833）岩溶塌陷工程地质图

表 4.2.2　洋碰隧道右洞线进口段（RK76+690～RK76+833）岩溶塌陷发育特征

编号	塌陷坑形态	塌陷坑规模	岩溶塌陷基本发育特征
T01	圆形漏斗状	直径 3.4m	地表为黄色黏土层，塌陷坑用块石回填，已稳定
T02	椭圆形	长轴 32m，短轴 16m，深 1.1m	地面可见柚子园台面凹陷，长轴呈南西 200° 方向
T03	圆形	直径 4.15m	塌陷坑呈圆形及近圆形，回填块（碎）石处理，已趋于稳定，外围均有拉裂，回填表土处理，现场地质调查时可见小型拉裂缝，近南北走向展布
T04	圆形	直径 3.9m	
T05	近圆形	直径 4.1m	
T06	圆形	直径 3.7m	
T07	近椭圆形	长轴 15m，短轴 10m，深 1.6m	坑口回填块（碎）石后未趋稳定，地表回填块石的上部有两个次级塌陷坑，呈南北向展布。南侧水沟已用钢筋混凝土铺盖
T08	椭圆形	长轴 9m，短轴 8m	塌陷坑经多次回填后水沟部位用钢筋混凝土铺盖，水沟两侧均有拉裂、垮塌
T09	近椭圆形 长轴南东向	长轴 20m，短轴 10m	塌陷坑回填碎、块石处理，水沟用混凝土铺盖，长 70m，塌陷坑两侧表土松坍、开裂，水沟内有水流动

2）隧道左洞线出口段（LK77+500～LK78+340）岩溶塌陷发育特征

洋碰隧道工程建设前，隧道及周边一带未见明显的岩溶塌陷地质灾害活动。2000 年 3 月至 2001 年 6 月，洋碰隧道左洞线隧道施工到 F12 断层与 F13 断层交汇部位时遇大规模涌水，隧道左侧（北侧）冲沟内、冲沟及至坪乳公路之间的地段产生大量的地面塌陷坑，其岩溶塌陷工程地质图如图 4.2.3 所示。图 4.2.3 示出塌陷坑全部采用碎石、块石及碎石粉质黏土填塞，其中发生于冲沟部位的塌陷坑经回填之后采用混凝土铺盖。2002 年 8 月的一场暴雨，随着地表水及地下水大量进入隧洞内，隧洞涌水量剧增，水质混浊，岩溶塌陷分布地段又产生少量新的塌陷坑，原有的部分地面塌陷坑尤其是冲沟处的塌陷坑重新复活，又开始塌落、沉陷并向外扩展，岩溶塌陷地质灾害的分布范围进一步扩大至坪乳公路附近，如 T03 塌陷坑和 T04 塌陷坑（图 4.2.3），严重影响了坪乳公路的交通及人员安全。隧道施工单位对公路地段的地面塌陷坑采用块石、混凝土回填和注水泥浆加固等措施处理，其中 T12 塌陷坑回填块石、碎石量达数十立方米。洋碰隧道左洞线出口段（LK77+500～LK78+340）间累计形成岩溶塌陷 21 处（图 4.2.3）。隧道左洞线出口段（LK77+500～LK78+340）的地面塌陷坑平面形态呈近圆形及椭圆形，塌陷坑口出露面积为 18～500m^2 不等，塌陷坑可见深度为 1.2～7.5m。

4. 岩溶塌陷形成原因

根据洋碰隧道及周边的孕灾地质背景、水文动力环境、岩溶发育程度、岩溶塌陷发育特征和隧道突水涌泥特征，综合分析洋碰隧道右洞线进口地段 RK76+690～RK76+833 间和隧道左洞线出口地段 LK77+500～LK78+340 间岩溶塌陷的形成、发育及发生过程，可以发现岩溶塌陷活动与洋碰隧道施工时的突水涌泥密切相关，洋碰隧道施工过程产生的突水涌泥是岩溶塌陷的直接诱发因素；剧烈的地下水径流活动、复杂的地质构造环境、松散结构的覆盖层土体和岩溶强发育特征构成了孕育岩溶塌陷地质灾害的基础地质背景因素。

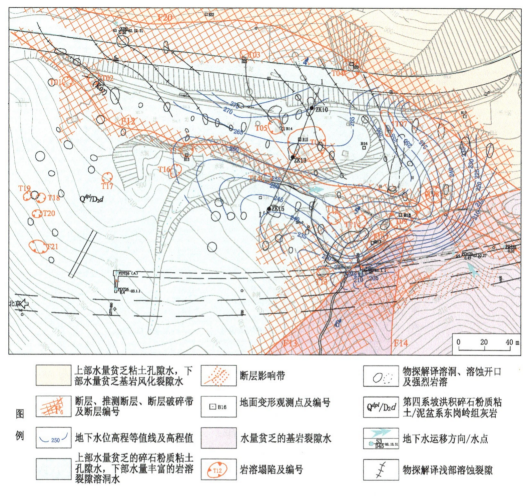

图 4.2.3　洋碰隧道左洞线出口段（LK77+500～LK78+340）岩溶塌陷工程地质图

1）覆盖层松散结构土体和强发育岩溶系统构成岩溶塌陷的内生地质环境条件

（1）洋碰隧道岩溶塌陷分布地段的覆盖层松散土体主要为碎石粉质黏土（图4.2.4），呈褐黄—土黄色，硬塑状为主，局部可塑状，碎石为20%～30%，含少量块石，碎石、块石岩性为弱—中风化的粉砂岩，局部风化呈粉细砂状，碎石含量自上而下渐增，局部为50%。隧道右洞右侧的坡顶平台处松散覆盖层最厚为45m，一般为20～30m，向山沟逐渐变薄，至沟边厚度为 7～10m。由于粉质黏土中含较多的碎块石和砂屑，土颗粒间孔隙较多，使土层具有一定的透水性，充水后易于散解，抗塌性能较弱，有利于地面形成塌陷。

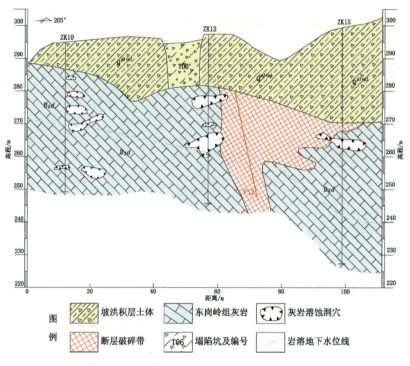

图 4.2.4 洋碰隧道左洞线出口段 1-1′工程地质剖面图

（2）洋碰隧道岩溶塌陷分布地段的岩溶发育程度明显受断裂构造格局的控制（图 4.2.2～图 4.2.4），由于断裂构造的影响，这一地段灰岩的岩溶化程度高，岩溶强烈发育特征构成了洋碰隧道岩溶塌陷重要的地质基础。

① 洋碰隧道右洞线内 RK76+744～RK76+748 处可见 F7 断层通过，造成该处岩溶强烈发育，形成洞高 20m 的溶洞 [图 4.2.5（a）]，且 RK76+735～RK76+745 处隧洞底板可见有两条宽为 0.3～1.5m 的溶隙，呈北西向分布 [图 4.2.5（b）]。对比分析岩溶塌陷分布地段的断层交切关系及北西向羽状张裂隙发育特征，表明断层性质属反扭平移断层，断层走向 N10°～20°E，倾向北 30°～55°西，倾角 76°；两侧次级断裂见于右洞 RK76+714～RK76+718 和 RK76+805～RK76+833 处，岩溶发育较强烈，多形成规模较小的溶隙和溶洞，直接导致隧洞突水点密集分布。根据地面物探资料，隧道右洞平面分布有 3 条北东向的岩溶异常带（图 4.2.2），宽几米至十几米不等，贯通性较好，应为隧洞突水涌泥有关的深部岩溶通道的物探异常体现。钻孔揭露的溶洞一般规模较小，洞高多小于 2m，个别为 3.5m。隧道右洞进口段岩溶系统可分为浅层岩溶带和深部岩溶带等两类，前者主要发育于地面之下 30～50m 或岩面之下 20～30m 内，受地貌及水文系统的控制，岩溶现象发育较普遍，除溶洞、溶隙外，地表还有溶沟、溶槽、漏斗、落水洞及洼地等岩溶形态，岩溶塌陷地质灾害的产生与其密切相关；后者主要受区域排泄基准面及地质构造的控制，多沿断裂带、裂隙密集带或与非可溶岩的接触界面发育，其形态主要为溶洞或溶隙，沿断裂构造线方向多组合形成岩溶通道，有的可形成地下河，与浅层岩溶带有一定的连通关系，有利于地下水的循环流动。

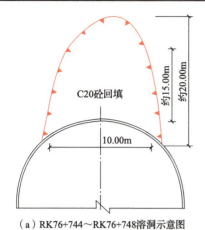
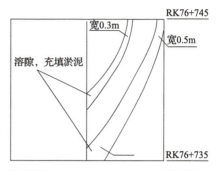

（a）RK76+744~RK76+748溶洞示意图　　　（b）洋碰隧道右线RK76+735~RK76+745隧道溶隙分布图

图 4.2.5　隧道右洞 RK76+735~RK76+748 处溶洞及溶隙分布图

② 洋碰隧道左洞线出口段（LK77+500~LK78+340）位于北部和南部的中低山挟持之间部位，区内地势西高东低，西侧为坡度 15°~40°的坡地，地形高程 300~350m，东侧为深切谷沟，最低高程为 132m。隧道出口地段内分布的各时代地层呈断层接触。寒武系八村群（$\in bc$）砂岩仅于 F19 断层以东局部出露；泥盆系桂头群（$D_{1-2}gt$）砂岩分布于区内北部、南部的中低山地，其上部覆盖第四系（Q^{dpl}）块石及碎石粉质黏土；泥盆系东岗岭组灰岩（D_2d）则分布于 F20 断层与 F13 断层东侧地带，其覆盖层为第四系（Q^{dpl}）碎石粉质黏土，其中 F11 断层西侧出露泥盆系东岗岭组（D_2d）灰岩下段的灰岩与泥灰岩（局部夹钙质泥岩），F11 断层东侧为泥盆系东岗岭组（D_2d）灰岩上段的深灰色灰岩夹数层砾状灰岩。隧道左线出口地段的地质结构为单斜断块结构，地层产状整体走向为近东西向，倾向为 170°~185°，倾角为 33°~45°；发育的主要断层有 F13、F12、F11 及 F20 等，此外还有 F14、F15、F16、F17 及 F19 等次级断层，断层分布密度高，是岩溶发育和岩溶水运移的有利部位。沿 F12 断层发育的 $5^\#$ 冲沟和沿 F13 断层发育的 $6^\#$ 冲沟分别由西端和南西端向东延伸，汇合后沿 F13 断层向北东向径流，在东侧谷沟出口处（高程 132m）汇入双口河。整个冲沟有较大（近 30%）的平均纵坡降，说明隧道左洞线出口地段受到较强的深切溯源侵蚀地质作用。同时，岩溶塌陷分布于多条断层（如 F13、F12、F15、F20 等）挟持的狭小地段，经历过多期构造运动，且长期以来受到弱酸性外源水的注入，岩溶发育极为强烈，具体表现为溶洞分布密度大，钻孔见洞率为 76%；隧道左线出口地段面积为 0.041 6km^2 内，物探推测溶洞异常可达 63 处（图 4.2.3）。埋深为 40m 之上的浅部溶洞不仅密度大，而且多与北西向次级断裂有关，呈串珠状连通展布，说明隧道左线出口地段属岩溶强烈发育地段。从整体上看，洋碰隧道一带的岩溶塌陷发育特征明显受断裂构造的控制，特别是隧道左洞线出口地段一带的岩溶塌陷均发育于 F13、F11、F20 断层间的三角形地段，说明岩溶强烈发育是形成岩溶塌陷最重要的基础地质因素。

2）隧道工程施工过程产生的突水涌泥是岩溶塌陷的直接诱发因素

（1）洋碰隧道右洞线进口段（RK76+690~RK76+833）突水涌泥活动过程。

洋碰隧道右洞线进口段（RK76+690~RK76+833）施工过程的突水涌泥活动可分为

五个阶段：①2000年7月21日1:00，RK76+725拱部左侧溶隙突水涌泥，初始水量为50~90m³/h，含泥量为25%，29h后水量为30~60m³/h，含泥量为5%，延续364h；②2000年9月7日11:00，RK76+778~RK76+800处的溶隙突水涌泥，初始水量为40~60m³/h，含泥量为38%，29h后水量减至20~30m³/h，含泥量为20%，延续129h；③2000年10月6日14:00，RK76+805拱部右侧溶隙突水涌泥，初始水量为50~70m³/h，含泥量为40%，24h后水量为20~30m³/h，含泥量为15%，延续813h；④2001年1月26日1:40，RK76+833拱部右搭肩溶洞突水涌泥，突水口面积约1×1.5m，初始水量为80~100m³/h，含泥量为60%，将掌子面已架立好的钢架和作业平台砸坏，并伴随有巨大响声，持续至26日午夜，泥水量开始减小，洞内掌子面一带被泥浆淤积，泥中夹有长度为60~70cm的石块，总突泥涌水量约3 000m³，突水95h后水量减至50~80m³/h，含泥量为47%，延续72h；⑤2001年4月13日，受降雨影响被泥砂堵塞的溶隙通道中地下水位升高，地下水流于RK76+690、RK76+714及RK76+718等三个部位（图4.2.6）突然冲出，形成涌水流泥，开始流量很大，随后缓慢减小，这三个涌水点的流量和含泥量分别为12~28m³/h及10%、21~52m³/h及23%、30~110m³/h及25%，直到8月22日浑水变清，涌水量减至不足20m³/h。洋碰隧道右洞线进口段RK76+690~RK76+833区间穿过岩溶含水层，隧洞埋深为66~100m，岩溶地下水位随地形逐渐升高。右洞线进口段岩溶塌陷分布地段的南侧1#山沟施工前常年流水，下渗补给岩溶地下水，可作为塌陷区南侧的补给边界，地下水位高程以ZK05孔地面高程278m为代表（图4.2.1和图4.2.2），边界距离为40~180m，据此估计隧道右洞突水时的初始水力坡降值为0.3~0.7，水流具有极强的冲蚀能力，可将岩溶通道中的充填物冲蚀带走涌入隧道。随着突水涌泥点不断疏排岩溶地下水，一方面地下水位逐渐下降形成以突水点为排泄中心的降落漏斗；另一方面，岩溶通道逐渐疏通，从而产生一系列导致岩溶塌陷的力学效应。隧道右洞自突水到2002年12月的近两年时间里，岩溶水净储量基本耗尽，相应的排水量及地下水降落漏斗水

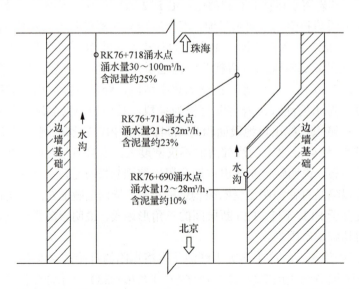

图4.2.6　洋碰隧道右洞线RK76+690、RK76+714和RK76+718突水涌泥点平面示意图

位已重新处于平衡稳定状态,仅随降雨补给而有所变化。据 2003 年 1 月 1 日至 2 月 11 日观测结果,发现隧道右边沟流量为 0.33~3.24L/s,右洞 RK76+810 左边沟流量为 2.17~4.54L/s,而 RK76+810 段以前的总流量为 3.85~5.52L/s,平均 4.68L/s。根据右洞 RK76+690 处、ZK01、ZK03 及 ZK06 钻孔的地下水监测资料,估算枯水期的水力坡降分别为 0.4、0.38 及 0.27,说明地下水流对堆积于岩溶通道内的松散充填物仍具有一定的冲蚀能力,尤其是雨季暴雨时地下水位快速升高,水力坡降增大,因岩溶塌陷堆积于岩溶通道内的松散泥沙极有可能被水流冲蚀、迁移,从而涌入隧道内。岩溶地下水降落漏斗范围内,其地下水位与隧洞突水前相比,地下水的下降幅度为 10~30m,具有距主要突水点越近,下降幅度越大的特点。从表 4.2.3 中可以看出,ZK01~ZK06 钻孔的地下水位基本降至基岩面以下或其附近。

表 4.2.3　洋碰隧道右洞线进口段 ZK01~ZK06 钻孔地下水位、水力状态及水头值

钻孔编号	ZK01	ZK02	ZK03	ZK04	ZK05	ZK06
距右洞边距离/m	23	28	68	69	133	118
水位高程/m（2003 年 2 月 11 日）	232.50	253.75	252.21	269.15#	263.68	264.72
基岩面高程/m	268.40	255.15	252.26	268.59	260.38	270.92
水力状态	无压	无压	无压	承压	承压	无压
地下水头*/m	-33.90	-1.40	-0.05	+0.56	+1.30	-6.20

*地下水位高于基岩面为正水头,低于基岩面与负水头。该水位如有异常,可能有泥砂堵塞现象。

(2) 洋碰隧道左洞线出口段 (LK77+500~LK78+340) 突水涌泥活动过程。

洋碰隧道左洞线出口段 (LK77+500~LK78+340) 按 2%的坡比逆坡施工,隧道左洞线出口段 LK77+900~LK78+340 区间的施工过程基本正常,仅少量滴水。2000 年 1 月 30 日晚 10:00 左右,开挖至 LK77+849.5 里程处时,隧洞上半段右侧拱背处突然出现涌水,水流浑浊,且右侧支护混凝土面多处出现有长为 1~8m 不等的竖向裂纹,LK77+870~LK77+850 段右侧内支撑移动为 3~5mm,伴有大面积淋水,出现较大的破坏征兆,经加强支撑及放水减压等措施,险情得以控制,涌水量稳定为 300m³/h。2000 年 4 月 6 日 9:00,当隧道上半断面掘进至 LK77+831 处时,LK77+832 右侧拱脚处突然发生大量的集中涌水,涌水口呈不规则状,直径为 250~350mm,涌水量为 300~400m³/h,水从隧洞右上方倾泻而出,并伴有较大响声,水呈黄褐色、浑浊,夹有大量泥沙、石块,含泥沙量为 10%~30%;大量的涌水使得隧洞侧壁形成很大的孔洞,并波及地表,洞体承受偏压,围岩变形严重,给隧道的安全施工造成较大的威胁,涌水造成地面形成大量的塌陷坑。至 2002 年 8 月中旬,因一次强降雨过程,大量地表水及地下水的注入,再次造成隧洞同一部位出现大量涌水,导致前述经填埋处理的部分塌陷坑再次复活塌陷。隧道左洞线出口段 (LK77+500~LK78+340) 的涌水突泥活动特征如表 4.2.4 所示。从表 4.2.4 中可以看出,一方面洋碰隧道左洞线出口段涌水主要发生于 LK77+851~LK77+582 里程间的断层及其影响带,并以集中涌水形式产生,这是由于 F13 断层带有较好的渗透性,由高水头压力作用造成涌水;另一方面涌水具有突发性,且初始涌水流量大（20~400m³/h）,初始水头压力也较大（≥650kPa）,涌水流量衰减至今仍保持约

为 40m³/h（10.9L/s），且涌水时含大量泥沙，隧道左洞线出口段各涌水点涌水初始含泥沙量为 10%～50%。

表 4.2.4 洋碰隧道左洞线出口段（LK77+500～LK78+340）涌水突泥活动特征

出水里程	涌水突泥位置	初始涌水突泥特征		涌水突泥活动全过程特征	
		初始出水量及含泥量	出水时间及持续时间	平均出水量及含泥量	持续时间
LK77+840～LK+780	隧洞底部冒水	约 50m³/h、含泥量 50%	2000 年 4 月 7 日 19:40，持续 36h	20m³/h、含泥量 30%	2 个月
LK77+582	上半部拱脚左侧	约 20m³/h、含泥量 10%	2000 年 9 月 25 日 10:00，持续 3h	10m³/h、含泥量 10%	1 个月
LK77+663	上部拱脚右侧溶隙涌水	约 150m³/h、呈泥浆状	2000 年 8 月 7 日 20:00，持续 1h	约 100m³/h、含泥量 50%	10h
LK77+798～LK77+851	F13 断层分别于+798、+811、+831、+834 和+851 处发生涌水涌泥，来水方向均为线路左侧	初始涌水量 100～150m³/h 不等、含泥量 10%～50%	第一次涌水发生于 2000 年 1 月 30 日 22:00，不间断涌水	涌水量为 80～120m³/h、含泥量 10%～50%	到隧道完工

总之，洋碰隧道开挖施工过程的涌水突泥，一方面导致突水口以上岩溶通道内地下水流水力坡度剧增，岩溶通道中的充填物受强烈冲蚀，进而被水流带至突水口排泄形成涌泥，岩溶通道也逐渐疏通，为地表塌陷物质的向下运移提供了空间；另一方面涌水突泥及后续的疏排岩溶地下水活动，使岩溶地下水位急剧下降，并于地下水波动影响范围内形成降落漏斗，在岩溶通道与松散覆盖层直接接触的"天窗"（开口溶洞及溶隙等）处，可产生一系列破坏覆盖层平衡稳定的力学效应，如覆盖层中的潜水向"天窗"垂向渗透的渗透变形、岩溶地下水位降至基岩面以下的失托增重及岩溶通道空腔内的真空负压吸蚀等。这些致塌力学效应促使"天窗"部位的覆盖层松散物质自下向上逐层剥落垮塌，最终导致地面产生塌陷。

3）洋碰隧道一带雨季地下水位的反复波动加剧了岩溶塌陷的形成

洋碰隧道施工处于雨季尤其是暴雨状态时，地下水位出现大幅度上升的波动状态，除隧洞附近为 20～30m 内水力状态可基本稳定不变外，其余地段地下水位均在基岩面附近上下剧烈波动，非常有利于岩溶通道上部覆盖层内的松散物质塌落，形成岩溶塌陷地质灾害。

4.3 机械贯穿岩溶塌陷

近年来，随着各种人类工程活动强度的上升，不同类型的工程建设活动规模日益扩大，特别是公路路基处理、房屋基础施工、桥梁基础施工及地质勘探等，工程钻探和桩机施工等地面工程活动常常击穿岩溶洞穴的隔水顶板岩土层，直接将隔水顶板打通，造成岩溶洞穴隔水顶板之上的地下水与松散砂土直接塌入地下洞穴内部，最终形成岩溶塌陷地质灾害。就广东省而言，这类工程机械活动贯穿地下岩溶洞穴顶板隔水层引发的岩溶塌陷主要是由工程建筑的基础施工及工程钻探引发。

【实例分析】肇庆市江肇高速公路西江特大桥南岸岩溶塌陷

2009 年 11 月 2 日凌晨 1:00,在肇庆市江肇高速公路西江特大桥南引桥 14#墩 B 桩基础施工时,距 14#墩位约 30m 处的混凝土路面出现变形、下沉,随后引发 0#~16#墩间约为 500m 长的范围内地面发生了不同程度的开裂和塌陷(图 4.3.1 和图 4.3.2)。岩溶塌陷影响范围长约为 500m、宽约为 60m,地面形成 5 处塌陷坑,特别是 6#墩附近的岩溶塌陷最为严重,塌陷坑口呈圆形,直径约为 50m。广东省公路勘察规划设计院有限公司对肇庆市江肇高速公路西江特大桥南岸岩溶塌陷地质灾害进行了详细工程地质勘察,基本查明了江肇高速公路西江特大桥南岸岩溶塌陷的发育特征和形成原因。

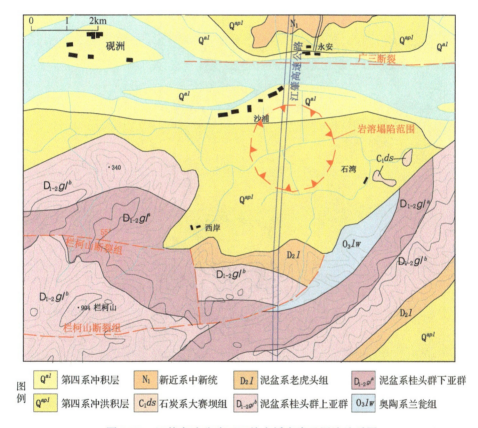

图 4.3.1 江肇高速公路西江特大桥南岸及周边地质图

1. 自然地质环境特征

1)地形地貌特征

肇庆市江肇高速公路西江特大桥南岸岩溶塌陷工程地质图如图 4.3.2 所示,其岩溶塌陷分布地段位于肇庆市栏柯山北侧的西江南岸,地貌类型为河流冲积平原,地形较平坦,地表溪流、冲沟及池塘分布较密集。

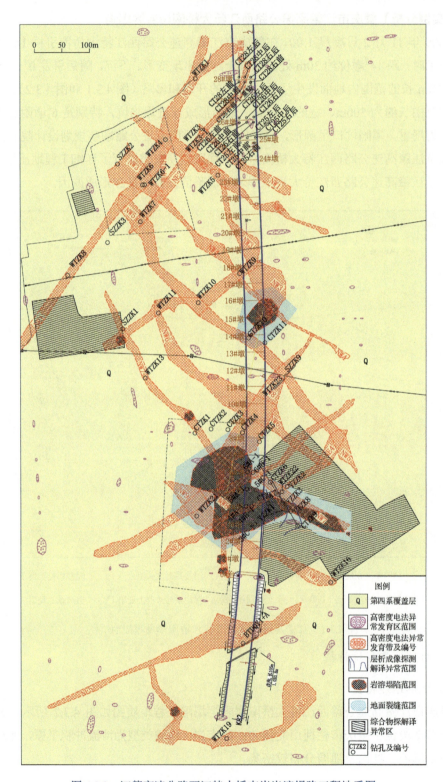

图 4.3.2 江肇高速公路西江特大桥南岸岩溶塌陷工程地质图

2)基岩地层与岩性

岩溶塌陷分布地段及周边的基岩自下而上主要包括石炭系的大赛坝组、石磴子组和测水组等,它们的岩性组合基本发育特征为:①大赛坝组(C_1ds)主要隐伏于西江两岸的第四系下部,岩性主要为砂岩、粉砂岩、泥岩夹炭质泥岩和泥灰岩;②测水组(C_1c)零星分布于线路南侧蚬岗及西江北岸的永安镇北侧一带,岩层总体走向近南北至北北东,整体倾向东,局部倾向西,倾角为30°~50°,岩性主要为灰白色、土黄色中—薄层状石英砂岩、粉砂岩,夹灰黑色炭质页岩;③石磴子组($C_1\hat{s}$)主要隐伏于第四系下部,岩性为灰—灰黑色厚层状灰岩和白云质灰岩,岩溶发育程度高,岩溶塌陷主要形成于石磴子组地层分布部位。

3)地质构造特征

岩溶塌陷分布地段未见地质构造分布,但周边及外围区域地质构造发育,分布较复杂。对岩溶塌陷分布地段影响较大的断裂构造主要为近场区的东西向断裂,主要有高要—惠来断裂带中段的栏柯山断裂组和广三断裂(图4.3.1)。栏柯山断裂组发育于江肇高速公路线路中部的栏柯山一带,多条断裂呈近东西向延伸,并与次级小断裂交错重叠,岩溶塌陷分布地段处于该断裂组控制范围内。广三断裂于岩溶塌陷部位北缘通过,沿江肇高速公路西江特大桥一带呈东西走向基本与西江北岸延伸方向一致,与江肇高速公路线路近于直交。

4)水文地质环境特征

江肇高速公路西江特大桥南岸一带的地貌属河流冲积平原类型,地形较平坦。岩溶塌陷分布地段属亚热带季风气候,雨量充沛,地下水补给来源充足,且径流环境较好。

(1)地下水类型及富水性特征。江肇高速公路西江特大桥南岸岩溶塌陷分布地段一带的地下水类型可分为第四系松散岩类孔隙水、基岩裂隙水和碳酸盐岩类裂隙溶洞水等三类。

① 松散岩类孔隙水:主要含水层为第四系砂土及碎石土层,含水层厚度大,透水性较好,水量丰富,可划分为上部潜水和下部承压水,其中上部潜水遍布河谷平原和山间盆(谷)地,单孔涌水量多小于50t/d,水化学类型以HCO_3-CaMg型、HCO_3-Ca型、HCO_3Cl-CaNa型较常见;下部承压水埋藏于阶地下部砂砾层内,主要分布于东部沿岸平原,单孔涌水量一般为100~1 000t/d,水化学类型以HCO_3-Ca型最常见。

② 基岩裂隙水:主要含水层为石炭系的大赛坝组和测水组的砂岩、粉砂岩及炭质页岩与泥盆系的老虎头组和桂头群的碎屑岩,且主要受基岩裂隙的控制,含水层的透水性不均匀,水量较贫乏。

③ 碳酸盐岩类裂隙溶洞水:主要含水岩组为石炭系石磴子组结晶灰岩、炭质灰岩及角砾状灰岩,裂隙溶洞水单孔涌水量为51~2 907t/d,富水性不均,水化学类型多为HCO_3-Ca型和HCO_3-CaMg型。覆盖型岩溶发育带的含水量相对丰富,岩性较纯的灰岩含水岩组局部含水量中等,但覆盖型岩溶发育带的顶部溶洞多为泥沙充填,含水量较少;断裂带附近岩溶发育,岩溶水较丰富。

（2）地下水的补给、径流及排泄特征。江肇高速公路西江特大桥南岸岩溶塌陷分布地段及周边一带每年的降雨量为1 500～2 000mm，地表汇流的水量大，汇流的地表水最终排泄进入西江，西江每年的最高水位与最低水位变化剧烈，从而造成汇流区内地表水及地下水活动性强。区内地下水主要依靠大气降水下渗及西江、地表河涌等河流侧向径流进行补给。地表水与地下水的水力联系较密切，排泄途径为蒸发及侧向径流。岩溶塌陷分布地段及周边丘陵地带的基岩裂隙水普遍具有埋藏浅、径流途径短和动态变化大的特点；大气降雨入渗形成地下水后，大部分以泉的形式泄露于地表，少量进入深部循环通道。丘陵地带过渡到山间盆（谷）地和冲积平原地带，地下水一部分侧向补给第四系孔隙水，一部分以泉的形式排泄地表成为地表水，还有一部分转为基岩裂隙水或岩溶水。从整体上看，地表水入渗地下向山谷汇流后，以地下径流形式自南向北移动；同时，地下水示踪试验结果表明基岩地下水的流向为自岩溶塌陷分布地段往西江方向。平原区局部地下水宣泄不畅常形成地下水洼地，地下水径流速度缓慢。岩溶塌陷分布地段的岩溶水径流形式属岩溶裂隙管道型，具有流速快、径流短、动态变化强烈的特征。孔隙潜水动态随季节变化，且岩溶水受季节影响的变化比潜水大。覆盖层松散岩类地下水的水位高程一般为-1.61～2.50m，基岩地下水的水位高程一般为-2.54～1.97m，地下水面基本平坦，仅局部起伏较大，相对水位高差最大为4.09m。

2. **覆盖层工程地质特征**

江肇高速公路工程地质勘探和江肇高速公路西江特大桥南岸岩溶塌陷物探异常验证钻孔揭露隐伏岩溶地段的覆盖层厚度为35～40m（图4.3.3）。岩性为素填土、粉质黏土、厚层粉细砂夹少量淤泥质土、淤泥及淤泥质粉质黏土，靠近西江地段基岩面上部分布有厚为3～12m卵砾石层。覆盖层岩土体物质组成自上而下可进一步细分为9个工程地质单元层：①素填土：呈土黄色，为粉质黏土，夹少量砂石，稍经压实，零星分布于乡村道路、塘基，层厚0.40～1.2m；②淤泥质粉质黏土夹细砂：呈深灰色，粘手，饱和，流塑，质较纯，其中局部含有腐木或含较多粉细砂，层厚为5.30～15.80m；③粉砂：呈灰白色、灰黑色，饱和，稍密，手搓呈饼状，光滑，含少量黏粒，部分可搓粗条，岩芯呈土柱状，平均厚度为3.70m；④细砂：呈灰色，饱和，中密，含砂少量约80%，含较多黏粒，平均厚度为1.50m；⑤粗砂：呈褐黄色、浅黄色，饱和，稍密，主要以石英砂粒为主，颗粒呈次棱角状为主，分选稍好，局部含较多细砂及石块，层厚为5.20～5.70m；⑥粉质黏土：呈黄色、浅灰色，稍湿，黏性较好，手可搓条，硬可塑状，分布较广泛，层厚为1.20～5.80m；⑦淤泥：呈灰绿色、灰黑色，饱和，流塑为主，含大量腐殖物，层厚为5.80～15.20m；⑧淤泥质粉质黏土：呈灰色—灰黑色，含腐殖物，饱和，流塑，底部夹薄层粉砂呈互层状，局部固结，层厚为0.50～5.80m；⑨卵石：呈黄色，少量底部为灰色，卵石孔隙间充填黏粒或中细砂，粒径以2～3cm为主，占比70%，呈次圆状，饱和，稍密—中密，钻孔揭露最大厚度为12.0m。

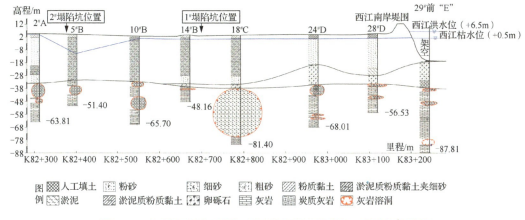

图 4.3.3 江肇高速公路西江特大桥南岸岩溶塌陷工程地质剖面图

3. 岩溶工程地质特征

江肇高速公路西江特大桥南岸地段岩溶发育程度主要受断裂构造和灰岩岩性的控制，具有一定的分带性（图 4.3.2），岩溶沿平面呈近北北东向和北西向条带状交错展布，其交错部位岩溶异常发育。

（1）根据物探高密度电法解译成果，岩溶塌陷场地及周边可划出"异常发育带"和"异常发育区"等两种物探异常类型，其中"异常发育带"是规模较大的漏斗状物探异常，岩溶空间分布连通性好，呈条带状发育；"异常发育区"呈椭圆状和规模较小的漏斗状物探异常，空间分布较孤立且连通性不强，可能是溶洞、溶蚀裂隙集中发育区域。岩溶塌陷分布地段北北东向的主要异常发育带有 6 个（NE1～NE5），北西向的主要异常发育带有 8 个（NW1～NW8），还有 114 个物探异常发育区（图 4.3.2）。物探验证地质钻孔验证结果发现江肇高速公路西江特大桥南岸岩溶塌陷分布地段的物探异常发育带内钻孔见洞率为 46.4%，岩溶发育强烈；同时，CTZK7、CTZK8 和 CTZK9 等 3 个钻孔内的层析成像探测结果表明岩溶呈北北东向及北东向的平面展布特征。物探验证地质钻孔层析成像探测综合解译异常平面分布图如图 4.3.4 所示。

（2）江肇高速公路西江特大桥南岸岩溶塌陷分布地段的岩溶发育程度高，钻孔揭露的溶洞多分布于高程为 -40～-60m。据地面塌陷坑附近钻孔的跨孔弹性波扫描 CT 的解译成果，钻孔 CTZK3～CTZK4 之间高程为 -38.00～-43.00m 内存在一处溶洞（图 4.3.5），洞高约为 5m；钻孔 CTZK7～CTZK8 之间高程 -34.00～40.00m 段存在一处溶洞（图 4.3.6），洞高约为 6m，呈向上开口状（漏斗状），高程为 -42.00～-42.90m 段存在一处溶洞，洞高约为 0.90m，高程为 -45.00～-53.00m 段发育有一处溶洞群，纵向高度约为 8.00m，横向延伸宽度为 20～30m。

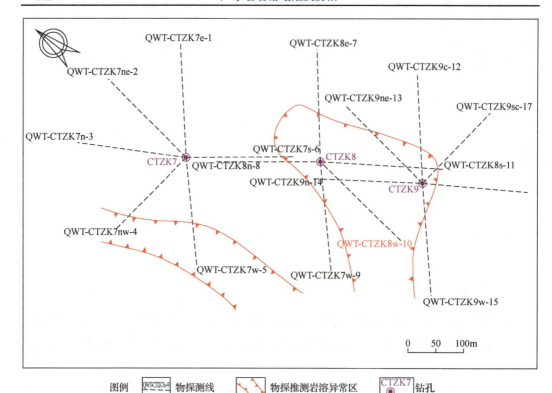

图 4.3.4 物探验证地质钻孔层析成像探测综合解译异常平面分布图

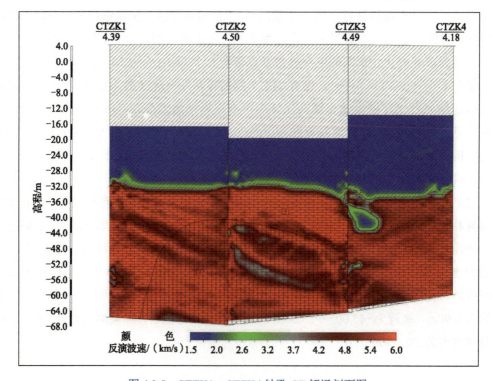

图 4.3.5 CTZK1～CTZK4 钻孔 CT 解译剖面图

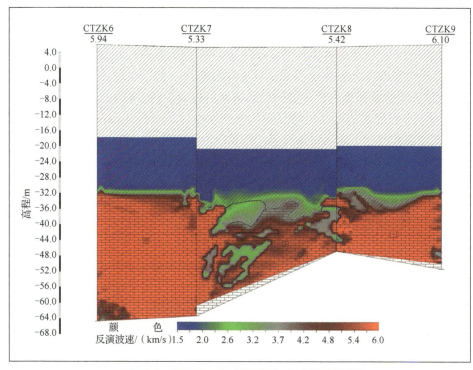

图 4.3.6 CTZK6～CTZK9 钻孔 CT 解译剖面图

（3）地质钻孔揭露高程为-41.88～-43.58m 段的溶洞充填流塑状黏性土，溶洞充填物多为砂砾卵石或空洞，充填物与基岩面上覆盖的卵砾石层成分基本相同，说明溶洞与第四系充填物间的关系密切。岩溶塌陷坑附近的钻孔 CTZK8 揭露高程-36.08～-39.18m 段的溶洞充填物为棕红色软—可塑状粉质黏土（残积土）。钻孔 CTZK9 处揭露高程为 -47.10～-48.60m 段的溶洞充填物为碎石土，其主要成分为硅质砂岩及砂岩，含较多卵石，粒径为 5～6cm，含大量的中粗粒棱角状方解石碎屑，可以确定是工程施工冲桩的岩石碎渣，不是正常的溶洞沉积物，应该是岩溶地面塌陷时第四系覆盖层或地面带入的充填物。

4. 岩溶塌陷发育特征

岩溶塌陷发生于 2009 年 11 月 2 日，地面分布的较大塌陷坑主要有 14#～16#墩处塌陷坑（1#塌陷坑面积约为 1 982m²）、2#～7#墩及预制场处的塌陷坑（2#塌陷坑面积约为 17 466m²）和高压电塔 3#塌陷坑（塌陷坑最深处为 34m）等三处，其他为规模较小的塌陷坑。岩溶塌陷分布地段的 1#塌陷坑（14#～16#墩间）、2#塌陷坑（2#～7#墩及预制场）采用碎石土回填至地面，高压电塔处的 3#塌陷坑灌填混凝土至地面。2009 年 11 月 12 日后，岩溶塌陷分布地段及附近未见新增的塌陷坑或地裂缝，表明岩溶塌陷地质灾害经历这次大面积的地面塌陷变形后处于暂时稳定状态。

5. 岩溶塌陷形成原因

江肇高速公路西江特大桥南岸岩溶塌陷分布地段的隐伏灰岩岩溶发育程度高，溶洞、溶蚀裂隙等岩溶通道分布密集；松散覆盖层主要为透水性较好的粉细砂土，地下水丰富，地下水循环交替活动强烈，导致地下水位经常呈剧烈波动状态，二者为岩溶塌陷地质灾害的孕育、形成及发展提供了良好的基础地质背景条件。大桥基础工程施工击穿溶洞顶板则为岩溶塌陷的发生提供了直接诱发因素。

1) 岩溶发育强烈和透水性良好的松散覆盖层构成了岩溶塌陷的基础地质背景

岩溶塌陷分布地段的隐伏岩溶呈层状发育特征，平面呈北西及近北北东向带状展布，受广三断裂和栏柯山断裂组的影响，隐伏灰岩的完整性较差，局部断层碎裂岩或角砾岩的胶结程度差，易受地下水的溶蚀，形成溶洞、裂隙等岩溶通道，透水性较好；松散覆盖层主要为透水性较好的粉细砂土，地下水丰富，富水性程度较高，且岩溶塌陷分布地段与西江相邻，地下水受西江的水位涨落影响较大，导致覆盖层内的松散粉细砂土层受地下水的潜蚀易产生土洞。两者共同构成了岩溶塌陷地质灾害的基础地质环境背景。

2) 隐伏岩溶地段地下水位的剧烈波动为岩溶塌陷提供了良好的地下水动力环境

2009年11月2日第一次岩溶塌陷发生时,恰好为天文大潮期间(农历九月十六日),地表水降落变化幅度较大,造成西江肇庆段水位日夜间潮差为1.0m；同时,由于处于干旱季节,西江河水位高程约为0.5m(相对洪水位降低为6~7m),地下隐伏灰岩的岩溶水和第四系覆盖层内的砂层地下水与西江河水相互之间的水力联系极为密切,地表水和地下水位的剧烈变化降低了覆盖层内砂土层的稳定性,地下水位波动对砂土的潜蚀作用强烈,当多种不利因素叠加作用达到一定程度时,可直接破坏覆盖层与基底岩溶(地下管道)之间的平衡状态,覆盖层内的松散物质开始沿灰岩岩面低洼部位的岩溶管道流失,随着地下水潜蚀作用的加强,导致覆盖层内的松散土体被淘空、垮塌,最终形成岩溶塌陷地质灾害。

3) 桥梁基础工程施工的机械击穿隐伏可溶岩溶洞顶板是岩溶塌陷的直接引发因素

江肇高速公路西江特大桥的桥梁基础施工是岩溶塌陷的直接引发因素，特别是 14# 墩 B 桩工程施工机械击穿溶洞顶板时，由于 14# 墩 B 桩部位基底灰岩的溶洞发育，溶洞相互之间的连通性较好，桩机施工贯穿了地下岩溶洞穴的隔水顶板之后，导致覆盖层内的松散粉细砂土物质随水流或泥浆向下部溶洞快速塌落；同时，岩溶塌陷过程中塌落的松散土层（14# 墩 B 桩）对溶洞内地下水体可产生较大的冲击效应，两者协同作用直接引发岩溶塌陷活动。

4.4 采矿活动岩溶塌陷

矿山采矿活动岩溶塌陷主要分布于广东省境内岩溶发育强烈的碳酸盐岩地带，岩溶塌陷活动的强度同矿山开采规模密切相关。采矿规模大，塌陷强度越大；采矿时间越长，塌陷的频率越高；地下采矿抽排水强度越大，岩溶塌陷规模越大。从整体上看，广东省矿山开采岩溶塌陷地质灾害主要为过量抽排地下水、坑道涌水、突水突泥及地下采矿形成的大面积采空区等因素引发，常常是多种诱发因素协同作用的结果。近年来，广东省各地由于个体矿山企业增加较多,矿山地下开采过程中乱挖滥采严重,违规作业,大量抽排地下水,不按矿山采矿设计工序进行施工生产,常常造成矿山采空区地面发生岩溶塌陷,直接危及矿山的安全生产。表 4.4.1 是广东省典型矿山采矿活动岩溶塌陷的基本发育特征。

表4.4.1 广东省典型矿山采矿活动岩溶塌陷的基本发育特征

岩溶塌陷地点	发生时间	塌陷坑形态特征	灾情特征	诱发因素
连平县忠信煤矿新溪井田一带	1983~1986年	多处产生塌陷,陷落面积1~15m²不等	地面产生裂缝,房屋局部开裂	采空区顶板岩层失稳造成
三水区青岐镇汉塘村一带	1986~2003年	直径大于3m的塌陷坑累计有50多处	毁坏农田约700亩,附近房屋产生裂缝	长期采矿形成大面积采空区引起
梅州市五华县铜坑石灰岩矿区	1990年10月16日	3个矿井发生塌陷,面积约为700m²	中断矿山生产,损坏采矿设备,致使10人死亡	地下开采石灰岩形成采空区引起
韶关市凡长岭铅锌矿采空区	1990年10月31日	塌陷坑南北长80m,东西宽30m	影响矿山生产,造成周边房屋开裂	采空区冒顶引起地面塌陷
梅县城东镇汾水村一带	2000年7月21日	塌陷坑呈椭圆形,长轴120m,短轴约60m,深度5m	地下矿井开采设备报废,失踪2人,直接经济损失60万元	地下开采石灰岩形成采空区引起塌陷
梅县丙村镇黄坑村及大雅村一带	2001年11月~2002年8月	累计形成27个塌陷坑,直径0.5~5m	受损房屋20户,农田150亩,直接经济损失700万元左右	地下采煤形成采空区坍塌引起
蕉岭县三圳大坑口石灰石矿	2003年4月	塌陷坑呈椭圆形,面积16m²,深度3m	中断矿山生产,损坏采矿设备	地下开采石灰岩形成采空区引起
梅县丙村镇横径自然村一带	2003年7月~2004年5月	累计60个塌陷坑,影响面积67 170m²	地面产生大量裂缝,毁坏房屋22间	地下采煤导致采空区坍塌引起
大宝山矿业有限公司铜矿采场	2004年6月12日~11月27日	形成4个塌陷坑,塌陷面积达1万m²	地面产生大量裂缝,直接影响矿山生产	地下采矿导致采空区坍塌引起
兴宁市石膏矿采空区地面一带	2008年3~5月	形成规模不等的塌陷坑20多个	地面产生大量裂缝,毁坏房屋80多间	地下开采石膏形成采空区引发塌陷
梅州市五华县岐岭镇三多齐村	2010年9月4日	室内形成一圆形塌陷坑,面积约9m²	毁坏三层房屋一幢,两人掉入坑内失踪	长期开采河沙引发
清远市连南瑶族自治县大麦山铜矿区新寨村	2011年10月31日	形成规模不等的塌陷坑9个,塌陷坑大多呈椭圆形	造成大量的地面与房屋裂缝,矿区附近村民的房屋受损	地下采矿形成采空区和采坑突水引起地面产生塌陷
广州市花都区新华镇朱村牌坊南侧公路处	2013年4月17日	塌陷坑近圆形,直径约11m,坑深约2.6m,坑内积水深度约0.4m	塌陷造成人行道损坏,主干车道路面部分悬空,直接经济损失约4万元	煤矿停采后地下采空区的煤巷顶部长期坍塌后,逐步发展形成地面塌陷
广州市花都区新华镇红棉大道南侧地段	2015年7月10日	塌陷坑近长方形,沿红棉大道呈东西向展布,长约30m,宽约20m,塌陷坑可见深度约1m	塌陷造成红棉大道南侧人行道损坏,主干车道的混凝土路面部分悬空,直接经济损失约10万元	民间地下采煤点的煤巷,停采后未进行回填而导致
韶关市始兴县沈所镇石内村	2016年3月~2017年6月	累计形成规模不等的塌陷坑13个,最大塌陷坑直径约5m	毁坏农田约20亩,附近道路及房屋产生裂缝及沉降变形	地下开采石灰岩时矿坑突水突泥引发

【实例分析】清远市连南瑶族自治县大麦山铜矿岩溶塌陷

清远市连南瑶族自治县大麦山镇南侧的大麦山铜矿岩溶塌陷工程地质图如图4.4.1所示。该铜矿于1969年建矿投产,1989年、2002年和2008年出现三次透水事故,其中2002年矿井透水造成矿区北侧发生岩溶塌陷地质灾害。2011年10月31日上午,连南瑶族自治县大麦山镇大麦山矿业场铜多金属矿井下+60m 中段发生大面积透水，涌水量为 $1.2×10^4$～$1.5×10^4 m^3/d$，持续至 11 月 7 日下午井下堵水成功，地下水流失造成镇区（新寨村委会）及周边发生岩溶塌陷，导致矿区附近多户村民的房屋墙体开裂，地面产生裂缝、沉陷（图 4.4.1），岩溶塌陷活动集中发生于 2011 年 10 月 31 日至 11 月 7 日，塌陷累计造成 23 户（102 人）村民房屋严重毁坏，直接经济损失达 500 万元。

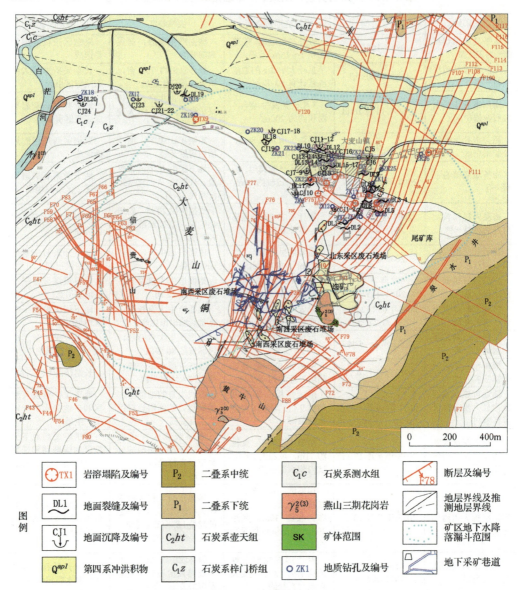

图 4.4.1　清远市连南瑶族自治县大麦山镇南侧大麦山铜矿岩溶塌陷工程地质图

1. 自然地质环境特征

1）气象及水文

大麦山铜矿属中亚热带季风气候区，四季分明，春暖夏热，秋凉冬寒。最高气温

40.6℃（2003年7月23日），最低气温-3.8℃（1991年12月29日），年平均气温19.9℃，年均降雨量1 724.2mm，日最大降雨量231.5mm（2002年7月1日），雨量充沛，雨热同季。夏季盛行偏南风，冬季盛行东北风，因位于南岭山脉南麓，山区立体气候明显，高山与平地之间温差为4～5℃。多年平均相对湿度78%。历年最多风向为北风，最大风速21m/s，多年平均风速为1.2～1.5m/s。连南瑶族自治县属北江中下游暴雨高值区的边缘地带，灾害性天气为早春低温阴雨及秋旱，偶有冰雹、暴雨等强对流天气。

矿区北面约为270m为白芒河，自西向东流经寨岗墟汇合流入北江，河水流量受大气降雨的控制，河流纵坡小，河床浅平，可见大量卵石。白芒河最高水位为2.38m，最低水位为0.51m，平均水位为0.84m，最大流量为7.984m^3/s，最小流量为1.493m^3/s，平均为3.672m^3/s。局部河段可见落水漏斗，地表水渗入地下。白芒河南岸原有10个地下水泉眼，2011年底泉水全部断流；2012年3月，由于矿山停止抽水和遇连续降雨，地下水位大幅上升，其中有5个泉眼出现溢流。矿区北部有一聚水池，其源头为白芒河支流，水池面积约为5 544m^2。

2）地形地貌特征

大麦山铜矿及周边地形起伏较大，地势较高，南高北低。矿区北侧为白芒河及一级河流阶地，白芒河东侧的河床高程为140.36m，可视为当地的侵蚀基准面。矿区内花岗岩体呈波状起伏，基本沿北北东构造线方向断续出露，形成突出的馒头状山丘。地形地貌类型可划分为低山丘陵和河流阶地等两种地貌单元。

（1）低山丘陵（构造、侵蚀类型）。大麦山铜矿区地处石灰岩山区，属低山丘陵地貌，山体连绵呈近南北向延伸，地形南高北低，起伏较大，高程为170～700m，高差为530m，坡度为30°～50°，自然山坡较平直，冲沟等微地貌不发育，树木、植被覆盖较好。西南角的鸡麻山山脊，高程为836.99m。自鸡麻山至北西的信贵山一带山脊主要为石炭系白云质大理岩构成，且夹有薄层状角岩化燧石，抗风化侵蚀力强，形成尖状突起地貌，向北及北西向延伸至东西向的白芒河岸边，高程逐渐降至150m。南东部为老虎头山脊，主要由二叠系燧石层构成。

（2）河流阶地（河流侵蚀堆积类型）。大麦山铜矿区北侧为白芒河及一级阶地，地形平缓，高程为146～167m，高差为21m，坡度小于10°，建有大量居民住宅及办公楼等建筑物，河畔局部地段密集分布鱼塘。

3）地层与岩石

矿区位于燕山三期连阳黑云母花岗岩岩基的北缘接触带，地表均为第四系覆盖，基岩出露地层为石炭系梓门桥组、测水组及壶天组与二叠系中统及二叠系上统等地层。岩石为燕山三期花岗岩（图4.4.1）。矿区自上而下各类地层的岩性组合特征如下。

（1）第四系（Q^{apl}）。主要分布于矿区北部的河流两侧，由冲洪积成因的砂、黏土、砾石组成，厚为5～10m；少量分布于矿区南部的河流阶地，由粉质黏土组成，偶见卵石及土洞。

（2）石炭系梓门桥组（C_1z）。分布于矿区北部，岩性主要为大理岩，局部夹页岩及石英岩；走向北东，倾向南东，倾角为35°～45°。底部与石炭系测水组、顶部与石炭系壶天组呈整合接触。

（3）二叠系中统（P_2）。下部由大理岩及灰质砾岩组成，主要分布于矿区南东部，地层总体走向北东，倾向南东，倾角为15°～35°，与石炭系壶天组呈平行不整合接触，与二叠系下统呈假整合接触。上部由层状灰质燧石层组成，坚硬，致密节理发育，呈角岩化，主要分布于矿区南东部，地层总体走向北东，倾向北西，倾角为21°～70°，与二叠系下统呈平行不整合接触，与灰质砾岩层呈假整合接触，与石炭系壶天组呈断层接触。

（4）二叠系下统（P_1）。分布于矿区南东部及北部白眉山一带，岩性为砾质灰岩、细粒大理岩；地层总体走向北东，倾向北西或南东，倾角为36°～65°。与石炭系壶天组呈整合接触，与二叠系中统呈平行不整合接触。

（5）石炭系测水组（C_1c）。分布于矿区西北部，岩性主要为砂岩，局部夹页岩；走向北东，倾向南东，倾角为32°～51°。顶部与石炭系梓门桥组呈整合接触。

（6）石炭系壶天组（C_2ht）。广泛分布于矿区的中部及西部，少量分布于矿区的北部及东部，岩性为白云石大理岩、矽质白云石大理岩、白云质大理岩，厚度达到150～200m，是矿区矽卡岩型多金属矿床的主要赋矿地层。矿区内地层总体走向北东，倾向北西或南东，倾角为25°～47°。与石炭系梓门桥组、二叠系下统呈整合接触；局部地段与二叠系中统为断层接触。

大麦山铜矿及周边一带的燕山三期花岗岩的岩性主要为黑云母花岗岩，沿北北东方向侵入，呈串珠状隆起，发育有鸡麻坑、黄牛山及选厂背等三个小岩钟，与围岩呈侵入不整合接触，接触面变化大。黑云母花岗岩具岩基边缘相向过渡相演化的特征，地表出露细粒黑云母花岗岩，深部相变为中—粗粒斑状黑云母花岗岩。

4）地质构造特征

大麦山铜矿的地质构造复杂，以断裂构造为主，次为褶皱及接触带。断裂构造的倾角陡，断裂带岩石破碎。

（1）断裂构造。矿区内断裂构造极为发育，分布有规模不等的35条旋卷断层（矽卡岩化），它们构成了大麦山帚状旋卷断裂构造组合，主要有北东向断裂F76、F88、F108及NW向断裂F111、F54、F59。通过南西矿体的北北西向断裂有11条，长度约740m（延伸至矿区北界），产状为110°∠60°～85°，主要倾向东，断裂带宽约205m；矿体南侧有2条东西向的断裂切割了前者。现开采范围内北西侧矿体一带的断裂构造极为发育，沿矿体西北面通过的北北西向断裂主要有11条，长度超过1 600m，产状为284°∠73°～85°，倾向西，断裂带宽约为388m。

（2）褶皱构造。岩溶塌陷分布地段处于大麦山矿区铜多金属矿—大麦山复式向斜构造的西翼，矿区发育有2个次级向斜和1个背斜，褶皱轴走向为20°～60°。

（3）接触带。矿区花岗岩体外接触带的石炭系壶天组碳酸盐岩经变质作用存在矽卡岩化、角岩化、蛇纹石化、白云岩化、绿泥石化、叶蜡石化、高岭土化及绢云母化等。

近岩蚀变具有明显的分带性，外接触带发育有透辉石带、黄褐色半自形—致密块状柘榴子石带和符山石—棕红色半自形—致密块状柘榴子石带。

5) 水文地质环境特征

矿区地处低山丘陵和河流阶地，地形起伏较大，属亚热带季风气候区，雨量充沛。地下水的水力坡度较大，径流速度快，与北侧白芒河的水力联系密切，两者呈相互补给关系。

（1）地下水类型及赋存特征。矿区岩溶塌陷分布地段的地下水类型可分为松散岩类孔隙水、碳酸盐岩类裂隙溶洞水和构造裂隙水等三种类型。①松散岩类孔隙水：分布于白芒河两岸的冲洪积层内。矿区北侧的含水层由砂、黏土、砾石及基岩碎屑组成，厚为5～10m，孔隙度为22.8%～45.1%，地下水位埋深为3～10m，与河水的水力联系密切，低洼处有泉水出露，流量为1～10L/s，透水性好，富水性中等。矿区南侧的含水层主要由粉质黏土组成，属弱透水层，ZK16和ZK17钻孔揭露卵石，层顶埋深为2.40～2.80m，层厚为1.20～2.10m，平均为1.65m，卵石分选较好，含较多黏粒，透水性好，富水性差。②碳酸盐岩类裂隙溶洞水：分布广泛，含水层主要为石炭系壶天组白云石大理岩，主要分布于矿区中部及北西部的沿断裂破碎带发育的岩溶裂隙部位，厚度为150～200m。矿区北部的壶天组白云质大理岩，有泉水出露，流量大于10L/s，富水性强。③构造裂隙水：分布于矿区构造断裂带内，坑道突水与断裂和岩溶发育程度密切相关。钻孔揭露F75、F35、F11等多条断层破碎带，其中大部分断裂破碎带由石英脉或方解石脉充填，富水性弱，少部分断层为岩溶裂隙水的导水通道，如矿区北部北北东向断裂。

（2）地下水补给、径流及排泄特征。矿区地形地貌、含水层的种类及埋藏特征、风化特征及地表植被覆盖等存在较明显的差异，导致地下水的补给、径流、排泄和动态特征各不相同。据矿区水文地质资料，矿区内地下水动态具季节性变化特征，主要受季节性降雨支配，地下水位及流量高峰期的滞后性强，普遍比雨季滞后约1个月，地下水位年变化幅度为3～10m。雨季补给大于排泄量，地下水位上升，旱季地下水位明显下降。矿区地下水主要接受大气降水和冲沟溪流的渗入补给，受地表水的动态影响，周期性变化较明显，每年4～9月是地下水的主要补给期。矿区北侧河流阶地一带的汇水及补给环境优越，地下水既接受大气降雨和河水补给，又接受周围山体基岩裂隙水的侧向补给。地下水排泄方式为潜流排泄，主要渗入河流和潜流补给裂隙溶洞水，地下水多以渗流或泉水形式向北面的白芒河排泄。地下水径流方向总体由南向北流，水力坡度较大，流速较快；地下水以垂直循环为主，地下水径流途径较短，径流方向与坡向总体一致。

（3）矿坑涌水量预测分析。矿区沿断裂破碎带发育的岩溶裂隙水，含水量较丰富，是矿床充水的主要来源。矿区北部壶天组灰岩有泉水出露，数量不多，水量较大，大多数泉流量大于10L/s，经过矿山多年长期的疏干排水，地下水位下降，地表泉水基本干涸。白芒河自西向东流经矿区北部边缘一带，白芒河高程为140.36m，可视为当地侵蚀基准面，矿体位于侵蚀基准面之下。由于矿区断裂构造发育，地表水体可通过构造裂隙形成渗水通道，成为矿床充水的又一补给来源。根据矿山2011年6月5日的监测数据，井下220m中段地下水流量为266m³/d，100m中段地下水流量为288m³/d，0～60m中段地下水流量为1 018m³/d，125井地下水流量为1 090m³/d，顺德井地下水流量为982m³/d，矿山总涌水量为3 645m³/d，矿坑抽排地下水的最大影响面积为2.89km²。2011年6月钻孔实测最低地下水位与1957年钻孔实测地下水位相比，地下水位最大下降幅度为191m，矿区地下水降落漏斗的影响半径约为0.6km，采矿抽排地下水形成的降落漏斗范围见图4.4.1。

2. 覆盖层工程地质特征

矿区覆盖层土体由人工填土层（Q^{ml}）和第四系冲洪积层（Q^{apl}）组成。人工填土层呈浅黄色，稍湿，结构稍密，由河卵石堆填而成，砾径为1～8cm，次为1～8mm，少量为10～15cm，次圆状，成分主要为砂岩，局部为建筑、生活垃圾及粉质黏土。第四系冲洪积层由粉质黏土层和卵石层组成，粉质黏土呈褐黄色、灰黄色及红褐色，可塑—软塑，黏性较好，含少量粉细粒，钻孔揭露粉质黏土层顶高程为141.25～164.34m，层厚为0.40～7.70m；卵石呈浅黄色、灰白色，钻孔揭露卵石层顶高程为148.23～154.36m，卵石分选性较好，砾径为1～6cm，少量为7～12cm，卵石成分以大理岩为主，含少量砂岩，颗粒间夹有较多黏粒及砂粒。

3. 岩溶工程地质特征

从整体上看，矿区断裂构造复杂，大型溶洞、地下暗河及溶洞泉等岩溶现象的发育特征主要受断裂构造控制。根据矿山开采记录资料，采矿生产钻探过程经常遇见涌水、漏水等现象，特别是施工CK84、CK87钻孔时，遇到承压水，地下水涌出孔口高达数米，井下60m中段掘进过程时揭露到岩溶裂隙水，造成矿坑突水。广东省工程勘察院共施工21个钻孔，其中ZK03、ZK04、ZK07、ZK08、ZK12～ZK15、ZK17和ZK24等10个钻孔揭露出溶洞，洞顶高程为131.30～159.34m（埋深为3.60～19.00m），洞高为0.20～12.80m，平均为3.55m，钻孔见洞率为58.8%。矿区内溶洞呈全充填或半充填状态，充填物为软塑状粉质黏土，其中ZK12及ZK13钻孔底部充填有细沙，富水性较好。矿区侵蚀基准面之上灰岩的溶蚀裂隙、溶洞、见洞率及富水性普遍较大，可溶岩的溶蚀作用强烈，溶洞发育，富水性程度高；侵蚀基准面之下往深部可溶岩的溶蚀作用减弱，溶洞明显减少，富水性程度较差。

4. 岩溶塌陷发育特征

2006年5月31日至2012年12月31日，清远市连南瑶族自治县大麦山镇大麦山铜矿共发生9处岩溶塌陷、24处地面沉降和20处地裂缝等地质灾害（图4.4.1）。

1）岩溶塌陷

矿区岩溶塌陷地质灾害主要分布于矿区北侧边界附近（表4.4.2），地面单个塌陷坑面积为0.07～18.4m²，可见深度为1～5m。其中，TX5塌陷坑面积最大，影响范围广，直接威胁附近2栋民宅、1栋3层宿舍楼的安全，TX6塌陷坑及TX7塌陷坑直接威胁矿山职工宿舍的安全。

表 4.4.2 清远市连南瑶族自治县大麦山铜矿岩溶塌陷发育特征

塌陷编号	岩溶塌陷位置	岩溶塌陷基本发育特征
TX1	矿区北侧镇政府南面	2006年塌陷坑,地处河流阶地,长约1.5m,宽约1.5m,可见深度3~4m
TX2	矿区北侧镇政府南面	2006年塌陷坑,地处河流阶地,长2.5m,宽2m,可见深度1m,塌陷坑内经常冒浑水
TX3	矿区北侧镇政府南面	2006年5月塌陷坑,塌陷坑位于坡麓处,平面形态呈圆形,直径1m,可见深度约2m,坑内杂草发育
TX4	矿区北侧镇政府南面	塌陷坑平面形态呈椭圆形,面积7m×2m,可见深度0.3m
TX5	ZK12钻孔东侧5m处	2011年11月1日发生,塌陷坑平面形态呈正方形,长约4.6m,宽4m,可见深度2.6m;12月23日原塌陷坑部位的悬空基础处南侧围墙倒塌,可见塌陷坑内的积水中不断有气泡冒出
TX6	矿区北东侧河流阶地	2012年1月3日发生,圆形塌陷坑,直径0.3m,可见深度约1m
TX7	矿区闲置宿舍楼西侧	2012年2月8日发生,塌陷坑平面形态呈椭圆形,面积3m×2.4m,可见深度3~5m,墙柱掉入塌陷坑内
TX8	矿区闲置宿舍楼东侧	2012年3月5日发生,圆形塌陷坑,直径1.8m,可见深度2.5m
TX9	矿区西北部西侧稻田	稻田内形成圆形塌陷坑,直径约0.5m

2）地面沉降

地面沉降地质灾害主要分布于矿区北侧一带,地面沉降发生于2011年11月。地面沉降主要造成房屋裂缝,裂缝宽度大都小于3mm,其中CJ2~CJ5、CJ11、CJ12、CJ15、CJ22和CJ23等9处房屋裂缝的最大宽度为12mm,最大错距为8cm,导致房屋局部破损严重。清远市连南瑶族自治县大麦山铜矿地面沉降发育特征统计如表4.4.3所示。

表 4.4.3 清远市连南瑶族自治县大麦山铜矿地面沉降发育特征统计

沉降编号	地面沉降位置	地面沉降基本发育特征
CJ1	矿区大礼堂西北角	墙体出现3条水平裂缝,长1~4m,宽1~7mm,较平直
CJ2	矿区北侧2层砖混结构住宅楼处	住宅楼窗角见45°斜裂,长2m,宽1~10mm,最大错动12mm,较平直,局部破损。2处墙柱剥离1~3mm,北侧墙体出现水平错动、拉裂,裂缝长3m,宽1~2mm,局部破损
CJ3	TX5塌陷坑东侧	2011年10月31日发生,在建民宅的墙体开裂,裂缝长1~3m,宽5~10cm
CJ4	TX5塌陷坑东北侧	2011年10月31日发生,1栋1层砖结构民宅,窗角出现2条斜裂,斜裂缝长5m,宽1~12cm
CJ5	计生办办公楼前	2007年6月发生,办公楼二楼墙体斜裂缝长5m,宽1mm,锯齿状;门框边垂直裂缝高2.5m,宽1~2mm,较平直。一楼西墙柱与墙体间剥离间距高3.5m,宽1~3mm,较平直,窗台斜裂缝长1m,宽1~2mm,锯齿状
CJ6	财政所办公楼前	2007年6月发生,办公楼三楼的楼梯间顶部墙体斜裂缝长4m,宽1mm,锯齿状。一楼东侧墙体斜裂缝1~3m,宽1~2mm,锯齿状;窗台下部斜裂缝长0.8m,宽1~2mm,锯齿状
CJ7	镇政府南面	砖混结构民宅的墙体顶部出现1条裂缝,裂缝长2m,宽1mm,锯齿状
CJ8	镇政府南面	砖混结构民宅三楼顶部墙体出现2条裂缝,长1~3m,宽1~1.5mm,锯齿状
CJ9	镇政府南面	二层砖混结构民宅的一楼墙角、墙体顶部出现5条裂缝,裂缝长1~5m,宽1~3mm,锯齿状
CJ10	镇中心小学3层教师公寓楼处	三楼的楼梯间墙体顶部出现4条环状裂缝,长3~5m,宽1mm,较平直,墙柱间剥离1mm
CJ11	镇政府门口对面	三楼墙体顶部出现5条水平裂缝,裂缝长2~5m,宽1~5mm;二楼墙体顶部出现4条水平裂缝,裂缝长1~4m,宽1~3mm

续表

沉降编号	地面沉降位置	地面沉降基本发育特征
CJ12	镇政府门口对面	2011年10月31日发生,3栋并排1层砖结构商铺,裂缝分布面积40m×10m,墙体出现斜裂缝,斜裂缝长2~8m,宽1~15cm,错动1~8cm
CJ13	镇政府西侧维稳中心办公楼处	维稳中心四层砖混结构办公楼的一楼中部墙体出现1条水平裂缝,裂缝长2m,宽1~2mm,较平直,走向3°
CJ14	镇政府办公楼	镇政府办公楼的四楼墙体6条裂缝,裂缝长1~4m,宽<1.5m,锯齿状
CJ15	镇政府院内东南侧	围墙向外倾斜,最大倾斜角3.5°,与台阶间剥离1~2cm,下错5~7cm;台阶出现东西向裂缝,裂缝长0.4~0.5m,宽1~2mm
CJ16	镇政府东北面	四层砖混结构民宅的四楼墙体顶部出现裂缝,裂缝长4m,宽1~2mm,锯齿状,可见破损、剥落现象
CJ17	镇政府东北面	三层砖混结构民宅的三楼墙体顶部出现2条水平裂缝,裂缝长3cm,宽1mm,锯齿状;二楼墙体顶部出现3条环状裂缝,裂缝长3~4m,宽1~2mm
CJ18	镇政府东北面	三层砖混结构民宅的三楼墙体顶部出现2条水平裂缝,裂缝长3m,宽1mm,锯齿状;二楼墙体顶部见3条裂缝,裂缝长3~5m,宽1~2mm
CJ19	B108栋民宅处	三楼墙体顶部出现2条水平裂缝,裂缝长1~2m,宽1~1.5mm,锯齿状
CJ20	新寨村东北面	三层砖混结构民宅的二楼、三楼墙体顶部见2条水平裂缝,长2~4m,宽1mm,锯齿状;三楼的柱墙间剥离1~3mm,高1m
CJ21	新寨村村委会办公楼前面	2003年建成的两层村委会框架结构办公楼的二楼墙体顶部出现2条水平裂缝,裂缝长2~5m,宽1~2mm,较平直
CJ22	新寨村西北侧	一层面积15m²的砖混结构碾米房的墙角剥离1~7mm,高2m,窗、门角可见4条裂缝,裂缝长1m,宽1~3mm,局部破损
CJ23	新寨村西北侧新建住宅楼处	三栋连体并排3层住宅楼的三楼墙体顶部见6条水平裂缝,裂缝长1~4m,宽1~2mm,锯齿状;西侧中部墙体及窗角见2条斜裂缝,裂缝长3~7m,宽1~2mm,锯齿状。二楼中部楼梯混凝土地面见1条长2m,宽1mm的裂缝;西侧厨房墙体顶部的南北西三面可见环状裂缝,裂缝9m,宽1~3mm
CJ24	新寨村西面	三层砖混结构民宅的三楼墙体顶部出现2条裂缝,裂缝长2~3m,锯齿状

3)地裂缝

地裂缝主要分布于矿区北侧一带,大部分裂缝发生于2011年11月(表4.4.4)。裂缝可见宽度一般小于3mm,其中DL1~DL8、DL12及DL14等10处地裂缝的规模较大,延伸最长为30m,最大宽度为12cm。清远市连南瑶族自治县大麦山铜矿地裂缝发育特征,如表4.4.4所示。

表4.4.4 清远市连南瑶族自治县大麦山铜矿地裂缝发育特征

裂缝编号	地裂缝位置	地裂缝基本发育特征
DL1	矿山球场地面	2011年11月,矿山球场台阶出现下沉、开裂,最大下沉量10cm;东侧混凝土路面下沉、开裂,裂缝长2~8m,宽1~3mm,最大沉降量2cm。南侧混凝土地坪出现2条裂缝,长1~11m,宽1~7mm,错距1~6mm,走向119°
DL2	矿山办公室门前	2011年11月,办公室门前混凝土地坪出现东西向裂缝,长5~30m,宽1~10mm
DL3	TX7塌陷坑北侧	2011年11月,单层砖混结构宿舍的室内地面出现1条裂缝,锯齿状,长9m,宽2~3cm,走向150°;门角、窗角出现5条楔形及锯齿状裂缝,长度1~3m,宽度1~5cm,局部5~12cm;屋顶局部木梁错动
DL4	TX7塌陷坑东北侧	2011年11月,地面形成5条沉陷地裂缝,长3~9m,宽1~20mm,裂缝最大错落距约25cm
DL5	TX7塌陷坑南侧	2011年11月,单层砖混结构民宅的室外地面发生4条裂缝,长4~9m,宽1~8mm,锯齿状。墙体底部及混凝土地坪出现4条裂缝,长2m,宽1~7mm,错动1~3mm;屋后墙体可见4条垂直裂缝,高2~4m,宽1~3mm

续表

裂缝编号	地裂缝位置	地裂缝基本发育特征
DL6	TX5 塌陷坑北侧	2011 年 11 月，地面共出现 4 条裂缝，走向 110°，长 0.4m，宽 1~10mm，向西延伸至进矿道路西侧的围墙处，围墙高出现宽 1~7mm 的楔形裂缝
DL7	TX5 塌陷坑北侧菜地	2011 年 10 月 31 日，菜地出现 1 条地裂缝，长 6m，宽 1~7cm
DL8	TX5 塌陷坑南侧	三层砖混结构宿舍楼前混凝土地坪出现 1 条平行房屋的裂缝，长约 19m，宽 1~7mm，较平直；三楼西南侧卫生间顶部墙体出现长 3m，宽 1~2mm 的裂缝
DL9	供电局南侧	砖混结构民宅的墙体和混凝土地坪发现 5 条裂缝，其中南侧 3 条裂缝基本连通，长 1~4m，宽 1~5mm，锯齿状
DL10	A195 居民房	居民房西侧和北侧混凝土地坪出现 4 条裂缝，长 2~4m，宽 1~3mm
DL11	镇政府办公楼西南面	单层砖混结构民宅的室外混凝土地坪见 4 条裂缝，长 2~5m，宽 1~2mm
DL12	镇政府门口对面	2011 年 10 月 31 日，混凝土地坪出现 1 条东西向裂缝，长 15m，宽 1~12mm；屋后菜地出现 1 条地裂缝，长 8m，宽 1~10mm
DL13	镇政府办公大院内	2011 年 11 月 7 日，混凝土地坪出现 2 条东西向裂缝，长度分别为 15m 及 20m，宽 1~5mm，最宽 8~12mm，最大错距 5mm，整体走向 98°，锯齿状
DL14	镇政府办公楼东面	2011 年 11 月 7 日，砖混结构民宅内混凝土地坪出现裂缝，裂缝分布面积 9m×4m，长 1~8m，宽 1~3mm，锯齿状，裂缝造成墙体、阳台开裂
DL15	镇政府办公楼东面	2011 年 11 月，1~3 层民宅间的菜地发生 3 条裂缝，最长 1.5m，宽 5~8mm，可见深度最深达 54cm
DL16	镇政府办公楼东南面	室外混凝土地坪出现 1 条长 4m，宽 1~2mm 的裂缝
DL17	镇政府办公楼东南面	镇政府办公楼室外混凝土地坪出现 1 条东西向裂缝，长 7m，宽 1~2mm
DL18	B084 号房屋门前	砖混结构民宅的混凝土地坪出现"十"字形地裂缝，长 5~7m，宽 1~3mm
DL19	新寨村东北面	三层民宅的一楼混凝土地坪出现 1 条地裂缝，长 5m，宽 1~2mm
DL20	新寨村西面	三层民宅一楼混凝土地坪出现 4 条地裂缝，长 1~2m，宽 1~2mm

5. 岩溶塌陷形成原因

清远市连南瑶族自治县大麦山镇大麦山铜矿经过近 50 年的地下开采，形成了沉降明显的采空区范围，矿区处于长期的缓慢地面沉降状态；矿区地下矿体的围岩主要为可溶性较好的碳酸盐岩，断裂构造复杂，岩溶发育强烈，随着地表水的入渗，节理裂隙不断加深、扩张、贯通，易形成地下水集中发育带，导致地下坑道透水频发，加之长期的过量抽排地下水，地下水位波动剧烈，二者相互作用最终形成岩溶塌陷地质灾害。

（1）岩溶塌陷分布地段地处河流阶地一带，地形平缓。覆盖层由粉质黏土和卵石层组成，粉质黏土下部呈软塑状，隐伏灰岩的溶洞较发育。矿区北侧白芒河的河水与地下水的水力联系密切，开采矿体埋藏深度大，全部位于当地侵蚀基准面以下，矿山开采长期抽排矿坑地下水，形成了明显的地下水降落漏斗，地下水的水力坡度和径流动态变化剧烈，加剧了覆盖层内软弱土层的排水固结和潜蚀强度，造成土洞顶板不断扩大、变形，当顶板不能承受上部土体的重量时，顶板土层开始塌落，导致地面产生不均匀沉降和地裂缝，最终形成岩溶塌陷。

（2）大麦山铜矿地下开采多次发生坑道透水事故，特别是 1989 年 5 月、2002 年 7 月、2008 年 6 月和 2011 年 10 月共发生过四次大型透水事故，这些坑道透水事故都造成了矿区地下水的急剧下降，引发岩溶塌陷和地面沉降。

(3) 矿山自1969年至今采用平硐及盲竖井、盲斜井联合开挖的方法开采地下铜矿。矿山经过长期的开采，形成了大范围的采空区，矿山南西采区开采移动区面积为8.731 2hm^2，北东采区开采移动区面积为8.744 6hm^2，矿区地面沉降变形强烈。矿区长期的缓慢沉降变形也为岩溶塌陷的发生提供了良好的外动力环境条件。

综上所述，清远市连南瑶族自治县大麦山镇大麦山铜矿历经长时间地下开采过程，矿区岩溶塌陷、地面沉降和地裂缝是采矿长期大量抽排地下水和采空区缓慢沉降变形共同作用的结果。

4.5 地面加载岩溶塌陷

地面加载岩溶塌陷是指隐伏岩溶地带的覆盖层地面由于受到外加静荷载和外加动荷载的作用造成地面发生塌陷的现象。外加静荷载主要是指人为堆积于覆盖层土洞顶板地面的荷载，如堆放于地面的建筑材料、机械设备及各种货物等；外加动荷载主要是指铁路及公路的车辆运行、各类机械振动及工程爆破活动等外力振动作用施加的荷载。外加静荷载作用于隐伏岩溶地带的覆盖层地表，可造成地面外加静荷载和洞顶岩土体物质的自重应力相互叠加，致使隐伏可溶岩的溶洞顶板或覆盖层的土洞顶板产生变形、垮塌，从而引发覆盖层地面发生的塌陷称之为地面静态加载岩溶塌陷。地面振动产生的动荷载作用于地表，实际上是对覆盖层内的土洞形成了一种耦合效应，动荷载和覆盖层土体自重的叠加作用，可以改变隐伏岩溶地带覆盖层土体内部土洞周围的应力场，使土洞周边软弱部位出现局部剪应力集中，导致土洞逐步变形、扩展及垮塌，土洞最终贯穿顶板形成的塌陷称之为振动加载岩溶塌陷，如①2004年9月1日17:00，广州市花都区新华镇南阳经济社106国道西侧发生岩溶塌陷地质灾害（图4.5.1）。岩溶塌陷发生于106国道旁的一间建材商店的东北角，塌陷坑呈椭圆形，长轴方向近东西向，长轴约为9.6m、短轴为7.4m，塌陷坑面积约为71m^2，塌陷坑可见深度约为3.2m，坑内地下水位深度为3.0m，塌陷坑东侧距106国道距离为6.2m。岩溶塌陷造成塌陷坑地面堆积的1 000多块红砖沉入塌陷坑内，塌陷坑向南扩大并延伸到建材商店的东北侧墙基底部，造成建材商店东北角墙体出现悬空，砖墙开裂，直接威胁建材商店的安全。为保护建材商店的安全和106国道的正常运行，当地政府于发生岩溶塌陷地质灾害的当天傍晚就组织车辆运输碎石对塌陷坑进行回填处置，共回填碎石大约为480m^3。岩溶塌陷分布地段的浅层溶洞和土洞发育，岩溶塌陷地质灾害的形成原因主要是由于塌陷发生的前一段时间多次出现强降雨过程，造成岩溶塌陷地段的地下水位大幅度上升；同时，建材商店于塌陷处地面临时堆放了较多的建筑用红砖，增加了岩溶塌陷处的地面静荷载，由于岩溶塌陷地段位于106国道旁，106国道是广州市花都区主要的货柜车通行道路，车辆通行密度大，交通繁忙，各种大型载重汽车长期的地表振动作用，叠加地下水位急剧波动和临时增加的地面静荷载的协同效应，最终引发岩溶塌陷活动。②2020年3月2日，广州市荔湾区桥中街花语水岸住宅区东侧100m处混凝土路面发生岩溶塌陷（图4.5.2）。塌陷坑东西长约7m，南北宽约6m，深4.5m，坑内有积水，积水深约为1m，坑壁为杂填土。塌陷坑周围地面分布有南北向长为6～7m的裂缝，缝宽为1～3mm。塌陷坑内建有一污水管，管顶埋深约 3m，管径约为 0.8m，污水管为 2018 年铺设，尚未投入使用，岩溶塌陷导致三节污水管掉入坑内；地面塌陷造成混凝土路面悬空，但未造成人员伤亡。塌陷处隐伏基岩为石炭系石磴子组灰岩和白垩系大塱山组灰质砾岩，石磴子组灰岩和大塱山组灰质砾岩的溶洞发育，岩溶洞隙连通性好；基岩顶部的第四系覆盖层主要为松散砂土、黏土及人工填土，且覆盖层内土洞较多。岩溶塌陷主要是由过往车辆的振动加载和工程施工扰动引发。

图 4.5.1　广州市花都区新华镇南阳经济社 106 国道西侧岩溶塌陷

图 4.5.2　广州市荔湾区桥中街花语水岸住宅区东侧路面岩溶塌陷

第 5 章　岩溶塌陷演变过程数值模拟研究

随着广州市城市建设的加速发展，广州市荔湾区桥中街大坦沙岛的工程开发建设逐年扩大，但大规模的城市建设特别是地下工程建筑活动，极易引发岩溶塌陷地质灾害。据不完全统计，自 2003 年 9 月至 2008 年 3 月，大坦沙岛及周边数平方公里范围内，相继发生 20 多处岩溶塌陷；特别是 2008 年春季，大坦沙岛内的西海南路、大坦沙污水处理厂和广州市第一中学大坦沙校区等地段连续发生多处岩溶塌陷，岩溶塌陷活动不仅造成直接经济损失超过 3 000 万元，导致工程建设费用明显增加，而且给学校师生和当地居民的学习、生产及生活带来了严重的危害。为了深入认识岩溶塌陷致灾孕育过程的位移场、应力场及应变场的演变状态和岩溶塌陷的成因机理，本章以广州市荔湾区大坦沙岛的岩溶塌陷地质灾害为研究对象，采用三维有限元数值模拟技术对大坦沙岛岩溶塌陷的孕育、形成、发展和发生的全过程进行系统的数值模拟研究。

5.1　大坦沙岛自然地质环境特征

大坦沙岛位于广州市荔湾区桥中街一带，地理坐标为东经 113°12′01″～113°13′24″，北纬 23°06′54″～23°08′39″。大坦沙岛是珠江前航道的第一大岛，四周被珠江水系环绕，西边为白沙河，东边为沙贝海，全岛面积约为 3.48km^2，岛内地势低洼，现状河涌、水渠、水（鱼）塘较密集。大坦沙岛北眺沉香岛，南望芳村，西临佛山市南海区，东与白云区罗冲围、荔湾区西村隔江相望，它既是广州西部边缘，同时又是广州与佛山同城化的重要连接地带。

5.1.1　气象及水文

大坦沙岛属亚热带季风气候区，日照充足，温暖湿润。夏季盛行西南季风和东南风，近十年受城市热岛效应影响明显，高温酷热持续，冬季盛吹北风和东北风，暖冬气候也常有发生。广州多年平均相对湿度为 78%，多年平均蒸发量为 1 598.4mm。年平均气温为 21.4～21.7℃，极端最高气温为 38.7℃。大坦沙岛区内雨量充沛，广州市多年（1970～2015 年）平均降雨量为 1 751.7mm，近 3 年荔湾区平均降雨量为 1 512.3mm。每年 4～10 月为汛期，前汛期（4～6 月）主要是西南低空急流暴雨和锋面雨，雨量为年降雨量的 40%～50%；后汛期（7～10 月）降雨以热带气旋降雨为主，雨量为年降雨量的 35%～45%。影响大坦沙岛的主要灾害天气是热带气旋、暴雨，暴雨主要集中于 4～9 月，暴雨强度大，一次最大降雨量为 300～400mm。

大坦沙岛位于广州市西部，地表水属珠江水系三角洲河网区。大坦沙岛周边被珠江水系环绕，其西为白沙河，东为沙贝海，水流由西北流向东南方向。另外，大坦沙岛内部现状河涌水渠纵横交错，鱼塘星罗棋布。岛上分布有四条主要河涌，分别为沙坦涌、西郊涌、河沙涌和坦尾涌，它们相互连接形成"七"字形，河涌水与珠江水相通。河流水系对大坦沙岛的防洪排涝、防风护岸、水土保持等都起到了一定作用。珠江水系每年4~10月汛期，受台风及大潮影响，5月和8月两次洪水期径流量最大，汛期流量占年径流量的76%~89%，造成水位暴涨暴落。珠江口的潮汐属不规则的半日周潮，珠江口为弱潮河口，潮差较小，平均潮差为0.86~1.6m，最大潮差为2.29~3.36m。大坦沙岛最大潮差为2.49m，每天基本两涨两落，往复流十分明显，历年最高潮位为7.62m，百年一遇潮位7.79m，最低潮位3.64m，多年平均高潮位为7.02m（1950~1990年），平均潮位为4.17~6.30m，年平均潮差为1.50m。

5.1.2 地形地貌特征

大坦沙岛位于珠江三角洲平原北缘，全岛面积约为3.48km²。岛内地形平坦，地势开阔，河涌、水塘较密集；地面高程为5.15~8.55m，其中珠江堤岸的地面高程为7.28~8.55m。从整体上看，大坦沙岛为河道冲刷堆积而成的一级阶地，地貌类型简单。大坦沙岛地面的人工填土（Q^{ml}）分布较广，由素填土和杂填土组成，素填土主要为黏土，含较多泥质，杂填土由泥、沙、碎石、碎砖组成，含大量建筑垃圾；人工填土厚为0.4~14.5m，环岛珠江堤岸厚度较大，东岸普遍大于10m。

5.1.3 地层与岩石

根据广州市地质调查院的大坦沙岛地质灾害勘查成果，大坦沙岛基岩整体埋藏较浅，一般在十几米之内，基岩面起伏较大，特别是"红层"基底面起伏变化大，局部地段可能保留了古喀斯特地貌，呈犬牙状接触边界，复杂多变。钻孔揭露大坦沙岛内基岩地层主要有石炭系石磴子组（$C_1\hat{s}$）和白垩系大塱山组（K_2dl）等两类，大坦沙岛基岩地层与岩石分布特征见图5.1.1。

1. 地层及岩性

1）石炭系石磴子组（$C_1\hat{s}$）

大坦沙岛沿珠江西桥往北东方向、西海南路至珠江桥一线、桥中路沿线钻孔均有揭露，大坦沙岛西部的广州市第一中学大坦沙校区、南部的广州市大坦沙污水处理厂、坦尾村等地也有揭露。石炭系石磴子组的岩性主要为浅灰色、灰色、深灰色、灰黑色中—厚层状灰岩、白云质灰岩、角砾状灰岩，局部夹少量炭质泥岩，主要成分为方解石和白云石，隐晶质结构，灰岩中方解石脉较发育，个别孔中见生物碎屑。该套地层总体走向为北北东向，倾向南东，钻孔揭露厚度为5.1~51.7m，分布面积约为0.47km²。灰岩的岩溶作用强烈，溶洞极为发育。

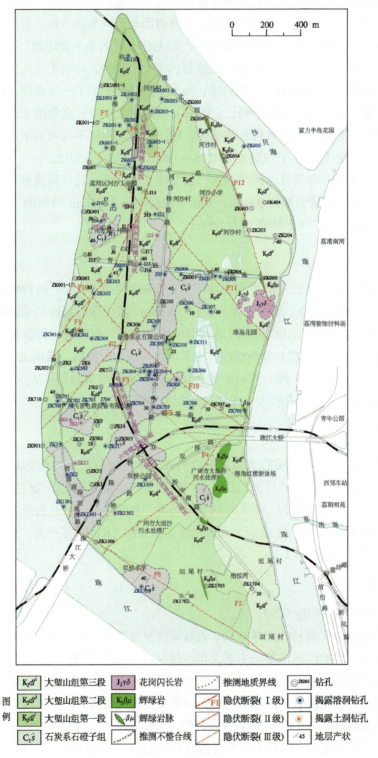

图 5.1.1 广州市荔湾区大坦沙岛基岩地层与岩石分布图

2）白垩系大塱山组（K_2dl）

除大坦沙岛中部地段（石磴子组地层揭露区）外，其他地段钻孔均有揭露，不整合于石炭系石磴子组之上。该套地层总体上呈北东向走向，倾向南东为主，局部地段（大坦沙岛西侧一带）倾向北西，岩层倾角多为 15°～35°，局部因受断裂影响，倾角变陡。据钻孔揭露的岩性组合特征，大坦沙岛大塱山组自下而上可划分为大塱山组第三段（K_2dl^3）、大塱山组第二段（K_2dl^2）和大塱山组第一段（K_2dl^1）等三个岩性组合段。

（1）大塱山组第三段（K_2dl^3）。紫红色、棕红色中—厚层状含钙质粉砂、含砾含钙质结核泥质粉砂岩、泥质粉砂岩、粉砂质泥岩、泥岩为主，局部夹复成分砾岩及凝灰岩，溶洞零星发育。主要分布于大坦沙岛东北部珠岛花园—广州市财经商贸职业学校—东海北路一带和东南部海角红楼—坦尾村一带，岛西岸边有小面积揭露，分布面积约为 0.48km²，钻孔揭露最大厚度为 66.8m。

（2）大塱山组第二段（K_2dl^2）。该地层岩性主要以棕褐色，棕红、灰白、浅灰、灰紫色中—厚层状姜状瘤状灰质砾岩、姜状瘤状砾状灰岩、含钙质粉砂质泥岩、含钙质泥质粉砂岩、含钙质泥岩、泥灰岩为主，夹砂砾岩、粗砂岩、中砂岩和细砂岩，局部地段夹含角砾凝灰岩等。该段地层中夹含大量大小不一的早石炭世石磴子组灰岩砾石，且该部位的溶洞非常发育，岛内分布广泛，分布面积约为 2.348km²，钻孔揭露最大厚度为 71.7m。

（3）大塱山组第一段（K_2dl^1）。该地层岩性主要以紫红色、棕色、灰白色厚层状复成分砾岩、灰质砾岩为主，泥钙质胶结，滴稀盐酸起泡明显，其中灰质砾岩中砾石含量在 75%以上，砾径大小混杂，砾石成分多为灰岩，砂岩等次之，砾径为 3～8mm，少量为 20～50mm，砾石呈次圆状、次棱角状。灰质砾岩的溶蚀作用强烈，溶洞非常发育，主要分布于大坦沙岛北部，河沙中路以北区域，大坦沙岛中部桥中中路以东一带有小面积揭露，分布面积约为 0.147km²，钻孔揭露最大厚度为 54.33m。

3）第四系残积层（Q^{el}）和桂洲组（Qhg）

（1）残积层（Q^{el}）。大坦沙岛内普遍发育，隐伏于第四系冲积层之下，岩性为灰黄色、棕色粉质黏土、粉土，厚度变化较大，局部缺失，厚度为 0.20～33.48m，一般厚度为 2.00～5.50m。

（2）桂洲组（Qhg）。广泛分布于填土层之下，为三角洲海陆交互相冲淤积层，由淤泥、黏土、粉砂、细砂和中粗砂组成，自上而下分布有淤泥、淤泥质土、粉砂、细砂、中粗砂、砾砂、黏土、粉质黏土等。其中淤泥及淤泥质土分布于填土层之下，为深灰色、灰黑色淤泥、淤泥质土，局部夹薄层粉砂，厚度为 0.60～13.50m，一般厚度为 2.00～5.00m；粉砂、细砂普遍分布于淤泥层之下，呈浅灰色、灰白色，厚度为 0.60～15.70m，一般厚度为 4.00～10.00m；中粗砂、砾砂分布于细砂层之下，为浅灰色、灰黄色、灰白色、灰黑色，局部含较多泥质，砾砂多位于第四系底部，厚度为 0.70～16.30m，一般厚度为 4.00～9.00m；黏土及粉质黏土多呈透镜状分布于粉细砂与粗砂之间，为深灰色、灰黄色、灰白色黏土、粉质黏土，一般厚度为 2.00～3.50m。

2. 侵入岩

根据地质钻孔揭露，大坦沙岛内揭露的岩石为花岗闪长岩和辉绿玢岩等两类。

（1）花岗闪长岩（$J_2\gamma\delta$）。大坦沙岛东部珠岛花园北片区钻孔有揭露，分布于残积层或大塱山组粉砂岩之下，埋藏深度为 21.0～35.3m，岩性为青灰色中细粒花岗闪长岩，裂隙较发育，时代为中侏罗世，分布面积约为 0.019km²。

（2）辉绿玢岩（$K_2\beta\mu$）。大坦沙岛东南部大坦沙污水处理厂局部有揭露，呈岩株状产出，珠岛花园往北至东海南路、往南至坦尾村农贸市场有零星揭露，沿北西向呈脉状产出，岩性为墨绿色辉绿玢岩，斑状结构，基质具辉绿结构，块状构造，斑晶主要有斜长石及蚀变暗色矿物，基质成分以斜长石为主，次为辉石及少量蛇纹石，岩石中偶见裂隙并为方解石充填。辉绿玢岩沿裂隙侵入，时代为晚白垩世，分布面积约为 0.016km²。

5.1.4 断裂构造特征

根据地质钻探、物探及地铁工程开挖掌子面地质调查及编录资料，大坦沙岛区内的北东及北西向断裂构造发育，构造岩主要有构造角砾岩、碎裂岩等，局部地段钻孔岩芯擦痕较发育。北东向的有 F1 断层、F2 断层、F3 断层、F4 断层、F5 断层、F6 断层及 F7 断层等，北西向的有 F8 断层、F9 断层、F10 断层、F11 断层及 F12 断层等，各断裂的基本地质特征见表 5.1.1。

表 5.1.1 大坦沙岛钻孔揭露断裂的基本地质特征

断裂编号	揭露断裂钻孔	遇断裂钻孔揭露构造岩深度/m	揭露构造岩厚度/m	构造岩类型	断裂基本性质	水文地质特征
F1	ZK302	45.6～48.9	3.3	碎裂岩	前期压性、后期张扭性	钻探过程中挤压破碎带发生漏水
	ZK301	51.8～52.4	0.6	碎裂岩		
		59.5～61.2	1.3	碎裂岩		
	ZK102	31.5～37.5	6.0	构造角砾岩		
	ZK103	27.8～34.0	6.2	挤压破碎带		
	J18	26.2～29.05	2.85	碎裂岩		
	ZK805	25.7～44.1	18.4	碎裂岩		
F2	ZK701	62.30～64.40	2.10	挤压破碎带	压扭性	
	ZK709	47.00～47.90	0.90	碎裂岩带		
	ZK605	38.40～39.10	0.70	断层角砾岩		
F3	J704	J704 孔泥岩中擦痕发育，局部岩石较破碎		破碎	张扭性	钻探过程漏水
F5	ZK1704	44.80～47.60	2.80	挤压破碎带	张扭性	破碎带漏水
F6	ZK1003	23.50～23.90	0.40	碎裂岩	压扭性	钻探过程漏水
F8	ZK1506	66.15～69.30	3.15	近直立擦痕	张扭性	裂缝漏水
	ZK1702	52.60m 及 53.20m 处见几十厘米的构造角砾岩，58.00～58.20m 及 61.00～66.20m 为破碎带			压扭性	破碎带有漏水

续表

断裂编号	揭露断裂钻孔	遇断裂钻孔揭露构造岩深度/m	揭露构造岩厚度/m	构造岩类型	断裂基本性质	水文地质特征
F9	ZK705	25.73~25.93	0.2	构造角砾岩	张性	
F10	ZK707	37.20~40.30	3.1	碎裂岩	压扭性	严重漏水
	ZK505	52.80~53.80	1.0	挤压破碎带		破碎带漏水
	ZK001-1	31.70~32.20	0.5	挤压破碎带		
F11	ZK007	81.00~85.60	4.6	碎裂岩化泥岩	压扭性	裂缝漏水
F12	ZK804	23.80~42.50	18.7	碎裂岩	压扭性	
	ZK203	42.50~46.00	3.5	碎裂岩化辉绿岩		

5.1.5 水文地质特征

1. 地下水赋存环境特征

大坦沙岛为珠江三角洲海冲积平原地貌，地面高程为 5.15~8.55m，地表无基岩出露，均被第四系覆盖。据钻探揭露，大坦沙岛第四系厚度为 13.5~57.1m，一般为 15.8~26.3m，第四系中砂层普遍分布，且大部分钻孔揭露有两层砂层，含水介质为粉细砂、中粗砂、砾砂等，为孔隙潜水、局部弱承压。第四系覆盖层之下地层有石炭系石磴子组（$C_1\hat{s}$）、白垩系大塱山组（K_2dl）及花岗闪长岩、辉绿玢岩，其中石磴子组灰岩及大塱山组底部灰岩质砾岩中岩溶裂隙、溶洞发育，较少充填或半充填，受岩性及构造影响，岩溶较发育且连通性较好，地下水赋存环境好。

根据大坦沙岛钻孔资料及地铁 6 号线河沙站基坑开挖揭露，大坦沙岛发育北东向断层 7 条，北西向断层 5 条，自北向南穿过地铁 6 号线、5 号线，断层性质以张性或张扭性为主，其中北东向 F1 断层为区内主干断裂（Ⅰ级），穿过地铁 6 号线河沙站；断裂带岩性为构造角砾岩、碎裂岩，破碎强烈，固结差，较松散，是地下水流动的良好通道。

2. 地下水类型及富水性特征

根据大坦沙岛地下水赋存介质特征，岛内地下水可分为第四系松散岩类孔隙水、覆盖型碳酸盐岩类岩溶裂隙水、覆盖型层状岩类裂隙水和覆盖型块状岩类裂隙水等四种类型，广州市荔湾区大坦沙岛水文地质图如图 5.1.2 所示。

1）松散岩类孔隙水

松散岩类孔隙水分布于全岛范围，广州市地质调查院施工的 120 个钻孔都有揭露，含水层为第四系海陆交互相和冲积相砂层。岛内一般发育 1~2 个含水砂层（钻孔揭露含水砂层水文地质参数统计见表 5.1.2），其中上部含水层连续性好，全岛范围均有分布，含水层岩性为浅灰、灰白色、灰黄色的粉砂、细砂、中粗砂、砾砂、粉细砂，松散—稍密，分选性较好，含较多泥质，局部为淤泥质粉砂、中粗砂、砾砂，稍密—中密，级配较差，含水层厚度为 0.7~19.3m，平均为 10.3m，顶板埋深一般为 1.3~9m；下部

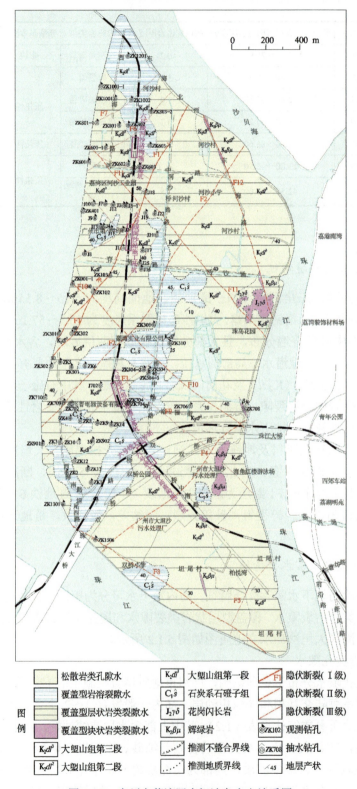

图 5.1.2 广州市荔湾区大坦沙岛水文地质图

表 5.1.2　广州市第一中学大坝沙校区和地铁 6 号线大坝沙段砂层水文地质参数统计

区段	抽水孔号	含水层埋深/m	含水层厚度/m	单孔涌水量/(m³/d)	渗透系数/(m/d)
广州市第一中学大坝沙校区	鉴23	2.9	14.4	61.08	8.14
	技63	6.1	11.9	34.04	15.2
地铁河沙段区间	MFZ3-SH04	2.8	4.3	14.4	3.6
				14.5	4.05
	MFZ3-SH13	4.0	9.05	38.8	4.89
				37.7	5.08
	MFZ3-SH20	17.9	10.8	35.0	4.03
				33.0	4.18
地铁河沙—大坝沙区间	MFZ3-HD04	4.4	9.8	29.1	2.86
				27.9	3.28
	MFZ3-HD11	4.3	10.6	53.5	4.01
				54.5	4.7
地铁河沙站	MFZ3-HS02	5.1	11.8	36.0	2.79
				35.5	3.14
	MFZ3-HS11	5.8	10.4	38.3	3.54
				39.0	3.94
	MFZ3-HS-17A	6.8	14.0	42.0	2.71
				41.43	3.07
				41.72	3.31
	MFZ3-HS-18A	1.8	14.6	34.0	2.07
				34.09	2.38
				34.44	2.6

含水层分布不连续，含水层岩性主要为灰白色、浅灰色的粗砂、砾砂，局部为细砂，稍密—中密，分选性差，含泥质或粉砂，含水层厚度为 0.7~13.75m，平均为 4.87m，顶板埋深一般为 7.7~23.5m。根据广州市地质调查院、广州市第一中学及地铁 6 号线的工程地质钻探及相关试验资料，松散岩类孔隙水含水层渗透系数（K）为 2.07~15.2m/d，中等透水，单孔涌水量为 14.4~61.08m³/d，地下水矿化度为 0.33~1.48g/L，为淡—微咸水，水化学类型为 $HCO_3·Cl-Na·Ca$、$HCO_3·SO_4-Na·Ca$ 及 $HCO_3-Ca·Na$ 型；局部矿化度为 0.58~1.48g/L，属中咸水，水化学类型为 $HCO_3·SO_4-Na·Ca$ 型。

2）覆盖型碳酸盐岩类岩溶裂隙水

覆盖型碳酸盐岩类岩溶裂隙水呈北北东—近南北向条带状分布于大坝沙岛中部和

北部（图5.1.1），在大坦沙岛的西部广州市第一中学大坦沙校区、南部大坦沙污水处理厂及坦尾村等地也有分布，面积为0.62km²。含水地层及岩性为石炭系石磴子组（$C_1\hat{s}$）深灰色、浅灰色灰岩、白云质灰岩、角砾状灰岩和白垩系大塱山组第一段（K_2dl^1）灰岩质砾岩。岩溶发育受岩性、构造、破碎程度、侵蚀基准面和地下水循环条件控制，发育程度和发育深度都不均匀，加上溶洞充填程度和充填物性质的不同，其富水性差异较大，各含水层水文地质参数见表5.1.3。

表5.1.3　广州市轨道交通6号线大坦沙段基岩含水层水文地质参数

含水层类型		白垩系大塱山组			石炭系石磴子组
岩性类别		砾岩	粉、细砂岩	钙泥质粉砂岩	灰岩（岩溶）
强风化	渗透系数/（m/d）		0.74～3.15		
	钻孔单位涌水量/[m³/(d·m)]		1.81～20.38		
	渗透性		弱—中等透水		
中风化	渗透系数/（m/d）		0.39～0.58	0.39～5.53	
	钻孔单位涌水量/[m³/(d·m)]		6.82～7.13	4.1～27.8	
	渗透性		弱透水	弱—中等透水	
微风化	渗透系数/（m/d）	0.08～0.1	0.11～0.12	0.28	0.86～1.75
	钻孔单位涌水量/[m³/(d·m)]	1.56～1.72	1.91～1.98	6.13～6.67	33.87～167.88
	渗透性	弱透水	弱透水	弱透水	中等透水

（1）石炭系石磴子组（$C_1\hat{s}$）灰岩岩溶裂隙水。分布于大坦沙岛中部、西海南路至珠江大桥一线、珠江大桥西桥东北方向至桥中中路沿线，大坦沙的西部广州市第一中学大坦沙校区、南部大坦沙污水处理厂及坦尾村等地，分布面积为0.47km²。岩性为灰—灰黑色灰岩和白云质灰岩，方解石脉充填较多，岩溶、溶蚀现象发育，所有见石磴子组灰岩的钻孔几乎全部出现泥浆漏失严重现象，浅层溶洞半数为半充填或较少充填，充填物多为泥、砂、黏土及岩石碎块等。根据广州市地质调查院抽水试验资料，岩溶发育地段渗透系数（K）为0.86～1.75m/d，钻孔单位涌水量为33.87～167.88m³/(d·m)，其渗透性为中等透水，富水性为中等富水，大坦沙岛内岩溶较发育，其总体富水性强。地下水矿化度为1.53～4.28g/L，微咸水—半咸水，个别钻孔岩溶水矿化度达10.32g/L，属盐水，水化学类型为Cl-Na·Ca型。

（2）大塱山组第一段（K_2dl^1）灰岩质砾岩岩溶裂隙水。主要分布于大坦沙岛北端，中部有零星分布，其分布面积为0.15km²。含水层岩性为紫红色、灰白色灰岩质砾岩，胶结物为钙质。据地质勘察资料，灰岩砾石磨圆度为次圆状—次棱角状，岩芯可见岩溶凹槽，岩质坚硬，溶蚀作用强烈，溶洞非常发育，溶洞一般为半充填或较少充填，充填物多以泥、砂、黏土为主,该岩层钻孔钻进过程泥浆漏失普遍。据地铁钻孔水质分析数据,其矿化度为 0.84g/L,属淡水,水化学类型为 $HCO_3·Cl-Na·Ca$ 型。

3) 覆盖型层状岩类裂隙水

分布于岩溶裂隙溶洞水区域外其他地带,均为第四系覆盖型,分布面积为 2.83km^2。含水地层为白垩系大塱山组,岩性主要为钙质泥岩、泥质粉砂岩、粉细砂岩及砂岩等,层状岩类裂隙水主要分布于上述岩石的强风化和中风化带内,微风化岩节理裂隙不发育或稍发育且密闭。强风化和中风化岩层属弱—中等透水层(表 5.1.3),其渗透系数为 0.39~5.53m/d,钻孔单位涌水量为 1.81~27.80m^3/(d·m);微风化岩层渗透系数为 0.11~0.28m/d,钻孔单位涌水量为 1.91~6.67m^3/(d·m),其渗透性和富水性均弱。水化学类型为 HCO_3-Na·Ca 型和 $HCO_3·Cl$-Na·Ca 型,矿化度为 0.28~1.84g/L,属淡水—微咸水。

4) 覆盖型块状岩类裂隙水

大坦沙岛东部珠岛花园、东南部大坦沙污水处理厂及坦尾村等地有零星分布,分布面积约为 0.04km^2。其含水层位为中生代侵入岩,岩性主要为花岗闪长岩、辉绿玢岩。岩石裂隙发育一般较差,岩石富水性差,水化学类型为 $HCO_3·Cl$-Na·Ca 型。

3. 地下水补给、径流与排泄特征

大坦沙岛四面环水,河涌发育,地处南亚热带,雨量充沛,岛内地下水的主要补给来源为大气降雨入渗补给、河涌渗漏补给、松散岩类孔隙水侧向径流补给及岩溶裂隙溶洞水地下潜流补给等。大坦沙岛地势低平,天然条件下水力坡度小,地下水运移缓慢,松散岩类孔隙水的运动方向总体由北向南。大坦沙岛北东向、北西向断裂发育,且以张性为主,与岩溶裂隙相关连而形成强径流带,强径流带具有饱水、高透水性的特征,且方向性强,呈现出地下水流管道的作用,强径流带内岩溶裂隙溶洞水自北东向南西径流。广州地铁 6 号线大坦沙岛基坑施工期间大降深抽排地下水,导致大坦沙岛内岩溶水流场发生明显改变,地下水的水位形成以 ZK501、ZK502、ZK709 孔为中心和以 J3、ZK601、ZK602、ZK801、ZK802 孔为中心的两个降落漏斗,特别是 2009 年 5~9 月(图 5.1.3 和图 5.1.4),地下水位下降最明显。因此,岩溶地下水的排泄途径主要为人工抽排地下水排泄;潜水则以蒸发排泄为主,同时还混合有侧向径流排泄。通过分析钻孔地下水的监测资料,发现大坦沙岛内地下水的补给、径流及排泄过程中,第四系含水砂层内的孔隙水与下伏灰岩岩溶裂隙水的连通性较好。例如,对 ZK704 钻孔进行抽水试验时,发现 ZK705、ZK706、ZK707 和 ZK708 钻孔内的地下水位都相应降低,且与 ZK704 孔之间的距离越大,地下水的降幅越小。汛期上层孔隙潜水接受大气降水补给之后,以快速径流疏干的方式向下补给岩溶裂隙水,旱季时下层承压水头高于孔隙水,岩溶裂隙水常常反补上层孔隙潜水,二者之间的水力联系密切。

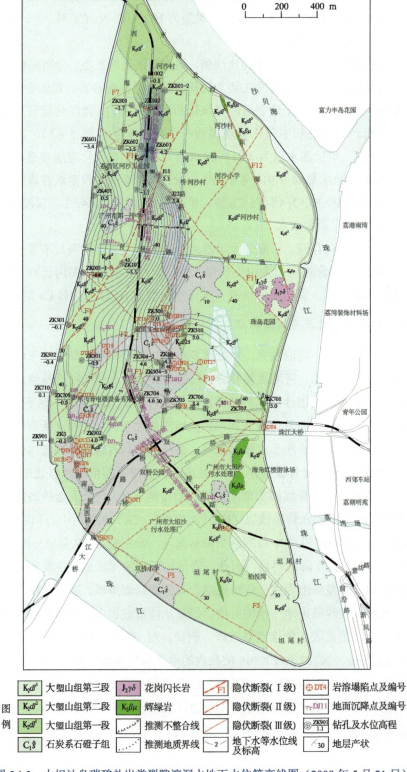

图 5.1.3 大坦沙岛碳酸盐岩类裂隙溶洞水地下水位等高线图（2009 年 5 月 21 日）

第5章 岩溶塌陷演变过程数值模拟研究

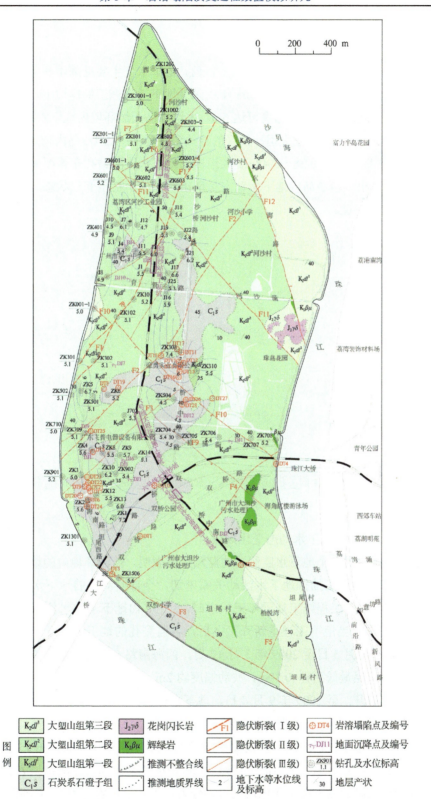

图 5.1.4　大坦沙岛碳酸盐岩类裂隙溶洞水地下水位等高线图（2009 年 9 月 13 日）

4. 地下水动态变化特征

大坦沙岛未进行大规模地下工程施工以前，地下水位主要受降雨和潮汐的影响，地下水位的年变化幅度为 0.2～2m。2008 年以来受地下工程施工抽排地下水的影响，地下水位波动明显加剧，最大波动幅度可达 6m。大坦沙岛天然环境内地下水的水位埋藏浅，据广州地铁、广州市第一中学大坦沙校区的相关调查资料，大坦沙岛内稳定地下水位埋深为 0～7.4m，水位高程为 0.28～7.48m。大坦沙岛地下水监测钻孔布置图如图 5.1.5 所示，从图 5.1.5 中示出大坦沙岛内地下水动态呈现出明显的不稳定变化状态，地下水活动具有如下动态演变特征。

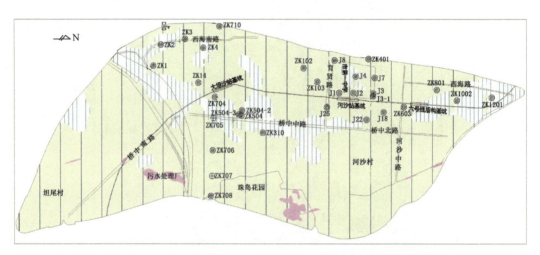

图 5.1.5　大坦沙岛地下水监测钻孔布置图

1）西海南路一带地下水动态变化规律

西海南路一带 13 个地下水监测孔的监测结果表明，监测场地内的地下水位变化与这一带的地下工程施工抽排地下水活动关系密切，全部监测孔的地下水位最大波动幅度为 5.98m。当地下工程施工处于停工状态时，3～5d 内地下水的水位可逐渐恢复至高程为 4.30m 左右；当地下工程重新开工之后，各监测孔的地下水位又出现缓慢下降的趋势。2008 年 11 月 5 日至 2009 年 3 月 17 日，西海南路一带的地下水位从最低点的高程为 1.72m 下降至最低高程-0.39m，波动幅度约 2m，一直到 2009 年 6 月下旬，地下水位才开始出现回升，至 2009 年 9 月 4 日，地下水位上升至高程为 4.90m。

2）广州市第一中学一带地下水动态变化规律

广州市第一中学大坦沙校区共设置有 11 个监测孔，其中操场北东角 J3 孔为基岩的岩溶地下水位监测点。地下水监测工作始于 2008 年 3 月上旬，监测结果表明广州市第一中学大坦沙校区的地下水位变化过程可划分为以下 4 个阶段（图 5.1.6 和图 5.1.7）。

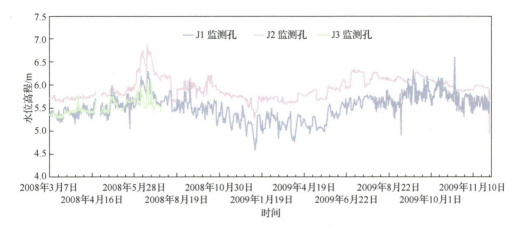

图 5.1.6　大坦沙岛广州市第一中学大坦沙校区典型监测孔地下水位曲线

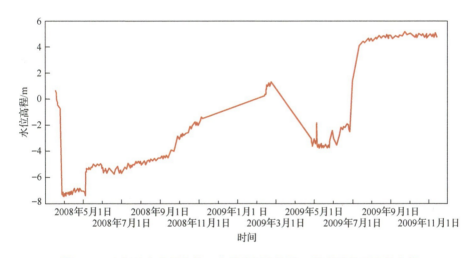

图 5.1.7　大坦沙岛广州市第一中学大坦沙校区 J3 孔基岩地下水位曲线

（1）地下水位监测初期，即 2008 年 5 月上旬之前，广州市第一中学大坦沙校区操场东侧的地铁 6 号线河沙站正在进行基坑施工，施工过程揭露断裂构造引发基坑底部大量涌水，造成区内岩溶地下水位急剧下降。2008 年 3 月 20 日，岩溶地下水位高程为 0.52m，至 2008 年 5 月 6 日，地下水位下降至高程-7.42m。

（2）地铁 6 号线河沙站基坑堵水工程竣工后，区内地下水位开始出现回升，但仍受周边地下工程施工抽排地下水活动的影响，岩溶地下水位上升缓慢，仍处于低水位状态。至 2009 年 2 月 19 日，J3 孔的地下水位仅上升至高程 1.32m（图 5.1.7）。

（3）2009 年 2 月 20 日开始，J3 孔的地下水位从高程 1.32m 处开始再次出现下降，至 2009 年 6 月 22 日，地下水位下降到高程-2.48m。该时间段的地下水位下降，分析与旱季少雨及外围地下工程施工抽排地下水影响有关。

（4）从 2009 年 6 月 23 日起，广州市第一中学大坦沙校区一带的地下水位与大坦沙岛整体地下水位同步回升，至 2009 年 9 月 24 日，地下水位回升到高程 4.98m，逐渐接近大坦沙岛的正常地下水位。

3）桥中中路—河沙中路一带地下水动态变化规律

大坦沙岛桥中中路—河沙中路一带典型监测孔地下水位曲线如图 5.1.8 所示，其设置的地下水位监测点，重点对岩溶地下水位进行监测，监测工作始于 2009 年 4 月 20 日。地下水位监测结果显示，约 53%的监测点地下水位波动变化明显受地下工程施工抽排地下水的影响，如 ZK603 孔 8 月 28～30 日地下水位埋深由 2.37m（8 月 28 日 14:30）急升至 1.04m（8 月 29 日 7:00），8 月 29 日 14:00 恢复至 1.94m，30 日恢复至正常水位（图 5.1.8），调查发现距 ZK603 孔北约 50m 轨道交通 6 号线盾构基坑在此期间正进行冲孔灌浆，灌浆完成后基坑充水，ZK603 孔地下水位恢复正常，这充分说明地下水位骤变与地下工程施工密切相关。桥中中路—河沙中路一带地下水位的波动变化大致可分为以下两个阶段。

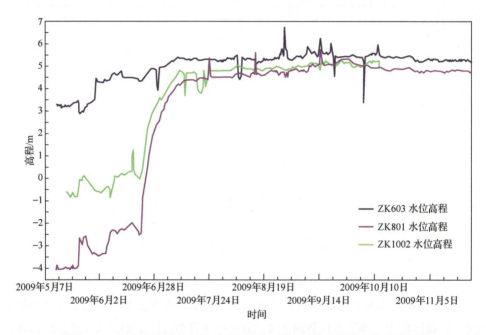

图 5.1.8　大坦沙岛桥中中路—河沙中路一带典型监测孔地下水位曲线

（1）2009 年 4 月 20 日至 6 月 22 日，岩溶地下水处于低水位的波动变化阶段。这一阶段桥中中路—河沙中路一带的地下水位一般在高程为-4～2m 区间波动变化，单个地下水监测点的水位变幅一般为 1～1.5m。

（2）2009 年 6 月 22 日至今，为地下水位回升阶段，特别是 2009 年 6 月 22 日至 7 月 9 日，地下水位回升速度较快，单个地下水监测点的水位上升速率最大为 0.37m/d（ZK801 孔）。7 月以后地下水位波动不大，截至 9 月底，各地下水监测点的岩溶地下水位基本恢复至正常水位，一般在高程 4～5.5m 区间波动变化。

因此，地下水监测数据基本反映了大坦沙岛内地下水的动态变化特征，岛内西海南路一带、广州市第一中学大坦沙校区及桥中中路—河沙中路一带的地下水位变化，以及其与区内地下工程施工抽排地下水活动密切相关，大坦沙岛内地下水位波动直接引发多起岩溶塌陷地质灾害。

5.2 大坦沙岛岩溶工程地质特征

5.2.1 岩溶发育控制因素

岩溶是水对可溶岩的化学溶解作用和机械破坏作用，以及由这些作用引起的各种现象和形态的总称。岩溶的发生需具备三个条件，即可溶岩、具有溶蚀性的水和水的流动通道。溶洞及其伴生土洞的发育，是岩溶塌陷形成的基本环境条件。大坦沙岛位于广州西部，气候高温多雨，有利于岩溶的发育；大坦沙岛为珠江三角洲平原北缘的河道冲刷堆积而成的一级阶地，地形较平坦，水力坡度小，区域地下水总体自北向南流动，地下水流速缓慢，岩溶水的运移主要受断裂构造的控制。从总体上看，大坦沙岛的岩溶发育程度主要受岩性和构造因素的控制。

1. 岩性对岩溶发育的控制作用

据野外调查、物探、钻探和地下水抽水试验等资料，发现地层及岩性是大坦沙岛岩溶发育的主要控制因素。首先，可溶岩的岩性越纯，碳酸钙含量越高，岩溶越发育；其次，岩石的结构和构造也影响岩溶的发育特征，一般而言，晶粒越粗，粗粒结构的岩石孔隙大，抗侵蚀能力弱，溶解度就越大，岩溶发育就越强烈。

根据大坦沙岛内各类地层碳酸盐岩的发育程度和化学成分统计（表 5.2.1），可以发现石炭系石磴子组（$C_1\hat{s}$）为灰色、深灰色、灰白色中—厚层状灰岩，主要成分为方解石和白云石，岩溶发育；白垩系大塱山组（K_2dl）的砾岩、灰质砾岩，呈灰色、棕灰色、中厚层状，其中灰质砾岩的岩溶发育，砾岩的岩溶发育程度中等；白垩系大塱山组（K_2dl）的钙质砂岩、粉砂岩、泥岩，岩溶发育相对较弱。

表 5.2.1 大坦沙岛不同地层可溶岩的化学成分统计

隐伏可溶岩样品层位	可溶岩的化学成分/%						样品数
	CaO	MgO	SiO_2	Al_2O_3	Fe_3O_4	SO_3	
石炭系石磴子组泥晶灰岩	51.99	0.62	3.40	0.69	0.43	0.31	4
石炭系石磴子组大理岩化灰岩	54.98	0.37	0.94	0.33	0.14	0.04	2
石炭系石磴子组碎裂岩化灰岩	47.26	0.62	9.68	1.71	0.73	0.06	3
白垩系大塱山组泥质灰岩	38.62	0.98	19.8	4.80	1.61	0.10	1
白垩系大塱山组钙质泥岩	37.29	1.30	36.08	7.54	2.24	0.06	1
白垩系大塱山组姜状瘤状粉砂质泥灰岩	31.35	0.99	30.13	6.20	2.43	0.03	3

2. 断裂构造对岩溶发育的控制作用

断裂构造与岩溶发育程度的关系极为密切，不仅控制着岩溶发育的方向，而且还影响着岩溶发育的规模。断裂构造越发育，岩层结构面也就越密集，相应断裂带部位的溶洞就明显增多。断裂使岩层发生破裂，形成密集的破裂带，有利于大气降水和地表水的渗入和径流，形成强径流带。不同性质的断层对岩溶发育的控制作用不同，张性断裂带受张拉应力作用，断裂面粗糙不平，结构松散，裂隙率高，常为岩溶水的有利通道，有利于岩溶发育。

根据钻孔揭露的相关资料，大坦沙岛内隐伏可溶岩地层依次为石炭系石磴子组（$C_1\hat{s}$）和白垩系大塱山组（K_2dl）；岩层走向北北东，总体倾向南东，岩层倾角较陡，沿断裂走向发育。大坦沙岛主要发育北东向断裂及北西向断裂，其中北东向断裂7条，北西向断裂5条（图5.1.1）；断裂构造岩主要有构造角砾岩、碎裂岩等，局部地段钻孔岩芯擦痕较发育。断裂带及伴生的裂隙把地层切割，呈网状，形成地下水渗流运移的良好通道，增加了岩溶水与可溶岩的接触时间和接触面积，为地下岩溶发育提供了良好的地下水溶蚀环境；同时，不同类型的可溶岩接触带、可溶岩与非可溶岩接触面附近，地下水活动的交替作用强烈，易形成强岩溶发育带。

5.2.2 隐伏岩溶发育特征

大坦沙岛分布的可溶岩地层为石磴子组（$C_1\hat{s}$）和大塱山组（K_2dl），遍布全岛，约占大坦沙岛总面积的99%。石磴子组可溶岩为灰色、深灰色、灰白色，中—厚层状灰岩，主要成分为方解石和白云石，隐晶质结构，属较硬岩，岩芯较完整，局部含少许炭质或泥质，岩溶强发育，可见明显的溶蚀孔洞现象及方解石脉；大塱山组（K_2dl）岩性为砾岩、灰质砾岩、钙质砂岩、粉砂岩及泥岩等，可细分为三段，呈棕褐色、灰色，中厚层状，泥钙质胶结，灰质砾岩内砾石含量为60%~75%，最高可达90%以上，砾石大小混杂，分选性差，砾石成分多为灰岩。

1. 可溶岩溶洞发育特征

广州市大坦沙岛可溶岩分布广泛，不同层位岩溶发育程度各不相同，不同可溶岩地层的钻孔岩溶率对比图如图5.2.1所示。

（1）石磴子组（$C_1\hat{s}$）灰岩：根据大坦沙岛213个钻孔的统计分析结果，发现有94个钻孔揭露到石磴子组（$C_1\hat{s}$）灰岩，其中有49个钻孔揭露到溶洞，见洞率为52.1%，岩溶率为24.6%。钻孔岩芯较破碎，方解石脉及溶洞发育，垂直深度呈串珠状连续分布，多为2~6层溶洞，个别钻孔揭露有十几个溶洞，溶洞分布空间高程为-42.02~-9.77m，洞高为0.10~6.40m，埋藏较浅，规模不大。石磴子组（$C_1\hat{s}$）灰岩的岩溶平面展布与岩层走向基本一致，主要分布于灰岩范围内及其附近一带，并受断裂构造的控制。

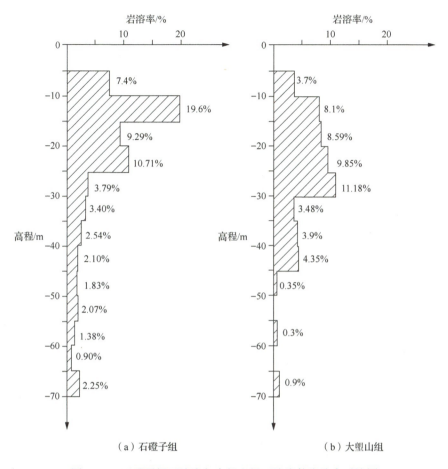

(a) 石磴子组 (b) 大塱山组

图 5.2.1 石磴子组可溶岩与大塱山组可溶岩的岩溶率对比图

(2) 大塱山组第一段（K_2dl^1）砾岩、灰质砾岩：据不完全统计，共有 52 个钻孔揭露到大塱山组一段地层，其中 21 个钻孔揭露到溶洞，见洞率为 40.38%，岩溶率为 31.9%。溶洞多为 1~3 层，少数钻孔溶洞达 5~6 层，分布于高程为-49.99~-10.94m，洞高为 0.20~4.90m，埋藏较浅，规模较小，平面分布广泛。

(3) 大塱山组第二段（K_2dl^2）钙质砂岩、粉砂岩、泥岩：据不完全统计，共有 128 个孔揭露到大塱山组二段地层，其中 18 个钻孔揭露到溶洞，见洞率为 14.06%，岩溶率为 11.4%。溶洞多为 1~4 层，分布于高程为-42.60~-14.06m，洞高为 0.05~4.10m，埋藏较浅，规模不大，平面呈零星分布特征。

(4) 大塱山组第三段（K_2dl^3）含钙质粉砂岩、泥岩：据不完全统计，共有 41 个孔揭露到大塱山组三段地层，其中 3 个钻孔揭露到溶洞，见洞率为 7.32%，岩溶率为 6.08%。溶洞全部为单层，分布于高程为-23.63~-19.36m，洞高为 0.6~0.8m，个别为 3.5m，埋深为 26.8~27.8m，一般规模不大，平面呈零星分布特征。

2. 隐伏岩溶空间分布规律

从广州市大坦沙岛地质钻孔内揭露的隐伏岩溶发育特征中可以看出，大坦沙岛隐伏岩溶的空间分布结构特征具有如下发育规律。

（1）大坦沙岛覆盖型岩溶埋藏较浅，覆盖层为第四系冲淤积层或冲洪积层，且多与砂层直接接触，溶洞顶板厚度不大，多为0.2~2.2m，溶洞常呈不规则状多层结构，第一层溶洞洞顶埋藏深度为地面之下15~30m。大坦沙岛钻孔揭露的溶洞空间埋藏厚度分布图如图5.2.2所示。

（2）大坦沙岛质纯层厚的灰岩岩溶发育强烈，呈现出一定的规模。灰岩质砾岩岩溶中等发育；不纯的钙质泥岩、砂岩、砾岩等岩溶弱发育，呈零星分布；不同岩性接触界面、断层位置及其附近岩溶较发育。

（3）大坦沙岛岩溶平面呈带状分布特征，与岩层走向基本一致。石磴子组灰岩呈中—厚层状，夹少量泥页岩，岩层呈北北东向或北东向条带状延伸，岩层走向北北东或北东，岩层倾角为40°~60°，灰岩中溶洞多呈北东向串珠状分布，溶洞规模较大，钻孔见洞率较高；大塱山组底部灰质砾岩呈厚层状，其中砾石成分以灰岩为主，钙质胶结，溶蚀作用强烈，溶洞发育，钻孔见洞率较高。大坦沙岛钻孔岩溶率图如图5.2.3所示。

（4）大坦沙岛可溶岩的地下溶洞发育规模大小不等，且可溶岩地层内的微细溶孔、溶蚀裂隙发育。按钻孔揭露溶洞的高度计算，洞高小于0.5m的溶洞占溶洞总数的39.32%，洞高为0.5~1.0m的溶洞占溶洞总数的23.07%，以小溶洞为主，不同规模的溶洞发育特征如图5.2.4所示。

（5）大坦沙岛岩溶沿垂直方向为-45~-5m高程间较发育，且随深度的增加，岩溶发育程度明显减弱，地层垂直深度与岩溶率的关系曲线见图5.2.5。

（6）据收集的前期大坦沙岛岩土工程勘察钻孔资料统计，可溶岩的溶洞顶板灰岩厚度普遍不大，以0.2~2.2m居多，部分与上覆土洞连通，溶洞埋深较浅时，多为半充填或完全充填，充填物多为泥、砂、淤泥、黏土，埋层较深时多为无充填或半充填，完全充填的溶洞较少。大坦沙岛隐伏可溶岩的溶洞充填情况如图5.2.6所示。

（7）据大坦沙岛的地质钻探成果和地面物探资料推断，大坦沙岛可划分出三个岩溶强发育区和两个岩溶中等发育区。具体为西海南路一带为岩溶强发育区、广州市第一中学一带岩溶强发育区及桥中中路一带岩溶强发育区；广州市大坦沙污水处理厂岩溶中等发育区及地铁6号线河沙盾构施工基坑以北一带岩溶中等发育区。

第 5 章 岩溶塌陷演变过程数值模拟研究

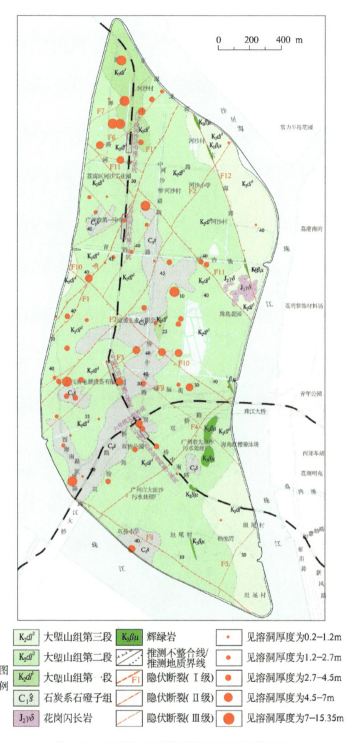

图 5.2.2 大坦沙岛可溶岩溶洞埋藏厚度分布图

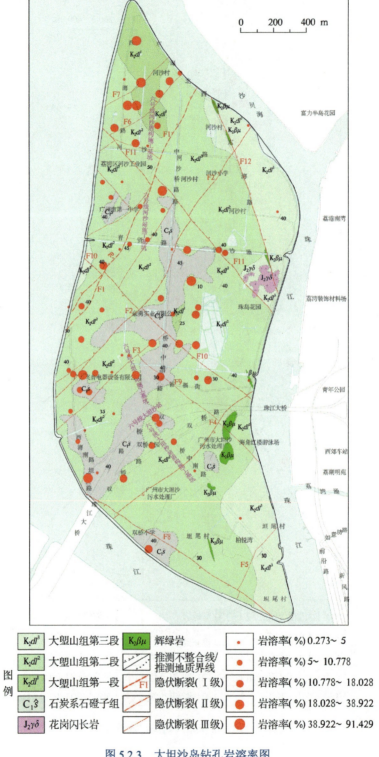

图 5.2.3 大坦沙岛钻孔岩溶率图

第 5 章 岩溶塌陷演变过程数值模拟研究

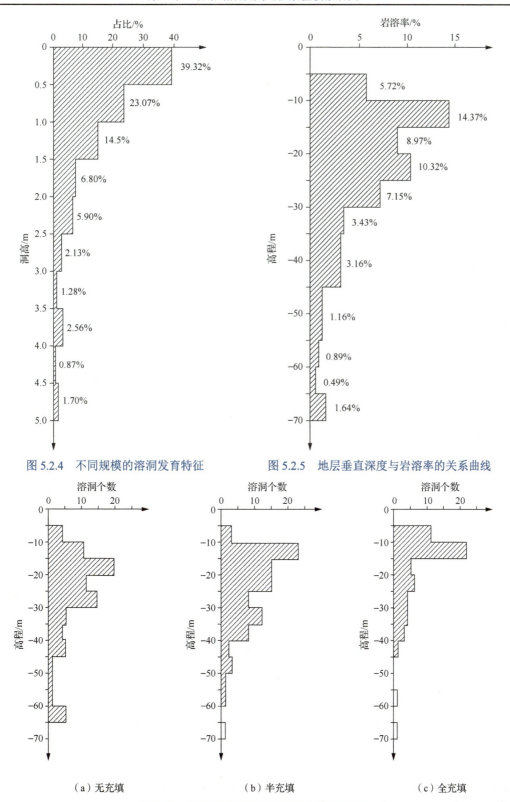

图 5.2.4 不同规模的溶洞发育特征

图 5.2.5 地层垂直深度与岩溶率的关系曲线

（a）无充填　　　　　　　　（b）半充填　　　　　　　　（c）全充填

图 5.2.6 大坦沙岛地层深度与溶洞充填情况

5.2.3 覆盖层土洞发育特征

一般而言，地下水可通过溶蚀裂隙与地下溶洞，将第四系覆盖层内的松散土颗粒带离溶沟、溶槽，使之能不断地再接受新的物质，土层内逐渐形成土洞，并发展扩大，最终于地面产生塌陷。下伏可溶岩的基岩面溶蚀裂隙越发育，上覆土层内越有利于土洞、塌陷的形成。具体而言，大坦沙岛西北部的广州市第一中学大坦沙校区和西海南路一带，其白垩系（K_2dl）红层不整合于石炭系石磴子组（$C_1\hat{s}$）灰岩之上，红层厚度一般小于10m，红层之上又有第四系淤泥或砂土层覆盖，红层基本风化成残积土或全风化岩及强风化岩，残积土层下部含水往往达到饱和状态，易形成土洞。据广州市大坦沙岛内的213个钻孔资料，发现有8个钻孔揭露到土洞，钻孔见土洞率约为3.8%。土洞分布高程为5.81～-25.33m，洞高为 0.4～3.90m。土洞埋藏较浅，大小悬殊，大多呈南北向展布。钻孔揭露的土洞特征见表5.2.2。大坦沙岛的地质雷达探测结果表明，大坦沙岛地表第四系覆盖层之下15m深度内土洞异常主要沿西海南路一带、广州市第一中学大坦沙校区和桥中中路一带发育，西海路中段、东海东路、桥中南路大坦沙污水厂一带有零星土洞异常显示，地质雷达物探解译共发现有81处土洞异常点，异常点规模（面积）3m×1.5m～16m×4m，个别达到52m×4.5m，埋深为2.5～12m。

表 5.2.2　大坦沙岛钻孔揭露第四系覆盖层土洞特征

孔号	洞顶埋深/m	洞顶高程/m	洞底埋深/m	洞底高程/m	洞高/m	顶板厚度/m	充填物特征
ZK4	3	5.81	3.5	4.31	0.5	0.8	无充填
	22.3	-14.29	24	-15.99	1.7	12.5	
ZK12	12.2	-3.85	12.8	-4.45	0.6	1.3	无充填
J5	24.5	-16.09	26.7	-18.29	2.2	3.8	孔内漏水严重
	27.2	-18.79	28.6	-20.19	1.4	0.5	
J3	32.8	-24.33	34.7	-26.12	1.9	15.3	无充填、严重漏水
J21	16.7	-10.12	17.8	-11.22	1.1	1.7	
J13	28.5	-21.13	31.7	-23.33	3.2	9.7	半充填淤泥及砂
	32.8	-24.43	33.6	-25.23	0.8	1.1	
	33.7	-25.33	37.6	-29.23	3.9	0.1	
ZK8	26	-16.17	27.5	-17.67	1.5	5.6	严重漏水
ZK302	23.1	-14.94	25.3	-17.14	2.2	4.9	充填黏土、严重漏水

5.3　大坦沙岛岩溶塌陷发育特征

广州市荔湾区大坦沙岛发生岩溶塌陷地质灾害时，还伴生有明显的地面沉降。自2003年9月至2009年7月，大坦沙岛累计发生岩溶塌陷32处，地面沉降15处，岩溶塌陷工程地质图及各处岩溶塌陷如图5.3.1～图5.3.25所示。

第 5 章 岩溶塌陷演变过程数值模拟研究

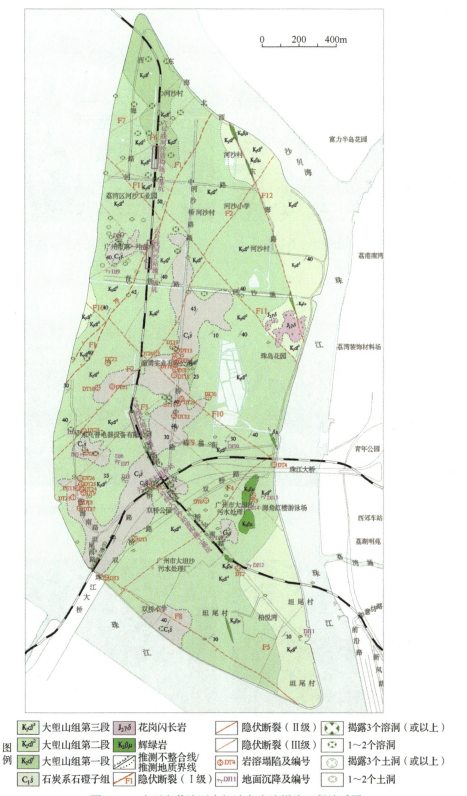

图 5.3.1 广州市荔湾区大坦沙岛岩溶塌陷工程地质图

图 5.3.2　大坦沙岛桥中街桥中中路收费站岩溶塌陷

图 5.3.3　地铁 5 号线大坦沙高架试验段岩溶塌陷

图 5.3.4　地铁 5 号线大坦沙坦尾工地岩溶塌陷

图 5.3.5　西海南路 210 号岩溶塌陷

图 5.3.6　西海南路 42 号西侧岩溶塌陷

图 5.3.7　西海南路 42 号北侧冲沟处岩溶塌陷

图 5.3.8　大坦沙岛西郊路西北侧空地岩溶塌陷

图 5.3.9　大坦沙岛西海南路建筑材料堆放场岩溶塌陷

图 5.3.10　桥中中路中华液晶城筹建处路面岩溶塌陷

图 5.3.11　河沙街桥中路 123 号院内岩溶塌陷

图 5.3.12　桥中中路西侧路面岩溶塌陷

图 5.3.13　桥中中路泮塘鸽天地大排档门前空地岩溶塌陷

图 5.3.14　桥中中路中华液晶城筹建处西侧岩溶塌陷

图 5.3.15　地铁 6 号线大坦沙站北东侧岩溶塌陷

图 5.3.16　西海南路某管理区河涌边岩溶塌陷

图 5.3.17　西海南路某管理区对面建材堆场岩溶塌陷

图 5.3.18　西海南路 15 号处路面岩溶塌陷

图 5.3.19　西海南路广东飞普电器设备公司岩溶塌陷

图 5.3.20　桥中中路东侧沥教涌北侧空地
　　　　　岩溶塌陷（一）

图 5.3.21　桥中中路东侧沥教涌北侧空地
　　　　　岩溶塌陷（二）

图 5.3.22　大坦沙污水处理厂大门前地面沉降

图 5.3.23　大坦沙岛坦尾村西兴围街地面沉降

图 5.3.24　广州市第一中学大坦沙校区图书馆
　　　　　门前地面沉降

图 5.3.25　西郊路西北侧空地处（ZK304）
　　　　　地面沉降

5.3.1 岩溶塌陷发育特征

广州市荔湾区大坦沙岛岩溶塌陷主要分布于广州市第一中学大坦沙校区球场东部和图书馆区域、坦尾村西海南路东侧、桥中路、大坦沙污水处理厂正门外至桥中南路东侧路面一带（图 5.3.1），明显受大坦沙岛地层及岩性的控制。据大坦沙岛岩溶塌陷的统计分析结果，大坦沙岛石炭系石磴子组内分布有 20 处岩溶塌陷，白垩系大塱山组与石磴子组不整合接触带附近分布有 7 处岩溶塌陷，白垩系大塱山组内零星分布有 5 处岩溶塌陷。大坦沙岛内岩溶塌陷集中发生于 2008 年和 2009 年，累计发生 32 处岩溶塌陷地质灾害，虽然没有造成人员伤害，但直接和潜在的经济损失严重。例如，2008 年 1 月 22~29 日分别于西海南路 42 号、210 号好迪厂及建筑材料堆放场内发生 4 处岩溶塌陷，塌陷坑呈椭圆形，塌陷坑口面积为 5~50m^2，地面沉降变形面积为 200~780m^2，岩溶塌陷造成房屋毁坏或墙体裂缝、电线杆和变压器陷落坑内及地下水管断裂等危害，并导致西海南路一带停水停电，给工厂生产和居民生活造成了不良的影响；2008 年 11 月 1~4 日桥中中路发生 6 处岩溶塌陷，共形成 8 个塌陷坑，塌陷坑平面呈椭圆形，塌陷坑口面积为 26.25~228m^2，地面沉降变形面积为 10~120m^2，虽没有人员伤亡，但造成 15m 长的道路沉陷损坏、1.2m 长的供水管拉裂、电线杆倾斜、8 间平房和 1 栋三层楼房严重受损、4 间平房轻微受损及部分房屋倾斜等危害，直接影响桥中街和芳村地区部分居民生活用水供给，并造成受影响区域内的居民房屋停电，受损道路封闭，桥中中路交通受阻；2009 年 2~3 月发生的岩溶塌陷，塌陷坑大都呈圆形或椭圆形，塌陷坑规模大小不等，塌陷面积为 3.2~180m^2，岩溶塌陷大多发生于空旷地带，没有造成直接损失；2009 年 4 月 9 日发生于西海南路某管理区南侧河涌边的岩溶塌陷，造成河堤砌石基础坍塌；2009 年 4 月 19 日凌晨 2:00 发生于西海南路 15 号路的岩溶塌陷，导致交通中断；2009 年 5 月 5 日发生于西海南路广东飞普电器设备公司的岩溶塌陷，造成厂房一侧梁柱、墙体开裂；2009 年 7 月 27 日，桥中中路因岩溶塌陷导致约 30m 长的道路发生沉降变形，路西侧出现长为 30m、宽为 14.5cm 及深约为 40cm 的地面裂缝，人行道路地面沉降为 10~15cm，公路路面底板悬空为 10~20cm，为保证通行安全，半幅道路封闭。广州市荔湾区大坦沙岛岩溶塌陷地质灾害的基本发育特征如下。

（1）2003 年 9 月 11 日，广州市荔湾区大坦沙岛桥中街桥中中路收费站附近发生岩溶塌陷（图 5.3.2）。塌陷坑平面近似呈圆形，直径为 21m，塌陷面积约为 300m^2，塌陷坑深度约 10m。冲孔桩基础工程施工引发岩溶塌陷。

（2）2004 年 8 月 23 日，广州市荔湾区大坦沙岛桥中街和坦尾街的交叉口处发生岩溶塌陷。岩溶塌陷路段长约为 20m、宽约为 5m，塌陷坑面积约为 100m^2，岩溶塌陷地段路面有 4 辆公交车陷落塌陷坑内，涉事人员受轻伤。车辆碾压、震动引发岩溶塌陷。

（3）2005 年 11 月 7 日，广州市地铁 5 号线大坦沙高架试验段工地发生岩溶塌陷（图 5.3.3）。塌陷坑平面近似呈圆形，直径约为 10m，塌陷坑深度为 5~6m，岩溶塌陷致使 5m 高的桩基直接陷落塌陷坑内地下 4m。冲孔桩基础施工引发岩溶塌陷。

(4) 2006年1月7日,广州市地铁5号线大坦沙坦尾工地发生岩溶塌陷(图5.3.4)。岩溶塌陷面积约为100m²,地面塌陷坑边缘延伸至珠江边,塌陷坑周围伴随4~5条长4m、宽5cm的裂缝,未造成人员伤亡。冲孔桩基础施工引发岩溶塌陷。

(5) 2007年5月中旬,大坦沙污水处理厂新厂区和新厂区鼓风机房北侧发生岩溶塌陷。鼓风机房北侧地面塌陷坑平面近似呈圆形,塌陷坑面积为30m²,可见深度约为20cm,塌陷坑东侧水泥路面出现有弧形裂缝,影响范围约为200m²,岩溶塌陷造成地下污水管破裂;新厂区内岩溶塌陷造成阀井整体沉陷,阀井北侧出现两个小型塌陷坑,塌陷坑面积共约为0.41m²,可见深度约为0.2m,岩溶塌陷影响范围约38m²。

(6) 2008年1月22日,大坦沙岛西海南路210号广州好迪厂的厂区内发生岩溶塌陷(图5.3.5)。塌陷坑平面呈椭圆形,近南北向延伸,长轴约为7.5m,短轴约为3.5m,塌陷坑深度约为3.8m,塌陷坑内积水深约为1.7m,岩溶塌陷影响范围约为200m²,塌陷毁坏4间平房,致数间平房及1栋楼房墙壁出现多处裂缝。抽排地下水活动引发岩溶塌陷。

(7) 2008年1月23日,大坦沙岛西海南路42号西侧发生岩溶塌陷(图5.3.6)。塌陷坑平面呈椭圆形,长轴近南北向,长轴约为19m,短轴约为12m,塌陷坑深度约为4m,塌陷坑内积水深度约为2.1m,岩溶塌陷影响范围约为450m²,岩溶塌陷造成变压器陷落坑内、电杆下陷倾斜及地下水管破裂,使西海南路一带停水停电。抽排地下水活动引发岩溶塌陷。

(8) 2008年1月27日,大坦沙岛西海南路42号北侧约为60m冲沟旁发生岩溶塌陷(图5.3.7)。塌陷坑平面呈椭圆形,塌陷坑面积约为150m²,地面变形面积约为780m²,岩溶塌陷造成2间平房垮塌。抽排地下水活动引发岩溶塌陷。

(9) 2008年1月28日,大坦沙岛西郊路西北侧空地发生岩溶塌陷(图5.3.8)。塌陷坑平面呈圆形,塌陷坑面积约为25m²,可见深度为4m,地面变形范围为60m²,塌陷坑积水深约为2.5m。抽排地下水活动引发岩溶塌陷。

(10) 2008年1月29日,大坦沙岛西海南路建筑材料堆放场内发生岩溶塌陷(图5.3.9)。岩溶塌陷坑平面呈圆形,直径约为12m,可见深度约1m,塌陷坑面积约为50m²,地面变形范围约为200m²,岩溶塌陷造成室内水泥地面开裂、墙柱沉降,地面裂缝延伸至西海南路东侧一带,并造成仓库围墙两处开裂、沉陷。抽排地下水活动引发岩溶塌陷。

(11) 2008年2月23日,广州地铁6号线大坦沙站主井口西部外侧发生岩溶塌陷和土洞冒水。塌陷坑平面呈圆形,直径约为15m,长轴近南北向,可见深度约为3m,岩溶塌陷影响范围约为780m²。地下工程施工引发岩溶塌陷。

(12) 2008年11月1日,大坦沙岛桥中街桥中中路泮塘鸽天地大排档围墙东侧发生岩溶塌陷。塌陷坑平面呈椭圆形,长轴近南北向,长轴约为4m,短轴约为2m,塌陷坑分布面积约为6m²,深度约为1m,地面沉降变形面积约为10m²。抽排地下水活动引发岩溶塌陷。

(13) 2008年11月4日,大坦沙岛桥中街桥中中路一带连续发生5处岩溶塌陷。其中桥中中路中华液晶城筹建处路面岩溶塌陷(图5.3.10)造成路面相继出现开裂、倾斜及下沉,路面破坏长度约为 15m,受损路段外围出现断续环形裂缝,桥中中路受影响的路面长度东侧约 60m,西侧约 130m,且马路西侧直径 1.2m 的供水管弯曲破裂;河沙街桥中路 123 号院内岩溶塌陷(图 5.3.11)造成地面出现两个塌陷坑,长轴方向近南北向,两个塌陷坑的坑口总面积约为 30m^2,塌陷造成 1 间平房和 1 栋三层楼房损毁,部分房屋倾斜;桥中中路西侧岩溶塌陷形成两个并行排列的塌陷坑,塌陷坑口规模 25～30m^2,周边地面变形面积 70～120m^2,岩溶塌陷造成 3 间民房损坏、3 间民房轻微受损及一根电线杆倾斜;桥中中路西侧路面相同位置(中华液晶城筹建处地段)附近再次发生一处岩溶塌陷(图 5.3.12),塌陷坑平面呈椭圆形,长轴近南北向,长轴长约 6m,短轴宽约 5m,塌陷坑口面积约 30m^2,可测深度约 4m,坑内充水深度约 2.2m,地面变形面积约 80m^2,岩溶塌陷造成 1 间房屋损坏和 1 间房屋轻微受损;2008 年 11 月 4 日晚,距桥中中路西侧已有塌陷坑 8m 处再次发生岩溶塌陷,塌陷坑平面呈椭圆形,长轴近南北向,长轴长约 10m,短轴宽约 6m,塌陷坑口面积约 50m^2,塌陷坑深度约 3m,坑内充水深度约 0.8m,地面变形面积约 120m^2,岩溶塌陷造成 3 间房屋严重损坏。抽排地下水活动、车辆碾压和地面机械振动引发岩溶塌陷。

(14) 2009 年 2 月 16 日,大坦沙岛桥中街桥中中路泮塘鸽天地大排档门前空地(ZK308 孔)发生岩溶塌陷(图 5.3.13)。岩溶地面塌陷坑平面呈圆形,直径长约 13.5m,塌陷坑深约 6m,塌陷坑口面积约 720m^2。钻探施工引发岩溶塌陷。

(15) 2009 年 3 月 1 日,大坦沙岛桥中街桥中中路中华液晶城筹建处西侧(ZK306 孔)发生岩溶塌陷(图 5.3.14)。塌陷坑平面呈圆形,直径长约 8m,塌陷坑深约 2.5m,周边变形范围约 50m^2。钻探施工引发岩溶塌陷。

(16) 2009 年 3 月 12 日,地铁 6 号线大坦沙站北东侧 165m 处发生岩溶塌陷(图 5.3.15)。塌陷坑平面呈圆形,直径长约 13.5m,塌陷坑深约 6m,地面变形面积约 300m^2,塌陷发生于空旷地带,未造成经济损失。钻探施工引发岩溶塌陷。

(17) 2009 年 3 月 21 日,大坦沙岛西郊路西北空地(ZK304)发生岩溶塌陷。塌陷坑平面呈圆形,塌陷坑直径约 13m,塌陷坑周边形成一圆形地面沉降区域,直径约 3.4m,中心沉降量约 50cm,塌陷坑周围出现环形裂缝。钻探施工引发岩溶塌陷。

(18) 2009 年 4 月 9 日,大坦沙岛西海南路某管理区南侧河涌边发生岩溶塌陷(图 5.3.16)。塌陷坑平面呈圆形,直径长约 5.5m,塌陷坑深约 4.5m,随岩溶塌陷形成的地面沉降面积约 36m^2。抽排地下水活动引发岩溶塌陷。

(19) 2009 年 4 月 10 日,大坦沙岛西海南路某管理区对面建筑材料堆放场内再次发生 3 处岩溶塌陷,共形成 3 个塌陷坑。其中 1$^{\#}$岩溶塌陷坑(图 5.3.17)平面近圆形,直径长约 7m,塌陷坑深约 2m,塌陷坑面积约 46m^2,塌陷坑最终扩展到直径约 18m,深度约 6.5m,地面变形面积约 255m^2;2$^{\#}$岩溶塌陷坑平面近圆形,直径约 13m,塌陷坑深度约 0.3m,地面变形面积约 50m^2;3$^{\#}$岩溶塌陷坑平面近圆形,直径约 2.2m,塌陷坑深度约 2.2m,塌陷坑口面积约 5m^2。抽排地下水活动引发岩溶塌陷。

(20) 2009 年 4 月 10 日,大坦沙岛桥中街桥中中路东侧沥教涌北侧空地发生岩溶塌陷。岩溶塌陷坑平面近圆形,直径约 1.8m,塌陷坑可见深度约 1.0m。钻探施工引发岩溶塌陷。

(21) 2009 年 4 月 19 日,大坦沙岛西海南路 15 号处路面发生岩溶塌陷(图 5.3.18)。岩溶塌陷坑近南北向展布,平面形态呈椭圆形,长轴约为 7m,短轴约 5m,塌陷坑深度约为 3m,塌陷坑面积约为 35m²。抽排地下水活动和载重车辆碾压引发岩溶塌陷。

(22) 2009 年 5 月 5 日,大坦沙岛西海南路广东飞普电器设备公司发生岩溶塌陷(图 5.3.19)。岩溶塌陷坑平面呈圆形,直径约为 7m,塌陷坑外围地面环形裂缝宽为 2~5mm,影响范围约为 100m²。抽排地下水活动和载重车辆碾压引发岩溶塌陷。

(23) 2009 年 6 月 25 日,大坦沙岛桥中街桥中中路东侧沥教涌北侧空地发生岩溶塌陷(图 5.3.20)。地面塌陷坑平面近似呈椭圆形,东西长约 3.4m,南北宽约 2.7m,塌陷坑内积水,坑内积水的水面距路面约为 1.5m。钻探施工引发岩溶塌陷。

(24) 2009 年 7 月 3 日,大坦沙岛桥中街桥中中路东侧沥教涌北侧空地再次发生岩溶塌陷(图 5.3.21)。岩溶塌陷坑平面近似呈圆形,南北长约为 5.0m,东西宽约为 4.6m,塌陷坑口面积约为 25m²,塌陷坑内充水深度约为 2.5m,塌陷坑深度约为 5m。钻探施工引发岩溶塌陷。

(25) 2009 年 7 月 27 日,大坦沙岛桥中街桥中中路西侧发生岩溶塌陷。岩溶塌陷造成公路与人行道间形成裂缝,裂缝长约为 30m,最大宽度约为 14.5cm,可见深度约为 40cm,人行道地面沉陷为 10~15cm;公路水泥路面未见裂缝及沉陷,但路基水泥底板处于悬空状态,悬空高度为 10~20cm。抽排地下水活动引发岩溶塌陷。

5.3.2 地面沉降发育特征

大坦沙岛地面沉降常伴生有明显的地面裂缝、建筑物沉降变形、开裂等现象。按形成原因可划分为两种类型:一类是可溶岩地带与岩溶塌陷地质灾害相互伴生的地面沉降;另一类是软土分布地段的欠固结淤泥及淤泥质土,由于自重或者附加荷载的作用产生排水固结,最终形成软土地基地面沉降。①可溶岩区与岩溶塌陷相伴生的地面沉降:同岩溶塌陷相伴生的地面沉降是大坦沙岛地面沉降的主要类型,主要分布于广州市第一中学大坦沙校区球场东部和图书馆区域、坦尾村西海南路东侧、桥中路、大坦沙污水处理厂正门外及桥中南路东侧路面等地段(图 5.3.1),累计发生 11 处,这类地面沉降的分布范围为 30~4 000m²,沉降量最大值为 0.50m。例如,2008 年 1 月 22 日清晨 6 点,大坦沙岛坦尾村西海南路南侧伴随岩溶塌陷活动形成了较大规模的地面沉降,沿塌陷坑的展布方向向东延伸,形成一长条形的地面变形沉降带,长度为 70m,直接造成 3 栋三层楼房墙体开裂;2008 年 11 月 4 日,桥中路一带发生 5 处岩溶塌陷的同时,塌陷坑周围产生较大范围的地面沉降,沉降面积为 4 000m²,造成近百米长的市政道路毁坏。这类地面沉降常伴随有地面裂缝和建筑物沉降变形,如西海南路 210 号广州好迪厂内地面发生的地面沉降,造成其周边厂房外墙发生大片剥落;广州市第一中学大坦沙校区内图书馆和运动场发生的地面沉降,导致其影响范围内的道路、台阶均出现不同程度的裂缝及沉降,图书馆墙壁出现变形开裂,运动场东南侧约 2 000m² 区域内地面有多条裂缝出现,导致学校暂停部分运动场使用;2009 年 5 月 15 日,地面沉降导致广州市第一中学大坦沙校区内的教学楼西附楼 2~7 层的沉降缝发生隆起变形,多功能教室墙体及外墙出现裂缝,外墙瓷砖发生大面积脱落。②软土地基地面沉降:主要分布于大坦沙岛南部污水处理厂新厂区及坦尾村江畔街至坦尾西街一带（图5.3.1），累计发生4处。例如，坦尾村江畔街41号至43号建筑物一带，建筑物为平房和二层半楼房组成，紧邻珠江江堤，2007年因珠江堤岸整治压桩施工而引发建筑地基不均匀沉降，导致建筑物向堤岸一侧倾斜、地面下沉、房屋开裂；大坦沙污水处理厂新厂区至海角红楼一带，由于淤泥、淤泥质土分布厚度较大，局部大于12m，导致软土区内的地表建筑物因软土地基的不均匀沉陷产生地面沉降，进而造成建筑物的变形、开裂及地面下沉。

广州市荔湾区大坦沙岛地面沉降基本发育特征如下。

（1）2007年雨季，大坦沙岛坦尾村江畔街41号至43号发生房屋裂缝，平房（41号）与东侧二层半框架结构楼房（43号）接合部地面开裂约为5cm，且43号地面比41号地面下沉约为1.5cm，房内墙体开裂，裂缝最大约为8.5cm，使两处房屋成为危房；同时，坦尾村江畔街有多处砖混结构房屋墙体出现裂缝，构成房屋安全隐患。属于软土地基不均匀沉陷引发地面沉降。

（2）2007年5月中旬，大坦沙岛海角路2号海角红楼建筑物发生变形、开裂，海角路两侧围墙多处出现裂缝，裂缝呈折线型，单条裂缝长为3～5m，宽为2～6mm，出现裂缝围墙长约为105m；海角红楼门前一带沉降造成地面瓷砖开裂、局部地砖隆起1～2cm。属于软土地基不均匀沉陷引发地面沉降。

（3）2007年7月初，大坦沙岛海角路2号海角红楼建筑物再次发生变形、裂缝，造成海角红楼墙脚与地面裂开约为2cm，裂缝分布地面。属于软土地基不均匀沉陷引发地面沉降。

（4）2007年12月，大坦沙污水处理厂新厂区内发生地面变形、裂缝。虽然2层框架结构鼓风机房柱体无变形，但墙体、地面均出现有裂缝，裂缝长为2～6m、宽为0.6～1cm，鼓风机楼房北侧门口地面不均匀沉降，沉降面积为22m²，最大下沉量达18cm，致使楼门前水泥平台呈4.5°倾斜；机房南50m处发生地面变形，水泵房西墙的墙脚处地面下沉约为2.6cm，墙脚开裂。属于软土地基不均匀沉陷引发地面沉降。

（5）2008年1月27日，大坦沙岛西海南路210号广州好迪厂内发生地面沉降。其水泥地面出现轻微沉陷迹象，旁边的房屋外墙表层大片剥落。属于抽排地下水活动引发地面沉降。

（6）2008年2月1日，大坦沙岛大坦沙污水处理厂门前约为90m²范围内发生地面沉降（图5.3.22）。地面整体沉陷约为20cm，地面沉降发生后，采取灌浆回填措施处理，至2009年3月5日，沉降段仍存在轻微沉陷现象，说明地面沉降仍处于缓慢发展状态，属于抽排地下水活动引发地面沉降。

（7）2008年2月2日，大坦沙岛坦尾村西兴围街发生地面沉降（图5.3.23）。最大地面沉降量约为5cm，周边房屋出现裂缝，裂缝宽度约为2cm。属于地质钻探施工（ZK11孔）揭穿砂层引发地面沉降。

（8）2008年2月19日，广州市第一中学大坦沙校区图书馆门前发生地面沉降（图5.3.24）。图书馆墙壁出现数十条大小不一的裂缝，地面沉降迹象明显，地面沉陷约0.1m，直接威胁学校近3000名师生的安全。属于抽排地下水活动引发地面沉降。

(9) 2008年2月19日，广州市第一中学大坦沙校区运动场发生地面沉降。运动场东边紧邻地铁6号线河沙站基坑工点，地面裂缝的延伸方向与基坑平行，紧靠基坑的裂缝宽度约为5cm，距离基坑较远的裂缝宽度逐渐变小。属于抽排地下水活动和地铁基坑支护失稳引发地面沉降。

(10) 2008年12月23日，大坦沙岛西海南路168号东侧约80m处路面发生地面沉降。路北一侧发生沉降变形，最初沉降变形区域呈椭圆形，长轴近南北向，长约为0.6m，短轴宽为0.53m，地面沉降外围产生多条弧状裂缝，地面沉降的最终范围南北长约为7.3m，东西宽约为6.15m，地面沉降面积约为40m^2。属于重型车辆碾压引发地面沉降。

(11) 2009年3月21日下午4时，大坦沙岛西郊路的西北侧空地处ZK304号地质钻孔钻探施工拔套管时发生地面沉降（图5.3.25）。地面沉降区域近圆形，直径约13m，沉降量约为50cm，周围出现环形裂缝，地面沉降发生于空地一带，没有造成经济损失。

(12) 2009年4月21日，大坦沙岛西海南路168号东侧约80m处路面再次发生地面变形、沉陷，造成道路南侧发生地面沉降。沉降变形区呈椭圆形，长轴东西向，长约为2.9m，短轴南北向，宽约为1.62m，地面沉降量约为4.4cm，最大地面裂缝长约为11.4m，宽约3mm。属于重型车辆碾压引发地面沉降。

(13) 2009年5月7日，大坦沙岛西海南路广东飞普电器设备公司发生地面沉降。地面沉降的变形区域近似呈长方形，长约为22m、宽约为12m，最大地面沉降量约为20cm，沉降区域周边出现环形裂缝，缝宽为0.3~0.5cm。属于抽排地下水和重型车辆碾压引发地面沉降。

(14) 2009年5月15日，广州市第一中学大坦沙校区西附楼一带发生地面沉降。地面沉降导致西附楼的2~7层墙体沉降缝变形强烈，其中第7层沉降缝变形隆起约为53mm，多功能教室东面墙体上部出现折线型裂缝，裂缝长约为6.2m、宽1mm左右，东墙墙体与楼柱之间出现羽状裂缝，呈斜列式排列，裂缝长为8~10cm、宽不足1mm，裂缝间距为2~5cm，外墙表面裂缝密集，墙面瓷砖脱落。属于抽排地下水活动引发地面沉降。

(15) 2009年6月20日，大坦沙岛沥滘涌南侧双桥中学北侧（ZK711孔）发生地面沉降。沉降区域近圆形，直径约为1.5m，沉降量约为50cm。属于地质钻探施工引发地面沉降。

5.3.3 岩溶塌陷活动特征

大坦沙岛岩溶塌陷活动具有明显的时间分布规律，主要受地下水位动态演变的控制。特别是近两年大坦沙岛内因工程施工抽排地下水造成岛内地下水位大幅下降，导致岩溶塌陷和地面沉降呈集中发生的状态。自2003年9月大坦沙岛桥中街桥中收费站附近发生岩溶塌陷地质灾害以来，累计发生32处岩溶塌陷，同时伴生形成10多处地面沉降。分析大坦沙岛岩溶塌陷和地面沉降活动的时间分布规律，可以发现2003年至2007年，每年仅发生1~2次岩溶塌陷；但2008年1月以来，岩溶塌陷频繁发生，累计形成26处岩溶塌陷，并伴生多处地面沉降，其中2008年1~2月共发生6处岩溶塌陷和5

处地面沉降，2008年11月1~4日桥中中路发生6处岩溶塌陷。从整体上看，大坦沙岛岩溶塌陷活动和伴生的地面沉降具有如下时间分布特征。

（1）大坦沙岛自2006年以来，大型地下工程施工增多，如轨道交通基坑施工、大型工程建设项目的基坑施工等。根据大坦沙岛地下水位相关监测资料（图5.3.26~图5.3.28），地下水位变化与岛内地下工程施工抽排地下水活动的关系极为密切。2008年2月2日前，由于岛内地下工程施工大量抽排地下水，导致大坦沙岛内地下水监测孔水位降至高程为1.50~1.88m，造成大坦沙岛西南部（西海南路）连续发生6处岩溶塌陷，对岛内地下工程的施工采取暂停措施之后，至2008年2月18日地下水位逐渐恢复到高程为4.10m左右，期间没有发生岩溶塌陷；2008年9月，大坦沙岛内地下工程恢复施工，地下水位又开始缓慢下降，至11月3日，地下水位降至高程为1.72m，最大降幅为2.38m，2008年11月4日，桥中路西郊五社工业区发生6处岩溶塌陷，同岛内地下工程施工抽排地下水的时间相吻合；2008年11月4日至2009年6月中旬，ZK3监测孔地下水位一直处于低水位，且ZK3孔地下水位仍呈缓慢下降状态，至2009年5月地下水位高程降落到-0.12cm，累计降幅约为1.75m，到2009年7月9日前岩溶地下水位持续处于非正常的波动变化状态之中，导致2009年3月~7月西海南路及桥中中路一带共发生17处岩溶塌陷，并伴生多处地面沉降变形。

（2）广州市第一中学大坦沙校区运动场及图书馆一带，2008年2月1日相继发生地面裂缝、地面沉降和墙体裂缝。自2008年2月20日至2009年11月9日，广州市地质调查院对广州市第一中学图书馆、教学楼及周边各进行了9次地面沉降监测，其沉降曲线如图5.3.29所示。图5.3.29表明广州市第一中学大坦沙校区范围内的地面沉降呈现出沉降—抬升—沉降的动态变形过程，整体呈上升趋势。2008年2月20日至2008年7月16日期间，广州市第一中学图书馆大楼和教学楼的地面沉降呈现出基本稳定状态，

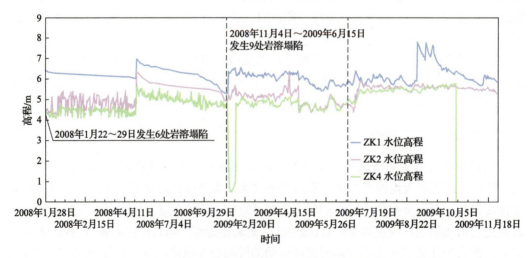

图5.3.26　大坦沙岛西海南路监测孔地下水位变化与岩溶塌陷活动关系

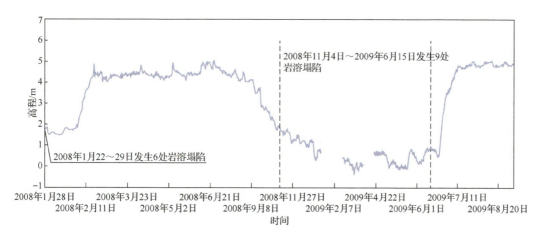

图 5.3.27　大坦沙岛 ZK3 监测孔地下水位变化与岩溶塌陷活动关系

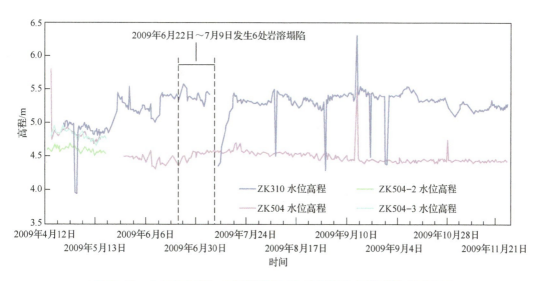

图 5.3.28　大坦沙岛桥中中路监测孔地下水位变化与岩溶塌陷活动关系

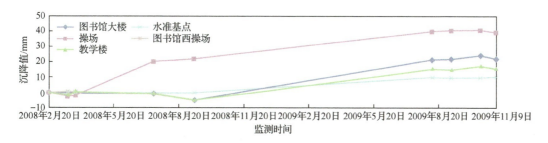

图 5.3.29　广州市第一中学大坦沙校区地面沉降曲线

2008 年 7 月 16 日至 2008 年 9 月 11 日，明显出现一个沉降过程，随后又呈抬升状态；整个地面沉降监测时间段内，广州市第一中学教学楼的最大抬升值为 24.78mm，最小抬升值为 8.29mm；图书馆大楼自 2009 年 10 月 19 日再次出现沉降至 2009 年 11 月 9 日时，地面最大抬升值为 26.58mm，最小抬升值为 17.71mm，不均匀抬升量为 8.87mm，抬升量自北东向南西递减。广州市第一中学体育场内的地面裂缝自 2008 年 3 月 28 日开始出现抬升，至 2009 年底仍处于微小的变形沉降状态。整个沉降监测期间，地面变形最终呈抬升状态，平均抬升量为 39.75mm。对比地面变形沉降与基岩地下水位抬升过程之间的相互关系，发现地面变形沉降的变化趋势与基岩地下水位的抬升时间基本对应，如 2008 年 9 月 11 日到 2009 年 8 月 11 日，基岩地下水位抬升 1m，广州市第一中学地面沉降地段平均抬升为 2.84mm；2009 年 7 月底以后，地下水位基本处于稳定状态，地面抬升从 2009 年 10 月中旬后基本停止，地面沉降处于一种相对稳定状态，但地面抬升变形与基岩地下水抬升相比，具有一定的滞后性特征，其地下水位和地面沉降曲线如图 5.1.6、图 5.1.7 和图 5.3.29 所示。

（3）据 2009 年 7 月 9 日至 11 月 9 日的桥中路、育贤路及西海南路的沉降监测资料（图 5.3.30～图 5.3.32），西海南路一带地面沉降变形呈现出波动现象，平均沉降量为-1.19mm，日均沉降速率为-0.009 7mm/d；桥中中路、育贤路一带的地面沉降无异常，平均沉降量为-1.41mm，日均沉降速率为-0.011 6mm/d。2009 年 8 月 4 日至 11 月 9 日，桥中中路的地面沉降一直处于较明显的下沉过程，整个沉降监测期的平均沉降量为-23.59mm，平均沉降速率为-0.243 2mm/d，最大沉降量为-52.23mm，最大沉降速率为-2.13mm/d。

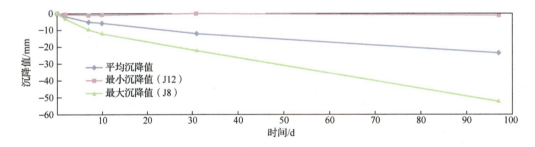

图 5.3.30 大坦沙岛桥中中路岩溶塌陷点附近地面沉降曲线

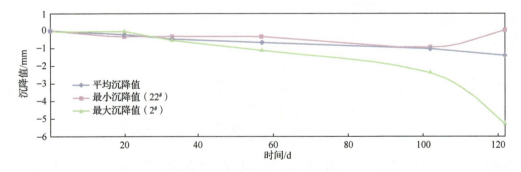

图 5.3.31 大坦沙岛桥中中路—育贤路地面沉降曲线

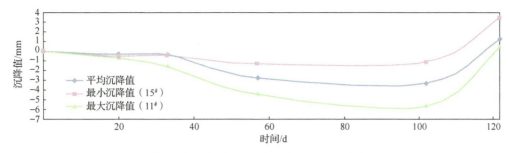

图 5.3.32　大坦沙岛西海南路地面沉降曲线

5.3.4　岩溶塌陷形成原因

一般而言，岩溶塌陷的孕育、形成、发生及消亡的演变过程，实际上就是土洞（或溶洞）的形成、发展及破坏的过程。从整体上看，大坦沙岛岩溶塌陷的形成是大坦沙岛特殊的自然地质环境和人类工程活动长期相互作用的结果[21-23]。

1. 岩溶塌陷发育特征受大坦沙岛特殊地质环境背景的控制

根据大坦沙岛岩溶塌陷的形成过程和发育特征，分析大坦沙岛岩溶塌陷形成的地质环境背景，可以认识到大坦沙岛的特殊地质环境条件是岩溶塌陷形成的基础地质因素，主要受覆盖层土洞发育特征、隐伏岩溶发育程度、溶洞发育特征及地下水动态演变特征等因素的控制。

（1）岩溶塌陷分布范围内隐伏岩溶的覆盖层均为第四系双层和多层结构土体，其中河流冲洪积粉土及中粗砂结构松散，透水性好；隐伏可溶岩为石炭系石磴子组灰岩，岩溶发育强烈，溶洞分布广泛，灰岩顶面溶沟、溶隙等岩溶现象发育，特别是断裂破碎带的岩溶发育程度更高。它们共同构成了良好的地下水渗流通道和地下水储存空间。

（2）大坦沙岛岩溶塌陷区域地势平缓，四面环江，岩溶塌陷分布地段的岩溶地下水补给来源为第四系潜水，地下水径流以垂直循环为主，岩溶裂隙水、第四系潜水和江水三者之间的水力联系密切，具备形成岩溶塌陷的地下水动力环境特征。

（3）土洞是大坦沙岛隐伏岩溶地段覆盖层土体内常见的一种岩溶作用产物，它产生的塌陷现象将影响地基土的稳定性及覆盖层土体的稳定性。就大坦沙岛岩溶塌陷地质灾害而言，绝大部分的岩溶塌陷是由土洞扩展致塌而成，土洞分布不均，大坦沙岛岩溶塌陷的空间分布特征也存在明显的差异。

2. 人类工程活动特征是大坦沙岛岩溶塌陷的直接诱发因素

从整体上看，大坦沙岛内工程建设抽排地下水活动、地面人为振动和机械贯穿作用等三种主要人类工程活动同岩溶塌陷发育特征密切相关，它们是大坦沙岛岩溶塌陷活动的直接诱发因素。

1）工程建设抽排地下水活动

大坦沙岛内地下水动态演变过程主要受工程建设基坑施工及其他地下工程施工抽排地下水活动的控制，具体表现为地下水位升降引起地下水的流速、流量和水力坡降的变化，进而导致岩溶塌陷。例如，2008年1月22～23日大坦沙岛西海南路210号广州好迪厂内岩溶塌陷、西海南路42号西侧岩溶塌陷、西海南路42号北侧约60m冲沟旁岩溶塌陷、西郊路西北侧空地岩溶塌陷、西海南路军事管理区对面建筑材料堆放场岩溶塌陷、大坦沙污水处理厂大门前马路岩溶塌陷及广州市第一中学大坦沙校区运动场地面沉降及裂缝；2008年11月4日桥中中路（中华液晶城筹建处）路面岩溶塌陷、河沙桥中路123号院内岩溶塌陷及桥中中路西侧岩溶塌陷；2009年7月27日桥中中路西侧岩溶塌陷等，这些岩溶塌陷都是因工程建设抽排地下水活动引发。工程建设抽排地下水活动引发岩溶塌陷主要表现为以下几个方面。

（1）地下水位变化改变土的重度。土的重度随含水量的增大而增大，土的重度突然增大，塌陷体重量随之增加，自重效应可引起隐伏岩溶发育地带土洞拱顶的垮塌。

（2）地下水位波动改变覆盖层土体结构。大坦沙岛大塱山组地层广泛分布，特别是强风化土层的含水量增加时易产生膨胀，干燥时收缩，并随之出现垂直裂隙，土体被切割，土体的抗剪强度降低，其抵抗渗透变形及塌陷的能力也随之下降，可导致土洞的稳定性降低，容易产生土洞塌陷。

（3）地下水位下降的失托增荷。大坦沙岛内抽排地下水的强度大，地下水位监测结果表明岛内的岩溶地下水位呈明显的下降状态，对覆盖层土体或土洞顶板的浮托力产生消减作用，相当于使土体自重增加。因此，地下水位下降的失托增荷使大坦沙岛内隐伏岩溶地段的覆盖层或土洞顶板的稳定性变差，最终导致地下水位埋深浅、覆盖层土体松软且厚度较薄的土洞部位的地面直接产生沉降和塌陷。

（4）地下水渗透的潜蚀作用。大坦沙岛内地下水位的下降，使地下水的坡降和流速增大，动水压力增强，从而对岩溶洞隙通道内的松散充填物和覆盖层土体产生侧向潜蚀、冲刷和淘空作用，使土洞不断向上扩展而导致岩溶塌陷。据实地调查，大坦沙岛内抽排出的地下水大都呈混浊状态，水中泥沙含量高，地下水的抽排水量集中且速度快，说明地下水的潜蚀作用强烈，致使大坦沙岛内岩溶塌陷的形成过程呈现出短暂快速的状态。

（5）地下水位波动的崩解作用。由于大坦沙岛大塱山组泥岩和砾岩的强风化层普遍含有蒙脱石、伊利石和高岭土等亲水矿物，地下水对强风化土体易产生崩解作用。相对于天然状态而言，抽排地下水导致大坦沙岛内地下水的波动幅度更大，溶洞、溶隙开口处的地下水反复升降，对覆盖层土体产生浮托力的反复增减，加之溶蚀和失水的循环往复作用，使得覆盖层底部的土体及裂隙密集部位的土体遭受崩解、剥落，促使土洞向上扩展，顶板进一步变薄，最终垮塌，导致地面形成塌陷。

2）地面人为振动

由于近年来工程建设活动的规模扩大，人类工程活动的强度增加，大坦沙岛长期受到爆破、车辆碾压、机械振动和建筑基础工程施工等地面的人为振动作用，这些都可能诱发土洞产生塌陷，最终使覆盖层内土体结构受到破坏，抗剪强度降低，造成土体抗塌力减小，从而改变覆盖层内土体的力学平衡状态。当土洞处于极限平衡状态时，地面振动加载极易造成土洞顶板的失稳破坏，进而导致地面塌陷。

3）机械贯穿作用

对大坦沙岛岩溶塌陷地质灾害而言，机械贯穿作用主要有两种类型，即一种是建筑物基础工程施工，另一种是各种地质勘探工程施工。这两种类型的工程施工活动直接破坏了覆盖层内土体地下洞穴的隔水顶板，贯穿了地表水和地下水之间的联系通道，可引发砂层内的砂土急剧渗漏下泻到下部的洞穴内，从而引发岩溶塌陷活动，这种岩溶塌陷地质灾害的形成过程十分迅速，危险性大，灾情严重。例如，2003 年 9 月 11 日的广州市荔湾区大坦沙岛桥中街桥中收费站附近的岩溶塌陷、2004 年 8 月 23 日的荔湾区大坦沙岛桥中街和坦尾街交叉口的岩溶塌陷、2005 年 11 月 7 日广州市地铁 5 号线大坦沙高架段（试验段）工地的岩溶塌陷、2006 年 1 月 7 日广州市地铁 5 号线大坦沙坦尾工地的岩溶塌陷、2008 年 12 月 23 日大坦沙岛西海南路 168 号东约为 80m 处路面的地面沉降和 2009 年 7 月 27 日桥中中路西侧的地裂缝等，这些都是大坦沙岛内的冲孔桩基础施工引发的岩溶塌陷及地面沉降；2009 年 2 月 16 日大坦沙岛桥中中路泮塘鸽天地大排档门前空地处（ZK308 孔）的岩溶塌陷、2009 年 3 月 1 日大坦沙岛桥中中路中华液晶城筹建处西侧（ZK306 孔）的岩溶塌陷、2009 年 3 月 21 日大坦沙岛西郊路西北侧空地处（ZK304 孔）的地面沉降和 2009 年 6 月 25 日至 7 月 3 日大坦沙岛桥中中路东侧沥教涌以北空地处发生的 3 次岩溶塌陷等，它们都是地质钻探施工钻机揭穿覆盖层土体内的土洞或隐伏可溶岩的溶洞顶板，从而直接引发岩溶塌陷及地面沉降。

5.4　大坦沙岛岩溶塌陷有限元数值模拟研究

广州市荔湾区大坦沙岛岩溶塌陷的主要诱发因素为人工抽排地下水活动，特别是广州市地铁 6 号线大坦沙岛车站基坑工程建设和地下隧道开挖施工过程中长时间大量抽排地下水，导致地铁车站基坑和地下隧道沿线及周边一带地下水的水位急剧下降，引起地下水渗流场的改变及地下水径流状态的变化，进而造成抽排地下水的场地及附近岩土体工程地质性质也随之发生变化，如岩土体的饱和度、重度、固结程度及抗剪强度等，致使覆盖层土体内土洞失稳、土体垮塌，最终形成岩溶塌陷地质灾害。因此，本节采用美国 SASI 公司开发研制的通用有限元计算软件（ANSYS）对大坦沙岛岩溶塌陷的动态演变过程进行三维有限元数值模拟分析，定量地分析大坦沙岛内工程建设抽排地下水活动对岩溶塌陷发育地段岩土体应力场和应变场动态演变状态的影响程度，从而更深入地认识大坦沙岛岩溶塌陷的孕育、形成、发生和消亡的动态演变过程，进一步探讨岩溶塌陷动态演变过程的力学成因机理。

ANSYS 程序包括前处理、求解和后处理等三个功能模块。前处理模块为实体建模和网格划分等两个部分；求解模块用于定义分析类型、分析选项、载荷数据和载荷步选项以及有限元求解等；后处理模块包括对计算结果进行数据处理和图形显示等两个方面。

5.4.1　弹塑性有限元理论模型

1. 弹塑性有限元理论

根据弹塑性力学理论，岩土体物质的变形过程可分为弹性变形和塑性变形等两个部分，弹性应变部分用广义胡克定律计算，塑性应变部分用塑性增量理论计算。岩土类材料相应的总应变为弹性应变和塑性应变等两个部分组成，其总应变的增量形式可表示为

$$d\varepsilon_{ij} = d\varepsilon_{ij}^e + d\varepsilon_{ij}^p \tag{5.4.1}$$

弹塑性岩土类材料进入塑性状态的标志是当荷载卸去之后存在不可恢复的永久变形，这个阶段的应力-应变之间不再存在唯一的对应关系。因此，应用塑性增量理论计算塑性应变需要知道材料的屈服函数、流动规则和硬化规律，对服从不相关联流动规则的材料，还需要知道材料的塑性势函数。一般而言，弹塑性岩土类材料的弹性应变增量可表示为

$$d\varepsilon_{ij}^e = \frac{dI_1}{9K}\delta_{ij} + \frac{1}{2G}dS_{ij} \tag{5.4.2}$$

式中：I_1 为应力张量的第一不变量；S_{ij} 为应力偏张量；K、G 分别为材料的体积弹性模量和剪切弹性模量。由 $\delta_{ij}\delta_{ij}=3$，可得

$$d\varepsilon_{kk}^e = \frac{1}{3K}dI_1 \tag{5.4.3}$$

弹性应变偏量增量可表示为

$$de_{ij}^e = \frac{1}{2G}dS_{ij} \quad (i \neq j) \tag{5.4.4}$$

则屈服函数可表示为

$$F(\sigma_{ij}) = 0 \tag{5.4.5}$$

或者表示为

$$F(I_1, J_2, J_3) = 0 \tag{5.4.6}$$

塑性应变增量可表示为

$$d\varepsilon_{ij}^p = d\lambda \frac{\partial F}{\partial \sigma_{ij}} \tag{5.4.7}$$

式（5.4.7）进一步可改写为

$$d\varepsilon_{ij}^p = d\lambda \left(\frac{\partial F}{\partial \sigma_{kk}}\delta_{ij} + \frac{\partial F}{\partial S_{ij}} \right) \tag{5.4.8}$$

式（5.4.8）两边同时乘以 δ_{ij} 可得

$$d\varepsilon_{kk}^p = 3d\lambda \frac{\partial F}{\partial \sigma_{kk}} \tag{5.4.9}$$

塑性应变偏量增量可表示为

$$de_{ij}^p = d\lambda \frac{\partial F}{\partial S_{ij}} \tag{5.4.10}$$

对岩土类材料加载时，塑性变形阶段的 $dF(\sigma_{ij})=0$，则有

$$dF = \frac{\partial F}{\partial \sigma_{ij}}d\sigma_{ij} = 0 \tag{5.4.11}$$

式（5.4.11）可改写为

$$dF = \frac{\partial F}{\partial \sigma_{kk}}d\sigma_{mm} + \frac{\partial F}{\partial S_{ij}}dS_{ij} = 0 \tag{5.4.12}$$

结合式（5.4.3）~式（5.4.5），且 $\mathrm{d}\sigma_{mm} = \mathrm{d}I_1$，则有

$$3K\frac{\partial F}{\partial \sigma_{kk}}\mathrm{d}\varepsilon_{mm}^e + 2G\frac{\partial F}{\partial S_{ij}}\mathrm{d}e_{ij}^e = 0 \qquad (5.4.13)$$

将式（5.4.1）代入式（5.4.13），可得

$$3K\frac{\partial F}{\partial \sigma_{kk}}\left(\mathrm{d}\varepsilon_{mm} - \mathrm{d}\varepsilon_{mm}^p\right) + 2G\frac{\partial F}{\partial S_{ij}}\left(\mathrm{d}e_{ij} - \mathrm{d}e_{ij}^p\right) = 0 \qquad (5.4.14)$$

将式（5.4.8）和式（5.4.9）代入式（5.4.14），可得

$$3K\frac{\partial F}{\partial \sigma_{kk}}\delta\varepsilon_{mm} + 2G\frac{\partial F}{\partial S_{ij}}\delta e_{ij} = \mathrm{d}\lambda\left[9K\left(\frac{\partial F}{\partial \sigma_{kk}}\right)^2 + 2G\frac{\partial F}{\partial S_{ij}}\frac{\partial F}{\partial S_{ij}}\right] \qquad (5.4.15)$$

可得 $\mathrm{d}\lambda$ 的表达式为

$$\mathrm{d}\lambda = \frac{3K\dfrac{\partial F}{\partial \sigma_{kk}}\delta\varepsilon_{mm} + 2G\dfrac{\partial F}{\partial S_{ij}}\delta e_{ij}}{9K\left(\dfrac{\partial F}{\partial \sigma_{kk}}\right)^2 + 2G\dfrac{\partial F}{\partial S_{ij}}\dfrac{\partial F}{\partial S_{ij}}} \qquad (5.4.16)$$

据此，理想弹塑性材料的本构方程可表示为

$$\delta\varepsilon_{ij} = \frac{\delta I_1}{9K}\delta_{ij} + \frac{\partial S_{ij}}{2G} + \mathrm{d}\lambda\left(\frac{\partial F}{\partial \sigma_{kk}}\delta_{ij} + \frac{\partial F}{\partial S_{ij}}\right) \qquad (5.4.17)$$

式（5.4.17）也可以表示成应力张量表达式：

$$\delta\sigma_{ij} = K\delta\varepsilon_{kk}\delta_{ij} + 2G\delta e_{ij} - \mathrm{d}\lambda\left(3K\frac{\partial F}{\partial \sigma_{kk}}\delta_{ij} + 2G\frac{\partial F}{\partial S_{ij}}\right) \qquad (5.4.18)$$

因此，式（5.4.17）和式（5.4.18）为理想弹塑性材料的本构方程。

2. 弹塑性岩土体本构模型

从材料力学的角度看，岩土类物质属于颗粒状材料，这类材料受压时的屈服强度远大于受拉时的屈服强度，且岩土类材料受剪切时，颗粒会膨胀。屈服准则是判断岩土类材料是否进入屈服状态的标准，它表示复杂应力状态时材料由初始弹性状态开始进入屈服状态的条件，因此，常用的米塞斯（Mises）屈服准则不适合岩土类物质材料的数值计算分析。对于理想弹塑性模型，岩土类物质进入屈服阶段就意味着发生了破坏，将莫尔-库仑（Mohr-Coulomb）准则作为屈服准则可以得到 Mohr-Coulomb 屈服条件。一般而言，岩土力学领域常用的经典强度屈服准则有两类，即一类为 Mohr-Coulomb 屈服准则，另一类为德鲁克-普拉格（Drucker-Prager）屈服准则，它们都可以准确描述岩土类材料的强度准则，也可以很好地反映岩土类材料的屈服和破坏特性，因而在岩土力学计算领域方面得到了广泛应用，特别是对边坡岩土体稳定性分析、地基承载力计算及隧道围岩稳定性评价等均假定岩土类物质的变形破坏服从 Mohr-Coulomb 屈服准则或 Drucker-Prager 屈服准则。Mohr-Coulomb 屈服准则的三维主应力空间为一不规则的六棱锥面，但由于它的屈服面于锥顶和棱角处的导数存在不确定性，容易形成奇异点，经常

导致数值计算不易收敛。为克服这一缺点和困难之处，Drucker 和 Prager 于 1952 年提出了一个内切于 Mohr-Coulomb 六棱锥的圆锥面（图 5.4.1）屈服准则，称之为 Drucker-Prager 屈服准则。

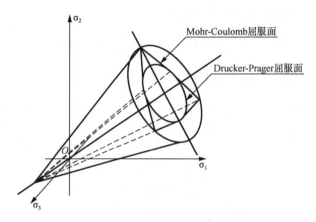

图 5.4.1 Mohr-Coulomb 屈服面和 Drucker-Prager 屈服面

从本质上看，Drucker-Prager 屈服准则也只是 Mohr-Coulomb 屈服准则的一种近似。因此，Drucker-Prager 准则又称为广义的 Mises 屈服准则，由于它是在 Mises 屈服准则的基础之上，并且充分考虑了平均应力（围压）的影响，从而将 Mises 准则推广为如下形式：

$$F(I_1, J_2) = \alpha I_1 + \sqrt{J_2} - k = 0 \tag{5.4.19}$$

式中：I_1、J_2 分别为应力张量的第一不变量与应力偏张量的第二不变量；α、k 为材料常数，同岩土类物质的内摩擦角 φ 和黏聚力 c 有关。广义的 Mises 屈服准则是主应力空间内的屈服面形状为一圆锥面，平面为一个圆（图 5.4.1），Drucker-Prager 屈服准则的模型认为当材料处于弹性阶段 $F<0$ 或卸载时（$F=0$，同时 $\delta F<0$），材料的应力-应变关系可以表示为

$$\delta \varepsilon_{ij} = \frac{\delta I_1}{9K}\delta_{ij} + \frac{\delta S_{ij}}{2G} \tag{5.4.20}$$

$$\delta \sigma_{ij} = K\delta \varepsilon_{kk}\delta_{ij} + 2G\delta e_{ij} \tag{5.4.21}$$

当 $F=0$，且卸载时（$\delta F = 0$），材料对应的应力-应变关系为

$$\delta \varepsilon_{ij} = \frac{\delta I_1}{9K}\delta_{ij} + \frac{\delta S_{ij}}{2G} + \mathrm{d}\lambda\left(-\alpha \delta_{ij} + \frac{S_{ij}}{2\sqrt{J_2}}\right) \tag{5.4.22}$$

$$\delta \sigma_{ij} = K\delta \varepsilon_{kk}\delta_{ij} + 2G\delta e_{ij} - \mathrm{d}\lambda\left(-3K\alpha\delta_{ij} + \frac{GS_{ij}}{\sqrt{J_2}}\right) \tag{5.4.23}$$

式（5.4.22）和式（5.4.23）中：

$$\mathrm{d}\lambda = \frac{-3K\alpha \delta \varepsilon_{kk} + \dfrac{G}{\sqrt{J_2}}S_{mm}\delta e_{mm}}{9K\alpha^2 + G} \tag{5.4.24}$$

Drucker-Prager 模型的参数 α 和 k 可以用岩土类物质的黏聚力 c 和内摩擦角 φ 来表示为

$$\alpha = \frac{\sin\varphi}{\sqrt{3(3+\sin^2\varphi)}} \tag{5.4.25}$$

$$k = \frac{\sqrt{3}c\cos\varphi}{\sqrt{3+\sin^2\varphi}} \tag{5.4.26}$$

5.4.2 弹塑性有限元计算方法

由于岩土类物质从饱和含水状态失水转变为非饱和状态的动态演变过程是一个非线性作用过程，因此，岩溶塌陷形成演变过程的有限元数值模拟计算应属于求解非线性问题。然而非线性岩土类物质变形破坏问题的求解过程比线性问题更加复杂和困难，目前对于非线性问题难以找到一种能够精确求解的计算方法，大都是采用一种近似解法，其中数值计算解法是采用最多，且应用最广泛的一种近似解法。一般而言，岩土类材料非线性问题的数值计算解法具有三个方面的基本特征：一是非线性问题的解不一定是唯一的，甚至没有解；二是非线性问题的解的收敛性事前不一定能够得到保证，可能出现不稳定状态，如振荡现象，甚至于发散；三是非线性问题的求解过程比线性问题更加复杂和困难，由于不能采用叠加原理，对计算结果的处理也更复杂。

虽然非线性方程组一般不可以直接求解，但可以用一系列线性代数方程组的形式去逼近模拟对象的非线性方程组，采用近似的数值解法求解非线性方程组，这种近似的数值求解方法比线性问题仍然要复杂许多。有限元法求解非线性问题的解法主要有直接迭代法、牛顿法、修正的牛顿法和增量法等四类。直接迭代法是一种最简单、最直观的方法，但由于存在收敛速度慢、迭代过程不稳定、严重依赖于初值的选取等缺点，导致有限元数值模拟实际计算时很少采用直接迭代法。牛顿法求解非线性方程组具有收敛速度快的特点，修正的牛顿法和增量法进一步提高了计算效率。因此，牛顿法［又称牛顿-拉普森（Newton-Rapshon）法］是非线性方程组求解过程时应用的主要方法。

对大坦沙岛岩溶塌陷形成过程的数值模拟计算而言，采用牛顿-拉普森法进行求解，它是数值求解岩土类材料非线性方程组的一个最实用的方法。对物体或结构物上的荷载 R 与位移 δ 而言，二者之间的非线性关系为

$$R = f(\delta) \tag{5.4.27}$$

$$K = K(R,\delta) \tag{5.4.28}$$

如果位于坐标轴 O 点的切线刚度是 K_0，A 点的切线刚度是 K_1，利用泰勒级数于 (R_0,δ_0) 点展开 R 式，取其一级近似，则有

$$f(\delta_0 + \Delta\delta_1) \approx f(\delta_0) + \Delta\delta_1 f'(\delta_0) = R_0 + \Delta\delta_1 \left(\frac{dR}{d\delta}\right)_0 \tag{5.4.29}$$

式（5.4.29）也可以写成

$$K_0 \Delta\delta_1 = R - R_0 = R_1 \tag{5.4.30}$$

其中
$$K_0 = \left(\frac{dR}{d\delta}\right)_0$$

式中，K_0 是 $R = f(\delta)$ 曲线在 0 点的斜率，即是 0 点的刚度；R 是所使用的全部荷载；$R_0 = f(\delta_0)$ 是 0 点的荷载，可为零也可不为零；R_1 是没有被平衡掉的荷载。将 $R = f(\delta)$ 于 A 点处进行泰勒级数展开，则有

$$f(\delta_1 + \Delta\delta_2) \approx f(\delta_1) + \Delta\delta_2 f'(\delta_1) \tag{5.4.31}$$

为了求出 $\Delta\delta_2$，使 $f(\delta_1 + \Delta\delta_2) = R$，利用式（5.4.31）有

$$R_1 = R_{e,1} + \Delta\delta_2 \left(\frac{dR}{d\delta}\right)_A \tag{5.4.32}$$

或表示为

$$K_1 \Delta\delta_2 = R - R_{e,1} = R_2 \tag{5.4.33}$$

式中：$K_1 = \left(\frac{dR}{d\delta}\right)_A$ 是 A 点的刚度；$R_{e,1} = f(\delta_1)$；R_2 是第二次没有被平衡掉的荷载。继续这个迭代过程直到不平衡力 R_i 或位移增量 $\Delta\delta_i (i = 1, 2, 3, \cdots)$ 按预定的准则接近零为止，再进行下一次迭代计算，所加的荷载总量是 R，迭代至第 i 步时的计算公式为

$$R_i = R - R_{e,i-1} \tag{5.4.34}$$

$$K_{i-1} \Delta\delta_i = R_i \tag{5.4.35}$$

$$\delta_i = \delta_0 + \sum_{k=1}^{i} \Delta\delta_k \tag{5.4.36}$$

5.4.3 岩溶塌陷三维有限元数值模拟模型

1. 岩溶塌陷数值模拟模型

根据大坦沙岛岩溶塌陷地质灾害的野外工程地质测绘调查资料和全部 213 个工程地质钻孔揭露的地层与岩性特征，并结合大坦沙岛的岩溶塌陷分布特征、地质构造探测结果、地下水监测成果和地面沉降监测资料，充分考虑大坦沙岛的地质环境背景和地形地貌特征，选取大坦沙岛地铁 6 号线建设工程的河沙站和大坦沙站等两个地铁站基坑作为大坦沙岛岩溶塌陷形成过程数值模拟的三维有限元模型。对钻探揭露的三维有限元模型隐伏可溶岩内处于充填及半充填状态的溶洞和土洞，由于充填物主要为软弱土，故数值模拟模型内钻探揭露充填及半充填的溶洞和土洞按软弱土物质处理；对没有充填的溶洞和土洞，按空模型单元处理；对断层破碎带，按软弱夹层物质处理。河沙站和大坦沙站等两个地铁站基坑及周边的基岩和覆盖层土体结构类型图如图 5.4.2 所示。模型一的计算范围以河沙站基坑为中心，沿平面方向选取 420m×420m 的正方形，垂直地层方向延伸 100m，地层直接延伸至下伏灰岩、砾岩及泥质砂岩的基岩部位；模型二的计算范围以大坦沙地铁站基坑为中心，沿平面方向选取 520m×610m 的长方形，垂直地层方向延伸 100m，地层也是直接延伸至下伏灰岩、砾岩及粉砂岩的基岩部位。大坦沙岛河沙地铁站（模型一）和大坦沙地铁站（模型二）抽排地下水活动引发岩溶塌陷的三维有限元数值模拟计算模型及网格剖分图见图 5.4.3 和图 5.4.4。

第 5 章 岩溶塌陷演变过程数值模拟研究

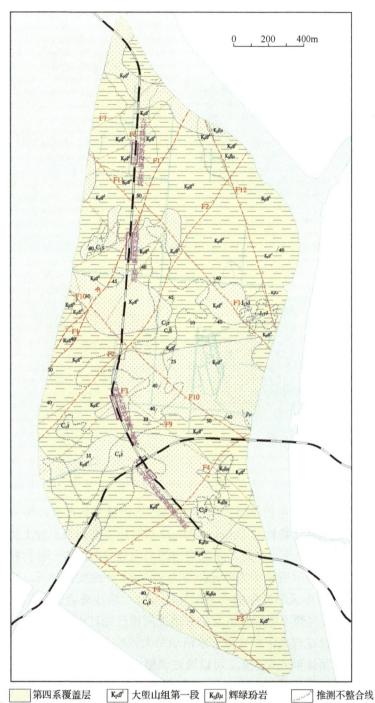

图 5.4.2 大坦沙岛基岩类型和覆盖层土体结构类型图

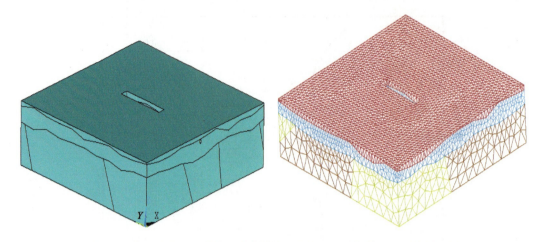

图 5.4.3 大坦沙岛河沙地铁站岩溶塌陷三维有限元计算模型及网格剖分图

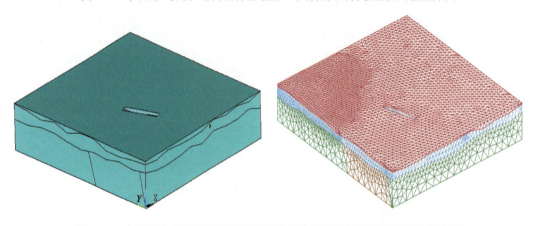

图 5.4.4 大坦沙岛大坦沙地铁站岩溶塌陷三维有限元计算模型及网格剖分图

模型的岩土体材料采用的单元类型为 solid45 四面体实体单元,并采用能较真实地体现岩土体物质变形破坏特性的 Drucker-Prager 材料屈服准则模拟岩土体材料的变形破坏特征;同时充分考虑地下水变化及渗流对岩溶塌陷分布地段岩土体材料变形破坏的影响程度。计算模型内断层所采用的单元类型为 plane42 平面实体单元。根据抽排地下水活动孕育岩溶塌陷的形成和发生的动态演变特征和大坦沙岛岩溶塌陷地质灾害的实际情况,数值模拟计算时暂不考虑基坑支护和地铁隧道开挖过程临时支护工程的影响,重点考虑地铁基坑建设过程集中抽排地下水活动对大坦沙岛岩溶塌陷活动的控制作用。由于模拟对象可由多面体单元来表示,可以通过调整三维网格的方法逼近可溶岩洞穴和集中渗流管道的形状,计算单元的力学行为是对应力-应变规则、边界力和约束条件的响应,材料可产生屈服和流动。对钻孔揭露出无充填的空溶洞和土洞,采用空模型单元进行模拟,即空单元中的应力被自动地赋零。数值模拟几何模型内部的溶洞和土洞均采用圆柱形洞体进行模拟计算,差分网格由计算机自动生成。

2. 数值模拟模型几何边界

为充分体现广州市地铁 6 号线工程中的大坦沙岛河沙地铁站和大坦沙地铁站两处地铁站基坑施工开挖时，抽排地下水活动引发基坑及周边岩土体的工程地质性质变化特征，以及实际岩溶塌陷的变形破坏过程，对计算模型的四周及底面进行约束，模型的四周边界约束为水平方向，即 x 方向约束 y，而 y 方向约束 x，模型底面边界约束 z 方向，模型表面取自由边界。对计算模型的地铁隧道和基坑则考虑进行径向约束，即对变形方向进行约束，对计算模型通过施加重力场来考虑初始自重应力的作用。

3. 数值模拟计算工况

大坦沙岛地铁站基坑施工开挖时抽排地下水导致岩溶塌陷的模拟计算参数为岩土体物质的抗剪强度参数（黏聚力及内摩擦角）、岩土体的重度、岩土体的固结度、岩土体的抗拉和抗压强度等，大坦沙岛地铁建设工程的基坑建设场地内各岩土层的计算参数因不同的抽水状况而各有差异。对位于地下水位以上的岩土体，计算时应考虑固结排水参数，各岩土层的计算参数取有效参数值；对位于地下水位以下的岩土体，计算时各岩土层的计算参数则取饱和非固结排水参数。由于工程建设过程地下水位的下降和上升将直接改变各岩土层物质的计算参数，为合理模拟不同抽排地下水强度时大坦沙岛地铁基坑施工场地及周边岩溶塌陷活动的应力-应变演化过程，作者根据地铁 6 号线基坑施工时的抽排地下水的水量、地下水位变化量、地面沉降量和岩溶塌陷活动的调查监测资料，分别考虑地表开始产生沉降变形和局部塌陷（统计抽排地下水的水量值约为 2 750m³/d，相应地下水位最大降深 2.3m）和地面密集出现塌陷（统计抽排地下水的水量值约为 4 800m³/d，相应地下水位最大降深为 3.8m）活动时的两种抽排地下水的水量特征值进行数值模拟计算。也就是说，通过模拟自重＋抽排地下水量为 2 750m³/d、相应地下水位最大降深为 2.3m 状态（工况一）和自重＋抽排地下水量为 4 800m³/d、相应地下水位最大降深为 3.8m 状态（工况二）等两种工况时大坦沙岛地铁车站基坑场地一带岩溶塌陷部位及周围的位移、应力及应变的动态变化特征，进而分析大坦沙岛岩溶塌陷的力学形成机理。

4. 数值模拟计算参数

根据广州市地质调查院的勘查测试资料和地铁 6 号线施工勘察的岩土物理力学性质试验结果，结合广州地区的岩土工程实践经验，选取大坦沙岛岩溶塌陷三维有限元数值模拟岩土类材料计算参数统计如表 5.4.1 所示。

表 5.4.1 大坦沙岛岩溶塌陷三维有限元数值模拟岩土类材料计算参数统计

岩土体材料类型	弹性模量 E/MPa	压缩模量 E_s/MPa	变形模量 E_o/MPa	泊松比 ν	内聚力 c /kPa		内摩擦角 φ /(°)		密度 ρ /(g/cm³)		抗拉强度 σ_t /MPa
					饱和	天然	饱和	天然	饱和	天然	
淤泥、淤泥质土及溶洞充填物	5.2	2.58		0.43	5.7	8.5	3.5	6.5	1.78	1.56	0.001

续表

岩土体材料类型	弹性模量 E/MPa	压缩模量 E_s/MPa	变形模量 E_0/MPa	泊松比 ν	内聚力 c /kPa		内摩擦角 φ /(°)		密度 ρ /(g/cm³)		抗拉强度 σ_t /MPa
					饱和	天然	饱和	天然	饱和	天然	
砂类土	12.5	8.33		0.27	1.85	2.13	31.5	36.8	2.05	1.73	0.003
粉质黏土	9.5	6.10		0.31	15.3	28.2	15.2	17.5	1.97	1.91	0.008
黏土及残积土	17.5	7.58		0.28	18.5	35.8	13.8	18.7	1.98	1.68	0.015
石磴子组灰岩类	4500		380	0.22	130	145	43	48	2.23	1.98	0.235
大塱山组砾岩类	3200		285	0.23	113	125	41	46	2.08	1.95	0.187
大塱山组砂岩类	2100		185	0.25	102	108	37	42	2.03	1.93	0.181

5.4.4 岩溶塌陷三维有限元数值模拟结果

1. 岩溶塌陷位移场计算结果

两种模拟工况状态时，大坦沙岛河沙地铁站和大坦沙地铁站基坑施工开挖时抽排地下水活动引发岩溶塌陷的三维有限元模型的位移场模拟变形破坏图及位移矢量图如图 5.4.5～图 5.4.12 所示。从图 5.4.5～图 5.4.8 中可以看出，地铁站基坑工程施工抽排地下水量的多少引发岩溶塌陷地质灾害的范围和位置存在明显的差异，随着地下水抽排水量的增加，两个三维有限元模型模拟显现的地面沉降量值和岩溶塌陷分布范围呈现出扩大的趋势。工况一（抽排地下水量为 2 750cm³/d，地下水位最大降深为 2.3m）状态时，大坦沙岛地铁河沙站基坑和大坦沙站基坑及周边开始出现局部沉降和少量岩溶塌陷，其中模型一地面沉陷最大量值为 0.2239m（图 5.4.9），地面沉降的变形范围较集中，主要分布于基坑开挖范围的西侧周边一带，且地面沉降和岩溶塌陷的规模都较小；模型二地面沉陷最大量值为 0.4688m（图 5.4.11），但地面沉降变形和岩溶塌陷的空间分布较杂乱，这可能与模型二周边岩溶发育程度的差异性有关。两个模型的模拟计算结果都说明工况一模拟状态时，基坑周围一定范围内地下水的水位开始明显下降和径流开始出现显著变化，致使地铁站基坑施工场地及周边隐伏灰岩之上的第四系覆盖层的地质环境发生改变，地下水位的快速降低扰动了第四系覆盖层内淤泥质土和砂土的结构，特别是处于不固结排水状况时，岩土体物质的饱和抗剪强度将产生明显的降低，黏聚力下降，自重作用可导致覆盖层岩土体发生垂直向下为主的变形破坏；同时，地下水的径流速度加快，对下部岩土体的渗透冲蚀作用加强，使得上部受地下水径流变化影响的岩土体物质失去支撑而产生地面沉降变形，进而于地面形成塌陷坑。工况二（地下水抽排水量为 4 800m³/d，地下水位最大降深为 3.8m）状态时，大坦沙岛地铁河沙站基坑和大坦沙站基坑周边的地面沉降范围明显扩大，岩溶塌陷的规模越来越大，特别是大坦沙岛河沙地铁站基坑西侧周边的地面塌陷分布集中度高；图 5.4.6、图 5.4.8、图 5.4.10 和图 5.4.12 表明，大坦沙岛岩溶塌陷分布地段的断裂构造发育特征和溶洞发育程度对岩溶塌陷的发育特征存在明显的控制作用。工况二状态时，模型一的最大地面沉陷量增大至

0.3855m,沿基坑西侧的地面沉降量也显著扩大(图 5.4.6 和图 5.4.10),这充分说明抽排地下水量的急剧增加,直接导致工程建设场地及周边地下水的水力坡降明显增大,由于短时间内地下水的水位不能恢复,岩溶塌陷场地一带的浅层淤泥质土和砂土的工程地质性质产生明显的改变,并导致覆盖层内的土洞垮塌,最终形成面积较大的地面沉降及数量较多的岩溶塌陷;同时,在工况二状态时,模型二内距离地铁站开挖基坑较远的西侧地段岩溶塌陷数量增加较多,最大地面沉陷量增大至 0.5806m,与大坦沙地铁站周边,特别是西侧断裂构造分布密集和溶洞发育密集的关系明显,计算模型内大量抽排地下水和地下水位的急剧降低使得地下水沿断裂构造带或岩土层内的土洞或岩溶管道集中渗流而形成地面沉降和岩溶塌陷,且岩溶塌陷的规模明显增大。通过数值模拟分析发现,两个岩溶塌陷数值计算模型模拟得出的地面沉降变形状态及岩溶塌陷分布位置和发育程度与大坦沙岛地铁施工引发的实际岩溶塌陷发育特征和地面沉降分布范围基本一致,说明岩溶塌陷三维有限元数值模拟的计算结果基本符合实际。

图 5.4.5 工况一状态模型一岩溶塌陷变形破坏图

图 5.4.6 工况二状态模型一岩溶塌陷变形破坏图

图 5.4.7　工况一状态模型二岩溶塌陷变形破坏图

图 5.4.8　工况二状态模型二岩溶塌陷变形破坏图

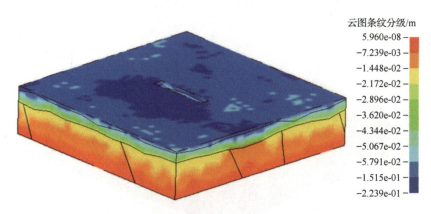

图 5.4.9　工况一状态模型一岩溶塌陷位移矢量图

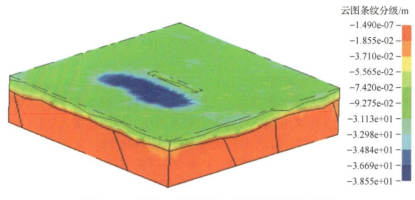

图 5.4.10　工况二状态模型一岩溶塌陷位移矢量图

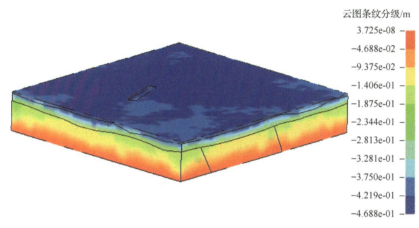

图 5.4.11　工况一状态模型二岩溶塌陷位移矢量图

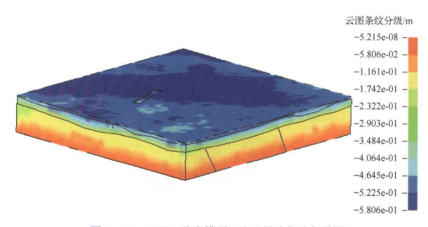

图 5.4.12　工况二状态模型二岩溶塌陷位移矢量图

2. 岩溶塌陷应力场计算结果

工况一（地下水抽排水量 2 750m³/d，地下水位最大降深 2.3m）状态和工况二（地下水抽排水量 4 800m³/d，地下水位最大降深 3.8m）状态的两个三维有限元数值模拟模型的应力图如图 5.4.13～图 5.4.48 所示。从图 5.4.13～图 5.4.48 中可以看出，两种模拟工况状态时两个三维有限元数值模拟模型的应力变化过程与地面变形及岩溶塌陷之间的相互关系密切，岩溶塌陷地质灾害的形成演变过程同岩土体应力场的变化过程相一致。

1）数值模拟模型一应力场演变特征

从岩溶塌陷数值模拟模型一的三维应力图（图 5.4.13～图 5.4.18）可以看出，工况一状态时模型一的 X、Y 和 Z 方向的应力大小随着深度的增加呈增大趋势，X 方向应力最大值为 -0.892×10^6Pa，Y 方向最大应力值为 -0.872×10^6Pa，Z 方向最大应力值为 -0.357×10^7Pa；工况二状态时模型一的 X、Y 和 Z 方向的应力大小都比工况一状态时有明显增加，X 方向应力最大值为 -0.289×10^7Pa，Y 方向最大应力值为 -0.173×10^7Pa，Z 方向最大应力值为 -0.690×10^7Pa。从模型一的应力场方向变化上看，工况一状态时模型一浅层出现的部分应力值为正值，沿岩土体深度方向增加，且应力的方向逐渐转变为负值，说明工况一状态时模型一的第四系覆盖层内浅层土体的土洞及局部软弱部位的应力状态处于受拉状态，而位于第四系覆盖层下部基岩顶板附近的松散土体物质则处于受压状态，受拉区的软弱土体或土洞存在变形及开裂的可能性，这也是孕育岩溶塌陷的潜在区域。工况二状态时模型一的第四系覆盖层内浅层土体软弱部位的拉应力区域明显增大，且受拉区出现了因 Z 方向的压应力作用而产生的拉、压应力的组合效应状态特征，说明模型一的第四系覆盖层内浅层软弱土体部位或土洞处的水平方向应力出现了拉应力和压应力的协同作用状态，且水平方向的拉应力与竖直方向的压应力组合效应更容易导致模型一第四系覆盖层内浅层软弱土体物质或土洞向塑性区扩散，从而出现地面沉降变形和岩溶塌陷。分析两种不同工况状态时的岩溶塌陷数值模拟模型一的应力场演变结果，可以发现地铁基坑施工过程中抽排地下水活动对工程建设场地及周边岩土体工程地质性质的变化影响明显，第四系覆盖层内松散土体的排水固结加速，既导致基坑周边土体物质的重度发生明显的变化，又改变了第四系覆盖层内松散土体的抗剪强度和黏聚力大小；同时，模型一应力场的数值模拟计算结果表明第四系覆盖层土体内部出现的局部应力为正值，也说明第四系覆盖层内浅层松散土体的软弱部位或土洞周边出现了受拉区，而拉应力、压应力的协同作用可造成地铁站基坑数值模拟模型一周边的第四系覆盖层内浅层土体软弱部位或土洞处出现拉裂变形，随着土体拉裂的进一步扩展，最终于地面形成塌陷坑，这就是岩溶塌陷形成过程的应力演变机理。

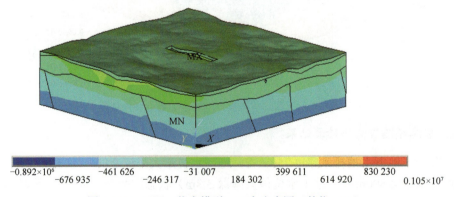

图 5.4.13　工况一状态模型一 X 向应力图（单位：Pa）

第 5 章 岩溶塌陷演变过程数值模拟研究

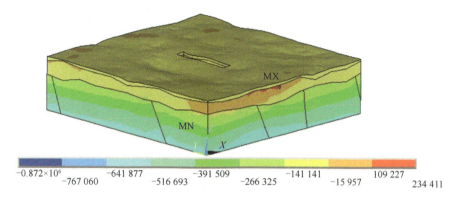

图 5.4.14　工况一状态模型一 Y 向应力图（单位：Pa）

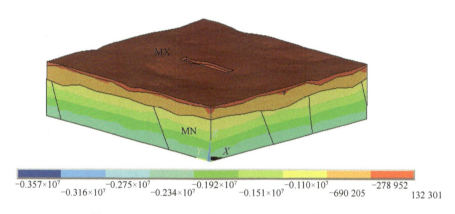

图 5.4.15　工况一状态模型一 Z 向应力图（单位：Pa）

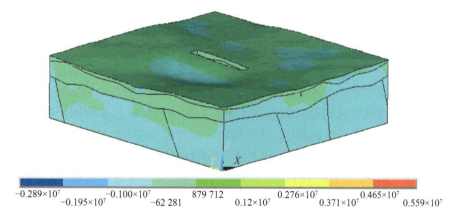

图 5.4.16　工况二状态模型一 X 向应力图（单位：Pa）

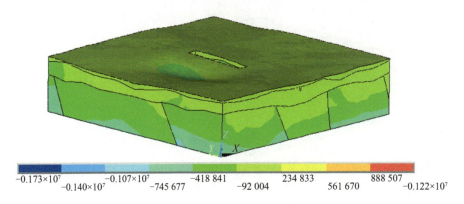

图 5.4.17 工况二状态模型一 Y 向应力图（单位：Pa）

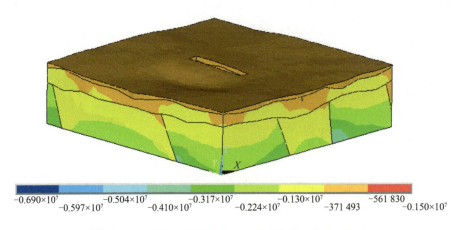

图 5.4.18 工况二状态模型一 Z 向应力图（单位：Pa）

岩溶塌陷数值模拟模型一内第一个垂直于河沙地铁站基坑开挖延伸方向的应力切面（垂直于 Y 方向 100m 处）和第二个垂直于河沙地铁站基坑开挖处的应力切面（垂直于 Y 方向 200m 处）的二维应力图如图 5.4.19～图 5.4.30 所示。从图 5.4.19～图 5.4.24 中可以看出，工况一状态时三维有限元数值模拟模型一的第一个应力切面处各方向的应力值大小基本沿深度方向增加，X 方向和 Y 方向切面处两个方向的应力场分布状况基本相似，这说明抽排地下水活动对模型一水平方向的应力影响基本相同，但数值模拟模型一的 Z 方向左侧出现压应力集中，说明模型一的局部压应力对浅层土洞或软弱部位的拉应力区域产生了较大影响；工况二状态时，由于受到 Z 方向的竖向压应力增加的作用，数值模拟模型一的第一个应力切面处水平方向的受拉应力区域明显增大，说明拉应力、压应力的协同作用导致第四系覆盖层内浅层软弱土体或土洞周边容易出现受压和受拉的塑性变形。图 5.4.25～图 5.4.30 表明，工况一状态时数值模拟模型一的第二个应力切面处各方向的应力值大小也基本沿深度方向增大，但由于受到基坑开挖活动及抽排地下水的影响，位于基坑开挖的左侧水平两个方向都出现了局部的压应力集中区，说明基坑施工开挖及抽排地下水活动导致基坑左侧场地一带第四系覆盖层内浅层土体物质的自重应力增加，受压作用较明显；从工况二状态时数值模拟模型一的第二个应力切面处 X 方向和 Y 方向的二维应力切面看，两个方向的应力场分布呈不均匀状况，这说明随着抽排地下水强度的加大，抽排地下水活动对模型一内部存在土洞、溶洞及断层破碎带等地质缺陷的基坑周边区域的应力影响更强烈，Z 方向的应力变化主要以压应力为主，随着抽排地下水规模的增大，其区域压应力对覆盖层内局部软弱土体、土洞及基岩溶洞等存在拉应力的地段同样也产生了较大的影响，说明拉应力、压应力的协同作用形成了模型一覆盖层内的浅层软弱土体、土洞及基岩溶洞部位的受压和受拉塑性变形区，从而导致覆盖层地面发生岩溶塌陷。

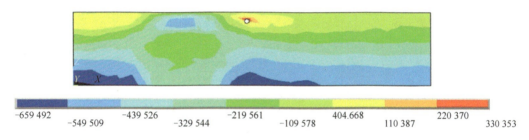

图 5.4.19　工况一状态模型一 Y 方向 100m 切面 X 向应力图（单位：Pa）

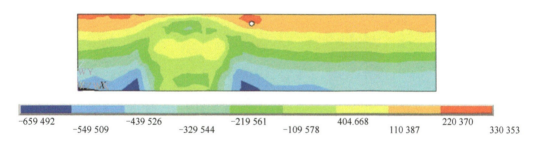

图 5.4.20　工况一状态模型一 Y 方向 100m 切面 Y 向应力图（单位：Pa）

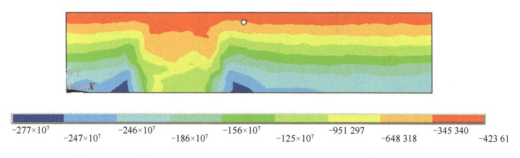

图 5.4.21　工况一状态模型一 Y 方向 100m 切面 Z 向应力图（单位：Pa）

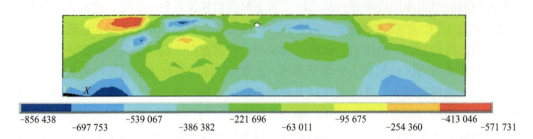

图 5.4.22　工况二状态模型一 Y 方向 100m 切面 X 应力图（单位：Pa）

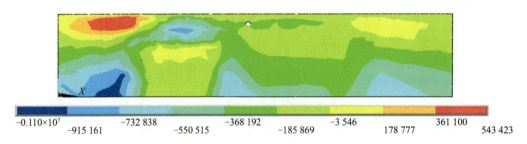

图 5.4.23　工况二状态模型一 Y 方向 100m 切面 Y 应力图（单位：Pa）

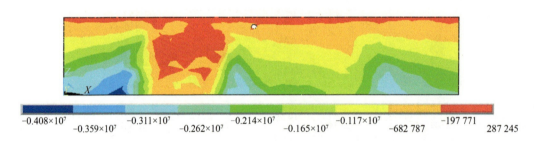

图 5.4.24　工况二状态模型一 Y 方向 100m 切面 Z 应力图（单位：Pa）

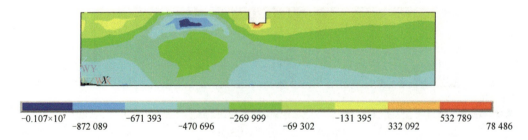

图 5.4.25　工况一状态模型一 Y 方向 200m 切面 X 应力图（单位：Pa）

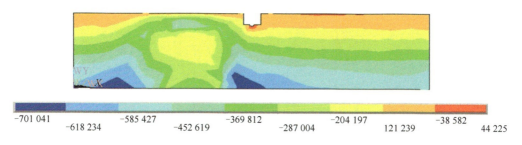

图 5.4.26　工况一状态模型一 Y 方向 200m 切面 Y 应力图（单位：Pa）

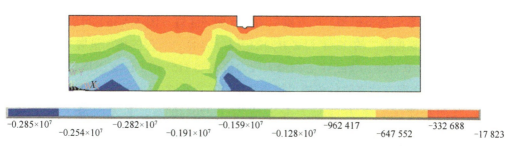

图 5.4.27　工况一状态模型一 Y 方向 200m 切面 Z 应力图（单位：Pa）

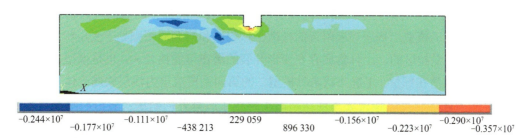

图 5.5.28　工况二状态模型一 Y 方向 200m 切面 X 应力图（单位：Pa）

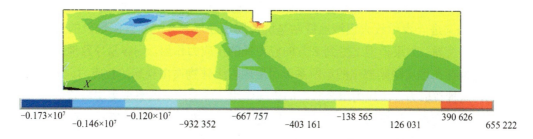

图 5.4.29　工况二状态模型一 Y 方向 200m 切面 Y 应力图（单位：Pa）

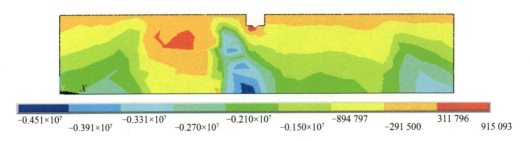

图 5.4.30 工况二状态模型一 Y 方向 200m 切面 Z 应力图（单位：Pa）

2）数值模拟模型二应力场演变特征

从岩溶塌陷数值模拟模型二的三维应力图（图 5.4.31～图 5.4.36）可以看出，工况一状态时数值模拟模型二的 X、Y 和 Z 方向的应力大小随着深度的增加呈增大趋势，X 方向应力最大值为 $-0.115×10^7$Pa，Y 方向最大应力值为 $-0.115×10^7$Pa，Z 方向最大应力值为 $-0.459×10^7$Pa；工况二状态时数值模拟模型二的 X、Y 和 Z 方向的应力大小都比工况一状态时有明显增大，X 方向应力最大值为 $-0.220×10^8$Pa，Y 方向最大应力值为 $-0.216×10^8$Pa，Z 方向最大应力值为 $-0.642×10^7$Pa。从数值模拟模型二的应力方向变化上看，工况一状态时模型二的覆盖层内浅层软弱土体、土洞及溶洞周围的应力场出现了部分应力为正值，并沿岩土体深度方向增加，但应力方向逐渐转变为负值，这充分说明工况一状态时模型二的第四系覆盖层内浅层软弱土体及土洞部位的局部应力状态处于受拉状态，而位于模型二基岩顶板附近的松散土体物质和溶洞周围则处于受压状态；也就是说，模型二受拉区的岩土体物质存在变形开裂的潜在可能性较大，也是模型二最初孕育岩溶塌陷的潜在部位。工况二状态时模型二的第四系覆盖层内浅层软弱土体及土洞周围的拉应力区域明显出现向远离地铁站的工程施工区域并向断层及岩溶洞隙发育地段延伸分布，这说明大坦沙地铁站基坑施工开挖时抽排地下水活动对数值模拟模型二的断层部位及岩溶洞隙发育地段或第四系覆盖层内浅层软弱部位的岩土体物质抗剪强度影响较大，加之断层破碎带和岩溶洞隙的强透水性，致使地铁站基坑及周边场地的地下水径流和地下水位的动态变化出现不连续的状态，而第四系覆盖层内地下水位的不连续波动变化状态又进一步导致大坦沙地铁站基坑及周边场地存在地质缺陷地段的岩土体工程地质性质变差。如果模型二受到 Z 方向应力场的压应力作用，则容易导致地铁站基坑及周边场地存在地质缺陷部位的第四系覆盖层内岩土体物质出现新的拉应力、压应力组合状态，这种拉应力、压应力组合状态的协同作用，可造成第四系覆盖层内软弱部位的松散土体物质变形、沉降或土洞的开裂、垮塌；也造成模型二的基岩断层破碎带部位及溶洞部位的岩土体物质极易受拉应力和压应力的双重作用，出现更强烈的变形破坏迹象，最终形成地面沉降和岩溶塌陷，地面出现较多的塌陷坑。

第 5 章 岩溶塌陷演变过程数值模拟研究

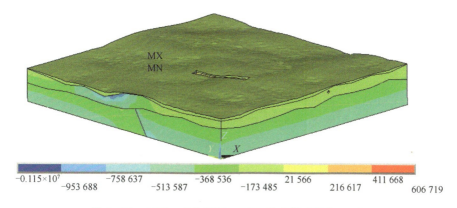

图 5.4.31　工况一状态模型二 X 向应力图（单位：Pa）

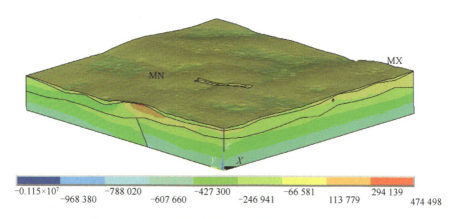

图 5.4.32　工况一状态模型二 Y 向应力图（单位：Pa）

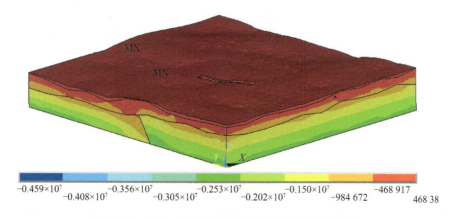

图 5.4.33　工况一状态模型二 Z 向应力图（单位：Pa）

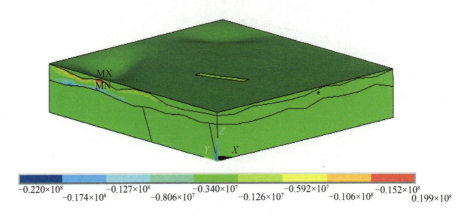

图 5.4.34 工况二状态模型二 X 向应力图（单位：Pa）

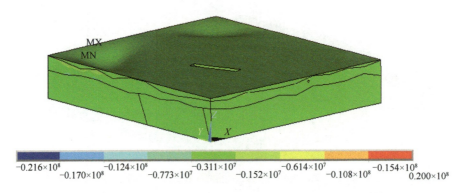

图 5.4.35 工况二状态模型二 Y 向应力图（单位：Pa）

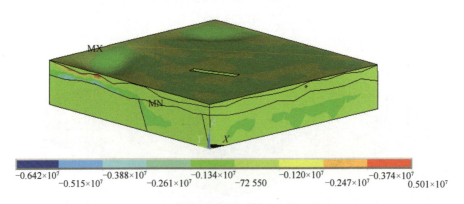

图 5.4.36 工况二状态模型二 Z 向应力图（单位：Pa）

岩溶塌陷数值模拟模型二内第一个垂直于大坦沙地铁站基坑开挖处的切面（垂直于 Y 方向 200m 处）和第二个垂直于大坦沙地铁隧道延伸方向的切面（垂直于 Y 方向 400m 处的断层破碎带部位）等两个典型位置各方向的二维应力图如图 5.4.37～图 5.4.48 所示。从图 5.4.37～图 5.4.42 中可以看出，工况一状态时数值模拟模型二的第一个典型切面各方向的应力值大小基本沿深度方向增大，X方向和Y方向切面的应力场分布状况比较相近，应力大小也相差不大，这说明抽排地下水的作用对水平方向的应力影响基本一致，Z方向的应力变化也基本处于正常状态，第四系覆盖层内浅层部位仍然以压应力为主，说明压应力对模型二第四系覆盖层内浅层软弱土体物质及土洞部位可能存在拉应力的地段有明显影响；工况二状态时，由于受到Z方向的竖向压应力增大的作用，数值模拟模型二内第一个典型切面的第四系覆盖层水平方向受拉应力作用的地段明显扩大，局部拉、压应力的协同作用导致模型二的第四系覆盖层内浅层软弱土体物质及土洞部位易出现受压和受拉的塑性变形区。图 5.4.43～图 5.4.48 表明，工况一状态时数值模拟模型二的第二个典型切面各方向的应力值大小也基本沿深度方向增大，但由于基岩断层破碎带的影响，抽排地下水作用使得模型二的断层破碎带部位岩土体内部X、Y及Z等三个方向的应力都出现了一定程度的应力不连续状态，X、Y及Z等三个方向的应力场分布状况呈不均匀结构特征，这说明基坑开挖施工抽排地下水活动可使断层破碎带或构造软弱部位场地的应力发生畸变；工况二状态时数值模拟模型二内第二个典型切面断层破碎带部位岩土体物质的X、Y及Z等三个方向的应力突变迹象明显，Z方向上的应力变化体现得最显著，X方向和Y方向的应力则主要向受断层破碎带影响的部位集中，并且呈现出拉应力和压应力的双重组合效应状态，使得模型二的基岩断层破碎带及其影响区域内的第四系覆盖层内浅层岩土体物质受到较大的拉、压应力作用，最终出现拉压塑性变形区，导致第四系覆盖层地面形成地面沉降和岩溶塌陷。

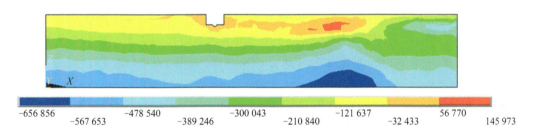

图 5.4.37　工况一状态模型二 Y 方向 200m 切面 X 向应力图（单位：Pa）

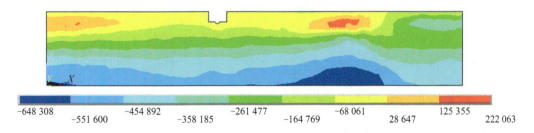

图 5.4.38　工况一状态模型二 Y 方向 200m 切面 Y 向应力图（单位：Pa）

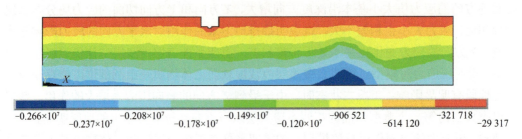

图 5.4.39　工况一状态模型二 Y 方向 200m 切面 Z 向应力图（单位：Pa）

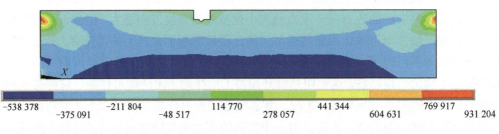

图 5.4.40　工况二状态模型二 Y 方向 200m 切面 X 向应力图（单位：Pa）

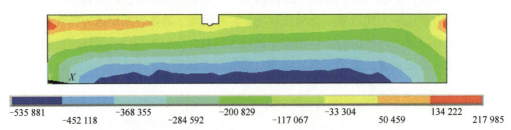

图 5.4.41　工况二状态模型二 Y 方向 200m 切面 Y 向应力图（单位：Pa）

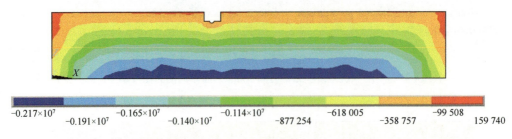

图 5.4.42　工况二状态模型二 Y 方向 200m 切面 Z 向应力图（单位：Pa）

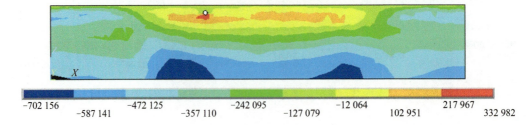

图 5.4.43　工况一状态模型二 Y 方向 400m 切面 X 向应力图（单位：Pa）

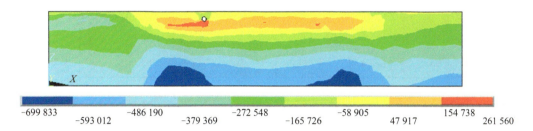

图 5.4.44 工况一状态模型二 Y 方向 400m 切面 Y 向应力图（单位：Pa）

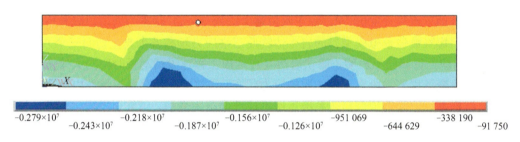

图 5.4.45 工况一状态模型二 Y 方向 400m 切面 Z 向应力图（单位：Pa）

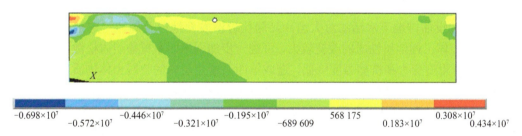

图 5.4.46 工况二状态模型二 Y 方向 400m 切面 X 向应力图（单位：Pa）

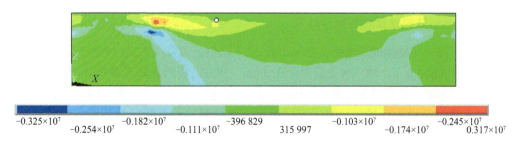

图 5.4.47 工况二状态模型二 Y 方向 400m 切面 Y 向应力图（单位：Pa）

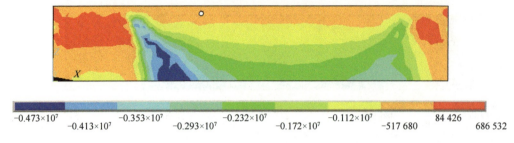

图 5.4.48 工况二状态模型二 Y 方向 400m 切面 Z 应力图（单位：Pa）

综上所述，工况一（抽排地下水量 2 750m³/d，地下水位最大降深 2.3m）状态和工况二（抽排地下水量 4 800m³/d，地下水位最大降深 3.8m）状态的岩溶塌陷数值模拟模型一和岩溶塌陷数值模拟模型二的岩土体物质三维应力场和各个典型切面三个方向（X、Y 和 Z）的应力计算结果表明，隐伏岩溶发育地段工程建设活动短时间的大排量抽排地下水活动改变了塌陷地段岩土体物质的应力状态，导致岩溶塌陷模拟场地内具有特殊软弱地质结构基岩地段的顶部第四系覆盖层形成地面沉降变形，最终引发岩溶塌陷，说明抽排地下水活动是大坦沙岛岩溶塌陷的直接诱发因素。工程建设活动集中抽排地下水造成岩溶塌陷模拟场地第四系覆盖层内浅层岩土体物质的应力状态出现明显改变，随着抽排地下水量的增加，两个三维有限元数值模拟模型都呈现出不同程度的应力组合演变特征。比较工况一状态和工况二状态的两个数值模拟模型的三维应力场演变过程，可以认识到工程建设抽排地下水活动对大坦沙岛隐伏岩溶发育地段及周边一定范围内第四系覆盖层岩土体工程地质性质的改变较大，可进一步加剧第四系覆盖层内松散土体的排水固结、自身重度变大和抗剪强度降低，造成第四系覆盖层内的软弱土体物质或土洞部位出现拉应力区，拉应力和压应力的协同组合效应使得隐伏岩溶发育地段的第四系覆盖层内的浅层软弱土体物质或土洞部位出现地面变形和拉裂，最终发生地面沉降和岩溶塌陷。因此，岩溶塌陷数值模拟模型的应力场动态演变过程不仅很好地表征了岩溶塌陷的形成发育过程；而且还充分说明了随着抽排地下水强度的加大，模拟区的地下水位进一步降低，地下水渗透力增大导致覆盖层地面发生塌陷破坏的致塌力学过程。

3. 岩溶塌陷塑性应变场计算结果

根据工况一（抽排地下水量 2 750m³/d，地下水位最大降深 2.3m）状态和工况二（抽排地下水量 4 800m³/d，地下水位最大降深 3.8m）状态时岩溶塌陷三维有限元数值模拟模型一和岩溶塌陷三维有限元数值模拟模型二的塑性应变计算结果（图 5.4.49～图 5.4.84），可以深入认识两种不同模拟计算工况时两个岩溶塌陷三维有限元数值模拟计算模型的塑性应变过程与地面沉降及岩溶塌陷的孕育、形成、发展及发生之间的相互关系。

1）数值模拟模型一塑性应变场演变特征

从岩溶塌陷数值模拟模型一的三维塑性应变图（图 5.4.49～图 5.4.54）看，工况一状态时数值模拟模型一的 X 方向、Y 方向和 Z 方向的主塑性应变大小主要集中发生于数值模拟模型的第四系覆盖层内浅层淤泥及淤泥质土厚度较大的部位、土洞密度大的地段及岩溶洞隙密集发育地段顶部第四系覆盖层等地质缺陷部位，数值模拟模型一 X 方向的塑性应变最大值-0.894×10^{-4}，Y方向的塑性应变最大值为-0.188×10^{-3}，Z方向的塑性应变最大值为-0.799×10^{-3}；工况二状态时数值模拟模型一X方向、Y方向和Z方向的塑性应变大小都比工况一状态时有明显的增大，数值模拟模型一的X方向的塑性应变最大值为-0.330×10^{-3}，Y方向的塑性应变最大值为-0.173×10^{3}，Z方向的塑性应变最大值为-3.006×10^{-3}。分析两种工况状态时的数值模拟模型塑性应变场的动态演变特征，可以发现两种工况状态时数值模拟模型一X方向的最大塑性应变的方向发生了显著的改变，塑性应变的最大值出现于数值模拟模型一的组合应力发生较大变化的部位，这说明抽排地下水活动对数值模拟模型一的第四系覆盖层内地质缺陷部位土体的有效重度和固结程度产生了显著影响，有效重度的增加使得模拟场地的第四系覆盖层内土体物质的自重增大，相应地塑性应变值快速上升；同时，第四系覆盖层内地质缺陷部位土体物质的排水固结又造成土体物质的重度变小，进而改变第四系覆盖层内软弱土体及土洞周围部位土体物质的抗剪强度，导致第四系覆盖层内地质缺陷部位土体物质的塑性应变方向发生变化，使得数值模拟模型一X方向、Y方向和Z方向的第四系覆盖层内地质缺陷部位出现塑性应变的负值，表明第四系覆盖层内地质缺陷部位的土体开始出现压缩变形，最终于地面发生沉降和岩溶塌陷。两种计算工况时模型一模拟场地的第四系覆盖层内地质缺陷部位塑性应变状态的动态变化特征与相对应的位移场和应力场的动态变化特征基本呈同步状态。

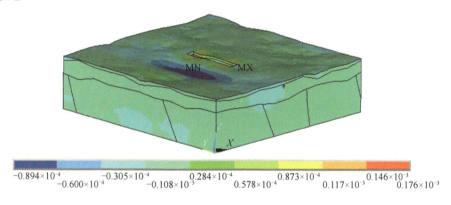

图 5.4.49　工况一状态模型一 X 向应变图

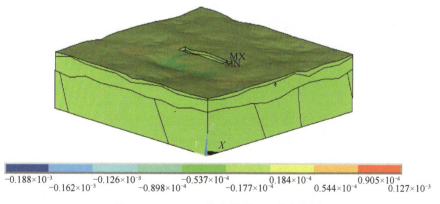

图 5.4.50　工况一状态模型一 Y 向应变图

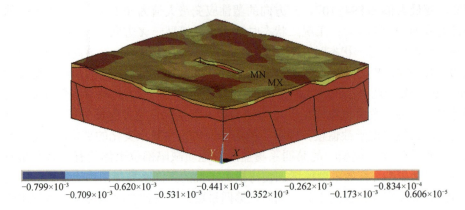

图 5.4.51　工况一状态模型一 Z 向应变图

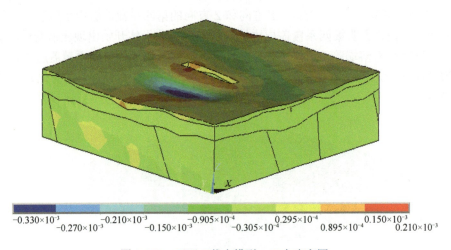

图 5.4.52　工况二状态模型一 X 向应变图

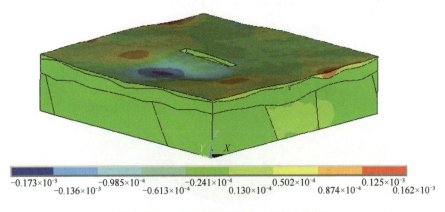

图 5.4.53　工况二状态模型一 Y 向应变图

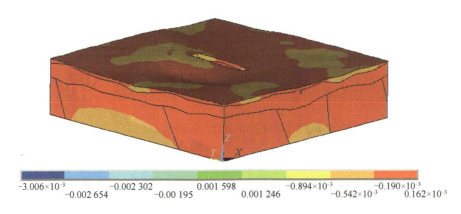

图 5.4.54　工况二状态模型一 Z 向应变图

从数值模拟模型一的河沙地铁站基坑开挖处（垂直于 Y 方向 100m）的典型切面各方向的塑性应变图（图 5.4.55～图 5.4.60）看，工况一状态时数值模拟模型切面的 X 方向和 Y 方向的塑性应变处于基本相同的状态，这说明抽排地下水活动对平面方向的塑性应变的影响基本一致。分析工况一状态时数值模拟模型一的两个水平方向塑性应变结果，沿地铁开挖隧道的左侧第四系覆盖层内地质缺陷部位的 X 方向和 Y 方向都出现了两侧为拉应变而中间为压应变的状态，这种应变状态的组合方式极易使第四系覆盖层内存在地质缺陷部位的土体出现拉裂和沉降；同时，工况一状态时数值模拟模型一的 Z 方向塑性应变值基本呈现出随深度的增加而压应变逐渐增大的变化趋势，各个方向的应力值大小也基本沿深度方向变大。工况二状态时，由于数值模拟模型一受到 Z 方向竖向压应力增大的影响，数值模拟计算模型沿 Z 方向的塑性应变呈现出整体的压缩状态，进而导致数值模拟模型一水平两个方向出现拉应变的区域增加，且压应变呈下移状态，数值模拟计算模型一水平方向的受拉塑性应变范围明显增大，竖直方向受压的塑性应变继续向深部发展，导致工况二时数值模拟模型一的第四系覆盖层内地质缺陷部位的土体处于受压和受拉的塑性应变的叠加作用状态，最终造成模型一模拟范围内的地面部位出现开裂和变形沉降，进而于地面形成岩溶塌陷，且塌陷强度和规模都明显大于工况一状态时的塌陷强度和规模。

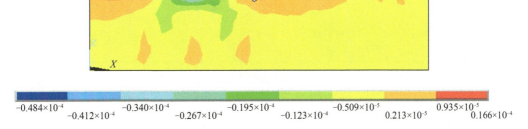

图 5.4.55　工况一状态模型一 Y 方向 100m 切面 X 向应变图

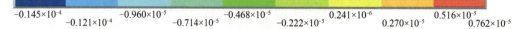

图 5.4.56　工况一状态模型一 Y 方向 100m 切面 Y 向应变图

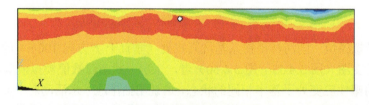

图 5.4.57　工况一状态模型一 Y 方向 100m 切面 Z 向应变图

图 5.4.58　工况二状态模型一 Y 方向 100m 切面 X 向应变图

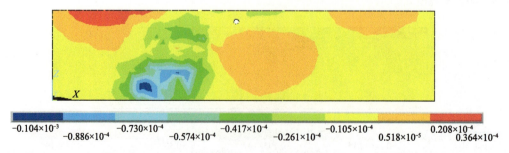

图 5.4.59　工况二状态模型一 Y 方向 100m 切面 Y 向应变图

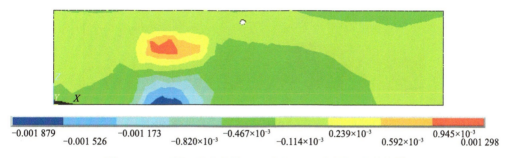

图 5.4.60　工况二状态模型一 Y 方向 100m 切面 Z 向应变图

从数值模拟模型一的河沙地铁站基坑开挖处（垂直于 Y 方向 200m）的典型切面各方向的塑性应变图（图 5.4.61～图 5.4.66）看，工况一状态时，由于大坦沙岛河沙地铁站基坑开挖施工受到人工开挖和抽排地下水活动的影响，数值模拟模型一的拉应变主要发生于基坑开挖周围附近，地铁站基坑开挖左侧第四系覆盖层内的浅层土体部位为压应变区，沿水平两个方向切面的压应变范围较垂直于 Y 方向 100m 处切面的压应变范围明显增大，这一带是地下水降落漏斗的中心地带，说明河沙地铁站基坑建设场地内地下水降深较大的部位形成岩溶塌陷的范围也较大。工况二状态时，由于基坑开挖抽排地下水活动的强度增加，数值模拟模型一水平两个方向的压应变区域出现明显的增大，数值模拟计算模型一模拟场地的第四系覆盖层内地质缺陷部位的压应变区域周围出现了一定范围的拉应变，说明随着基坑工程施工抽排地下水强度的上升，地下水的渗透作用进一步加大，数值模拟模型一同时出现了受压和受拉的状态，导致数值模拟计算模型一 X 方向和 Y 方向切面的塑性应变范围呈不均匀分布状况，也充分说明抽排地下水活动对基坑开挖施工各个部位的应变影响不尽相同，Z 方向的应变场主要以压应变为主，随着工程建设活动抽排地下水量的增加，这些区域的压应变对第四系覆盖层内地质缺陷部位存在拉、塑性应变的区域产生的影响较大，拉应变和压应变协同作用造成数值模拟模型一第四系覆盖层内的地质缺陷部位易出现受压和受拉的塑性变形区，更易引发地面沉陷变形和岩溶塌陷。

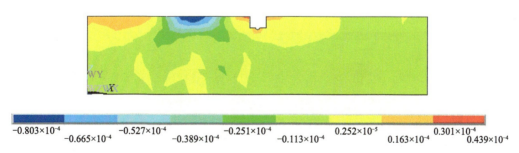

图 5.4.61　工况一状态模型一 Y 方向 200m 切面 X 向应变图

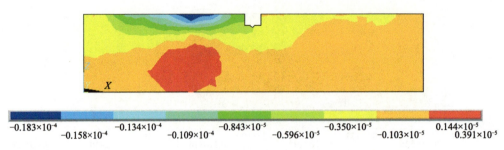

图 5.4.62　工况一状态模型一 Y 方向 200m 切面 Y 向应变图

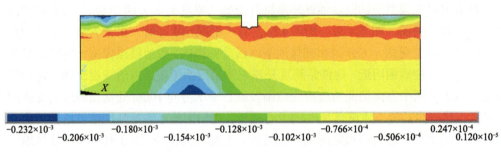

图 5.4.63　工况一状态模型一 Y 方向 200m 切面 Z 向应变图

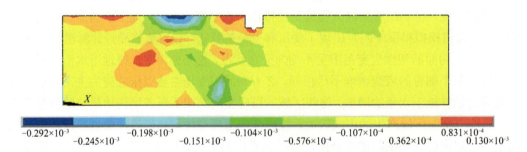

图 5.4.64　工况二状态模型一 Y 方向 200m 切面 X 向应变图

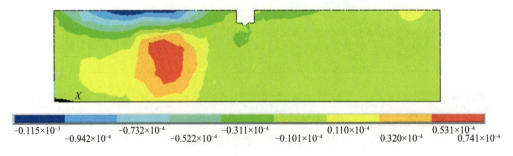

图 5.4.65　工况二状态模型一 Y 方向 200m 切面 Y 向应变图

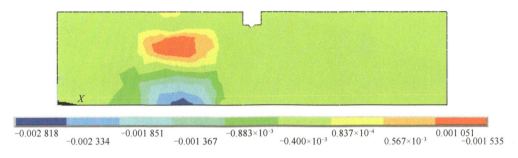

图 5.4.66 工况二状态模型一 Y 方向 200m 切面 Z 向应变图

2)数值模拟模型二塑性应变场演变特征

从岩溶塌陷数值模拟模型二的三维塑性应变图(图 5.4.67~图 5.4.72)看,工况一状态时数值模拟模型二的 X 方向、Y 方向和 Z 方向的主塑性应变大小主要集中发生于模型的第四系覆盖层内浅层地质缺陷部位一带,塑性应变最大值呈现出零散分布状态,数值模拟模型二 X 方向的塑性应变最大值为 0.590×10^{-4},Y 方向的塑性应变最大值为 -0.812×10^{-3},Z 方向的塑性应变最大值为 -0.752×10^{-3};工况二状态时数值模拟模型二的 X 方向、Y 方向和 Z 方向的塑性应变量值较工况一状态时有明显增大,数值模拟模型二的 X 方向塑性应变最大值 -0.978×10^{-3},Y 方向的塑性应变最大值为 -0.805×10^{-3},Z 方向的塑性应变最大值为 -0.3627×10^{-2}。分析两种模拟工况状态时塑性应变场的演变特征,可以发现两种模拟计算工况时 X 方向的最大塑性应变方向发生明显的变化,塑性应变的最大值出现于模型组合应力产生较大变化的部位,这说明基坑开挖抽排地下水活动对第四系覆盖层内岩土体物质的有效重度和固结程度的影响明显,模拟场地内岩土体物质有效重度的增加使得其自重变大,相应的塑性应变也增大;同时,第四系覆盖层内地质缺陷部位土体物质的排水固结,使得松散土体的自身重度也发生改变,相应也改变了土体物质的抗剪强度,直接导致第四系覆盖层内地质缺陷部位土体物质塑性应变的扩展方位发生明显改变,引起数值模拟模型二 X 方向、Y 方向和 Z 方向的第四系覆盖层内局部软弱地段土体物质出现塑性应变的正负值变化,充分说明了大坦沙地铁站基坑施工抽排地

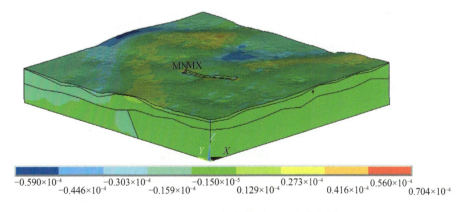

图 5.4.67 工况一状态模型二 X 向应变图

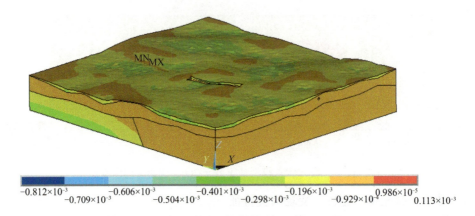

图 5.4.68　工况一状态模型二 Y 向应变图

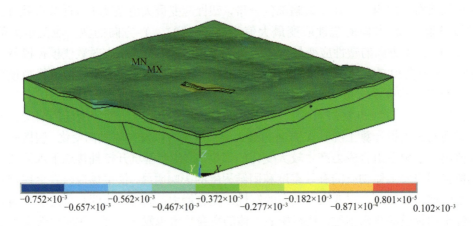

图 5.4.69　工况一状态模型二 Z 向应变图

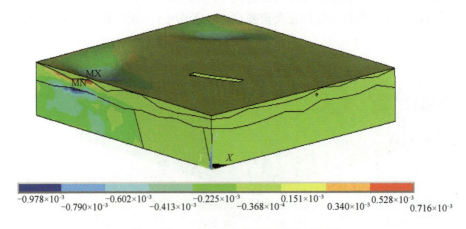

图 5.4.70　工况二状态模型二 X 向应变图

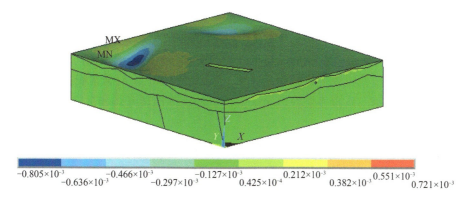

图 5.4.71 工况二状态模型二 Y 向应变图

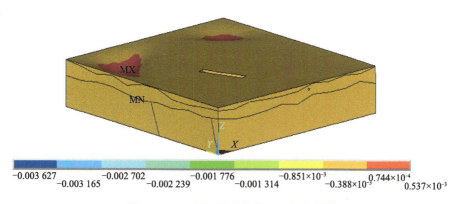

图 5.4.72 工况二状态模型二 Z 向应变图

下水活动可直接造成隐伏灰岩上部第四系覆盖层内存在地质缺陷的部位出现压缩变形、进而出现地面沉降，最终产生岩溶塌陷。这就是两种工况状态时数值模拟模型二发生岩溶塌陷时三维塑性应变场的动态演变过程。

从岩溶塌陷数值模拟模型二的垂直于 Y 方向 200m 处大坦沙地铁站基坑开挖处的典型切面各方向的塑性应变图（图 5.4.73～图 5.4.78）看，工况一状态时数值模拟模型二的第一个切面 X 方向和 Y 方向的塑性应变基本相同，Z 方向的塑性应变值基本呈现出随深度增加压应变逐渐增大的趋势，塑性应变主要出现于模拟场地基坑开挖的两侧地下水降深较大的部位，这种水平和竖向出现的应变组合作用使得第四系覆盖层内软弱土厚度较大的部位及土洞发育地段等地质缺陷部位的松散土体物质易出现拉裂和沉降；同时，由于受模拟场地基坑两侧断层的影响，不仅模拟场地的基坑开挖部位出现了明显的塑性应变范围，而且断层破碎带部位也出现了塑性应变区，其塑性应变量值和分布面积也明显扩大，这说明地铁基坑施工抽排地下水活动引起断层破碎带部位岩土体物质的工程地质性质发生了重要变化，造成模拟场地内断层破碎带的地下水径流强度增大和地下水位出现局部不连续特征，相应的拉应变和压应变也是更多地集中出现于断层破碎带部位。工况二状态时，由于数值模拟模型二的模拟场地受到 Z 方向的竖向压应力增大的影响，数值模拟模型二 Z 方向的塑性应变呈现出整体的压缩状态，受此影响，导致数值模拟模型二水平方向（X方向和Y方向）拉应变范围增加，同时压应变呈现出明显的下移状态，模拟场地内X方向和Y方向的受拉塑性应变范围也明显变大，并且逐渐往地铁地下隧道开挖方向发展，使得数值模拟模型二竖直方向的受压塑性应变的范围向下扩展，由于受压塑性应变和受拉塑性应变的协同作用效应，造成工况二状态时数值模拟模型二的模拟场地隐伏灰岩地段第四系覆盖层内地质缺陷部位的土体出现开裂和沉降的强度变大，从而引发岩溶塌陷地质灾害。

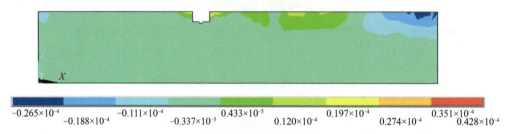

图5.4.73　工况一状态模型二Y方向200m切面X向应变图

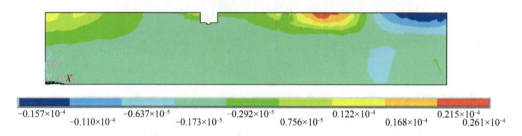

图5.4.74　工况一状态模型二Y方向200m切面Y向应变图

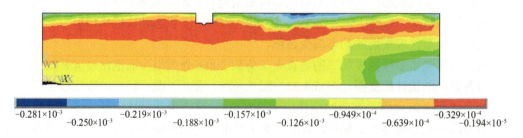

图5.4.75　工况一状态模型二Y方向200m切面Z向应变图

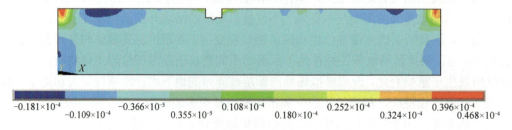

图5.4.76　工况二状态模型二Y方向上200m切面X向应变图

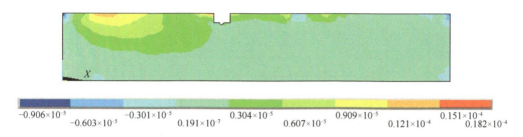

图 5.4.77 工况二状态模型二 Y 方向上 200m 切面 Y 向应变图

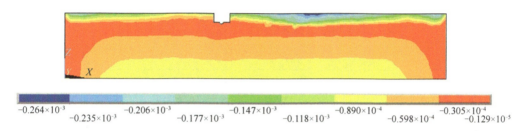

图 5.4.78 工况一状态模型二 Y 方向上 200m 切面 Z 向应变图

从岩溶塌陷数值模拟模型二的垂直于 Y 方向 400m 且出现断层分布部位的典型切面各方向的塑性应变图（图 5.4.79～图 5.4.84）看，工况一状态时地铁隧道开挖地段的两侧地下水降深较大的部位出现明显的塑性变形区，数值模拟模型二的模拟场地水平方向（X 方向和 Y 方向）的两个塑性变形区分布范围基本相同，且都出现于断层及其破碎带部位，Z 方向的塑性应变基本呈均匀分布状态，呈现出沿数值模拟模型二的模拟场地岩土层深度方向增大的趋势。工况二状态时数值模拟模型二模拟场地的断层及其破碎带部位 X 方向和 Y 方向的塑性变形呈明显集中状态，且第四系覆盖层内存在地质缺陷部位土体物质的拉应变和压应变开始出现变化，说明随着地铁基坑工程建设场地内抽排地下水强度的增加，导致数值模拟模型二的断层发育部位出现了一定范围的应力不连续状态，进而造成数值模拟模型二的断层及其破碎带部位出现显著的塑性应变集中状态；工况二状态时数值模拟模型二的模拟场地断层分布部位的 X 方向、Y 方向和 Z 方向等三个方向的塑性应变呈现出较明显的集中且有增大的趋势，这是由于数值模拟模型二模拟场地的断层分布部位及第四系覆盖层内地质缺陷部位的土体物质承受了较大的拉应力和压应力

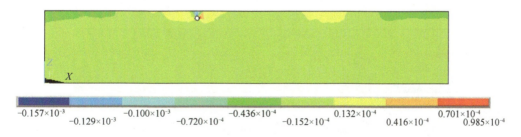

图 5.4.79 工况一状态模型二 Y 方向 400m 切面 X 向应变图

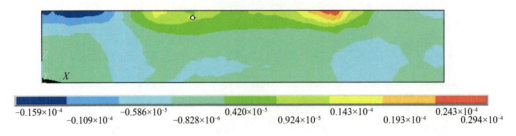

图 5.4.80　工况一状态模型二 Y 方向 400m 切面 Y 向应变图

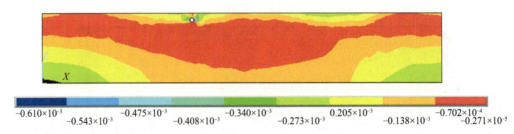

图 5.4.81　工况一状态模型二 Y 方向 400m 切面 Z 向应变图

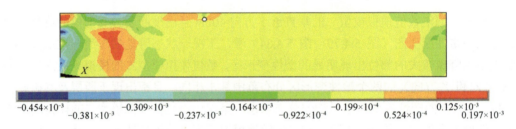

图 5.4.82　工况二状态模型二 Y 方向 400m 切面 X 向应变图

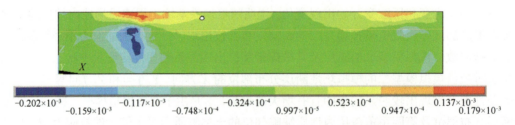

图 5.4.83　工况二状态模型二 Y 方向 400m 切面 Y 向应变图

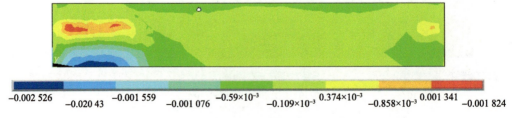

图 5.4.84　工况二状态模型二 Y 方向 400m 切面 Z 向应变图

作用，造成数值模拟模型二模拟场地的第四系覆盖层内存在地质缺陷的部位出现明显的拉、压塑性变形集中区，进而导致这些地段的覆盖层地面出现变形、沉降及拉裂，最终形成岩溶塌陷地质灾害。

5.4.5 数值模拟结论及认识

根据广州市大坦沙岛岩溶塌陷的形成过程和发育特征，结合工况一（抽排地下水量2 750m³/d，地下水位最大降深2.3m）状态和工况二（抽排地下水量4 800m³/d，地下水位最大降深3.8m）状态的岩溶塌陷数值模拟模型一和岩溶塌陷数值模拟模型二的三维应力场、应变场及位移场的数值模拟计算结果，可以得出以下几点结论及认识。

（1）两种模拟工况状态时的模型一和模型二的三维应力场、应变场、位移场和两个数值模拟模型不同典型切面三个方向的应力及应变数值模拟，其计算结果充分说明了短时间内，高强度抽排地下水活动是大坦沙岛岩溶塌陷的直接诱发因素，抽排地下水活动直接造成两个模型模拟场地的第四系覆盖层内存在地质缺陷部位的松散土体物质的应力状态发生变化；同时，随着工程建设活动抽排地下水量的急剧增加，两个数值模拟模型的模拟场地内基岩断层分布地段和溶洞发育部位的软弱岩土体物质的应力组合状态发生了显著的改变，数值模拟模型的模拟场地内地质缺陷部位岩土体应力场的应力重分布效应直接导致数值模拟模型的模拟场地内形成面积较大的塑性变形区。

（2）对比两种模拟工况时的模型一和模型二的塑性应变动态演变特征，可以认识到工程建设活动抽排地下水对建设场地及周边的第四系覆盖层内岩土体工程地质性质存在明显的影响，特别数值模拟模型内溶蚀洞穴、断层及相应的软弱破碎带部位，工程建设活动短时间内大量抽排地下水对岩土体物质的排水固结及自身重度的变化产生重要的影响，且地下水自身的水位波动变化和径流的不连续特征，也使得这些地质缺陷部位岩土体物质的抗剪强度降低，导致数值模拟模型的模拟场地覆盖层内相应软弱部位岩土体物质的塑性应变值大小和方向呈现出明显的改变，拉、压塑性应变的共同作用造成模型模拟场地的地面出现沉降和拉裂，最终于地面形成岩溶塌陷，这就是岩溶塌陷孕育、形成、发展及发生过程的岩土体介质的应变演化过程。

（3）两种模拟工况时的模型一和模型二的三维应力场、应变场和位移场数值模拟的计算结果表明，由于地下水的抽排水量和抽排水速度的增大，直接导致数值模拟模型的模拟场地内地下水的水位快速下降，地下水的径流强度增大，可以认为这时数值模拟模型的模拟场地内地下水降落漏斗范围的第四系覆盖层内浅层岩土体物质处于不固结排水状态；地下水的水位快速降低不仅造成数值模拟模型的模拟场地内隐伏灰岩地带的地质缺陷部位（溶蚀裂隙、溶洞及断层破碎带等）的充填物质、第四系覆盖层内的淤泥质土和软土不能及时固结，还使得覆盖层松散土体物质的饱和抗剪强度产生明显的降低，进而导致数值模拟模型的模拟场地内地质缺陷部位的软弱岩土体物质发生位移、应力及应变的改变，三者的动态演化过程就是大坦沙岛岩溶塌陷和地面沉降的孕育、形成、发展及发生过程的力学解释。

第 6 章 岩溶塌陷成因机理研究

　　岩溶塌陷的形成过程具有典型的复杂性、不确定性和非线性特征，无论是室内试验、数值模拟，还是现场调查、地质钻探及监测，都难以直观地认识岩溶塌陷的动态演变过程；同时，岩溶塌陷的诱发因素又多种多样，说明岩溶塌陷的形成往往是多种诱发因素协同作用的结果。因此，国内外学者对岩溶塌陷成因机理的认识一直处于众说纷纭的状态。本章根据徐卫国和赵桂荣[25-27]、康彦仁和项式钧[28-29]、刘之葵和梁金城[30]、罗永红[31]、陈国亮[32]、罗小杰[33]、丁坚平和褚学伟[34]、万志清[35]、程星[36]、左平怡[37]、雷明堂和蒋小珍[38]、丁有全[39]、贺可强等[40-41]、雷国良和周济祚[42]、曾昭华[43]与朱寿增和周健红[44]等的研究成果，结合广东省岩溶塌陷的基本发育特征，从岩溶塌陷形成的主要原因和直接引发因素着手，将广东省岩溶塌陷的成因机理归纳为地下水位下降致塌、地下水位恢复致塌、地面加载致塌、机械贯穿致塌、降雨入渗致塌和采矿活动致塌等六种主要成因机理模式。

6.1 孕育岩溶塌陷的地质环境特征

　　一般而言，孕育岩溶塌陷地质灾害的基本地质环境应包含隐伏岩溶与覆盖层接触部位的岩溶基岩面形态、松散覆盖层和动力因素等三个主要方面。

6.1.1 开口岩溶形态特征

　　开口岩溶是具有"天窗"的岩溶裂隙及洞穴，其形态有天窗、竖井、落水洞、溶沟、溶洞、深溶隙及溶蚀裂缝等。开口岩溶既是岩溶塌陷形成的前提，也是岩溶发育程度的标志，开口岩溶不仅是岩溶塌陷岩土物质的储存场所和输移通道，而且还是地下水动态变化的环境空间。

6.1.2 覆盖层工程地质特征

　　隐伏岩溶发育地带开口岩溶之上的松散覆盖层是岩溶塌陷的物质来源，它是覆盖层内的土体变形、塌落，最终于地表产生塌陷的物质基础。覆盖层土体的工程地质性质、含水特性、空间分布特征及岩土结构特征是控制岩溶塌陷规模和频率的主要因素。一般地，覆盖层岩土体物质的抗剪强度越大，防止塌陷的抗塌力越强，这就是砂性土覆盖层较黏性土覆盖层容易塌陷的原因；覆盖层岩土体物质的含水量越大，自重也就越大，同时还导致覆盖层内岩土体物质的致塌力增大；覆盖层岩土体的孔隙比越大，结构越松散，岩土体孔隙内的气体和地下水含量增加，地下水的渗透作用加强，必然有利于孔隙内的气体连通，可造成岩土体物质饱水时静水压力增大，易产生真空负压吸蚀和潜蚀作用，进而地面产生岩溶塌陷；覆盖层厚度越薄，地面越易产生岩溶塌陷；多层结构的松散覆盖层较单层结构的松散覆盖层容易产生岩溶塌陷。

6.1.3 诱发动力因素特征

岩溶塌陷地质灾害的形成必须具有充足的诱发动力因素，它主要包括地下水位的波动变化、地表水入渗、地面振动、地面加载、地震及其他外力因素等。对隐伏岩溶发育地带而言，天然状态时覆盖层土体处于特定的地质环境状态之中，呈现出一种平衡稳定状态，一旦地下水位处于急剧或反复的波动状态，覆盖层内土体的应力应变状态将随之调整，可造成覆盖层内土体的稳定平衡状态被破坏，最终形成岩溶塌陷；地表水入渗和河流及水库水位涨落，也是通过地下水位的变化来控制岩溶塌陷的产生；地表动荷载和静荷载作用致塌主要是隐伏岩溶发育地带覆盖层土体内的土洞，由于受到动、静荷载的叠加耦合作用，经过一段时间的累积破坏效应作用，最终受土体自重的重力作用致使地面产生塌陷；地震、爆破、汽车和火车的振动作用，主要是这些振动作用引起弹性波在覆盖层土体内传播，进而于覆盖层土体内形成附加应力，当土体内局部应力明显增大时，造成地面发生岩溶塌陷。

6.2 地下水位下降岩溶塌陷机理

隐伏岩溶发育地带如果人为抽排地下水活动的强度大，就可以造成地下水位呈快速下降状态，在地下水位剧烈下降的动态演变过程中，如果覆盖层内地下负压来不及释放，则覆盖层上可形成压差，最终导致覆盖层土体破坏，形成岩溶塌陷；同时，地下水流速加快，水力梯度变大，地下水对覆盖层土体内松散颗粒的冲蚀作用明显加强，可溶岩与覆盖层接触部位易形成土洞，土洞进一步扩展，最后导致地面形成塌陷坑。

概括而言，抽排地下水活动造成地下水位下降的岩溶塌陷致塌机理大致可归纳为地下水潜蚀致塌效应、真空吸蚀致塌效应、失托增荷致塌效应、渗透力致塌效应和逐层剥落致塌效应等五种致塌模式。

6.2.1 地下水潜蚀致塌效应

覆盖型岩溶塌陷的形成演变过程，就是隐伏岩溶介质、覆盖层岩土介质和地下水位变化等三者共同作用的过程。由于覆盖型岩溶地带浅部灰岩岩溶发育，普遍存在良好的岩溶裂隙及溶洞等地下水渗流通道，当经历长期的干旱或久旱暴雨作用过程、矿山大量抽排疏干地下水、人工抽取浅层地下水及深部岩溶水等造成地下水的径流、补给及排泄的动力环境变化，从而导致地下水流速急剧加快，水力坡度显著增大，破坏了自然状态下覆盖层、岩溶洞穴充填物和地下水浮托力之间的相对平衡状态；地下水位的持续变动对覆盖层及岩溶通道内的充填物产生潜蚀而流动，松散土颗粒物质随地下水流被带走，逐渐在基岩面与覆盖层土体接触部位产生土洞；在地下水渗透的动水压力、覆盖层土体自重压力及侧压力的反复作用之下，可进一步促使土洞的洞壁土体开裂、崩落，洞体不断向上部及两侧扩展,当土洞的拱顶越高,越接近地面时,顶板变薄,其地面开始产生裂缝及沉陷,直到土洞顶层土体的强度不能支撑顶板土层的自重压力时,覆盖层土体就发生剪切破坏,进而产生垮塌,地面形成塌陷坑。

岩溶塌陷的潜蚀论是俄国学者巴甫洛夫于 1898 年提出的,长期以来被国内外学者普遍接受。潜蚀论认为,人为因素引起地下水位下降时,水力梯度也随之增大,水力梯度加大,导致地下水流速加快,动水压力增强,当地下水的水力梯度达到一定值时,动水压力大于土体内聚力与颗粒间摩擦力,地下水迳流带动土颗粒迁移,这一现象称为潜蚀或管涌。岩溶塌陷的潜蚀效应过程示意图如图 6.2.1 和图 6.2.2 所示。使土颗粒开始渗流时的水力梯度称为临界水力梯度(I_p)。

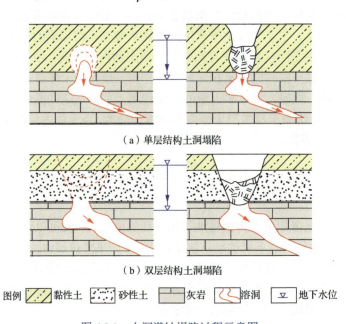

图 6.2.1 土洞潜蚀塌陷过程示意图

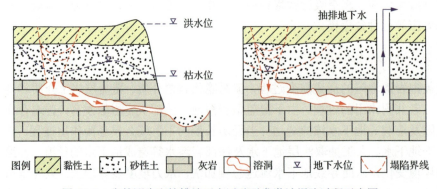

图 6.2.2 自然因素和抽排地下水活动引发潜蚀塌陷过程示意图

$$I_p = (\gamma_s - 1)(1 - n) \tag{6.2.1}$$

式中:I_p 为临界水力梯度;γ_s 为土颗粒的密度;n 为土体的孔隙度。

临界水力梯度是土颗粒在地下水的作用下，从静止状态转变为运动状态时的水力梯度。当地下水位降深增大，地下水的水力梯度也随之增大，则地下水径流的动能也迅速增大，当动水压力大于土颗粒间的摩擦力与凝聚力时，土颗粒开始运移，地下水流将覆盖层内松散堆积物中的细颗粒物质带走形成的潜蚀现象为机械潜蚀，而可溶岩内的易溶物被溶滤产生的潜蚀现象则为溶蚀或化学潜蚀。随着地下水进入基岩的裂隙通道内，流速将快速上升，土颗粒更易被携出流失，加之失去浮托力及盖层中压强差的作用，使土颗粒发生运移、塌落，形成土洞直至塌陷。

6.2.2 真空吸蚀致塌效应

岩溶塌陷的真空吸蚀致塌效应是徐卫国和赵桂荣[25-27]于1978年首次提出的，是地下水位下降导致岩溶塌陷的另一种重要力学机制，它包括真空负压吸蚀作用、吸盘吸蚀作用和真空旋吸作用等三种致塌作用过程如图6.2.3所示。

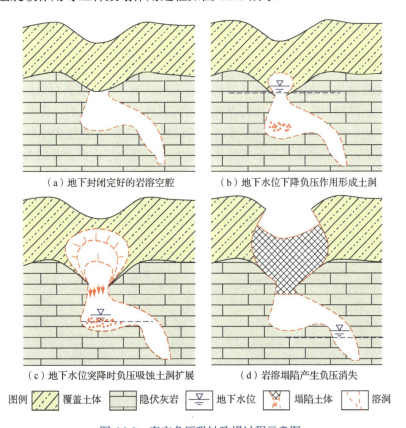

图 6.2.3 真空负压吸蚀致塌过程示意图

1. 真空负压吸蚀作用

对岩溶空腔内的有压水面而言，因抽排地下水活动引起地下水位大幅度下降，有压水面下降到无压力时的瞬间，水面对盖层底面便产生如同吸盘似的液面吸吮作用，使盖层内部土颗粒的结构遭到破坏，土体由固态变为流态，土体向下坍落，同时盖层表面和岩溶空腔内形成压力差，进一步加剧盖层内土体的破坏和坍落，最终导致地面发生塌陷。

2. 吸盘吸蚀作用

对岩溶空腔内部而言，当真空吸盘脱离盖层底面之后，降低的地下水面与盖层之间可形成低压空间，对盖层内部产生吸蚀作用，导致盖层底部土体疏松，含水量增加，剥蚀加快，土颗粒解体、剥落形成空洞。当空洞逐渐扩大、延伸，可进一步使空洞顶板变薄，这时大气压力的作用使盖层失去平衡，空洞顶板垮塌，地面就形成塌陷。

3. 真空旋吸作用

由于盖层出现了真空腔，地表水易于被真空吸入地下，当被吸下的水流逐渐形成股流时，地下水的股流可在盖层的管道内进一步演变成漩涡流。水流旋转速度加快，便形成旋转的漏斗状水面。一般而言，地下水的漏斗状水面中心具有强大的吸力，可将穿透的盖层周围土颗粒旋吸到地面之下，以致瞬间使盖层发生塌陷，地面形成塌陷坑。

6.2.3 失托增荷致塌效应

失托增荷致塌是指当地下水位下降到基岩顶板以下，承压水变为无压力时，原来土层中受到地下水浮托力作用的土体因浮托力消失而致塌（图 6.2.4）。天然状态下，处于地下水位以下的土体，都要受到地下水向上的浮托力作用，其量值大小取决于地下水位以下土体的体积，地下水位之下土体的体积越大，所受的浮托力也就越大。地下水位下降时，原来处于地下水浮力作用之下的土体，会逐渐失去浮托力的作用，从而使土体的自重力增大。自重力增加程度与土层厚度有关，土层厚度越大，自重力的增加量越小；土层厚度越小，自重力的增加量则越大，这充分说明了覆盖层土体内厚度小的部位易形成地面塌陷的原因。

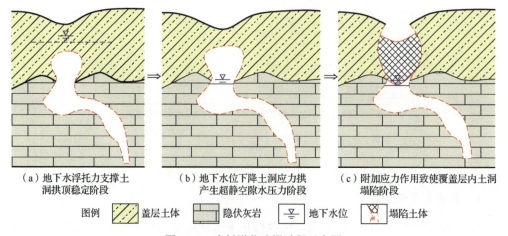

图 6.2.4 失托增荷致塌过程示意图

康彦仁和项式钧[28-29]、刘之葵和梁金城[30]、罗永红[31]等对地下水位下降的失托增荷致塌效应进行了系统的分析研究，认为当岩溶地下水位下降时，浮托力消减值的大小主要取决于地下水位下降值及土体重度的变化，可用公式表示为

$$\Delta p = (\gamma - \gamma')\Delta h = [1-(\gamma_{sat} - \gamma)]\Delta h \tag{6.2.2}$$

式中：Δp 为浮托力的消减值；γ 为地下水位下降后原水位以下土体的容重；γ' 为地下水位下降前水位以下土体的浮容重；Δh 为地下水位下降值（水头差）；γ_{sat} 为土体的饱和容重。

对于不透水的黏性土，地下水位下降后其重度变化很小，短时间内变化可约为零，则浮托力消减值约等于消减的承压水头值，即

$$\Delta p = \Delta h \tag{6.2.3}$$

对于透水性良好的砂性土，地下水位下降后砂性土孔隙中的水很快消失，其重度基本等于干重度，即

$$\Delta p = (1-n)\Delta h \tag{6.2.4}$$

式中：n 为土体的孔隙率。随着地下水位下降，浮托力随盖层结构在 $(1-n)\Delta h$ 和 Δh 之间变化，浮托力变化可使洞穴顶板或盖层稳定性降低，从而会促使其出现散解作用而逐步崩落，当盖层的稳定性达到临界状态时，地面就会出现塌陷。松散砂土层为主的盖层对失托增荷作用更加敏感，在同样孔隙率的情况下，地下水位下降越多，浮托力消减也就越多，而松散砂土层的黏聚力很小，更易导致地面发生塌陷。虽然地下水位下降失托增荷的致塌作用过程时间短暂，且仅发生于承压水低于基岩顶面或土洞顶板的极短时间段内，但它是可溶岩地下水位下降致塌的一种重要成因机理。

6.2.4 渗透力致塌效应

渗透力致塌是由地下水位下降引起地下水的水力坡度增大造成的，渗透力的大小与水力坡度成正比。地下水位的下降，使地下水的坡降和流速增大，动水压力增强，从而对岩溶洞隙通道中的松散充填物和覆盖层产生侧向潜蚀、冲刷和淘空作用（陈国亮[32]、罗小杰[33]、丁坚平等[34]）。

一般地，地下水流的动水压力（渗透压力）p 为

$$p = I\gamma_w \tag{6.2.5}$$

式中：I 为水力坡降；γ_w 为水的重度。渗流压力的大小与水力坡降成正比，当地下水位急剧下降时，渗透力加大，可使土颗粒发生浮起破坏。地下水侧向渗流具有的动能 E_f 可表示为

$$E_f = \frac{1}{2}MU^2 \tag{6.2.6}$$

按达西定律公式：

$$U = \frac{V}{n} \quad V = KI$$

式中：M 为水的质量；U 为水的实际速度；V 为水的渗透速度；K 为渗透系数；I 为水力梯度；n 为岩石和土体孔隙率。

地下水侧向渗流具有的动能 E_f 进一步可表示为

$$E_f = \frac{1}{2}M\left(\frac{KI}{n}\right)^2 \tag{6.2.7}$$

由式（6.2.7）可知，K、n 均为常数，E_f 与 K、I 的平方成正比，与 n 的平方成反比。当地下水位降深较大，地下水的水力梯度 I 随之增大，地下水侧向渗流的动能 E_f 则迅速增大。当 E_f 大于颗粒的摩擦力与凝聚力时，土颗粒开始运移，并随之被水流带走，从而破坏覆盖层内土体的结构，逐渐形成土洞，直至地面产生塌陷。

6.2.5 逐层剥落致塌效应

抽排地下水活动引发岩溶塌陷的发展过程是一个力学过程，应该从力学的角度来研究；分析抽排地下水活动使岩溶地下水位降低后覆盖层内土洞周围的应力重分布特征，可以更深入地认识抽排地下水作用引发岩溶塌陷的形成过程。万志清[35]依据抽排地下水活动使岩溶地下水位降低后土洞周围的应力变化规律，提出了抽排地下水活动引发岩溶塌陷的逐层剥落致塌机理。一般而言，覆盖层内的土洞形成之前，隐伏可溶岩的开口溶洞处顶板土层主要受拉应力作用，剪应力则主要作用于基岩开口洞穴的两侧部位，其他部位受到的剪应力作用较轻；土洞形成之后，洞顶主要受拉应力作用，洞壁则主要受剪应力作用。也就是说，抽排地下水产生的地下水侧向流动（动水压力）刚好作用于洞壁，而地下水位下降产生的拉应力刚好作用于洞顶，因此，抽排地下水活动将加速洞顶张应力带和洞周剪切带的范围扩大。当开口向上的溶洞或土洞顶板土层中张应力超过土的抗拉强度及洞壁土层内剪应力超过土的抗剪强度时，土层就逐层剥落，剥落之后随之又暴露一层具有更大张应力和剪应力的面，再被剥落，随着土洞逐渐扩大，剥落的速度越来越快，土洞顶板越来越薄，薄到小于土的临界顶板厚度时，就会产生突然的坍塌，最终于地面形成塌陷坑，即产生岩溶塌陷地质灾害。

从抽排地下水活动导致隐伏岩溶发育地段地下水位下降致塌的力学过程看，因地下水位下降于覆盖层土体内产生的附加应力可分为超静孔隙水压力（或真空吸力）与动水压力及侧向侵蚀力，前者使覆盖层内土洞的结构块体剥落（拉张破坏），后者使覆盖层内土体的细颗粒迁移（剪切破坏）。抽排地下水活动会产生地下水降落漏斗，地下水位由四周向抽水井中心侧向流动，对土颗粒产生侧向剪切作用，将加速土洞边界周壁剪切带的扩展；离抽水井越近，地下水位降深就越大，洞顶所受拉应力也越大，将进一步加速洞顶的拉张破坏区的不断扩大。因此，逐层剥落致塌机理认为岩溶塌陷实质上就是土洞在张应力和剪应力作用下土洞顶板和洞壁周边土层的逐层剥落致使土洞不断扩大直至塌陷的力学过程。

6.3 地下水位恢复岩溶塌陷机理

从整体上看，当水库蓄水、旱涝交替或人为因素抽排地下水活动停止之后，如果地下水位产生恢复性上升，则必然带来正压力的聚集，特别是地下水位先前降深较大的第四系覆盖层部位，地下水位的上升速度将处于一种快速上升状态之中，一旦覆盖层内土体孔隙中的气体来不及释放,就可以在土洞内形成较高的压力,且压力性质为正。当土洞内的压力过大时,最终可使覆盖层内土体破坏形成岩溶塌陷地质灾害。因此,地下水位恢复导致岩溶塌陷是一种"气爆效应"引发的岩溶塌陷现象。

程星[36]对气爆效应的岩溶塌陷形成机理进行了系统的研究,认为抽排地下水达到一种稳定状态时,相应的地下水位达到一定位置将不再下降,此时早先于土洞内形成的负压将慢慢消失,负压消失的快慢取决于介质中的释放系数,若介质的释放系数有利于气压的释放;或者地下水位的稳定时间较长时,土洞中的压力与地表压力将达到一种平衡状态。停止抽排地下水之后,地下水抽水前后压差 ΔH 的作用效应过程如图 6.3.1 所示。从图 6.3.1 可以看出,地下水降落漏斗内的现状地下水位将向原来的地下水位回升,由于压差较大(一般都大于 10m),地下水位的恢复是一种先快后慢的过程。因此,停止抽排地下水之后,土洞及岩石的空隙中将会出现压力增高的现象,这就是地下水位恢复过程中产生的附加应力,也就是通常所说的正压力,这个附加应力将被施加于土洞的顶部。由这种附加应力的作用引发岩溶塌陷的过程可划分为以下三个主要阶段。

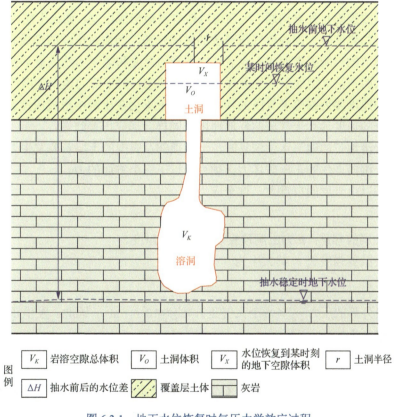

图 6.3.1　地下水位恢复时气压力学效应过程

第一阶段:正压集聚阶段。隐伏岩溶地带地下水的流动非常快,故地下水位的恢复也很快,从而导致土洞中压力急速增高,在土洞顶部的土层中形成较大的向上力,这个力正好与土层重力的方向相反。其结果使正压力很快与重力达成瞬间平衡。

第二阶段：土层破坏阶段。随着地下水位的再恢复，正压继续加大，当其大于土层自重、土层抗剪强度及外界压力时，土层发生破坏。

第三阶段：可进一步分为两个次级阶段。①初期气压快速释放阶段：随着土层的破坏，原来土洞中的高压将很快释放，释放过程中由于水的惯性力，可出现喷气喷水现象。对于岩溶发育不强烈的地区，这个阶段不明显；而对岩溶极发育的地区，如岩溶盆地及岩溶坡立谷地一带都具有这种条件。由于地下水位恢复太快，土层破坏时将产生爆炸效应，可使水、泥、气的混合体在上述能量的协同作用之下，从最先破坏的地方喷出。②后期塌陷阶段：随着土层的破坏及高压的快速释放，正压力很快减小，土层的自重再次变为主要矛盾，从而使已破坏的土层向下运动，地面形成塌陷坑。

地下水位恢复上升致塌过程的影响因素主要有覆盖层内土体的密度、厚度、性质、基岩渗透性、岩溶空间的充填特征及地下水位降深等。实际致塌过程中气压的释放是非常重要的，主要是指土洞或溶洞中形成的压差，可通过土层孔隙、岩石裂缝向外界释放。如果孔隙很发育，裂隙贯通性很好，则内部的气压可以很快通过孔隙、裂隙与外界达到平衡，从而使土洞或岩溶空洞中的压差难以形成。如果孔隙、裂隙不发育，则气体很难通过土层孔隙或裂隙与外界沟通，因而可以较容易地形成压差。如果土层内的孔隙基本相同时，土层的厚度较大则导致气压释放的时间延长，因而对压差的形成有利。

对气压释放的影响因素而言，地下水位下降的速度和幅度当然是最重要的。天然状态时，从丰水期到枯水期地下水位同样处于下降状态，但下降的速度是缓慢的，如果地下水位下降的速度接近或等于气压的释放速度，就不会在土洞中形成压差。如果相反，地下水位下降的速度远大于气压的释放速度，同样会形成压差致塌。

当隐伏岩溶地带的地下水位恢复时，土洞顶部及周围的土层若要发生"气爆"形成岩溶塌陷，土洞内产生的正压破坏力必须克服以下三个方面的力。

（1）土洞以上土层的自重力，这个应力为

$$G = \gamma_t h \tag{6.3.1}$$

式中：γ_t 为土层的容重；h 为土洞顶板以上土层的厚度。

（2）土层抗剪强度 F_τ，其大小为

$$F_\tau = \tau \tag{6.3.2}$$

（3）来自外界的压力 p_o（一个大气压），约为 $10^5 \text{N}/\text{m}^2$。因此，发生正压气爆岩溶塌陷的临界条件为

$$K_p = p_y - G - F_\tau - p_o = (p_y - p_o) - \tau - \gamma_t h \tag{6.3.3}$$

式中：p_y 为地下空腔中产生的正压；G 为土洞以上土层的重力；F_τ 为土层的内聚力或土层的抗剪强度。

由此可见：$K_p > 0$ 时，土洞内将发生正压气爆，引发岩溶塌陷；$K_p = 0$ 时，覆盖层内土体处于极限平衡状态；$K_p < 0$ 时，覆盖层内土体处于稳定状态。

6.4 地面加载岩溶塌陷机理

地面加载岩溶塌陷指的是隐伏岩溶地带的覆盖层松散土体受地面荷载作用引发岩溶塌陷的现象，地面荷载类型主要有地面静荷载和振动荷载两类。隐伏岩溶地带的覆盖层地表加载致塌最早见于铁路沿线，如广西黎湛铁路柳州段、浙赣铁路分宜至彬江段和京广铁路韶关段等经常发生地面振动加载引起的岩溶塌陷，对铁路的营运安全带来了极大的危害。陈国亮[32]对火车振动加载产生的岩溶塌陷地质灾害进行过系统的研究，认为隐伏岩溶发育地带的覆盖层土体受到振动之后，造成覆盖层内的土体强度降低，加之振动产生的冲击波破坏效应，使土洞拱顶的抗塌力减少，导致地面形成塌陷。随着近年来国内各类工程建设规模和强度的加大，公路沿线、重大工程建设场地及大型桥梁部位也经常产生地面加载型的岩溶塌陷。程星[36]采用三维有限元数值模拟方法，从岩溶塌陷的岩土体物质应力-应变演化的角度，详细分析了隐伏岩溶地带地面加载引发岩溶塌陷的形成过程和成因机理。地面加载岩溶塌陷的成因机理可划分为动荷载致塌效应、静荷载致塌效应和累积破坏致塌效应等三种类型。

1. 动荷载致塌效应

动荷载致塌指的是地面振动产生的动荷载致使覆盖层内的岩土体物质发生土颗粒液化变形、破裂及位移等效应，从而造成覆盖层土体的强度降低，进而形成岩溶塌陷过程，其示意图见图6.4.1。动荷载岩溶塌陷的致塌机理可归纳为以下三个方面。

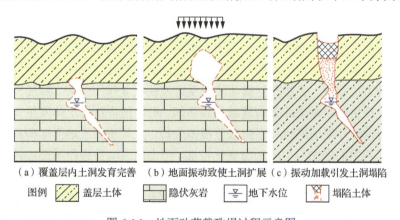

(a) 覆盖层内土洞发育完善　(b) 地面振动致使土洞扩展　(c) 振动加载引发土洞塌陷

图例　盖层土体　隐伏灰岩　地下水位　塌陷土体

图 6.4.1　地面动荷载致塌过程示意图

（1）对覆盖层土体而言，地面动荷载作用必然产生荷载耦合效应，对覆盖层内一定范围的土体自重应力分布产生破坏。也就是说，由于动荷载的耦合效应，原来处于静荷载平衡状态时的土体剪应力分布势必发生变化，覆盖层内的软弱部位（土洞、大孔隙等）局部形成剪应力集中带，导致地面产生岩溶塌陷。

（2）地面动荷载作用可引起覆盖层内砂土的液化和黏土的触变与陈化。对砂类土而言，它的受力强度主要受颗粒之间的摩擦力控制，动荷载作用时，砂粒之间趋于紧密，砂土孔隙间的孔隙水可快速挤出，由于砂土的体积难以减少，而水又是不可压缩的，必然导致水的压力增大，不断反复的动荷载作用致使水压力不断增加，当土颗粒骨架间的垂直应力不断降低为零时，砂土即产生液化破坏。对黏土特别是淤泥质软土而言，如果受到振动作用，振动可使土体受力情况呈现出周期性变化状态，土粒间的应力大小反复变化，土粒间距离频繁变动，结合水分子的定向排列受到影响，土颗粒的粒间黏结力受到破坏，强度降低，可产生触变和陈化现象，从而导致覆盖层内土体的强度不断下降，地面产生岩溶塌陷。

（3）地面动荷载作用于覆盖层土体可产生冲击波，冲击波可直接冲击破坏覆盖层内土体的土洞或软弱部位，造成土洞顶板和软弱部位土体的抗塌力降低，导致地面产生岩溶塌陷。

2. 静荷载致塌效应

静荷载致塌指的是隐伏可溶岩的溶洞和覆盖层内土体的土洞受到地表静态荷载增加的效应，即当覆盖层顶部的静荷载超过洞顶盖层的容许承载力时，静荷载和洞顶覆盖层岩土体物质的自重应力叠加压塌洞顶板产生岩溶塌陷的过程。静力加载致塌主要包括各类工程建筑物、施工机械、车辆及人为地面堆积物体等加载类型。静荷载致塌常常产生于工程建筑物的底部覆盖层内，与覆盖层内土洞的空间分布特征密切相关，它实质上就是地面静荷载传递作用于覆盖层内的土洞部位，致使土洞由稳态到非稳态的一种动态转化演变过程。这类岩溶塌陷地质灾害的塌陷过程隐蔽性强，突发性程度高，危害严重。

3. 累积破坏致塌效应

地面动荷载作用和地面静荷载作用引发岩溶塌陷的动态演变过程，都应该包含有一个特定时间段的累积破坏效应阶段，尤其是地面动荷载致塌更为明显。一般而言，覆盖层地表存在动力加载时，必然产生振动波及反射波的往复作用效应，致使覆盖层土体内局部软弱部位产生的轻微破坏效应逐渐叠加累积，最终使覆盖层土体发生变形破坏而致塌。程星[36]通过野外现场试验和室内数值模拟分析，定量研究了地面动荷载致塌过程中覆盖层土体所产生的附加应力的动态变化特征，指出地表动荷载作用形成的附加应力与自重应力相叠加耦合后作用于覆盖层土体，可使覆盖层土体内的应力场发生改变，一方面是产生应力重分布，当覆盖层土体中局部应力因此而增高时，就可以引发岩溶塌陷；另一方面，由于地面荷载振动产生的振动波及其反射波的周期性累加效应，导致覆盖层土体内一些细小的破坏迹象经过一定时间的累积，可使土层发生累积破坏，这种累积破坏效应最终引发地面塌陷。同时，如果进一步考虑自然界中水的散解、软化及波动效应，隐伏可溶岩地带的覆盖层土体将呈现出更加脆弱的极限平衡状态特征，一方面地面振动加载对覆盖层土体产生的附加应力可对土洞周围的临空部位产生直接的破坏；另一方面由于土洞内的临空面处，轻微的压力就可使覆盖层内的土体产生位移，从而使土洞规模扩大，最后发生突变、失稳，进而导致地面产生岩溶塌陷。

6.5 机械贯穿岩溶塌陷机理

机械贯穿致塌指的是各类基础工程和勘探工程的施工过程中,施工机械直接破坏了隐伏岩溶发育地段地下洞穴的隔水顶板,从而贯穿地表水和地下水之间的联系通道,导致隔水顶板之上砂类土层的砂土直接随地下水流塌落进入地下洞穴内部,引发地面产生塌陷的过程,其示意图如图 6.5.1 所示。一般而言,覆盖层内隔水顶板之下的土洞或隐伏可溶岩内的溶洞,如果施工过程中工程机械钻穿隔水顶板之后,一方面直接导致覆盖层内隔水顶板之上的砂土向洞内塌落;另一方面可贯穿隔水层上、下含水层之间的水力联系,隔水顶板上部的孔隙潜水会迅速携带隔水顶板之上含水层内的泥沙或淤泥及淤泥

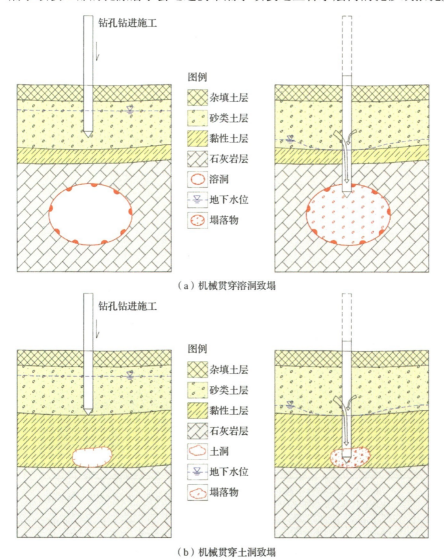

(a)机械贯穿溶洞致塌

(b)机械贯穿土洞致塌

图 6.5.1 机械贯穿活动致塌过程示意图

质软土涌入隔水顶板下方的土洞或溶洞内部。因此，隐伏岩溶发育地段机械贯穿致塌的这种双重作用效应，导致这类岩溶塌陷活动呈现出一种快速塌落的状态，致使岩溶塌陷的发生过程极为短暂，突发性强，灾情严重。

6.6 降雨入渗岩溶塌陷机理

降雨入渗致塌指的是由于降雨沿覆盖层地表入渗，覆盖层内土体强度降低，加上地下水入渗过程形成的渗透力的作用引发覆盖层内土洞破坏致塌的过程，其示意图如图 6.6.1 所示。康彦仁和项式钧[28-29]、罗永红[31]、陈国亮[32]、左平怡[37]、雷明堂和蒋小珍[38]、丁有全[39]、贺可强等[40-41]对降雨入渗岩溶塌陷的致塌机理进行过系统的研究，认为渗压致塌效应是降雨或地表水入渗形成岩溶塌陷地质灾害的主要成因机理。渗压致塌效应是指由于降雨或地表水等上部水体入渗补给下部岩溶地下水，而对覆盖层内岩土体物质产生的各种效应的总和，包括静水增荷效应、垂直渗透效应、吸水软化效应和负压封闭效应等四种致塌模式，其中垂直渗透效应为水动力学效应，静水增荷效应与吸水软化效应为土力学效应，负压封闭效应为气动力学效应。

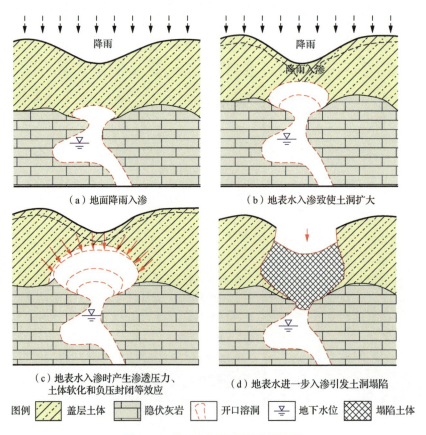

图 6.6.1 降雨入渗致塌过程示意图

6.6.1 垂直渗透致塌效应

当地表雨水入渗时，水在孔隙中运动，对土颗粒施加一种垂向渗透压力，从而改变了土体的力学性质。当渗透压力达到一定值时，可使土体结构发生破坏，土颗粒随水流产生迁移，形成流土或管涌，进而形成土洞，直至覆盖层地面发生变形或塌陷。由这种渗透力作用而产生的力学演变过程，称为垂直渗透致塌效应。当土体内地下水的渗透速度很小可忽略不计时，其垂向渗透压力 F_V 为

$$F_V = I\gamma_w \tag{6.6.1}$$

式中：F_V 为垂向渗透压力；I 为水力梯度；γ_w 为水容重。

式（6.6.1）表明，地下水渗流产生的渗透力是一种体积力，其作用方向同地下水渗流方向一致，随着地下水垂直渗透作用的加强，最终引发隐伏岩溶发育地带覆盖层内的土体产生渗透变形及破坏，进而于地面形成塌陷坑。一般地，覆盖层内土体渗透变形破坏模式大致可分为流土、管涌、接触流失和接触冲刷等四种主要形式。隐伏岩溶发育地带的积水洼地、汇流盆地和人类工程开挖形成的集水场地等部位易形成降雨入渗岩溶塌陷地质灾害。

6.6.2 静水增荷致塌效应

静水增荷致塌效应是指降雨过程中及降雨之后，一方面，雨水沿覆盖层内土体的孔隙下渗补给地下水时，可造成覆盖层内土体的含水量升高、饱和度增加，引起土体天然容重增大，这实际上是一种覆盖层内土体的自重致塌效应；另一方面，覆盖层地表的雨水积聚，积水的水体自重对覆盖层土体构成静荷载。一般而言，饱水后土体容重大致可增加 30%~40%，是降雨活动诱发致塌力增大的重要组成部分；同时，当降雨量很大时，覆盖层的地表易形成积水，水体自重相当于盖层土体之上施加了静荷载，也引起致塌力增大，最终引发岩溶塌陷。

6.6.3 吸水软化致塌效应

吸水软化致塌效应是指由土体饱和度或含水量的增加而造成土体抗剪强度降低的效应。从宏观上看，降雨使覆盖层内土体的含水量升高，水的存在使得覆盖层土体长期受水浸泡，黏土矿物的水化作用可导致土体的黏聚力降低，改变了土体的力学性能，导致土质变软、强度降低。从微观上看，由于水分增加，一方面水在较大的土颗粒表面产生一定的润滑作用，降低了粒间摩阻力；另一方面使细小黏粒间的结合水膜变厚，又可以降低土体的抗剪强度。

6.6.4 负压封闭致塌效应

一般而言，降雨引起的气动力学效应主要为负压封闭效应，指的是由于土体饱和度增加，土体孔隙中气水之间含量比降低，透气性变差，从而使地下水变化时土洞或溶洞空腔内更容易形成低气压的作用。贺可强等[40-41]认为，土洞或岩溶空腔内的地下水流的加速流动或下降都会在空腔中形成暂时的低气压状态。也就是说，地下水流加速流动将

空腔内气体带走，由于土体封闭好，外界空气补给不及时，可造成空腔内气压降低；地下水位的下降使空腔体积变大，气体变稀薄，同样引起空腔内气压下降。岩溶空腔内低气压与外界大气压的压差为负压，形成作用于腔体顶板土体之上的均布荷载。负压的产生以覆盖层土体的封闭性为前提，如覆盖层内土体透气性好，在空腔内的气体被带走或空腔内体积变大时，此时如果外界气体补给及时，则不易形成暂时性低气压状态。同样，如果覆盖层土体处于含水量很低的状态时，可造成土体饱气带下移，导致土体透气性增强，当地下水流速增减或地下水位波动时，也很难形成较高的负压差。而雨水入渗可使覆盖层内土体的含水量增高，土体孔隙率减少，透气性变差，空腔内则易于形成较大的负压差，这种较大的负压差可引发地面形成塌陷。

6.7 采矿活动岩溶塌陷机理

矿山采矿活动岩溶塌陷指的是矿山疏排地下水和地下采空引发的岩溶塌陷地质灾害，但二者的形成原因和致塌机理又是完全不相同的。疏排地下水引发的岩溶塌陷主要与地下水位变动有关；矿山地下采空引发的岩溶塌陷主要同覆盖层岩土体的工程地质性质、围岩稳定性和采空区范围大小等有关。

6.7.1 矿山地下水位波动致塌效应

就广东省采矿活动引发的岩溶塌陷而言，矿山开采岩溶塌陷的致塌效应可分为隐伏岩溶地带矿山地下开采抽排水塌陷、地下开采石灰岩坑道突水突泥塌陷和露天负地形开采石灰岩抽排地下水塌陷等三种模式。一般而言，隐伏岩溶地带矿山地下开采疏排地下水的强度较大，地下水位下降致塌效应与前面所述的地下水位下降致塌效应的过程相同，但岩溶塌陷的分布位置则存在明显的差异。从整体上看，矿山地下开采疏排地下水引发岩溶塌陷的分布特征受可溶岩发育特征和地下水降落漏斗的控制，但矿山的背斜构造的轴部、断层碎裂带的岩溶蓄水部位和岩溶管道网络密集部位的岩溶塌陷常呈条带状密集分布。地下开采石灰岩坑道突水是地下坑道开挖过程中揭穿了坑道内的岩溶洞穴及溶隙发育地段的含水层与隔水层交接界面，突然产生大量的涌水，导致覆盖层内地下水位快速降低，严重时可造成地表河流断流，最终形成岩溶塌陷地质灾害；地下坑道突泥是指矿山地下坑道施工过程中，机械开挖揭穿溶洞或大型岩溶管道，致使岩溶溶腔内的充填物质突然涌出，突泥产生后，溶洞及大型岩溶管道的平衡状态受到破坏，进而导致顶部覆盖层和坑道顶板内的地下水位急速下降，从而引发岩溶塌陷地质灾害。近年来，随着广东省特别是珠江三角洲地区的经济高速发展，水泥用石灰岩的需求量日益扩大，各种不同规模的水泥厂遍布广东省境内各地，致使隐伏灰岩地带形成了大量的露天负地形开采的地下石灰岩矿，且开采深度越来越大，单日抽排地下水的水量一般都大于3 000t左右，少量矿山最高可达每天10 000～20 000t，这样高强度的长时间抽排矿区地下水活动，常造成岩溶塌陷地质灾害频发。露天负地形开采石灰岩导致岩溶塌陷的致塌效应虽然同地下水位下降密切相关，但又不同于一般地下开挖抽排地下水和大型地下水源地开采地下水引发的岩溶塌陷，露天负地形开采石灰岩引发的岩溶塌陷并不是沿地下水降落漏斗的中心地带分布发育，而是沿采石场周边地下水集中渗流的大型岩溶管道（如断层破碎带、褶皱轴部及串珠状连通的岩溶洞穴等）延伸方向分布，特别是沿地下水主径流带呈条带状密集发育。

6.7.2 矿山地下采空致塌效应

近年来，广东省地下采矿活动的规模和数量不断扩大，矿山地下采空引起的岩溶塌陷也逐年上升，特别是地下开采石灰岩和采煤活动，常形成较大面积的地下采空区。地下采空岩溶塌陷不同于一般的覆盖层岩溶塌陷，前者是由采空区顶板岩层和土层共同变形破坏的产物，后者是由地下水变化诱发覆盖层土洞垮塌形成的。采空塌陷的形成机理是一个极其复杂的力学演变过程，地下矿体采出之后，采空区内地下岩体形成架空结构，初始地应力平衡状态受到破坏，随着地下空间的应力重分布过程，必然在采空区顶板、周边地质软弱带部位及矿柱支撑部位产生新的应力集中区，进而导致这些部位产生变形，顶板上覆土层随着下伏岩石的变形、开裂及破坏而产生沉降、垮塌，最终于地面形成岩溶塌陷地质灾害。广东省典型矿山地下采空引发的岩溶塌陷实例如梅县城东镇汾水村岩溶塌陷、佛山市三水区青岐镇汉塘村岩溶塌陷、广州市同德围一带岩溶塌陷和韶关市大宝山矿区露天采场岩溶塌陷等。

综上所述，广东省岩溶塌陷的形成原因有降雨及地表水入渗、抽排地下水、地下坑道排水及突水、地面动荷载及静荷载作用、基础工程施工、地下隧道和岩溶隧道施工排水等；岩溶塌陷的致塌效应可分为潜蚀效应、真空吸蚀效应、渗压效应、动荷载振动致塌效应、静荷载致塌效应、失托增荷致塌效应、软化作用致塌效应、机械贯穿致塌效应和地下采空致塌效应等类型。一般而言，岩溶塌陷的成因机理主要以地下水波动变化致塌效应和地表降雨入渗的渗压致塌效应为主，同时伴随其他致塌效应的协同作用，岩溶塌陷应是多种因素累积破坏致塌的结果。对一个特定地质环境中发生的岩溶塌陷而言，由单一的致塌机理引发的岩溶塌陷应是不存在的。例如，潜蚀致塌过程较常见，但短时间同步发生的大量岩溶塌陷的形成过程又难以用潜蚀论解释；对真空吸蚀论而言，自然地质环境内很难找到完全密封的岩溶空腔，特别是首次岩溶塌陷产生后，理论上岩溶空腔应遭受破坏，也就是说，不应连续发生岩溶塌陷活动，而实际上这种同一地点连续发生岩溶塌陷的事件又极为常见。虽然一些研究者提出了潜蚀-真空吸蚀协同致塌的观点（雷国良和周济祚[42]、曾昭华[43]与朱寿增和周健红[44]），但都不能完全解释所有岩溶塌陷的致塌机理。因此，研究岩溶塌陷地质灾害的成因机理，必须结合具体岩溶塌陷地质灾害的岩溶管道发育特征、地下水径流过程、土洞发育特征、覆盖层岩土体工程地质特征和主要引发因素等条件进行详细分析，找出岩溶塌陷的主要致塌因子，才能正确认识岩溶塌陷地质灾害的孕育、形成、发展、发生和消亡的动态演变过程。

第7章 岩溶塌陷监测预警研究

从整体上看，岩溶塌陷的动态演变过程可分为内部塌陷阶段和地表塌陷阶段等两个部分，前者是覆盖层松散土体内初始土洞的孕育至临界土洞形成的阶段，后者是覆盖层地表土体沉陷和塌陷坑形成的阶段。近年来国内外对岩溶塌陷地质灾害的监测预警研究主要集中于两种途径：一是利用传统的普氏平衡拱理论及极限平衡理论，建立基于岩溶塌陷动态演变过程的内部塌陷阶段的临界土洞高度公式和地表塌陷阶段的渗压致塌效应力学模型来进行预测预警；二是通过对岩溶塌陷发育地段的地下水流速及流向、地下水的水位及水质、地下水的水汽压力、大气降水、地面沉降、建筑物变形及外加荷载等因素进行监测，结合岩溶塌陷分布地段的水文地质环境特征，建立基于地下水系统的数值模拟模型，进而模拟地下水变化与基岩溶洞顶板变形和覆盖层内土洞顶板变形的相互作用关系来进行预测预警。相应的用于岩溶塌陷地质灾害的监测预警技术方法主要是借助仪器设备获取定量监测指标并结合成因机理及模型试验研究来实现预警目标，目前使用较多的监测方法有地质雷达监测法、光纤传感技术监测法、时域反射同轴电缆监测法、合成孔径雷达干涉测量监测法、地面沉降精密水准测量监测法、GPS地面变形监测法和岩溶地下水（水位、水质及压力）监测法等，但这些监测预警技术方法各有优势及缺点，难以解决岩溶塌陷发生的具体位置和预测预警的时间尺度等两大难题。从实用性角度看，岩溶塌陷的监测预警研究工作应坚持具体问题具体分析的思路，针对特定地点孕育岩溶塌陷地质灾害的具体地质环境背景特征，深刻认识岩溶塌陷的成因机理和主要诱发因素，选择合适的监测方法和确定敏感性强的监测指标进行岩溶塌陷的监测预警，才有可能提高岩溶塌陷监测预警工作的针对性和成功率。基于此，本章以广州市白云区金沙洲岩溶塌陷地质灾害为例，根据金沙洲岩溶塌陷的地质调查成果和长期监测资料，在详细分析孕育金沙洲岩溶塌陷地质灾害内生地质环境的基础上，结合金沙洲岩溶塌陷发育地带的地下水和地面沉降监测数据，对人工抽排地下水活动引发岩溶塌陷的监测预警体系进行深入系统的分析研究，探讨岩溶塌陷监测预警的合理途径及技术方法。

广州市白云区金沙洲岩溶塌陷发育地带位于广州市西部，东临珠江白沙河，与广州市罗冲围隔水相望，其北部、西部及南部与佛山市南海区的里水、洲村、白沙村等地接壤。金沙洲地区的地理坐标为东经113°08′18″~113°12′36″，北纬23°08′35″~23°10′55″，总面积约 8.26km²。由于受到武广高铁客运专线金沙洲段地下隧道施工、地铁工程施工和地面建筑工程基坑开挖施工的高强度抽排地下水活动的影响,自 2007 年 7 月 14 日至 2013 年 12 月 31 日,金沙洲一带陆续发生严重的岩溶塌陷地质灾害,至今仍有零星的岩溶塌陷发生。岩溶塌陷直接造成金沙中学、金沙洲新社区、源林花园、向南街 2-238 号及沙凤新村复建房 E、H 组团等 10 多幢居民楼相继发生倾斜、开裂及沉陷,涉及居民 263 户 1 002 人,岩溶塌陷地质灾害严重威胁金沙洲区内人民群众的生命财产安全。

7.1 金沙洲自然地质环境特征

7.1.1 气象及水文

金沙洲地处珠江三角洲北部丘陵区与平原区的过渡地带,属亚热带季风气候区,夏季盛行西南季风和东南风,干湿冷暖较分明。冬季处于冷高压前缘,盛行北风和东北风,雨水稀少,常见大旱。每年春季 2~3 月,由于暖湿气流与北方南下的冷空气交汇,往往形成连绵的低温阴雨天气,雨量小;大约到 4 月上旬,西太平洋副热带的影响日益加强,西南季风活跃,开始进入雨季。广州市雨量充沛,年平均降雨量 1 752.3mm(1951~2015 年),极端年最大降雨量为 2 678.9mm,每年 4~9 月为雨季,雨季降雨量约占全年降雨量的 81%。4~6 月间的降雨主要是西南低空气急流暴雨和锋面雨,7~10 月则以热带气旋降雨为主。广州全年日照总时数为 1 770~1 940h,平均相对湿度为 77%,多年平均蒸发量为 1 610.7mm。广州市多年平均气温为 22.3℃(1951~2015 年),极端最低气温为 0.0℃,极端最高气温为 39.1℃。

金沙洲四面环水,东临沙贝海—白沙河,西侧约 1km 为水口涌,沙贝海—白沙河及水口涌均为流溪河支流,两支流于金沙洲南部汇入珠江。多年平均潮差为 0.86~1.6m,最大潮差为 2.29~3.36m。区域水文主要受珠江干流控制,局部受流溪河影响。受地形地貌的影响,金沙洲地表水系发育,西部丘陵地带有成片的山塘,是金沙洲的主要蓄水工程,中部有多条河涌,东部有珠江水域。属金沙洲范围的珠江水域面积约 0.55km²,陆地山塘及河涌的水域面积约 0.35km²。金沙洲山塘按相对独立的补给、径流及排泄条件可划分为金钟岗—盘龙尾山塘、瓦岗园山塘、软壳椿山塘和硬壳椿山塘等四个主要山塘;河涌主要有横沙涌、平乐南涌及泌冲涌等,总体流向自北西向南东方向,三条河涌的径流及排泄环境相对独立,河涌不仅是金沙洲西侧主要蓄水山塘的排泄通道,而且河涌水体也是区内地下水的补给来源。

7.1.2 地形地貌特征

金沙洲地处珠江三角洲北部边缘地带，地面高程 5.2～125.0m，地貌类型为低丘陵和平原地貌，场地起伏较大，总体上西北高东南低。

低丘陵地貌主要分布于金沙洲西部，东部横沙村见有残丘，总面积约 2.68km^2，占金沙洲总面积的 32.4%。低丘陵包括凤光头、金钗岗、瓦岗园、浔岗、盘龙尾、金钟岗及亚麻岗等山体，最高峰为浔岗，海拔约 125.0m。山丘彼此相连，近北东 45°走向，在金沙洲片区绵延约 4km。金沙洲低丘植被发育，草木茂密、苍翠，自然生态良好。

平原地貌主要分布于金沙洲东部及南部，由山前冲洪积区和珠江河流冲淤积区组成，面积约 5.03km^2，占金沙洲总面积的 60.9%。地形平坦，高程 6.20～9.60m，地表分布有多条河涌。

7.1.3 地层与岩石

广州市白云区金沙洲区内发育的地层由老至新为石炭系、白垩系和第四系等，局部分布有小面积的侵入岩脉，广州市白云区金沙洲基岩地质图如图 7.1.1 所示。

1. 地层发育特征

（1）石炭系（C）：石炭系地层广泛分布于金沙洲西部的低丘和隐伏于金沙洲东部冲积平原之下，由大赛坝组、石磴子组、测水组和壶天组构成。①大赛坝组（C_1ds）分布于金沙洲西部残丘一带，主要由砂岩、泥岩、页岩夹泥灰岩组成，薄层状，节理发育。②石磴子组（$C_1\hat{s}$）灰岩分为隐伏型和埋藏型等两种类型，其中隐伏型灰岩分布于荣基里—新社区—金沙洲北部一线及富力地块—金域蓝湾一带，埋藏型灰岩分布于横沙村—沙贝村—凤冈一线及保利西子湾和恒大绿洲一带。石磴子组灰岩岩性主要为中厚层状灰岩夹炭质页岩、泥质灰岩及生物碎屑灰岩等，岩溶作用强烈，溶洞极其发育。③测水组（C_1c）大致呈条带状沿北东向展布于金沙洲北部的横沙村、沙贝村及沙凤村凤冈一带，岩性主要为砂岩、含砾砂岩和泥质砂岩等，有少量的土洞、溶洞发育。④壶天组（C_2ht）分布于环洲一路、金沙洲公园、源林花园及向南街 2-238 号小区一带，岩性为灰白色灰岩、生物碎屑灰岩及白云质灰岩等，中—厚层状构造，为金沙洲一带纯度最高的可溶岩，岩溶作用强烈，溶洞发育。

（2）白垩系（K）：白垩系（K）地层为大塱山组（K_2dl），小面积分布于金沙洲南部，向南延伸至佛山南海黄岐一带，岩性为棕红—灰绿色砂砾岩、粉砂岩等。

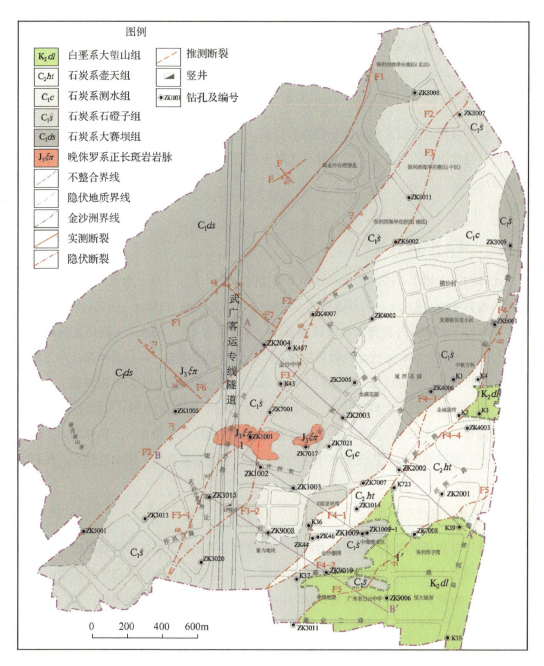

图 7.1.1 广州市白云区金沙洲基岩地质图

（3）第四系（Q）：第四系（Q）大面积分布于金沙洲内的低丘陵地表和冲积平原地带，根据岩相特征，金沙洲主要分布有残积层、全新统桂洲组等，厚度变化大，一般为 6.0~38.90m，局部可达 51.10m 厚。残积层（Q^{el}）主要分布于低缓丘陵和第四系底部，岩性主要为粉质黏土、粉土及砂质黏性土等，主要由白垩系及石炭系基岩风化残积而成，一般厚度为 1.0~15m；全新统桂洲组（Qhg）广泛分布于金沙洲东部冲积平原的填土层之下，为三角洲海陆交互相冲淤积层，主要由淤泥、粉质黏土和砂组成，一般厚度为 3.3~21.5m。

2. 侵入岩

金沙洲场地及附近未见大面积侵入岩出露，仅在金沙洲新社区 I 标段一带揭露到正长斑岩，隐伏于第四系之下，以岩脉形式产出，宽度为 50~80m，长为 100~500m，面积约 0.062km^2。

7.1.4 岩土体工程地质特征

1. 土体工程地质特征

土体由人工填土、冲洪积土及残积土等松散土体组成，分布于地表与基岩面之间，厚度一般为 6.0~38.90m，局部厚度为 51.10m，平均厚度约 19.30m（图 7.1.2）。人工填土主要分布于村庄及开发建设地段的地表，一般厚度为 1.7~5.3m，主要由建筑垃圾、生活垃圾、风化岩块、黏性土及砂等组成，呈松散—稍密结构，具弱透水性；人工填土物理力学性质差，强度较低。冲洪积土具多层结构，岩性复杂，多为淤泥和黏土，冲洪积土内的淤泥及淤泥质土厚度较大，平均厚度为 5.2m，最厚为 18.8m，且埋深较浅；具有高空隙比、高含水率、高压缩性、高灵敏度及抗剪强度低的特点，土质软弱，工程地质性质差。第四系残积土广泛分布于金沙洲一带，多为粉质黏土，透水性微弱，残积土厚度变化大。

2. 岩体工程地质特征

岩体可分为碎屑岩组、碳酸盐岩组和块状侵入岩等三类。层状碎屑岩组由全风化—微风化石炭系大赛坝组、测水组的泥质粉砂岩、砂岩、页岩、泥岩和白垩系大塱山组泥质粉砂岩、粉砂质泥岩、粉砂岩等组成，出露于金沙洲西部及横沙村残丘一带，隐伏分布于横沙村、沙贝村、凤冈及金沙洲东南端保利西子湾、恒大绿洲及广州白云中学一带，岩层厚度为 3.1~33.5m，岩体物理力学性质随风化程度的增强而逐渐变差，承载力和抗压强度较小。碳酸盐岩组分布于金沙洲东部，隐伏于第四系之下，岩性为石炭系石磴子组及壶天组灰岩，岩石质地坚硬，抗压强度大，裂隙和岩溶发育。块状侵入岩岩性为正长斑岩，钾长石及斜长石占全部矿物成分的 70%~90%，岩石的风化土层具有吸水膨胀、失水收缩的特性，岩石物理力学性质较差。

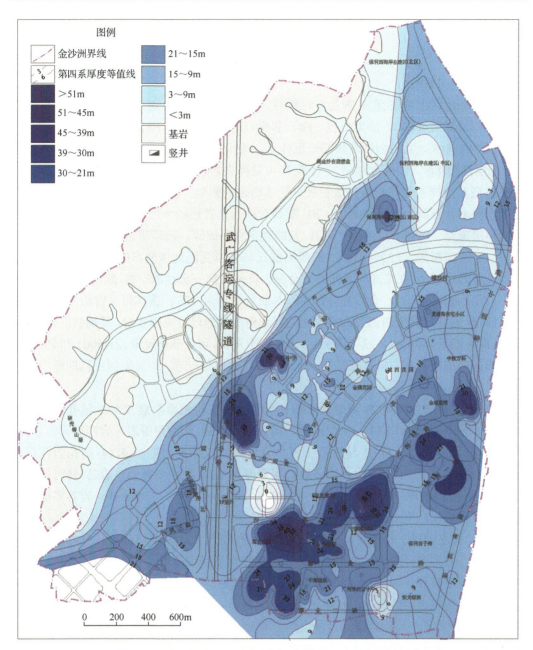

图 7.1.2　广州市白云区金沙洲第四系覆盖层土体厚度分区图

7.1.5　地质构造特征

金沙洲地质构造以小型褶皱和断裂构造为主,其中北东向断裂构造是区内的主要地质构造,是控制金沙洲岩溶发育程度的主要因素。

1. 褶皱构造

金沙洲处于广花复式向斜南部的水口背斜东南翼,岩层走向北北东,总体倾向南东,岩层倾角为50°～60°，次级褶皱发育，伴随发育有走向断裂，岩石破碎、裂隙发育。

2. 断裂构造

1）北东向断裂

金沙洲地区主要发育5条北东向断裂，自北西向南东分别为F1断裂、沉岗断裂（F2）、浔峰断裂（F3）、沙贝断裂（F4）和保利西子湾断裂（F5）等。

（1）F1断裂。其沿金沙洲西部低丘分布，局部公路边坡地段可见良好露头，属逆断层，断层倾向北西，倾角约为65°。断裂带可见碎裂岩，岩石硅化、褐铁矿化现象明显，并见擦痕及滑抹晶体等断裂构造特征。受该断裂的影响，岩层倾角变陡，并轻度变质。沿断层面多发育高角度小型滑坡，F1断裂对地貌起着控制作用，致使地层倒置（大赛坝组地层覆盖于石磴子组地层之上），且断裂带岩石破碎，破碎带最大宽度为50m。

（2）沉岗断裂（F2）。沿金沙洲西侧低丘与平原交汇地带分布的一条区域性断裂，断层性质为逆断层。在泌冲村西侧的大会—上坑—沉岗—金沙洲一线，断层走向为25°～35°，断层面倾向北西，金沙洲外围实测其断层倾角为72°；茶坑可见宽约为2m的断裂破碎带；御金沙楼盘南部及沙贝收费站西北角削坡地段可见碎裂岩，具褐铁矿化特征；受F2断裂影响，岩层直立或产状杂乱，岩石裂隙发育，可见硅化现象。ZK5001和ZK1005钻孔揭露出沉岗断裂的构造破碎带，断裂带多见构造角砾岩，地质钻探揭露的断裂特征如下。

① 金沙洲居住新城P线景观工程体育管理房工程地质勘察K402钻孔的孔深为13.4～14.7m，高程为-5.83～-4.53m处，可见厚为1.3m构造角砾岩，岩芯破碎。

② 金沙洲居住新城P线景观工程体育管理房工程地质勘察K34钻孔的孔深为10.7～11.9m，高程为-3.59～-2.39m处，揭露厚为1.2m构造角砾岩，岩芯破碎。

③ 钻孔ZK5001的孔深为4.30～11.80m，高程为3.51～-3.99m处，岩芯多破碎呈粉末状或碎块状，见构造角砾，岩石强度低。

④ 钻孔ZK1005的孔深为6.60～14.20m，高程为2.22～-5.38m处，受构造挤压作用的影响，岩芯呈碎片状，见构造角砾，岩芯吸水后强度降低。

（3）浔峰断裂（F3）。为沉岗断裂的一条次级隐伏断裂，在金沙洲北端与沉岗断裂交汇，浔峰断裂走向约为50°，倾向北西，倾角60°，属逆断层。浔峰断裂穿越金沙洲中部，沿浔峰圩—路南辅道—金沙中学一线展布，ZK6002、ZK8011、ZK4007、ZK3015及ZK1001等钻孔以及弹性波CT探测施工的Z3#2、Z3#3、ZF1、ZF2、JX3、JX4、CX2等钻孔和前期相关工程地质勘察钻孔多处揭露到断裂破碎带。金沙小学及传芳小学地段出现隐伏于第四系之下的次级分支断层，断裂经过的基岩地层主要为石炭系石磴子组灰岩。地质钻探揭露的断裂特征如下。

① 据武广客运专线隧道开挖工程地质编录资料，DK2194+757位置处钻探揭露到断裂破碎带，可见厚约为0.4m的黑色断层泥及构造角砾岩，角砾成分为灰岩，岩石固结差，较松散；DK2194+906位置的隧道通风口处揭露到微风化灰岩，可见明显的镜面擦痕，隧道开挖至该断裂影响带时，可见深厚层呈黄白色松散状的构造角砾岩。

② 金沙中学 3 号教学楼及饭堂的钻孔都揭露到断层破碎带，如饭堂 ZF1 钻孔处的孔深 9.7～31.1m，高程-1.24～-22.64m 处，原岩为炭质页岩，经构造挤压作用，岩芯破碎呈粉末状、片状及角砾状，岩芯结构松散，遇水呈浆状，孔深为 22.8m、24.7m、28.0～28.8m 处分别见灰岩角砾，大小约为 10cm×10cm 或 10cm×15cm，最小为 3cm×3cm。

③ 传芳小学礼堂 CX2 钻孔揭露到该断裂的分支断层，孔深为 13.0～38.95m，高程为-4.97～-30.92m 处可见构造角砾岩，特别是灰岩角砾硅化现象明显，孔深为 13.0～13.4m 处见构造擦痕，孔深为 21.2～22.4m、24.9～26.9m、28.4～30.7m 及 36.0～36.9m 处，原岩为炭质页岩，经构造作用，岩石破碎，结构松散，手捏酥脆，断续夹灰岩角砾，局部灰岩因挤压见镜面和擦痕，且孔深 26.2m 处见黄铁矿化。

④ 金沙洲北部 ZK6002 钻孔的孔深为 19.1～61.3m，高程为-10.38～-52.58m 处，揭露到浔峰断裂，断层破碎带的原岩为灰岩，受断裂影响，岩芯碎裂成角砾状。孔深为 57.9～59.8m 处灰岩角砾与泥质粉砂岩角砾相互混杂胶结，孔深为 57.9～58.7m 处胶结程度较差，强度较低。

（4）沙贝断裂（F4）。沿金沙洲东侧的中海金沙馨园—向南街—源林花园—沙贝—金域蓝湾一线展布，断裂总体走向约为 40°，倾向南东，倾角约为 78°，断层性质为正断层。钻孔 ZK7007 和 ZK4003 及前期较多的工程地质勘察钻孔都揭露到 F4 断裂的断层破碎带。据武广客运专线隧道开挖工作面地质编录资料，佛山南海黄岐地段 DK2195+720～2195+740 处揭露的黑色强风化炭质页岩，断层迹象明显，围岩走向与隧道轴线的夹角变化大（0～70°），结构面间距小于 0.2m。沙贝断裂可见 4 条次级分支小断裂，金沙洲区内地层分布受该断裂的切割控制，沙贝断裂（F4）段为第四系覆盖，经过的基岩地层为白垩系大塱山组泥质粉砂岩及粉砂岩、石炭系壶天组灰岩和测水组砂岩、页岩、泥岩以及石磴子组灰岩等，地质钻探揭露的断裂特征如下。

① 中海金沙馨园 K576 钻孔的孔深为 32.2～36.08m，高程为-27.85～-23.97m 处，揭露 F4-1 断层的构造角砾岩，呈灰黑色，岩石具角砾状构造，岩石破碎，呈半岩半土状，角砾成分为泥质粉砂岩。

② 向南街北侧 ZK7007 钻孔的孔深为 64.2～68.6m，高程为-57.24～-61.64m 处的原岩为灰岩，孔深为 64.2～65.0m 处夹炭质页岩，受构造挤压岩芯成薄片状，断裂活动可分为两期，早期压性，晚期张性，早期受压作用，岩芯可见绿泥石化，晚期受张性作用形成构造角砾岩，可见角砾呈泥质胶结。

③ 中海金沙馨园 K16 钻孔的孔深为 31.1～36.93m，高程为-23.38～-29.21m 处，揭露 F4-2 断层的构造角砾岩，呈灰黑色，角砾成分为石英砂岩夹炭质灰岩，泥质胶结，胶结性差，局部见挤压迹象及擦痕，部分岩质变酥脆。

④ 金域蓝湾 K30 钻孔的孔深为 20.3～27.5m，高程为-19.74～-12.54m 处，揭露 F4-3 断层的构造角砾岩，角砾岩呈散体状结构，岩芯呈硬土状，手捏易碎。

⑤ K26 钻孔的孔深为 16.8～34.0m，高程为-6.65～-23.85m 处，可见原岩为粉砂岩，因断裂作用，岩芯呈散体状结构，夹杂灰岩角砾，柱状岩芯手板可断，手捏易碎，遇水易软化，强度低，岩芯中可见明显的绿泥石化现象。

⑥ 金域蓝湾 K27 钻孔的孔深为 40.4~44.6m，高程为-36.11~-31.91m 处，揭露 F4-4 断层的构造角砾岩，成分以灰岩、砂岩为主，粒径为 1~2cm，最大约 5cm，呈散体状结构，手捏可碎，裂隙发育。

（5）保利西子湾断裂（F5）。沿金沙洲东南角展布的一条隐伏断裂，经中海地块、白云中学、保利西子湾，直插金沙洲大桥，倾向南东，倾角约为 73°，属正断层。断裂经过地带的基岩地层为白垩系大塱山组泥质粉砂岩、粉砂岩和石炭系壶天组灰岩等，地质钻探揭露的断裂特征如下。

① 中海地块 K578 钻孔的孔深为 36.77~39.20m，高程为-33.63~-31.20m 处，母岩成分为灰岩，碎裂状构造，钙质及泥质胶结，岩石受断裂影响明显。

② 白云中学西侧变电站工程地质勘察 11 号钻孔的孔深 37.2~38.0m 处揭露到构造角砾岩，角砾成分为泥质粉砂岩，角砾棱角分明，泥质或钙质胶结，锤击易碎裂，强度低。

③ 白云中学东侧 ZK9006 钻孔的孔深为 66.4~71.6m，高程为-63.13~-57.93m 处揭露到角砾岩，角砾成分为钙质胶结泥岩，节理发育，岩石受构造挤压，层面光滑，具镜面及擦痕。

2）北西向断裂

（1）F6 断裂。展布于沙贝收费站北侧约为 300m 低丘处，断裂两端人工开挖露头良好，断裂走向约为 310°，倾向北东，倾角约为 72°，局部倾向南西，倾角为 88°，为正断层。断裂南端见正长斑岩岩脉露头（北西向长约为 60m，北东向宽约为 20m），岩脉长轴方向与断裂走向基本一致。断裂带可见碎裂岩、角砾岩及擦痕，并见褐铁矿化。断裂中段见巨大透镜体互相套叠，构造应力作用明显。

（2）F7 断裂。展布于金沙中学西北侧约为 250m 低丘处，削坡修路导致沿断裂走向的断裂露头良好，断裂走向约为 330°，倾向北东，倾角为 45°~70°，属正断层。断裂带见碎裂岩，岩石轻度变质，并见褐铁矿化及硅化现象，受断裂构造影响，断层上、下盘岩层产状杂乱，局部岩层呈陡倾状。

7.1.6 水文地质特征

金沙洲所处区域的北、东、南三面被珠江水系所环绕，西侧由一系列低丘陵分隔，水文地质边界明显，具有完整的补给、径流及排泄环境，金沙洲地表水总体流向是自北西向南东流动，最终排泄于珠江水系。根据金沙洲地下水的赋存介质特征，区内分布有第四系松散岩类孔隙水、层状岩类基岩裂隙水和碳酸盐岩类裂隙溶洞水等三类，各类地下水的空间分布结构特征和富水性详见 7.2 节所述。

7.1.7 人类工程活动特征

1. 武广客运专线金沙洲段隧道施工活动

武广客运专线金沙洲段隧道北起佛山市南海区里水镇，南至南海区黄岐镇，近南北走向，起点里程为DK2192+836，终点里程为DK2197+190，全长为4 354m，埋深为14.69～63.79m，宽为15m。隧道于DK2194+580～DK2195+720里程段穿越石磴子组地层，长为1 140m。隧道1#竖井设在金沙洲沙凤村凤冈西侧，里程为DK2195+190。

2007年4月至2009年5月，因隧道施工原因，金沙洲沙凤村段1#竖井日抽排水量基本维持在2 000～3 500m^3/d，金沙洲与南海接壤段2#竖井日抽排水量为900～6 500m^3/d，造成地下水大量流失，引起金沙洲地下水位剧烈波动并持续下降；同时，爆破掘进等隧道施工方法破坏了隧道周围岩土体物质的力学平衡，导致周边地质环境发生变化。

2. 市政工程、公共配套设施及商住楼工程建设活动

自2006年以来，金沙洲一带的商住楼及市政设施建设势头迅猛，工程建设项目主要集中布置于东部及南部平原地带。金沙洲先后开发建设多个大型住宅区、地铁6号线和金沙洲大桥西引桥隧道工程等市政工程，各类工程建设实施过程中，由于不同程度地抽排地下水，造成局部地面沉降和基坑边坡失稳崩塌等地质灾害。

总体而言，武广客运专线金沙洲段隧道施工是金沙洲近年来的大型人类工程活动，直接引起金沙洲一带大面积的地下水剧烈波动，对金沙洲的地质环境影响强烈。

7.2 金沙洲地下水系统特征

金沙洲东面为珠江水系环绕，西侧被一系列低丘陵分隔，水文地质边界明显，具有完整的地下水补给、径流及排泄环境，使金沙洲成为一个相对独立的水文地质单元（图7.2.1），金沙洲水文地质单元内自然汇水面积为8.26km^2。从整体上看，地表水自北西向南东流动，最终排泄于珠江水系。金沙洲西侧低丘陵的地层为石炭系大赛坝组的砂岩、页岩及泥岩等，其隔水性较好，构成了金沙洲西侧的隔水边界；东面同珠江相邻，地下水和珠江之间存在水力联系，可视为定水头边界；南面与佛山市黄歧相接，与区外地下水存在水量交换，可视为地下水的径流边界。

金沙洲一级水文地质单元内石炭系测水组的砂岩、页岩、粉砂质泥岩或泥质粉砂岩的透水性较差，沿横沙村—沙贝村—凤冈一线北东向呈条带状横穿金沙洲中部大部分地段，没有穿越的南部地段与石磴子组上部地层内含炭质较高的灰岩夹炭质页岩或砂岩相连接，其岩石裂隙的连通性较差，隔水性较好，构成金沙洲内一条较为完整的隔水条带，将金沙洲分隔成东部和西部两个相对独立的二级水文地质单元（图7.2.1）。同时，由于金沙洲地区的地质构造复杂，且金沙洲处于广花复式向斜南部的水口背斜东南翼，次级褶皱发育，导致岩质坚硬灰岩的碎裂程度较高，各级岩溶裂隙发育。从总体上看，金沙洲内主要发育有5条北东向断裂带，自北西向南东分别为F1断裂、沉岗断裂（F2）、浔峰断裂（F3）、沙贝断裂（F4）及保利西子湾断裂（F5）等；断裂构造对金沙洲地区的地下水赋存起控制作用，断裂带及周边多形成地下水强径流带，对地下水流场的动态演变状态影响明显。

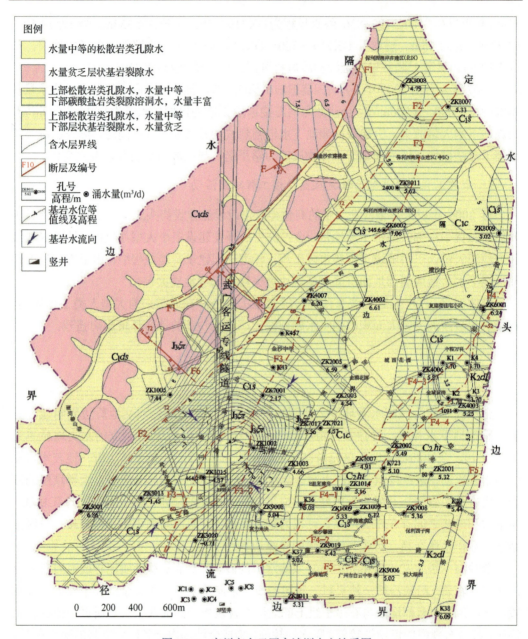

图 7.2.1 广州市白云区金沙洲水文地质图

7.2.1 地下水类型及富水性特征

按金沙洲区内的地下水埋藏条件、赋存环境及水力特征等，金沙洲一带的地下水可划分为第四系松散岩类孔隙水、层状岩类基岩裂隙水和碳酸盐岩类裂隙溶洞水等三大类型。

1. 第四系松散岩类孔隙水

第四系松散岩类孔隙水主要分布于金沙洲东部、南部平原及丘间谷地，含水层由大面积分布的第四系全新统桂洲组海陆交互相的厚层淤泥、淤泥质土和连续且较稳定分布的冲积或残积含砾粉质黏土、粉土及呈透镜状或点状仅局部分布的含泥质较多的砂、含砾砂、砾石等组成。松散岩类孔隙水含水层内地下水的水力性质以潜水为主，局部分布有微承压水，其富水性与组成含水层的岩性、厚度及连续分布面积的大小等因素密切相关。松散岩类孔隙水含水层的厚度一般为 4.20～19.60m，平均为 7.40m。砂、砾层的富水性明显高于含砂砾的黏性土层，该含水层富水性以中等为主，局部为贫乏或丰富等级。

2. 层状岩类基岩裂隙水

层状岩类基岩裂隙水含水层可分为两套，即一套为石炭系大赛坝组和测水组的碎屑岩含水层，另一套为白垩系大塱山组的红层含水层。

(1) 第一套含水层。主要分布于金沙洲西部低丘及中部横沙村—沙贝—凤冈一带，面积约 3.6km²。含水层由砂岩、砂质泥岩、页岩及泥岩组成。由于组成含水层的岩石中黏性矿物含量较高，层理及裂隙往往被黏性矿物充填，地下水径流环境较差，含水层内地下水基本呈承压状态。含水层顶板高程一般为 2.85～3.98m，承压水位埋深为 0.4～3.0m，承压水头高度为 2.30～10.82m，渗透系数（K）为 0.145m/d，属弱透水含水层，单位长度涌水量为 0.571m³/（d·m），实测单井涌水量为 12.6～73.3m³/d，富水性贫乏。

(2) 第二套含水层。含水层位于第四系覆盖层之下，呈小面积分布于金沙洲东南部及金域蓝湾东侧，并延伸进入南海黄岐一带。含水层由粉细砂岩、泥质粉砂岩及粉砂质泥岩组成，分布面积约为 0.599km²。含水层内岩石裂隙发育较差，含水层地下水也呈承压状态。含水层顶板高程一般为-8.58～-10.47m，承压水位埋深为 2.3～4.98m，承压水头高度为 12.33～13.36m，渗透系数（K）为 0.049m/d，属弱透水含水层，单位长度涌水量为 0.82m³/（d·m），对 K38 和 K39 钻孔进行抽水试验，当地下水位降深为 10m 时，实测单井涌水量为 10.70～85.57m³/d，平均为 48.14m³/d，富水性贫乏。

3. 碳酸盐岩类裂隙溶洞水

按碳酸盐岩类裂隙溶洞水的埋藏环境特征，金沙洲碳酸盐岩类裂隙溶洞水可分为石磴子组灰岩裂隙溶洞水和壶天组灰岩裂隙溶洞水。

1) 石磴子组灰岩裂隙溶洞水

石磴子组灰岩裂隙溶洞水主要分布于金沙洲东部一带，为第四系覆盖或埋藏于测水组或大塱山组地层之下，分布面积约为 4.52km²。含水层由石炭系石磴子组灰岩、白云质灰岩组成，地下水呈承压状态，赋存于灰岩的溶洞和溶蚀裂隙网络之中，其富水性特征与岩溶发育程度关系密切；由于金沙洲岩溶发育程度不均匀，灰岩裂隙溶洞水的富水性也呈不均匀状态。从总体上看，岩溶强发育地段的富水性好，岩溶弱发育地段的富水性差。含水层顶板高程一般为-3.97～-16.23m，承压水位埋深为 2.50～5.25m，承压水头高度为 7.40～26.34m。岩溶强发育地段含水层的溶沟、溶洞及溶隙等较发育，钻探揭露的溶洞和溶蚀裂隙大部分为半充填，部分为空洞，洞隙之间的连通性好，且部分溶隙延伸至灰岩表面与土层直接接触，钻探或工程施工至灰岩顶面或溶洞及溶蚀裂隙部位时，经常会出现严重漏水，含水层的富水性好；据 ZK8011 孔、ZK6002 孔及 ZK3015 孔的抽水试验成果，当地下水位降深为 10m 时，分别测得三个钻孔的单井涌水量为 2 400m³/d、345.6m³/d 及 464.2m³/d，属强透水层，富水性为中等—丰富。岩溶弱发育地段的裂隙不发育，岩体较完整，地下水富水性贫乏；对金沙洲区内武广客运专线隧道 1#

竖井高程为-11.91~-42.89m处分5段进行注水试验，测得渗透系数（K）为0.036m/d，属弱透水层，单位长度渗水量1.10m³/(d·m)。

2）壶天组灰岩裂隙溶洞水

壶天组灰岩裂隙溶洞水主要分布于金沙洲东南侧，面积约为0.466km²。含水层由灰白色灰岩、生物碎屑灰岩及白云质灰岩组成，含水层富水性与岩溶发育程度、洞隙的充填情况及洞隙的连通性密切相关。实地调查及探测结果表明，充填物少及连通性好的岩溶洞隙，富水性好，而全充填或连通性差的岩溶洞隙，则富水性差。例如，金域蓝湾南侧的ZK4003孔，洞隙内充填物少、连通性好，抽水试验表明，当地下水位降深为10m时，单孔涌水量约为1091m³/d；向南街2-238号住宅小区的ZK1014孔监测点，其岩溶率为25.1%，岩溶强发育，距ZK1014孔约为40m南侧的武广客运专线拆迁复建房基础工程进行钻孔灌注桩施工时，孔口常出现大量冒水或冒浆现象，说明这一地段岩溶洞隙的连通性好，根据冒水或冒浆量估算，ZK1014孔的日涌水量超过1000t；又如ZK2001钻孔，岩溶率为18.54%，岩溶强发育，但钻孔揭露的溶洞为全充填，洞隙的连通性差，抽水试验测得其单井涌水量仅为80m³/d。

7.2.2　地下水补给、径流及排泄特征

1. 地下水补给特征

金沙洲内的地下水补给来源主要接受大气降雨和地表水体的补给。第四系松散岩类孔隙水除接受大气降雨补给外，还接受基岩裂隙水的侧向补给和地表水体的侧渗和垂向补给；层状岩类基岩裂隙水由上覆第四系松散层下渗补给；碳酸盐岩类裂隙溶洞水一方面可由第四系松散岩类孔隙水通过第四系松散层直接下渗补给，另一方面又接受东侧珠江的侧向补给。

1）松散岩类孔隙水的补给特征

（1）由于降水是金沙洲内松散岩类孔隙水的主要补给来源，其地下水位变化具有明显的季节性，一般在每年的雨季到来之前，即1~3月地下水位达到最低点，4月进入雨季地下水位开始回升。

（2）降水后地下水位滞后变化与地形、地貌及岩性有关。汇水条件较好的山前地带，降水时孔隙水除了垂向入渗补给外，还接受侧向径流补给，地下水位滞后变化的时间稍短；当地表为黏性土时，滞后作用时间相对较长，若为砂性土，地下水位滞后作用时间更短。

（3）降水入渗补给系数除了和岩性有关外，还与局部的地形、地貌有关。

2）基岩裂隙水的补给特征

基岩裂隙水内的层状岩类裂隙水由于上覆第四系松散层，主要通过上覆松散层间接获得大气降水的补给。

金沙洲隐伏岩溶上覆松散地层较厚，孔隙水与岩溶水之间一般都有一层或多层较稳定的淤泥质黏土或黏土分布，透水能力较差，因此，碳酸盐岩类裂隙溶洞水不能接受大气降水的补给，碳酸盐岩类裂隙溶洞水的主要补给来源为松散岩类孔隙水的越流补给。松散岩类孔隙水的越流强度主要受弱透水层的厚度和岩性及碳酸盐岩类裂隙溶洞水开采强度的影响。金沙洲区东侧一带的岩溶水与珠江河水可互为补给及排泄，且二者互相转化。由于武广客运专线金沙洲段隧道施工时抽取地下水，碳酸盐岩类裂隙溶洞水的地下水位大

幅度下降，一般低于河流水位，这些地段的岩溶地下水可直接得到河水的渗漏补给。

2. 地下水径流特征

没有人为因素干扰的自然状态下的金沙洲内地下水的流动方向与地形地貌及所处的二级水文地质单元有关。西部水文地质单元，地下水先从北西低丘流向南东平原，到达平原中部受隔水条带阻隔，再顺地势由高往低，即由北东往南西方向流动，最后排泄于珠江；东部水文地质单元，地下水的总体流动方向与地表水的总体流动方向一致，即由北西向南东方向流动，并排泄于珠江（图7.2.2和图7.2.3）。

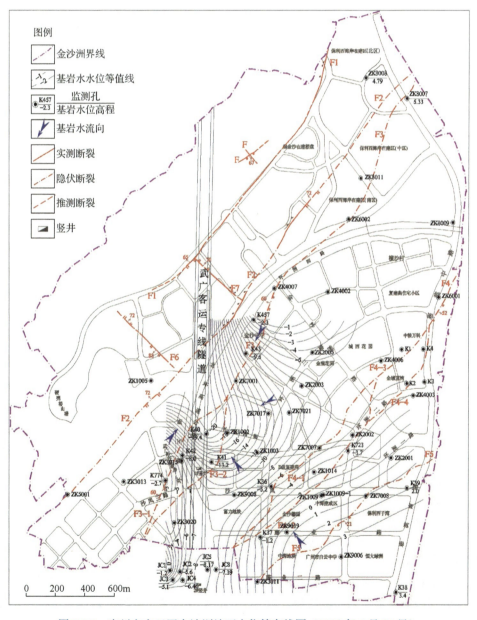

图 7.2.2　广州市白云区金沙洲地下水位等高线图（2009年6月26日）

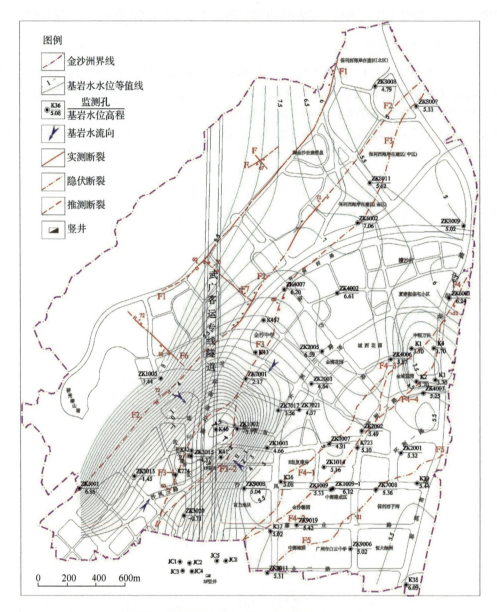

图 7.2.3 广州市白云区金沙洲地下水位等高线图（2012年2月28日）

3. 地下水排泄特征

金沙洲内的地下水排泄方式主要为蒸发排泄、人工开采和径流排泄等三种。天然状态下地下水开采方式为民井开采，开采量较小，故排泄方式以径流排泄为主，地下水最终排泄于珠江水系；随着武广客运专线金沙洲段隧道的施工，地下水的排泄方式发生改变，人工抽取地下水活动变为金沙洲内地下水排泄的一种重要方式。根据广州市地质调查院的调查和地下水动态监测资料，自 2007 年 4 月以来，金沙洲内地下水渗流场发生了明显的改变，地下水形成以 K40 监测孔及金沙洲隧道 1# 竖井为中心的降落漏斗，其中西部水文地质单元的地下水主要向K40监测孔附近的隧道涌水点排泄，部分地下水仍由北东向南西排泄于珠江；东部水文地质单元的地下水主要向金沙洲1#竖井附近的隧道涌水点排泄，部分地下水仍由北西向南东方向流动，最终排入珠江。金沙洲地下水渗流场的改变受金沙洲发育的北东向张性断裂影响明显，断裂与岩溶裂隙相连通形成强迳流带，强迳流带具有饱水、高透水性的特征，且方向性强，形成明显的地下水流通道，这一阶段金沙洲内的大部分地下水主要沿这些水流通道向1#竖井及K40监测孔附近的隧道涌水点快速排泄。2009年5月隧道完工后，地下水位监测数据显示，地下水降落漏斗中心仍在K40监测孔附近（图7.2.2和图7.2.3）。

4. 地下水动态演变特征

从整体上看，天然状态时的金沙洲内地下水位埋深一般为0.5~1.5m。气象及潮汐不会引起地下水位显著变化，地下水位变化与降雨强度基本同步。广州地区的降水主要集中于4~9月，约占全年总降水量的75%，每年4月随着雨季的到来，区内地下水位开始上升，5~9月处于高水位，10月以后随着降雨减少，地下水位开始逐渐下降，12月至次年3月处于低水位，即进入枯水期。地下水位年变幅1.0~1.4m。

2007年武广客运专线金沙洲段隧道施工以来，金沙洲区内的地下水的自然平衡状态被打破，从K40钻孔监测点地下水动态变化曲线（图7.2.4）中可以看出，金沙洲一带地下水动态呈不稳定状态，2009年5月以前，地下水位总体处于下降过程，降落漏斗中心附近K40钻孔监测点的地下水位下降至最大埋深为30.58m。2009年5月上旬地下水位经历前期快速回升后，一直到2010年底，地下水位回升乏力，金沙洲新社区一带地下水位至今仍未恢复正常，最低地下水位埋深长期波动于9~12.5m。

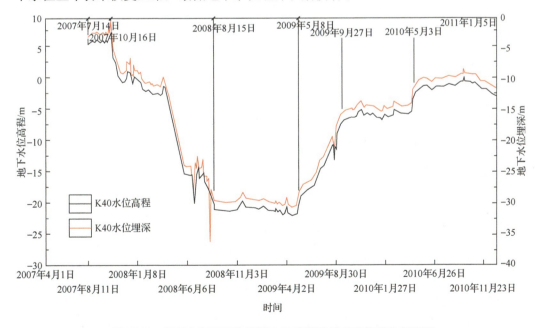

图7.2.4 广州市白云区金沙洲K40监测孔地下水位变化曲线图

7.3 金沙洲岩溶工程地质特征

7.3.1 岩溶发育控制因素

岩溶是指水流与可溶岩相互作用,并在可溶岩中形成各种特殊形态的结果,因此,岩石可溶性、地下水渗流场和地下水溶蚀力(包括溶解能力和侵蚀能力)构成岩溶发育的基础地质环境条件,这三者受到特定的气候、水文及地质等因素的影响和制约,且各种影响因素是相互联系和相互包含的。岩溶作用的发生、发展和结果是各种因素的综合效应所致,它们最终通过岩石可溶性、地下水渗流场和地下水溶蚀力的有机结合,从而呈现出一定的岩溶形式和发育程度,三者之间不同的结合与匹配,最终表现为差异性明显的岩溶形式和发育程度。

对金沙洲地块这一特定范围而言,虽然其气候环境演变主要由降水量及气温变化引起,但降水量、气温等因素引起的地下水溶蚀能力差异对岩溶发育的影响基本可以忽略不计。因此,岩石可溶性及影响地下水渗流场的裂隙介质是控制金沙洲岩溶发育的主要因素。

1. 岩石可溶性特征

岩石的可溶性程度是岩溶发育的基础,因此,岩溶发育程度主要受岩性的控制。一般而言,岩石的可溶性既受到岩石本身物质组成的影响,又与岩石的结构构造密切相关。对金沙洲区内不同时代地层的碳酸盐岩,从钻孔岩芯中分别选取代表性样品进行碳酸盐岩室内溶蚀试验,进而对比不同岩石的可溶性,并探讨各类碳酸盐岩的溶蚀机理。根据金沙洲不同地层的碳酸盐岩类分布情况,系统地采集了 20 块岩样,按其化学成分的分析结果,将金沙洲碳酸盐岩岩石划分为灰白色灰岩、白云质灰岩、泥质灰岩及生物碎屑灰岩等四种类型。

为了比较金沙洲区内的灰白色灰岩、白云质灰岩、泥质灰岩及生物碎屑灰岩的可溶性程度大小,将 20 块岩样加工成相同形状(2cm×2cm×5cm)的等面积标准岩块,在室温和二氧化碳为 0.5 个大气压的封闭环境系统中,进行历时 72d 的室内溶蚀试验,并分别于试验过程中的第 2 天、第 8 天、第 16 天、第 36 天和第 72 天,对岩块进行烘干称量、并对溶蚀液进行 pH 值及电导率测定,统计得到金沙洲区内的灰白色灰岩、白云质灰岩、泥质灰岩和生物碎屑灰岩等四种灰岩的溶蚀千分率平均值随时间的变化规律,试验结果见表 7.3.1。从表 7.3.1 中可以发现,灰白色灰岩和生物碎屑灰岩的溶蚀率要明显高于其他两种灰岩。

表 7.3.1 金沙洲碳酸盐岩岩芯样品的溶蚀试验结果

岩性分类		灰白色灰岩	泥质灰岩	白云质灰岩	生物碎屑灰岩
溶蚀千分率 η/%	2d	0.756	0.517	0.716	0.733
	8d	2.215	1.865	1.955	2.255
	16d	3.182	2.716	3.121	3.276
	36d	4.816	3.921	4.272	5.022
	72d	5.512	5.102	5.518	6.152

统计各类灰岩的不同结晶程度岩块的溶蚀率平均值见表 7.3.2，随着岩石结晶程度的提高，其溶蚀率降低，这主要是由于结晶颗粒越小，其比表面积越大，即水岩作用面积随着结晶颗粒的变粗而减小。因此，灰岩不同结晶程度岩块的溶蚀率从大至小依次为微晶灰岩、细晶灰岩及中晶灰岩。金沙洲四种典型碳酸盐岩的岩石室内溶蚀试验结果表明，碳酸盐岩的溶蚀过程和溶蚀程度受到矿物组分、结构构造、机械破坏、溶蚀面积和溶蚀率等多方面的综合影响，岩石的可溶性程度强弱同碳酸盐岩的矿物成分及结晶程度的相关性较强。

表 7.3.2　金沙洲不同结晶程度岩块的溶蚀率平均值

岩块结晶程度		微晶灰岩	细晶灰岩	中晶灰岩
溶蚀千分率 η/‰	第 2 天	0.911	0.852	0.578
	第 8 天	2.182	1.743	1.581
	第 16 天	3.576	2.821	2.226
	第 36 天	4.952	3.865	3.125
	第 72 天	6.275	4.816	3.733

2. 裂隙介质的发育特征

岩溶介质内地下水的渗流强度是岩溶发育的前提和基本控制因素，岩溶介质内裂隙水流渗透能力的非均匀性主要受岩石裂隙介质的控制。因此，研究金沙洲一带岩溶的发育程度，必须深入分析金沙洲区内岩溶裂隙介质的发育特征和裂隙空间分布格局。

一般而言，碳酸盐岩地层内的裂隙发育规模可分为 4 个级别，即微型裂隙、小型裂隙、中型裂隙和大型裂隙。①微型裂隙是指隙宽为微米级，延伸长度不超过厘米级的闭合裂隙或微张裂隙；②小型裂隙是指隙宽为毫米至厘米级，延伸长度为厘米至米级的裂隙；③中型裂隙是指隙宽为厘米至分米级，延伸长度为米级至公里级的裂隙；④大型裂隙是指隙宽为米级，延伸长度为超过公里级的裂隙（万军伟[45]）。不同级别裂隙构成的裂隙网络空间结构特征各不相同，对岩溶发育程度的控制作用也不尽一致。对金沙洲一带岩溶的裂隙介质而言，由于微型裂隙的隙宽微小，从地下水径流的角度来看，微型裂隙网络的影响基本可以忽略不计，也就是说它对岩溶发育的影响可以不考虑，小型裂隙网络、中型裂隙网络和大型裂隙网络的空间分布特征是金沙洲区内控制岩溶发育的主要因素。

岩溶介质内小型裂隙网络与中、大型裂隙网络的主要区别是前者分布比较普遍，裂隙之间的连通性好，是地下水的主要赋存场所，而后者的隙宽大、延伸长、导水性好，是地下水的主要运移通道。小型裂隙的发育程度主要受构造应力及岩石力学性质的控制，如果一定范围内的地质构造环境基本相同时，岩性就成为岩溶发育程度差异性的主控因素；中、大型裂隙的分布密度相对较稀疏，但隙宽大、延伸长，一般构成地下水的强径流带，即地下水的主要运移通道。分析金沙洲区内的地质钻孔岩芯特征，从小型裂隙的发育程度看，石磴子组地层和壶天组地层内的碳酸盐岩小型裂隙发育，岩溶作用强烈，溶洞发育，大赛坝组和测水组泥质灰岩裂隙发育程度相对较弱，岩溶发育程度相对较差；从中、大型裂隙网络分布特征看，金沙洲一带的岩层断裂发育，灰岩易破碎、开裂，金沙洲内五条北东向的断裂和两条北西向断层构成岩溶发育的中、大型裂隙网络介质，基岩地下水经这些裂隙介质自北向南渗流，并沿断层破碎带及其影响范围内形成地下水的强径流带，长期的地下水强径流循环作用，造成断层大裂隙分布地段岩溶发育程度高，其发育程度关系图如图7.3.1所示。

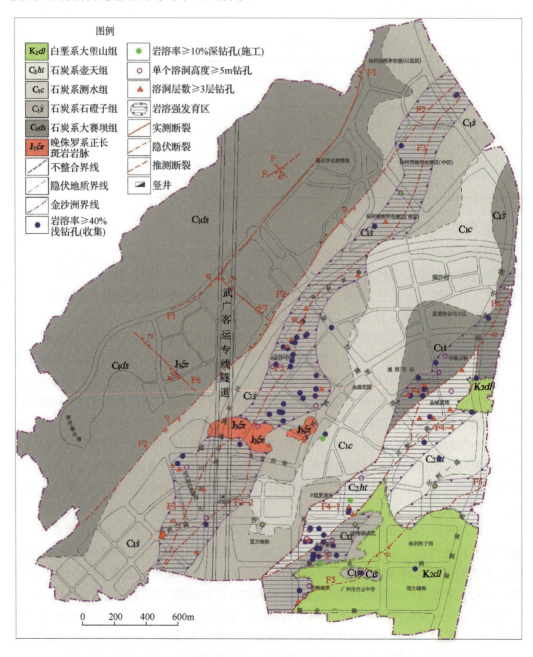

图7.3.1　广州市白云区金沙洲中、大型裂隙网络与岩溶发育程度关系图

3. 裂隙介质的水动力模式

岩溶含水介质内地下水的运动特征往往依赖于岩溶化岩石孔隙介质的形状和大小。对小型裂隙网络而言，地下水一般呈层流状态；中型裂隙内的地下水则处于层流与紊流之间的过渡状态；大型裂隙网络内的地下水基本呈紊流状态。一般来说，当裂隙宽度大于 3~5cm、平面连通性较好时，地下水运动呈汇流而不是渗流，地下水流由于速度加快，雷诺数变大，已不符合达西运动定律，而是呈现出一种非线性流动特征。

金沙洲一带岩溶分布区以溶蚀裂隙为主，并与溶洞及大型裂隙网络相互交织构成岩溶水的集中径流带或富水带，其中大部分或全部贯穿可溶岩地层的溶洞和断裂带，是控制岩溶水运动特征的主要通道，这一地带称之为强径流带，多数较大的张性断裂带均可视为强径流带。当岩溶水遇到强烈抽排活动时，强径流带形成了地下水的良好通道。从水文地质意义上看，地下水强径流带具有高饱水性和高透水性的特征，且方向性极强，可呈现出地下水流管道的作用。金沙洲区内的岩溶发育特征既具有岩溶发育规律的普遍性，同时又具有特定岩溶发育环境背景的特殊性，明显受断裂构造的控制。金沙洲区内岩溶含水介质中既有规模大小不一的溶洞及小型裂隙，又有受断裂构造运动影响所形成的一系列强径流带；呈串珠状展布的溶洞连通性较好，同断裂构造强径流带一起成为地下水流动的主要天然通道，构成金沙洲区内岩溶裂隙介质的基本水动力模式。

7.3.2 溶洞发育特征

金沙洲内埋藏型可溶岩和隐伏型可溶岩的岩溶发育程度强弱不同，导致不同类型可溶岩的溶洞发育特征存在明显的差异性，其发育程度分布图如图 7.3.2 所示。

1. 埋藏型可溶岩的溶洞发育特征

金沙洲埋藏型可溶岩为石磴子组灰岩，主要沿金沙洲中部横沙村—沙贝村—凤冈一线及金沙洲东南角保利西子湾和恒大绿洲一带分布，面积约为 $1.103km^2$，占金沙洲总面积的 13.35%。按上覆岩石地层的不同，埋藏型可溶岩可分为两个部分：一是金沙洲中部一带的埋藏型灰岩，其上部覆盖有厚为 2.3~25.0m 的测水组砂岩、炭质页岩及粉砂质泥岩；二是金沙洲东南角一带的埋藏型灰岩，其上部覆盖有厚为 3.25~58.95m 的大塱山组砂质泥岩或泥质砂岩。

1）埋藏于测水组基岩下部的石磴子组灰岩的岩溶发育特征

埋藏于测水组基岩下部的石磴子组灰岩地段共有 4 个钻孔揭露出溶洞，4 个遇溶洞钻孔共揭露 7 个溶洞，单个溶洞高度为 1.0~4.5m，溶洞顶板埋深为 18.2~42.0m，底板埋深为 20.1~44.7m，单孔岩溶率为 3.83%~28.8%。揭露出的 7 个溶洞有 5 个为半充填，占溶洞总数的 71.4%，2 个为全充填，占溶洞总数的 28.6%，未见空洞。

2）埋藏于大塱山组基岩下部的石磴子组灰岩的岩溶发育特征

埋藏于大塱山组基岩下部的石磴子组灰岩地段共有 8 个钻孔揭露出溶洞，8 个遇溶洞钻孔共揭露出 12 个溶洞，其中 7 个分布于埋藏型灰岩的边缘，单孔岩溶率为 2.22%~13.25%。单个溶洞高度一般为 1.0~6.3m，溶洞顶板埋深为 23.0~46.7m，底板埋深为 24.0~53.0m。揭露出的 12 个溶洞有 4 个为无充填溶洞，6 个为半充填溶洞，2 个为全充填溶洞，分别占溶洞总数的 33.3%、50%和 16.7%。

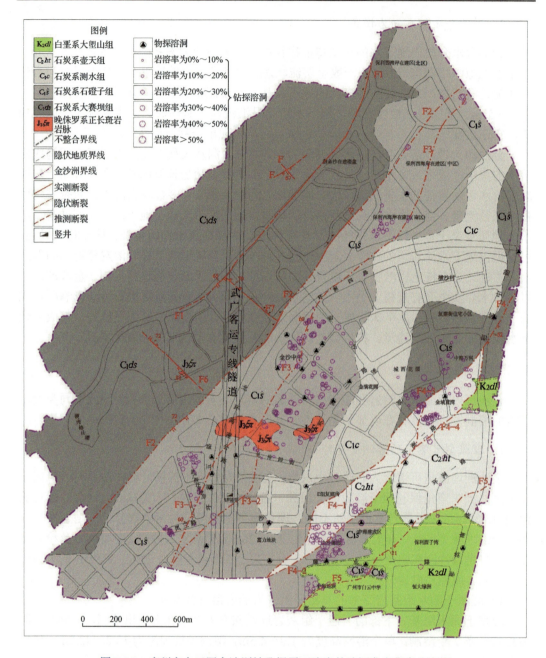

图 7.3.2　广州市白云区金沙洲钻孔揭露可溶岩的溶洞发育程度分布图

根据金沙洲埋藏型灰岩分布地段的地质钻孔资料，可以发现埋藏型灰岩分布区域沿边缘地带宽约为 100m 范围内的钻孔见洞率为 43.75%～75%，而中部的钻孔见洞率为 11%～33.33%，说明埋藏型灰岩边缘地带的岩溶发育程度明显强于中部一带。沿埋藏型灰岩的边缘地带，遇溶洞钻孔的单孔岩溶率一般大于等于 10%，仅少量钻孔的单孔岩溶率为 3%～10%，如沙贝村的 ZK7021 孔，单孔岩溶率为 28.8%，又如横沙村的 ZK4005 孔，单孔岩溶率为 7.62%。钻探揭露金沙洲中部地带的埋藏型灰岩的溶洞以单层溶洞为主；边缘地带灰岩的溶洞以多层溶洞为主，且连通性较好，如 ZK7021 孔，钻探揭露出 4 层溶洞，钻进时出现严重漏水现象。埋藏型可溶岩的溶洞分布及发育程度如图 7.3.2 和表 7.3.3 所示。

表 7.3.3　广州市白云区金沙洲可溶岩的溶洞发育程度

岩溶发育类型	揭露地层类型	见洞钻孔数	揭露溶洞总数	溶洞顶板埋深/m	溶洞底板埋深/m	溶洞高度/m	单孔岩溶率/%	溶洞充填情况		
								无充填 个/%	半充填 个/%	全充填 个/%
埋藏型岩溶	石磴子组，上伏测水组	4	7	18.2~42.0	20.1~44.7	1.0~4.5	3.83~28.8	0	5/71.4	2/28.6
	石磴子组，上伏大塱山组	8	12	23.0~46.7	24.0~53.0	1.0~6.3	2.22~13.25	4/33.3	6/50.0	2/16.7
隐伏型岩溶	石磴子组	390	606	8.0~64.55	9.1~64.85	0.2~17.95	0.4~52.58	216/35.6	273/45.1	117/19.3
	壶天组	63	92	11.9~55.4	14.8~56.4	0.4~7.9	2.53~18.54	33/35.9	36/39.1	23/25.0
	大塱山组	10	12	13.5~39.72	17.7~43.87	0.9~4.35	1.85~8.9	4/33.3	4/33.3	4/33.3

2. 隐伏型可溶岩的溶洞发育特征

金沙洲区内的隐伏型可溶岩主要沿荣基里—新社区—金沙洲北部及金沙洲南部的金域蓝湾一带分布，岩性可分为石炭系石磴子组灰岩、石炭系壶天组灰岩和白垩系大塱山组泥质粉砂岩。隐伏型可溶岩的溶洞发育程度如图 7.3.2 和表 7.3.3 所示。

1）隐伏石磴子组灰岩的溶洞发育程度

隐伏石磴子组灰岩分布于荣基里—新社区—金沙洲北部及富力地块和金域蓝湾一带，面积约为 3.0km^2，占可溶岩面积的 75%，占金沙洲总面积的 36.3%，是金沙洲内分布最广泛的可溶岩。隐伏石磴子组灰岩揭露溶洞的 390 个钻孔共揭露溶洞 606 个，其中位于中海金沙馨园北侧的 ZK1009 钻孔，揭露到最大溶洞高度为 17.95m，金沙中学（K462 孔）、中海金沙馨园（K603 孔）各有一孔揭露单个溶洞高度为 14.6m。绝大部分溶洞埋深在 50m 深度内，50~60m 深度范围岩溶发育已明显减弱，仅 ZK3013 钻孔岩溶发育深度超过 60m，揭露溶洞埋深为 64.55~64.85m。溶洞顶板埋深为 8.0~55.60m；溶洞底板埋深为 9.1~57.75m。揭露 3 层（含 3 层）以上溶洞的钻孔有 49 个，占石磴子组灰岩揭露溶洞钻孔总数的 12.6%。共有 34 个钻孔揭露 36 个溶洞洞高大于等于 5m，占石磴子组灰岩揭露溶洞钻孔总数的 5.94%，该类溶洞集中分布于金沙洲南部的中海金沙馨园一带，其区内洞高大于等于 5m 的溶洞有 11 个，占该类溶洞总数的 30.56%。据统计，隐伏石磴子组灰岩揭露溶洞的 390 个钻孔中有 205 个钻孔揭露首层溶洞的顶板厚度小于等于 1.0m，占 52.56%，这些顶板较薄的溶洞，在上部荷载的作用下或在地质环境条件发生变化时，溶洞的顶板容易发生剪切破坏，对其上部建（构）筑物，特别是采用预应力管桩基础的建（构）筑物以及地面居住和活动的人员安全构成极大的威胁。隐伏石磴子组灰岩的钻孔钻进过程不论是否遇见溶洞，均出现轻微或严重漏水现象，说明区内洞隙的连通性好。揭露的 606 个溶洞中有 216 个溶洞为无充填的空洞，占溶洞总数的

35.64%；有 273 个溶洞为半充填，占溶洞总数的 45.05%；其余 117 个溶洞为全充填，占溶洞总数的 19.31%。溶洞以半充填或无充填为主，全充填溶洞相对较少，石磴子组灰岩溶洞的活动性较强。

2）隐伏壶天组灰岩的溶洞发育程度

隐伏壶天组灰岩分布于金沙洲大桥西端，包括源林花园、向南街 2-238 号及其南侧的武广客运专线拆迁复建房、环洲一路和环洲二路部分地段，面积约为 0.466km^2，占可溶岩面积的 11.65%，占金沙洲总面积的 5.6%。隐伏壶天组灰岩分布地段共有 63 个钻孔揭露到溶洞，共揭露出溶洞 92 个，单个溶洞高度为 0.4～7.9m。揭露溶洞的顶板埋深为 11.9～55.4m，底板埋深为 14.8～56.4m。揭露 3 层（含 3 层）以上溶洞的钻孔有 13 个，占揭露溶洞钻孔总数的 20.63%。共有 7 个钻孔揭露 7 个溶洞洞高大于等于 5m，占揭露溶洞总数的 7.61%。据统计，在揭露溶洞的 63 个钻孔中，其中有 29 个钻孔揭露首层溶洞的顶板厚度小于等于 1.0m，占揭露溶洞钻孔总数的 46.03%。揭露的 92 个溶洞中有 33 个为无充填的空洞，占溶洞总数的 35.87%；36 个溶洞为半充填，占溶洞总数的 39.13%；23 个溶洞为全充填，占溶洞总数的 25%。溶洞以半充填及空洞为主，全充填溶洞次之，壶天组灰岩溶洞的活动性中等。

3）隐伏大塱山组粉（细）砂岩的溶洞发育程度

隐伏大塱山组粉（细）砂岩小面积分布于金沙洲东南角与佛山南海黄岐交界地段，面积约 0.565km^2，占可溶岩面积的 14.1%，占金沙洲总面积的 6.84%。隐伏大塱山组粉砂岩的局部岩石钙质含量高，经地下水的长期作用容易被溶蚀，产生溶洞。隐伏大塱山组粉（细）砂岩的岩溶发育程度极不均匀，溶蚀洞隙多发育于大塱山组粉（细）砂岩与石磴子组及壶天组灰岩接触带，单个溶洞的洞高为 0.9～4.35m，单孔岩溶率（按揭露深度 60m 统计）范围为 1.85%～8.9%，局部为 10.45%～12.4%。溶洞顶板埋深为 13.5～39.72m，溶洞底板埋深为 17.7～43.87m。钻探揭露的溶洞以单层溶洞为主，个别为 2 层溶洞，揭露的 12 个溶洞中无充填溶洞有 4 个、半充填溶洞有 4 个、全充填溶洞有 4 个，分别占揭露溶洞总数的 33.3%，说明溶洞的连通性较差。

参照有关调查规范，碳酸盐岩的岩溶发育强度分级标准，结合金沙洲岩溶塌陷地质灾害的发育密度、隧道抽排水量和钻孔涌水量等指标综合判断金沙洲可溶岩的岩溶发育程度分级见表 7.3.4，白垩系大塱山组粉（细）砂岩，岩溶发育程度属弱发育等级，石炭系的石磴子组灰岩及壶天组灰岩，岩溶发育程度总体为中等—强发育等级，且受断裂构造的影响，岩溶洞隙常呈串珠状产出，连通性和开口性好。

3. 溶洞分层发育特征

对金沙洲 472 个遇洞钻孔的溶洞分层情况进行统计分析，得到揭露不同溶洞钻孔与层数的统计直方图如图 7.3.3 所示。从图 7.3.3 中可以发现，金沙洲钻孔揭露出的溶洞以单层为主，有 323 个钻孔揭露单层溶洞，占全部遇洞钻孔的 68.4%；揭露 2 层溶洞的钻孔数为 88 个，占全部遇洞钻孔的 18.6%；揭露 3 层溶洞的钻孔数为 36 个，占全部遇洞钻孔的 7.6%；钻孔最多揭露到 7 层溶洞，揭露 4 层以上溶洞的钻孔数为 25 个，占全部遇洞钻孔的 5.3%。

表 7.3.4　广州市白云区金沙洲可溶岩的岩溶发育程度分级

可溶岩类别	岩溶发育程度分级指标					综合判定岩溶发育强度等级
	岩溶塌陷密度/（个/km²）	单孔岩溶率/%	钻孔见洞率/%	武广隧道抽排水量/（m³/d）	钻孔单位涌水量/[L/（s·m）]	
石磴子组灰岩	7	0.4～52.58	76.9	2000～3200（1#竖井）及900～6500（2#竖井）	0.4～2.7	中等及强发育为主，个别地段弱发育
壶天组灰岩	无	2.53～18.54	60		0.093～1.26	中等及强发育为主，个别地段弱发育
大塱山组砂岩	无	1.85～12.40	0～14.28		0.012～0.099	弱发育

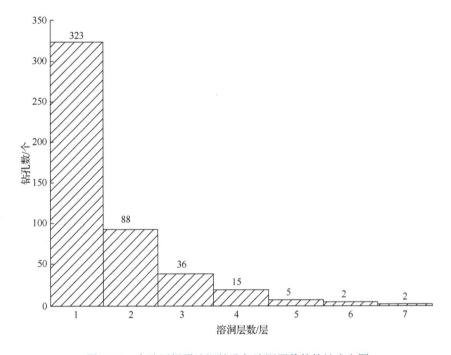

图 7.3.3　金沙洲揭露溶洞钻孔与溶洞层数的统计直方图

7.3.3　岩溶发育基本规律

1. 岩溶平面发育特征

根据金沙洲埋藏型可溶岩和隐伏型可溶岩的岩溶发育程度，对比金沙洲可溶岩的溶洞发育程度分布图（图 7.3.2），可以发现金沙洲岩溶发育程度具有如下平面分布特征。

（1）金沙洲岩溶主要分布于石炭系的石磴子组灰岩及石炭系的壶天组灰岩中，白垩系大塱山组粉（细）砂岩分布地段仅少量分布。参与统计分析的全部 689 个岩溶洞隙，有 677 个分布于石磴子组灰岩和壶天组灰岩内，占遇溶洞钻孔总数的 98.3%，仅 12 个分布于大塱山组粉（细）砂岩内，占遇溶洞钻孔总数的 1.7%。

（2）金沙洲隐伏岩溶发育受断裂构造控制明显，沿断裂构造两侧各 100m 范围内，岩溶发育程度明显强于外部（图 7.3.2）。

（3）埋藏型石磴子组灰岩边缘地带、石磴子组及壶天组灰岩与大塱山组粉（细）砂岩接触带，是岩溶较发育部位。

（4）岩溶洞隙的平面分布呈不均匀状态，特别是断裂构造应力集中部位，岩溶相对发育，常出现集中成群发育的特点（图7.3.2）。如中海金沙馨园、向南街 2-238 号南侧武广拆迁复建房及金域蓝湾西南角等断裂构造应力集中部位，岩溶洞隙呈较明显的集中分布。

2. 岩溶纵向发育特征

对金沙洲 472 个揭露溶洞的钻孔资料进行统计分析，可以发现各类可溶岩的纵向岩溶率及岩溶发育程度具有如下发育特征。

1）石磴子组灰岩纵向岩溶率

除个别洞隙外，金沙洲石磴子组灰岩全部岩溶洞隙的纵向分布高程为 -0.09～-49.50m，埋深为 8.0～57.75m，岩溶发育程度随埋深相差悬殊。根据金沙洲石磴子组灰岩地层的钻孔纵向岩溶率统计直方图（图 7.3.4），从纵向上看，石磴子组灰岩的岩溶以强发育等级为主，自上而下岩溶发育强度显现出逐渐减弱的趋势。大致可划分为特强发育（0～-8m 高程段）、强发育（-8～-36m 高程段）和中等发育（-36～-50m 高程段）等三个主要的岩溶垂直发育带，-50m 高程以下岩溶不发育，岩溶率从 35.43% 逐渐减弱至 0，呈现出连续递减的特征。

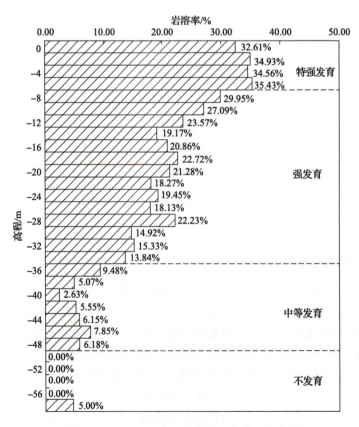

图 7.3.4　石磴子组灰岩纵向岩溶率统计直方图

2)壶天组灰岩纵向岩溶率

金沙洲壶天组灰岩的纵向岩溶发育高程为-4.9~-48.31m,埋深为11.9~56.4m,岩溶发育程度随埋深相差明显。根据金沙洲壶天组灰岩地层的钻孔纵向岩溶率统计直方图(图7.3.5),壶天组灰岩的纵向岩溶率总体上呈现上强下弱的态势,岩溶率范围值为3.89%~45.76%。从纵向上看,岩溶发育强度大致可划分为三个发育带,其中第一发育带高程为-4~-28m,为岩溶特强发育带,但带内岩溶发育状况参差不齐;第二发育带高程为-36~-42m,为岩溶强发育带,岩溶率从上往下由30.12%急剧递减至11.58%,第一带与第二带之间岩溶不发育,两带之间界线明显;第三发育带高程为-44~-48m,为岩溶中等发育带,带内岩溶发育程度呈现出上部强下部弱的特征,第三发育带与第二发育带之间,岩溶不发育,界限分明。

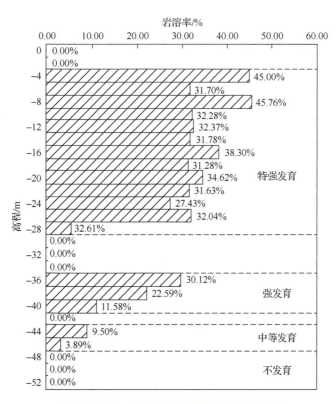

图7.3.5 壶天组灰岩纵向岩溶率统计直方图

3)大塱山组砂岩纵向岩溶率

金沙洲大塱山组可溶性粉(细)砂岩的纵向岩溶发育高程为-4.86~-38.32m,埋深为13.5~43.87m。根据金沙洲大塱山组可溶岩地层的钻孔纵向岩溶率统计直方图(图7.3.6),参照灰岩的岩溶发育强度划分标准,大塱山组粉(细)砂岩纵向岩溶率总体呈强发育等级。从图7.3.6可以看出,纵向上大塱山组粉(细)砂岩大致可划分为四个强发育带,其中第一发育带高程为-4~-8m,第二发育带高程为-16~-24m,二者都为岩溶强发育带,第一发育带与第二发育带之间除靠近强发育带的顶底面处局部岩溶过渡至中等发育外,中间段岩溶不发育，带与带之间界限明显；第三发育带高程为-30～-32m，也为岩溶强发育带，第二带与第三带之间岩溶基本不发育，界线分明；第四发育带高程为-34～-40m，为岩溶强至特强发育带，带内岩溶发育强度为上部强下部弱，呈跳跃式递减的态势，第四发育带与第三发育带之间岩溶不发育，界限分明；高程-40m以下岩溶不发育。

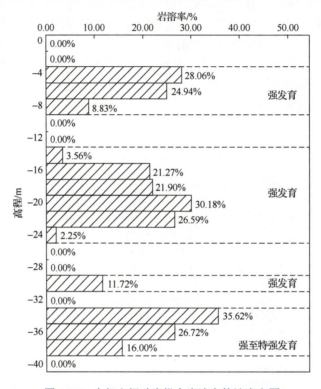

图 7.3.6　大塱山组砂岩纵向岩溶率统计直方图

从整体上看，广州市白云区金沙洲区内的石磴子组灰岩和壶天组灰岩的纵向岩溶发育强度随深度的增加而呈递减态势；大塱山组粉砂岩由于可溶岩的组成分布不均匀，其纵向岩溶发育强度的规律性不明显。

7.3.4　土洞发育特征

金沙洲一带岩溶的溶蚀作用主要受地层、构造和裂隙的控制，溶沟、溶槽的发育特征及规模具有沿断裂或裂隙密集带扩大的特点。溶蚀裂隙通过与之相连的地下溶洞，经地下水长期的水力作用，把溶蚀裂隙上覆土层中的土颗粒带离溶沟、溶槽，使之能不断接受新的物质，并逐渐于上覆土层内形成土洞，并发展扩大，产生岩溶塌陷。土洞是潜在的塌陷源，所有隐伏岩溶地带的土层塌陷都要经过土洞的孕育、扩展，直到顶板失稳陷落，即有溶洞→土洞→塌陷的演变过程，因此，凡是有土洞的隐伏岩溶地面覆盖层都存在塌陷的威胁。垂向上土洞多发育于岩土层交界面或地下水位变动带内，土洞不断地向上扩展或侧向发育，在地下水流、气流、重力等作用下即可发生岩溶塌陷。岩溶地带下伏基岩面的溶蚀裂隙越发育，就越有利于上覆土层中土洞、塌陷的形成。

1. 土洞形成发育特征

据金沙洲地质钻探及收集钻孔的统计结果,金沙洲区内有 81 个钻孔揭露到 82 个土洞,钻探遇土洞率约 2.84%,其土洞分布图如图 7.3.7 所示。土洞洞高 0.25~12.93m,平均洞高 3.28m,土洞的大小相差悬殊。洞高大于等于 3m 的土洞有 39 个,约占揭露土洞总数的 47.6%,这些规模较大的土洞,一旦发生塌陷,其破坏性更严重。揭露的 82 个土洞中土洞顶板埋深为 3.0~37.4m,底板埋深为 3.3~40.7m,土洞顶板最小埋深仅 3.0m,

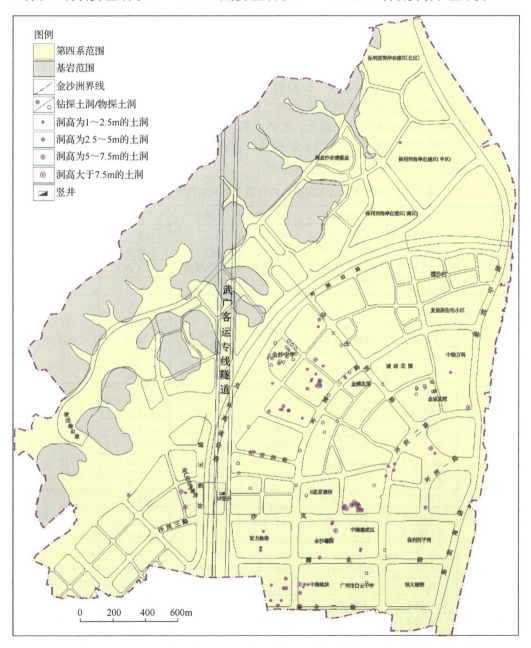

图 7.3.7 广州市白云区金沙洲钻孔及物探揭露的土洞分布图

顶板厚度小于等于 10m 的土洞共有 19 个，占揭露土洞总数的 23.45%，这些埋藏较浅的土洞，容易受地下水波动变化的影响，发生岩溶塌陷的几率更高。金沙洲全部遇土洞的钻孔揭露的土洞以单层土洞为主，仅一个钻孔见双层土洞。揭露的 82 个土洞中有 61 个土洞分布于隐伏石磴子组灰岩分布区，占土洞总数的 74.4%，有 21 个土洞分布于壶天组灰岩分布区，占土洞总数的 25.6%。金沙洲区内土洞发育特征具有以下特点。

（1）地下水剧烈波动是形成土洞的直接原因。例如，金沙洲地下水位未出现剧烈波动前，广州金沙中学 2007 年 3 月施工 76 个钻孔，未揭露到土洞；2009 年 5 月施工的 16 个钻孔，揭露到 2 个土洞，钻探遇土洞率为 12.5%，揭露土洞顶板最大埋深为 34.8m，金沙中学地段土洞的发育是由 2007 年 8 月以后地下水动态持续剧烈波动所致。

（2）临界渗透坡降越小的土体，越有利于土洞的形成。金沙洲覆盖于隐伏灰岩之上的第四系残积土体主要是灰岩风化残积粉质黏土或测水组粉砂质泥岩风化残积粉质黏土。根据土体临界渗透坡降试验结果（表 7.3.5），金沙洲区内的残积粉质黏土的临界渗透坡降明显小于冲积成因的粉质黏土，土体小颗粒更易被水流带走，也就是说灰岩顶面覆盖灰岩的风化残积粉质黏土或测水组粉砂质泥岩风化残积粉质黏土的地段比覆盖冲积成因粉质黏土的地段更有利于土洞的形成。

表 7.3.5　金沙洲第四系覆盖层内松散土体的临界渗透坡降试验结果

取样钻孔	样品编号	取样深度/m	土样名称	土体成因	临界渗透坡降	临界渗透坡降区间
ZK13	ZK13-3	11.75～11.95	粉质黏土	测水组风化残积	0.79	0.40～0.79
	ZK13-4	11.75～11.95			0.79	
	ZK13-5	11.75～11.95			0.79	
	ZK13-6	11.75～11.95			0.40	
ZK26	ZK26-1	15.65～15.85	粉质黏土（角砾土）	灰岩风化残积	0.40	0.40～0.79
	ZK26-2				0.40	
	ZK26-3				0.79	
	ZK26-5				0.40	
	ZK26-6				0.40	
ZK27-1	ZK27-1-1	9.25～9.4	粉质黏土（角砾土）	灰岩风化残积	0.40	0.40
	ZK27-1-2				0.40	
	ZK27-1-3				0.40	
	ZK27-1-4	10.0～10.2			0.40	
	ZK27-1-5				0.40	
	ZK27-1-6				0.40	
ZK27-2	ZK27-2-7	11.0～11.2	粉质黏土（角砾土）	灰岩风化残积	0.40	0.40～0.79
	ZK27-2-8				0.79	
	ZK27-2-9				0.40	
ZK21	ZK21-7	9.75～9.95	粉质黏土	冲积	1.59	0.79～3.57
	ZK21-8				3.57	
	ZK21-9				0.79	
ZK24	ZK24-7	9.8～10.0	粉质黏土	冲积	1.98	1.98～2.78
	ZK24-8	9.8～10.0			2.38	
	ZK24-9	9.8～10.0			2.78	

（3）土洞的发育程度与土体的性质有关。据统计结果，金沙洲钻孔揭露到的 82 个

土洞内可见 2 个发育于淤泥或淤泥质土层内,占土洞总数的 2.5%;7 个发育于砂层,占土洞总数的 8.6%;其余 73 个均发育于粉质黏土层中,占土洞总数的 87.8%。由此可见,当灰岩顶面之上覆盖淤泥或淤泥质土层时,形成土洞的可能性较小;而灰岩顶面之上覆盖粉质黏土,特别是残积成因的粉质黏土时,最有利于土洞的形成,砂层次之。

(4) 金沙洲覆盖层内的土洞是其下部岩溶与地下水交替作用下的产物。金沙洲钻孔揭露到的 82 个土洞内有 61 个土洞的底板直接坐落于灰岩顶面之上,占土洞总数的 74.4%;其中 28 个土洞的正下方直接揭露 1~3 层溶洞,约占土洞总数的 34.2%。

(5) 金沙洲覆盖层内的土洞动态演变过程和活动性较强。从揭露的土洞充填情况来看,有 49 个土洞为半充填,占土洞总数的 59.6%;30 个土洞为空洞,占土洞总数的 36.9%;3 个土洞为全充填,占土洞总数的 3.66%。土洞以半充填或空洞为主,土洞钻进过程漏水现象严重,说明土洞的动态演变和活动性较强。

2. 土洞空间分布特征

根据金沙洲土洞的形成发育特点,可以认识到金沙洲区内第四系覆盖层的土洞空间分布具有如下特征。

(1) 隐伏灰岩分布地段的土洞发育密集(图 7.3.7),但土洞的平面分布不均匀。金沙洲东侧隐伏分布的石炭系石磴子组灰岩、壶天组灰岩,岩溶发育程度总体属中等—强发育等级,岩溶洞隙连通性好,洞隙的开口性好,为土洞发育奠定了基础;受人类工程活动的影响,前期金沙洲内地下水的波动剧烈,造成隐伏灰岩分布地段的上覆第四系松散土体内土洞普遍发育,但土洞的发育程度与第四系松散土体的性质密切相关。分析结果表明,当灰岩顶面之上直接覆盖淤泥或淤泥质土层时,土洞的空间分布稀疏;而灰岩顶面之上直接覆盖粉质黏土,特别是残积成因的粉质黏土时,土洞的空间分布密集。

(2) 隐伏溶沟、溶槽及地下水降落漏斗部位的土洞较发育。隐伏溶沟、溶槽及地下水降落漏斗成为地下水的良好通道,为土洞的发育提供了极为有利的条件。

(3) 断裂构造应力集中部位的土洞特别发育,断裂构造应力集中部位,岩溶发育程度高,地下水的波动有利于土洞的形成。金沙洲浔峰断裂南段分支断裂 F3-1 与 F3-2 包围的区域及沙贝断裂的分支断裂 F1-1 与 F1-2 包围区域等应力集中部位的土洞发育密集。

(4) 金沙洲中部及南部的土洞较北部密集。现已发现的土洞主要分布于金沙洲南部平原地带,北部仅少量分布;从总体上看,金沙洲上游地下水补给区的岩溶发育程度相对较弱,钻孔只揭露到 1 个土洞,仅占揭露土洞总数的 1.2%;下游地下水径流和排泄区的岩溶发育程度相对较强,钻孔揭露其覆盖层内松散土体中发育有土洞 81 个,占揭露土洞总数的 98.8%。

7.4 金沙洲岩溶塌陷地质灾害发育特征

7.4.1 岩溶塌陷发育特征

2007 年 7 月 14 日,由于武广客运专线金沙洲段隧道施工时集中抽排地下水活动,引起隧道顶部第四系覆盖层及周边地带的地下水位急剧下降,导致金沙洲一带发生第一次岩溶塌陷(T1),地面塌陷坑位于武广客运专线金沙洲段隧道上方 1# 竖井北侧约 55m

处，随后又引发多处岩溶塌陷地质灾害，并伴生大量的地面沉降及变形。截至 2012 年 12 月底，金沙洲区域内累计发生 24 处岩溶塌陷（图 7.4.1～图 7.4.25）。岩溶塌陷活动呈现出以金沙洲隧道 1# 竖井为起点，沿隧道走向，由近及远逐步发展的过程。广州市白云区金沙洲岩溶塌陷的基本发育特征如下。

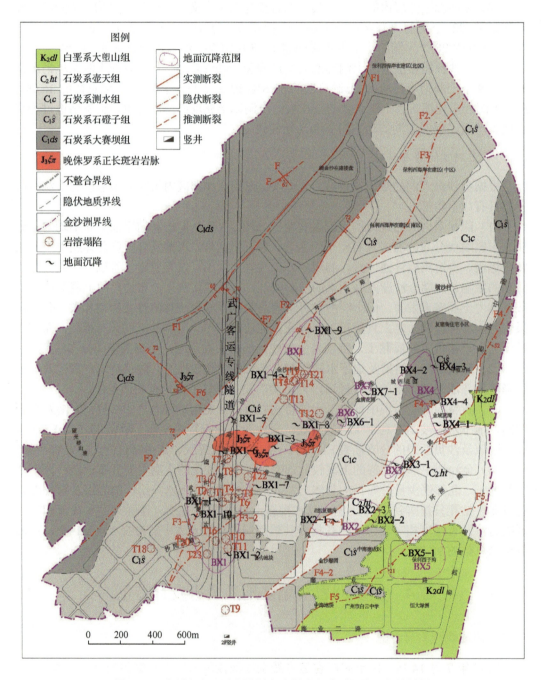

图 7.4.1 广州市白云区金沙洲岩溶塌陷和地面沉降工程地质图

图 7.4.2　金沙洲隧道 1# 竖井北侧 55m
岩溶塌陷（T1）

图 7.4.3　金沙洲隧道 1# 竖井西北侧 150m 处
岩溶塌陷（T2）

图 7.4.4　金沙洲隧道 1# 竖井西北侧 180m 处
岩溶塌陷（T3）

图 7.4.5　隧道 1# 竖井西北侧凤岗园艺场
岩溶塌陷（T3）

图 7.4.6　金沙洲隧道 1# 竖井北侧垃圾压缩站
岩溶塌陷（T4）

图 7.4.7　爱轩服饰有限公司门前
岩溶塌陷（T5）

图 7.4.8　金沙洲隧道 1#竖井北东 90m 处岩溶塌陷（T6）

图 7.4.9　金沙洲隧道 DK2194+906 处岩溶塌陷（T7）

图 7.4.10　金沙洲小学北东侧道路中间岩溶塌陷（T8）

图 7.4.11　广佛高速浔峰洲入口匝道处岩溶塌陷（T9）

图 7.4.12　西环高速东侧沙凤一路岩溶塌陷（T10）

图 7.4.13　沙凤村凤岐里 6 巷 13 号门前岩溶塌陷（T11）

第 7 章 岩溶塌陷监测预警研究

图 7.4.14　金沙中学东南角围墙处岩溶塌陷（T13）

图 7.4.15　金沙中学 1#教学楼南侧 5m 处岩溶塌陷（T14）

图 7.4.16　金沙中学 1#教学楼南侧 8m 处岩溶塌陷（T15）（一）

图 7.4.17　金沙中学 1#教学楼南侧 8m 处岩溶塌陷（T15）（二）

图 7.4.18　沙凤一路西环高速高架桥处岩溶塌陷（T16）

图 7.4.19　金沙洲新社区 3 号路箱涵底部岩溶塌陷（T17）

图 7.4.20　金沙洲新社区 3 号路箱涵顶部道路路面错落（T17）

图 7.4.21　金沙洲新社区礼传三街道路中段岩溶塌陷（T18）

图 7.4.22　金沙中学 $2^{\#}$ 教学楼东南角岩溶塌陷（T21）（一）

图 7.4.23　金沙中学 $2^{\#}$ 教学楼东南角岩溶塌陷（T21）（二）

图 7.4.24　金沙小学公共厕所绿化带岩溶塌陷（T22）

图 7.4.25　浔峰洲收费站西北 100m 处岩溶塌陷（T23）

（1）2007 年 7 月 14 日，武广客运专线金沙洲隧道 $1^{\#}$ 竖井北侧约 55m 处发生岩溶塌陷（T1）。塌陷坑口平面近圆形，直径约为 6m，深为 3~4m，剖面呈漏斗状，坑内干涸，塌陷处第四系覆盖层厚度为 9.45m。岩溶塌陷引起广佛高速路面沉降约为 0.05m 及混凝土路面底部悬空，损坏混凝土路面的面积约为 300m^2，直接经济损失约为 16 万元。

（2）2007 年 10 月 28 日，武广客运专线金沙洲隧道 1$^\#$竖井西北侧约为 150m 处发生岩溶塌陷（T2）。塌陷坑位于广佛高速西侧苗圃处，坑口平面呈椭圆形，长轴为 3.0m，短轴为 2.4m，深为 0.8m，剖面呈竖井状，坑内干涸。岩溶塌陷造成苗圃地面开裂，地表水渗漏严重，苗木缺水致死，毁坏农田约为 200m^2，直接经济损失约为 3 万元。塌陷处第四系覆盖层厚度为 9.50m，塌陷时地下水位埋深为 10.44m，地下水位下降速率为 1.05m/d。

（3）2007 年 11 月 7 日，武广客运专线金沙洲隧道 1$^\#$竖井西北侧约为 180m 处发生岩溶塌陷（T3），形成两个塌陷坑。塌陷坑位于广佛高速西侧凤岗村园艺场内，坑口平面近椭圆形，长轴分别为 3.2m 和 3.8m，短轴均为 2.7m，深为 1.3~2.5m，剖面呈竖井状，一个塌陷坑内充满水，另一个塌陷坑干枯。岩溶塌陷造成花苗沉入坑内遭水淹没，毁坏农田约为 100m^2，直接经济损失约为 1.5 万元。塌陷处第四系覆盖层厚度为 11.2m，塌陷时地下水位埋深 10.42m。

（4）2007 年 11 月 8 日，武广客运专线金沙洲隧道 1$^\#$竖井北侧约 60m 处金沙街垃圾压缩站发生岩溶塌陷（T4）。塌陷坑口平面近长方形，长为 4.0m，宽为 3.5m，深为 1.2m，剖面呈竖井状。岩溶塌陷发生前地面出现裂缝，缝宽为 0.5cm，塌陷致使裂缝间距增大至 1.0~2.0cm，并延伸至室内地面，造成水泥地板损坏、房屋及地面开裂，垃圾压缩站墙壁出现细小斜裂缝。岩溶塌陷损坏建筑物面积约为 200m^2，直接经济损失约为 20 万元。塌陷处第四系覆盖层厚度为 10.4m，塌陷时地下水位埋深为 13.0m，地下水位下降速率为 0.51m/d。

（5）2007 年 11 月 9 日，金沙洲传芳小学西侧爱轩服饰有限公司发生岩溶塌陷（T5）。塌陷坑口平面近圆形，直径约为 5m，深为 0.05m，剖面呈蝶状。岩溶塌陷造成工厂门前沉陷，混凝土地面底部悬空，直接经济损失约 1 万元。

（6）2007 年 11 月 18 日，武广客运专线金沙洲隧道 1$^\#$竖井北东约 90m 处发生岩溶塌陷（T6）。塌陷坑口平面近长方形，长为 4.0m，宽为 3.5m，深为 1.0m，剖面呈漏斗状。岩溶塌陷发生前塌陷坑北东侧与之相距约为 5m 的一幢四层厂房内地面出现明显的不均匀沉降，靠近塌陷坑一侧的台阶出现 4 条裂缝，裂缝近水平展布，长为 3~9.2m，宽为 1~4cm。岩溶塌陷损坏水泥路面的面积约为 100m^2，造成路面沉陷、开裂，直接经济损失约 12 万元。塌陷处第四系覆盖层厚度为 10.5m，塌陷时地下水位埋深为 10.68m。

（7）2008 年 7 月 5 日，武广客运专线金沙洲隧道里程 DK2194+906 位置发生岩溶塌陷（T7）。塌陷坑口平面呈椭圆形，长轴为 15m，短轴为 10m，可见深度为 0.5m，塌陷坑剖面呈蝶状。岩溶塌陷影响范围的面积约 250m^2。

（8）2008 年 7 月 11 日，金沙洲新社区金沙洲小学北东侧路南辅道发生岩溶塌陷（T8）。塌陷坑口平面近圆形，直径为 2m，深为 1.5m，剖面呈竖井状，坑内无水。岩溶塌陷损坏沥青路面的面积约为 100m^2，直接经济损失约为 2 万元。塌陷处第四系覆盖层厚度为 11.2m，岩溶塌陷发生前路面出现沉降，塌陷时地下水位埋深为 18.47m，地下水位下降速率为 0.38m/d。

（9）2008年8月23日，广佛高速浔峰洲入口匝道路面发生岩溶塌陷（T9）。塌陷坑口平面近长方形，长为8m，宽为8m，深约为10m，剖面呈竖井状。岩溶塌陷损坏水泥路面的面积约1 200m²，毁坏收费站护栏，塌陷导致环城高速3条车道及浔峰洲入口匝道封闭30d，直接经济损失约为178万元。岩溶塌陷位于武广客运专线金沙洲隧道施工掌子面正上方21m处，由于隧道开挖施工遇到大型溶洞，直接挖通洞隙，造成第四系覆盖层的软弱土体垮塌，进而于隧道拱脚处形成突泥涌水，最终于隧道掌子面顶部地面发生塌陷。

（10）2008年9月7日，金沙洲沙凤一路西环高速东侧路面发生岩溶塌陷（T10）。塌陷坑口平面近圆形，直径约为18m，深为5m，剖面呈竖井状。岩溶塌陷位置位于武广客运专线金沙洲隧道施工掌子面上方，也是由于隧道开挖施工时揭穿溶洞，造成隧道内发生突泥涌水，最终于隧道掌子面顶部地面发生塌陷。塌陷坑旁地面出现环形裂缝及纵向裂缝，有11间房屋墙体出现裂缝，缝宽为1~10mm，地面最大沉降量约为20cm。岩溶塌陷直接损坏沥青路面及地面的面积约为800m²，毁坏建筑物面积约为660m²，造成沥青路面沉陷，一辆小汽车掉入塌陷坑内，司机受轻伤，塌陷事故导致道路封闭，损坏房屋11间，直接经济损失约为182万元。

（11）2008年10月1日，金沙洲沙凤村凤岐里6巷13号门前发生岩溶塌陷（T11）。塌陷坑口平面近长方形，长为1.5m，宽为0.8m，深约为1.8m，剖面呈坛状，坑内充水。岩溶塌陷发生前6巷13号一层房屋墙壁出现斜裂缝，缝宽为1~5mm。岩溶塌陷损坏建筑物的面积约为60m²，直接经济损失约为6万元。

（12）2008年12月26日，金沙洲新社区环洲三路惠风二巷3号楼东侧发生岩溶塌陷（T12）。塌陷坑口平面呈椭圆形，长轴为2.5m，短轴为2.0m，深为5.0m，剖面呈坛状。岩溶塌陷毁坏绿化草坪面积约为30m²，直接经济损失约为8 000元。

（13）2009年1月1日，金沙洲金沙中学东南角围墙处发生岩溶塌陷（T13）。塌陷坑口平面呈椭圆形，长轴为5m，短轴为2.0m，深为3.0m，剖面呈竖井状。岩溶塌陷损坏路面的面积约为50m²，造成路基沉陷，直接经济损失约为1万元。

（14）2009年4月14日，金沙洲金沙中学1号教学楼南侧相距约为5m处发生岩溶塌陷（T14）。塌陷坑口平面近椭圆形，长轴为3.5m，短轴为2.0m，深为2.0m，剖面呈竖井状，坑内无水。岩溶塌陷毁坏草坪约50m²，直接经济损失约为7 500元。

（15）2009年6月4日，金沙洲金沙中学1号教学楼南侧约为8m处与校内道路（水泥路）相接部位发生岩溶塌陷（T15）。塌陷坑口平面近圆形，直径约为2.5m，深约为1.5m，剖面呈坛状，坑内干涸。岩溶塌陷毁坏草坪面积约为30m²，直接经济损失约为4 500元。

（16）2009年5月22日，金沙洲沙凤一路西环高速高架桥下方发生岩溶塌陷（T16）。塌陷坑口平面近圆形，直径约为5m，深约为0.5m，剖面呈蝶状。岩溶塌陷损坏沥青路面的面积约为100m²，造成道路封闭，直接经济损失约为2万元。

（17）2009年2月，金沙洲新社区3号路箱涵底部发生岩溶塌陷（T17）。塌陷坑口平面近圆形，直径约为3m，深为0.5m，剖面呈漏斗状。岩溶塌陷发生于箱涵底部，致使箱涵底板悬空，地表水沿塌陷坑全部流失，箱涵顶部地面出现多条裂缝，并发生不均匀沉降，沉降裂缝宽度为 1～5cm。岩溶塌陷毁坏箱涵顶部的混凝土地面，直接经济损失约为 15 万元。

（18）2009 年 6 月 1 日，金沙洲新社区礼传三街道路中间发生岩溶塌陷（T18）。塌陷坑口平面近圆形，直径约为 2m，深约为 2m，呈竖井状，洞内无水。岩溶塌陷损坏沥青路面的面积约 25m^2，造成下水道竖井坍塌，直接经济损失约 5 万元。

（19）2009 年 7 月 23 日，金沙洲金沙中学 2 号教学楼东侧礼传西街路面发生岩溶塌陷（T19）。塌陷坑口平面近长方形，长为 3.0m，宽为 1.5m，深约为 1.5m，剖面呈竖井状，洞内无水。岩溶塌陷损坏水泥路面的面积约 150m^2，直接经济损失约 3 万元。

（20）2009 年 8 月 3 日，金沙洲金沙街沙凤三路南侧人行道发生岩溶塌陷（T20）。塌陷坑口平面近长方形，长为 1.0m，宽为 0.6m，深约为 1.5m，剖面呈坛状，洞内无水。岩溶塌陷的直接经济损失约 5 000 元。

（21）2009 年 9 月 21 日，金沙洲金沙中学 2 号教学楼东南角发生岩溶塌陷（T21）。塌陷坑口平面近长方形，长为 1.5m，宽为 1.0m，深约为 3.5m，剖面呈竖井状，洞内无水。岩溶塌陷造成 2 号教学楼阶梯教室东南角地板悬空，教学楼预应力管桩基础及地梁外露，损坏水泥地面的面积约 50m^2，直接经济损失约 2 万元。

（22）2009 年 12 月 31 日，金沙洲小学教学楼与办公楼走廊中部公共厕所南侧绿化带发生岩溶塌陷（T22）。塌陷坑口平面近长方形，长为 5.9m，宽为 4.7m，深约为 2.1m，剖面呈竖井状，洞内充水。岩溶塌陷造成公共厕所及部分走廊的水泥地板悬空，地下排污管折断，损坏水泥地面的面积约为 150m^2，直接经济损失约 2.25 万元。

（23）2010 年 1 月 13 日，金沙洲浔峰洲收费站西北侧距离约为 100m 处发生岩溶塌陷（T23）。塌陷坑口平面近圆形，直径约为 5.0m，深约为 0.5m，剖面呈蝶状。岩溶塌陷损坏新建道路沥青路面的面积约为 100m^2，直接经济损失约 2 万元。

1. 岩溶塌陷空间分布特征

从整体上看，金沙洲发生的 24 处岩溶塌陷具有明显的空间分布规律，不仅受地层和岩性的控制，而且与可溶岩的岩性、覆盖层厚度、土体结构及金沙洲断裂构造等密切相关。

（1）从图 7.4.1 中可以看出，金沙洲发生的 24 处岩溶塌陷地质灾害全部位于隐伏石磴子组灰岩分布区的第四系覆盖层内。

（2）岩溶塌陷发育地段第四系覆盖土层厚度均小于 15m。分析金沙洲区内的综合地质调查、钻探及前期工程地质勘查资料，发现金沙洲所发生的 24 处岩溶塌陷发育地段的第四系覆盖土层厚度为 8.10～13.90m，全部小于 15m。

（3）岩溶塌陷地质灾害明显受断裂构造的控制，且多数岩溶塌陷主要分布于断裂构造的应力集中部位。金沙洲区内所发生的 24 处岩溶塌陷，其中有 19 处岩溶塌陷发育于浔峰断裂带及构造应力集中部位，占岩溶塌陷总数的 79.2%。浔峰断裂南端金沙洲隧道 1$^\#$竖井至金沙小学一带的应力集中部位，密集发育 15 处岩溶塌陷，占岩溶塌陷总数的 62.5%。

（4）岩溶塌陷地质灾害主要在武广客运专线金沙洲段隧道及隧道两侧 400m 范围内

分布，与隧道施工抽排地下水活动有关。武广客运专线金沙洲段隧道正上方地面共发生6处岩溶塌陷，占岩溶塌陷总数的25.0%；隧道两侧各100m范围内发生15处岩溶塌陷，占岩溶塌陷总数的62.5%。

（5）岩溶塌陷地质灾害与覆盖层物质组成特征有关。据地质调查及探测结果，约为88.9%的土洞发育于隐伏灰岩顶面之上覆盖层内的粉质黏土层，特别是残积粉质粘黏层，而砂层和淤泥层中土洞发育较少。因此，隐伏灰岩顶面之上覆盖层内的粉质黏土层，特别是残积粉质黏土层，与覆盖层内的砂层或淤泥层部位相比，更易发生岩溶塌陷。

2. 岩溶塌陷时间分布特征

对金沙洲岩溶塌陷活动进行统计分析，可以发现金沙洲岩溶塌陷活动具有明显的时间分布规律，岩溶塌陷时间分布特征主要受地下水的波动变化控制。

（1）地下水波动变化是金沙洲岩溶塌陷的主要触发因素，岩溶塌陷与地下水波动的范围、幅度及速度等密切相关。对地下水监测数据进行统计分析，发现基岩面地下水上下变化幅度为0.18~0.94m/d时，最容易发生岩溶塌陷。岩溶塌陷多发生于地下水的主要补给方向一带。

（2）2007年7月14日，位于武广客运专线金沙洲段隧道1#竖井北侧约55m处发生岩溶塌陷（T1），这是金沙洲发生的第一处岩溶塌陷，它就是因隧道施工抽排地下水，引起地下水位急剧下降而产生的；随后，隧道施工又陆续引发了西环高速与广佛高速交接部位西侧的两处岩溶塌陷（T2、T3）、沙凤村垃圾压缩站岩溶塌陷（T4）、新社区小学北东侧道路中间岩溶塌陷（T8）、沙凤一路西环高速东侧岩溶塌陷（T10）等岩溶塌陷地质灾害。

（3）据金沙洲地下水的动态监测资料，地下水位于2009年5月开始回升，且地下水位回升过程中，再次发生7处岩溶塌陷地质灾害，发生时间主要集中于2009年6月至2010年1月期间；充分说明金沙洲区内的地下水位恢复过程中，尤其是当地下水位恢复至灰岩顶板附近时，地下水的波动继续对基岩上覆第四系地层土体产生强烈的侵蚀破坏作用，进而产生新的土洞或使原有的土洞进一步扩展，导致岩溶塌陷活动持续发生。

7.4.2 地面沉降发育特征

2007年以前，金沙洲地面沉降地质灾害呈零星、点状分布，2007年下半年至2009年5月为金沙洲地面沉降地质灾害的高发期，金沙洲区内共发现7个地面沉降区域，其中有5个发生于这一时期。金沙洲地面沉降等值线图和发育特征统计见图7.4.26和表7.4.1，金沙洲地面沉降的最大量值为1 000mm左右，最大沉降点位于金沙洲新社区Ⅰ标段西侧的路南辅道。从整体上看，金沙洲地面沉降大致以金沙洲新社区Ⅰ标段西侧为中心，沿北东走向，由近及远逐步向外缓慢扩展，且主要分布于金沙洲区内的南东侧一带。

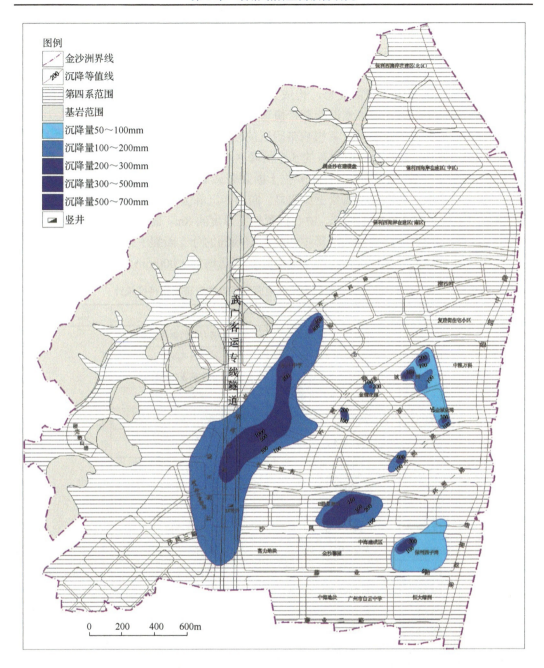

图 7.4.26　广州市白云区金沙洲地面沉降量等值线图

1. 地面沉降空间分布特征

从整体上看，金沙洲地面沉降具有明显的空间分布规律，主要受第四系覆盖层厚度、地下水位的变化强度、软土工程地质特征及金沙洲断裂构造展布特征的控制。

（1）地面沉降受断裂构造的影响。从地面沉降区域的空间分布特征来看，后期发育的 5 个沉降区分布于断裂带之上，其中新社区—浔峰洲收费站沉降区（BX1）沿浔峰断裂带延伸展布,向南街沉降区(BX2)、源林花园沉降区(BX3)和城西花园—金域蓝湾沉降区(BX4)均分布于沙贝断裂带内,保利西子湾沉降区(BX5)分布于F9断裂带内。早期发育的金满苑沉降区(BX6)和金满家园沉降区(BX7)内则未见断裂通过。由于断裂带部位的裂隙和岩溶发育,构成了金沙洲地下水的强迳流带,当隧道施工进行大降深抽排地下水时,地下水沿断裂带快速排泄,地下水的交替变化强烈,水力坡度大幅增大,造成分布于断裂带及其影响带附近的软土易发生地面沉降。比较图7.4.1和图7.4.2,可以发现,金沙洲后期发育的5个沉降区域地面沉降量等值线的展布方向与断裂构造走向基本一致,且沉降中心大多位于断裂带或断裂交汇部位,当断裂带之上分布厚层软土或膨胀土时,这一现象更加明显。向南街沉降区的沉降中心位于沙贝断裂的分支断裂F4-1与F4-2的交汇部位,中心位置软土厚度约8m,最大沉降量可达550mm;新社区—浔峰洲收费站沉降区的沉降中心位于浔峰洲的分支断裂F3-1与F3-2的交汇部位,且这一带软土的膨胀性强,沉降中心累计沉降量约为1 000mm。

表7.4.1 广州市白云区金沙洲地面沉降地质灾害发育特征统计

沉降区域	沉降点	发生时间	沉降位置	沉降面积/m²
BX1	BX1-1	2007年12月28日	隧道1#竖井北西侧约55m处	489 209.31
	BX1-2	2008年8月起	沙凤村凤岐里	
	BX1-3	2008年下半年起	新社区Ⅰ标段建构筑物	
	BX1-4	2008年8月以来	金沙中学	
	BX1-5	2009年3月17日	环城高速与广佛高速连接处	
	BX1-6	2009年5月10日	广佛高速浔峰洲收费站往广州方向约500m处	
	BX1-7	2007年以来	凤岗村西侧	
	BX1-8	2008年起	新社区Ⅱ标段	
	BX1-9	2008年起	新社区Ⅳ标段	
	BX1-10	2007年6月起	浔峰圩整村	
BX2	BX2-1	从2009年起加剧	沙凤新村复建房E组	68 284.8
	BX2-2	从2009年起加剧	沙凤新村复建房H组	
	BX2-3	从2009年起加剧	向南街2-238号	
BX3	BX3-1	从2009年起加剧	源林花园	8 226.54
BX4	BX4-1	2009年上半年	金域蓝湾南门前	62 639.73
	BX4-2	2009年上半年	城西花园	
	BX4-3	2008年10月27日	横沙路段	
	BX4-4	2011年年初以来	广大附中	
BX5	BX5-1	2009年	保利西子湾	79 962.4
BX6	BX6-1	20世纪90年代	金满苑	3 367.73
BX7	BX7-1	20世纪90年代	金满家园	4 323.81

(2)金沙洲区内7个地面沉降区域均发育于中部和南部,属地下水强径流区,这一区域内的地下水因武广高铁隧道施工抽排地下水曾发生剧烈波动。地面沉降区域内灰岩

的溶沟、溶槽发育，溶沟、溶槽是地下水良好的导水通道，当地下水位大幅波动时，溶沟、溶槽上覆的软弱土体易发生不均匀沉降。

（3）地面沉降地段均为厚层软土分布区。例如，金沙洲新社区—浔峰洲收费站沉降区域软土最厚为11.8m（原浔峰圩一带），平均厚度为5.2m；源林花园沉降区域软土最厚为12.7m，平均为11.2m；向南街沉降区域软土最厚为14.5m，平均为10.2m；城西花园—金域蓝湾沉降区域软土最大厚度为18.8m等，这些地段的软土厚度大，地面沉降严重。

（4）异常沉降与特殊性膨胀土有关。据工程地质调查及测试资料，金沙洲新社区Ⅰ标段西侧的路南辅道，是目前金沙洲区内沉降量最大的地段，其第四系覆盖层之下为正长斑岩的岩脉，上部风化强烈成土状，属膨胀性土，土层厚度大于65m，当金沙洲一带的地下水位下降之后，则易引起土体收缩出现异常沉降。

2. 地面沉降时间分布特征

2007年以前，金沙洲地面沉降地质灾害的活动强度较低，仅在城西花园及源林花园等地段出现少量的轻度沉降。自2007年下半年以来，金沙洲地面沉降活动明显加剧，城西花园（BX4）及源林花园（BX3）等原有地面沉降地段的沉降量加大，并于新社区—浔峰洲收费站（BX1）、向南街（BX2）及保利西子湾（BX5）等地段出现新的地面沉降。金沙洲地面沉降的发生主要受岩溶塌陷活动的控制，基本上伴随着岩溶塌陷动态演变的全过程。从地面沉降活动的时间演变特征来看，金沙洲地面沉降的发育过程经历了由慢（2007年6月以前）→快（2007年下半年至2009年底）→慢（2010年后）的过程，说明金沙洲地面沉降地质灾害加剧及集中发生的阶段性显著。2007年下半年至2009年，是金沙洲地面沉降活动的活跃期，区内的地面沉降点明显增多，沉降范围逐步扩大，共形成7个沉降区域，同期的岩溶塌陷活动强烈；2010年未发生地面沉降，2011年发生一起地面沉降；截至2012年12月，金沙洲区内累计发生地面沉降地质灾害21处（图7.4.1）。

7.5 金沙洲地下水渗流场数值模拟研究

采用FEFLOW系统（finite element subsurface flow system）作为金沙洲地下水渗流场数值模拟的计算软件。FEFLOW是由德国柏林水资源规划与系统研究所开发的一种对地下水的水量及水质进行模拟的软件系统。FEFLOW软件是迄今为止功能最齐全的地下水水量及水质计算机模拟软件系统。利用它不仅可以计算出水位、溶液浓度和温度等标量数据，而且还可以模拟降水、地表水、地下水的流动与转换，计算出流速、流线及流径线等向量数据。

根据金沙洲地带的水文地质条件、钻孔、地下水的水位动态监测及抽水试验成果，建立金沙洲地下水系统的数值模拟计算模型。模拟区范围以金沙洲界线为界，将整个金沙洲研究区作为地下水系统的模拟计算范围。

7.5.1 地下水渗流系统概念模型

1. 含水层结构特征

建立地下水渗流系统的概念模型，是根据建模的要求和具体的水文地质条件，对系统的主要因素和状态进行刻画，简化或忽略与系统无关的某些系统要素和状态，以便数学描述，并建立地下水系统模拟模型。

1）地下含水层概化

从水文地质角度看，金沙洲内地下水的含水系统主要包括第四系孔隙含水层和裂隙岩溶含水层。对模拟区的地下水含水系统来说，研究重点为裂隙岩溶含水系统，裂隙岩溶含水系统分布于整个金沙洲地区，虽然金沙洲中部有隔水地层的分割阻挡，但由于裂隙、断层的切割，各区之间有一定的水力联系，这里仍将裂隙岩溶含水层概化为单一的、存在越流补给的裂隙岩溶含水系统处理。

模拟区地形为低丘陵和平原地貌，地面高程为5.2~125.0m，地表无基岩出露，均为第四系所覆盖。模拟区东部与珠江相临界，西部丘陵地带分布有三个山塘，总水面面积为37.7万m^2，蓄水量为100.7万m^3。金沙洲区内的主要河涌有横沙涌、平乐南涌和泌冲涌等，总体流向自北西向南东方向汇入珠江，三条主要河涌的径流、排泄条件相对独立，河涌水体成为模拟区内地下水的补给来源，河涌水位直接受珠江出海口潮汐影响，变化幅度为0.8~1.6m。据地质钻探揭露，模拟区内的第四系厚度为13.5~57.1m，一般为15.8~26.3m，第四系内的砂层分布于局部地段，部分钻孔揭露有砂层，含水介质为粉细砂、中粗砂及砾砂等，为孔隙潜水、局部弱承压。第四系覆盖层之下的地层有早古生代石炭纪的大赛坝组（C_1ds）、石磴子组（$C_1\hat{s}$）、测水组（C_1c）、壶天组（C_2ht）和白垩纪大塱山组（K_1dl）及正长斑岩，其中石磴子组（$C_1\hat{s}$）灰岩及壶天组（C_2ht）底部的灰岩质砾岩的岩溶裂隙、溶洞发育，较少充填或半充填，且受岩性及构造的影响，岩溶发育且连通性较好，为模拟区的地下水赋存提供了有利条件。金沙洲一带是由河海相冲积形成的冲积平原，其下部多有厚度不等的砂层、砂砾层及黏土层等，这些松散层构成主要地下水含水层，即孔隙水含水层，其次为灰岩分布区内岩溶裂隙形成的岩溶裂隙水含水层。根据金沙洲区内的地下水系统含水介质的物质组成及水文地质特性，可将其内部结构概化为四层，由上至下分别为：

（1）弱含水层：由人工填土、淤泥质黏土、淤泥组成。

（2）第一含水层（第四系含水层）：主要由砂砾层夹砂，中粗砂、中砂、粗砂组成。

（3）隔（弱透）水层：由残积砾质黏性土组成。

（4）第二含水层（基岩岩溶裂隙水含水层）：主要由壶天组和石磴子组灰岩组成。

因此，金沙洲区内的地下水系统数值模拟概念模型的空间可分为三层，分别为弱透水层、第一含水层组（第四系含水层）第二含水层组（基岩岩溶裂隙承压水含水层）。

2）地下水流动特征

从金沙洲模拟区的空间上看，地下水流整体上以水平运动为主、垂向运动为辅，为了准确模拟各含水层的相互影响，将模拟区内的地下水流作为三维非稳定流处理。

2. 模拟区边界条件概化

1）侧向边界

金沙洲模拟区范围内的地下含水层系统，并非是一个完整的地下水含水层系统，主要由两个含水层构成，即第一含水层是第四系砂层含水层，第二含水层是基岩岩溶裂隙含水层。因此，模拟区的边界条件可概化为三类边界条件，即定水头边界、径流边界和隔水边界，其类型划分图如图 7.5.1 所示。

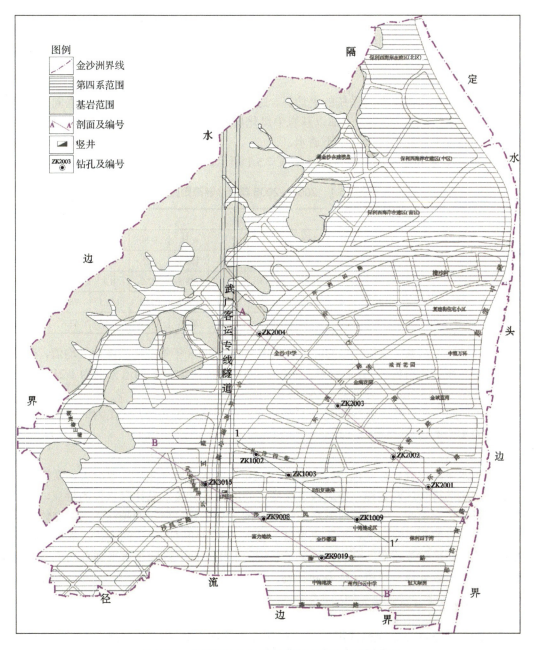

图 7.5.1　金沙洲地下水系统模拟区边界类型划分图

对模拟区各个边界概化的具体阐述如下。

（1）东部边界。金沙洲东面环水，与模拟区内地下水有水量交换，枯水期的珠江水位低于模拟区内的第四系水位，起排泄地下水的作用；丰水期的珠江水位升高，可以补给模拟区的孔隙水含水层，可视为定水头边界。由于灰岩顶板覆盖有孔隙含水层，故灰岩可视为隔水边界，但其上部覆盖的孔隙含水层与模拟区外的地下水有水量交换，故第一层含水层为定水头边界，第二层含水层为隔水边界。

（2）南部边界。第一层含水层和第二含水层与金沙洲区外地下水有水量交换，主要为地下径流侧向补给，可作为径流边界。

（3）西部边界。西侧山丘地区为金沙洲地下水含水系统的分水岭，其山脊线可视为零流量边界，即为隔水边界。

2）垂向边界

潜水含水层自由水面为系统的上边界，通过该边界的潜水与系统外发生垂向水量交换，如大气降水入渗补给等；下部以基岩中风化层底板为底部边界，按零通量边界处理，这是因为底部未风化的基岩几乎不透水。

2006~2008年金沙洲降雨量统计如表7.5.1所示。

表7.5.1　2006~2008年金沙洲降雨量统计　　　　　　　　　　单位：mm

年份	降雨量											
	1月	2月	3月	4月	5月	6月	7月	8月	9月	10月	11月	12月
2006	6.6	52.5	46.5	43.3	156.7	207.5	236.1	153.2	102	87.2	90.2	30.2
2007	23.3	19.7	33.9	171.9	153.4	268.1	73.9	358.5	87.2	8.9	1.5	9.3
2008	88.2	43.2	68.2	69.4	218.2	916.8	144.9	108.2	241.6	166.5	35.5	14.5
平均	39.37	38.47	49.53	94.87	176.1	464.1	151.6	206.6	143.6	87.53	42.4	18.0

金沙洲地下水系统数值模拟的降雨量采用2006~2008年等三年的降雨平均值，金沙洲月降雨量统计资料如表7.5.1所示。2006~2008年的降雨量平均值分别为1 212mm、1 209.6mm、2 115.2mm，年平均值为1 512.3mm。

另外，武广客运专线金沙洲隧道1#竖井降水中心概化成抽水井，作为地下水系统概念模型的第四类边界（图7.5.1）。

3）水力特性

地下水系统符合质量守恒定律和能量守恒定律；含水层分布广、厚度大，常温常压下地下水运动符合达西定律；考虑浅、深层之间的流量交换以及计算软件的特点，地下水运动可概化成空间三维流；地下水系统的垂向运动主要是层间的越流，三维立体结构模型可以很好解决越流问题；地下水系统的输入、输出随时间、空间变化，故地下水为非稳定流；计算参数随空间变化，体现了系统的非均质性，特别是水平与垂向上有明显的方向性，所以计算参数概化成各向异性。

3. 含水层系统结构概化

金沙洲地下水渗流模拟区涉及的地层从地表第四系到微风化基岩，其中的中风化和微风化的基岩（灰岩和砂岩）属于裂隙含水层。通过分析所收集的钻孔资料，同时根据模拟区地下水系统含水介质的物质组成及水文地质特性，对金沙洲模拟区的含水层进行适当的归并和概化，可将其内部结构概化为四层，目的是方便进行含水层的三维可视化与水流数值模拟。金沙洲含水层的第一层为弱透水层（人工填土层、淤泥类土），第二层为砂层（第四系含水层），第三层为基岩风化残积土弱透水层，第四层为基岩岩溶裂隙含水层，其含水层空间分布特征和典型水文地质剖面示意图如图 7.5.1 和图 7.5.2 所示。

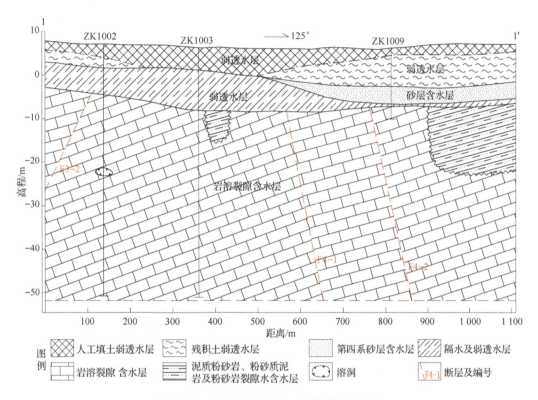

图 7.5.2　金沙洲典型含水层结构剖面示意图

根据金沙洲模拟区的水文地质钻孔资料和地层剖面的空间分布结构特征，确定各含水层的空间厚度分布图见图 7.5.3。

（1）人工填土层（弱透水层）：可定为隔水或弱透水层，主要岩性是人工填土、含粉砂淤泥，由泥质、沙砾及少量碎砖块组成，层厚为 1～5m，最大厚度为 10m［图 7.5.3（a）］。

（2）第一含水层（第四系砂层含水层）：属第四系全新统地层，主要岩性为砂砾层夹砂、中粗砂、中砂、粗砂和含黏性土中粗砂，含水层的空间分布不稳定［图 7.5.3（b）］。

（3）弱透水层：模拟区内的残坡积粉质黏土，基本没有缺失，属于隔水层及弱透水层，含水层的空间分布较稳定；层厚一般为 4～12m，最大为 20m［图 7.5.3（c）］。

（4）岩溶裂隙含水层（第二含水层）：基岩统一概化为一层含水层，属石炭系大赛坝组（C_1ds）、石磴子组（$C_1\hat{s}$）、测水组（C_1c）、壶天组（C_2ht）和白垩纪大塱山组（K_1dl）

地层及正长斑岩，由于裂隙发育，抽水试验证明有一定的透水性，但透水性分布极不均匀[图7.5.3（d）]。

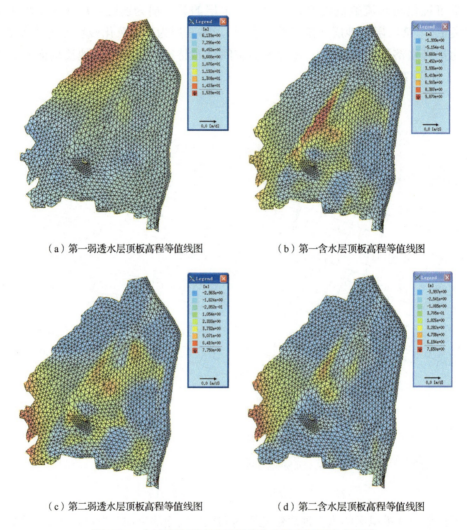

图7.5.3 金沙洲地下水渗流模拟含水层空间厚度分布图

综上所述，金沙洲地下水系统渗流数值模拟的地下水系统概念模型可概化成非均质各向异性、空间三维结构及非稳定地下水流系统。

7.5.2 地下水数值模拟计算模型

根据金沙洲模拟区的水文地质条件、钻孔、地下水的水位动态及抽水试验成果等资料，建立地下水系统数值模拟模型。模拟区范围以金沙洲界线为模拟边界，模拟面积为 $8.26km^2$。重点模拟目的层为第四系含水层和基岩裂隙岩溶含水层，模型底界控制埋深约70m。为了建立地下水流场数值模拟模型，首先对前述建立的水文地质概念模型进行数学描述，然后选取合适的求解方法进行建模计算。

1. 数学模型及数值方法基本原理

一般而言，数学模型可分为随机模型和确定性模型等两类。如果数学关系式中含有一个或多个随机变量，称之为随机模型；如果数学关系中各变量之间有严格确定的关系，则称之为确定性模型。本节按照地下水动力学理论确定水文地质参数、地下水位、补给量和排泄量等变量之间的数量关系，故为确定性模型。用确定性数学模型描述地下水运动时，必须具备一定的条件，如下所述。

（1）有一个（或一组）能描述地下水运动规律的偏微分方程（组），同时确定相应区域的范围、形状和方程中出现的参数值。

（2）给出一定的定解条件（初始条件、边界条件等）。

（3）方程（组）有解，并且是唯一的。

（4）方程（组）的解对原始数据是连续依赖的。

本次模拟是根据金沙洲地区的水文地质、地质条件、各种外在因素及下垫面因素等，确定各变量之间的数学关系，建立能复制和再现模拟区的数学模型。

1）数学模型

根据上述水文地质概念模型，拟选用确定性分布参数三维裂隙岩溶承压水—孔隙潜水数学模型来模拟其内部结构、水流运动方式及水量的时空转化过程。对于非均质、各向异性、空间三维结构、非稳定地下水流系统，可用地下水流连续性方程及其定解条件式来描述。

一般地，数学模型表达式为

$$\begin{cases} S\dfrac{\partial h}{\partial t} = \dfrac{\partial}{\partial x}\left(K_x\dfrac{\partial h}{\partial x}\right) + \dfrac{\partial}{\partial y}\left(K_y\dfrac{\partial h}{\partial y}\right) + \dfrac{\partial}{\partial z}\left(K_z\dfrac{\partial h}{\partial z}\right) + \varepsilon & (x,y,z\in\Omega,\ t\geqslant 0) \quad (7.5.1) \\ \mu\dfrac{\partial h}{\partial t} = Kx\left(\dfrac{\partial h}{\partial x}\right)^2 + K_y\left(\dfrac{\partial h}{\partial y}\right)^2 + K_z\left(\dfrac{\partial h}{\partial z}\right)^2 - \dfrac{\partial h}{\partial z}(K_z+p)+p & (x,y,z\in\Gamma_0,\ t\geqslant 0) \quad (7.5.2) \\ h(x,y,z,t)|_{t=0} = h_0 & (x,y,z\in\Omega,\ t\geqslant 0) \quad (7.5.3) \\ h(x,y,z,t)|_{\Gamma_1} = \varphi_1(x,y,z,t) & (x,y,z\in\Gamma_1,\ t\geqslant 0) \quad (7.5.4) \\ K_n\dfrac{\partial h}{\partial h}p\bigg|_{\Gamma_2} = q(x,y,z,t) & (x,y,z\in\Gamma_2,\ t\geqslant 0) \quad (7.5.5) \\ \dfrac{\partial h}{\partial h}p\bigg|_{\Gamma_4} = 0 & (x,y,z\in\Gamma_4,\ t\geqslant 0) \quad (7.5.6) \end{cases}$$

式中：Ω 为渗流区域；h 为含水层的水位高程（m）；K_x、K_y、K_z 分别为 x、y、z 方向的渗透系数（m/d）；K_n 为边界面法向方向的渗透系数（m/d）；S 为自由面以下含水层储水系数（1/m）；μ 为潜水含水层在潜水面上的重力给水度；ε 为含水层的源汇项（1/d）；p 为人工开采和降水等（1/d）；h_0 为含水层的初始水位分布（m）；φ_1 为第一类边界上的已知函数；Γ_1 为渗流区域的上边界，即地下水的自由表面；Γ_2 为渗流区域的侧向边界；Γ_4 为渗流区域的下边界，即承压含水层底部的隔水边界；n 为边界面的法线方向；$q(x,y,z,t)$ 为二类边界的单宽流量 [m²/（d·m）]，流入为正，流出为负，隔水边界为 0。

2）数值方法

将空间区域 S_2 剖分为有限个六面体单元，取单元的 8 个角点为节点。应用有限元技术计算式（7.5.1），同时由定解条件可得

$$\sum_{e=1}^{M}\left\{\iiint_e\left(K_{xx}^e\frac{\partial \hat{H}}{\partial x}\frac{\partial N_l}{\partial x}+K_{yy}^e\frac{\partial \hat{H}}{\partial y}\frac{\partial N_l}{\partial y}+K_{zz}^e\frac{\partial \hat{H}}{\partial z}\frac{\partial N_l}{\partial z}\right)\mathrm{d}x\mathrm{d}y\mathrm{d}z+\iiint_e N_l S_s^e\frac{\partial \hat{H}}{\partial t}\mathrm{d}x\mathrm{d}y\mathrm{d}z-\iiint_e N_l W\mathrm{d}x\mathrm{d}y\mathrm{d}z-\iint_{S_2^e}N_l q\mathrm{d}s\right\}=0 \qquad (l=1,2,\cdots,8) \qquad (7.5.7)$$

式中：M 为单元数；l 为单元 e 上节点号；N_l 为节点基函数；$\hat{H}$ 为单元 e 上的水头式函数。

$$\hat{H}=\sum_{i=1}^{8}H_i N_i \qquad (7.5.8)$$

将式（7.5.8）代入式（7.5.7），可求得用矩阵表示的下列方程组：

$$[d]\{\hat{H}\}+[p]\left\{\frac{\mathrm{d}\hat{H}}{\mathrm{d}t}\right\}=\{f\} \qquad (7.5.9)$$

其中

$$d_{il}=\iiint_e\left(K_{xx}^e\frac{\partial \hat{H}}{\partial x}\frac{\partial N_l}{\partial x}+K_{yy}^e\frac{\partial \hat{H}}{\partial y}\frac{\partial N_l}{\partial y}+K_{zz}^e\frac{\partial \hat{H}}{\partial z}\frac{\partial N_l}{\partial z}\right)\mathrm{d}x\mathrm{d}y\mathrm{d}z \qquad (7.5.10)$$

$$p_{il}=\iiint_e S_s^e N_i N_l \mathrm{d}x\mathrm{d}y\mathrm{d}z \qquad (7.5.11)$$

$$f_l=\iiint_e W^e N_l \mathrm{d}x\mathrm{d}y\mathrm{d}z \qquad (7.5.12)$$

因为单元为任意形状的六面体，在总体坐标下对它求三重积分比较困难，但可以通过坐标变换，把它变换为局部坐标（ξ,η,ζ）下的正方形，用等参有限元方法（isoparameteric finite element method）求解。

基函数采用有关学者提出的形式。角节点基函数为

$$N_i(\xi,\eta,\zeta)=\frac{1}{8}(1+\xi\xi_i)(1+\eta\eta_i)(1+\zeta\zeta_i) \qquad (7.5.13)$$

根据整体坐标和等参坐标之间的转换关系，式（7.5.10）～式（7.5.12）可转变为

$$d_{il}=\int_{-1}\int_{-1}\int_{-1}\left\{K_{xx}^e\frac{\partial \hat{H}}{\partial x}\frac{\partial N_l}{\partial x}+K_{yy}^e\frac{\partial \hat{H}}{\partial y}\frac{\partial N_l}{\partial y}+K_{zz}^e\frac{\partial \hat{H}}{\partial z}\frac{\partial N_l}{\partial z}\right\}|J|\mathrm{d}\xi\mathrm{d}\eta\mathrm{d}\zeta \qquad (7.5.14)$$

$$p_{il}=\int_{-1}\int_{-1}\int_{-1}S_s^e N_i N_l |J|\mathrm{d}\xi\mathrm{d}\eta\mathrm{d}\zeta \qquad (7.5.15)$$

$$f_{il}=\int_{-1}\int_{-1}\int_{-1}W^e N_l |J|\mathrm{d}\xi\mathrm{d}\eta\mathrm{d}\zeta \qquad (7.5.16)$$

式中：$|J|$ 为雅可比行列式的绝对值。

第二类边界条件采用以下方法处理：如单元 e 的一个面（如 1234 面）落在第二类边界面 S_2 上。该面在参数坐标系上为 $\zeta=-1$。如用 N_{Di} 表示曲面 1234 上的基函数，则

$$N_{Di}(\xi,\eta)=[N_i(\xi,\eta,\zeta)]_{\zeta=-1}=\frac{1}{8}(1+\xi\xi_i)(1+\eta\eta_i)(1-\zeta\zeta_i) \quad (l=1,2,3,4) \quad (7.5.17)$$

根据式（7.5.15），同时利用总体坐标和参数坐标的关系，可得到上述条件下二类边界条件的积分公式

$$Q_l'=\iint_D qN_D\mathrm{d}s=\int_{-1}\int_{-1}qN_{Dl}\sqrt{EG-F^2}\mathrm{d}\xi\mathrm{d}\eta \quad (7.5.18)$$

式中：E、G 和 F 分别为整体坐标和等参坐标间关系的不同表达式，计算出它们在各高斯点上的值后，可用高斯求积公式对式（7.5.18）进行积分。

将已知条件代入，同时应用全隐式格式于式（7.5.9），有

$$[d]+\frac{1}{\Delta t}[p]\left\{\hat{H}^{k+1}\right\}=\frac{1}{\Delta t}[p]\left\{\hat{H}^k\right\}+\{f\} \quad (7.5.19)$$

式中符号意义同前。解代数方程组即可由 K 时刻的水头分布求得 $K+1$ 时刻的水头分布。

2. 模拟区计算网格剖分

将模拟区范围内平面（即每一个模拟层）剖分为 9 350 个结点，14 092 个三角单元。模拟模型垂向上共分为 4 个模拟层，4 层模拟层的总结点数为 9 350×4=37 400（个），总单元数为 14 092×4=56 368（个）。金沙洲地下水渗流模拟区的三维网格剖分图如图 7.5.4 所示。

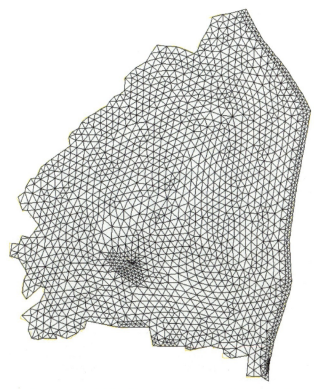

图 7.5.4 金沙洲地下水渗流模拟区的三维网格剖分图

3. 模拟区水文地质参数划分

金沙洲地下水数值模拟模型主要的水文地质参数为渗透系数、给水度、储水系数及弹性释水系数等。各种参数的大小的初始值按照前人的工作成果,利用金沙洲地质灾害综合勘查资料、1∶5万佛山市幅及广州市幅综合水文地质图等数据资料,并结合模型识别和验证时期进行适当调整。同时,为保证对计算精度不产生影响,并使地下水系统模型水文地质参数分区简化,将每一个渗透系数分区同时视为给水度、储水系数分区。渗透系数的初始分区按地形地貌、沉积类型和地层岩性等进行划分,如表7.5.2～表7.5.4、图7.5.5和图7.5.6所示。各区的计算参数初始值根据抽水试验、沉积类型和地层岩性、地层时代等特征进行估值,垂向渗透系数根据类似地区的计算经验估计给值。

表 7.5.2　第四系砂层渗透系数分区　　　　　　　　　　　　单位：m/d

渗透系数	分区编号							
	1	2	3	4	5	6	7	8
K_x、K_y	1.88	4.74	3.36	4.59	5.55	8.27	3.37	3.29
K_z	0.85	2.57	1.64	2.66	2.56	2.33	1.94	1.93
渗透系数	分区编号							
	9	10	11	12	13	14	15	16
K_x、K_y	11.1	2.6	3.54	4.35	2.59	4.56	3.27	4.37
K_z	2.1	1.59	2.27	1.94	1.66	1.86	1.33	1.54

表 7.5.3　基岩裂隙含水层渗透系数分区　　　　　　　　　　单位：m/d

渗透系数	分区编号					
	1	2	3	4	5	6
K_x、K_y	18.07	0.05	0.56	3.30	6.57	2.56
K_z	2.92	0.01	0.05	0.33	0.52	0.31

表 7.5.4　地下水渗流数值模拟区各含水层给水度和释水系数分区

分区编号	第一弱透水层给水度	第一含水层弹性释水系数	第二弱透水层弹性释水系数	基岩裂隙含水层释水率
1	0.02	0.003 50	0.000 01	0.004 65
2	0.01	0.002 80	0.000 01	0.003 61
3	0.08	0.002 40	0.000 01	0.003 11
4	0.09	0.002 50	0.000 01	0.002 60
5	0.06	0.001 60	0.000 01	0.002 04
6	0.02	0.003 40	0.000 01	0.004 65
7	0.09	0.003 00	0.000 01	0.003 90
8	0.05	0.002 50	0.000 01	0.003 32

续表

分区编号	第一弱透水层给水度	第一含水层弹性释水系数	第二弱透水层弹性释水系数	基岩裂隙含水层释水率
9	0.09	0.002 00	0.000 01	0.002 60
10	0.05	0.001 62	0.000 01	0.002 14
11	0.02	0.002 60	0.000 01	0.003 68
12	0.06	0.003 00	0.000 01	0.002 90
13	0.05	0.002 50	0.000 01	0.001 12
14	0.09	0.002 00	0.000 01	0.002 42
15	0.06	0.001 40	0.000 01	0.002 06
16	0.06	0.002 50	0.000 01	0.003 22

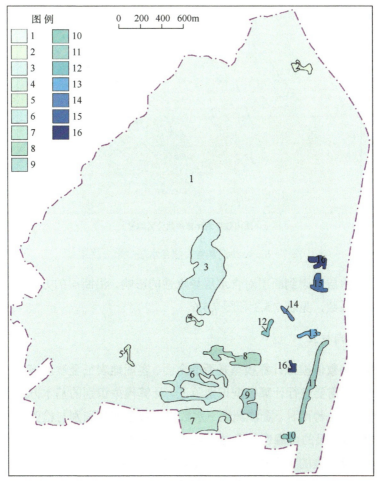

（图内数字为计算参数分区编号）

图 7.5.5　金沙洲地下水数值模拟计算参数分区图

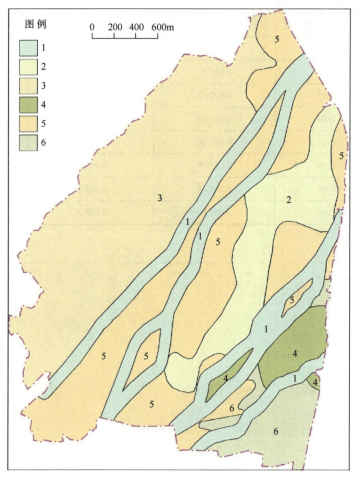

（图内数字为计算参数分区编号）

图 7.5.6　金沙洲基岩裂隙含水层参数分区图

基岩裂隙含水层考虑到断层对含水层导水性的影响，沿断层的方向生成缓冲区，加大缓冲区的渗透系数，见表 7.5.3 和图 7.5.6。

4. 模型验算与校正

为了判断最终数值模拟计算模型是否能全面、客观地表征金沙洲模拟区的具体水文地质条件和特征，需要进行计算模型识别验证。计算模型识别的基本方法有试估—校正法和自动调整参数法等两种。金沙洲地下水数值模拟模型的识别与检验过程采用试估—校正法，数值模拟结果的可靠性是通过比较计算的地下水位与实测地下水位的拟合程度来检验。数值计算模型的识别和验证主要遵循以下原则。

（1）模拟的地下水流场要与实际地下水流场基本一致。

（2）模拟地下水的动态过程要与实测的动态过程基本相似。

（3）从均衡的角度出发，模拟的地下水均衡变化与实际要基本相符。

（4）识别的水文地质参数要符合实际水文地质条件。

由于金沙洲一带缺乏足够的、可以控制全区的长期地下水位观测资料，取监测时间超过两年的 K1、K2 和 K37 等三个钻孔观测水位数据与模拟水位数据进行对比，对数值模拟计算模型进行检验。根据收集到的地下水观测资料，取计算模型识别的时段为 2009 年 7 月 13 日至 12 月 31 日，取时间步长为 1 天，共计 171 个时间步长，以实际地下水位和计算地下水位的拟合情况作为调整参数的依据。对地下水位波动变化值较小（小于 2.5m）的情况，地下水位拟合误差结果一般应小于 0.25m（图 7.5.7）。

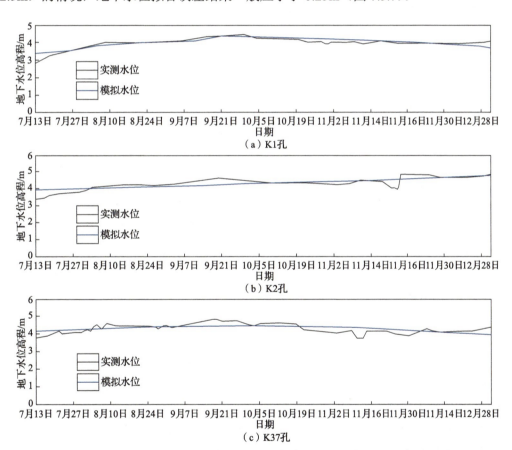

图 7.5.7 2009 年 K1 孔、K2 孔和 K37 孔的实测地下水位与模拟地下水位检验图

由于识别中存在不确定性，通过识别模型得到的一组参数有可能并不精确代表现场的实际数值，为进一步验证所建立的数学模型和模型识别后确定的水文地质参数的可靠性，需要对数学模型进行检验。从图 7.5.7 中可以看出，经过识别的参数计算的地下水位线与实测的地下水位线的趋势基本相同，误差都在容许范围之内。

通过对地下水计算水位与实测水位拟合误差进行统计，数学模型的识别与检验阶段观测孔的地下水位拟合情况较好，并具有相同的变化趋势，能够较好地反映出该点地下水位的动态变化趋势。这些充分说明了含水层结构、边界条件概化、水文地质参数的选取及源汇项的确定都是基本合理的，建立的数学模型能较真实地刻画金沙洲模拟区的地下水系统特征，仿真性强，可以利用建立的数值模拟模型进行金沙洲地区地下水流场的分析与研究。

7.5.3 地下水渗流数值模拟结果

根据金沙洲地区的地下水监测资料，武广客运专线金沙洲隧道施工对金沙洲地下水动态变化造成的影响大致可分为五个阶段：第一阶段为 2007 年 4 月 23 日至 7 月 14 日，武广客运专线金沙洲隧道开展 1# 竖井施工，抽排地下水的水量为 750~2 500 m^3/d，平均约为 1 200 m^3/d；第二阶段为 2007 年 7 月 14 日至 10 月 16 日，隧道施工停工，地下水位迅速恢复至初始状态，并保持相对稳定；第三阶段为 2007 年 10 月 16 日至 2008 年 8 月 15 日，隧道边注浆止水边施工，这一阶段隧道抽排地下水的水量约为 2 300 m^3/d；第四阶段为 2008 年 8 月 15 日至 2009 年 5 月 8 日，隧道全面施工，抽排地下水的水量为 2 000~3 500 m^3/d，平均约为 3 200 m^3/d；第五阶段为 2009 年 5 月 8 日至今，隧道施工完工之后，但隧道仍在抽排地下水，抽排地下水的水量为 900~1 000 m^3/d。

根据武广客运专线金沙洲隧道施工抽排地下水的动态演变过程，武广客运专线金沙洲隧道 1# 竖井施工抽水可分为 1 200 m^3/d、2 300 m^3/d、3 200 m^3/d 等三种典型工况。因此，可选取抽排地下水量达到 1 200 m^3/d（工况一）、2 300 m^3/d（工况二）及 3 200 m^3/d（工况三）并呈基本稳定状态等三种代表性降水工况进行金沙洲地下水渗流场数值模拟计算。

1. 工况一数值模拟计算结果

图 7.5.8 和图 7.5.9 是武广客运专线金沙洲隧道施工降水抽排地下水的水量为 1 200 m^3/d 时地下水位稳定时的地下水流场分布图。从地下水流场分布图中可以看出，金沙洲地下水的流动向武广客运专线金沙洲隧道施工抽水的中心流动，形成以武广客运专线金沙洲隧道 1# 竖井工程施工降水点为中心的降落漏斗。对比金沙洲岩溶塌陷分布图，可以发现岩溶塌陷的分布范围位于横沙村—沙贝村—凤冈隔水条带以西，说明隔水条带阻挡了工程降水井接受来自于东侧珠江河水的补给，使金沙洲金沙中学附近的地下水沿断层强径流带自东北侧向工程施工降水点方向流动，导致这些地段的地下水渗流场动态变化加剧。

2. 工况二数值模拟计算结果

武广客运专线金沙洲隧道施工抽排地下水的水量增加到 2 300m³/d 并呈稳定状态时,金沙洲地下水位稳定时的地下水流场分布图见图 7.5.10 和图 7.5.11。从图 7.5.10 和图 7.5.11 中可以看出,随着抽排地下水量的增加,武广客运专线金沙洲隧道抽排地下水中心部位的地下水位降深进一步增大。同时,图 7.5.11 表明抽排地下水的水量达到 2 300m³/d 时,武广客运专线金沙洲隧道一带的基岩岩溶裂隙水位降深低于-5m 高程,其中隧道 1#竖井施工降水中心周围的基岩岩溶裂隙水位降深低于-7m 高程,且抽水中心点周围的地下水位等值线加密,地下水位坡降加大,流速加快。

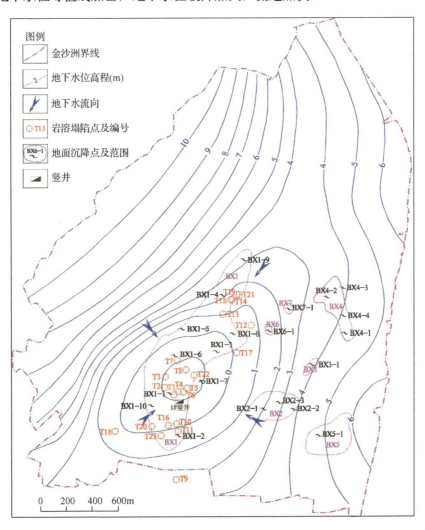

图 7.5.8　工况一第四系砂层含水层地下水流场分布图

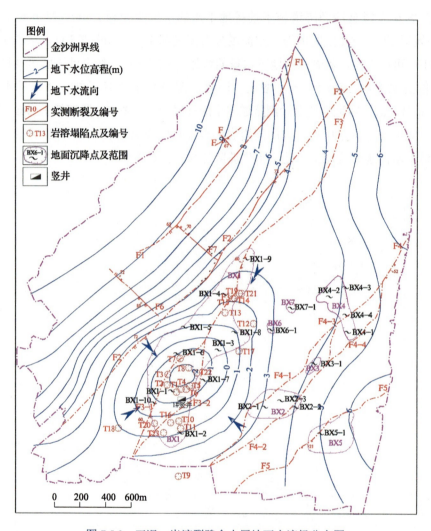

图 7.5.9 工况一岩溶裂隙含水层地下水流场分布图

第 7 章 岩溶塌陷监测预警研究

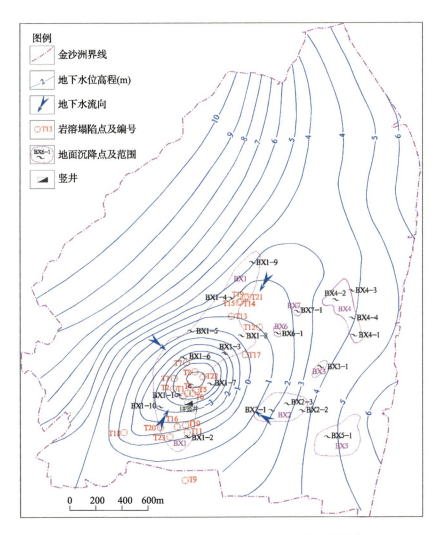

图 7.5.10 工况二第四系砂层含水层地下水流场分布图

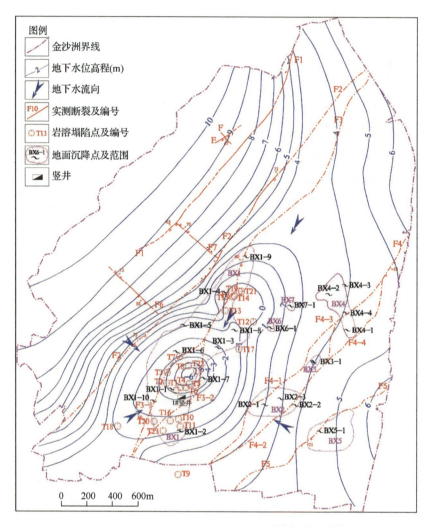

图 7.5.11 工况二岩溶裂隙含水层地下水流场分布图

3. 工况三数值模拟计算结果

武广客运专线金沙洲隧道施工抽排地下水的水量增加到 3 200m³/d 并呈稳定状态时，金沙洲地下水位稳定时的地下水流场分布图见图 7.5.12 和图 7.5.13。从图 7.5.12 和图 7.5.13 中可以看出，当抽排地下水的水量稳定增加到 3 200m³/d 时，抽排地下水中心部位的地下水位降深显著增大，特别是金沙洲隧道 1#竖井施工抽排地下水中心周围的基岩岩溶裂隙水位最大降深可达-20m 高程，岩溶塌陷分布地段的地下水位坡降进一步增大，降落漏斗内地下水流速更快，形成岩溶塌陷与地面沉降的危险性也进一步增加。

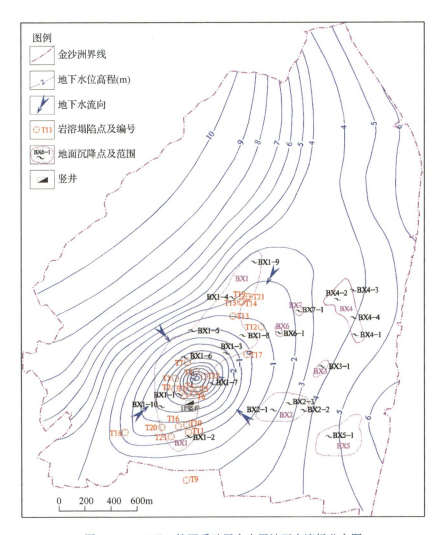

图 7.5.12 工况三第四系砂层含水层地下水流场分布图

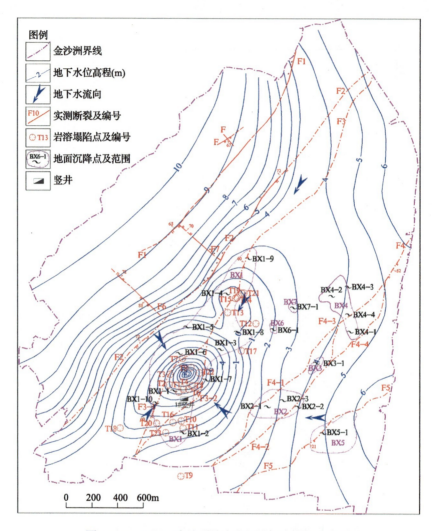

图 7.5.13 工况三岩溶裂隙含水层地下水流场分布图

4. 地下含水层剖面模拟结果

为进一步认识抽排地下水活动对金沙洲各地下含水层之间地下水位波动过程的影响,选择图 7.5.1 所示的典型剖面 A—A' 和剖面 B—B' 分析不同工况时金沙洲第四系砂层和基岩岩溶裂隙含水层的地下水位演变特征,同时设置 ZK2004、ZK2003、ZK2002 及 ZK2001 和 ZK3015、ZK9008 及 ZK9019 孔分别作为 A—A' 剖面和 B—B' 剖面的模拟地下水位观测孔。不同工况时金沙洲地下水系统数值模拟模型计算得出的 A—A' 剖面和 B—B' 剖面的第四系砂层含水层和基岩岩溶裂隙含水层的稳定地下水位分布图如图 7.5.14 和图 7.5.15 所示。

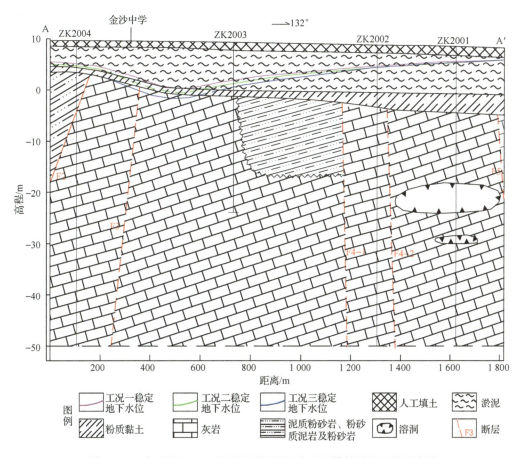

图 7.5.14 金沙洲 A—A′ 剖面不同工况时含水层模拟地下水位分布图

图 7.5.14 表明，随着武广客运专线金沙洲隧道施工抽排地下水量的增加，地下含水层的地下水位下降较明显。例如，广州市金沙中学岩溶塌陷（地面沉降）点附近的地下水位变化较为剧烈，由于淤泥层厚度较大和下部直接覆盖于可溶岩（基岩）之上的残积粉质黏土较薄；同时金沙中学又临近浔峰断裂（F3），随着金沙洲隧道施工抽排地下水量的增加，浔峰断裂（F3）带及附近形成地下水的强迳流带，地下水流速变大，容易造成地下水侵蚀强烈地段的薄层残积粉质黏土内的土洞等软弱部位垮塌，导致土洞顶部淤泥层内的淤泥颗粒迁移、流动，加速淤泥土的排水固结，从而引发地面沉降及岩溶塌陷。

图 7.5.15 表明，武广客运专线金沙洲隧道施工抽排地下水形成的降落漏斗中心位置位于 1# 竖井及周边一带。特别是金沙洲隧道 1# 竖井附近的地下水位降落明显，其中第四系含水层的地下水位降至-8m 高程，岩溶裂隙含水层的地下水位降落至-20m 高程左右。地下水位剧烈下降的同时，还对周边含水层形成强烈的疏干效应，致使残积粉质黏土、淤泥及淤泥质土产生排水固结和失托沉降，引起地面沉降变形；同时，金沙洲隧道 1# 竖井位于浔峰断裂（F3）的两条分支断层 F3-1 和 F3-2 之间，且 F3-1 和

F3-2 断层带间构成了局部的地下水强径流带，地下水流动进一步加快，导致断裂带附近的残积粉质黏土层内的土洞扩大，随着地面沉降量的累积，土洞进一步扩展，地面形成岩溶塌陷。

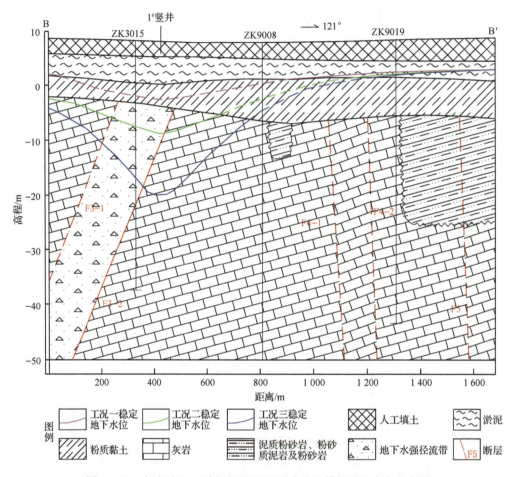

图 7.5.15 金沙洲 B—B′剖面不同工况时含水层模拟地下水位分布图

综上所述，金沙洲内断裂构造发育，断层及不同规模的节理裂隙密集，造成可溶岩发育多层裂隙和溶洞，洞隙之间连通性好，构成区域地下水的主要径流通道。金沙洲地下水渗流场分布图内断层发育地段的地下水流线加长，说明这些地段的地下水流速加快。地下水流速加快，易将溶洞和土洞内的充填物带走，形成空穴，造成空穴部位的地基承载力降低，加之地面荷载的附加应力作用，易引发岩溶塌陷和地面沉降。比较第四系砂层含水层与基岩岩溶裂隙含水层的地下水位变化幅度，前者小于后者；第四系砂层含水层与基岩裂隙含水层之间存在厚度变化不均的风化残积土隔水层或弱透水层，当二者之间的风化残积黏土层在施工过程中被贯穿时，砂层内的砂粒土在水头差的作用下可穿过黏土层向基岩中的溶洞流动，从而形成岩溶塌陷和地面沉降。同时，金沙洲地区灰岩覆盖层内的第四系松散土体中普遍分布厚度较大的淤泥层，淤泥具有含水量高、孔隙比大、高压缩性、高灵敏度及抗剪强度低等特点,其工程地质性质极差,是引发地面沉降的敏感地层;随着工程施工降水造成地下水位降低,软弱淤泥类土容易出现排水固结沉降和失托沉降,尤其是覆盖于灰岩顶面之上的淤泥更容易沿岩溶管道流失,这些地段可形成更为严重的地面沉降。

7.5.4 数值模拟结论及认识

武广客运专线金沙洲隧道施工抽排地下水活动引发的地质灾害可分为岩溶塌陷和地面沉降等两类,以岩溶塌陷为主;抽排地下水的强度直接影响着金沙洲岩溶塌陷和地面沉降的规模及范围。分析不同模拟工况时金沙洲地下水渗流场的数值模拟计算结果,有如下结论及认识。

(1)从金沙洲地下水流场数值模拟的结果上看,武广客运专线金沙洲隧道施工抽排地下水活动是引起金沙洲地下水渗流场变化的主要原因;武广客运专线金沙洲隧道施工期间,地下水的流动方向由四周向武广客运专线金沙洲隧道施工抽排地下水的中心地段流动,形成以施工抽水点为中心的降落漏斗,地下水位变化明显。

(2)武广客运专线金沙洲隧道施工抽水引起岩溶塌陷以潜蚀作用和散解作用为主。随着武广客运专线金沙洲隧道施工抽水量的加大,地下水位降深加大,地下水流速加快,改变了地下水的天然渗流场状态,形成地下水位降落漏斗及地下水强径流排泄带。由于地下水的水动力条件突变,水位降落过快,地下水流速将大大增加,水动能增加,加大了地下水对泥沙的搬运动力,增大了对覆盖层松散岩土体物质的冲刷作用,使原来充填或半充填于岩溶裂隙、管道中的软弱土类物质随水流被带走,岩溶通道得到疏通,使与岩溶管道连通的土洞及覆盖层稳定状态受到破坏,从而引发岩溶塌陷。

(3)金沙洲区内持续性的高强度抽排地下水活动,引起地下水强径流带和集中抽水点附近的地下水位持续降低,造成覆盖层松散土体内孔隙水压力减小,松散土体出现压缩变形;同时,地下水位急剧降低可使覆盖层内的淤泥及淤泥质土固结,导致地面产生沉降。

7.6 金沙洲地质灾害成因机理研究

7.6.1 岩溶塌陷成因机理

1. 金沙洲岩溶塌陷形成原因

按照金沙洲区内岩溶塌陷孕育、形成、演变和活动的内生地质环境背景特征和各种诱发因素,结合广州市地质调查院的金沙洲岩溶塌陷地质灾害勘查资料,可将金沙洲区内岩溶塌陷的形成原因归纳为下述四个方面。

1)隐伏灰岩的岩溶强发育特征是岩溶塌陷形成的地质基础

隐伏石炭系石磴子组及壶天组灰岩质地较纯,沿断裂破碎带灰岩节理裂隙发育,受地下水强径流作用的影响,岩溶作用强烈,岩溶发育程度高,岩溶洞隙,特别是浅部岩溶洞隙发育，开口性好，它们构成了金沙洲区内良好的地下水流动的岩溶管道和储存空间。由于金沙洲灰岩的岩溶洞隙及地下水的连通性强，岩溶水与孔隙水之间的水力联系紧密，密集发育的断层裂隙与岩溶洞隙又为覆盖层内松散土体的潜蚀提供了储存空间及运移通道，为岩溶塌陷的最终发生提供了完备的基础地质环境条件。

2）第四系覆盖层内的松散土体有利于岩溶塌陷的形成

埋藏于金沙洲区内可溶性岩层之上覆盖层松散土体内的土洞，是金沙洲隐伏灰岩分布区第四系松散土体内最为常见的岩溶发育演变过程的产物，土洞变形破坏的最终结果是引发岩溶塌陷。就金沙洲区内可溶岩分布地段而言，所发生的岩溶塌陷多为土洞塌陷；岩溶塌陷的发生不仅与下伏地层岩溶发育的强弱程度和地下水动态演变过程密切相关，而且深受覆盖层内松散土体厚度、土体结构及土体物理力学性质的控制。分析金沙洲内的地质钻探资料，发现土层厚度对岩溶塌陷的形成有明显的影响，金沙洲隐伏灰岩的覆盖层松散土体厚度一般小于20m，而薄层松散土体的存在极有利于岩溶塌陷的发生；同时，金沙洲隐伏灰岩的覆盖层内普遍分布有冲积、残积成因的粉质粘土及含砾粉质黏土，特别是残积成因的含砾粉质黏土的土体临界渗透坡降较小，土颗粒容易随水流带走，从而形成土洞，进而形成岩溶塌陷。

3）武广客运专线金沙洲隧道施工集中抽排地下水是岩溶塌陷的主要直接诱发因素

武广客运专线金沙洲隧道工程施工是近年来金沙洲区内的主要大型人类工程活动，隧道工程施工时大降深及大规模抽排地下水使隧道周边一带的地下水位产生剧烈波动，导致溶洞、土洞内的充填物流失、淘空以及覆盖层内松散土体崩解、剥落，特别是砂粒流失易形成新的土洞，进而引发岩溶塌陷地质灾害。从岩溶塌陷活动的发育规律上看，金沙洲内岩溶塌陷时空分布特征同武广客运专线金沙洲隧道工程施工时抽排地下水活动密切相关。

金沙洲内发育的浔峰断裂、沙贝断裂及F9断裂等都属于张性断裂，这些张性断裂破碎带及其影响带构成了金沙洲区内的地下水强径流带；金沙洲区内浔峰断裂的两条分支断层全都穿过武广客运专线金沙洲隧道，隧道1#竖井刚好位于两条分支断层围合的区域内。金沙洲隧道工程施工开始之后，工程降水抽排地下水的水量大于2 000m^3/d，导致施工区内隧道沿线地下水位普遍呈下降态势，岩溶地下水位最大降深超过15m。由于断裂带是金沙洲区内岩溶水的主要径流通道，当人工大量抽取地下水时，强迳流带成为地下水汇流的主要路径，以抽排地下水主要位置为中心，从两端向中心汇流，且断裂带及周边附近区域，地下水的水位降深明显大于其他区域。从总体上看，越靠近武广客运专线金沙洲隧道施工的工地沿线，岩溶地下水位降深越大；从不同时期金沙洲地下水的水位等值线图中可以看出，自2009年以后，金沙洲区内地下水流向总体上与北东向浔峰断裂走向一致，呈条带状向武广客运专线金沙洲隧道施工沿线汇流，且越靠近武广客运专线金沙洲隧道施工的工地沿线，地下水的水力坡降就越大，地下水的流速加快，形成以武广客运专线金沙洲隧道1#竖井为中心，沿1#竖井北部、浔峰断裂两条分支断层所包围的地下水降落漏斗。金沙洲区内所发生的全部24处岩溶塌陷中有23处岩溶塌陷沿武广客运专线金沙洲段隧道及隧道两侧约400m内范围分布，且集中分布于金沙洲隧道两侧各 100m 范围内,显示岩溶塌陷地质灾害与武广客运专线金沙洲隧道工程施工抽排地下水活动关系密切。

4) 武广客运专线金沙洲隧道工程施工的爆破活动是岩溶塌陷的另一重要诱发因素

据武广客运专线金沙洲隧道工程的设计及施工资料,隧道施工采用光面爆破。爆破引起的振动可破坏隐伏灰岩地段第四系覆盖层内的松散土体结构,引发金沙洲隧道周边一定范围内处于极限平衡状态的隐伏土洞形成岩溶塌陷。

总之,金沙洲区内分布有大面积的隐伏灰岩,灰岩的岩溶洞隙发育,岩溶洞隙及地下水的连通性强。灰岩覆盖层内的松散土体厚度较薄,灰岩顶面普遍覆盖冲积、残积成因的粉质黏土及含砾粉质黏土,遇短时局部地下水的强迳流作用,非常有利于土洞的形成与扩展。因此,金沙洲区内脆弱的地质环境条件是金沙洲发生岩溶塌陷的内因;金沙洲所发生的岩溶塌陷都集中分布于武广客运专线金沙洲隧道顶部及隧道两侧地面一带,岩溶塌陷与隧道垂直距离最大不超过 400m;且岩溶塌陷发生的时间与隧道施工抽排地下水引起地下水位剧烈波动的时间呈现良好的相互对应关系,这些都充分说明了武广客运专线金沙洲隧道工程施工抽排地下水活动是金沙洲岩溶塌陷的主要直接诱发因素。

2. 金沙洲岩溶塌陷成因机理

岩溶塌陷的孕育、形成、发展和发生的动态演变过程总是处于一种复杂多变的不确定状态,对岩溶塌陷活动过程进行实际观察和分析研究的难度极大,导致目前对岩溶塌陷成因机理的研究也只能局限于理论层面的分析、推断和模拟等方面,因此,对岩溶塌陷的成因机理至今难以取得一致的认识。从整体上看,岩溶塌陷的成因机理主要包括潜蚀致塌、真空负压吸蚀、压强差效应、垂直渗压效应、自重效应、浮力效应、土体强度效应、高压冲爆、水击效应、水位波动散解效应、振动致塌效应、荷载效应和酸液效应等,但对处于特定地质环境内的岩溶塌陷而言,由于岩溶塌陷的形成是多种致塌因素协同作用的结果,很难采用一种理论解释一次岩溶塌陷活动的全过程。基于此,通过前述对金沙洲岩溶塌陷发育特征和诱发因素的系统分析研究,可以将金沙洲岩溶塌陷成因机理归纳为以下几个方面。

1) 地下水位下降致塌

地下水位下降致塌指的是地下水位快速下降形成的岩溶塌陷。从整体上看,自武广客运专线金沙洲隧道施工开始至今,金沙洲区内地下水位一直处于持续下降状态,造成覆盖层内土体的浮托力逐渐消减,但动水压力增大,可使土颗粒发生浮起破坏。地下水通过对岩溶洞隙通道内的松散充填物和覆盖层松散土体的侧向潜蚀、冲刷和淘空,造成土体颗粒不断流失,这些土颗粒被搬运到下伏灰岩的溶洞内,进而于可溶岩顶面与覆盖层内残积土体之间形成土洞;当土洞扩展进入到覆盖层顶部时,土层就会快速塌落,引起覆盖层土体失稳,地面发生塌陷。地下水位下降引发土洞发生塌陷的过程示意图如图 7.6.1 所示。因此,地下水位下降的致塌机理主要可分为潜蚀渗透致塌、真空负压吸蚀致塌和失托增荷致塌等三种。

(1) 潜蚀渗透致塌。潜蚀论认为,岩溶塌陷的致塌机理是由地下水位下降引起地下水的水力坡度增大造成的。武广高铁金沙洲隧道工程施工抽排地下水时，由于隧道1#竖井附近地下水的水力坡度急剧增大，地下水流速将大大增加，水动能增大，增加了地下水对覆盖层内松散土颗粒的搬运动力；同时对覆盖层内松散岩土体的冲刷作用增强，使原来充填或半充填于岩溶洞隙管道的松散土体随地下水流被带走，岩溶洞隙通道得到疏通，进而导致与岩溶洞隙管道连通的土洞及覆盖层内松散土体的稳定状态受到破坏，从而引发岩溶塌陷。

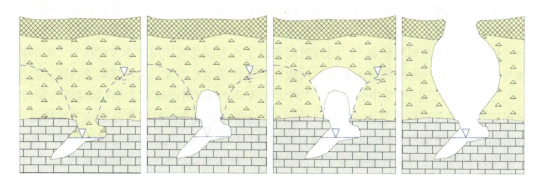

图 7.6.1 地下水位下降引发土洞发生塌陷的过程示意图

（2）真空负压吸蚀致塌。真空负压吸蚀论认为，对岩溶网络的封闭空腔（溶洞或土洞）而言，当地下水位快速下降到空腔盖层底面之下时，空腔上部可形成真空状态，当覆盖层内土体不能令负压释放时，顶板盖层内可形成强大的抽吸力而致塌。金沙洲岩溶塌陷的形成过程应包含这种真空负压吸蚀的致塌效应。

（3）失托增荷致塌。失托增荷致塌是指当地下水位下降时，原来土层失去地下水浮托力作用引起塌陷的过程。天然状态时处于地下水位以下的土体，都受到地下水向上的静水浮托力作用。随着地下水位的进一步下降，减少的那部分浮托力将转由岩土体结构承担，致使洞穴顶板或盖层稳定性降低，从而导致土洞顶部一带的土体散解、崩落，最终引发地面出现塌陷。

2）地下水位恢复致塌

地下水位恢复致塌是指地下水位恢复过程的致塌效应。当停止抽（排）地下水以后，地下水位将迅速恢复，如果地下土洞内的气体来不及释放，土洞内可形成较高的压力使土层发生破坏；与地下水位下降时相比，所产生的压力值前者为正，后者为负，应是"负压吸蚀"的反作用过程。同时，当地下水位恢复上升时，可使原先相对干结的土体逐渐被软化形成软弱层，土体容重增大，而有效应力减小，从而引发岩溶塌陷。据金沙洲地下水动态监测资料，由于先期发生岩溶塌陷的缘故，武广高铁金沙洲隧道于 2007 年 7 月 14 日至 10 月 16 日间暂时停工并停止抽排地下水，使得金沙洲隧道一带的地下水位于 2009 年 5 月开始快速回升，地下水位回升期间，再次发生 7 处岩溶塌陷地质灾害，说明地下水位恢复产生的"气爆效应"也是金沙洲岩溶塌陷的一种致塌机理。

3）振动致塌

振动致塌主要是指各种振动荷载引发的致塌过程，它是各种振动荷载叠加的耦合效应。由于振动荷载的加入，改变了原来覆盖层内土体的应力分布特征，从而造成局部土体应力增加致使土洞顶板失稳致塌。武广客运专线金沙洲隧道施工中采用光面爆破引起的岩溶塌陷以及建筑桩基施工振动致塌等都属于振动效应致塌机理。

7.6.2 地面沉降成因机理

1. 金沙洲地面沉降的形成原因

根据金沙洲内的工程建设活动情况和场地工程地质环境特征，结合地下水动态监测、地面沉降监测及地面沉降的发展演变过程分析，基本可以确定金沙洲地面沉降的形成原因主要是软土广泛分布和武广客运专线金沙洲隧道施工抽排地下水活动等两个方面。

1）金沙洲复杂地质环境内软土广泛分布是地面沉降的客观环境因素

金沙洲内的第四系覆盖层松散土体中普遍分布厚度较大的海陆交互相冲淤积及淤泥层，平均厚度为5.2m，局部为18.0m。淤泥及淤泥质土具有高空隙比、高含水率、高压缩性、高灵敏度及抗剪强度低等特点，其工程地质性质极差，厚层淤泥及淤泥质土分布地段是金沙洲内地面沉降的易发部位；同时，金沙洲内的断裂构造发育，灰岩岩溶洞隙，特别是浅层洞隙发育，岩溶洞隙及地下水的连通性强，随着地下水位的降低，软弱淤泥类土层容易出现排水固结沉降和失托沉降。尤其是覆盖于灰岩顶面之上的淤泥土层，地下水的急剧波动容易造成淤泥沿岩溶管道流失，形成更严重的地面沉降。因此，金沙洲内分布广泛的厚层状冲淤积及淤泥类软土，客观上为地面沉降的孕育和发生提供了良好的基础地质环境背景。

2）武广客运专线金沙洲隧道工程施工抽排地下水活动是地面沉降的直接诱发因素

（1）地面沉降空间分布特征与武广客运专线金沙洲隧道施工抽排地下水活动的关系密切。金沙洲内发生地面沉降的7个区域，散布于金沙洲中部和南部一带，其中5处地面沉降沿金沙洲内的地下水径流通道展布。例如，新社区—浔峰洲收费站沉降区内的地下水主要以浔峰断裂为径流通道，浔峰断裂穿过地面沉降地带之后，沿金沙洲隧道 $1^{\#}$ 竖井南侧及北侧约300m处通过；向南街沉降区、源林花园沉降区及城西花园—金域蓝湾沉降区内的地下水主要以沙贝断裂为径流通道，经 $2^{\#}$ 竖井南侧与金沙洲隧道相连；保利西子湾沉降区内的地下水以F5断裂为径流通道，沿佛山南海黄岐一带与金沙洲隧道相连。金沙洲内的断裂构造是地面沉降区域与金沙洲隧道施工抽排地下水的联络桥梁，地下水沿断裂构造破碎带径流通畅，引起地面沉降区内的地下水发生异常波动，导致厚层状软土、填土及局部呈透镜状分布的砂土因失水、失托发生地面沉降。因此，武广客运专线金沙洲隧道施工抽排地下水活动是金沙洲内地面沉降的直接诱发原因，且地面沉降的空间分布范围大致同金沙洲隧道施工抽排地下水形成的降落漏斗相一致。

（2）地面沉降时间分布特征与武广客运专线金沙洲隧道施工抽排地下水活动的时间同步。2007年以前，金沙洲内的地面沉降呈零星点状分布。2007年下半年至2009年3月，城西花园及源林花园等前期具有轻度地面沉降的地段沉降加剧，并陆续形成新社区—浔峰洲收费站、向南街、保利西子湾等新的地面沉降地段，金沙洲内的地面沉降点明显增多，地面沉降范围显著扩大，地面沉降地质灾害呈片状分布特征。同时，金沙洲内的地面沉降高发期，与武广客运专线金沙洲隧道工程的施工时间进度一致，这主要是由金沙洲隧道施工大排量、长时间抽取地下水，造成地下水位大幅下降所致。对比

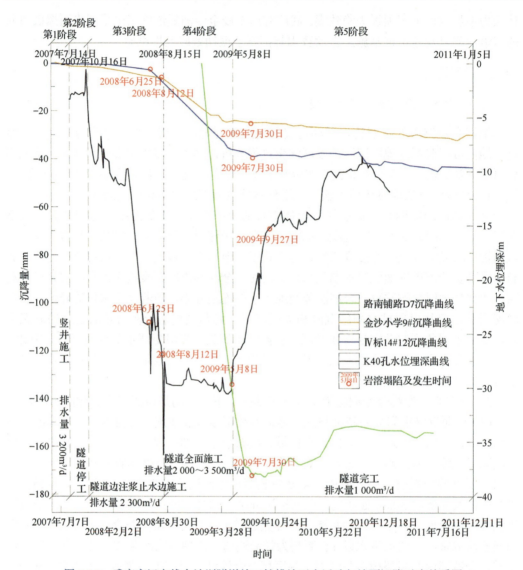

图 7.6.2 武广客运专线金沙洲隧道施工抽排地下水活动与地面沉降对应关系图

金沙洲内的地面沉降活动和地下水动态变化过程（图 7.6.2），可以发现金沙洲内的地面沉降及建（构）筑物沉降与地下水动态变化关系密切，特别是地下水位急剧下降期间，路南辅道、金沙小学及新社区Ⅳ标段等地段的地面或建（构）筑物均发生了明显沉降。2009 年 5 月 8 日，当地下水位开始回升之后，相应滞后约 3 个月，受其影响的地面沉降及建（构）筑物沉降地段开始出现回弹或沉降明显减缓，说明金沙洲隧道施工引起的大面积地下水位异常波动是诱发和加剧金沙洲区内地面沉降及建（构）筑物沉降的主要因素。

2. 金沙洲地面沉降的成因机理

金沙洲地面沉降的成因机理主要为抽水-地面沉降效应，可归纳为两个方面：一方面是由于武广客运专线金沙洲隧道施工过量抽排岩溶地下水，区域内地下水位持续下降,孔隙水压力减小,但土体承受的总压力不变,因而有效应力便会增大,有效应力增量的作用导致软弱土层呈现出被压缩的状态;另一方面,含水层顶板软弱土层内的结合水产生向含水层的渗流,可导致软弱土层固结,进而出现程度不同的塑性变形或永久变形。因此,金沙洲区内地面沉降的形成机理,可从失托增荷沉降、水动力固结沉降和地面振动压密沉降等三个方面进行阐述。

1) 失托增荷沉降

失托增荷沉降机理可用太沙基有效应力原理解释,即饱和土体内的总应力等于颗粒间压力(有效应力)和孔隙水压力之和,而土的变形与强度的变化主要取决于有效应力的变化。处于地下水位之下的软弱土体,当地下水位下降或水头降低时,浮托力(孔隙水压力)减小,浮托力减小的值即为有效应力增加的值,如假设总应力不变,则有效应力增大,软弱土层被压密、固结,土颗粒骨架中的孔隙压缩,从而引起地面沉降。

2) 水动力固结沉降

当地下水的水位降低,使得土层的孔隙水压力减小时,软弱土由于自身的相对隔水性,其土体内部的孔隙水压力会暂时不受影响而保持不变,这时土体内就会产生水力梯度,水力梯度的产生使得地下水从高水头处向低水头处渗流,打破了原有土体中孔隙水压力的平衡状态。伴随地下水的渗流活动,水对土粒骨架施加了一种渗流作用力,渗透压力的方向与渗流方向相同。当抽排地下水结束后,地面沉降并未停止,这是由于在抽水过程中透水层的放水速度比弱透水层快,地下水位下降得也快,停止抽排地下水之后,两类含水层之间地下水位高度不同,存在水位差,渗透压力的作用表现为弱透水层向透水层渗水,并致使弱透水层结构变形或破坏,土颗粒重新排列,同时发生侧向移动,造成土层压密沉降。

3) 地面振动压密沉降

金沙洲一带的地面人类工程施工活动强烈,各种大型机械车辆行驶、工程施工爆破、打桩、机械夯实等地面振动作用可引起覆盖层内土体的压密变形,从而引发地面沉降,但动荷载作用时间的长短及振动强度变化的强弱,对土层压密变形沉降的影响程度又不尽相同。

另外,金沙洲内灰岩的岩溶发育程度高,武广客运专线金沙洲隧道施工抽排地下水活动引发的岩溶塌陷破坏了覆盖层内岩土体的平衡状态,进而加剧了地面沉降的强度,故金沙洲区内的地面沉降多伴随岩溶塌陷发生,且不同地点的沉降变形呈现出不均匀的分布特征。

7.7 金沙洲岩溶塌陷监测预警研究

岩溶塌陷的监测预警,长期以来一直是困扰国内外岩溶和岩溶塌陷地质灾害研究工作者的难题。岩溶塌陷灾变的力学过程实际上就是溶洞和土洞孕育扩展至塑性破坏的演化过程,但由于诱发岩溶塌陷变形破坏的因素众多,且复杂性程度高,岩溶塌陷从孕育到破坏的动态演变过程具有很强的非线性和不确定性，这就是岩溶塌陷活动的监测预警精度不高的主要原因。从岩溶塌陷地质灾害监测预警的研究现状及发展趋势看，尽管国内外对少数典型岩溶塌陷做出过成功的时间预测，但离岩溶塌陷监测预警生产实践的需要和人们的满意度还相距很远。因此，要使岩溶塌陷监测预警工作产生质的飞跃，必须在加强岩溶塌陷变形监测技术研究的基础上，注重从系统工程地质分析的角度，针对特定的岩溶塌陷监测预警对象，研究岩溶塌陷发育地段岩土体结构及强度的时间效应、岩溶塌陷形成机理、监测预警参数的选择和预测预警模型的优化等多年以来一直没有得到很好解决的问题，建立系统完善的监测体系，提炼出敏感性强的监测预警参数，尽可能正确地掌握岩溶塌陷的动态演变趋势，从而提高岩溶塌陷的监测预警水平。本节根据金沙洲内岩溶塌陷的变形破坏特征，结合前述金沙洲岩溶塌陷的形成机理研究、地下水系统数值模拟、岩溶工程地质分析、地面变形监测和地下水动态监测等相关工作，从岩溶塌陷监测预警参数的选择、预警判据的分析和优化预警建模技术等方面对岩溶塌陷地质灾害的监测预警工作进行系统的分析探讨。

7.7.1 岩溶塌陷监测预警时间尺度

一般而言，岩溶塌陷活动监测预警的时间尺度，指的是岩溶塌陷发生时提前预测预警的时间长度，它是岩溶塌陷监测预警的核心概念，必须加以明确。虽然国内外岩溶塌陷研究者对岩溶塌陷监测预警时间尺度的范围一直没有取得一致的意见，但大致可分为长期预测、中期预测、短期预警和临灾预警等四个时间阶段都基本得到了认同。根据岩溶塌陷地质灾害的孕育、形成、发展和发生的动态演变过程，并兼顾岩溶塌陷监测预警工作实践的要求，将岩溶塌陷监测预警的时间尺度划分为长期（1年以上）、中期（1月～1年）、短期（5天～1月）和临灾期（5天以内）等四级（表7.7.1）。

表 7.7.1　岩溶塌陷监测预警的时间尺度划分

监测预警尺度	时间界限	监测预警对象	监测预警内容
长期预测（背景预测）	1年以上	区域性岩溶塌陷预测为主，并兼顾重点区间及局部地段岩溶塌陷的背景预测分析	岩溶塌陷的长期趋势预测、稳定性评价、岩溶塌陷危险性预测及岩溶塌陷风险预测评价
中期预测（防灾预测）	1月～1年	以岩溶塌陷局部重点范围预测评价为主，兼顾重点地段岩溶塌陷防灾预测分析	岩溶塌陷发生时的险情预测、可能的危害程度预测及岩溶塌陷灾情预测评估
短期预警（险情预警）	5天～1月	地面一定范围具有明显变形（沉降和裂缝）增长现象的岩溶塌陷	岩溶塌陷短期防灾险情预警，对岩溶塌陷短期变形活动趋势做出明确的判断和险情预判
临灾期前预警	5天以内	地面一定范围具有显著突变前兆现象的岩溶塌陷	特定地段岩溶塌陷点监测研究对象发生时间的定量监测预警及岩溶塌陷的临塌监测预警

根据目前国内外岩溶塌陷地质灾害监测技术和监测预警工作的研究现状和面临的实际困难，对岩溶塌陷的监测预警而言，区域性大范围的岩溶塌陷地质灾害的短临预报基本上无法实现，但对特定小范围的岩溶塌陷发育地段而言，在详细综合地质调查和系统监测的基础上，实现特定小范围地段的岩溶塌陷短临预警是有可能的。因此，正确合理地划分岩溶塌陷监测预警的时间尺度，不仅可以使我们明确岩溶塌陷时间预测的目标，更好地为生产实践服务，而且还可以帮助我们针对岩溶塌陷的不同变形阶段选择适当的监测方法，节省开支，获取正确合理的岩溶塌陷监测预警参数。

7.7.2 岩溶塌陷监测预警参数

一般而言，岩溶塌陷的监测预警参数可划分为物理参数、变形参数、机理参数、诱发参数和间接参数等五大类。

1. 物理参数

岩溶塌陷动态变形过程中一定范围内塌陷体物质的电阻率、电磁、弹性波速率、地温及声发射数等指标称之为岩溶塌陷活动的物理参数，它们基本上都是通过物探方法获取的指标。由于物探监测技术水平的限制，目前能够用于岩溶塌陷监测预警工作生产实践的仅有如电磁波速、声发射数和电阻率变化等少数指标，其他指标对岩溶塌陷演变过程的敏感性反应较差。

2. 变形参数

变形监测预警参数主要指的是反映岩溶塌陷动态变形的直接指标，如岩溶塌陷地段的地表位移沉降量、深部位移量、位移矢量角、地面裂缝位移量及其相应的位移速率参数等。

3. 机理参数

机理监测预警参数指的是表示岩溶塌陷变形作用机理的参数。从理论上看，它们应该是最有效的岩溶塌陷监测预警参数，但在实践中常常因测试技术的限制，这类参数的获取也比较困难，如岩溶塌陷动态变形过程中的应力、应变、孔隙水压力和岩溶塌陷地段的地应力参数等。因此，加强岩溶塌陷机理参数测试技术的研究，获取比较全面的反映岩溶塌陷变形破坏机理的监测预警判据，是提高岩溶塌陷监测预警工作精度的有效途径之一。

4. 诱发参数

诱发监测预警参数指的是诱发岩溶塌陷活动的参数，随特定地段具体岩溶塌陷地质环境背景的不同而有所差异。从普遍性上看，常用的有降雨量、地震活动、机械振动、人工抽排地下水、江河水位变动及地下水位波动幅度等指标。

5. 间接参数

间接监测预警参数指的是对一些难以准确量化的且数量较大的岩溶塌陷监测指标，通过特殊的理论分析，将分散且模糊不清的信息转换为定量的指标表示，如应用分形理论描述的裂缝分维及位移分维、长期地下水变化引起的水化学指标变化和应用信息论表示的地面塌陷信息熵及信息量等指标。

对岩溶塌陷而言，岩溶塌陷活动的监测预警参数的选择正确与否，是提高岩溶塌陷时间预测预警可信度和预警成功率的前提。因此，确定岩溶塌陷的监测预警参数，不仅要考虑岩溶塌陷的变形破坏特征和监测技术的可行性，而且还需要依据不同岩溶塌陷隐患点的预测预警时间尺度和监测预警目标来选择，必须坚持整体监测、多参数综合和动态预测的原则来确定。本节通过对金沙洲内大量的典型岩溶塌陷的活动特征与有效监测指标的对比分析，并兼顾到不同时间段岩溶塌陷监测预警对象的实际需要，将不同时间监测预警尺度的岩溶塌陷监测预警参数按岩溶塌陷的不同变形阶段进行划分，其参数分类见表 7.7.2。

表 7.7.2　岩溶塌陷监测预警参数分类

监测预警尺度	岩溶塌陷监测预警参数类别
中长期预测	塌陷区域的地质环境背景参数、降雨量及降雨强度参数、人类工程活动情况、物探参数、地下水环境条件及其他间接参数等
短期监测预警	降雨量及降雨强度参数、抽排地下水量值、地下水降落漏斗范围、地下水位变幅值、地面沉降量值、地面裂缝位移及裂缝扩张速率等
临灾期监测预警	地下水降落漏斗范围、地下水位变幅值、地表沉降范围及沉降速率、地面裂缝位移、孔隙水压力、地面建筑物变形参数等

7.7.3　岩溶塌陷监测预警判据

准确厘定岩溶塌陷的监测预警判据量值一直都是岩溶塌陷监测预警实际工作的难题，从整体上看，目前岩溶塌陷地质灾害的监测预警工作仍处于半定量—经验预测预警的阶段。覆盖层岩溶塌陷一般要经过土洞形成—扩展—地面塌陷的三个持续过程阶段，且土洞的形成和发展的隐蔽性程度高，这是导致厘定岩溶塌陷监测预警判据指标体系进展缓慢的原因所在。目前国内外在岩溶塌陷监测预警实际工作中采用的预警判据指标可分为两大类别：一类是基于岩溶塌陷场地的综合地质环境勘查与分析，考虑岩溶发育程度，根据岩溶塌陷形成的时空阶段性和土洞形成的力学机理，采用力学预警判据指标进行岩溶塌陷的监测预警，如岩溶塌陷场地的孔隙水压力、土体的应力、应变等；另一类是基于特定场地的地下水位变动量、降雨量、抽排地下水量和地面沉降量、裂缝位移等指标的监测数据，采用统计回归分析的方法确定岩溶塌陷的预警判据，从而进行岩溶塌陷地质灾害的监测预警[46-50]。

岩溶塌陷的监测预警判据指的是岩溶塌陷的动态演变活动进入不同变形破坏阶段时各种岩溶塌陷监测预警参数的量值大小，是岩溶塌陷地质灾害失稳预警的定量依据。对岩溶塌陷监测预警判据的界定，是一种非常困难的工作，对大多数岩溶塌陷的变形破坏过程而言，它们各自都具有比较典型的变形迹象和明显的诱发因素，如地面裂缝、地下水位变化、地面位移沉降特征、抽排地下水数量和降雨指标等，但这些监测预警参数的变化特征和诱发强度又是各不相同的。因此，要获取一套具有较广泛实用性的岩溶塌陷监测预警参数的阈值判据体系是很困难的，从科学性和合理性的角度看，也是不必要的，应具体问题具体分析；也就是说，必须根据具体监测预警的岩溶塌陷地质灾害对象的实际需要，选择符合其变形破坏机制和主要诱发因素的监测预警参数并确定预警判据。虽然界定岩溶塌陷的监测预警判据存在许多困难，但只要我们针对特定地段岩溶塌陷地质灾害对象进行系统的工程地质分析和开展较全面的岩溶塌陷变形监测工作，并加以某种限制条件，如允许一定的误差范围，或对不同的时间尺度作出多大概率的监测预警结论等，确定具体岩溶塌陷监测预警对象的监测预警参数的临界判据范围又是可以办得到的。一般而言，岩溶塌陷孕育、形成、发展和发生的演变过程是一个时间比较漫长的演化过程，其中地面裂缝、地表位移沉降和岩溶塌陷部位地下水位变幅的量值大小是岩溶塌陷动态变形过程的具体体现，它们又同降雨和人类工程活动有直接的关系。因此，依据不同的岩溶塌陷监测预警阶段，紧扣岩溶塌陷的主要诱发因素选择监测方法，从岩溶塌陷宏观变形破坏迹象，如地下水位变幅、塌陷地面的裂缝扩张速率及地表沉降量值等指标参数出发，对岩溶塌陷地质灾害进行具有一定时间尺度限制的临灾预警也是可行的，但岩溶塌陷地质灾害的监测预警工作必须依据具体岩溶塌陷研究对象的孕灾地质环境特征和岩溶塌陷的不同变形阶段选择合适的监测预警参数，并进行监测预警体系布置。

7.7.4　金沙洲岩溶塌陷监测预警体系建设

1. 金沙洲岩溶塌陷监测预警指标

从金沙洲岩溶塌陷地质灾害的形成发育过程来看，采用力学预测模型进行岩溶塌陷预测预警基本难以实施。根据前述金沙洲区内岩溶塌陷的地质环境背景条件和岩溶塌陷的主要引发因素，选择对岩溶塌陷敏感性程度高、数据连续性好、可测性简单和可靠性强的且不受人为因素干扰的地面沉降量和地下水位变动量等两个预警判据指标进行金沙洲区内岩溶塌陷的监测预警。基于此，金沙洲岩溶塌陷的监测预警工作主要从地下水动态监测和地面沉降监测等两个方面进行，其岩溶塌陷监测预警体系建设也是按照地下水动态监测和地面沉降监测的要求进行布置（图7.7.1）。

2. 金沙洲岩溶塌陷监测工作布置

1) 地下水动态监测工作布置

地下水动态监测工作布置是在完成岩溶塌陷探测地质钻孔施工的基础上，参照《地下水监测规范》（SL183—2005），结合前期保留下来的8个地下水监测点，按全面监测金沙洲隐伏灰岩地段岩溶水的水位变化及地下水降落漏斗形态为原则布置监测工作。金沙洲地下水动态监测点布置图如图7.7.1所示。对武广客运专线金沙洲隧道一带及金沙洲南部岩溶塌陷、地面沉降发育区（金沙洲新社区、金沙中学、源林花园、金域蓝湾及向南街等地段）实施重点监测，并综合考虑金沙洲将来的建设情况，力求涵盖金沙洲整个发展区域范围。选择地下水位监测点时，尽可能利用岩溶管道连通性较好的地质钻孔，在南部及中部以点距200～250m布设监测点；在北部等非重点区域以点距300～500m布设监测点，合计布设52个监测点，形成一个既针对武广客运专线金沙洲隧道继续抽排地下水，又针对金沙洲未来开发建设可能引起地下水动态异常变化的其他区域实施系统监测的地下水动态监测网，做到重点突出，兼顾整体，方便实用。

2) 地面沉降监测工作布置

(1) 建（构）筑物沉降监测工作布置：建（构）筑物沉降监测主要是针对已发生沉降的重要建（构）筑物，特别是新社区、金沙中学及金沙小学等公共重要建（构）筑物进行监测，监测点主要布设在建筑物柱体等重要构件及容易变形的部位，并根据建（构）筑物变形严重程度安排监测点的密度。

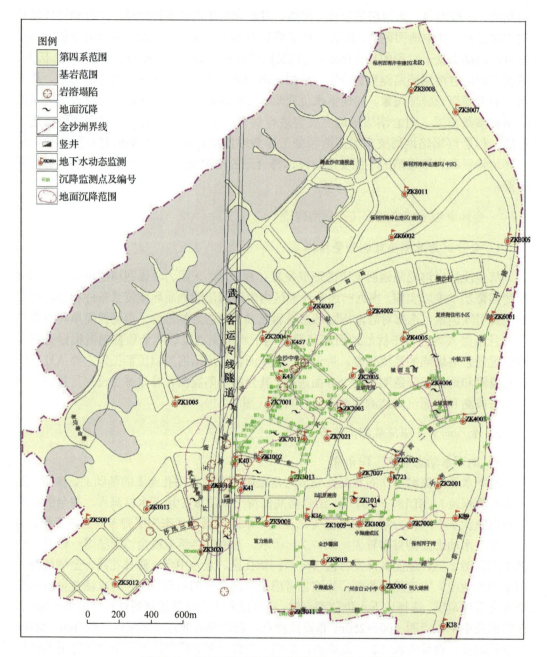

图 7.7.1 金沙洲地下水位和地面沉降监测点布置图

（2）地面沉降监测工作布置：地面沉降监测工作[①]是参照《国家三、四等水准测量规范》（GB/T 12898—2009）及《工程测量规范》（GB 50026—2007），结合金沙洲岩溶塌陷监测预警体系建设的需求，着重对金沙洲中部及南部区域实施沉降变形监测，按能较准确反映金沙洲地面沉降过程及沉降发展趋势的原则布置地面沉降观测点。实际布设

---

① 早期的地面沉降监测工作是参照当时颁布的规范执行的。余同。

地面沉降监测点时,根据金沙洲内软土分布及厚度变化和岩溶塌陷地质灾害发育特点,在金沙洲中部及南部,特别是岩溶塌陷、地面沉降主要分布区域,沿区内道路,以100~300m的点距系统布设地面沉降监测点,共布设155个地面沉降监测点,形成一个地面沉降监测控制网络,地面沉降监测控制范围基本涵盖了金沙洲区内的厚层软土分布范围及区内主要开发建设区域。地面沉降监测点的布置如图7.7.1所示。

3. 金沙洲岩溶塌陷监测工作过程

1)地下水动态监测

金沙洲地下水动态监测工作分两个阶段进行,共布置52个监测点,其后因工程建设原因,共有6个监测点被人为破坏,实施系统监测的地下水动态监测点有46个。

第一阶段监测工作始于2007年7月14日,金沙洲发生第一宗岩溶塌陷地质灾害之后,针对武广客运专线金沙洲隧道施工抽排地下水状况,沿金沙洲隧道两侧,在沙凤村、凤冈、浔峰圩及新社区Ⅰ标段共设置7个自动化监测点。随着地下水波动的影响范围逐渐扩大,2009年4~6月,在金沙洲南部及金沙中学分别增设了5个地下水动态人工监测点及2个自动化监测点,进一步扩大地下水位监测范围,这一阶段设置的14个监测点中有6个因工程建设原因遭受破坏而停止监测。

第二阶段监测工作为2010年4~10月至2011年。为进一步掌握金沙洲可溶岩分布区的地下水动态变化规律,在原已布置的地下水动态监测点的基础上,利用综合地质调查的38个钻孔建立地下水动态监测点,对金沙洲实施更全面系统的地下水动态监测。

经过近5年的长期监测,掌握了大量的地下水动态监测数据,对金沙洲地区2007年8月以来地下水动态变化过程有了较全面的认识,为金沙洲岩溶塌陷地质灾害的监测预警工作提供了真实可靠的地下水位监测数据资料。

2)地面沉降监测

地面沉降监测工作包括建(构)筑物的沉降监测和地面变形沉降监测等两个部分。

(1)建(构)筑物沉降监测工作起步较早。对建(构)筑物的沉降监测最早始于2007年6月9日,最先对新社区新建楼房进行监测,监测早期显示出楼房发生异常沉降,引起了新社区业主单位的高度重视,为确保安全,在建筑物上增设沉降监测点的同时,还适当增加监测楼房的数量。随着建(构)筑物不均匀沉降日趋严重,受损建(构)筑物越来越多,监测对象也随之不断增加。至2012年12月,共布置监测点344个,监测对象包括新社区、新社区地下车库、金沙中学、金沙小学、沙凤新村复建房、向南街2-238号小区、源林花园等地段建(构)筑物。金沙洲建(构)筑物不均匀沉降监测点布置如表7.7.3所示。

表 7.7.3 金沙洲建（构）筑物不均匀沉降监测点布置

序号	布置地点		布置点数/个	备注
1	新社区Ⅰ标段	1#地下车库	69	仍在监测
		1#楼	12	仍在监测
		2#楼	12	仍在监测
		3#楼	18	仍在监测
		4#楼	12	仍在监测
		5#楼	8	仍在监测
		7#楼	18	仍在监测
2	新社区路南辅道		14	仍在监测
3	新社区Ⅳ标段	13#楼	16	仍在监测
		14#楼	12	仍在监测
4	E-03（金沙小学）		10	仍在监测
5	金沙中学	教学楼	30	仍在监测
		食堂	13	仍在监测
		体育馆	11	仍在监测
6	沙凤新村复建房	A组	4	2010年12月停止监测
		B组	4	2010年12月停止监测
		C组	4	2010年12月停止监测
		D组	4	2010年12月停止监测
		E组	16	2010年12月停止监测
		H组	10	2010年12月停止监测
7	向南街2-238号	北片区	9	仍在监测
		南片区	12	仍在监测
8	源林花园	北片区	13	仍在监测
		南片区	13	仍在监测
9	合计		344	

（2）地面变形沉降监测工作先于新社区及金沙中学开展，后扩展至新社区以外东部平原地带。在金沙洲建（构）筑物不均匀沉降日益严重的同时，区内地面沉降也随之发生。为了预防突发性岩溶塌陷地质灾害，做好岩溶塌陷的监测预警工作，最大限度地减轻岩溶塌陷造成的损失，2008年6月9日，首先在新社区主干道路路面及金沙中学校内共布置59个监测点开展地面沉降监测；2010年起，在除新社区以外的东部平原地带再设置96个地面沉降监测点，共计155个监测点，开展地面沉降监测。2011年3月25日，金沙中学操场因维修暂停地面沉降监测，2011年11月22日，操场维修完成后恢复地面沉降监测。

4. 金沙洲岩溶塌陷监测工作的时间频率

1)地下水动态监测的时间频率

地下水动态监测采用人工和自动化监测两种方法。人工监测采用标准测绳和钢尺测具，测量精度至 0.01m；自动化监测仪器采用美国 GEOKON 公司生产的 4500 型振弦式孔隙水压力传感器、LC8001 单通道数据自动采集系统和配套的 LOGWARE 软件。

地下水动态监测工作从 2007 年 8 月 10 日正式开始，根据当时地下水波动情况将全部 7 台自动化监测仪器的监测频率设定为 12 次/h（即 5min/次），2007 年 10 月 28 日第二次岩溶塌陷发生后，10 月 30 日至 11 月 5 日，将监测频率临时调整为 60 次/h（即 1min/次）。随后根据金沙洲区内地下水位波动变化对早期及后来安装的监测仪器的监测频率作出适时调整，监测频率范围设为 6~3 次/h（即 10~20min/次）。

2009 年 4 月起，金沙洲区内开始设置地下水动态人工监测点，2010 年 6 月以前，监测频率为 2 次/d，之后将监测频率调整为 1 次/d，并根据实际需要适时加密。

2)地面沉降监测的时间频率

沉降观测使用瑞士精密自动水准仪 NA2、GPM3 测微器和 N_3 铟钢水准尺测量，仪器标定每公里高差误差精度 ±0.3mm/km，观测时读数取至 0.01mm。根据《国家三、四等水准测量规范》（GB/T 12898—2009），按三等水准进行观测。地面沉降监测的监测频率为每周 1 次，出现异常适时加密。

2009 年底之前，金沙洲建（构）筑物不均匀沉降监测的频率为每周一次，在建（构）筑物出现明显异常沉降期间，监测频率加密为每周 2 次。从 2010 年起，随着建（构）筑物不均匀沉降的沉降速率逐渐变缓，部分建（构）筑物的沉降趋向稳定，监测频率调整为每月 3 次。

7.7.5 金沙洲岩溶塌陷监测预警判据

1. 金沙洲岩溶塌陷监测预警参数的选择

对岩溶塌陷地质灾害的监测预警而言，比较实用和定量的监测指标主要为地下水位（覆盖层孔隙潜水和基岩岩溶水）、地面裂缝、地面变形、建筑物变形及降雨量等，这些都是可以获取定量数据的岩溶塌陷前兆指标参数，其监测预警的实用价值明显。从广东省各地岩溶塌陷的实例统计分析看，最具实用价值的监测预警判据指标为地下水位变幅值和地面沉降量值；同时，虽然形成岩溶塌陷的诱发因素复杂，但地下水位变动量值作为岩溶塌陷最活跃的直接诱发因素指标，地面沉降量值作为岩溶塌陷最直接的变形前兆因素指标，二者表现最突出。

1)自然状态对金沙洲地下水位动态变化的影响因素分析

（1）潮汐对岩溶水动态变化的影响程度。金沙洲岩溶水的动态监测采用人工监测和自动化监测等两种方式，人工监测频率为 1~2 次/d，自动化监测频率为 5~30min/次。排除人为干扰因素，采用监测数据绘制的岩溶水动态变化曲线图，其曲线形态未如潮汐变化般呈现波浪式的规律性变化，说明岩溶水动态变化受潮汐变化的影响不明显。

（2）降雨对岩溶水动态变化的影响效应。武广客运专线金沙洲段隧道于 2007 年 3 月开工，至 2009 年 5 月完工，到 2009 年 8 月时，金沙洲区内东部水文地质单元的地下水位已基本恢复正常，西部水文地质单元的地下水位仍处于波动变化状态。为更加准确地分析降雨对金沙洲内岩溶水动态变化的影响，选取位于金沙洲东部水文地质单元内，且受人为因素影响较小的 K723 岩溶水监测孔，对一个完整水文年（2010 年）的动态监测数据与该年度这一区域的实测日降雨量绘制的降雨量与岩溶水动态变化关系对比图（图 7.7.2）进行对比分析，发现非连续降雨期间，日降雨量小于 20mm 的降雨对岩溶水的动态变化无明显影响。例如，2010 年 7 月 30 日，降雨量为 16.4mm，随后数天未再出现降雨，从 7 月 30 日至 8 月 2 日，岩溶水位大致维持在埋深 2.39m，说明区内小雨至中雨的气象条件对岩溶水的动态变化基本无影响。大雨至大暴雨期间，岩溶水位动态变化明显，一般于当天便开始上升，其持续上升效应最多不超过降雨后 3 天。例如，2010 年 5 月 14 日，

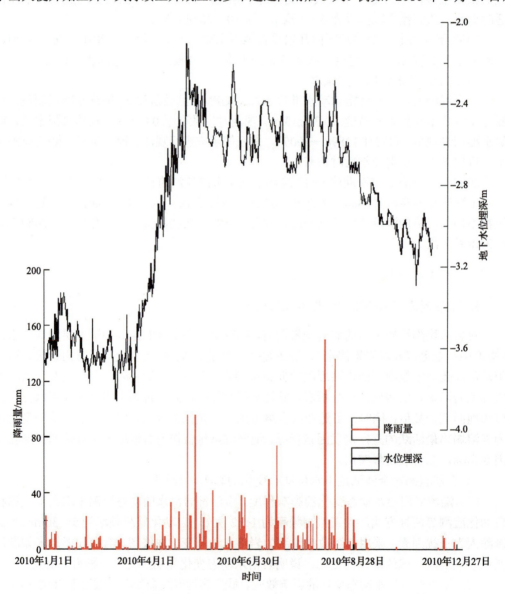

图 7.7.2　2010 年降雨量与 K723 孔岩溶水位动态变化关系对比图

降雨量为95.8mm，当天上午降雨之前，岩溶水位埋深为2.6m，当天下午降雨之后，岩溶水位便迅速上升至埋深2.44m，上升了0.16m，其上升态势一直持续至5月17日，岩溶水位累积上升为0.47m；同时，金沙洲内其他岩溶水监测点的监测结果也显示岩溶水的动态变化过程与K723孔基本相似。因此，当日降雨量大于20mm时，金沙洲内岩溶地下水位上升幅度与降雨量近似呈正相关关系，也就是说降雨量越大，岩溶地下水位上升幅度也越大。综观K723孔全年的岩溶地下水位动态变化过程，汛期岩溶水的水位总体呈上升态势，汛期过后，随着降雨量的减少，金沙洲内岩溶地下水位又逐渐回落至常态。

2）岩溶塌陷活动与地下水动态变化幅度的关系分析

（1）武广客运专线金沙洲隧道工程施工抽排地下水时段是岩溶塌陷活动的高发期。2007年4月以前，金沙洲内无大型地下工程建设活动，区内村落的民井常年有水，且水位埋深为0.50～1.50m，地下水位年变化幅度为1.20m左右，金沙洲内无岩溶塌陷活动。对比金沙洲内地下水动态演变的五个阶段与岩溶塌陷发生的时间位置（图7.7.3），发现金沙洲内地下水位波动与岩溶塌陷活动呈现出高度的同步性，金沙洲内岩溶塌陷活动的高峰时段与武广客运专线金沙洲隧道施工抽排地下水活动引发地下水位波动的剧烈时段相对应。

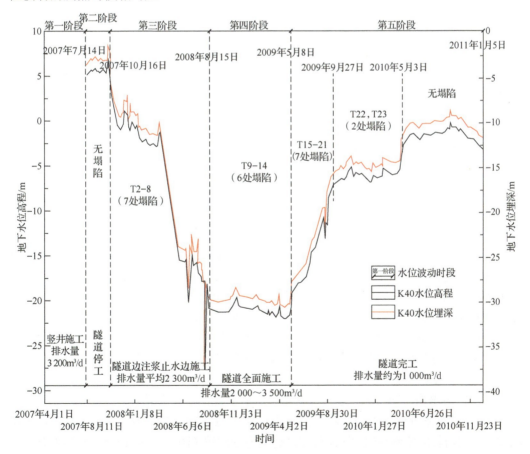

图7.7.3 岩溶塌陷活动与金沙洲隧道施工抽排地下水活动之间的对应关系

第一阶段:2007年4月23日至2007年7月14日,武广客运专线金沙洲隧道开展 1#竖井施工,抽排地下水量约为 3 200m³/d,地下水位从初始状态一直下降至井底40m 处。2007年7月14日,金沙洲发生第一处岩溶塌陷。

第二阶段:2007年7月14日至2007年10月16日,隧道施工暂时停工,金沙洲内的地下水位迅速恢复至初始状态,并保持相对稳定,期间无岩溶塌陷发生。

第三阶段:2007年10月16日至2008年8月15日,隧道边注浆止水边施工,这一阶段隧道抽排地下水量约为2 300m³/d,直接造成隧道周边地下水位快速下降,最大下降幅度为23.43m,由于注浆加压的原因,引起地下水位在下降过程中出现跳跃式波动,期间发生了7处岩溶塌陷。

第四阶段:2008年8月15日至2009年5月8日,隧道开始全面施工,抽排地下水量为2 000~3 500m³/d,这一阶段地下水持续保持低水位,地下水位于埋深为27.43~30.58m(高程为-18.94~-22.09m)之间波动,期间发生6处岩溶塌陷。

第五阶段:2009年5月8日,武广客运专线金沙洲隧道工程全部完工,开始停止抽排地下水活动,金沙洲内的地下水位随即开始回升,至2010年5月3日之前,地下水位回升速度较快,最大回升幅度达17.4m。2009年5月8日到2010年5月3日地下水位大幅回升期间,金沙洲内共发生9处岩溶塌陷。2010年5月3日之后至今,金沙洲隧道运营需要抽排隧道内渗出的地下水,抽排地下水量恢复到约为1 000m³/d,导致武广客运专线金沙洲隧道及周边一带的地下水位回升乏力,地下水又呈现出一定的波动状态,地下水位波动埋深区间为9.0~12.8m。

因此,对比金沙洲内岩溶塌陷发生时间与地下水位的阶段性动态变化特征,可以发现岩溶塌陷的发生与金沙洲隧道施工抽排地下水活动引起地下水位剧烈波动密切相关。2007年4月23日至2009年5月,金沙洲内地下水出现异常波动,总体呈现出快速下降的过程,部分民井逐渐干涸,特别是新社区一带的地下水位曾下降至最大埋深为30.58m(高程为-22.09m),其间金沙洲内共发生14处岩溶塌陷,占岩溶塌陷总数的58.3%;2009年5月以后,地下水位转入恢复上升阶段,至2012年6月,其间共发生10处岩溶塌陷,约占岩溶塌陷总数的41.7%。由此可见,金沙洲内的岩溶塌陷活动主要发生于地下水剧烈波动的下降及恢复期间。

(2)岩溶塌陷主要分布于地下水降落漏斗范围之内。根据金沙洲内地下水的动态监测资料,可以发现地下水位波动期间,金沙洲内K40监测点附近一带成为明显的地下水降落漏斗中心部位,地下水降落漏斗影响半径约为1 000m(图7.2.2和图7.2.3);距离地下水降落漏斗中心最远的岩溶塌陷为金沙中学T19和T21等两个塌陷点,二者与降落漏斗中心相距约为700m,小于降落漏斗的影响半径。岩溶塌陷地质灾害全部分布于地下水降落漏斗影响范围之内(图7.2.1和图7.4.1),说明岩溶塌陷活动明显受地下水降落漏斗的影响。地下水渗流场的数值模拟结果也充分说明了金沙洲岩溶塌陷的这种分布状况(图7.5.8~图7.5.13)。

(3)岩溶塌陷活动与地下水位变化幅度具有明确的对应关系。

① 对具有系统地下水动态监测数据的6处(T2、T3、T4、T6、T8、T21)岩溶塌陷发生时间与相应监测点的地下水位波动时间进行比较(图7.7.4),结果表明其中有4处岩溶塌陷发生时,相应塌陷部位的岩溶地下水位沿基岩面上下为0.18~0.94m的范围波

动(表7.7.4),约占同期岩溶塌陷总数的 66.7%;岩溶地下水位沿基岩面上下波动幅度大于 1.0m 时有 2 处岩溶塌陷发生,占同期岩溶塌陷总数的 33.3%。

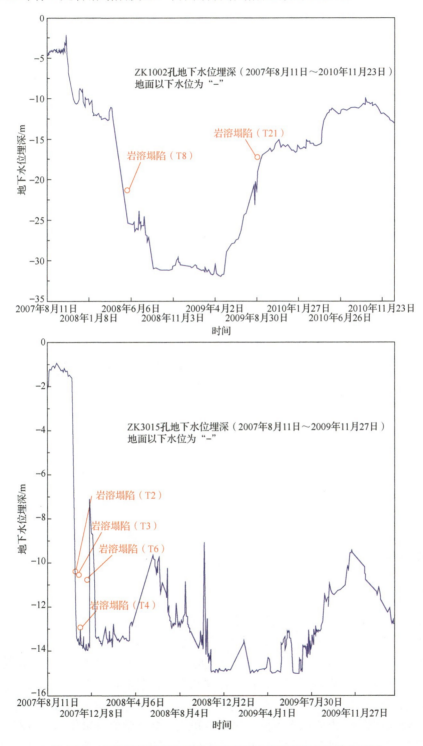

图 7.7.4　金沙洲岩溶塌陷活动与地下水位动态变化之间的关系图

表 7.7.4 岩溶塌陷发生时地下水位埋深与基岩面埋深统计

塌陷点编号	岩溶塌陷发生时地下水位埋深/m	基岩面埋深/m	地下水位与基岩面距离/m
T2	10.44	9.5	-0.94
T3	10.42	11.2	+0.78
T4	13.0	10.4	-2.60
T6	10.68	10.5	-0.18
T8	18.47	11.2	-7.27
T21	11.37	11.15	-0.22

注："+"号表示地下水位在基岩面以上，"-"号则相反。

② 进一步分析地下水位动态监测数据，发现 T2、T4 及 T8 等三处岩溶塌陷发生前，塌陷部位附近的地下水位出现连续下降，平均下降速率分别为 1.05m/d、0.51m/d 和 0.38m/d，且连续下降天数均超过 7 天。

③ 2007 年 7 月 14 日，金沙洲发生第一次岩溶塌陷地质灾害之后，即停止隧道施工进行注浆止水，地下水位迅速恢复。2007 年 10 月 16 日，隧道重新开工，由于止水效果不理想，隧道 1#竖井周边地下水位又开始下降，从 10 月 16 日至 10 月 23 日，地下水位埋深从 1.58m 下降至 7.58m，日均降幅约 0.75m。基于此，2007 年 10 月 25 日，金沙洲岩溶塌陷地质灾害监测单位（广州市地质调查院）与施工单位沟通，对施工抽水再次引发隧道 1#竖井一带发生岩溶塌陷的可能性提出预警，结果于 2007 年 10 月 28 日在隧道 1#竖井西北侧约 150m 处发生岩溶塌陷。据地下水位监测资料，塌陷发生前 5 天，即从 10 月 24 日至 28 日，地下水位日均降幅为 0.6m，塌陷前一天地下水位降幅 0.43m。

3）岩溶塌陷活动同地面沉降变形过程的相互关系分析

根据金沙洲内地面沉降变形和建（构）筑物沉降的动态监测资料，比较图 7.4.1、图 7.4.26 和图 7.6.2 可以发现，金沙洲内地面沉降量加剧的时段也是岩溶塌陷活动相对集中的时段，但岩溶塌陷的发生具有一定的时间滞后性。例如，2007 年以前，金沙洲地面沉降呈现出零星分布特征，仅在城西花园及源林花园一带出现轻度沉降变形，基本上没有岩溶塌陷发生；2007 年 9 月至 2009 年 3 月，金沙洲内厚层软土分布区域的地面沉降量明显加大，且城西花园及源林花园等原存在轻微沉降的地段沉降变形加剧，新社区一浔峰洲收费站、向南街、保利西子湾等陆续出现新的地面沉降，金沙洲内共形成 7 个典型地面沉降带，同期共发生 23 处岩溶塌陷，其中 21 处岩溶塌陷集中分布于地面沉降带内。

综上所述，金沙洲内岩溶塌陷活动主要受地下水位变化的控制，与地下水位的波动强度密切相关，特别是基岩面或基岩面附近的岩溶地下水位处于波动状态时，岩溶塌陷的活动最活跃；同时，岩溶塌陷发生前的一定时间段内塌陷地段周边的地面沉降变形也非常明显。从金沙洲内岩溶塌陷的监测工作现状看，岩溶塌陷分布地段的地下水位和地面沉降监测数据较齐全，数据资料的系列性较好，与岩溶塌陷发生的敏感性程度高，因此，金沙洲岩溶塌陷区内的地下水位变化量值和地面沉降量值可以作为金沙洲岩溶塌陷的监测预警参数，可靠性和量化程度高。对比分析金沙洲内的地下水位变化量和地面沉降量与岩溶塌陷活动之间的相互关系，采用岩溶塌陷发育地段的地下水位变幅和地面沉降量值作为金沙洲岩溶塌陷监测预警的定量指标参数，它不仅可用于金沙洲内岩溶塌陷的中长期预测评价研究，更重要的是还可用于以天为单位的短时临灾监测预警工作，可提高岩溶塌陷监测预警的精确化和真实化程度，实用性强，从而能有效提高岩溶塌陷监测预警的时效性和准确率。

2. 金沙洲岩溶塌陷监测预警判据

1）金沙洲地下水位变化量和地面沉降量与岩溶塌陷活动的量化分析

岩溶塌陷动态演变过程可分为覆盖层土体内土洞发育及扩展与突变破坏等两个阶段。覆盖层土体内土洞的孕育及发展是一个缓慢的变形过程，土洞的形成与扩展就是覆盖层内土体逐层剥落的过程；当土洞扩张至接近地面时，土洞顶板土体突然产生大幅度变形破坏，岩溶塌陷最终表现为地面形成塌陷坑。因此，岩溶塌陷的形成过程具有典型的时空阶段性特征，岩溶塌陷发生前大都存在明显的沉降变形、地下水位波动和建筑物开裂等前兆迹象。

通过对金沙洲岩溶塌陷地质灾害的系统工程地质研究，可以认识到人工抽排地下水活动为金沙洲岩溶塌陷的直接引发因素，相应地抽排地下水活动也带来一定范围的地面沉降变形。一般而言，对岩溶塌陷发生前的地下水位变化量和地面沉降量这两个预警参数而言，在一定范围和一定时间段内必然存在一个临界值；当地下水位变动幅度和地面沉降量达到这个临界值时，地面随时有发生塌陷的可能，这个临界值可作为岩溶塌陷监测预警的判据值。基于此，可以通过金沙洲岩溶塌陷的实际监测数据，计算金沙洲单次岩溶塌陷活动对应的塌陷区临界地下水位变化量和临界地面沉降量。表 7.7.5 是金沙洲区内 2007 年 7 月～2009 年 12 月，21 处岩溶塌陷发生前 1～3 天的以塌陷坑为中心的直径 300m 范围内的地下水位监测孔和地面沉降监测点的平均地下水位临界变化量和平均地面沉降临界量的统计。

表 7.7.5　金沙洲岩溶塌陷发生前 1～3 天的临界地下水位变化量和临界地面沉降量的统计

塌陷编号	岩溶塌陷发生时间	地下水位临界变化量值/m			地面沉降临界变形量值/mm			岩溶塌陷位置
		前1天	前2天	前3天	前1天	前2天	前3天	
T1	2007年7月14日	0.43	0.99	1.69	5.36	9.23	13.46	隧道1#竖井北侧约55m
T2	2007年10月28日	1.17	2.08	3.02	7.55	13.82	18.21	隧道1#竖井北侧约150m
T3	2007年11月7日	0.68	1.43	2.71	6.83	12.98	17.08	隧道1#竖井北侧约180m
T4	2007年11月8日	0.55	1.52	1.98	5.75	9.23	15.91	隧道1#竖井北侧约60m
T5	2007年11月9日	0.87	1.74	2.05	9.83	12.37	19.52	传芳小学西侧
T6	2007年11月18日	0.56	1.27	1.38	3.29	8.41	10.17	隧道1#竖井北东约90m
T7	2008年7月5日	0.92	1.89	2.77	6.65	12.56	17.19	隧道DK2194+906
T8	2008年7月11日	0.73	1.91	2.69	13.92	15.01	21.53	新社区金沙洲小学北东侧道路中段

续表

塌陷编号	岩溶塌陷发生时间	地下水位临界变化量值/m			地面沉降临界变形量值/mm			岩溶塌陷位置
		前1天	前2天	前3天	前1天	前2天	前3天	
T9	2008年8月23日	0.81	1.62	2.78	5.78	11.26	15.87	广佛高速浔峰洲入口匝道路面处
T10	2008年9月7日	0.39	0.79	1.97	4.27	7.63	14.35	沙凤一路西环高速东侧路面
T11	2008年10月1日	0.42	0.95	1.86	4.59	9.88	18.37	沙凤村凤岐里6巷13号门前
T12	2008年12月26日	0.38	0.98	1.79	6.08	9.11	15.32	新社区环洲三路惠风二巷3号楼东侧
T13	2009年1月1日	1.91	2.58	3.33	7.32	13.05	27.29	金沙中学东南角
T14	2009年4月14日	0.95	1.72	2.64	7.85	12.46	26.33	金沙中学1号教学楼南侧约5m处
T15	2009年6月4日	0.78	1.75	2.59	8.03	18.22	25.64	金沙中学1号教学楼南侧约8m处
T16	2009年5月22日	0.69	1.83	3.72	5.37	8.21	14.03	沙凤一路西环高速高架桥底
T18	2009年6月1日	2.03	2.59	2.89	4.28	8.33	18.59	新社区礼传三街道路中间
T19	2009年7月23日	0.75	1.22	1.85	8.15	16.91	28.63	金沙中学2号教学楼东侧礼传西街
T20	2009年8月3日	1.38	1.95	3.28	12.28	23.55	30.19	金沙街沙凤三路南侧人行道
T21	2009年9月21日	0.62	1.45	2.47	7.03	15.27	25.81	金沙中学2号教学楼东南角
T22	2009年12月31日	0.45	0.86	2.11	6.85	12.92	26.93	金沙洲小学教学楼与办公楼走廊中部

综合分析前述金沙洲岩溶塌陷的地下水和地面沉降的监测资料和表7.7.5结果可以发现，金沙洲地区每次岩溶塌陷地质灾害发生前，塌陷地段的地下水位都存在一个变动量值，同时也存在一定量值的地面沉降变形，这两个临界量值是金沙洲区域内岩溶塌陷从内部变形阶段转化为地表塌陷阶段的敏感性参数；但对金沙洲区域岩溶塌陷的监测预警而言，这两个指标的临界量值不是一个恒定值，而是在一定时间段内存在一个临界的区间值范围。由于金沙洲地下水位变化和地面沉降变形的实际情况复杂，仅凭个别点的地下水位变化量和地面沉降量的临界异常值作为岩溶塌陷监测预警判据量值存在不尽合理之处，也不符合金沙洲区域内岩溶塌陷的实际情况。为此，必须充分考虑金沙洲全域地下水降落漏斗范围内地下水位和地面沉降监测点的监测数据在一定时间段内持续过程的动态变化效应，才能更好地标定岩溶塌陷的预警落区范围，并对岩溶塌陷的监测预警做出较合理的判断。

2）临界日综合地下水位变化量和临界日综合地面沉降量

对金沙洲岩溶塌陷活动而言，直接诱发岩溶塌陷活动的临界地下水位变化量和临界地面沉降量可以通过单体岩溶塌陷的监测实例分析就可以获得，但最终是采用前一天的临界量值，还是采用前2天或前3天的临界量值进行实际的塌陷预警，必须对它们进行相关分析之后才能确定。按照相关分析的技术方法，对2007年7月~2009年12月金沙洲区域内21次岩溶塌陷活动与不同天数的累积地下水位变化量及累积地面沉降量进行相关分析（表 7.7.6）。从表 7.7.6 中可以看出，地下水位变化量是前 3 天内的临界地下水位变化量的相关性程度最好；地面沉降量是前 5 天内的临界地面沉降量的相关性程度最高且敏感性强；但对岩溶塌陷活动而言，无论是采用前 1 天、前 2 天或前几天的临界地下水位变化量或地面沉降量作为临界值进行预测预警，都有其明显的局限性，应进行综合分析处理。

表 7.7.6 不同时间累积地下水位变化量及累积地面沉降量与岩溶塌陷活动的相关性

塌陷前地下水位变化量累积日数/d	岩溶塌陷单相关系数	塌陷前地面沉降量累积日数/d	岩溶塌陷单相关系数
1	0.83	1	0.78
2	0.87	2	0.79
3	0.92	3	0.81
4	0.71	4	0.85
5	0.62	5	0.91
6	0.53	6	0.68
7	0.46	7	0.53
8	0.37	8	0.37
9	0.32	9	0.28
10	0.25	10	0.19

由于不同时间段的地下水位变化量和地面沉降量引发岩溶塌陷的概率存在一定的差异，也就是说，一定时间段内的地下水位波动和地面沉降变形并不一定会引发岩溶塌陷，或者说仅有部分诱发作用。为提高岩溶塌陷监测预警的精度，需要构造一个既能反映一定时间段内地下水位累积变化量和累积地面沉降量的影响程度，又能够突出体现岩溶塌陷地质灾害临塌前的地下水位变化和地面沉降变形的临界地下水位变化量和临界地面沉降量诱发效应的监测预警模型。基于此，为充分考虑岩溶塌陷临塌前预警落区内地下水位变化量和地面沉降量的累积效应，这里借鉴地质灾害气象预报预警技术方法[51-52]，引入临界日综合地下水位变化量和临界日综合地面沉降量的指标进行岩溶塌陷监测预警，采用指数模型计算岩溶塌陷监测预警的临界日综合地下水变化量和临界日综合地面沉降量，既考虑了前期地下水位波动和地面沉降时间过程的累积影响，又体现了临塌前的日地下水位波动量和日地面沉降量的诱发效应。临界日综合地下水位变化量和临界日综合地面沉降量计算公式为

$$P_c = P_0 + P_1 + P_2 + \cdots + P_z + \alpha P_{z+1} + \alpha^2 P_{z+2} + \cdots + \alpha^{n-z} P_n \quad (7.7.1)$$

式中：P_c 为临界日综合地下水位变化量或临界日综合地面沉降量；P_0 为岩溶塌陷发生前当天的地下水位变化量或地面沉降量；z 为相关性程度较好的岩溶塌陷发生前的累积天数；P_z 为相关性程度较好的前 z 天地下水位变化量或地面沉降量；P_n 为第前 n 天的地下水位变化量或地面沉降量；n 为自地下水位开始变化或地面沉降变形开始经过的天数；α 为权重系数。

根据表 7.7.6 的相关性分析结果，对金沙洲区内的岩溶塌陷而言，取岩溶塌陷活动与临界地下水位变化量相关性程度最高的前 1 天至前 3 天的监测值计算金沙洲岩溶塌陷

监测预警的临界日综合地下水位变化量;取岩溶塌陷活动与地面沉降量相关性程度最高的前1天至前5天的监测值计算金沙洲岩溶塌陷监测预警的临界日综合地面沉降量。因此,金沙洲岩溶塌陷监测预警的临界日综合地下水位变化量和临界日综合地面沉降量可分别定义如下。

临界日综合地下水位变化量为

$$P_{c1} = P_0 + P_1 + P_2 + P_3 + \alpha P_4 + \alpha^2 P_5 + \cdots + \alpha^{n-3} P_n \quad (7.7.2)$$

临界日综合地面沉降量为

$$P_{c2} = P_0 + P_1 + P_2 + P_3 + P_4 + P_5 + \alpha P_6 + \alpha^2 P_7 + \cdots + \alpha^{n-5} P_n \quad (7.7.3)$$

式中:P_{c1}为临界日综合地下水位变化量;P_{c2}为临界日综合地面沉降量;P_0为岩溶塌陷发生前当天的地下水位变化量或地面沉降量;P_n为第前n天的地下水位变化量或地面沉降量;n为自地下水位开始变化或地面开始沉降变形经过的天数;α为权重系数。

根据式(7.7.2)和式(7.7.3),分别计算不同权重系数(α)状态时金沙洲岩溶塌陷发生前的临界日综合地下水位变化量和临界日综合地面沉降量,并对不同权重系数(α)状态时金沙洲岩溶塌陷活动与临界日综合地下水位变化量及临界日综合地面沉降量进行相关性统计分析(表7.7.7)。根据表7.7.7结果,取相关系数为最大值时的权重系数(α)0.7计算金沙洲地区岩溶塌陷监测预警判据的临界日综合地下水位变化量值;取相关系数为最大值时的权重系数(α)0.6计算金沙洲地区岩溶塌陷监测预警判据的临界日综合地面沉降量值。据此确定的临界日综合地下水位变化量权重系数为0.7和临界日综合地面沉降量权重系数为0.6,按照式(7.7.2)和式(7.7.3)计算不同频率状态时引发金沙洲岩溶塌陷活动的临界日综合地下水位变化量和临界日综合地面沉降量的监测预警判据量值。表7.7.8为不同频率状态对应时的金沙洲岩溶塌陷活动与临界日综合地下水位变化量和临界日综合地面沉降量的关系,二者分别对应于不同时间尺度预警要求的岩溶塌陷地质灾害的监测预警等级。

表7.7.7 不同权重系数的临界日综合地下水位变化量和临界日综合日地面沉降量与岩溶塌陷次数的相关性统计分析

临界日综合地下水位变化量		临界日综合地面沉降量	
权重系数α	岩溶塌陷相关系数	权重系数α	岩溶塌陷相关系数
0.9	0.85	0.9	0.78
0.8	0.87	0.8	0.82
0.7	0.91	0.7	0.86
0.6	0.81	0.6	0.89
0.5	0.77	0.5	0.73
0.4	0.63	0.4	0.61
0.3	0.55	0.3	0.52
0.2	0.53	0.2	0.49
0.1	0.48	0.1	0.41

表 7.7.8　不同频率状态的金沙洲岩溶塌陷活动与临界日
综合地下水位变化量和临界日综合地面沉降量的关系

岩溶塌陷活动频率	临界日综合地下水位变化量/m	临界日综合地面沉降量/mm
0.10	0.38	3.58
0.15	0.61	5.65
0.20	0.75	6.02
0.25	0.93	7.35
0.30	1.13	8.28
0.35	1.25	9.75
0.40	1.37	10.73
0.45	1.43	11.21
0.50	1.52	12.85
0.60	1.78	15.29
0.70	2.23	17.98
0.80	3.16	19.15
0.90	3.58	22.26

前述研究表明，临界日综合地下水位变化量和临界日综合地面沉降量能够较好地反映地下水位变化和地面沉降的时间效应对岩溶塌陷活动的影响，也充分表征了不同时间段内地下水位波动演变过程和地面沉降变形过程对岩溶塌陷形成的诱发作用；也就是说，用临界日综合地下水位变化量和临界日综合地面沉降量来表达地下水位动态演变过程和地面沉降变形过程对岩溶塌陷活动的影响，二者的可靠性程度较高。因此，可以采用临界日综合地下水位变化量和临界日综合地面沉降量的具体数值作为金沙洲岩溶塌陷活动监测预警的定量判据。

就金沙洲区内岩溶塌陷活动的监测预警而言，中长期（1月~1年）的岩溶塌陷监测预警实际意义不大，金沙洲岩溶塌陷的监测预警应按短期预警考虑，这样其实际应用价值更大。为了提高岩溶塌陷监测预警对象的完整性，减少漏报现象，同时也为了提高岩溶塌陷活动的监测预警准确率，按照有关部门对地质灾害监测预警的分级标准，结合金沙洲区内岩溶塌陷地质灾害的实际情况，将金沙洲岩溶塌陷发生前的临界日综合地下水位变化量值和临界日综合地面沉降量值分为短期预警（可能性较大）、短时预警（可能性大）和临塌预警（可能性很大）等三个级别。相应的累加岩溶塌陷活动的频率为15%、30%、50%时所对应的临界日综合地下水位变化量和临界日综合地面沉降量就是短期预警（启动）、短时预警（加速）、临塌预警（临灾）等三个预警状态的临界日综合地下水位变化量或临界日综合地面沉降量的判据阈值（表7.7.8），分别用 $P_短$、$P_临$ 及 $P_警$ 来表示。

7.7.6　金沙洲岩溶塌陷监测预警流程

通过详细研究广州市白云区金沙洲岩溶塌陷活动的地质环境背景特征、地下水位和地面沉降的监测资料，可以建立基于地下水位变化量和地面沉降量的广州市白云区金沙洲岩溶塌陷监测预警技术体系及工作流程。

1. 岩溶塌陷监测预警体系

基于地下水位变化和地面沉降变形的岩溶塌陷监测预警体系，它是从金沙洲区内地下水位波动变化和地面沉降变形的动态演变引发岩溶塌陷活动的这一关键因素入手，充分考虑岩溶塌陷发生的各种内在因素和诱发因素，研究金沙洲地区特定自然地质环境背景下地下水位动态变化诱发岩溶塌陷活动的机理，制作和发布广州市白云区金沙洲岩溶塌陷地质灾害的概率预测预警信息。

1）监测预警对象

广州市白云区金沙洲地区岩溶塌陷地质灾害。

2）监测预警类型

按照诱发岩溶塌陷地质灾害的主要前兆因素（地下水位变化值和地面沉降值）指标参数，综合分析岩溶塌陷地质灾害动态演化过程的内在规律和制约岩溶塌陷发生的各种随机因素（包括各种社会经济因素和人类工程活动等），制作和发布岩溶塌陷地质灾害将要发生在某一时段和某个地点的可能性。

3）监测预警等级

基于地下水位变化和地面沉降引发岩溶塌陷地质灾害的监测预警分级采用3级分类（表7.7.9），并且采用地质灾害监测预警习惯用语，即预测级（启动值或注意级）、短时级（加速值或短时级）及预警级（临灾值）。

表7.7.9 广州市白云区金沙洲岩溶塌陷地质灾害监测预警分级

	1	2	3
监测预警等级	可能性较大 短期预警 启动值 注意级	可能性大 短时预警 加速值 短时级	可能性很大 临塌预警 临灾值 预警级
临界日综合地下水位变化量/m	$[P_{短} \sim P_{临}]$	$[P_{临} \sim P_{预}]$	$[P_{预} \leq P_{c1}]$
临界日综合地面沉降量/m	$[P_{短} \sim P_{临}]$	$[P_{临} \sim P_{预}]$	$[P_{预} \leq P_{c2}]$
监测预警时段	7天～1月的短期监测预警	3～7天短时监测预警	1～3天塌前监测预警

2. 岩溶塌陷监测预警流程

根据广州市白云区金沙洲地下水位和地面沉降的动态监测数据，当发现形成地下水降落漏斗和地面沉降中心时，应即时启动岩溶塌陷监测预警模型，分析地下水降落漏斗和地面沉降范围内的地质环境背景条件和人类工程活动情况，厘定岩溶塌陷的预警落区范围，定时制作和发布岩溶塌陷短期预警。岩溶塌陷的具体监测预警步骤如表7.7.9所示。

1)监测信息数据预处理

提取金沙洲岩溶塌陷监测区内全部地下水位监测钻孔的地下水位变化量监测数据和地面沉降监测点的变形量监测数据,逐时统计分析地下水位变化幅度值和地面沉降量值,应用 GIS 技术和插值方法得到金沙洲岩溶塌陷预警落区内的精细化地下水位变化量和地面沉降量,缺测的监测孔(点)的信息通过插值得到。

2)计算临界日综合地下水位变化量和临界日综合地面沉降量

取监测预警时刻前 15 天的岩溶塌陷预警落区内逐孔逐时地下水位实测资料和逐点逐时地面沉降实测资料,利用前述给出的计算公式逐孔逐点计算临界日综合地下水位变化量和临界日综合地面沉降量。这里要特别注意的是动态日变化量的计算,当发布岩溶塌陷短时预警或塌前预警时,临界日综合地下水位变化量和临界日综合地面沉降量分别采用预警前 3 天和前 5 天的 24h 内日地下水位变化量和日地面沉降量逐天逐级进行计算。

3)确定岩溶塌陷的短期监测预警判据

综合表 7.7.8 和表 7.7.9 的统计分析结果,确定广州市白云区金沙洲岩溶塌陷不同监测预警等级的临界日综合地下水位变化量和临界日综合地面沉降量的预警判据阈值如表 7.7.10 所示。

表 7.7.10 广州市白云区金沙洲岩溶塌陷监测预警分级临界预警判据阈值

金沙洲岩溶塌陷 监测预警等级划分		短期预警 (可能性较大) (启动值)	短时预警 (可能性大) (加速值)	临塌预警 (可能性很大) (临灾值)
临界 预警 量值	临界日综合地下 水位变化量/m	0.61	1.13	1.52
	临界日综合地面 沉降量/mm	5.65	8.28	12.85

4)岩溶塌陷短时监测预警

通过计算金沙洲区内的临界日综合地下水位变化量和临界日综合地面沉降量值,同表 7.7.10 圈定的临界日综合地下水位变化量和临界日综合地面沉降量的预警判据阈值数据进行比较,逐天逐级进行岩溶塌陷短时预警。同时,岩溶塌陷短时预警必须结合金沙洲区内的地面变形和房屋倾斜监测数据及人类工程活动情况的客观分析评价结果,订正地下水位和地面沉降监测数据的局部误差,确定 3~7 天为预警时效期,发布岩溶塌陷短时预警信息。

5)逐时塌前临近监测报警

当地下水位变化量或地面沉降量达到岩溶塌陷监测预警级别的临界值或达到岩溶塌陷报警级的临界值时,随即进行不间断跟踪监测和预警,启动岩溶塌陷监测预警模型的逐时计算预测。即提取逐时(60min)的地下水位变化量和地面沉降量,计算动态临界日综合地下水位变化量和临界日综合地面沉降量,并同岩溶塌陷监测预警地段的地质环境条件、地下水降落漏斗面积和地面沉降范围等因素进行综合分析,确定基于金沙洲区内各监测点地下水位变化幅度和地面沉降变化状态的岩溶塌陷监测预警等级,实现每 24 小时发布一次岩溶塌陷的监测预警等级和岩溶塌陷的落区临近预警。

7.7.7 金沙洲岩溶塌陷监测预警实例

通过对 2007 年 7 月至 2009 年 12 月金沙洲岩溶塌陷分布地段的地下水位和地面沉降的系统监测，按照前述岩溶塌陷监测预警的技术方法，基本建成金沙洲岩溶塌陷的监测预警系统体系。岩溶塌陷监测预警系统运行期间，共完成两次岩溶塌陷的监测预警工作，说明建立的金沙洲岩溶塌陷监测预警系统基本符合金沙洲岩溶塌陷地质灾害的实际，监测预警效果明显。

【岩溶塌陷监测预警实例 1】2010 年 1 月 3～8 日，监测发现金沙洲区内浔峰洲收费站及周边的地下水位开始明显下降，到 2010 年 1 月 9 日，形成了以浔峰洲收费站为中心的地下水降落漏斗；同时，浔峰洲收费站一带的地面沉降显著增强。2010 年 1 月 8～10 日，地下水降落漏斗内连续 3 天的临界日综合地下水位变化量为 0.95m、1.72m 和 1.58m；同时，地下水降落漏斗内连续 3 天的临界日综合地面沉降量为 9.35mm、8.73mm 和 13.56mm。基于此，2010 年 1 月 11 日对金沙洲区内浔峰洲收费站及周边约 0.83km^2 范围发出 3～7 天的短时岩溶塌陷地质灾害临灾预警。2010 年 1 月 13 日，金沙洲区内浔峰洲收费站西北侧相距约 100m 处发生岩溶塌陷，塌陷处第四系覆盖层厚度 13.7m，地面塌陷坑近圆形，直径约 5m，深约 0.5m，呈蝶状；岩溶塌陷损坏新建道路的路面面积约 100m^2，直接经济损失约 2 万元。

【岩溶塌陷监测预警实例 2】2012 年 5 月 1～9 日，监测发现金沙洲区内沙凤一路富力地块范围内的地下水位开始明显下降，到 2012 年 5 月 9 日，形成了以沙凤一路富力地块范围为中心的地下水降落漏斗；同时，沙凤一路富力地块范围一带的地面沉降量也明显增大。2012 年 5 月 7～9 日，地下水降落漏斗内连续 3 天的临界日综合地下水位变化量为 1.53m、1.22m 和 1.69m；同时，地下水降落漏斗内连续 3 天的临界日综合地面沉降量为 8.52mm、13.83mm 和 12.18mm。基于此，2012 年 5 月 10 日对金沙洲区内沙凤一路富力地块范围内发出 3～7 天的短时岩溶塌陷地质灾害临灾预警。2012 年 5 月 14 日，沙凤一路富力地块西北角发生岩溶塌陷，塌陷处第四系覆盖层厚度约 14.5m，地面塌陷坑近圆形，直径约 2m，深约 1.5m，呈竖井状，洞内无水；岩溶塌陷损坏沥青路面的面积约 50m^2，直接经济损失约 1 万元。

综上所述，对岩溶塌陷地质灾害的监测预警，虽然困难很多，技术难度大，实际操作难以实施，但只要查明岩溶塌陷监测预警地段的孕灾地质环境背景特征，认真分析岩溶塌陷地质灾害形成的地质环境条件，正确认识岩溶塌陷的成因机理，抓住岩溶塌陷的直接引发因素，针对岩溶塌陷的直接引发因素合理布置监测网络，并进行系统性的长期监测，进而分析岩溶塌陷活动的时空阶段性，选择合适的监测预警参数判据指标，统计分析选定的岩溶塌陷监测预警判据的定量监测数据，从中寻找具有一定预警时效性的岩溶塌陷活动监测预警判据指标及临界量值，并根据具体监测预警地段岩溶塌陷的演变阶段和监测数据进行实时调整，实行动态化管理及预测预警，不但可以提高岩溶塌陷监测预警落区的精度，还可以对一定时间尺度的特定地段的岩溶塌陷进行实时监测预警。因此，对广州市白云区金沙洲岩溶塌陷的监测预警研究，虽然仍处于初步探索阶段，但具有重要的学科理论价值和工程实践意义。

第8章 广东省岩溶塌陷防治实例

岩溶塌陷地质灾害和可溶岩地带普遍存在的溶洞和土洞,对岩溶区工程建筑设施和建筑地基的稳定性危害严重,可降低地基的承载能力及加大地基的沉降变形,进而引发建筑物的变形破坏。如果对可溶岩分布地段发育的溶洞、土洞进行地基处理,并对岩溶塌陷进行综合防治,可避免或减轻岩溶塌陷和溶洞、土洞对建筑地基及建筑物的危害。

8.1 岩溶塌陷防治技术概述

岩溶塌陷防治和岩溶地区地基处理,多采用换填法、顶柱法、跨越法、灌浆加固法、挤密法、桩基法及填实强夯法等。本节据文献[53]~[55],简要介绍岩溶地区的溶洞地基、土洞地基处理技术和岩溶塌陷治理方法。

一般而言,换填法适用于一些溶洞或土洞埋藏相对较浅的岩溶地带,需先清除洞内软弱充填物再回填毛石或混凝土等材料;顶柱法适用于溶洞顶板较薄、跨度较大且裂隙发育的岩溶地带;跨越法适用于溶洞周壁较完整,且顶板较破碎的溶洞地带;桩基法适用于高层建筑,且下部溶洞较大的岩溶地带;灌浆加固法适用于溶洞或土洞埋藏相对较浅的岩溶地带;挤密法是将钢管、混凝土桩或砂桩挤入土洞或松散土层内部,将松散土层挤压密实,从而形成复合地基;填实强夯法适用于存在大面积且埋深较浅的溶洞或土洞地带,这样可以填实土洞及溶洞,提高地基承载力。此外,还有变断面基础法、绕避法及垫褥法等地基处理方法。对岩溶发育区的溶洞和土洞或岩溶塌陷采取工程措施进行治理,有时需要采用两种或多种综合措施才能取得满意的效果。因此,对于岩溶塌陷地质灾害防治和岩溶发育地段的溶洞地基及土洞地基处理,应遵循以下几点。

(1)地下空间开发、地下工程建筑和地面重要建筑物宜避开岩溶强烈发育区。

(2)当地基含石膏、岩盐等易溶岩时,应考虑溶蚀作用的持续性及不利影响。

(3)不稳定的岩溶洞隙应以地基处理为主,并可根据岩溶洞隙的形态、大小及埋深,采用清爆换填、浅层楔状填塞、洞底支撑、梁板跨越及调整桩间距等方法进行治理。

(4)岩溶地区地下水的处理宜采取疏导处置的基本原则。

(5)未经有效处理的隐伏土洞分布地段或地表塌陷影响区域,不应选作天然地基,对土洞和岩溶塌陷宜采用地表截流、防渗堵漏、挖填灌填岩溶通道、通气降压等方法进行处理;同时还可采用梁板跨越措施,对重要建筑物采用桩基或墩基。

(6)岩溶地区不仅要采取措施防止地下水排泄通道堵截,避免地下水的动水压力对基坑底板、地坪及道路等造成不良影响,同时还应采取措施减少泄水、涌水对环境造成污染。

（7）岩溶地区采用桩（墩）基时，宜优先采用大直径墩基或嵌岩桩。对岩溶发育区的地基建筑结构措施而言，应选用有利于与上部结构共同工作，还可以适应小范围塌落变形、整体性好的基础形式，如配筋的十字交叉条形基础、筏形基础、箱形基础等；同时，应采取必要的结构加强措施，如砖石结构加强圈梁设置、单层厂房基础梁与柱连成整体，并加强柱间支撑系统等。

8.1.1 溶洞地基处理技术

对岩溶区地基稳定性有明显影响的岩溶洞隙，应根据其位置、大小、埋深、围岩稳定性和水文地质条件对其进行综合分析，因地制宜采取针对性强的措施进行地基处理。对于洞口较小的洞隙，宜采用镶补、嵌塞与跨盖等方法处理；对洞口较大的洞隙，宜采用梁、板和拱等结构跨越，跨越结构应有可靠的支撑面，梁式结构在岩石上的支承长度应大于梁高1.5倍，也可采用浆砌块石等堵塞措施；对于围岩不稳定、风化裂隙破碎的岩体，可采用灌浆加固和清爆填塞等措施处理；对于规模较大的洞隙，可采用洞底支撑或调整柱间距等方法进行处理。溶洞地基处理方法较多，其中较常见的方法有跨越法、加固法和桩基法等三种主要类型。

1. 跨越法

跨越法适合溶洞规模较大，溶洞内充填物松软，基础处理工程建造困难且耗资巨大，或者溶洞虽小但要求不堵塞水流的地段，可根据具体条件采用相应的梁板形式跨越岩溶洞穴地段。跨越法包括的类型较多，如板跨法、梁跨法、拱跨法均属于跨越法的范畴，不同的跨越方法处理的溶洞地基类型也存在差别。设置跨越结构时，支承面应位于稳定可靠的基岩部位，梁式结构支撑面应经过验算。跨越法的优点是不管岩溶洞穴的具体形态如何，可将比较复杂的岩溶区地下工程改变为较易进行的地面工程，而且不担心地下水的流动重新带走洞内充填物而引发岩溶塌陷地质灾害。

1）板跨法

板跨法如图8.1.1（a）所示。对工程基础挖基过程遇到深度较大、洞径较小又不便入内施工或洞径虽大但充满地下水的溶洞，可根据建筑物性质和基底受力情况，采用混凝土板或钢筋混凝土板封顶。

2）梁跨法

梁跨法如图8.1.1（b）所示。对埋藏较深但仍位于地基持力层内规模较小的岩溶塌陷或土洞，可用弹性地基梁或钢筋混凝土梁跨越土洞或塌陷体。

3）拱跨法

拱跨法如图8.1.1（c）所示。对地下建筑工程的边墙、堑式挡墙、堤式坡脚挡墙及桥墩、桥台等地基下常见洞身较宽、深度又大、洞形复杂或有水流的岩溶地基，宜采用拱跨形式。拱分浆砌片石拱、混凝土拱和钢筋混凝土拱。为增强拱身强度，拱下可砌筑垂直支撑柱，对建筑物本身而言，也可加设拉杆（或锚杆支撑）及其他预应力钢筋混凝土构造等。

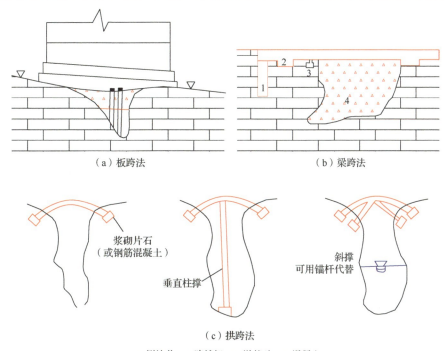

图 8.1.1 跨越法处理岩溶地段溶洞地基示意图

2. 加固法

岩溶地基加固指的是通过向溶洞内灌浆，阻断溶洞与周边地下水的联系，从而达到提高溶洞地基的强度和稳定性，阻止溶洞进一步扩大变形的方法。这种溶洞地基处理方法投入成本较少，且比较适合加固浅层岩溶洞穴。如果溶洞充填有沙砾或黏性土，其结构决定了这类溶洞具有较强的漏水性，且大都与上部溶洞相连，为获得较好的地基加固效果，对这种类型的岩溶洞穴进行加固时应考虑使用联合灌浆技术处理；如果溶洞无充填物（空洞），则不应进行旋喷洗孔处理。施工时注浆和旋喷清水的目的是提高进入溶洞内部的浆液稳定性，有助于浆体形成均匀稳定的结构状态。另外，实际施工时应准确掌握溶洞的充填情况、范围大小、深度情况等内容；如果遇到岩溶裂隙发育或溶洞埋深较大的情况，可使用压力注浆法对其进行加固处理。压力注浆法是利用压浆泵将水泥浆液通过注浆管注入需要加固的位置，并结合使用挤密、渗透、填充等手段将位于土颗粒间和灰岩缝隙内部的气体和水分驱走，当浆液胶结后就会形成一个稳定性和渗透性较强的结构体，进而达到加固岩溶洞穴地基的目的；同时，浆液注入时可以封堵岩溶开口洞隙，阻止地下水位升降时的腐蚀作用，可进一步增强岩溶地基的强度。

3. 桩基法

桩基法处理溶洞地基应根据岩溶洞穴地基的实际发育特征，采用不同类型的桩基进行溶洞地基处理，其中较常见的桩基类型有冲孔灌注桩、钻孔桩、预应力管桩及群桩等，另外还有复合地基处理。当溶洞洞穴顶板较薄，洞口较小且有多层结构溶洞时，宜选择使用冲孔灌注桩处理；冲孔灌注桩应从溶洞上层顶板穿出并进入下层溶洞顶板，实际施工时为保证施工质量可先进行超前钻确定桩位，首先查明岩溶洞穴的具体状况，然后将冲击钻钻到符合施工要求的岩层内。当岩溶表面较粗糙，并存在软弱夹层，且地基下有孤石出现时，宜采用钻孔桩处理；钻孔桩具有较强的嵌岩能力，并且对钻穿夹层、孤石时具有较大的优势，但钻孔桩不适合溶沟和岩溶缝隙分布较多的溶洞地基使用，因为实际施工时容易卡钻，而且由于受到洞隙的影响，钻孔位置容易偏离。当地基下部出现流沙、土洞、淤泥或暗河与地下溶洞并存时，可选择使用受上述因素影响较小的预应力管桩处理。当利用前述桩基形式无法保证成桩质量，且岩溶顶面覆盖有厚度较大的砂土层时，可使用群桩进行岩溶地基处理，以提高成桩安全性和成桩质量。如果遇到可溶岩的岩面起伏较大，并存在大量的土洞、较厚的土层以及建筑荷载较小时，可使用复合地基处理，提高自然地基的强度；同时，为减少桩基承载压力，也可挖去岩溶地基的覆盖土层，形成地下室，从而提高岩溶发育区溶洞桩基结构的整体稳定性。

8.1.2 土洞地基处理技术

土洞一般埋藏较浅，发育快，土洞拱顶强度低，土洞发展到一定程度就会塌陷，对建筑物威胁较大，特别是对高层建筑，由于基础埋置深，上部荷载大，造成的危害更大。土洞较之溶洞洞隙具有发育速度快、分布密度大的特征，对工程场地及地基造成的危害不容忽视。一般而言，对岩溶地区地基稳定性有影响的土洞，应杜绝地表水渗入土层内，使土洞停止发育和发展；同时，尽量对地下水采取截流、改道等措施，以阻止土洞继续发展。有时建筑物施工时，由于地质勘察布孔有限而未发现土洞，但工程建筑物实际使用后，如人工降低地下水位，就会产生新的土洞和地表塌陷。因此，岩溶地区进行工程建设时，应查清土洞的分布、形状、深度以及它们的发育程度，并根据土洞位置、土洞大小及形状、埋深、地下水径流状态等因素，可采取填堵法、灌注法、密实法及化学加固法等措施处理土洞地基。当土洞埋深较浅时，采用挖填和梁板跨越进行地基处理；对直径较大的土洞，可采用顶部钻孔灌砂或灌碎石混凝土充填；当地下水不能采取截流、改道等方式以阻止土洞发育时，可改用桩基等措施处理土洞地基。常见的土洞地基处理方法有填堵法、密实法和灌注法等三种类型。

1. 填堵法

填堵法适合较浅的塌陷坑或浅埋的土洞。首先清除塌陷坑或土洞内的松软充填物，填入块石、碎石，构成反滤层，然后上覆黏土夯实。填堵法可分为充填法、换填法、挖填法及垫褥法等。

1）充填法

充填法适用于裸露型岩溶地基土洞，且其上部附加荷载不大的情况；底部用块石、片石作填料，中部用碎石，上层用土或混凝土填塞，以保持地下水的原始流通状态，使之形成自然反滤层。

2）换填法

对岩溶覆盖层内的充填土洞，如充填物的物理力学性质较差，可采用换填法；换填时首先清除洞内充填物,再全部用块石、片石、砂、混凝土等材料进行换填。

3)挖填法

挖填法适用于浅埋的隐伏岩溶覆盖层土洞,可挖开或爆破揭顶,如洞内有塌陷松软土体,则应将其挖除,再用块石、片石、砂等充填,然后覆盖黏性土并夯实;挖填法特别适用于岩溶区轻型建筑物的土洞地基处理,为提高堵体强度和整体性,填入块石、片石等填料时可注入水泥浆液。

4)垫褥法

垫褥法是针对岩溶区可能引起地基不均匀沉降的隐伏可溶岩顶部的土洞、溶隙、溶沟、溶槽、石芽等岩溶突出物,将岩溶突出物凿除之后采用 30～50cm 厚的砂土垫褥处理。

2. 密实法

隐伏岩溶地区第四系覆盖层土洞地基处理的密实法可分为强夯法、挤密法和水泥土搅拌法等三种主要类型。

1)强夯法

强夯法是通过反复将夯锤(10～20t)起吊到一定高度(10～40m),使其自由下落,产生强烈冲击,从而达到对覆盖层土体的强力夯实作用,一般夯击 1～8 遍,夯点距离为 3m;夯击时如果夯锤突然下陷,说明下部有隐伏土洞,可随夯随填土或砂砾土料处理。强夯法适用于土层厚度较小和土洞埋深较浅的岩溶地基,也可用于夯实土洞塌陷后回填的松软土体,以提高土体强度;还可用于消除隐伏土洞,是一种预防和治理相结合的土洞地基处理措施。因此,处理覆盖型岩溶区的大面积土洞和塌陷时,强夯法是一种省工省料、快速经济且能根治岩溶场地土洞,提高地基整体稳定性的有效方法。它可使土体压缩性降低,密实度加大,强度提高,减少或避免第四系覆盖层内土洞及塌陷的形成,消除岩溶塌陷地质灾害隐患。

2)挤密法

根据材料及施工方式不同可分为砂桩挤密法,振动水冲法,灰土、二灰或土桩挤密法与石灰桩挤密法等。它们的原理和作用是通过挤密或振动使深层土密实,并在振动挤密过程中回填砂、砾石、灰土、土或石灰等形成砂桩,与桩间土一起组成复合地基,从而提高土洞地基的承载力,减少沉降量,消除或部分消除土的湿陷性或液化性。挤密法适用于岩溶区内覆盖层为杂填土和松散砂土的土洞地基。

3)水泥土搅拌法

根据材料和施工方式不同可分为湿法(深层搅拌法)和干法(粉体喷射搅拌法)等两种类型。湿法的原理和作用是利用深层搅拌机,在深层拌和水泥浆与地基土。干法的原理和作用是利用喷粉机将水泥粉或石灰粉与地基土在原位拌和,搅拌后形成柱状水泥土体,以达到提高土洞地基承载力,减少沉降量,防止地面塌陷,增加地基稳定性的目的;干法适用于处理淤泥、淤泥质土、粉土和含水量较高且地基承载力标准值不大于 120kN 的覆盖层黏性土等地基。

3. 灌注法

灌注法是隐伏岩溶地区第四系覆盖层内土洞地基常用的地基处理措施，其施工简便，实用有效，应用广泛，可分为渗透灌浆法和高压喷射注浆法两种主要类型。

1）渗透灌浆法

渗透灌浆是岩溶地区土洞地基处理的一种常用有效方法，但其灌浆所采用的压力范围较难确定，如果灌浆压力太小，不能灌满土洞内充填物的孔隙；如果灌浆压力太大，可能导致地基土层破坏。因此，应利用灌浆过程的浆液扩散规律和理论，得到浆液在土洞壁处产生的压力，以此来确定灌浆过程时的最小压力；同时，根据弹性理论计算出土洞周围土体的应力状态，用莫尔-库仑准则对其进行稳定性判别，以此来确定灌浆的最大临界压力，并根据灌浆过程浆液对土洞洞壁产生的压力来确定保证土洞顶板地基不产生上抬的最大临界灌浆压力。

2）高压喷射注浆法

高压喷射注浆法是用高压脉冲泵通过钻杆底部的喷嘴向周围土体内喷射化学浆液，高压射流使土体结构破坏并与化学浆液混合、胶结硬化，从而达到加固土洞地基的一种处理方法。高压喷射注浆法适用于基岩埋藏较浅，溶隙发育，基岩面以上覆盖土层较薄的土洞分布区；也可用于塌陷土洞埋藏较深，洞内大量漏浆，充填物为可塑状或软塑状的土洞地基处理。工程上常用的固化浆体为水泥浆，可用于处理淤泥、淤泥质土、流塑、软塑或可塑黏性土、粉土、砂土、人工填土和碎石土等地基。根据地质情况的不同，加固体的强度为500~10 000kPa，加固深度为20~30m，特别适用于浅部土层或回填土洞塌陷坑的松软土层处理，改善覆盖层土体工程性质。

8.1.3 岩溶塌陷防治技术

对于岩溶塌陷进行治理可以采用清除填堵法、跨越法、强夯法、灌注法、深基础法和高压喷射注浆法等加固措施处理，其中清除填堵法是最简单、直接、经济、快速的方法，也是岩溶塌陷地质灾害治理应用最普遍的方法，但它又只能简单地恢复地表形态，往往不能防范岩溶塌陷的再次发生。岩溶塌陷的形成主要取决于岩溶发育程度、覆盖层工程地质性质和水文地质条件等三方面因素，因此，对岩溶塌陷的治理应充分考虑这三方面因素的影响，并结合岩溶塌陷治理的目的，采取综合措施进行治理。一般而言，主要从以下三个方面开展岩溶塌陷地质灾害的防治工作。

1. 针对覆盖层土体工程性质治理

如果岩溶地区第四系覆盖层较薄、结构松散，则易发生岩溶塌陷，因此，对于第四系覆盖层内的土洞和岩溶塌陷，未经治理不宜选作为工程建筑物的天然地基持力层。针对覆盖层土体工程地质性质特征，可采用强夯、灌注、旋喷加固等治理方法对地表覆盖层进行加固，改善覆盖层土体工程地质性质，从而控制岩溶塌陷的主要致灾因素，达到预防岩溶塌陷地质灾害的目的。强夯法一方面是夯实岩溶塌陷之后松软的第四系覆盖层土体和塌陷坑或土洞内的回填土，以提高土体强度；另一方面可消除隐伏土洞和软弱带对地面工程建筑物的危害。灌注法是把灌注材料通过钻孔进行注浆，可强化覆盖层土体或洞穴充填物、充填岩溶洞隙、隔断地下水流通道、加固建筑物地基（图 8.1.2）；灌注材料主要为水泥、碎料（沙、矿渣等）和速凝剂（水玻璃、氧化钙等）等，水泥标号一般应大于 450 号，灌浆方式可采用低压间歇定量式或循环式灌注。旋喷加固法可在覆盖层土体浅部用旋喷桩形成一"硬壳层"（图 8.1.2），"硬壳层"厚度应根据具体岩溶塌陷地段的地质环境条件和地面建筑物设计确定，一般为 5~20m。

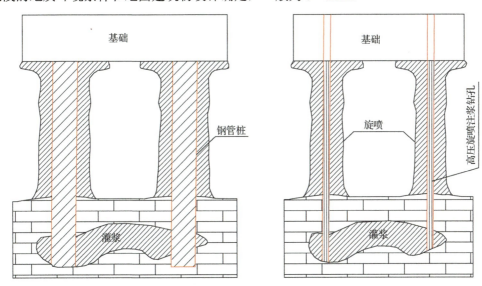

图 8.1.2　深基础桩、灌浆处理和旋喷处理岩溶塌陷示意图

2. 针对水文地质环境条件治理

一般而言，岩溶地区水文地质环境条件是制约岩溶塌陷地质灾害发生的另一个主控因素，覆盖层内土洞的形成及隐伏土洞扩展产生岩溶塌陷与否，主要取决于地下水（地表水）的动态循环演变特征；因此，良好的地下水动力环境是形成岩溶塌陷的关键地质因素。针对岩溶区孕育岩溶塌陷的水文地质环境条件，可采用灌注法、地下水疏导及地表水疏排围改等方法治理岩溶塌陷地质灾害。灌注法借助压浆封闭岩溶洞隙和注浆帷幕堵截岩溶管道，进而达到控制岩溶地区地下水的排泄动态，预防岩溶塌陷的目的；地下水疏导是对岩溶地区地下水采取合理疏导处理，针对真空吸蚀作用引发的岩溶塌陷进行预防控制；地表水疏排围改是对岩溶区地表水采取合理的疏、排、围、改等措施，控制地表水入渗第四系覆盖层，从而达到减少岩溶塌陷发生的目的。岩溶塌陷地质灾害隐患治理成功的关键是在于正确分析地下水引发岩溶塌陷的形成机理，针对岩溶区水文地质环境条件合理选择相适应的工程治理方法。

3. 针对岩溶塌陷直接诱发因素治理

由于岩溶塌陷地质灾害的诱发影响因素很多，应针对岩溶塌陷的直接诱发因素，采取填堵结合灌浆和灌浆结合排水的综合措施治理岩溶塌陷。例如，对于岩溶地下水位升降波动引起的岩溶塌陷，一般应疏导地下水流的通道；对于地表水渗漏引起的岩溶塌陷，应注意完善地表排水系统，防止地表水渗漏等；强夯、灌注、高压喷射注浆均能对塌陷坑或地表浅层覆盖层软弱土体起到加固作用，从而满足拟建建筑物对场地和地基强度的要求；跨越法可以用于处理规模较大的塌陷坑或溶洞，适用于基础处理工程难度大和开挖回填有困难的岩溶塌陷治理；深基础法适用于深度较大，不适宜跨越结构的隐伏土洞或已形成的岩溶塌陷治理；换填法是清除塌陷坑内的松散软土，填入块石、碎石或中粗砂粒，然后覆盖黏土并夯实；对于塌陷坑深度较大，跨越结构效果较差的岩溶塌陷，可采用深孔桩基进行治理。

总之，防治岩溶塌陷地质灾害，其治理措施应符合因地制宜、标本兼治及经济安全的基本原则。对于岩溶地区重要工程建筑物地段的岩溶塌陷，一般需要将塌陷坑底或洞底与基岩面间的通道堵塞，可开挖回填混凝土或设置钢筋混凝土板，也可采用灌浆处理；同时，岩溶塌陷地质灾害治理工程施工阶段应结合监测和地基土测试工作，以检验治理措施的实际效果，实行动态施工管理，发现问题并及时采取补救措施处理。

8.2 广东省韶关市凡口铅锌矿岩溶塌陷治理

凡口铅锌矿位于韶关市仁化县城 280°方向，距仁化县城约为 16km（图 8.2.1），为一开采了 50 多年的特大型国有铅锌矿山。矿区位于粤、湘、赣交界大庾岭山脉的南麓，属低山丘陵地貌。区内最高海拔 578m，最低为 101m，相对高差为 477m。矿区地面高程为 100~135m。由于地下采矿大量抽排地下水的作用，矿区及周边岩溶塌陷和地面沉降

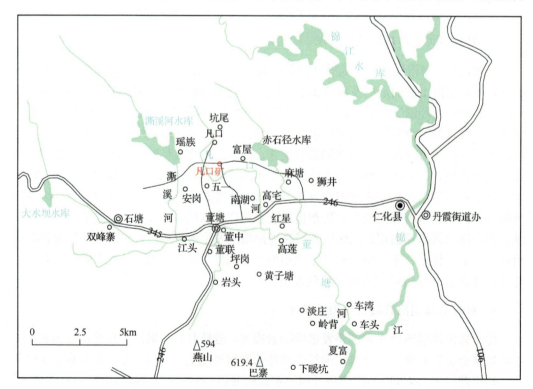

图 8.2.1 韶关市凡口铅锌矿及周边地表水系分布图

的数量多、规模大、活动频繁、危害严重。为保证矿山安全生产,治理矿山岩溶塌陷地质灾害,2007~2015 年,国家相关部门和凡口铅锌矿累计投入近亿元资金对矿区岩溶塌陷和矿区水患进行了全面的整治,取得了显著的治理成效。本节据文献[56]~[58],详细介绍凡口铅锌矿岩溶塌陷地质灾害治理工程及治理效果。

8.2.1 矿区自然地质环境特征

1. 气象及水文

矿区属亚热带气候,温暖潮湿,雨量充沛,霜雪天较少,平均气温为 20.2℃,年平均降雨量为 1 613.7mm,雨水集中于 3~7 月,占全年降雨量 63.2%~70.9%,为地下水的补给期,11 月至翌年 1 月为旱季,占全年降雨量 20%左右,为地下水的消耗期。矿区年平均蒸发量 1 467.7mm,7~8 月最大,1~3 月最小,2~6 月降雨量大于蒸发量,7 月到次年 1 月降雨量小于蒸发量。矿区附近地表水体主要有董塘河、澌溪河、凡口河、赤石径河及赤石径水库、澌溪水库等(图 8.2.1)。凡口河由西北进入矿区,流向东南,于庙背岭南侧跨越矿床和地下采空区,由于凡口河(流量为 0.008~2.8m^3/s)对矿坑构成直接充水威胁,凡口铅锌矿在老凡口沉淀池西侧将其截流改道向西汇入澌溪河,改道后的新河道全长为 2.2km,并对河道进行了硬底化工程处理。董塘河与锦江交汇口长沙背一带的河流为当地侵蚀基准面,最低侵蚀基准面高程为+73.4m。澌溪河和凡口河均发源于矿区西北部的中低山区,全长分别约为 4km 和 11km,枯水期流量分别为 1.4m^3/s 和 6m^3/s。澌溪河位于矿区西部,与采矿边界最近距离约为 1.8km,处于矿坑疏干降落漏斗以外,对矿坑充水影响甚微。

2. 地形地貌特征

矿区及周边地形地貌由北至南可分为中低山地貌、丘陵地貌和平原地貌等三个地貌单元。矿区位于广东省仁化县董塘盆地北缘,为中低山丘陵地貌,地面高程一般为 100~135m,自然坡度为 0°~25°。地形北高南低,中间为平坦开阔的盆地,地势平缓,略向东南倾斜,汇水面积约 300km^2。

1)中低山地貌

分布于矿区最北部,大致是北东东—南西西方向延伸,海拔 500~1 000m,相对高差为 300~600m,主要为寒武系八村群及泥盆系桂头群砂页岩等碎屑岩组成。山势陡峻,沟谷深切,构成了矿区外围的主要分水岭。

2)丘陵地貌

分布于中低山区的南缘,地形沿东西向呈波状起伏,海拔 200~300m,山顶呈馒头状,地表覆盖有厚为 3~20m 的原生残积物和坡积物。矿区地表各矿化地段均分布于丘陵地带南缘,靠近平原地带。

3)平原地貌

沿丘陵地带之南,为碳酸盐岩风化剥蚀平原,大致呈东西方向分布,海拔 90~120m,区内覆盖有厚层状的冲积物,地形平坦。

3. 地层与岩性

从整体上看，矿区出露地层主要有泥盆系、石炭系及第四系等，其中以晚古生代泥盆系、石炭系及二叠系的碳酸盐岩夹碎屑岩地层分布最广泛（图8.2.2）。按地层层序从老到新的地层及岩性组合具有如下特征。

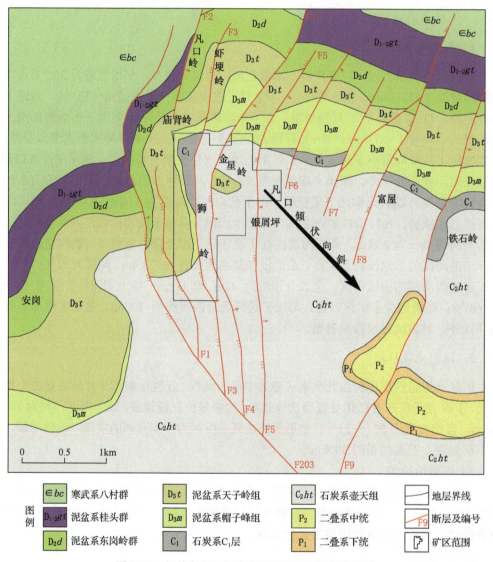

图8.2.2 韶关市凡口铅锌矿矿区及外围基岩地质图

1）泥盆系（D）

（1）泥盆系桂头群（$D_{1-2}gt$）。出露于矿区北部残丘一带，与下伏寒武系八村群（$\in bc$）呈不整合接触，按岩性分为上、下两个亚群。下亚群（$D_{1-2}gt^a$）以紫红色、灰白色中厚层石英砂岩、粉砂岩为主，夹粉砂质页岩及层间砾岩，底部为一层厚为1～10m的底砾岩，顶部为一层厚20m的厚层砾状石英砂岩，厚度为40～200m。上亚群（$D_{1-2}gt^b$）由灰黑色、紫红色、浅绿色、米黄色薄层粉砂质页岩夹粉砂岩、中厚层粉砂岩、石英细砂岩、钙质砂岩等组成，黑色钙质砂岩见有较多脉状菱铁矿化及浸染状黄铁矿化现象，厚为80～110m。

(2) 泥盆系东岗岭组（D_2d）。出露于矿区北部残丘一带，与下伏桂头群呈整合接触，按岩性分为上、下两个亚组。下亚组（D_2d^a）由灰黑色泥质页岩及青灰色粉砂岩、细砂岩、灰黑色白云岩、钙质砂岩等组成，厚为20～65m。上亚组（D_2d^b）分为三个岩性段，其下部为深灰色白云岩、条带瘤状灰岩夹粉砂岩及少量鲕粒灰岩、花斑灰岩，厚为50～80m；中部为白云质灰岩、层纹状—波纹状叠层石灰岩及轮藻灰岩，具鸟眼构造，厚为30～50m；上部为白云岩或白云质灰岩夹粉砂岩。

(3) 泥盆系天子岭组（D_3t）。出露于矿区北部一带，与下伏东岗岭组呈整合接触，按岩性分为三个亚组。下亚组（D_3t^a）的下部为大同心圆状核形石灰岩夹鲕粒灰岩、叠层石灰岩；中部为条纹状—条带瘤状、鲕粒灰岩、叠层石灰岩，有时呈互层产出，岩石含泥质、炭质较高；上部为厚层鲕粒灰岩，夹条带瘤状灰岩，厚度约为30m，鲕粒灰岩含鲕粒为60%，富含腕足类等生物碎屑，鲕粒灰岩之下有一层厚约5m含群体珊瑚厚层状灰岩；层厚为30～115m。中亚组（D_3t^b）的下部以核形石灰岩为主，间夹生物碎屑条带瘤状灰岩；中部为含生物碎屑条带瘤状灰岩夹粉砂岩、页岩、薄层灰岩；上部为深灰色瘤状、条带状灰岩夹泥灰岩、粉砂质灰岩组成，普遍见直径为4～6mm的藻灰结核。上亚组（D_3t^c）的下部为深灰色条纹瘤状花斑灰岩，缝合线发育，有时可见核形石及假鲕体，厚约为25m；中部为灰黑色薄层泥灰岩或钙质页岩、粉砂岩；上部为深灰色厚层花斑灰岩。

(4) 泥盆系帽子峰组（D_3m）。与下伏天子岭组呈整合接触，主要出露于矿区北部低缓丘陵一带，总厚100～200m。金星岭区段有少量分布，其他区段均缺失，按岩性分为两个亚组。下亚组（D_3m^a）由灰黑色页岩、粉砂岩、白云质粉砂岩及青灰色薄层至中厚层泥质石英砂岩组成；上亚组（D_3m^b）以灰黑色泥炭质页岩为主，夹浅灰色中厚层石英细砂岩、深灰色泥灰岩及暗绿色鲕粒泥灰岩、管状砂岩。

2）石炭系（C）

(1) 石炭系 C_1 层。出露于矿区北部一带，与下伏壶天组呈不整合接触。岩性为灰黑色、浅灰绿色粉砂岩、泥质粉砂岩、泥质页岩等细粒碎屑岩，厚度为0～55m，部分区域缺失。

(2) 石炭系壶天组（C_2ht）。壶天组分布于矿区中部、东部及南部，面积广。大部分为第四系冲积层覆盖，与下伏的泥盆系天子岭组、帽子峰组和石炭系等地层呈超覆现象。岩性为微肉红色、浅灰色块状细粒白云岩为主，局部为微粒白云岩、白云质灰岩。

3）二叠系（P）

(1) 二叠系栖霞组（$P_{1-2}q$）。隐藏于矿区东南部盘子岭村一带，被第四系覆盖。据钻孔揭露，岩性为灰黑色中厚层状隐晶质灰岩，含少量燧石结核，厚度55～75m。

(2) 二叠系当冲组（P_2ld）。出露于矿区东南部盘子岭村一带，岩性为硅质泥岩、硅质岩，厚度65m，地层产状为185°∠45°。

(3) 二叠系龙潭组（P_2ll）。出露于矿区东南部盘子岭村一带，与下伏当冲组地层呈角度不整合接触，厚度大于400m。岩性为黄褐色、灰黑色石英砂岩、炭质页岩夹长石石英砂岩、数层可采煤层，富含植物化石。地层产状为195°∠54°。

4)第四系(Q)

残坡积层及冲积层在矿区及周边分布广泛。岩性以粉质黏土、砂质黏土为主,夹砂、砾石及卵石等,黄褐色、红褐色,呈可塑状态。钻探揭露层厚3.0~35.0m,平均厚度20.0m左右,矿区第四系覆盖层三维结构图如图8.2.3所示。

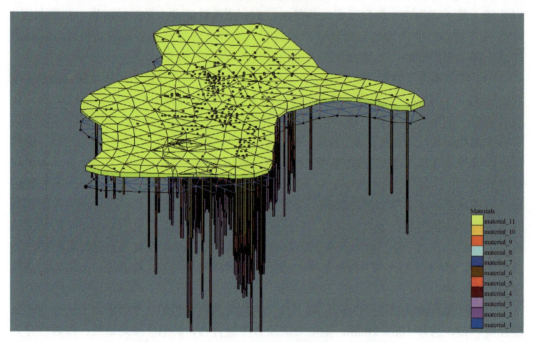

图8.2.3 凡口铅锌矿矿区第四系覆盖层三维结构图

4. 地质构造

凡口铅锌矿区处于粤北曲仁盆地拗陷与诸广隆起的过渡地带,九峰—诸广山东西复杂岩浆岩带与北北东向北江深大断裂交汇区,受区域性地质构造控制,矿区内构造活动强烈,具有"多期次活动"特点。

1)褶皱构造

区内褶皱构造主要为呈北西—南东向展布的凡口向斜(图8.2.2)。凡口向斜位于东西向仁化—董塘向斜的西扬起端,延伸至铁石岭南部后,轴线转为北西向,这一部分称为凡口向斜。凡口向斜为不对称、局部紧闭并倒转的向斜,核部地层为二叠系,北翼出露地层依次为石炭系、泥盆系,南翼仅露出石炭系壶天组。凡口向斜轴线偏转呈北西向后,变为宽缓向斜,总体轴线与寒武系浅变质岩基底构造线方向基本一致。矿区内分布有一系列次级褶皱构造,如狮岭背斜、曲塘向斜、金星岭背斜、园墩岭向斜等。从应力变形角度分析,它们既可能是凡口向斜的次级褶皱,也可能是断裂构造的旁侧牵引褶皱叠加作用的产物。

2)断裂构造

断裂构造是凡口矿区及周边地带最主要的构造形迹。根据断裂构造的展布方向及其构造活动特点,可分为北北东—近南北向断裂组、北东向断裂组、北西向断裂组。

(1)北北东—近南北向组。这组断裂在矿区相对较发育,自西向东有:①澌溪河断裂位于矿区西侧，为区段边界断裂，断距可能大于 800m，表现为左旋逆冲断裂。②F3～F5 等断裂控制了矿体（群）的主要分布空间，为矿区主要控矿断裂（图 8.2.2）。该组断裂总体倾向东，倾角 65°～75°，属叠瓦状逆断裂，并具有逆时针扭动特点。从金星岭、狮岭、狮岭南三个主矿段采矿坑道揭露情况看，该组断裂构造具有对北东向、北西向两组断裂追踪、归并、改造现象，从而导致该组断裂呈扭曲的"S"形。如 F3 断裂的中—北段呈近南北向，南段呈北北西向，而 F4 断裂在金星岭区段发生大拐弯，再如 F5 断裂北段走向明显向东偏。总体来看，该组断裂形成较晚，如 F4 断裂对矿体的切割和 F3 断裂构造岩中含有大量的矿石角砾。

（2）北东向组。北东向断裂不甚发育且断距小，在地表和地下采掘坑道难以辨认。已发现的主要是狮岭区段经井下开拓和探矿工程揭露的 F101、F102 两条断裂。

（3）北西向组。北西向断裂主要有 F203，发育于凡口复式向斜南西翼的次级褶皱狮岭背斜与田庄向斜交汇部位。F203 为矿区规模最大的断裂，据初步查明北起矿山医院，南至董塘中学，长达 3km，属压扭性断裂，倾斜错距最大达 800m。从金星岭、狮岭、狮岭南钻孔揭露的沉积相变化特点来看，断裂北东盘为下降盘，沉积层内夹有较多泥炭层，为不纯碳酸盐岩；南西盘为上升盘，灰岩中所夹泥炭质较少。

（4）层间破碎带。层间破碎带是凡口矿区的一种特殊构造形式，主要形成于"硬质岩石"与"软质岩石"频繁交替出现的地段，如狮岭—狮岭南区段泥盆系东岗岭组上亚组和石炭系 C1 层的层间薄层状细粒碎屑岩。

8.2.2 矿区水文地质环境特征

矿区位于广东仁化县董塘盆地北缘，地面高程一般为 100～135m，自然坡度 0°～25°。地形北高南低，中间为平坦开阔的盆地，地势平缓，略向东南倾斜，汇水面积约 300km^2。地表水的径流环境良好。董塘河与锦江交汇口长沙背一带的河流为当地侵蚀基准面，最低侵蚀基准面高程为+73.4m。主要矿体赋存高程为-48～-660m，井口最低排泄面高程为 132m，天然状态矿坑水不能自然排泄。

1. 地下水类型及富水特征

根据区域水文地质资料，矿区内地下水类型可划分为松散岩类孔隙水、碳酸盐岩类岩溶水和层状岩类裂隙水。

1）松散岩类孔隙水

该孔隙水分布于矿区及周边的山沟、水塘及盆地中，含水层岩性为残坡积砂质黏土、冲洪积砂砾石，厚为 2～10m，为孔隙潜水，局部承压，地下水位埋深为 1～2m。残坡积层单孔涌水量小于 100m^3/d，富水性弱；冲洪积砂砾石层单孔涌水量为 200～300m^3/d，富水性中等。

2）碳酸盐岩类岩溶水

该岩溶水在矿区及周边一带分布广泛，局部隐伏于矿区盆地低洼地段，含水岩层为泥盆系东岗岭组灰岩、天子岭组灰岩、石炭系壶天组白云岩。-200m 高程以上溶洞裂隙较发育，富水性强，部分单孔涌水量大于 2 000m^3/d；但在高程-200m 以下，岩溶发育较弱，富水弱。水化学类型为 HCO$_3$-Ca·Mg 型，pH 值为 8。

3）层状岩类裂隙水

该岩类裂隙水分布于帽子峰组、测水组砂岩夹页岩及寒武系长石石英砂岩中，矿区北部分布连续，但矿区 F200 断层以南，仅于金星岭南翼呈零星分布。埋藏深度为 402.5～-157.40m，其中帽子峰组钻孔单位涌水量为 0.014 99～0.029 12L/（s·m），富水性贫乏。测水组、寒武系泉流量为 0.01～0.10L/s，富水性贫乏。水化学类型为 Cl·HCO_3-Na 或 HCO_3-Ca·Na 型，pH 值为 5.7～7.5。

2. 地下水含水层特征

根据钻探及生产资料，矿区含水层主要为第四系冲洪积孔隙含水层、碳酸盐岩类溶洞裂隙含水层和碳酸盐岩类裂隙承压含水层。

1）第四系冲洪积孔隙含水层

该含水层主要分布于矿区中部、南部的开阔盆地、凡口河两岸，由粉细砂、含砾石粉细砂等组成（图 8.2.3），分布面积广，平均厚度为 16.70m。钻孔单位涌水量为 0.032～0.926L/（s·m），富水性弱，局部中等。水化学类型为 HCO_3-Ca 型，矿化度小于 1g/L。该含水层与下伏溶洞裂隙含水层有较强的水力联系，可通过溶蚀裂隙、塌陷"天窗"等通道相互连通。但经多年排水，矿区范围内第四系孔隙含水层已基本疏干。

2）碳酸盐岩类溶洞裂隙含水层

该含水层主要赋存于石炭系壶天组（C_2ht）白云岩、白云质灰岩（图 8.2.4）中。上覆于主要矿体分布区，局部与矿体直接接触。矿床范围内的含水层平均厚度为 149.33m，顶板平均高程为 90.04m，静止水位平均高程为 101.36m。浅部（-20m 高程以上）岩溶

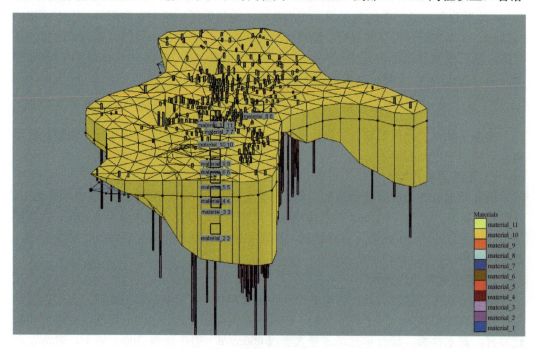

图 8.2.4　矿区石炭系壶天组（C_2ht）含水层三维结构图

发育,平均岩溶率为 10.44%。溶洞高为 1.50~24.33m,半充填或无充填,充填物以黏土、泥砂、风化角砾为主。含水层富水性强,井下放水孔涌水量为 0.4~1.8L/s,溶洞涌水量为 3~5L/s,钻孔单位涌水量为 0.804~6.06L/(s·m),平均渗透系数为 4.36m/d。高程-20m 以下岩溶弱发育,多为溶蚀裂隙及针孔状孔洞,平均岩溶率为 0.62%,含水层富水性较弱,渗透系数为 0.381m/d。该含水层为矿坑充水的主要来源。

3)碳酸盐岩类裂隙承压含水层

该含水层主要赋存于泥盆系东岗岭组上亚组(D_2d^b)—天子岭组下亚组(D_3t^a)的灰岩(图 8.2.5)中,为主要含矿层位。岩溶弱发育,仅见溶蚀裂隙、溶孔及方解石晶洞。天子岭组下亚组平均厚度为 91.97m,层顶平均高程为-284.27m;东岗岭组上亚组平均厚度为 139.56m,层顶平均高程为-389.60m。含脉状裂隙岩溶水,具有承压性,水压较高,可为 2.0MPa。富水性弱—中等,井下裂隙发育段多见滴水、淋水,涌水点流量为 0.1~0.6L/s,局部大于 1L/s。钻孔单位涌水量为 0.001 394~0.323L/(s·m)。水化学类型为 HCO_3-Ca 或 HCO_3-Ca·Mg 型。该含水层多以静储量为主,衰减迅速,为矿坑充水的次要来源。含水层的透水性差,由于其上覆石炭系砂页岩,泥盆系天子岭组上亚组的泥灰岩、条带状灰岩构成隔水层,该含水层与上部溶洞裂隙含水层之间没有直接水力联系。钻孔水位监测显示疏干排水造成深层裂隙承压含水层的平均水位高程为-240.93m,浅部溶洞裂隙含水层的最低水位高程仅为-46.35m,两者水位相差为 194.58m。

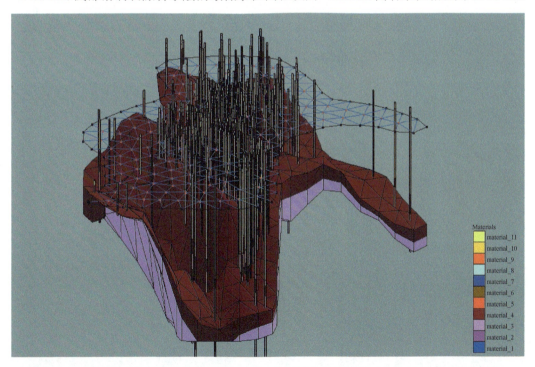

图 8.2.5 矿区泥盆系东岗岭组上亚组(D_2d^b)和天子岭组下亚组(D_3t^a)含水层三维结构图

3. 地下水隔水层特征

矿区内具有隔水或相对隔水性质的地层主要有石炭系测水组砂页岩,泥盆系帽子峰组砂页岩,天子岭组中、上亚组炭质灰岩和泥盆系东岗岭组下亚组砂页岩等四种地层类型(图 8.2.6 和图 8.2.7)。

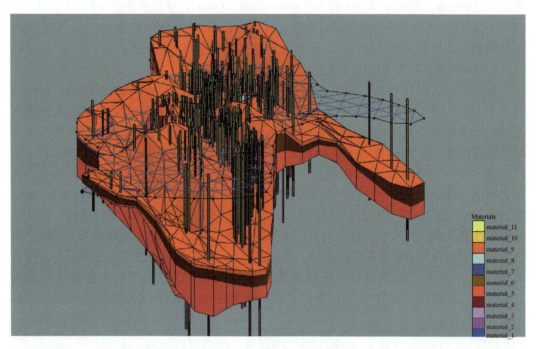

图 8.2.6　矿区中间相对隔水层(C_1、D_3m、D_2t^{bc}、D_2d^a)三维结构图

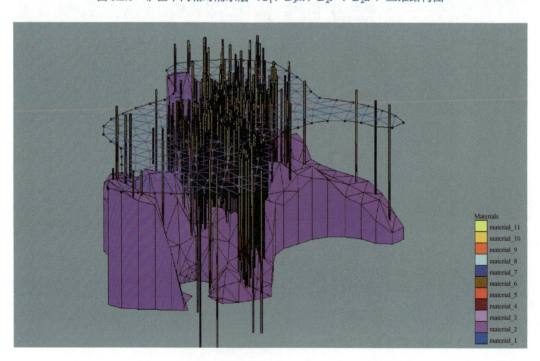

图 8.2.7　矿区底部隔水层(D_2d^a、$D_{1-2}gt^b$)三维结构图

1）石炭系测水组砂页岩相对隔水层（含 C_1 层）

岩性为泥炭质页岩、粉砂岩、石英砂岩。矿区北部厚度为 20～50m，自西向东逐渐变厚，较稳定。该地层含水性较差，巷道穿过时均无水。

2）泥盆系帽子峰组砂页岩隔水层

岩性为石英砂岩、粉砂岩、泥质页岩夹泥灰岩，一般厚度 95m。矿区北部分布连续。钻孔单位涌水量为 0.014 99～0.029 12L/(s·m)，富水性贫乏。

3）泥盆系天子岭组中、上亚组（D_2t^{bc}）炭质灰岩相对隔水层

天子岭组灰岩内常夹厚度不等的泥炭质灰岩，穿层裂隙不发育，透水性差，可视为矿区较稳定的相对隔水层。

4）泥盆系东岗岭组下亚组砂页岩隔水层

岩性为砂页岩夹白云岩，出露于矿区北部和西部一带，与下伏桂头群共同构成了矿区的底板隔水层。

4. 断裂的富（导）水性

矿区内主要断裂为 F4 断裂和 F5 断裂，分别从采区中部、东部通过，南北长大于 3.5km。走向呈北北东—近南北向，总体倾向东，倾角为 65°～75°，断层宽为 0.5～3m，属压扭性断裂，胶结程度好，破裂面紧闭，富水性弱，未能构成地下水的储藏场所和通道，局部甚至构成隔水带。F4 断层将其上盘石炭系和泥盆系的相对隔水地层（C_1、D_3m、D_3t^c、D_3t^p）大幅度抬升，使 F4 的东侧出现了一条相对连续的地下隐伏隔水墙。该隔水墙顶部高程在 0m 以上，北接金星岭背斜隔水层，南端在 212 勘探线附近向西弯曲与西部相对隔水边界靠近，从而于狮岭采区顶部构成一个四周被隔水层封闭的半月形隐伏"含水盆地"，外围地下水则只能翻过该隐伏相对隔水墙向狮岭采区补给。基于此，矿山先后施工了老南截流巷和新南截流巷，成功拦截地下水的侧向补给，使地下水位下降至隐伏相对隔水墙之下，外围地下水不能再越过隐伏相对隔水墙，从而保证了狮岭采区不受地下水威胁。因此，F4 断裂相对隔水墙整体而言具备一定的隔水性能。F5 断层使上盘南移且大幅度抬升，使泥盆系地层在-206～202 勘探线一带出露地表，组成了矿区东部的局部相对隔水边界。

5. 地下水补给、径流和排泄特征

1）地下水动态特征

根据矿区的钻孔长期水位和月降雨量观测资料可以发现，矿区地下水位随季节波动，与降雨量曲线呈一定的正相关性。抽水试验钻孔水位观测显示，暴雨后 2 小时钻孔水位持续上升，说明大气降水对地下水的补给迅速。统计 2014～2017 年钻孔水位观测数据，发现帷幕内钻孔平均水位为 36.39m，变幅为 2.69～24.03m；帷幕外钻孔平均水位为 95.41m，变幅为 0.44～29.54m。井下各中段排水量随季节出现一定的波动，相对滞后于大气降水，滞后期约 1 个月。雨季排水量相对增加，-160m 高程以上中段排水量

变幅明显（2014～2017年数据），相对于平均排水量，变幅超115%；-160m高程以下中段排水量变幅较小，相对于平均排水量，变幅为19%～30%。

2）地下水补给特征

矿区主要有两个含水系统：①上部为壶天组溶洞裂隙含水系统；②下部为天子岭组下亚组和东岗岭组上亚组的裂隙承压含水系统。壶天组溶洞裂隙含水系统富水性强，是矿坑涌水的主要补给源。该含水层的疏干降落漏斗已达帷幕边界位置，矿区南部及东南部壶天组的白云岩分布广泛，具备向矿区径流补给的条件。天子岭组下亚组和东岗岭组上亚组的裂隙承压水是深部矿床充水的主要因素，以脉状裂隙水为主，富水性弱，具承压性。

根据矿区地下水位的长期观测资料，矿坑地下水的主要补给来源主要是疏干漏斗外围地下水侧向补给，其次为大气降水和地表水体的垂向补给。大气降水和地表水首先是通过第四系粉质黏土、粉砂、含砾石粉砂垂直渗透补给地下水；其次是通过地表塌陷区经地下岩溶管道直接渗入补给，其中第一个地段为南风井南部约450m处（214/ZK11孔北侧）的大面积塌陷地段，第二个地段是矿区南部CK47观测孔东南两侧洼地稻田区，该处离新南截流巷南端的水平距离为500m左右，也是一个经多次治理但又频繁复活的塌陷地段，第三地段是矿区东部凡口河改道部分的铜鼓地段至大河塘地段。

3）地下水径流特征

根据矿山多年地下水位长期观测与矿坑截排水统计资料分析，发现帷幕施工前，矿山疏干排水已形成一个半径约3km的地下水降落漏斗，区内地下水主要向北、向东径流至矿坑，并存在以下三个明显的进水通道（图8.2.8）。

（1）矿区F4断裂和F5断裂之间的金星岭南部进水通道。进水量为16 000～25 000m^3/d，平均为21 000m^3/d，集中从-40m高程新南截流巷涌出，雨季流量较旱季的基础上增大约50%，部分水点水质混浊，且离CK47孔东侧地面塌陷群水平距离仅500m，说明进水方向以南面为主，进水通道主要是溃入型岩溶管道。

（2）西部隔水边界至F4之间的狮岭南部进水通道。进水量约为1 000m^3/d，主要从狮岭南放水巷涌出，其中28号硐室涌水点水量随降雨陡涨陡落，水质十分混浊，且与214/ZK11孔北东侧地面塌陷的产生具有相关性，说明进水主方向也是以南面为主，其进水通道以溃入型通道为主。

（3）金星岭北部进水通道。进水量约为4 500m^3/d，主要从0m高程北截流巷涌出，表明进水通道以小型岩溶通道（溶蚀裂隙、溶孔等）为主，进水方向为正东方向。

4）地下水排泄特征

天然状态时地下水的排泄方式主要是通过岩溶裂隙、孔隙等向下游汇集，以地表径流或泉的形式排泄。矿山开采状态时地下水的主要排泄方式为矿坑排水。降落漏斗范围之内的地下水向矿坑径流排泄，降落漏斗范围之外向董塘河径流排泄。

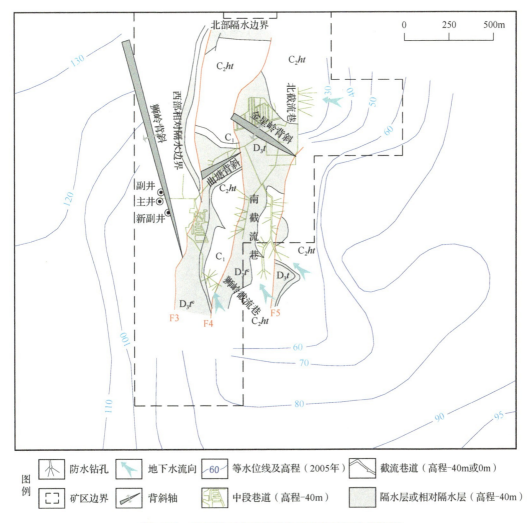

图 8.2.8 矿区地下水截流系统及矿坑地下水径流图

8.2.3 岩溶塌陷发育特征

据岩溶塌陷资料的不完全统计，凡口铅锌矿从 1965 年建矿至今，累计发生规模不等的岩溶塌陷坑 3 000 多处，岩溶塌陷影响范围约 7.42km^2。岩溶塌陷集中分布于矿区东南部、凡口河两侧、706 队—董塘公路以东至信宜村铜鼓地与银场坪—老贵地—白屋砖厂一带（图 8.2.9）。岩溶塌陷坑的平面形态大都呈圆形、椭圆形，围绕塌陷坑或沉降中心常有弧形裂缝分布；岩溶塌陷坑的空间形态主要呈圆锥形、锅底形，其次为圆柱形。岩溶塌陷的规模大小悬殊，塌陷坑一般直径 1~10m，最大直径可达 44m，深度一般小于 5m，最大深度大于 30m，地面最大塌陷坑体积可达 9 308.5m^3。岩溶塌陷直接毁坏铁路 4km，公路 1.5km，导致凡口矿部及附近部分农村建筑物拆迁面积近 8×10^{4}m^2，损毁农田面积约 40×10^{4}m^2，毁坏池塘 14 处，近 5 年来每年遭受岩溶塌陷破坏的耕地约 350 亩，矿山每年赔偿耕地复垦经费约 170 万元；同时，岩溶塌陷还造成矿区地面建（构）筑物开裂、变形，直接破坏矿山生产及生活设施等（图 8.2.10～图 8.2.21），岩溶塌陷地质灾害的灾情十分严重。

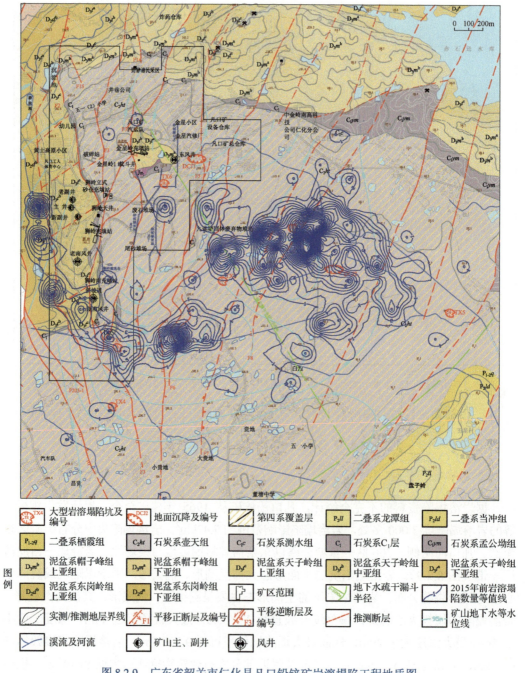

图 8.2.9　广东省韶关市仁化县凡口铅锌矿岩溶塌陷工程地质图

图 8.2.10 岩溶塌陷造成房屋倒塌

图 8.2.11 矿山压风机站岩溶塌陷

图 8.2.12 矿区农田内群状塌陷坑

图 8.2.13 岩溶塌陷损毁排灌沟渠（一）

图 8.2.14 岩溶塌陷损毁排灌沟渠（二）

图 8.2.15 矿区农田内大型塌陷坑

图 8.2.16 矿区岩溶塌陷损坏农田

图 8.2.17 矿区路面沉陷裂缝

图 8.2.18 矿区农田内塌陷坑

图 8.2.19 矿区林地内塌陷坑

图 8.2.20 矿区宁家和田一带塌陷坑

图 8.2.21 矿区大河塘田一带塌陷坑

1. 岩溶塌陷分布规律

对凡口铅锌矿近 30 年岩溶塌陷的空间分布特征进行统计分析，可以发现矿区岩溶塌陷地质灾害具有如下分布特征。

（1）岩溶塌陷的空间分布范围与地下水降落漏斗范围基本一致。

（2）矿区断层附近、背斜轴部岩溶塌陷发育。如金星岭背斜轴部、F3、F4 等断层中部地段岩溶塌陷相对密集。

（3）水化学类型为 SO_4-CaMg 型与 SO_4HCO_3-CaMg 型的地下水分布地段的岩溶塌陷发育，分布密集。如矿区金星岭南部由于受硫化矿体氧化影响，地下水呈酸性，导致岩溶特别发育，进而造成该地段岩溶塌陷分布相对密集。

（4）沿地下水主径流方向的地面部位岩溶塌陷密集发育。如沿壶天组地下水含水层原排泄方向展布的金星岭至铁石岭一带的岩溶塌陷特别发育。

（5）岩溶塌陷分布密度受覆盖层厚度控制，塌陷多发生于覆盖层厚度 20m 以下且结构较松散地段。如矿区南部及东南部土层厚度（10～20m）比矿区北部土层厚度（大于 20m）薄，岩性以结构松散的粉质黏土、砂土夹砾石为主，而北部以结构致密的残坡积层黏土为主，故前者岩溶塌陷分布密集；又如凡口河的河漫滩等地势低洼地段，岩性以松散的砂卵石为主，岩溶塌陷最易发生，分布密集。

（6）岩溶塌陷分布密度受地形、地貌及地表径流等因素的控制，特别是矿区疏干漏斗范围内，地形低洼，地表径流不畅，河谷、河流阶地及河漫滩地段的岩溶塌陷分布密度较大。如凡口河及稻田、池塘等低洼积水地段，岩溶塌陷的分布密度较高，而坡地、旱地及排水系统较好的建筑物集中地段的岩溶塌陷分布密度相对较低。

2. 岩溶塌陷活动规律

对凡口铅锌矿岩溶塌陷的发生时间进行统计分析，可以发现矿区岩溶塌陷地质灾害具有如下活动特征。

（1）岩溶塌陷发生频率与地下水位下降速度成正比。如矿区 0m 高程中段巷道突水前 23 天，岩溶塌陷为 0.67 个/d，自 1965 年 12 月 24 日发生突水事故后，地下水位急剧下降，岩溶塌陷增加至 3.73 个/d。

（2）基岩面附近地下水位急剧波动时，易发生岩溶塌陷。如矿区 0m 高程中段巷道突水期间，204/CK5 孔附近共产生岩溶塌陷 20 个，其中 12 个塌陷坑是在地下水位刚刚降低到基岩面以下时产生的，有 7 个塌陷坑是在地下水位恢复到接近基岩面或刚刚超过基岩面时产生的；又如凡口河沿岸压风机房一带，当旱季地下水位下降至基岩面以下或雨季地下水位上升至接近基岩面时岩溶塌陷的发生频率明显增加。

（3）当地下水位处于基岩面以下 20m 高程范围内时，岩溶塌陷最易发生。如 706—董塘公路以东至信宜村铜鼓地一带，以及银场坪—老贵地—白屋砖厂一带附近岩溶塌陷活跃程度高，岩溶塌陷活跃区域多处于 60～90m 等水位线之间，而该区域基岩面高程为 85～95m。

（4）当井下涌水点地下水的含砂量增大时，则地表易发生岩溶塌陷。如 +50m 高程中段巷道西部放水时，岩溶塌陷发生前的地下水含砂量为 8.8%，当含砂量增加到 69.55% 时，地表即大量发生岩溶塌陷；又如狮岭南段放水巷道的地下水泥砂量增加时，南风井以南地表开始发生岩溶塌陷。

（5）岩溶塌陷活动与季节有关，每年 12 月至翌年 4 月岩溶塌陷的发生频率较高，为 0.52～0.56 个/d，而其他时间段内仅为 0.07～0.09 个/d。

（6）岩溶塌陷活动与昼夜温差有关，如果温度降低的幅度大，则容易产生岩溶塌陷。如矿区岩溶塌陷多发生于温度降幅较大的深夜至凌晨时间段。

3. 岩溶塌陷形成原因

根据凡口铅锌矿岩溶塌陷活动的时空分布规律和各种诱发因素，可以发现矿区岩溶塌陷发育特征主要受矿区可溶岩分布特征和矿山地下开采疏排地下水活动的控制。

（1）矿区岩溶塌陷主要分布于石炭系壶天组（C_2ht）隐伏灰岩发育地段。壶天组（C_2ht）岩性主要为致密块状的隐晶质结构白云岩和白云质灰岩，是矿区的主要含水层，厚度为0～215m，平均厚度为96.66m；溶蚀裂隙发育，岩溶主要发育于-40m高程以上，溶蚀裂隙多为针孔状、沟状、蜂窝状，地下水动态演变较为强烈；注浆钻孔岩溶率为6.18%，钻孔见洞率为79.83%，揭露洞径小于1m的溶洞527个，约占溶洞总数的52.8%，最大溶洞（ZK54孔埋深57.48～68.52m处）的洞径为11.04m。因此，岩溶发育强烈的石炭系壶天组（C_2ht）灰岩为矿区岩溶塌陷提供了良好的基础地质背景。

（2）矿区岩溶塌陷活动主要受地下水的疏干范围控制。凡口铅锌矿自1965年建矿投产以来，长期实施浅部截流疏干治水工程，其地下水截流系统（矿区北部开挖防洪沟、±0m高程中段开拓南北截水巷、-40m高程中段开拓南截水巷）将约95%的壶天组溶洞含水层的地下水补给来源截断，导致矿区最主要的壶天组含水层的地下水大量排泄，使地下水的中心水位下降至-35m高程以下，日均排水量为$3.5×10^4$t左右；同时，-320m高程以下深部坑道的掘进，使采区深层岩溶裂隙承压水的中心水位也下降至-200m高程以下，矿山日均排水量为$0.68×10^4$t左右，最终造成地下水截流区一带形成了一个半径为2 900m、深约为110m、疏干范围面积为7.75km^{2}的地下水疏干降落漏斗。图8.2.8和图8.2.9表明，岩溶塌陷主要分布于矿区地下水疏干漏斗范围内，说明矿山长期的大排量抽排地下水活动是矿区岩溶塌陷的主要直接引发因素。

总之，矿山石炭系壶天组（C_2ht）是矿区主要的隐伏岩溶含水层，加之覆盖层土体结构疏松，当地下水位降至基岩面以下或地表水渗透改变覆盖层内土体的应力平衡状态时，覆盖层土体内的土洞自下往上逐渐扩展，导致地表发生岩溶塌陷地质灾害。

8.2.4 岩溶塌陷治理工程布置

凡口铅锌矿为矿山安全生产建设的浅部疏干地下水截流系统，虽然对矿山的正常生产生活发挥了巨大作用，但由于矿山长期的疏干地下水，给矿区及周边地面带来了严重的岩溶塌陷问题。岩溶塌陷坑洞不仅成为矿井内地下水新的充水通道，导致矿坑涌水量增大及抽排地下水的成本急剧上升，还直接损毁矿区的建筑、道路及农田，每年进行矿山恢复治理和赔偿农民损失需投入数百万元。根据凡口铅锌矿岩溶塌陷地质灾害的形成原因和灾情特征，对矿山岩溶塌陷采用填埋现状塌陷坑的地表恢复治理措施和恢复采区外围疏干降落漏斗地下水位的帷幕注浆堵水措施进行综合治理，特别是地下水帷幕截流工程，既是矿山岩溶塌陷治理的重点，又是从根本上解决矿山岩溶塌陷问题的关键。因此，实施帷幕注浆截流堵水工程，旨在彻底地解决矿床充水问题，最大限度地减少岩溶塌陷地质灾害，降低地表水直接灌入采矿坑道的危险性，减少矿坑排水量，减轻岩溶塌陷对于建筑、道路和农田的损坏，进而降低岩溶塌陷地质灾害的治理和赔偿成本。

1. 矿山地表塌陷坑综合治理工程措施

对于凡口铅锌矿的矿区及周边地带发育的岩溶地面塌陷坑，分别采用简易注浆、快速堵漏、分层回填和回填固底等综合工程措施（图 8.2.22 和图 8.2.23）进行系统治理。累计回填治理各种规模不等的塌陷坑洞 1 132 个，其中回填土方为 129 957m³，浇筑混凝土为 3 272m³，消耗水泥 2 977t，修砌排水沟长为 4 344m，使用块石 13 405m³，使用木桩 1 255 根。

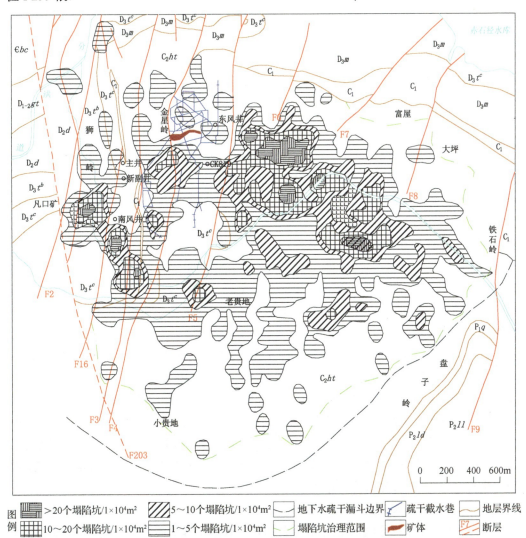

图 8.2.22　凡口铅锌矿地表岩溶塌陷坑治理范围分布图

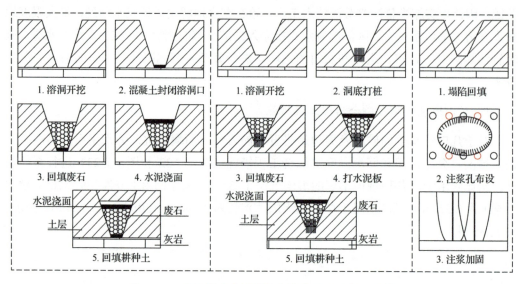

图 8.2.23 矿山地表岩溶塌陷坑恢复治理过程示意图

2. 矿山帷幕注浆堵水截流治理工程措施

凡口铅锌矿岩溶塌陷地质灾害主要是由采矿长期大排量疏干地下水所致，因此，保证矿区地下水位的相对稳定状态是预防并减少岩溶塌陷的根本控制措施。凡口铅锌矿的矿区浅部疏干截流系统建成运行之后，矿坑涌水主要集中于 3 个主要通道：第一通道为 F4 至 F5 的金星岭南部进水通道，进水量约为 21 000m³/d，集中从-40m 高程新南截流巷涌出；第二通道为西部隔水边界至 F4 之间的狮岭南部进水通道，进水量约为 1 000m³/d，主要从狮岭南放水巷涌出；第三通道为 F5 断层和金星岭北部进水通道，进水量约为 4 500m³/d，主要从 0m 高程北截流巷涌出。这些为实施地下帷幕注浆截流工程创造了非常有利的环境条件，因为只要控制了这些有限并集中的进水通道，就可以有效控制地下矿坑的涌水量，保证矿区岩溶塌陷地段的地下水疏干降落漏斗不再扩展，恢复帷幕外侧地下水的动力平衡状态，从而减少岩溶塌陷地质灾害的发生。基于此，帷幕注浆堵水工程的总体帷幕设计（E—F—G—H—D—J—K 段）从狮岭矿段的南风井南部的 D_3t^c 隔水层开始，向南，再向南东，然后向东、向东北，最后止于东风井东北部的 C_1 隔水层处，平面近似为半弧形状（图 8.2.24），设计的帷幕线总长 2 480m。帷幕注浆堵水工程按年度分 5 个区段实施，2007~2014 年实际完成 E—F—G—H—I+D—J 段的施工（工程实施期间于 Z57 孔北段增加 16 个注浆孔），共计长度为 1 698m；考虑到矿山 E—F—G—H—I+D—J 段地下帷幕注浆堵水工程完工之后，其帷幕注浆堵水截流的实施效果非常显著，不仅矿坑内的地下水涌水量大为减少，而且矿区地表的岩溶塌陷也大幅度降低，故确定不再实施 J—K 段帷幕注浆堵水工程。

1) 帷幕注浆堵水工程设计参数

根据凡口铅锌矿岩溶塌陷的主要引发因素和岩溶工程地质发育特征，长沙矿山研究院有限责任公司经综合比较和充分论证，确定凡口铅锌矿的矿区岩溶塌陷地段帷幕注浆截流堵水工程（E—F—G—H—I+D—J 段）注浆帷幕的总体平面布置平面图如图 8.2.24 所示，剖面图如图 8.2.25 和图 8.2.26 所示。帷幕注浆截流堵水工程的帷幕注浆总长度为 1 698m，其中第一注浆试验段（ZK1—ZK7）长 51m，第二注浆试验段（ZK8—ZK15）长 80m，第三注浆段（ZK16—ZK46）长 320m，第四注浆段（ZK47—ZK70-1+ZK71—ZK130）长 767m，第五注浆段（ZK131—ZK189）长 480m。帷幕厚为 10m，幕高为+80～+101m，幕深以进入完整天子岭组隔水层 5～10m 为基准，设计渗透系数为 0.005cm/s。帷幕大致垂直于地下水流向，边界可靠，截流端面较短，平面呈封闭式结构布置。根据国内同类帷幕工程的经验，结合前两期试验段施工取得的帷幕注浆成果，确定凡口铅锌矿 E—F—G—H—I+D—J 段帷幕注浆堵水工程的设计参数如下。

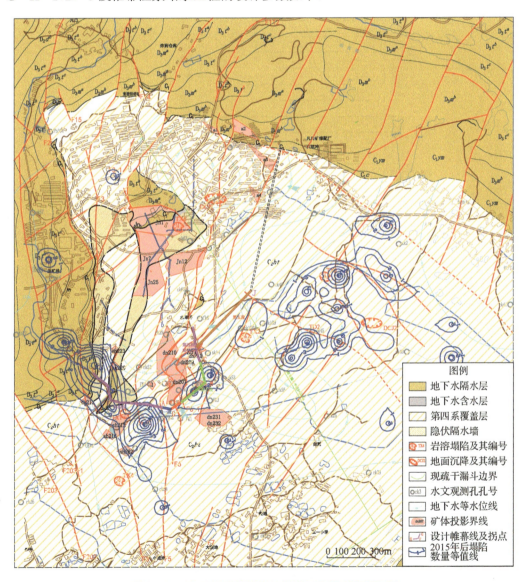

图 8.2.24　凡口铅锌矿帷幕注浆截流工程布置平面图

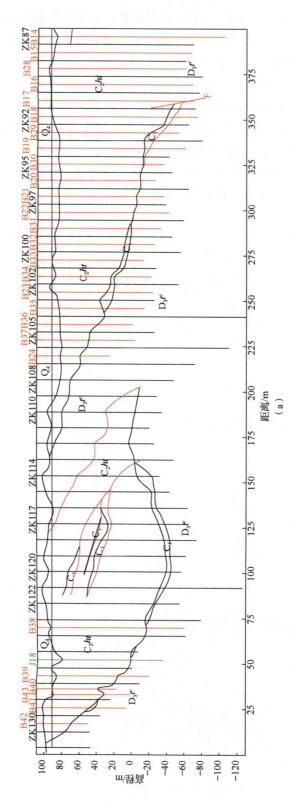

图 8.2.25 矿山帷幕注浆截流工程 E—F—G—H—D—J 段注浆孔布置剖面图
(a)

第8章 广东省岩溶塌陷防治实例

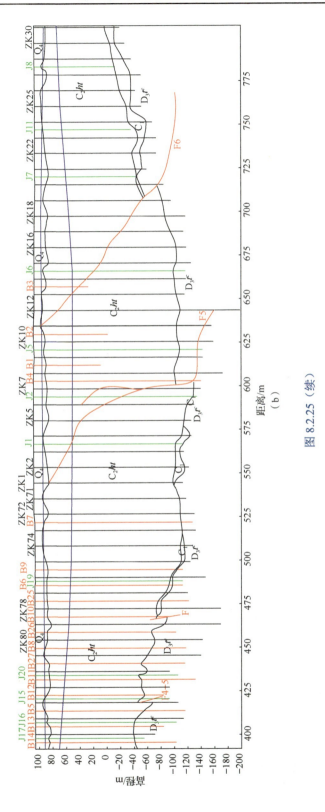

图 8.2.25（续）

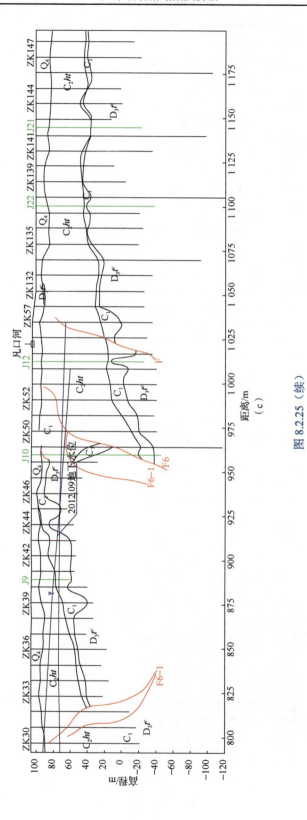

图 8.2.25（续）

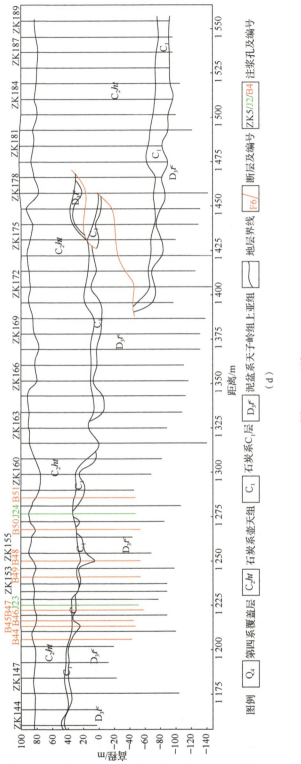

图 8.2.25（续）

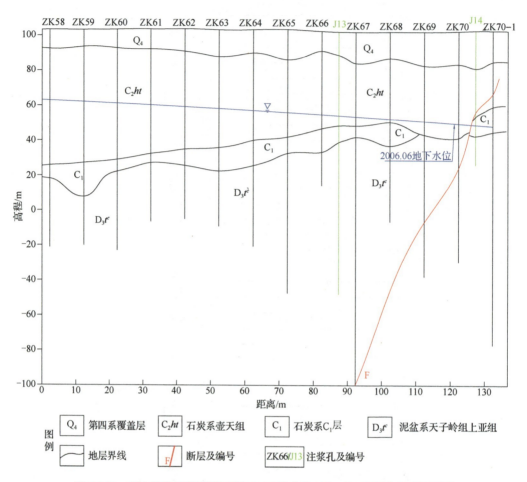

图 8.2.26 矿山帷幕注浆截流工程 ZK57 孔北段（D—I）注浆孔布置剖面图

（1）幕长和孔距。帷幕线总长 1 698m，施工钻孔 278 个，孔距为 8～10m，局部加密至 5m，孔深为 46.07～306.95m，其中注浆孔 191 个，加密孔 65 个，检查孔 22 个。

（2）幕深。结合岩溶物探成果，帷幕注浆截流堵水工程的全部设计注浆孔应进入到完整隔水层（D_3t^c）为 5～10m，最深为 306.95m，最浅为 46.07m，平均孔深 164.87m，其中试验段施工时，实际各注浆孔的深度应达弱含水层部位（透水率小于等于 0.005cm/s）。

（3）幕厚。根据帷幕第一、第二注浆试验段的试验结果，浆液有效扩散半径为 6～7m，可满足幕厚 10m 的要求。因此，帷幕注浆整体工程仍设计幕厚为 10m。

（4）幕高。帷幕的高度取决于拟建帷幕含水层起始注浆的高程和隔水层底板的埋深，并设计第四系土洞与松散土层注浆和第四系与含水层接触面注浆。因此，帷幕顶板即为第四系顶板，可到达地表，注浆钻孔分布于 92～110m 高程。

（5）帷幕渗透系数。按国内同类型帷幕工程经验以及第一、第二试验段施工情况，考虑增加帷幕安全系数，帷幕渗透系数设计为 0.06m/d。

2）帷幕注浆堵水材料

帷幕注浆堵水工程的注浆材料为水泥砂浆、改性黏土浆、水泥尾砂浆、水泥水玻璃双液浆等，结合新材料试验［空气包裹（air wrap）、泡沫砂浆］及新技术应用。局部大溶洞、地下水流速快、大裂隙部位辅助采用稻草、谷壳、锯末、海带和砂沙石等材料。

3）帷幕注浆施工工艺

（1）注浆方式。采用全孔自上而下分段注浆和孔口封闭孔内循环两种注浆施工方法。前者是全孔自上而下分段注浆可使注浆段得到反复多次地充填、堵塞，注浆采用自溜与泵压相结合的注浆方式，对于一般裂隙和通道，先自溜黏土浆，到一定量后视具体情况更换成泵压黏土固化浆或水泥尾砂浆，直至注浆段或单孔达到注浆要求；对于宽大裂隙和动水注浆，则采用间歇注浆、双液注浆或在浆液中添加谷壳、稻草等惰性材料等方式。后者为孔口封闭孔内循环加压注浆，浆液首先被输送到孔底，注浆段也可得到反复多次地充填、堵塞，但它的缺点是容易堵管。

（2）注浆段高。注浆分段的段高视具体情况而定。溶洞发育区，注浆段高为5～10m；遇到大于1m的溶洞时，即停钻进行注浆。裂隙、溶洞发育的坚硬基岩中，注浆段高一般为5～30m，若遇有大裂隙或溶洞时，注浆段可小些；岩溶裂隙不发育，注浆段可大于30m，一般段高可加大到50～100m，甚至可以一钻到底。接触破碎带、断裂构造带以及严重风化带不宜要求大段高。根据钻探工艺要求、宜"短打勤注"，保证不塌孔、不埋钻，段内注浆没有达到结束标准时，扫孔再注。

（3）注浆压力。在浅部注浆施工过程中，孔口压力表的注浆压力控制在0.3～1.0MPa；封孔注浆压力不小于3MPa。

（4）浆液浓度变换。基岩注浆一般采用先稀浆，后浓浆，逐级加浓的原则进行浆液浓度的变换。遇到溶洞、大裂隙及孔口无返水的注浆段，先灌注较浓浆液，同时采用间歇注浆方式进行注浆操作。

（5）注浆结束标准。在注浆过程正常进行的前提下，可依据以下三点结束注浆：一是注浆压力均匀持续上升达到设计终压，同时钻孔吸浆量小于10L/min时，稳压为20～30min；二是段次（整孔）注浆完毕后，进行扫孔冲洗，再进行压水试验，试验结果达到单位吸水率小于0.005cm/s时；三是不论是段次注浆还是整孔注浆，灌注后压水试验达到结束标准时，经建设单位、设计单位、施工单位和施工监理等四方签署同意书后，才能结束施工段次（全孔）的灌浆。

8.2.5 岩溶塌陷治理工程效果

1. 矿山地表塌陷坑综合治理的工程效果

对于矿区内地表分布的岩溶塌陷坑洞，分别采用回填、围堤、改田、疏导、引流、加固、改道、防渗、土层底部注浆加固等措施进行综合治理，并注浆加固受损的建（构）筑物及水利排灌设施，维护矿山现有的浅部截流疏干排水系统，效果较好。经过治理的部分岩溶塌陷地段改造为矿山生产及生活设施用地、农村回迁用地或复垦为耕地。自2006年至2018年，凡口铅锌矿累计投入2050万元用于治理矿山地表岩溶塌陷坑、土地复垦和农地赔偿等。

2. 矿山帷幕注浆堵水截流治理的工程效果

凡口铅锌矿帷幕注浆堵水截流工程从2007年8月18日开工，至2014年2月14日完工。共完成帷幕线总长为1 698m，施工钻孔278个，孔距为8~10m，局部加密至5m，孔深46.07~306.95m，其中注浆孔191个，加密孔65个，检查孔22个。累计完成钻探总进尺为45 834.69m，注浆为197 126.947m^3，单位注浆量为4.3m^3/m。消耗水泥为64 564.81t，尾砂为16 604.69t，黏土为70 217.65t，水玻璃为4 063.95t，可塑剂为68.92t，聚氨酯为2.5t，谷壳为8 280.7袋（12kg/袋），稻草为514.5袋（7.5kg/袋），海带为2 644.5kg，黄豆为1 277.5kg，沙砾石为895.32m^3。矿山帷幕注浆堵水截流工程累计投入8 200万元。

1）帷幕注浆堵水截流工程各注浆段地层的注浆效果

（1）帷幕注浆堵水截流工程第一试验段的注浆效果分析。

第一注浆试验段（G—A）各次序钻孔注浆量随着钻孔施工次序的增加，平均单位注浆量逐步减少，第二、第三序孔注浆量明显小于第一序孔注浆量。按照注浆设计要求，若孔序单位注浆量递减率为0.25~0.75时，则说明前后序孔注浆体搭接良好，布孔孔距较合理。第一注浆试验段单位注浆量递减率实际为0.685~0.755，说明试验段工程前后序孔注浆体搭接良好，布孔孔距（8m）较合理。考虑到工程成本，结合后期物探成果，大帷幕的布孔孔距宜为8~12m较合理。由于第四系覆盖层的第三序孔单位吸浆量稍高，约为2.7m^3/m，故及时对ZK1、ZK3、ZK5孔的浅部土层进行了补注。

（2）帷幕注浆堵水截流工程第二注浆试验段的注浆效果分析。

第二注浆试验段（G—B）各次序钻孔注浆量随着钻孔施工次序的增加，平均单位注浆量逐步减少，说明第二注浆试验段的注浆孔间距布置经济合理。

（3）帷幕注浆堵水截流工程第三注浆的注浆效果分析。

第三注浆段（B—H—C）各次序钻孔注浆量随着钻孔施工次序的增加，各地层单位注浆量逐步减少，特别是第二、第三序孔明显小于第一序孔。全段单位注浆量递减率为0.4~0.7，说明经过注浆后溶洞裂隙基本充填饱满，浆液前后搭接良好。第三注浆段单位耗灰量递减率正常，仅壶天组地层第三序孔的单位吸浆量稍高，约为4m^3/m，其主要原因可能是ZK16至ZK25钻孔之间的第三序孔揭露到较大的裂隙，导致注浆量增加，J7、J11检查孔的注浆效果较好，但J8检查孔的单位透水率不合格。

（4）帷幕注浆堵水截流工程第四试验段的注浆效果分析。

① 帷幕注浆堵水截流工程第四注浆段北段（C—I）的注浆效果分析：第四注浆段帷幕注浆截流工程的北段第四系和石炭系壶天组的地层单位吸浆量逐步减少，第二、第三序孔明显小于第一序孔，而$C_1+D_3^t$地层内第二序孔的单位注浆量大于第一序孔，其原因是ZK67至ZK70-1钻孔间存在一个较大的过水通道，2011年5月27日的凡口河岩溶塌陷证实了这个过水通道的存在，故其单位注浆量出现异常；壶天组地层内的第三序钻孔单位吸浆量偏大，约为4.859m^3/m，其原因为北段ZK54至ZK61钻孔注浆时出现井下跑浆。因此，第五注浆段帷幕注浆正是针对以上两个原因向东延伸设计布置。

② 帷幕注浆堵水截流工程第四段南段（A—F）的注浆效果分析：第四段帷幕注浆截流工程的南段各地层单位注浆量逐步减少，第二、第三序孔明显小于第一序孔，说明这两段地层岩溶裂隙发育，可灌性较好，单位注浆量随灌浆次序的增加而递减比较明显；第三序孔于石炭系壶天组地层单位注浆量偏大，主要原因是个别钻孔在石炭系壶天组地层和 $C_1+D_3t^e$ 地层接触带跑浆。因此，补充进行加密钻孔注浆处理，加密注浆孔共计 33 个。

③ 帷幕注浆堵水截流工程第四段西段（F—E）的注浆效果分析：第四段帷幕注浆截流工程的西段 ZK111 至 ZK123 钻孔之间地层裂隙不发育，可灌性差，注浆量很小，但 ZK123 至 ZK130 钻孔之间地层裂隙发育，注浆量很大，井下跑浆情况较频繁。因此，对 ZK123 至 ZK130 钻孔之间进行加密钻孔注浆处理，加密孔的单位注浆量要高于第二序孔，但分析检查孔的效果，发现注浆效果能够达到帷幕的设计要求。

（5）帷幕注浆堵水截流工程第五试验段的注浆效果分析。

第五注浆段（D—J）帷幕注浆截流工程 ZK151 钻孔附近揭露到地下暗河和 ZK158 钻孔南侧凡口河处发育岩溶塌陷等复杂地质情况。因此，对该段注浆过程进行了单独分析，按照地下暗河的要求对该段注浆进行处理，第一、第二、第三序注浆孔的布置很合理，随着次序的增加，各地层的第一序孔注浆量远高于第二、第三序孔的注浆量，注浆量明显减少，其单位注浆量的递减率没有超过设计的标准率。ZK158 钻孔注浆量达到 6 936.673m³，但并没有出现跑浆情况，分析 ZK158 钻孔和前后钻孔的施工情况和岩芯特征，发现 ZK158 钻孔附近也存在一条规模较大、并与 ZK151 钻孔处的地下暗河走向大致平行的裂隙，该孔的浆液可以完全扩散充填其裂隙，实现了有效的封堵截流效果。

2）帷幕注浆堵水截流工程各注浆段压水的试验结果

帷幕注浆堵水截流工程第一至第五段共施工钻孔 278 个，每个钻孔分段注浆后进行压水试验，发现压水试验实测的单位透水率全部小于设计值 0.005cm/s，且绝大部分都低于 0.002cm/s，说明帷幕注浆的工程质量较好。各注浆段压水试验结果如下。

第一试验段（G—A）注浆前单位透水率随施工次序呈明显地降序排列，检查孔注浆前单位透水率为 0.002 96cm/s，达到合格标准，说明注浆后各序孔的单位透水率有明显改善，帷幕注浆质量及效果都较好。

第二试验段（G—B）各序孔的单位透水率变化不大，注浆后第三序孔的透水率比第二序孔略高，说明经第一序孔和第二序孔注浆后，局部岩溶裂隙没有完全注实，远离钻孔的地方浆液扩散较差；这与注浆材料有关，第二试验段采用水泥尾砂浆，水泥尾砂浆浆液性能随浓度的降低各项性能指标迅速下降，动水环境注浆时的浆液不可避免地被地下水稀释，加之浓度较低的水泥尾砂浆离析较严重，导致远离钻孔的地方能凝固的浆液较少，造成注浆质量不佳，没有达到预期效果。因此，第二试验段增加施工 3 个加密注浆孔（B1～B3 孔）进行加固，配合已经施工的 J5、J6 检查孔，第二试验段的注浆孔间距实际为 5m。

第三注浆段（B—H—C）注浆前单位透水率随施工次呈现明显的降序排列，第三序孔注浆前基岩的单位透水率已接近设计标准，施工质量较好；土层注浆前单位透水率变化不明显，施工质量稍差。

第四注浆段北段（C—I）第三序孔注浆前单位透水率 18.96lu，主要原因为 ZK67 至 ZK70-1 孔存在一个大型的渗流通道，导致 ZK54 至 ZK61 孔注浆时井下跑浆严重，故帷幕线向东延伸 480m；第四注浆段西段（F—E）第二序孔比第一序孔注浆前单位透水率降为负值，主要原因是西段 ZK111 至 ZK123 孔之间地层裂隙不发育，而 ZK123 至 ZK130 孔之间地层裂隙发育，注浆量很大，井下跑浆情况较频繁，因此，对 ZK123 至 ZK130 孔之间进行加密注浆，施工加密孔 6 个，孔距 5m；第四注浆段南段（A—F）注浆前单位透水率随施工次呈现明显的降序排列，且递减率较稳定。

第五注浆段（D—J）注浆前单位透水率较小，呈现明显的降序排列，这与第五注浆段基岩面的合理处置有关。第五注浆段基岩的处理吸取了前期工作的经验，没有下套管前就对基岩反复注浆，第五注浆段第一序孔基岩面的注浆量很大，大量的浆液顺着基岩面裂隙向四周、向下扩散，浅部壶天组灰岩裂隙得到一定的充填，并于壶天组灰岩的顶部形成一个盖层，故下伏壶天组灰岩的浅部注浆前单位透水率相对较小，第二、第三序孔在基岩面的注浆量也大为减少，后期注浆过程中地面跑浆现象较前四段明显减少。ZK151 孔于 70.36～81.28m 注浆段揭露 0.35m 高的空洞，灌注双液浆时井下跑浆严重，结合附近水文观测孔分析该通道为直通新南截流巷的暗河。处理暗河先采用投沙砾形成初步阻挡物、然后对阻挡物注浆加固、最后于帷幕线的上、下游布置 4 排注浆孔（总计 13 个注浆孔）进行加固处理。ZK158 孔于 15.95～70.18m 注浆段的注浆前透水率高达 0.2106cm/s，且 38.80～89.12m 共揭露出 16 个溶洞，累计洞高为 21.20m，岩溶裂隙十分发育，注浆过程很难达到结束标准，经反复注浆处理后才符合要求，造成该孔实际注浆量极大，达到 6936.673m^3，ZK158 孔的两侧施工加密孔和检查孔，从加密孔和检查孔的压水试验结果和注浆情况看，ZK158 孔的注浆效果较理想，质量较好。

3）帷幕注浆堵水截流工程检查孔的检测结果

帷幕注浆堵水截流工程的检查孔主要布置于岩溶最发育、注浆孔吸浆量大及地层结构复杂的地段，共施工检查孔 22 个，其中 18 个检查孔揭露溶洞 53 个，并有 12 个孔采取到 40 个结石体，取到代表性结石体的检查孔有 J5 孔和 J6 孔。J5 孔于 38.42～41.42m 处采取到水泥黏土浆结石体约为 1m，抗压强度 4.81MPa，该段钻进速度较快，孔口返水颜色明显变化，呈褐黄色；J6 孔于 30.82～40.79m 处采取到 0.8m 长的水泥尾砂浆结石体，抗压强度 12.48MPa。

检查孔压水试验的单位透水率是衡量帷幕堵水是否成功最重要的指标。帷幕压水试验共计 145 段次，其中压水合格 128 段次，合格段次占总压水试验段次的比例为 88.3%，且大部分段次透水率均小于 0.001cm/s，压水不合格 17 段次，说明帷幕施工质量是比较好的。在不合格段次中，浅部岩溶发育的段次所占的比例大，且集中在第二试验段，其中 J5 孔及 J6 孔各占 3 段，J5 孔施工在 ZK9 至 ZK10 钻孔之间帷幕线外 2m 处，J6 孔施工在 ZK14—ZK15 钻孔之间帷幕线内 2m 处,而第二段帷幕灌注的是水泥尾砂浆,说明随着浆液在裂隙中的流动,被地下水稀释,结石率逐步降低,加上水泥尾砂浆在浓度较低的情况下离析较严重的因素,故远离注浆钻孔的位置能凝固的浆液进一步减少,且扫孔复注时,浆液难以注进;这两个检查孔分别注入了 149m^3 和 230m^3 的浆量,而且在 J6 孔中发现检查孔与旁边注浆孔的不合格段次基本相同,说明检查孔揭露的裂隙和注浆孔揭露的裂隙有一定的关联,而浆液对部分裂隙未能充满,特别是与大裂隙连通的部分小裂隙。针对这一情况,第二段帷幕在注浆孔单位透水率大的地段设计了补强孔进行补强,并在以后的注浆施工中不再使用水泥尾砂浆。从检查孔压水试验的结果来看,水泥黏土浆抗冲刷性能较好,对动水环境中的注浆堵水效果较理想,可灌性较好;而动水环境中的水泥尾砂浆离析较为严重,且浆液扩散效果较差,封堵小裂隙效果不理想。

4)帷幕注浆堵水截流工程堵水效果的综合分析评价

矿山帷幕注浆堵水截流工程施工前 10 年的平均降雨量为 1 545.8mm,帷幕注浆堵水截流工程完工之后 6 年的平均降雨量为 1 696.9mm,升幅为 9.8%。2004 年 1 月至 2007 年 8 月,矿区地下排水量逐年增大,而期间降雨量呈下降趋势,说明地下水通往-40m 高程截流巷的通道更加畅通;自 2007 年 8 月 18 日帷幕注浆截流工程开始施工后,年降雨量虽然总体呈上升状态,但-40m 高程截流巷的排水量逐年下降,矿山帷幕注浆堵水的效果逐渐显现。特别是 2013 年 7 月对 ZK151 钻孔进行封堵之后,2013 年 8 月至 2014 年 3 月实测排水量降为 180.9×10^{4}m^3,较帷幕注浆截流工程施工前 10 年同周期平均排水量为 571.7×10^{4}m^3 减少约 390.8×10^{4}m^3,堵水率为 68.35%,高于设计堵水率(设计值 60%),注浆帷幕的堵水效果显著。

(1)截流帷幕内外形成水位差是检验帷幕注浆堵水效果的重要指标。矿区地下水位监测结果表明,随着前四段帷幕注浆截流工程的建造,帷幕外水文监测孔的地下水位均大幅上涨,稳定后地下水位高程均维持在 80m 高程以上,帷幕以南 500m 处的 ck54 钻孔地下水位升至 100m 高程以上,矿区帷幕外整体地下水位基本恢复到矿山疏干前的地下水位状态。第五段帷幕注浆截流工程完工之后,枯水期的第五段帷幕线外钻孔地下水位高程均超过 97m,远高于帷幕设计要求的幕顶水位高程为 80~85m。帷幕线外东南侧 ck1301 钻孔最高地下水位为 101.69m 高程,地下水仅差 1.11m 就溢出地表,帷幕内钻孔地下水位较稳定,且有小幅下降趋势。帷幕线内 ck29 钻孔的地下水位从-8.74m 高程下降至-18.18m 高程,成为帷幕施工以来该孔的最低水位。帷幕线东北侧 ck32 钻孔地下水位基本没有变化,说明地下水往北绕流现象不明显。ck0803、ck48 钻孔的地下水位较第五段帷幕施工前均有小幅上涨,说明帷幕线以北还存在规模较小的进水通道。截流帷幕内外平均地下水位相差为 60m,矿区地下水疏干漏斗大幅回缩至帷幕线附近,地下水疏干漏斗半径最大回缩为 1 700m,平均回缩为 1 260m。

(2)帷幕注浆堵水截流工程实施后地下水流场发生明显的变化,帷幕内外地下水位差已经形成,南部迳流通道进水明显减小,矿区南侧地下水疏干漏斗半径回缩了 1 000~2 000m,地下水的主要径流方向仍向北、向东流向矿坑。帷幕外地下水位大幅上升至 80m

高程以上，绝大部分钻孔的地下水位恢复到矿山疏干前的状态，帷幕内地下水位稳中有降，帷幕内外水位差高为 60m。帷幕注浆截流工程完工之后，矿山原面积约为 7.75km² 的地下水疏干范围内的岩溶塌陷活动日趋减少，并基本趋于稳定（图 8.2.24），有效地恢复和保护了矿山的地质环境，充分说明针对矿山长期的大排量抽排地下水活动，实施矿山帷幕注浆堵水截流工程后，对于减少矿区岩溶塌陷地质灾害的效果非常显著。

（3）根据 1990～2017 年岩溶塌陷地质灾害的统计数据，1990～2004 年矿山的年平均岩溶塌陷数量基本不超过每年 50 个；2005～2013 年是矿山岩溶塌陷活动的高峰期，年平均岩溶塌陷数量为 152 个；2014 年帷幕注浆截流工程全部完工之后，岩溶塌陷的数量明显减少，年减少率为 71.7%。尤其是 2016 年及 2017 年，岩溶塌陷数量分别仅有 27 个及 6 个，可见矿区地面基本处于稳定状态，岩溶塌陷发生的概率明显降低，岩溶塌陷地质灾害对矿山造成的各种损失也逐年减少，其岩溶塌陷数量曲线图如图 8.2.27 所示。

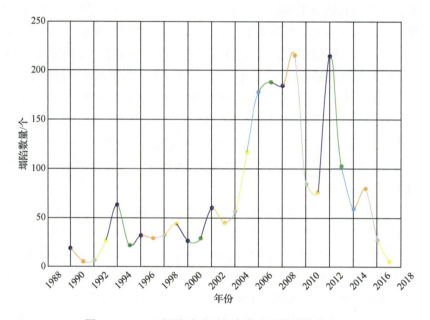

图 8.2.27　凡口铅锌矿矿区年度岩溶塌陷数量曲线图

综上所述，凡口铅锌矿帷幕注浆堵水截流工程的完工，使矿区地下水位及流场发生了明显的变化，截流帷幕外钻孔整体地下水位已经上升至 95m 高程左右，地下水的降落漏斗也收缩至帷幕线附近，矿山地下水疏干漏斗影响半径减至 1 100m，相应地下水降落漏斗的影响范围缩小至 2.28km²；岩溶塌陷地质灾害大幅减少，矿山及周边农村的生态环境逐步修复。凡口铅锌矿帷幕注浆堵水截流工程对注浆方式、注浆材料及注浆效果检测等方面进行了大量的现场测试及试验研究，取得了一批安全可靠、经济可行的帷幕注浆技术参数和施工经验，为国内特别是南方地区水文地质条件复杂、岩溶发育程度高、地下水动力作用强烈的同类矿山建造注浆堵水帷幕提供了很好的经验和借鉴。

8.3 广佛肇高速公路朝阳立交岩溶塌陷治理

2017年7月10日和12月21日,广佛肇高速公路广州石井至肇庆大旺段(广州段)朝阳立交L匝道新建桥LX1#-2桩基和朝阳立交主线K1+629处鸦岗大道朝阳立交主线桥50#墩桩基钻孔施工时分别发生岩溶塌陷地质灾害。广东省交通规划设计研究院股份有限公司采用地质钻探、地层CT探测等技术手段查明了岩溶塌陷的基本发育特征,结合钻探揭露的溶洞分布特征,采用预注浆技术处理溶洞、土洞和岩溶塌陷;同时固化塌陷地段的素填土层,提高塌陷场地内浅层土体的承载力,确保桩基施工安全顺利地通过裂隙和溶洞分布部位。本节据文献[59]、[60],简要介绍广佛肇高速公路朝阳立交L匝道新建桥LX1#-2桩基岩溶塌陷治理工程和朝阳立交K1+629处鸦岗大道50#桥墩岩溶塌陷治理工程。

8.3.1 朝阳立交L匝道新建桥LX1#-2桩基岩溶塌陷治理

1. 岩溶塌陷发育特征

朝阳立交L匝道新建桥位于朝阳互通立交东侧,沿东西方向布置,L匝道新建桥南临华南快速路,北近西江引水管,全长约150m。L匝道新建桥LX1#-2桩基于2017年7月10日开始钻孔施工,2017年7月10日19:30,L匝道新建桥LX1#-2桩基(桩中心距离西江饮水管中心约16m)钻孔施工作业进入基岩面约2m时,发现钻进过程中钻孔内泥浆面急剧下降,随即提锤并往孔内注入泥浆;但持续的补浆过程中钻孔内泥浆面一直呈下降状态,且地面出现明显的局部沉降现象,最终导致L匝道新建桥LX1#-2桩基的桩中心往西江饮水管方向出现岩溶塌陷(图8.3.1),其分布图如图8.3.2所示。塌陷坑平面呈长方形,长约为8m,宽约为6m,塌陷坑面积约为48m²,平均塌陷深度约为15cm,中心最大塌陷深度约为20cm。岩溶塌陷发生后施工单位移走钻机,并对L匝道新建桥LX1#-2桩基进行回填处理,至2017年7月10日20:30,LX1#-2桩基回填完毕。

图8.3.1 朝阳立交L匝道新建桥LX1#-2桩基处岩溶塌陷

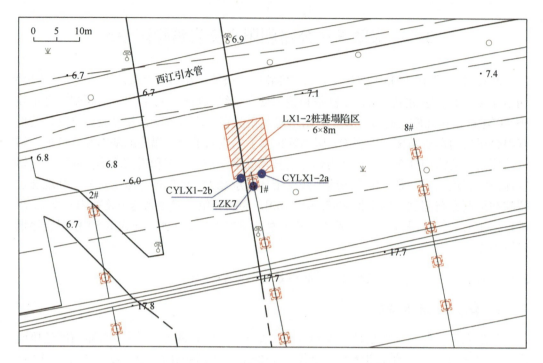

图 8.3.2 朝阳立交 L 匝道新建桥 LX1#-2 桩基岩溶塌陷分布图

2. 桩基岩土体工程地质特征

根据地质钻探资料，朝阳立交 L 匝道新建桥 LX1#-2 桩基处第四系覆盖层主要由素填土、淤泥质粉质黏土、粉质黏土和细砂等组成，其中细砂层分布于深度为 13.2～15.4m 处，砂层下部为微风化基岩。基岩为石炭系壶天组（C_2ht）灰岩，朝阳立交 L 匝道新建桥 LX1#-2 桩基及周边岩土体工程地质特征如下。

（1）素填土。其呈杂色，稍湿，主要成分由黏土夹碎石组成，厚度为 2.10～3.30m。

（2）淤泥质粉质黏土。其呈深灰色，湿，软塑状，富含腐殖质及腐木，结构不均匀，夹薄层粉砂，钻孔揭露厚度为 8.70～11.10m。

（3）粉质黏土。其呈灰黄色，湿，可塑状，土质较均匀，黏性较好，局部含较多粉细砂，钻孔揭露厚度约为 3.30m。

（4）细砂。其呈灰白色，饱和，结构松散，钻孔揭露厚度约为 2.20m。

（5）石炭系壶天组（C_2ht）灰岩。其呈灰色，隐晶质结构，方解石脉充填，裂隙稍发育，岩芯较完整，呈长柱状—柱状，岩质新鲜，较硬，钻孔揭露厚度为 9.60～10.80m。

3. 岩溶塌陷形成原因

为查明朝阳立交 L 匝道新建桥 LX1#-2 桩基岩溶塌陷的形成原因，在 LX1#-2 桩基靠近西江引水管一侧布置钻孔 LZK7、钻孔 CYLX1-2a 和钻孔 CYLX1-2b 等 3 个钻孔，具体钻孔位置如图 8.3.2 所示。钻孔揭露 L 匝道新建桥 LX1#-2 桩基处的石炭系壶天组（C_2ht）灰岩的顶面附近存在溶洞，并且溶洞位置与施工单位反映发生地面塌陷时的钻进深度相吻合（钻孔入岩约 2m 时，钻孔发生漏浆、地面发生塌陷）；溶洞为全充填，充填物为粉砂。

LZK7 钻孔揭露朝阳立交 L 匝道新建桥 LX1#-2 桩基处第四系覆盖层底部的粉质黏土层内含较厚的粉细砂层，且岩溶塌陷地质灾害的发生时间恰好是钻孔钻至基岩面以下 2m 左右的时候，可以确定朝阳立交 L 匝道新建桥 LX1#-2 桩基岩溶塌陷是由钻机施工击穿基岩面附近的溶洞顶板或溶蚀裂隙管道引起粉细砂流失所致。这是因为钻机施工击穿基岩面附近的溶洞顶板或溶蚀裂隙管道时，可造成土层内的粉细砂土（或细砂层）随地下水及钻探泥浆沿基岩裂隙或岩溶管道及溶洞大量流失，导致覆盖层土体内形成土洞，随着土洞的进一步向上扩展，最终引发岩溶塌陷地质灾害，地面形成塌陷坑。

4. 朝阳立交 L 匝道新建桥 LX1#-2 桩基岩溶塌陷治理

1）岩溶塌陷治理思路

根据朝阳立交 L 匝道新建桥 LX1#-2 桩基部位第四系覆盖层岩土体的工程地质性质和岩溶塌陷的形成原因，采用预注浆技术处理基岩裂隙、土洞及溶洞，用水泥浆充填灌满溶洞、土洞的空隙，从而确保桩基施工安全顺利地通过裂隙和溶洞地段；同时固化岩溶塌陷地段的松散素填土层，提高桩基场地内浅层土的承载力，从而避免地面再次发生岩溶塌陷地质灾害。

2）注浆孔设计布置

（1）桩周范围注浆孔布置。以桩基中心线为基点，沿直径为 2 500mm 的圆周部位均匀布设 5 个注浆钻孔（图 8.3.3）。

（2）塌陷处局部注浆孔布置。距桩基中心处 3m，沿平行于西江引水管方向按 1.5m 间距布置 4 个注浆钻孔（图 8.3.3）。

3）注浆孔施工技术要求

注浆孔钻探采用泥浆护壁、回转钻进及全孔段无芯的钻进方法进行施工作业，注浆钻孔的钻探具体施工技术要求如下。

（1）第四系及基岩风化带钻孔。采用孔径 146mm 的套管钻进，钻孔需进入溶洞底板以下 1~2m（高程约为-13m）。套管出露地表 0.2~0.5m，用水泥砂浆固结套管，并将孔口套管四周捣实封闭，防止浆液从套管周围流出，影响注浆效果。

（2）基岩钻孔。由于前期地质勘察钻探仅于基岩表面揭露岩溶较发育，穿过基岩表层之后没有发现溶洞，故基岩钻孔无需变径钻进基岩。

（3）注浆钻孔终孔。注浆钻孔钻至-13m 高程处终孔。

4）注浆设计参数

注浆压力与软土、溶洞及土洞的体积、浆液黏度、注浆量等因素有关，且注浆过程的压力是经常变化的。注浆时压力逐渐上升，当压力达到某一定值时，其吸浆量突然增大，表明此时充填物结构发生破坏或孔隙尺寸已经扩大，此时压力数值的前一级可作为允许灌注压力。灌浆量可据施工场地内充填情况确定，施工时应按照现场试验确定的最优数据进行注浆。拟定注浆参数：初始压力为 0.0~0.2MPa，稳定压力为 0.4~0.6MPa，

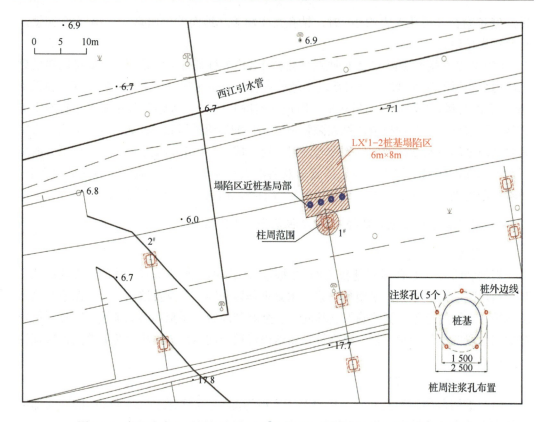

图 8.3.3　朝阳立交 L 匝道新建桥 LX1#-2 桩基岩溶塌陷治理工程注浆孔布置图

水灰比为 0.6～1.0。当注浆过程的注浆压力均匀持续上升达到设计终压,同时注浆段单位时间吸浆量小于等于 10L/min,且稳压 20～30min,结束注浆。

5）注浆施工技术要求

（1）注浆工艺流程。

① 注浆施工工艺流程：注浆孔布孔→钻机就位→钻进成孔→下袖阀管→下注浆套管→分层注浆→设计范围内所有溶洞全部处理完毕→自下而上逐层封孔直到地面→注浆结束→提拔套管→钻机移孔。

② 注浆施工技术要求：安装好注浆管密封装置,连接注浆管,注泥浆试压;按照配合比（由稀到稠）制备水泥浆,开泵送水泥浆及液体水玻璃,泵注速度视具体情况而定,孔内水位稳定上升、确认孔内不消耗,或压力稳定超过 30min,确定浆液面不下降,可认为堵漏有效、注浆结束。注浆压力变化控制在 0.3～0.4MPa,当泵压力突然上升（超过设计值）或孔壁溢浆,应立即停止注浆,判断孔内情况和问题,并采取措施确保注浆继续进行或满足注浆结束的条件。注浆结束时清洗管道,拆除浆管密封装置。

如果岩土层内注浆连续灌注 40min 仍不起压,则改用浓一级的浆液注浆;若加浓一级浆液如注浆压力上升很快时,则应更换原来较稀的浆液继续灌注。当采用最浓的浆液长时间灌注仍不起压时,则应采用间歇注浆,间歇时间为浆液初凝之后、终凝之前,必要时浆液中可加入水玻璃进行双液注浆。注单液浆时注浆设备可选 BW150 型注浆泵注浆，注浆速度为15～20L/min。注双液浆时注浆设备可选BW150型注浆泵和120G型注浆泵同时注浆，通过两条管路同时接上T形接头，从孔口混合注入孔底使浆液袖阀管小孔水平喷射到地层内，注浆速度为15～40L/min。

（2）注浆施工材料。注浆施工材料主要包括水泥、骨料、水玻璃及特殊材料等。根据拟治理的塌陷范围及地质钻探资料，确定朝阳立交L匝道新建桥LX1#-2桩基处岩溶塌陷治理工程注浆水泥用量为25t；水玻璃用量为5t。各类材料的实际用量由施工、监理及业主按现场实际情况最终确定。

（3）水泥制浆技术要求。水泥选用质量合格的标号为P.O42.5R的快硬水泥，使用时应加入适量防水剂。单液注浆水泥浆浓度一般不小于$1.65g/cm^3$。注浆浆液一般采用先稀后浓、逐级加浓的原则进行浆液浓度的变换。双液浆掺加的水玻璃浓度（波美度）为38～43Be，模数2.4～3.0，双液注浆前要根据所需凝结时间进行配合比试验，具体配合比应按每次注浆浆液的扩散范围、浆液凝固控制时间和浆液浓度确定参数。

6）注浆过程质量控制

（1）注浆过程注意事项。

① 安装管口密封装置前应清除管内杂物，以防堵塞并做好注浆管的注浆头密封；注浆前应对注浆、灰浆搅拌机进行检查，使其工作良好，能连续注浆。

② 为保证浆液质量，对水泥、水玻璃、缓凝剂采取计量投料，保证水灰比及水泥、水玻璃浆液比例的正确性。

③ 注浆要连续，如因故中断要立即处理，尽快恢复，以保证注浆效果，注浆过程要经常旋转、串动注浆管。

④ 做好注浆记录，对注浆量、注浆压力、时间及异常情况等进行记录，发现问题及时处理；密切注意孔内情况变化，应及时掌握注浆量和注浆压力，综合考虑二者关系，及时确定间歇注浆或结束注浆。

⑤ 避免注浆压力过高，导致地层裂隙畅通，并造成注浆范围过大，注浆材料浪费。

（2）注浆过程特殊情况处理。

① 注浆过程发现地面冒浆、漏浆或注浆段注入量大，灌浆难以结束的状况，应根据具体情况调整流量或采用表面封堵、低压、浓浆、限流、限量、间歇灌浆、浆液内掺加速凝剂及调整灌注浆液配合比等措施进行处理。

② 常规注浆必须工作紧凑、连续进行，若因故中断，应在允许时间内尽早恢复注浆，恢复注浆时，应使用开灌比级的水泥浆进行灌注。恢复注浆后，如果注入率与中断前的相近，可改用中断前比级的水泥浆继续灌注；如果注入率较中断前的减少较多，则浆液应逐级加浓继续灌注；如果注入率较中断前的减少很多，且短时间内停止吸浆，泵压升高，应采取补救措施处理；否则应立即冲洗钻孔及注浆机具，然后重新恢复注浆。如果无法冲洗或冲洗无效，则应进行扫孔，再恢复注浆。

③ 对套管冒浆，可采用间歇式注浆的施工方法，等待水泥浆凝固后再恢复注浆。

（3）注浆工程施工质量检查。为检验注浆效果，可在桩基顶面施工三个检查孔。检查孔的直径为 146mm。检查孔深度大于注浆钻孔深度为 1m 左右。三个检查钻孔施工完毕后采用注水试验的方法检验注浆效果；如果效果不理想，可利用检查钻孔再次注浆，直到达到注浆压力标准为止。

8.3.2 朝阳立交 K1+629 处鸦岗大道 50#桥墩岩溶塌陷治理

1. 岩溶塌陷发育特征

朝阳立交主线 K1+629 处鸦岗大道 50#桥墩（里程桩号 K1+629）位于京广高铁高架桥西侧鸦岗大道西行约为 650m 处。鸦岗大道为双向 8 车道，朝阳立交施工围壁占用西往东内侧一条车道。50#桥墩为预应力盖梁柱式墩，主墩柱位于鸦岗大道中央分隔带内侧南边，主墩柱桩基的桩径为 2.2m；边墩位于鸦岗大道北侧人行道内，边墩布设一根桩径为 2.2m 的桩基础。2017 年 12 月 21 日 22:00，朝阳立交主线桥 50#桥墩西侧（朝阳立交 50#桥墩与鸦岗高架桥 2#墩之间）的地面发生岩溶塌陷事故（图 8.3.4 和图 8.3.5）。岩溶塌陷位于中央分隔带中间偏南处，塌陷坑面积约 300m²，坑内最大塌陷深度约为 2.5m（图 8.3.6），其中约有面积为 120m² 的塌陷范围位于现状两条车道的下方，导致西往东方向仅剩最南侧的一条车道可供通行。

岩溶塌陷直接危害行人及车辆的安全，灾情严重，现场抢险采取如下应急措施处置。

（1）封闭道路交通，设立监控观测，禁止车辆通行。

（2）对岩溶塌陷地质灾害南侧车道临近塌陷范围一侧约为 20m 长度的范围进行注浆处理，注浆深度为 10m。

（3）对全部岩溶塌陷范围进行回填，对围壁以外的岩溶塌陷影响区域灌注混凝土，构成厚约为 0.6m 的顶板。

岩溶塌陷应急抢险处置工作持续至 2017 年 12 月 22 日 10:00 结束。鸦岗大道岩溶塌陷现场西往东方向采取封闭两条车道，临时开放一条车道的交通管控措施。2017 年 12 月 22 日下午，对浇灌混凝土的两条车道再增加铺设钢板，并开放这两条车道的通行。

图 8.3.4 鸦岗大道 50#桥墩岩溶塌陷

图 8.3.5 填埋处置 50#桥墩地面塌陷坑

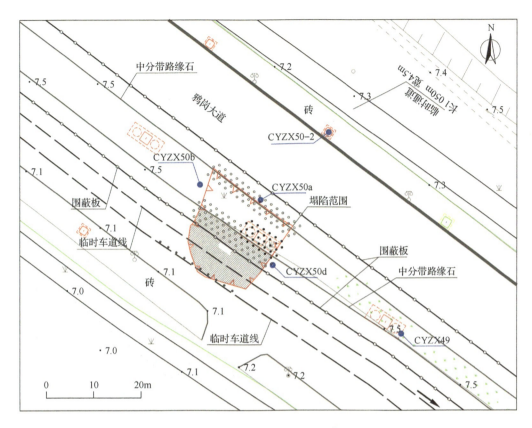

图 8.3.6 朝阳立交主线 K1+629 处鸦岗大道 50#桥墩岩溶塌陷分布图

2. 鸦岗大道 50#桥墩岩土体工程地质特征

据现场地质调查和 50#桥墩处的地质钻探结果,朝阳立交主线 K1+629 处鸦岗大道 50#桥墩处第四系覆盖层由素填土、淤泥质细砂土、淤泥质粉质黏土、粉质黏土及粉细砂等组成。粉细砂层下部为微风化基岩,基岩为石炭系壶天组(C_2ht)灰岩。鸦岗大道 50#桥墩处岩土体工程地质特征如下。

(1)第四系覆盖层土体从上至下分别为素填土、淤泥质细砂土、淤泥质粉质黏土、粉质黏土及粉细砂等,隐伏可溶岩为微风化灰岩。

(2)微风化灰岩顶板埋深约为 18.5m,顶板连接为 3~3.5m 厚的粉细砂层。

(3)覆盖层内没有揭露出土洞,微风化灰岩发育有溶洞,且钻孔揭露灰岩内存在洞径为 10.3m 的大型溶洞,顶板厚度较薄,厚约为 0.4m,溶洞内全充填,充填物为软塑状淤泥质粉质黏土。

为充分认识岩溶塌陷分布地段的地下溶洞分布、规模及充填等状况,对岩溶塌陷区四周布置钻孔,并对孔间地层进行 CT 扫描探测。岩溶塌陷及周边地段布置 CYZX50a、CYZX50b 和 CYZX50d 等三个 CT 探测钻孔,结合前期的 CYZX50-2 和 CYZX49 钻孔开展孔间 CT 扫描探测,对应的孔间 CT 扫描断面图如图 8.3.7 和图 8.3.8 所示。

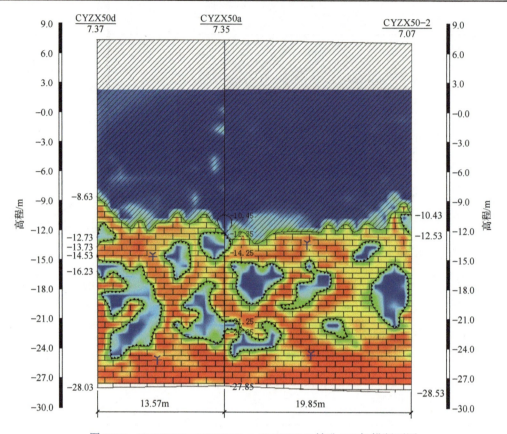

图 8.3.7 CYZX50d—CYZX50a—CYZX50-2 钻孔 CT 扫描断面图

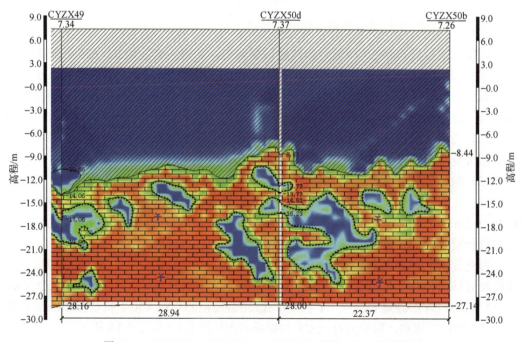

图 8.3.8 CYZX49—CYZX50d—CYZX50b 钻孔 CT 扫描断面图

钻孔及CT探测揭露的鸦岗大道50#桥墩部位的溶洞及土洞具有如下发育特征。

（1）钻孔CT探测结果显示塌陷处覆盖层厚度约为16m，覆盖层没有发育土洞。

（2）基岩面下伏溶洞分布广泛，岩溶发育程度高，如CYZX50b钻孔东侧的溶洞较发育，溶洞之间存在横向连接通道；CYZX50b钻孔西侧溶洞不发育。

（3）最大体积溶洞位于CYZX50d中心至西侧12m的范围内（图8.3.8），溶洞中心的地面投影位置与塌陷坑的中心位置基本一致。

（4）溶洞与覆盖层间存在一定厚度的顶板，其中塌陷坑下伏的溶洞顶板厚度为1~3m，岩溶塌陷发生之后，溶洞顶板没有出现垮塌迹象。

3. 岩溶塌陷的形成原因

根据地质钻探和钻孔CT探测结果，可以发现岩溶塌陷路段地面之下18m深处溶洞密集发育，且连通性好，塌陷坑位置下伏溶洞高度约10m，且相对应位置的溶洞顶板距覆盖层厚度仅为0.4m，稳定性较差。经综合分析，发现朝阳立交主线K1+629处鸦岗大道50#桥墩路面岩溶塌陷地质灾害的形成原因如下。

（1）鸦岗大道50#桥墩地段隐伏灰岩内发育的大型溶洞及覆盖层内发育的粉细砂层是形成岩溶塌陷地质灾害的自然地质因素。

（2）鸦岗大道50#桥墩及相邻的桩基采用冲击钻施工，重复振动作用强烈；当桩基钻探施工击穿基岩面附近的溶洞顶板时，导致溶洞顶板局部塌陷或开裂，致使溶洞顶板上部的粉细砂土和淤泥质土快速流失进入下伏溶洞内，直接引发岩溶塌陷。

4. 鸦岗大道50#桥墩岩溶塌陷治理

根据朝阳立交主线K1+629处鸦岗大道50#桥墩部位的第四系覆盖层岩土体工程地质性质和岩溶塌陷的形成原因，采用预注水泥浆充填覆盖层内土洞和基岩溶洞，同时对地面塌陷坑进行回填，并对回填土进行注浆加固，从而彻底根治岩溶塌陷地质灾害。

1）岩溶塌陷治理思路

（1）首先用碎块石对塌陷坑进行回填处理，道路中分带回填至原地面高程，机动车道回填至原路面之下约0.7m深度，机动车道顶面用高强快硬混凝土浇筑约70cm厚度的混凝土板。

（2）由于路基之下的土体受岩溶塌陷影响，土体结构变得松散、密实度低，采用"回填+注浆"方法进行加固处理，将路基软弱土体部位进行渗透充填、凝结固化，提高路基承载力，避免再次发生岩溶地面塌陷。注浆主要土层包括素填土和淤泥质细砂等两部分，注浆土层总厚度约为7m。

（3）由于现状岩溶塌陷地段涵盖50#桥墩50#-1桩和50#-3桩的位置，为消除后续桩基冲孔施工过程发生岩溶塌陷的风险，对位于鸦岗大道50#桥墩桩位下方的溶洞进行注浆封闭处理，并对覆盖层底部厚约3m的砂土层进行注浆固化，防止桩基冲孔施工击穿溶洞顶板，引发岩溶塌陷地质灾害。

（4）施工过程首先进行覆盖层内土体加固处理，然后再对桩基位置溶洞进行注浆预处理。

2）注浆孔平面设计布置

根据地面塌陷坑的现场实际施工环境条件，应保证注浆孔的浆液互相重叠，使浆液将加固范围连成一个整体。根据浆液的扩散半径为 0.8m，钻孔间距取 1.5m，钻孔排间距取 1.0m，呈三角形网格布置（图 8.3.9）。每个注浆孔的有效渗透半径大于 0.8m，注浆花管长为 10～12m，外露地面为 15cm。岩溶塌陷分布地段的土层共布置注浆孔 140 个，孔深为 7m，其中抢险注浆孔 10 个，孔深为 9m，孔径均为 110mm；鸦岗大道 50#桥墩桩周区域布置 32 个注浆孔治理砂层和溶洞，注浆孔深为 11m（不含上覆土层），孔径为 110mm。

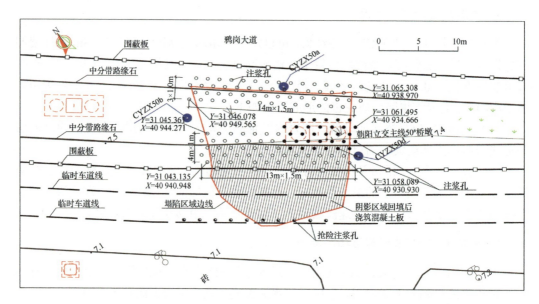

图 8.3.9　朝阳立交 K1+629 处鸦岗大道 50#桥墩岩溶塌陷治理工程注浆孔布置图

3）注浆孔竖向设计范围

（1）车行道浇灌混凝土面板范围的竖向注浆自混凝土板底部开始至深度为 7m 处；其他仅回填而没有浇灌混凝土的覆盖层软弱土体地段的竖向注浆自地面向下不低于 2.5m 深度开始至深度 7m 处。

（2）朝阳立交主线 K1+629 处鸦岗大道 50#桥墩桩周范围内的覆盖层底部细砂层的注浆深度为 15～18.5m。

（3）朝阳立交主线 K1+629 处鸦岗大道 50#桥墩 50#-1 桩位至 50#-3 桩位地段的溶洞应进行注浆处理。

4）注浆施工技术要求

（1）注浆钻孔成孔要求。注浆钻孔成孔直径 110mm，钻孔垂直度小于 1.0%，孔位偏差小于 50mm；采用冲击钻机成孔，并进行全程套管跟进成孔。已完成的钻孔应用浓泥浆进行清孔，排除粗颗粒渣土。鸦岗大道 50#桥墩桩周范围内的注浆孔钻至底部砂层时，应注意避免钻穿基岩溶洞的顶板引起砂层向洞内泄漏导致地面塌陷事故。

(2）注浆花管制作要求。注浆花管采用直径为 48mm 钢管，注浆孔眼竖向间隔为 30cm，注浆孔眼孔径为 10mm，同一截面处对称分布 4 个孔眼。注浆施工中钢管长度不足时采用焊接连接。

(3）水泥制浆技术要求。注浆浆液采用水泥浆，水泥采用标号为 P.O42.5R 普通硅酸盐水泥，水灰比（0.8:1）～（1:1），浆液密度大于 $1.5t/m^3$，浆液初凝时间约 12h，终凝时间 16～18h。注浆过程如果出现浆液漏失，需要对局部采用双液堵漏时，水泥浆液可掺加水玻璃，水玻璃浓度（波美度）为 38～43Bé[①]，模数为 2.4～3.0。

(4）钻孔注浆技术要求。将制作好的注浆花管插入孔底，并将注浆孔的孔底用水泥封堵，长度不小于 30cm，待水泥终凝后方可注浆。注浆压力为 0.2～0.6MPa，正常灌注过程为 0.2～0.6MPa，压力最终控制为 0.6MPa，注浆量小于 1L/min 并稳压 3min 后注浆停止。根据注浆施工现场土质为砂土层，注浆压力应做适当调整，加固后土体抗压强度不得小于 1MPa。注浆过程若发现孔内漏浆严重，可掺入适量的水玻璃作为速凝剂（掺加量不超过 5%）。岩溶塌陷范围内的软弱土层注浆（除 50#桥墩桩周注浆孔外）可采用一次全孔注浆法，注浆完成后，采用混凝土封堵孔口，深度应不少于 30cm。50#桥墩桩周范围内的砂层注浆深度较大，应采用自下而上分段注浆。

注浆施工顺序：应先注边缘孔，后中间孔；同排注浆，跳隔（至少两孔）施工；注边孔时，应随时观察路基是否稳定。为保证注浆顺利，注浆管应伸出注浆孔为 25cm，注浆液搅拌均匀之后，才能进行压注，整个注浆过程要不间断地搅拌。

5）注浆过程质量控制

整个注浆过程质量控制非常重要，采用注浆压力参数及注浆量等双指标控制，并以注浆压力的控制为主。注浆过程采用注浆压力及注浆量逐渐提高的方法进行注浆（即压力由小到大，注浆量逐渐增加），当注浆压力为 0.6MPa 时，并持续稳压为 3min，则该孔注浆完成。如果注浆过程发现注浆液量增大时，则该孔有可能与地下裂隙贯通，应立即停止注浆，必须等注浆液凝固之后再进行注浆。各类注浆材料实际用量由施工、监理、业主根据实际情况确定。

（1）注浆过程注意事项。

① 串孔现象处理：如果注浆过程发现浆液从别的孔流出发生串浆时，若有多台注浆机，必须同时注浆；如只有一台注浆机则应及时堵塞串浆孔，重新注浆前将管内杂物清除干净，并采用高压水冲洗。

② 压力升高处理：如果注浆过程水泥浆压力突然升高，则判断可能发生堵管，立即停机检查，可采用敲打疏通注浆管，无法疏通时应补管。

③ 冒浆现象处理：如果注浆过程发现有水泥浆液通过土体孔隙冒出地面，应及时处理，对冒浆处采用碎棉絮或速凝水泥封堵；如果封堵无效，则应采取降压、改变水灰比或孔隙灌浓水泥浆等办法进行处理。

（2）注浆工程监测措施。注浆过程要随时派专人监测注浆地面的沉降变形状况，如

---

① $1Bé=(\rho-\rho_0)/\rho_0\times100\%$，其中 ρ 为液体的实际密度；ρ_0 为液体在标准温度（通常为4℃）下的密度。

果发现注浆加固地面有向上拱抬的趋势，则立即停止注浆，严格控制注浆前后地面的抬升量不得超过 2mm。

（3）注浆质量检验措施。对朝阳立交主线 K1+629 处鸦岗大道 50#桥墩岩溶塌陷的注浆治理工程采用标准贯入试验或者轴向钻孔取样，现场检测注浆工程的质量。

① 标准贯入试验：应于注浆前及注浆完工一周之后，选择有代表性的点进行现场标准贯入试验，主要是检测土体密实度和抗剪强度，以减少受压路基沉降及变形。

② 轴向钻孔取样：岩溶塌陷地段加固完成之后，为了掌握注浆是否达到预期的加固治理效果，需要对注浆质量进行检测。检测方法可采用轴向钻孔取样检测，钻孔点的选取避开注浆孔的位置，宜于注浆孔之间进行，这样选取的目的主要是为了检测水泥浆液的有效渗透情况，检测样本的土体强度是否达到 1MPa，同时观察加固土体的渗透性能，进而综合判断注浆工程质量是否满足设计要求。

参 考 文 献

[1] 中国科学院华南热带生物资源综合考察队，广州地理研究所. 广东省地貌区划[R]. 广州：广州地理研究所，1962.
[2] 谢先德，朱照宇，周厚云，等. 广东沿海地质环境与地质灾害[M]. 广州：广东科技出版社，2003.
[3] 朱照宇，黄宁生，张建国，等. 全球变化驱动下华南沿海地质灾害风险[M]. 广州：广东科技出版社，2018.
[4] 易顺民. 广东省地面塌陷特征及防治对策[J]. 中国地质灾害与防治学报，2007，18（2）：127-131.
[5] 易顺民，梁池生. 广东省地质灾害及防治[M]. 北京：科学出版社，2012.
[6] 卢薇，易顺民. 广州市岩溶塌陷发育特征[J]. 华南地理学报，2023，1（3）：81-91.
[7] 刘勇健，刘雅恒，刘湘秋，等. 广花盆地岩溶地面塌陷特征及形成机理研究[J]. 广东工业大学学报，2013，30（1）：25-30.
[8] 郑小战，郭宇，戴建玲，等. 广州市典型岩溶塌陷区岩溶发育及影响因素[J]. 热带地理，2014，34（6）：794-803.
[9] 郑小战，黄健民，李德洲. 广花盆地南部金沙洲岩溶演变及环境特征[J]. 水文地质工程地质，2014，41（1）：138-143.
[10] 许汉森，刘健雄，张宗胜，等. 广东省佛山市高明区富湾岩溶地面塌陷地质灾害勘查报告[R]. 佛山：广东佛山地质工程勘察院，2006.
[11] 梁家海，何利平，师刚强，等. 广东省英德市九龙镇城区岩溶塌陷地质灾害调查报告[R]. 清远：广东省有色金属地质局九四〇地质队，2016.
[12] 郭宇，周心经，郑小战. 广州夏茅村岩溶地面塌陷成因机理与塌陷过程分析[J]. 中国地质灾害与防治学报，2020，31（5）：54-59.
[13] 易顺民，卢薇，周心经. 广州夏茅村岩溶塌陷灾害特征及防治对策[J]. 热带地理，2021，41（4）：801-811.
[14] 郑王琼，陆巍峰，饶卞荣，等. 广东省阳春市大河水库移民春城河西安置区地质灾害勘查报告[R]. 湛江：广东省地质局水文工程地质一大队，2005.
[15] 赵建军，张登生，王恒，等. 广东省英德市望埠镇奖家洲岩溶地面塌陷勘查报告[R]. 广州：广东省化工地质勘查院，2013.
[16] 何珊儒，邱文才，李建华，等. 广东省惠州市龙门县平陵镇地质灾害初步勘查报告[R]. 惠州：广东省惠州地质工程勘查院，2008.
[17] 许汉森，张宗胜，易守勇，等. 广东省佛山市南海区大沥镇黄岐海北区地质灾害勘查报告[R]. 佛山：广东佛山地质工程勘察院，2009.
[18] 马新军，许振球，王挺，等. 京珠国道主干线粤境高速公路小塘至甘塘段洋碰隧道水文地质勘察报告[R]. 广州：广东省有色工程勘察院，2003.
[19] 黄宏，林济南，李日辉，等. 肇庆市江肇高速公路西江特大桥南岸岩溶塌陷工程地质勘察报告[R]. 广州：广东省公路勘察规划设计院有限公司，2010.
[20] 郑健生，陈春林，吴木穗，等. 广东省清远市连南瑶族自治县大麦山镇地质灾害危险性评估报告[R]. 广州：广东省工程勘察院，2012.
[21] 胡云琴，祁明静，彭益军，等. 广州市荔湾区大坦沙地质灾害综合勘查报告[R]. 广州：广州市地质调查院，2009.
[22] 卢薇，易顺民. 广州市大坦沙岛岩溶塌陷成因分析及防治对策[J]. 安全与环境工程，2021，28（4）：121-130.
[23] 苏扣林，黄永贵，郑小战. 广州市荔湾区大坦沙岩溶地面塌陷成因及其稳定性评价[J]. 热带地理，2012，32（2）：167-172.
[24] 黄健民，郑小战，陈建新，等. 广州市白云区金沙洲岩溶地面塌陷、地面沉降地质灾害调查探测与监测研究报告[R]. 广州：广州市地质调查院，2012.
[25] 徐卫国，赵桂荣. 试论岩溶矿区地面塌陷的成因及防治设想[J]. 化工矿山技术，1978，3（4）：19-27.
[26] 徐卫国，赵桂荣. 试论岩溶地区地面塌陷的真空吸蚀作用[J]. 地质论评，1981，27（2）：174-180.
[27] 徐卫国，赵桂荣. 论岩溶塌陷形成机理[J]. 煤炭学报，1986，11（2）：1-11.
[28] 康彦仁，项式钧. 中国南方岩溶塌陷[M]. 南宁：广西科学技术出版社，1990.

[29] 康彦仁. 论岩溶塌陷形成的致塌模式[J]. 水文地质工程地质, 1992, 19 (4): 32-34.

[30] 刘之葵, 梁金城. 岩溶区溶洞及土洞对建筑地基的影响[M]. 北京: 地质出版社, 2006.

[31] 罗永红. 昆明新机场岩溶塌陷成因机理及其防治对策[D]. 成都: 成都理工大学, 2008.

[32] 陈国亮. 岩溶地面塌陷的成因与防治[M]. 北京: 中国铁道出版社, 1994.

[33] 罗小杰. 岩溶地面塌陷理论与实践[M]. 武汉: 中国地质大学出版社, 2017.

[34] 丁坚平, 褚学伟, 段先前, 等. 贵州岩溶塌陷[M]. 北京: 地质出版社, 2017.

[35] 万志清. 抽水引起岩溶塌陷的机理及非线性预测研究[D]. 北京: 中国科学院研究生院, 2002.

[36] 程星. 岩溶塌陷机理及其预测与评价研究[M]. 北京: 地质出版社, 2006.

[37] 左平怡. 论岩溶地面塌陷的形成过程与机理[J]. 中国岩溶, 1987, 6 (1): 71-79.

[38] 雷明堂, 蒋小珍. 岩溶塌陷模型试验: 以武昌为例[J]. 地质灾害与环境保护, 1993, 4 (2): 39-44.

[39] 丁有全. 铜陵市小街地区岩溶塌陷形成机制与发展趋势预测[J]. 中国地质灾害与防治学报, 1997, 8 (3): 50-56.

[40] 贺可强, 王滨, 万继涛. 枣庄岩溶塌陷形成机理与致塌模型[J]. 岩土力学, 2002, 23 (5): 564-574.

[41] 贺可强, 王滨, 杜汝霖. 中国北方岩溶塌陷[M]. 北京: 地质出版社, 2005.

[42] 雷国良, 周济祚. 贵州水城工业区覆盖型岩溶塌陷研究[J]. 中国地质灾害与防治学报, 1996, 7 (4): 39-46.

[43] 曾昭华. 江西省地面塌陷的形成及其防治对策[J]. 长江流域资源与环境, 1998, 7 (1): 70-75.

[44] 朱寿增, 周健红. 桂林市西城区岩溶塌陷形成条件及主要影响因素[J]. 2000, 20 (2): 100-105.

[45] 万军伟, 沈继方, 王增银, 等. 清江高坝洲水电站岩溶发育规律及其对工程的影响[M]. 武汉: 中国地质大学出版社, 2006: 37-43.

[46] 黄健民, 郭宇, 胡让全, 等. 广州金沙洲地面沉降成因分析[J]. 中国地质灾害与防治学报, 2013, 24 (2): 61-67.

[47] 郭宇, 黄健民, 周志远, 等. 广东广州市白云区金沙洲地区地质灾害现状及防治对策[J]. 中国地质灾害与防治学报, 2013, 24 (3): 100-104.

[48] 黄健民, 郑小战, 胡让全, 等. 广州金沙洲岩溶地面塌陷灾害预警预报研究[J]. 现代地质, 2017, 31 (2): 421-432.

[49] 蒙彦, 黄健民, 贾龙. 基于地下水动力特征监测的岩溶塌陷预警阈值探索: 以广州金沙洲岩溶塌陷为例[J]. 中国岩溶, 2018, 37 (3): 408-414.

[50] Jia L, Li L, Meng Y, et al. Responses of cover-collapse sinkholes to groundwater changes: a case study of early warning of soil cave and sinkhole activity on Datansha Island in Guangzhou, China[J]. Environmental Earth Sciences, 2018, 77(13): 1-11.

[51] 殷坤龙. 滑坡灾害预测预报[M]. 武汉: 中国地质大学出版社, 2004: 76-81.

[52] 杜继稳. 降雨型地质灾害预报预警: 以黄土高原和秦巴山区为例[M]. 北京: 科学出版社, 2010.

[53] 刘之葵, 梁金城, 朱寿增. 岩溶区含溶洞岩石地基稳定性分析[J]. 岩土工程学报, 2006, 25 (5): 629-633.

[54] 张建国, 张超群, 易顺民, 等. 国土资源系统地质灾害突发事件应急管理[M]. 广州: 广东地图出版社, 2008.

[55] 林鲁生, 徐礼华. 岩溶地区高层建筑地基基础设计与施工[M]. 北京: 科学出版社, 2017.

[56] 王军, 赵恰, 杨柱, 等. 广东省仁化县凡口铅锌矿帷幕注浆截流工程设计 (第 1 段～第 5 段) [R]. 长沙: 长沙有色冶金设计研究院, 2006.

[57] 贾会业, 欧阳仕元, 熊万胜, 等. 凡口铅锌矿帷幕注浆截流工程总结报告[R]. 韶关: 深圳市中金岭南有色金属股份有限公司 凡口铅锌矿, 2014.

[58] 吴立坚, 黄沛生, 罗依珍, 等. 凡口铅锌矿狮岭南大斜坡道水文地质灾害防治技术及可行性方案 (水工环地质技术条件监测) 研究[R]. 广州: 广东省有色矿山地质灾害防治中心, 2019.

[59] 张焕, 宋宏亮, 郭文华. 广佛肇高速公路广州石井至肇庆大旺段 (广州段) SG01 合同段朝阳立交 L 匝道新建桥 LX1#-2 桩基地面塌陷加固处治方案设计[R]. 广州: 广东省公路勘察规划设计院有限公司, 2017.

[60] 宋宏亮, 张焕, 郭文华. 广佛肇高速公路广州石井至肇庆大旺段 (广州段) 朝阳立交主线 K1+629 处鸦岗大道地面塌陷加固处治方案设计[R]. 广州: 广东省公路勘察规划设计院有限公司, 2018.